中国国家标准汇编

2007年修订-16

中国标准出版社　编

中国标准出版社
北京

图书在版编目（CIP）数据

中国国家标准汇编：2007年修订．16/中国标准出版社编．—北京：中国标准出版社，2008

ISBN 978-7-5066-4992-6

Ⅰ．中…　Ⅱ．中…　Ⅲ．国家标准-汇编-中国-2007　Ⅳ．T-652.1

中国版本图书馆CIP数据核字（2008）第101054号

中国标准出版社出版发行
北京复兴门外三里河北街16号
邮政编码：100045
网址 www.spc.net.cn
电话：68523946　68517548
中国标准出版社秦皇岛印刷厂印刷
各地新华书店经销

*

开本 880×1230　1/16　印张 41.5　字数 1 215 千字
2008年9月第一版　2008年9月第一次印刷

*

定价 200.00 元

ISBN 978-7-5066-4992-6

出 版 说 明

1.《中国国家标准汇编》是一部大型综合性国家标准全集，自1983年起，按国家标准顺序号以精装本、平装本两种装帧形式陆续分册汇编出版。《汇编》在一定程度上反映了我国建国以来标准化事业发展的基本情况和主要成就，是各级标准化管理机构，工矿企事业单位，农林牧副渔系统，科研、设计、教学等部门必不可少的工具书。

2. 由于标准的动态性，每年有相当数量的国家标准被修订，这些国家标准的修订信息无法在已出版的《汇编》中得到反映。为此，自1995年起，新增出版在上一年度被修订的国家标准的汇编本。

3. 修订的国家标准汇编本的正书名、版本形式、装帧形式与《中国国家标准汇编》相同，视篇幅分设若干册，但不占总的分册号，仅在封面和书脊上注明“2007年修订-1，-2，-3，……”等字样，作为对《中国国家标准汇编》的补充。读者配套购买则可收齐前一年新制定和修订的全部国家标准。

4. 修订的国家标准汇编本的各分册中的标准，仍按顺序号由小到大排列（不连续）；如有遗漏的，均在当年最后一分册中补齐。

5. 2007年制修订国家标准1 410项，全部收入在《中国国家标准汇编》第352～367分册和2007年修订-1～修订-23分册中。本分册为“2007年修订-16”，收入新修订的国家标准45项。

中国标准出版社

2008年6月

目　录

ICS 91.080.40
Q 73

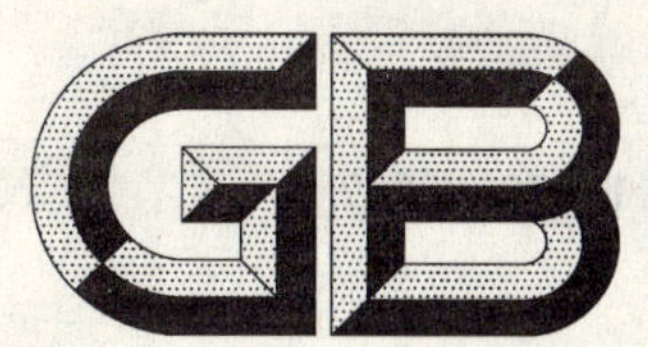

中华人民共和国国家标准

GB/T 14370—2007
代替 GB/T 14370—2000

预应力筋用锚具、夹具和连接器

Anchorage, grip and coupler for prestressing tendons

2007-09-11 发布　　　　2008-02-01 实施

中华人民共和国国家质量监督检验检疫总局
中国国家标准化管理委员会　发布

前　言

本标准代替 GB/T 14370—2000《预应力筋用锚具、夹具和连接器》。

本标准与 GB/T 14370—2000 相比主要变化如下：

——本标准的适用范围增加了“拉索用的锚具也可参照执行”；

——产品分类、代号与标记型式有所变更：制定了锚具、夹具和连接器的全国统一代号，新标记方法可避免体系代号在工程设计图上形成指定生产厂的作用；

——增加了用于低应力可更换拉索的基本要求；

——锚具、夹具静载试验方法不再分为“先锚固后张拉”和“先张拉后锚固”的两类体系，统一按前者的装置进行试验，并将试验装置示意图做了修改。静载试验时，当应力超过 $0.8f_{ptk}$ 后，要求加荷减慢进行；周期荷载试验及单根预应力筋-锚具组装件静载试验的加荷速度允许加快至 200 MPa/min；

——对静载试验的测量、观察和要求，较原标准更具体明确；

——对辅助试验的方法作了补充。

本标准由中华人民共和国建设部提出。

本标准由建设部建筑工程标准技术归口单位中国建筑科学研究院归口。

本标准起草单位：中国建筑科学研究院、中国交通建设集团第一公路工程局、铁道科学研究院、柳州欧维姆机械股份有限公司、柳州市威尔姆预应力有限公司、柳州市邱姆预应力机械有限公司、杭州浙锚预应力有限公司。

本标准主要起草人：于滨、裴蒲、田克平、庄军生、朱莹、龙跃、林居章、梅树滔、曾利。

本标准所代替标准的历次版本发布情况为：

——GB/T 14370—1993；

——GB/T 14370—2000。

预应力筋用锚具、夹具和连接器

1 范围

本标准规定了预应力筋用锚具、夹具和连接器的有关术语和定义、符号，产品分类、代号与标记，要求，试验方法，检验规则以及标志、包装、运输、贮存等内容。

本标准适用于体内或体外配筋的有粘结、无粘结、缓粘结的预应力混凝土结构及预应力钢结构中使用的锚具、夹具和连接器。

拉索用的锚具也可参照执行。

2 规范性引用文件

下列文件中的条款通过本标准的引用而成为本标准的条款。凡是注日期的引用文件，其随后所有的修改单(不包括勘误的内容)或修订版均不适用于本标准，然而，鼓励根据本标准达成协议的各方研究是否可使用这些文件的最新版本。凡是不注日期的引用文件，其最新版本适用于本标准。

GB/T 197—2003 普通螺纹 公差

GB/T 1804 一般公差 未注公差的线性和角度尺寸的公差

JG/T 5011.8 建筑机械与设备 锻件通用技术条件

JG/T 5011.9 建筑机械与设备 热处理件通用技术条件

JG/T 5011.10 建筑机械与设备 切削加工件通用技术条件

JG/T 5012 建筑机械与设备 包装件通用技术条件

3 术语和定义、符号

下列术语和定义、符号适用于本标准。

3.1 术语和定义

3.1.1

锚具 anchorage

在后张法结构或构件中，用于保持预应力筋的拉力并将其传递到混凝土(或钢结构)上所用的永久性锚固装置。锚具可分为两类：

a) 张拉端锚具：安装在预应力筋端部且可用以张拉的锚具；

b) 固定端锚具：安装在预应力筋固定端端部，通常不用以张拉的锚具。

3.1.2

夹具 grip

在先张法构件施工时，用于保持预应力筋的拉力并将其固定在生产台座(或设备)上的临时性锚固装置；在后张法结构或构件施工时，在张拉千斤顶或设备上夹持预应力筋的临时性锚固装置(又称工具锚)。

3.1.3

连接器 coupler

用于连接预应力筋的装置。

3.1.4

预应力钢材 prestressing steel

各种预应力结构用的钢丝、钢绞线或钢筋等的统称。

3.1.5

预应力筋 prestressing tendon

在预应力结构中用于建立预加应力的单根或成束的预应力钢丝、钢绞线或钢筋等。

3.1.6

预应力筋-锚具组装件 prestressing tendon-anchorage assembly

单根或成束预应力筋和安装在端部的锚具组合装配而成的受力单元。

3.1.7

预应力筋-夹具组装件 prestressing tendon-grip assembly

单根或成束预应力筋和安装在端部的夹具组合装配而成的受力单元。

3.1.8

预应力筋-连接器组装件 prestressing tendon-coupler assembly

单根或成束预应力筋和连接器组合装配而成的受力单元。

3.1.9

锚固区 anchorage zone

结构中能够支承锚具荷载并将其传递给结构的局部区域。

3.1.10

受力长度 tension length

锚具、夹具、连接器试验时，预应力筋两端的锚具、夹具之间或锚具与连接器之间的净距。

3.1.11

预应力筋-锚具组装件的实测极限拉力 ultimate tensile force of tendon-anchorage assembly

预应力筋-锚具组装件在静载试验过程中达到的最大拉力。

3.1.12

预应力筋-夹具组装件的实测极限拉力 ultimate tensile force of tendon-grip assembly

预应力筋-夹具组装件在静载试验过程中达到的最大拉力。

3.1.13

预应力筋的效率系数 efficiency factor of prestressing tendon

受预应力钢材根数、试验装置及初应力调整等因素的影响，考虑预应力筋拉应力不均匀的系数。

3.1.14

内缩 draw-in

预应力筋在锚固过程中，由于锚具各零件之间、锚具与预应力筋之间的相对位移和局部塑性变形所产生的预应力筋的回缩现象。

3.2 符号

A_{pk}——预应力钢材单根试件的特征（公称）截面面积；

A_{p}——预应力筋-锚具、夹具组装件中各根预应力钢材特征（公称）截面面积之和；

f_{ptk}——预应力钢材的抗拉强度标准值；

f_{pm}——试验所用预应力钢材（截面以 A_{pk} 计）的实测极限抗拉强度平均值；

F_{pm}——预应力筋的实际平均极限抗拉力。由预应力钢材试件实测破断荷载平均值计算得出；

F_{apu}——预应力筋-锚具组装件的实测极限拉力；

F_{gpu}——预应力筋-夹具组装件的实测极限拉力；

ε_{apu}——预应力筋-锚具组装件达到实测极限拉力时预应力筋的总应变；

η_{a}——预应力筋-锚具组装件静载试验测得的锚具效率系数；

η_{g}——预应力筋-夹具组装件静载试验测得的夹具效率系数；

η_{p}——预应力筋的效率系数。

4 产品分类、代号与标记

4.1 产品分类

锚具、夹具和连接器按锚固方式不同，可分为夹片式（单孔和多孔夹片锚具）、支承式（镦头锚具、螺母锚具等）、锥塞式（钢质锥形锚具等）和握裹式（挤压锚具、压花锚具等）四种基本类型。

4.2 代号

锚具、夹具或连接器的总代号可以分别用汉语拼音字母 M、J、L 表示；各类锚固方式的分类代号，如表 1 所示。

表 1 锚具、夹具和连接器的代号

分类代号		锚 具	夹 具	连接器
夹片式	圆形	YJM	YJJ	YJL
	扁形	BJM		
支承式	镦头	DTM	DTJ	DTL
	螺母	LMM	LMJ	LML
锥塞式	钢质	GZM	—	—
	冷铸	LZM	—	—
	热铸	RZM	—	—
握裹式	挤压	JYM	JYJ	JYL
	压花	YHM	—	—
注：连接器的代号以续接段端部锚固方式命名。				

4.3 标记

锚具、夹具或连接器的标记由产品代号、预应力钢材直径、预应力钢材根数三部分组成（生产企业的体系代号只在需要时加注）：

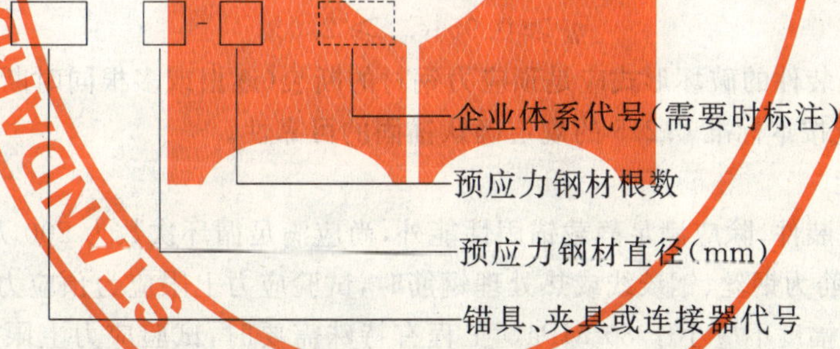

示例：a) 锚固 12 根直径 15.2 mm 预应力混凝土用钢绞线的圆形夹片式群锚锚具，标记为“YJM15-12”；

b) 预应力筋为 12 根直径 12.7 mm 钢绞线，用于固定端的挤压式锚具，标记为“JYM13-12”，需要时可续注企业体系代号；

c) 用挤压头方法连接 12 根直径 15.2 mm 钢绞线的连接器，标记为“JYL15-12”。

特殊的或有必要阐明特点的新产品，可增加文字或图样以准确表达。

5 要求

5.1 使用要求

锚具、夹具和连接器应具有可靠的锚固性能、足够的承载能力和良好的适用性，以保证充分发挥预应力筋的强度，并安全地实现预应力张拉作业。

5.2 材料要求

产品所使用的材料应符合设计要求，并有机械性能和化学成分合格证明书、质量保证书。材料进厂后应进行验收试验。

5.3 制造工艺要求

5.3.1 零件机械加工应符合 JG/T 5011.10 的有关规定。

5.3.2 螺纹的未注精度等级，不应低于 GB/T 197—2003 中的 7H/8g。有特殊要求的螺纹按图样执行。

5.3.3 未注公差尺寸的公差等级，应符合 GB/T 1804 中的有关规定。

5.3.4 零件毛坯的锻造，应符合 JG/T 5011.8 的有关规定。锻件不得有锻造裂纹、过烧、折叠和局部晶粒粗大等缺陷。

5.3.5 零件热处理加工应按照产品设计图样进行，并应符合 JG/T 5011.9 的有关规定，不应产生裂缝、过烧和脱碳。所采用的热处理工艺及设备应能保证零件工作表面及芯部的硬度和金相组织要求，且产品质量均匀一致。

5.4 外观、尺寸及硬度要求

5.4.1 外观、尺寸应符合设计图样规定。全部产品均不得有裂纹出现。

5.4.2 产品零件的表面及芯部硬度、硬度允许偏差应符合设计图样规定。

5.5 锚具的基本性能要求

5.5.1 静载锚固性能

用预应力筋-锚具组装件静载试验测定的锚具效率系数 η_a 和达到实测极限拉力时组装件受力长度的总应变 ε_{apu}，来判定锚具的静载锚固性能是否合格。

锚具效率系数 η_a 按式(1)计算：

$$\eta_a = \frac{F_{apu}}{\eta_p \cdot F_{pm}} \qquad \cdots\cdots(1)$$

式中：

η_p 的取用：预应力筋-锚具组装件中预应力钢材为 1 至 5 根时，$\eta_p=1$；6 至 12 根时，$\eta_p=0.99$；13 至 19 根时，$\eta_p=0.98$；20 根及以上时，$\eta_p=0.97$。

锚具的静载锚固性能应同时满足下列两项要求：

$$\eta_a \geqslant 0.95;\varepsilon_{apu} \geqslant 2.0\%$$

预应力筋-锚具组装件的破坏形式应是预应力钢材的断裂(逐根或多根同时断裂)，锚具零件的变形不应过大或碎裂，且应按本标准 6.2.5 的规定确认锚固的可靠性。

5.5.2 疲劳荷载性能

预应力筋-锚具组装件，除应满足静载锚固性能外，尚应满足循环次数为 200 万次的疲劳性能试验。

当锚固的预应力筋为钢丝、钢绞线或热处理钢筋时，试验应力上限应为预应力钢材抗拉强度标准值 f_{ptk} 的 65%，疲劳应力幅度不应小于 80 MPa。工程有特殊需要时，试验应力上限及疲劳应力幅度取值可另定。

当锚固的预应力筋为有明显屈服台阶的预应力钢材时，试验应力上限应为预应力钢材抗拉强度标准值的 80%，疲劳应力幅度宜取 80 MPa。

试件经受 200 万次循环荷载后，锚具零件不应疲劳破坏。预应力筋因锚具夹持作用发生疲劳破坏的截面面积不应大于试件总截面面积的 5%。

5.5.3 周期荷载性能

在有抗震要求的结构中使用的锚具，预应力筋-锚具组装件还应满足循环次数为 50 次的周期荷载试验。

当锚固的预应力筋为钢丝、钢绞线或热处理钢筋时，试验应力上限应为预应力筋抗拉强度标准值 f_{ptk} 的 80%，下限应为预应力钢材抗拉强度标准值 f_{ptk} 的 40%。

当锚固的预应力筋为有明显屈服台阶的预应力钢材时，试验应力上限应为预应力钢材抗拉强度标准值的90%,下限应为预应力钢材抗拉强拉强度标准值的40%。

试件经50次循环荷载后预应力筋在锚具夹持区域不应发生破断。

5.5.4 **辅助性能要求**

新研制的锚具应进行本项试验。进行型式试验的产品,可选择部分或全部项目试验。并根据试验所测定的平均内缩量和锚固端预应力摩阻损失与设计规范的对比结果,对施工张拉力进行适当修正。

5.5.4.1 **锚具内缩量测定**

预应力筋张拉应力达到$0.8f_{ptk}$后放张,测定锚固过程中预应力筋的内缩量(以mm计),取平均值。

5.5.4.2 **锚固端摩阻损失测定**

从张拉千斤顶工具锚至喇叭形垫板收口处,预应力筋有一次或二次弯折。张拉时会产生预应力摩阻损失,并能降低自锚功能。测定张拉力达到$0.8f_{ptk}\cdot A_p$时的预应力损失(以张拉应力的百分率计),取平均值。

5.5.4.3 **张拉锚固工艺要求**

为了证实锚具在预应力工程中的可操作性和适用性,应按研制要求,使用预应力张拉锚固体系的全套机具进行张拉锚固工艺试验。

5.5.5 **其他性能要求**

5.5.5.1 锚具应满足分级张拉及补张拉预应力筋的要求。

5.5.5.2 需要孔道灌浆的锚具或其附件上宜设置灌浆孔或排气孔,灌浆孔的孔位及孔径应符合灌浆工艺要求,且应有与灌浆管连接的构造。

5.5.5.3 用于低应力可更换型拉索的锚具,应有防松、可更换的构造措施。

5.5.5.4 锚具应有防腐蚀措施,且能满足工程建设的耐久性要求。

5.6 夹具的基本性能要求

5.6.1 夹具的静载锚固性能,应由预应力筋-夹具组装件静载锚固试验测定的夹具效率系数η_g按式(2)确定:

$$\eta_g = \frac{F_{gpu}}{F_{pm}} \qquad \cdots\cdots(2)$$

夹具的静载锚固性能应符合$\eta_g \geqslant 0.92$。

5.6.2 在预应力筋-夹具组装件达到实测极限拉力时,应当是由预应力筋的断裂,而不应由夹具的破坏所导致;夹具的全部零件均应有重复使用的品质。夹具应有可靠的自锚性能、良好的松锚性能和重复使用性能。使用过程中,应能保证操作人员的安全。

5.7 连接器的基本性能要求

在先张法或后张法施工中,在张拉预应力后永久留在混凝土结构或构件中的连接器,都应符合锚具的性能要求;如在张拉后还须放张和拆卸的连接器,则应符合夹具的性能要求。

5.8 质量文件要求

锚具、夹具、连接器和锚固区的承压件应有完整的设计文件、原材料的质量证明文件、制造批次记录、性能检验记录,该类文件应具有可追溯性。

6 试验方法

6.1 一般规定

6.1.1 试验用的预应力筋-锚具、夹具或连接器组装件由产品零件和预应力筋组装而成。试验用的零件应是经过外观检查和硬度检验合格的产品。组装时应将锚固零件上的油污擦拭干净(允许残留微量油膜),不得在锚固零件上添加影响锚固性能的介质。组装件中组成预应力筋的各根钢材应等长平行、初应力均匀,其受力长度不应小于3 m。

单根钢绞线的组装件试件及钢绞线母材力学性能试验用的试件,不包括夹持部位的受力长度不应小于 0.8 m;其他单根预应力钢材的组装件及母材试件最小长度可按照试验设备及相关标准确定。

对于预应力钢材在锚具夹持部位不弯折的组装件(全部锚筋孔均与锚板底面垂直),各根预应力钢材平行受拉,侧面不应设置有碍受拉或产生摩擦的接触点(参见图 1);如预应力钢材的夹持部位与试件轴线有转向角度(锚筋孔与锚板底面倾斜或倾斜安装挤压头的连接器等)时,应在设计转角处加装转向约束钢环,试件受拉力时,该约束环不应与预应力钢材产生滑动摩擦。

6.1.2　试验用预应力钢材应有良好的匀质性,可由锚具生产厂或检验单位提供,同时还应提供该批钢材的质量合格证明书。所选用的预应力钢材,其直径公差应在受检锚具、夹具或连接器设计的匹配范围之内。试验用预应力钢材应根据抽样标准,先在有代表性的部位取至少 6 根试件进行母材力学性能试验,试验结果应符合国家现行标准的规定(供需双方也可协议采用其他国家的相关标准)。并且,其实测抗拉强度平均值(f_{pm})在相关钢材标准中的等级应与受检锚具、夹具或连接器的设计等级相同,超过该等级时不应采用。用某一中间强度等级的预应力钢材试验合格的锚具,在实际工程中,可用于不高于该强度等级的预应力筋。已受损伤的预应力钢材不应用于组装件试验。

6.1.3　试验用的测力系统,其不确定度不应大于 2%;测量总应变的量具,其标距的不确定度不应大于标距的 0.2%,指示应变的不确定度不应大于 0.1%。

6.2　静载试验

6.2.1　预应力筋-锚具或夹具组装件应按图 1 的装置进行静载试验;预应力筋-连接器组装件应按图 2 的装置进行静载试验;被连接段预应力筋(件 11)安装预紧时,可在试验连接器(件 7)下临时加垫对开垫片,加荷后适时撤除。锚具、夹具或连接器在试验装置上的支承条件(方式、部位、面积等),应与工程实际情况一致。

6.2.2　各种测量仪表应在加载之前安装调试正确,各根预应力钢材的初应力调试均匀,初应力可取钢材抗拉强度标准值 f_{ptk} 的 5%～10%。测量总应变 ε_{apu} 的量具标距不宜小于 1 m。如采用测量加荷千斤顶活塞伸长量(ΔL)计算 ε_{apu} 时,应减去承力台座的弹性压缩、缝隙并紧量和试验锚具(夹具或连接器)的实测内缩量。而预应力筋的计算长度应为两端锚具(夹具或连接器)的起夹点之间的距离。

单位为毫米

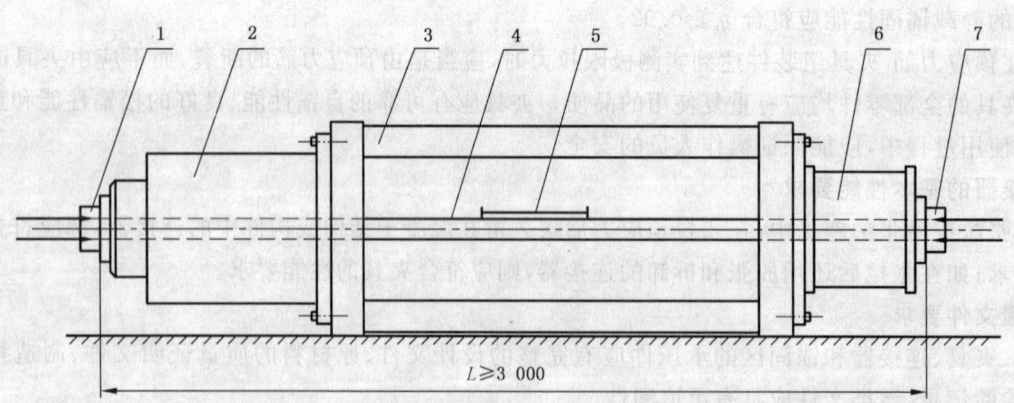

1——张拉端试验锚具或夹具;

2——加荷载用千斤顶;

3——承力台座;

4——预应力筋;

5——测量总应变的装置;

6——荷载传感器;

7——固定端试验锚具或夹具。

图 1　预应力筋-锚具(夹具)组装件静载试验装置示意图

单位为毫米

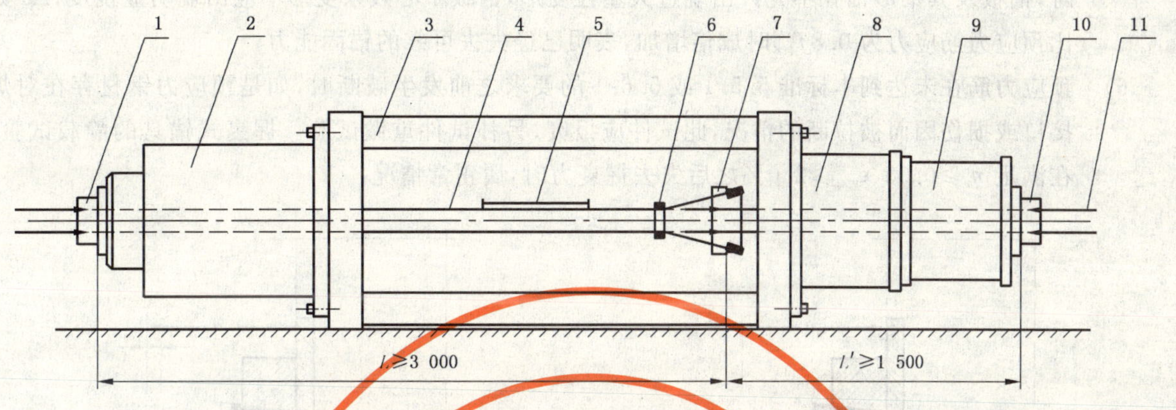

1——张拉端试验锚具；

2——加荷载用千斤顶；

3——承力台座；

4——续接段预应力筋；

5——测量总应变的装置；

6——转向约束钢环；

7——试验连接器；

8——附加承力圆筒或穿心式千斤顶；

9——荷载传感器；

10——固定端锚具；

11——被接段预应力筋。

图 2　预应力筋-连接器组装件静载试验装置示意图

6.2.3　施加试验荷载步骤为：按预应力钢材抗拉强度标准值 f_{ptk} 的 20%、40%、60%、80%，分 4 级等速加载，加载速度宜为 100 MPa/min 左右；达到 80%后，持荷 1 h；随后用低于 100 MPa/min 加载速度缓慢加载至完全破坏，使荷载达到最大值(F_{apu})。试验过程中应按本标准 6.2.5 规定的项目进行测量和观察。对于仅要求达到“合格”标准的试件，可以在 η_a、ε_{apu}、η_g 满足本标准 5.5.1 或 5.6.1 后停止试验。

6.2.4　用试验机或承力台座进行单根预应力筋-锚具组装件静载试验时，加荷速度可以加快，但不超过 200 MPa/min；在应力达到 $0.8f_{ptk}$ 时，持荷时间可以缩短，但不应少于 10 min。应力超过 $0.8f_{ptk}$ 后，加荷速度不应超过 100 MPa/min。

6.2.5　试验过程中应测量、观察的项目和对试验结果的要求(见图 3)：

1)　选取有代表性的若干根预应力钢材，按施加荷载的前 4 级，逐级测量其与锚具(夹具、连接器)之间的相对位移 Δa。Δa 应与预应力筋的受力增量成比例变化；如不成比例，应检查预应力钢材是否失锚滑动；

2)　选取锚具(夹具、连接器)若干有代表性的零件，按施加荷载的前 4 级，逐级测量其间的相对位移 Δb。Δb 应与预应力筋的受力增量成比例变化；如不成比例，应检查相关零件(锚环、锚板等)是否发生了塑性变形；

3)　在预应力筋应力达到 $0.8f_{ptk}$ 时，在持荷 1 h 期间，Δa、Δb 应保持稳定。如继续增加、不能稳定，表明已失去可靠锚固能力；

4)　试件达到最大拉力时，应记录极限拉力 F_{apu}(或 F_{gpu})和预应力筋自由长度的总应变 ε_{apu}。该测定值应满足本标准 5.5.1 或 5.6.1 的规定；

5)　夹片式锚具的夹片在预应力筋应力达到 $0.8f_{ptk}$ 时不允许出现裂纹和破断；在满足本标准 5.5.1 或 5.6.1 后允许出现微裂和纵向断裂，不允许横向、斜向断裂及碎断。因受预应力筋多根或整束激烈破断的冲击引起夹片的破坏或断裂属正常情况。预应力筋拉力达到极限破断时，锚板及其锥形锚孔不允许出现过大塑性变形，锚板中心残余变形不应出现明显挠度；Δb 如比预应力筋应力为 $0.8f_{ptk}$ 时成倍增加，表明已经失去可靠的锚固能力。

6) 预应力筋在未达到本标准 5.5.1 或 5.6.1 的要求之前发生破断时，如是预应力钢材存在对焊接口或损伤因而被拉断的情况，此试件应报废，另补试件重做试验。握裹式锚具的静载试验，在满足 $\eta_a \geqslant 0.95$、$\varepsilon_{apu} \geqslant 2.0\%$ 之后失去握裹力时，属正常情况：

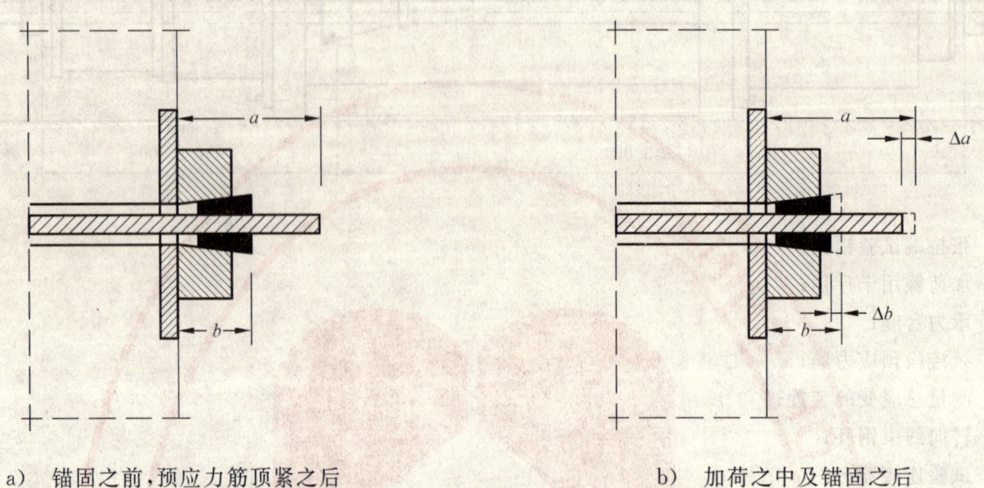

a) 锚固之前，预应力筋顶紧之后　　　　b) 加荷之中及锚固之后

图 3 试验期间预应力筋及锚具零件的位移示意图

6.2.6 静载试验应连续进行三个组装件的试验，全部试验结果均应做出记录。据此应进行如下计算分析和评定：按本标准公式(1)计算锚具(或连接器)的锚具效率系数 η_a；按公式(2)计算夹具效率系数 η_g；按本标准第 5 章及 6.2.5 的要求进行评定；最后对试验结果做出是否合格的结论。三个试验结果均应满足本标准的规定，不得以平均值作为试验结果。检验单位应向受检单位提出完整的检验报告，其中包括破坏部位及形式的图像记录，并有准确的文字述评。

6.3 疲劳试验

6.3.1 预应力筋-锚具或连接器组装件的疲劳试验应在疲劳试验机上进行。当疲劳试验机能力不够时，可以按试验结果有代表性的原则，在实际锚板上少安装预应力钢材，或用本系列中较小规格的锚具组装成试验组装件，但预应力钢材根数不应少于实际根数的 1/10。为了保证试验结果具有代表性，直线形及有转折(如果锚具有斜孔时)的预应力钢材都应包括在试验用组装件中。

6.3.2 以约 100 MPa/min 的速度加荷至试验应力上限值，在调节应力幅度达到规定值后，开始记录循环次数。

6.3.3 选择疲劳试验机的脉冲频率，不应超过 500 次/min。

6.4 周期荷载试验

预应力筋-锚具或连接器组装件的周期荷载试验，可以在试验机或承力台座上进行，以 100 MPa/min～200 MPa/min 的速度加荷至试验应力上限值，再卸荷至试验应力下限值为第 1 周期，然后荷载自下限值经上限值再回复到下限值为第 2 个周期，重复 50 个周期。

经疲劳荷载试验合格后且完整无损的预应力筋-锚具组装件，可用于本项试验。

6.5 外观、尺寸及硬度检验

6.5.1 产品外观用目测法检验；裂缝可用有刻度或无刻度放大镜检验。

6.5.2 产品尺寸按机械制造常规方法用直尺、游标卡尺、螺旋千分尺和塞环规等量具检验。

6.5.3 硬度检验按产品零件设计图样规定的硬度值种类，选用相应的硬度测量仪器进行检验。

6.6 辅助性试验

6.6.1 锚具的内缩量试验

本项试验可用单根或小规格锚具配合预应力筋，在 5 m～10 m 长的台座或构件的预应力孔道上多次张拉和放张，直接测得锚具内缩量(以 mm 计)；张拉应力为预应力筋的 $0.8f_{ptk}$。用传感器测量锚固前后预应力筋拉力差值，也可计算求得内缩量。试验用的试件每个规格不得少于 3 个，取平均值。

6.6.2 锚固端摩阻损失试验

本项试验是测定张拉千斤顶工具锚下至喇叭形垫板收口处的预应力损失。它包括预应力筋在锚具中的摩阻损失和在喇叭形垫板中两次弯折所引起的拉力损失。

试验可在模拟锚固区的混凝土块体或张拉台座上进行，锚具、垫板及附件应安装齐备，两端安装千斤顶及传感器，张拉力按预应力筋的 $0.8f_{ptk} \cdot A_p$ 取用。用传感器测出锚具前后两侧拉力差值即可算出锚固端摩阻损失，通常以张拉力的百分率计。试验用的试件可在锚具规格系列中选取三种规格，试件数量不应少于 3 个，取平均值。

6.6.3 张拉锚固工艺试验

根据预应力张拉锚固体系的构造安排，设计制作专门的钢筋混凝土模拟块体，做为试验平台，混凝土块体中，应包含多种弯曲和直线孔道、喇叭形垫板或垫板连体式锚板，各种塑料预埋件均应埋入混凝土中。用该体系的张拉设备进行分级张拉、多次张拉和放松操作。最大张拉力为预应力筋的 $0.8f_{ptk} \cdot A_p$。

通过张拉锚固工艺试验应能证明：

a) 本预应力体系具有分级张拉或因张拉设备倒换行程需要临时锚固的可能性；

b) 经过多次张拉锚固后，预应力筋内各根预应力钢材受力仍是均匀的；

c) 在张拉发生故障时，有将预应力筋全部放松的措施；

d) 单根垫板连体式锚具，有能使预应力筋在锥形夹片孔中自由对中的构造及不顶压锚固的可靠性。

7 检验规则

7.1 检验分类

锚具、夹具和连接器的检验分出厂检验和型式检验两类。

7.1.1 出厂检验为生产厂在每批产品出厂前进行的厂内产品质量控制性检验。

7.1.2 型式检验为对产品全面性能控制的检验。在下列情况之一时，一般应进行型式检验：

a) 新产品或老产品转厂生产的试制定型鉴定；

b) 正式生产后，如结构、材料、工艺有较大改变，可能影响产品性能时；

c) 正常生产时，定期或积累一定产量后，每 2 至 3 年进行一次检验；

d) 产品停产两年后，恢复生产时；

e) 出厂检验结果与上次型式检验有较大差异时；

f) 国家或省级质量监督机构提出进行型式检验的要求时。

为技术或质量鉴定用的型式检验应由国家指定的质量检测机构主持进行；为新产品研制和生产厂产品质量控制的各种试验可由本单位自己进行。

7.2 检验项目

出厂检验和型式检验的检验项目应符合表 2 的规定。

表 2　产品检验项目

锚具、夹具、连接器类别	出厂检验项目	型式检验项目
锚具及永久留在混凝土结构或构件中的连接器	外观 硬度 静载性能检验	外观 硬度 静载性能检验 疲劳性能检验 周期荷载性能检验 辅助性试验(选项)
夹具及张拉后将要放张和拆卸的连接器	外观 硬度 静载性能检验	外观 硬度 静载性能检验

7.3　组批和抽样

7.3.1　出厂检验时，每批零件产品的数量是指同一种产品，同一批原材料，用同一种工艺一次投料生产的数量。每个抽检组批不得超过 2 000 件(套)。外观检验抽取 5%～10%。对有硬度要求的零件应做硬度检验，按热处理每炉装炉量的 3%～5%抽样。静载试验用的锚具、夹具或连接器按成套产品抽样，应在外观及硬度检验合格后的产品中抽取，每生产组批抽取 3 个组装件的用量。

7.3.2　锚具及永久留在混凝土结构或构件中的连接器的型式检验，除按本标准 7.3.1 的规定抽样外，尚应为疲劳试验、周期荷载试验及辅助性试验(选项)抽取各 3 个组装件用的样品。

7.3.3　大批量连续生产时，出厂检验可按月取样进行。外观检验抽样数量不得少于月生产量的 5%；对有硬度要求的零件，硬度检验量不得少于月生产量的 3%；静载试验数量，按同一规格每两月不得少于 3 个组装件。上述检验结果如质量不稳定，应增加取样。

7.4　检验结果的判定

外观检验：受检零件的外形尺寸和外观质量应符合图样规定。全部样品均不得有裂纹出现，如发现一件有裂纹，即应对本批全部产品进行逐件检验，合格者方可使用。

硬度检验：按设计图样规定的表面位置和硬度范围检验和判定，如有 1 个零件不合格，则应另取双倍数量的零件重做检验；如仍有 1 个零件不合格，则应对本批零件逐个检验，合格者方可使用。

静载试验、疲劳荷载试验及周期荷载试验：如符合第 5 章技术要求的规定，应判为合格；如有 1 个试件不符合要求，即判定为不合格；但允许另取双倍数量的试件重做试验，若全部试件合格，即可判定本批产品合格；如仍有 1 个试件不合格，则该批产品为不合格品。

辅助性试验为测定参数及检验工艺设备的项目，不做合格与否的判定。

8　标志、包装、运输、贮存

8.1　标志

锚具、夹具和连接器应有制造厂名、产品名称、规格、型号、制造日期或生产批号。对容易混淆而又难于区分的锚固零件(如夹片)，应有识别标识。

8.2　包装

锚具、夹具和连接器出厂时应经防锈处理成箱包装，并应符合 JG/T 5012 的有关规定。包装箱内应附有产品装箱单；一批产品出厂时，应提供产品合格证和产品说明书。

产品合格证内容包括：

a)　型号和规格；

b)　适用的预应力钢材品种、规格、强度等级；

c)　产品批号；

d) 出厂日期；

e) 有签章的质量合格文件；

f) 厂名、厂址。

产品说明书应说明使用工艺和与预应力钢材的匹配要求。说明书中推荐的配套件(喇叭形垫、板、螺旋筋等)应有试验或实践依据。

8.3 运输、贮存

锚具、夹具和连接器均应妥为保管。在贮存、运输过程中,应避免锈蚀、沾污、遭受机械损伤或散失。临时性的防护措施应不影响安装操作的效果和永久件防锈措施的实施。

ICS 13.220.40
C 80

中华人民共和国国家标准

GB/T 14402—2007/ISO 1716:2002
代替 GB/T 14402—1993

建筑材料及制品的燃烧性能 燃烧热值的测定

Reaction to fire tests for building materials and products—Determination of the heat of combustion

(ISO 1716:2002,IDT)

2007-12-21 发布 2008-06-01 实施

中华人民共和国国家质量监督检验检疫总局
中国国家标准化管理委员会 发布

前　言

本标准等同采用ISO 1716:2002《建筑制品对火反应试验　燃烧热值的测定》(英文版)。

为便于使用,本标准做了下列编辑性修改:

——“本国际标准”一词改为“本标准”;

——用小数点“.”代替作为小数点的逗号“,”;

——删除了国际标准的目次和前言。

本标准代替GB/T 14402—1993《建筑材料燃烧热值试验方法》。

本标准与GB/T 14402—1993相比主要变化如下:

——引入主要成分和次要成分的概念(见3.5、3.6);

——不要求测试汽化潜热,以氧弹法测试出的总热值作为材料的热值,当有争议时才提供净热值数据(见第1章);

——增加了“香烟”制样法(见5.9);

——增加了对匀质材料和非匀质材料的热值数据计算的要求和说明(见第8章);

——增加了规范性附录“净热值的计算”(见附录A);

——增加了资料性附录“试验方法的精确度”(见附录B);

——增加了资料性附录“修正系数c的计算”(见附录C);

——增加了资料性附录“非匀质样品总热值测量示例”(见附录D)。

本标准的附录A为规范性附录,附录B、附录C和附录D为资料性附录。

本标准由中华人民共和国公安部提出。

本标准由全国消防标准化技术委员会第七分技术委员会(SAC/TC 113/SC 7)归口。

本标准负责起草单位:公安部四川消防研究所。

本标准参加起草单位:广东省公安厅消防局、四川省公安厅消防局、广州市啊啦棒建材有限公司。

本标准主要起草人:赵成刚、张正卿、曾绪斌、陈映雄、周全会。

本标准所代替标准的历次版本发布情况为:

——GB/T 14402—1993。

引　言

本试验规定了在标准条件下，将特定质量的试样置于一个体积恒定的氧弹量热仪中，测试试样燃烧热值的试验方法。氧弹量热仪需用标准苯甲酸进行校准。在标准条件下，试验以测试温升为基础，在考虑所有热损失及汽化潜热的条件下，计算试样的燃烧热值。

需注意本试验方法是用于测量制品燃烧的绝对热值，与制品的形态无关。

建筑材料及制品的燃烧性能 燃烧热值的测定

1 范围

本标准规定了在恒定热容量的氧弹量热仪中,测定建筑材料燃烧热值的试验方法。

本标准规定了测定总燃烧热值(*PCS*)的方法。附录A规定了计算净燃烧热值(*PCI*)的方法。

本试验方法的精度参见附录B。

2 规范性引用文件

下列文件中的条款通过本标准的引用而成为本标准的条款。凡是注日期的引用文件,其随后所有的修改单(不包括勘误的内容)或修订版均不适用于本标准,然而,鼓励根据本标准达成协议的各方研究是否可使用这些文件的最新版本,凡是不注日期的引用文件,其最新版本适用于本标准。

ISO 13943 消防安全术语

EN 13238 建筑制品的对火反应试验 状态调节程序和基材选择的一般规则

3 术语和定义

ISO 13943中确立的以及下列术语和定义适用于本标准。

3.1

建筑制品 product

要求提供相关信息的建筑材料、构件或其组件。

3.2

建筑材料 material

单一物质或若干物质均匀散布的混合物,如金属、石头、木材、混凝土,均匀分散的矿物棉、聚合物。

3.3

匀质制品 homogeneous product

由单一材料组成的制品或整个制品内部具有均匀的密度和组分。

3.4

非匀质制品 non-homogeneous product

不满足匀质制品定义的制品。由一种或多种主要或次要组分组成的制品。

3.5

主要组分 substantial component

构成非匀质制品主要部分的材料。单层面密度≥1.0 kg/m² 或厚度≥1.0 mm的一层材料可视作主要组分。

3.6

次要组分 non-substantial component

非匀质制品中未构成主要部分的材料。单层面密度<1.0 kg/m² 且单层厚度<1.0 mm的材料可视作次要组分。

两层或多层次要组分直接相邻(即它们之间没有主要组分)时,如果合在一起符合一层次要组分的要求,则可视作一个次要组分。

3.7

内部次要组分 internal non-substantial component

其两面分别至少覆盖一种主要组分的次要组分。

3.8

外部次要组分 external non-substantial component

有一面未覆盖主要组分的次要组分。

3.9

热值 heat of combustion

单位质量的材料燃烧所产生的热量,以 J/kg 表示。

3.10

总热值,*PCS* gross heat of combustion,*PCS*

单位质量的材料完全燃烧,并当其燃烧产物中的水(包括材料中所含水分生成的水蒸气和材料组成中所含的氢燃烧时生成的水蒸气)均凝结为液态时放出的热量,被定义为该材料的总燃烧热值,单位为兆焦耳每千克(MJ/kg)。

3.11

净热值,*PCI* net heat of combustion,*PCI*

单位质量的材料完全燃烧,其燃烧产物中的水(包括材料中所含水分生成的水蒸气和材料组成中所含的氢燃烧时生成的水蒸气)仍以气态形式存在时所放出的热量,被定义为该材料的燃烧热值。它在数值上等于总热值减去材料燃烧后所生成的水蒸气在氧弹内凝结为水时所释放出的汽化潜热的差值,单位为兆焦耳每千克(MJ/kg)。

3.12

汽化潜热 latent heat of vaporization of water

将水由液态转为气态所需的热量,单位为兆焦耳每千克(MJ/kg)。

4 仪器设备

4.1 总则

试验仪器如图 1 所示,4.2～4.12 对试验仪器作出了规定。除非规定了公差。否则所有尺寸均为标称尺寸。

4.2 量热弹

量热弹应满足下列要求:

a) 容量:(300±50)mL;

b) 质量不超过 3.25 kg;

c) 弹桶厚度至少是弹桶内径的 1/10。

盖子用来容放坩埚和电子点火装置。盖子以及所有的密封装置应能承受 21 MPa 的内压。

弹桶内壁应能承受样品燃烧产物的侵蚀,即使对硫磺进行试验,弹桶内壁也应能够抵制燃烧产生的酸性物质所带来的点腐蚀和晶间腐蚀。

4.3 量热仪

4.3.1 量热仪外筒

量热仪外筒应是双层容器,带有绝热盖,内外壁之间填充有绝热材料。外筒充满水。外筒内壁与量热仪四周至少有 10 mm 的空隙。应尽可能以接触面积最小的三点来支撑弹筒。

对于绝热量热系统,加热器和温度测量系统应组合起来安装在筒内,以保证外筒水温与量热仪内筒水温相同。

对于等温量热系统,外筒水温应保持不变,有必要对等温量热仪的温度进行修正。

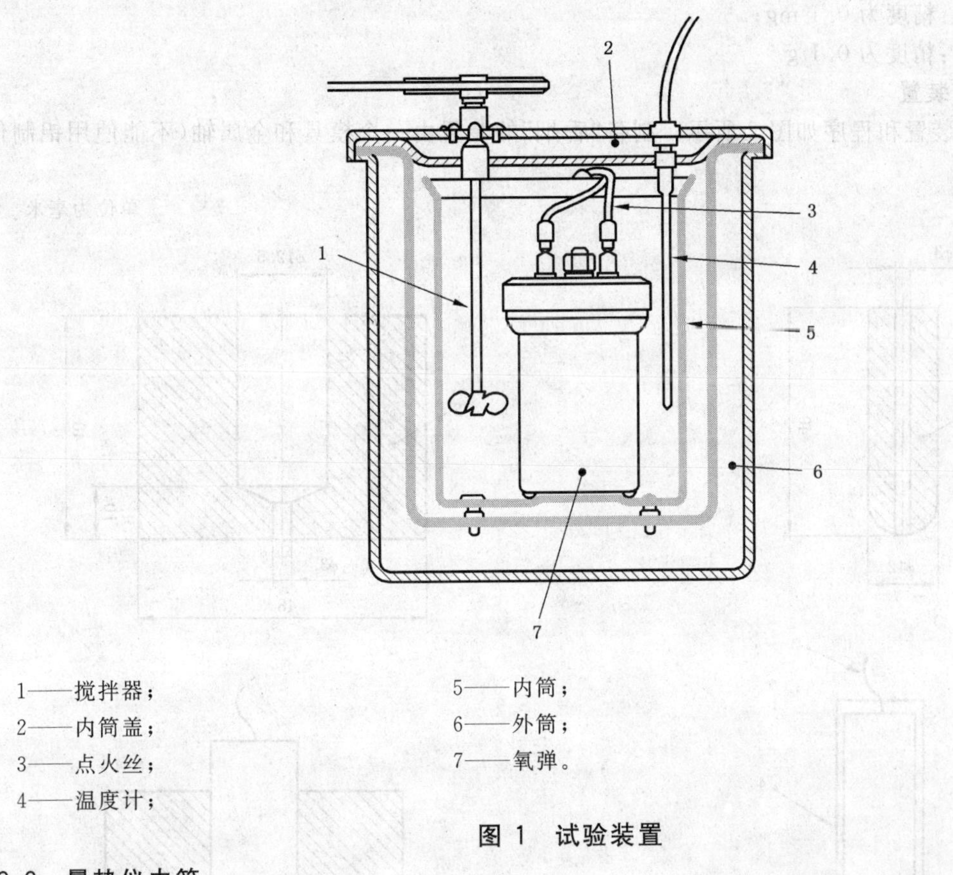

1——搅拌器；
2——内筒盖；
3——点火丝；
4——温度计；
5——内筒；
6——外筒；
7——氧弹。

图 1 试验装置

4.3.2 **量热仪内筒**

量热仪内筒是磨光的金属容器，用来容纳氧弹。量热仪内筒的尺寸应能使氧弹完全浸入水中。

4.3.3 **搅拌器**

搅拌器应由恒定速度的马达带动。为避免量热仪内的热传递，在搅拌轴同外桶盖和外桶之间接触的部位，应使用绝热垫片隔开。可选用具有相同性能的磁力搅拌装置。

4.4 **温度测量装置**

温度测量装置分辨率为 0.005 K。

如果使用水银温度计，分度值至少精确到 0.01 K，保证读数在 0.005 K 内，并使用机械振动器用来轻叩温度计，保证水银柱不粘结。

4.5 **坩埚**

坩埚应由金属制成，如铂金、镍合金、不锈钢，或硅石。坩埚的底部平整，直径 25 mm(切去了顶端的最大尺寸)，高 14 mm～19 mm。建议使用下列壁厚的坩埚。

a) 金属坩埚：壁厚 1.0 mm；

b) 硅石坩埚：壁厚 1.5 mm。

4.6 **计时器**

计时器用以记录试验时间，精确到 s，精度为 1 s/h。

4.7 **电源**

点火电路的电压不能超过 20 V。电路上应装有电表用来显示点火丝是否断开。断路开关是供电回路的一个重要附属装置。

4.8 **压力表和针阀**

压力表和针阀要安装在氧气供应回路上，用来显示氧弹在充氧时的压力，精确到 0.1 MPa。

4.9 **天平**

需要两个天平：

——分析天平：精度为0.1 mg；

——普通天平：精度为0.1 g。

4.10 制备“香烟”装置

制备“香烟”的装置和程序如图2所示。制备“香烟”的装置由一个模具和金属轴（不能使用铝制作）组成。

单位为毫米

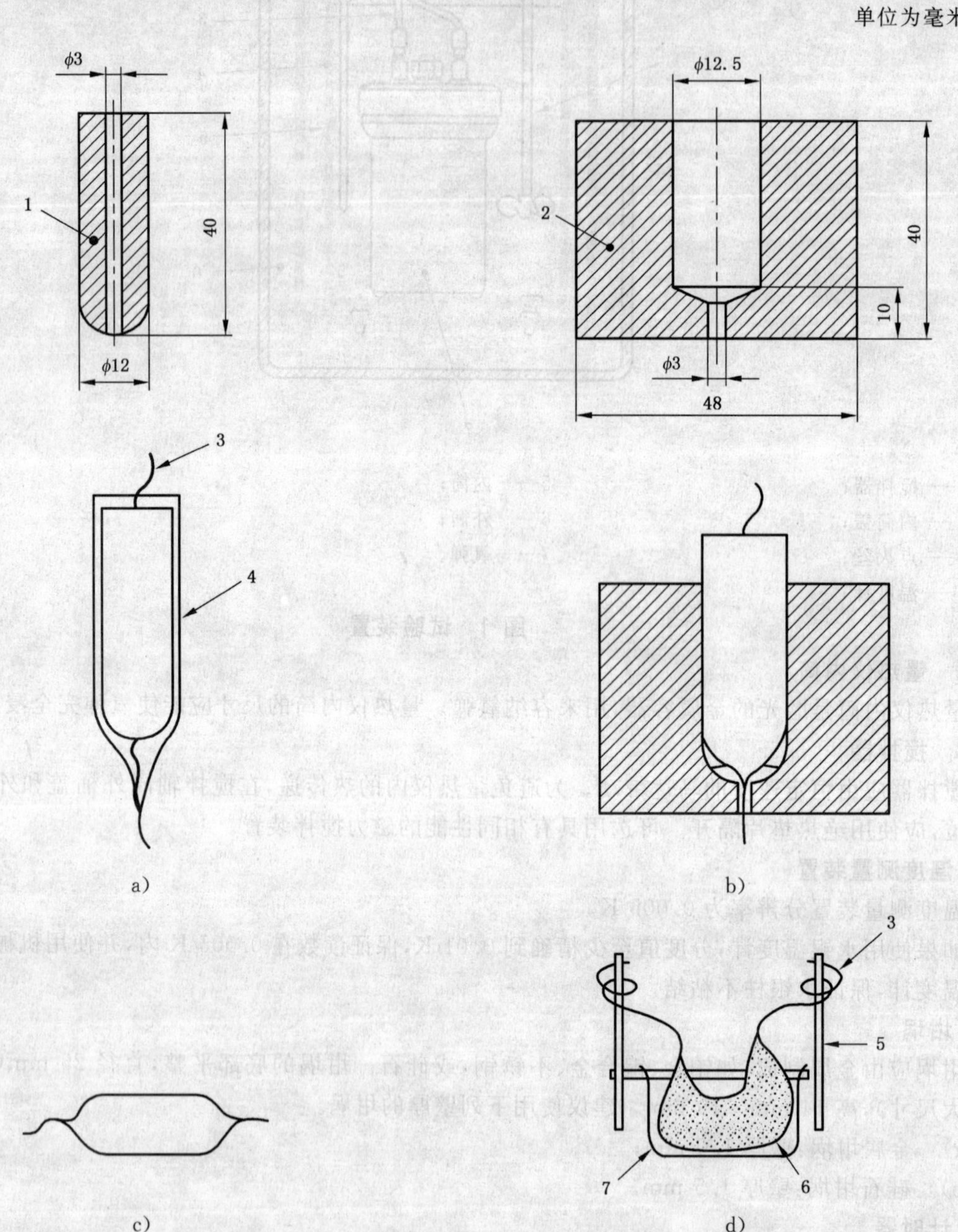

a) 在心轴上成型“香烟纸”。将预先粘好的“香烟纸”边缘重叠粘结固定起来。

b) 移出心轴后，固定“香烟纸”在模具中的位置，准备填装试样。

c) 制好“香烟”，将“香烟纸”端拧在一起。

d) 将“香烟”放入坩埚中，点火丝被紧密地包裹缠绕在电极线上。

1——心轴；
2——模具；
3——点火丝；
4——“香烟纸”；
5——电极；
6——香烟；
7——坩埚。

图2 香烟法制备试样

4.11 制丸装置

如果没有提供预制好的丸状样品，则需要使用制丸装置。

4.12 试剂

4.12.1 蒸馏水或去离子水。

4.12.2 纯度≥99.5%的去除其他可燃物质的高压氧气(由电解产生的氧气可能含有少量的氢，不适用于该试验)。

4.12.3 被认可且标明热值的苯甲酸粉末和苯甲酸丸片可作为计量标准物质。

4.12.4 助燃物采用已知热值的材料，比如石蜡油。

4.12.5 已知热值的“香烟纸”应预先粘好，且最小尺寸为55 mm×50 mm。可将市面上买来的55 mm×100 mm的“香烟纸”裁成相等的两片来用。

4.12.6 点火丝为直径0.1 mm的纯铁铁丝。也可以使用其他类型的金属丝，只要在点火回路合上时，金属丝会因张力而断开，且燃烧热是已知的。使用金属坩埚时，点火丝不能接触坩埚，建议最好将金属丝用棉线缠绕。

4.12.7 棉线以白色棉纤维制成(见4.12.6)。

5 试样

5.1 概述

应对制品的每个组分进行评价，包括次要组分。如果非匀质制品不能分层，则需单独提供制品的各组分。如果制品可以分层，那么分层时，制品的每个组分应与其他组分完全剥离，相互不能粘附有其他成分。

5.2 制样

5.2.1 概述

样品应具有代表性，对匀质制品或非匀质制品的被测组分，应任意截取至少5个样块作为试样。若被测组分为匀质制品或非匀质制品的主要成分，则样块最小质量为50 g。若被测组分为非匀质制品的次要成分，则样块最小质量为10 g。

5.2.2 松散填充材料

从制品上任意截取最小质量为50 g的样块作为试样。

5.2.3 含水产品

将制品干燥后，任意截取其最小质量为10 g的样块作为试样。

5.3 表观密度测量

如果有要求，应在最小面积为250 mm×250 mm的试样上对制品的每个组分进行面密度测试，精度为±0.5%。如为含水制品，则需对干燥后的制品质量进行测试。

5.4 研磨

将样品逐次研磨得到粉末状的试样。在研磨的时候不能有热分解发生。样品要采用交错研磨的方式进行研磨。如果样品不能研磨，则可采用其他方式将样品制成小颗粒或片材。

5.5 试样类型

通过研磨得到细粉末样品(见5.4)，应以坩埚法(见5.8)制备试样。如果通过研磨不能得到细粉末样品，或以坩埚试验时试件不能完全燃烧，则应采用“香烟”法制备试样(见5.9)。

5.6 试样数量

按7.3的规定，应对3个试样进行试验。如果试验结果不能满足有效性的要求(见第10章)，则需对另外2个试样进行试验。按分级体系的要求，可以进行多于3个试样的试验。

5.7 质量测定

称取下述样品，精确到0.1 mg：

a) 被测材料 0.5 g；

b) 苯甲酸 0.5 g；

c) 必要时，应称取点火丝、棉线和“香烟”纸。

注 1：对于高热值的制品，可以不使用助燃物或减少助燃物。

注 2：对于低热值的制品，为了使得试样达到完全燃烧，可以将材料和苯甲酸的质量比由 1∶1 改为 1∶2，或增加助燃物来增加试样的总热值。

5.8 坩埚试验

试验步骤如下（如图 3 所示）：

a) 将已称量的试样和苯甲酸的混合物放入坩埚中；

b) 将已称量的点火丝连接到两个电极上；

c) 调节点火丝的位置，使之与坩埚中的试样良好的接触。

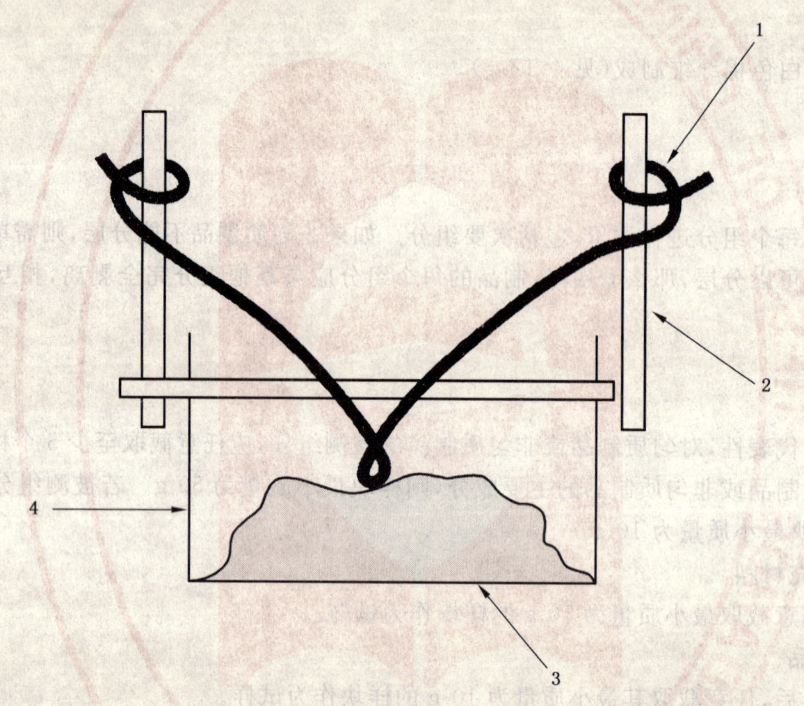

1——点火丝；

2——电极；

3——苯甲酸和试样的混合物；

4——坩埚。

图 3 坩埚法制备试样

5.9 香烟试验

试验步骤如下（如图 2 所示）：

a) 调节已称量的点火丝下垂到心轴的中心。

b) 用已称量的“香烟纸”将心轴包裹，并将其边缘重叠处用胶水粘结。如果“香烟纸”已粘结，则不需要再次粘结。两端留出足够的纸，使其和点火丝拧在一起。

c) 将纸和心轴下端的点火丝拧在一起放入模具中，点火丝要穿出模具的底部。

d) 移出心轴。

e) 将已称量的试样和苯甲酸的混合物放入“香烟纸”。

f) 从模具中拿出装有试样和苯甲酸混合物的“香烟纸”，分别将“香烟纸”两端扭在一起。

g) 称量"香烟"状样品，确保总重和组成成分的质量之差不能超过 10 mg。

h) 将"香烟"状样品放入坩埚。

6 状态调节

试验前，应将粉末试样、苯甲酸和"香烟纸"按照 EN 13238 的要求进行状态调节。

7 测定步骤

7.1 概述

试验应在标准试验条件下进行，试验室内温度要保持稳定。对于手动装置，房间内的温度和量热筒内水温的差异不能超过±2 K。

7.2 校准步骤

7.2.1 水当量的测定

量热仪、氧弹及其附件的水当量 E(MJ/K)可通过对 5 组质量为 0.4 g～1.0 g 的标准苯甲酸样品进行总热值测定来进行标定。标定步骤如下：

a) 压缩已称量的苯甲酸粉末，用制丸装置将其制成小丸片，或使用预制的小丸片。预制的苯甲酸小丸片的燃烧热值同试验时采用的标准苯甲酸粉末燃烧热值一致时，才能将预制小丸片用于试验。

b) 称量小丸片，精确到 0.1 mg。

c) 将小丸片放入坩埚。

d) 将点火丝连接到两个电极。

e) 将已称量的点火丝接触到小丸片。

按 7.3 的规定进行试验。水当量 E 应为 5 次标定结果的平均值，以 MJ/K 表示。每次标定结果与水当量 E 的偏差不能超过 0.2%。

7.2.2 重复标定的条件

在规定周期内，或不超过 2 个月，或系统部件发生了显著变化时，应按 7.2.1 的规定进行标定。

7.3 标准试验程序

a) 检查两个电极和点火丝，确保其接触良好，在氧弹中倒入 10 mL 的蒸馏水，用来吸收试验过程中产生的酸性气体。

b) 拧紧氧弹密封盖，连接氧弹和氧气瓶阀门，小心开启氧气瓶，给氧弹充氧至压力达到 3.0 MPa～3.5 MPa。

c) 将氧弹放入量热仪内筒。

d) 在量热仪内筒中注入一定量的蒸馏水，使其能够淹没氧弹，并对其进行称量。所用水量应和校准过程中(见 7.2.1)所用的水量相同，精确到 1 g。

e) 检查并确保氧弹没有泄漏(没有气泡)。

f) 将量热仪内筒放入外筒。

g) 步骤如下：

1) 安装温度测定装置，开启搅拌器和计时器。

2) 调节内筒水温，使其和外筒水温基本相同。每隔一分钟应记录一次内筒水温，调节内筒水温，直到 10 min 内的连续读数偏差不超过±0.01 K。将此时的温度作为起始温度(T_i)。

3) 接通电流回路，点燃样品。

4) 对绝热量热仪来说：在量热仪内筒快速升温阶段，外筒的水温应与内筒水温尽量保持一致；其最高温度相差不能超过±0.01 K。每隔一分钟应记录一次内筒水温，直到 10 min 内的连续读数偏差不超过±0.01 K。将此时的温度作为最高温度(T_m)。

h) 从量热仪中取出氧弹，放置 10 min 后缓慢泄压。打开氧弹。如氧弹中无煤烟状沉淀物且坩埚上无残留碳，便可确定试样发生了完全燃烧。清洗并干燥氧弹。

i) 如果采用坩埚法进行试验方时，试样不能完全燃烧，则采用“香烟”法重新进行试验。如果采用“香烟”法进行试验，试样同样不能完全燃烧，则继续采用“香烟”法重复试验。

8 试验结果表述

8.1 手动测试设备的修正

按照温度计的校准证书，根据温度计的伸入长度，对测试的所有温度进行修正。

8.2 等温量热仪的修正(见附录 C)

因为同外界有热交换，因此有必要对温度进行修正(见注 1、注 2、注 3)。

注 1：如果使用了绝热护套，那么温度修正值为 0；

注 2：如果采用自动装置，且自动进行修正，那么温度修正值为 0；

注 3：附录 C 给出了用于计算的制图法。

按如下公式进行修正：

$$c = (t - t_1) \times T_2 - t_1 \times T_1 \quad \cdots\cdots(1)$$

式中：

t——从主期采样开始到出现最高温度时的一段时间，最高温度出现的时间是指温度停止升高并开始下降的时间的平均值，单位为分钟、秒(如图 4 所示)；

t_1——从主期采样开始到温度达到总温升值($T_m - T_1$)6/10 时刻的这段时间(如图 4 所示)(见 8.3)，这些时刻的计算是在相互两个最相近的读数之间通过插值获得，单位为分钟、秒；

T_2——末期采样阶段温度每分钟下降的平均值(如图 4 所示)；

T_1——初期采样阶段温度每分钟增长的平均值(如图 4 所示)。

差异通常与量热仪过热有关。

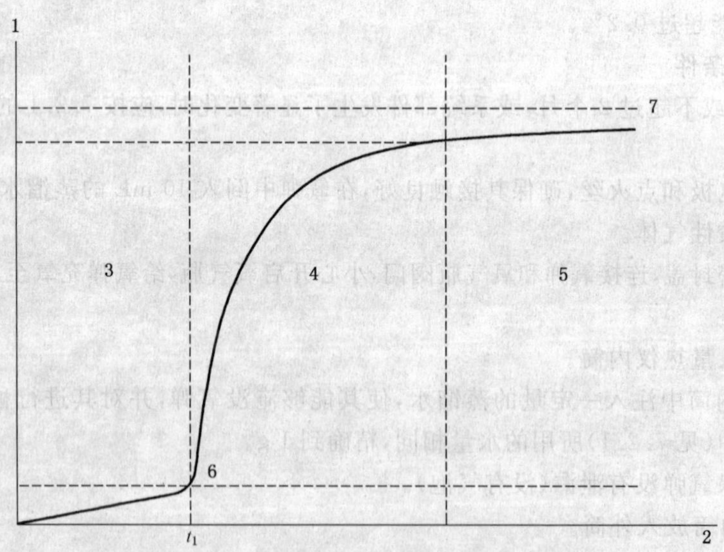

1——温度；

2——时间；

3——试验初期；

4——试验主期；

5——试验末期；

6——点火；

7——T(外筒)。

图 4 温度-时间曲线

8.3 试样燃烧总热值的计算

计算试样燃烧的总热值时，应在恒容的条件下进行，由下列公式计算得出，以 MJ/kg 表示。对于自动测试仪，燃烧总热值可以直接获得，并作为试验结果。

$$PCS = \frac{E(T_m - T_i + c) - b}{m} \qquad \cdots\cdots(2)$$

式中：

PCS——总热值，单位为兆焦耳每千克(MJ/kg)；

E——量热仪、氧弹及其附件以及氧弹中充入水的水当量，单位为兆焦耳每开尔文(MJ/K)(见7.2)；

T_i——起始温度，单位为开尔文(K)；

T_m——最高温度，单位为开尔文(K)；

b——试验中所用助燃物的燃烧热值的修正值，单位为兆焦耳(MJ)，如点火丝、棉线、"香烟纸"、苯甲酸或其他助燃物。

除非棉线、"香烟纸"或其他助燃物的燃烧热值是已知的，否则都应测定。按照5.8的规定来制备试样，并按照7.3的规定进行试验。

各种点火丝的热值如下：

——镍铬合金点火丝：1.403 MJ/kg；

——铂金点火丝：0.419 MJ/kg；

——纯铁点火丝：7.490 MJ/kg；

c——与外部进行热交换的温度修正值，单位为开尔文(K)(见8.2)。使用了绝热护套的修正值为0；

m——试样的质量，单位为千克(kg)。

8.4 产品燃烧总热值的计算

8.4.1 概述

对于燃烧发生吸热反应的制品或组件，得到的 PCS 值可能会是负值。

采用以下步骤计算制品的 PCS 值。

首先，确定非匀质制品的单个成分的 PCS 值或匀质材料的 PCS 值。如果3组试验结果均为负，则在试验结果中应注明，并给出实际结果的平均值。

例如：−0.3，−0.4，+0.1，平均值为−0.2。

对于匀质制品，以这个平均值作为制品的 PCS 值，对于非匀质制品，应考虑每个组分的 PCS 平均值。若某一组分的热值为负值，在计算试样总热值时可将该热值设为0。金属成分不需要测试，计算时将其热值设为0。

如4个成分的热值各为：−0.2，15.6，6.3，−1.8。

负值设为0，即为：0，15.6，6.3，0。

由这些值计算制品的 PCS 值。

8.4.2 匀质制品

8.4.2.1 对于一个单独的样品，应进行3次试验。如果单个值的离散符合第10章的判据要求，则试验有效，该制品的热值为这3次测试结果的平均值。

8.4.2.2 如果这3次试验的测试值偏差不在第10章的规定值范围内，则需要对同一制品的两个备用样品进行测试。在这5个试验结果中，去除最大值和最小值，用余下的3个值按8.4.2.1的规定计算试样的总热值。

8.4.2.3 如果测试结果的有效性不满足8.4.2.1规定要求，则应重新制作试样，并重新进行试验。

8.4.2.4 如果分级试验中需要对2个备用试样(已做完3组试样)进行试验时，则应按8.4.2.2的规定准备2个备用试样，即是说对同一制品，最多对5个试样进行试验。

8.4.3 非匀质制品

非匀质制品的总热值试验步骤如下：

a) 对于非匀质制品，应计算每个单独组分的总热值，总热值以 MJ/kg 表示，或以组分的面密度将总热值表示为 MJ/m^2；

b) 用单个组分的总热值和面密度计算非匀质产品的总热值。

对于非匀质制品的燃烧热值的计算可参见附录 D。

9 试验报告

试验报告至少应包括下列内容：

a) 试验标准；

b) 任何与试验方法的偏离；

c) 试验室的名称和地址；

d) 报告编号；

e) 送检单位的名称和地址；

f) 生产单位的名称和地址；

g) 到样日期；

h) 产品信息；

i) 相关的抽样程序；

j) 样品的总体描述（包括：密度、面密度、厚度、产品的构造）；

k) 状态调节；

l) 试验日期；

m) 测定的水当量；

n) 按第 8 章的要求表述测试结果；

o) 试验现象；

p) 注明"本试验结果只与制品的试样在特定试验条件下的性能相关，不能将其作为评价该制品在实际使用中潜在火灾危险性的唯一依据"。

10 试验结果的有效性

只有符合下述判据要求时，试验结果有效。

表 1 试验结果有效的标准

总燃烧热值	3 组试验的最大和最小值偏差	有效范围
PCS	≤0.2 MJ/kg	0 MJ/kg～3.2 MJ/kg
PCS[a]	≤0.1 MJ/m^2	0 MJ/m^2～4.1 MJ/m^2

a 仅适用于非匀质材料。

附 录 A
（规范性附录）
净热值的计算

净热值（PCI）为总热值（PCS）与水蒸气冷凝为水释放的汽化潜热（q）的差值，即：

$$PCI = PCS - q$$

通过氢含量的测定来计算燃烧后氧弹内的冷凝水的量。按照第5章和第6章的规定，将样品制备成粉状试样，并进行状态调节。

氢含量试验次数与燃烧热值试验次数相同。

冷凝水含量 w 为3次试验结果的平均值。

氧弹中冷凝水的汽化潜热 q 通过下式计算：

$$q = 2\ 449\ w$$

附 录 B
（资料性附录）
试验方法的精确度

CEN/TC 127 主持进行了一次巡回论证试验。使用的草案和本标准一致。巡回论证试验中所用的制品如表 B.1 所述。

表 B.1 循环测试中的产品

产品	密度/(kg/m³)	厚度/mm	面密度/(g/m²)
石棉	145	50	
木质纤维板	50		
石膏纤维板	1 100	25	
酚醛泡沫		40	
FR 纤维疏松填料	30		
涂料			145
PVC/腈橡胶(氯占 12.9%)	65		1 235
吸声矿物纤维瓦 * 有涂层的玻璃棉毡 * 石棉	绒:220	18	 413.1 4 085
纸面石膏板 * 纸面(深色) * 石膏 * 纸面(浅色)	70	12.5	 220 8 700 230
有面层的玻璃棉 * 有涂层的玻璃棉毡 * 玻璃棉 * 玻璃绒	8	15	 313.2 1 092.8 55.4

根据 ISO 5725-2[1)]（表 B.2），分别以坩埚试验法和香烟试验法，对 *PCS*(MJ/kg)在置信区间 95%时计算其统计平均值(m)、标准偏差(S_r 和 S_R)、重复性(r)和再现性(R)。r 和 R 恰好等于标准偏差的 2.8 倍，这些值包括离散值，但不包括偏离值。

表 B.2 巡回论证试验统计结果

	统计平均值 m	标准偏差 S_r	标准偏差 S_R	r	R	S_r/m	S_R/m
PCS/(MJ/kg) 坩埚法	0.32～24.82	0.04～0.35	0.07～1.13	0.12～0.98	0.19～3.16	0.17%～21.3%	2.72%～60.40%
PCS/(MJ/kg) 香烟法	0.31～25.18	0.03～0.34	0.09～1.17	0.10～0.95	0.25～3.27	0.37%～23.41%	3.16%～70.40%

1) ISO 5725-2:1994《测试方法和结果的精度(准确度和精密度) 第 2 部分:确定标准测试方法重现性和再现性的基本方法》。

对于 S_r、S_R、r 和 R，两种试验方法近似具有线性关系。表 B.3 列出了线性系数。作为实例图 B.1 绘制出了坩埚试验的 PCS 图。对于 PCS 值的重现性，即使统计正确，这种模型也没有太大意义。可能比线性模型更复杂的模型更适合这些参数，但在巡回论证试验中没有作这方面的研究。

表 B.3 巡回论证试验统计模型

参数	S_r	S_R	r	R
PCS/(MJ/kg)坩埚法	0.07−0.000 4×PCS	0.09+0.028 7×PCS	0.20+0.001 2×PCS	0.26+0.080 4×PCS
PCS/(MJ/kg)香烟法	0.05+0.004 1×PCS	0.12+0.032 8×PCS	0.15+0.011 4×PCS	0.34+0.091 8×PCS

当模型适用于这些参数时，可将其作为一种预测结果的工具，这可通过一个例子来说明，假设试验室对某个制品进行热值测试，用坩埚试验法测出 PCS 值为 1.57 MJ/kg，当同一个试验室对同一个样品进行第二次测试时，r 值就可以计算为：

$$r = 0.20 - 0.001\,2 \times 1.57 \approx 0.20\ \text{MJ/kg}$$

那么第二次试验的结果 95% 的可能性会落在 1.77 MJ/kg 到 1.37 MJ/kg 之间。

假设现在另外一个试验室对同一制品进行试验，R 值可以计算为：

$$R = 0.26 + 0.080\,4 \times 1.57 \approx 0.39\ \text{MJ/kg}$$

那么这个试验室的测试结果 95% 的可能性会落在 1.18 MJ/kg 和 1.96 MJ/kg 之间。

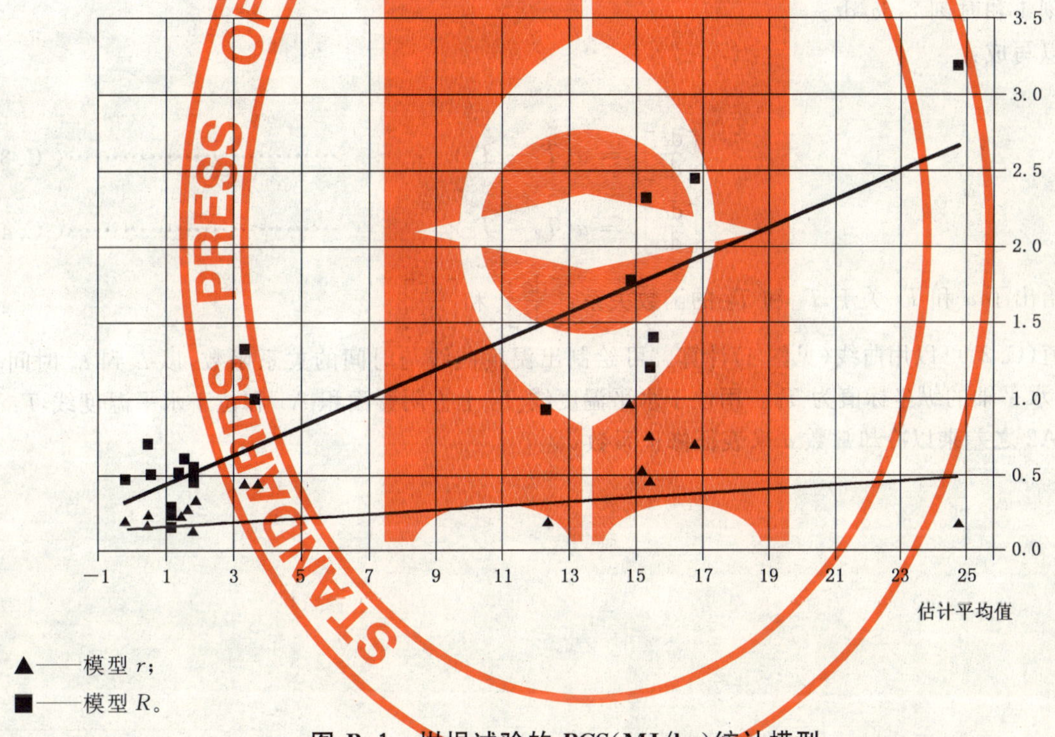

▲——模型 r；

■——模型 R。

图 B.1 坩埚试验的 PCS(MJ/kg)统计模型

附　录　C
（资料性附录）
修正系数 c 的计算

T 是量热仪的温度，t 是时间。假定在试验过程中，量热仪周围的温度是一个恒定的值 T_0。量热仪的温度 T 从试验初期温度 T_0 升高到末期温度 T_1，T_2 通常大于 T_1。在单位时间间隔 dt 内，量热仪由于外界的冷却经历了一个正的或负的变化 dc，它与温度相关，可以通过牛顿公式表示为：

$$c = a \cdot (T - T_0)\mathrm{d}t \qquad \cdots\cdots(\text{C}.1)$$

对于一个特定的量热仪来说，a 是一个常数；从试验主期采样初期 t_1 时刻到达到最高温度的 t_m 时刻的这段时间内，用下列的积分公式计算量热仪与外界进行热交换的温度修正系数。

$$\mathrm{d}c = a\int_{t_1}^{t_m}(T - T_0)\mathrm{d}t \qquad \cdots\cdots(\text{C}.2)$$

为了计算这个积分，a 和 T_0 必须是已知的。在初期的结束时刻（时刻 1）和在末期的结束时刻（时刻 2），量热仪的温度变化几乎是呈线性关系的，并且与对外界的热量交换相关，因此对这些变量可以给出：

在时刻 1 和时刻 2：dc/dt。

因此还可以写成：

$$\left[\frac{\mathrm{d}c}{\mathrm{d}t}\right]_1 = a(T_1 - T_0) \qquad \cdots\cdots(\text{C}.3)$$

$$\left[\frac{\mathrm{d}c}{\mathrm{d}t}\right]_2 = a(T_2 - T_0) \qquad \cdots\cdots(\text{C}.4)$$

上述方程给出了 a 和 T_0 关于 T_1 和 T_2 的函数关系：$\left[\frac{\mathrm{d}c}{\mathrm{d}t}\right]_1$ 和 $\left[\frac{\mathrm{d}c}{\mathrm{d}t}\right]_2$

积分值（C.2）可以用曲线（见图 4）计算。可绘制出温度曲线与时间的关系函数，以 t_i 到 t_m 时间段为水平轴，水平轴的纵坐标值为 T_0。用位于水平温度线 T_0 上方阴影面积 A1 和位于水平温度线 T_0 下方的面积 A2 之差乘以冷却常数 a 来表征修正系数 c。

附 录 D
（资料性附录）
非匀质样品总热值测量示例

D.1 用于试验的非匀质制品

如第3章所规定非匀质样品由主要组分和内、外部次要组分组成（见图D.1）。

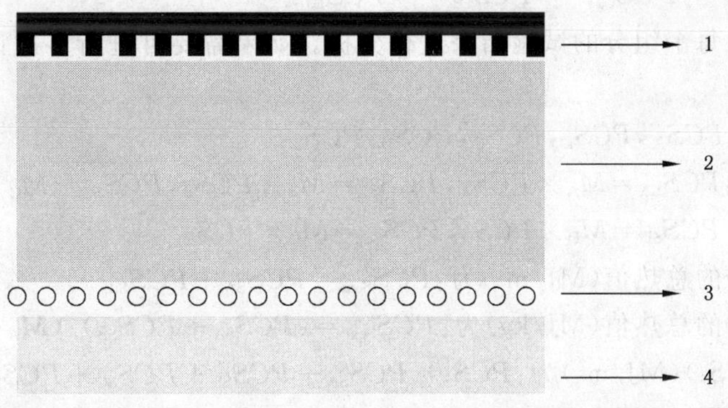

1——外部次要组分；
2——主要组分；
3——内部次要组分；
4——主要组分。

图 D.1 非匀质制品

D.2 非匀质制品的制样

D.2.1 层压制品

对这类制品，应对它的每个构成组分进行评价，可以通过剥离分层或单独提供组分进行制样。按5.2的规定制备试样，将每个试样按5.4的要求进行研磨（见图D.2）。

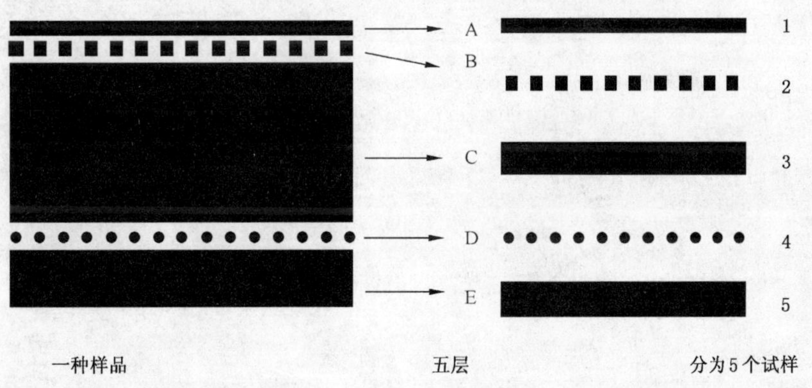

1——最小面积0.5 m^2 和最小质量10.0 g；
2——固化后最小质量为10.0 g（粘接剂）；
3——最小面积0.5 m^2 和最小质量50.0 g；
4——固化后最小质量为10.0 g（粘接剂）；
5——最小面积0.5 m^2 和最小质量50.0 g。

图 D.2 非匀质制品的制样

D.2.2 单个组分面密度的测试

5 个组分的面密度(kg/m^2)按照 5.3 的要求进行测定。A、B、C、D、E 5 个组分的面密度分别表示为 M_A、M_B、M_C、M_D、M_E,那么该制品的面密度则为:$M=M_A+M_B+M_C+M_D+M_E$。

D.3 各组分总热值的测试

按 7.3 的要求测量各组分的总热值,即每个组分的 3 个测量结果(MJ/kg):

PCS_{A1} PCS_{B1} PCS_{C1} PCS_{D1} PCS_{E1}

PCS_{A2} PCS_{B2} PCS_{C2} PCS_{D2} PCS_{E2}

PCS_{A3} PCS_{B3} PCS_{C3} PCS_{D3} PCS_{E3}

按第 8 章的规定对每个组分的试验结果进行分析。如果需要可进行多次试验,算出各组分试验结果的平均值:

——单位:MJ/kg:PCS_A,PCS_B,PCS_C,PCS_D,PCS_E

——单位:MJ/m^2:$PCS_{SA}=M_A\times PCS_A$,$PCS_{SB}=M_B\times PCS_B$,$PCS_{SC}=M_C\times PCS_C$,$PCS_{SD}=M_D\times PCS_D$,$PCS_{SE}=M_E\times PCS_E$

制品外部次要组分的总热值(MJ/m^2)为:$PCS_{Sext}=PCS_{SA}+PCS_{SB}$

制品外部次要组分的总热值(MJ/kg)为:$PCS_{Sext}=(PCS_{SA}+PCS_{SB})/(M_A+M_B)$

制品的总热值(PCS_S)(MJ/m^2)为:$PCS_S=PCS_{SA}+PCS_{SB}+PCS_{SC}+PCS_{SD}+PCS_{SE}$

制品的总热值(PCS)(MJ/kg)为:$PCS=PCS_S/M$

ICS 71.040.40
G 76

中华人民共和国国家标准

GB/T 14415—2007
代替 GB/T 14415—1993, GB/T 15893.4—1995

工业循环冷却水和锅炉用水中固体物质的测定

Water for industrial circulating cooling system and boiler—Determination of solids matter

2007-08-13 发布 2008-02-01 实施

中华人民共和国国家质量监督检验检疫总局
中国国家标准化管理委员会 发布

前　言

本标准同时代替 GB/T 14415—1993《锅炉用水和冷却水分析方法　固体物质的测定》、GB/T 15893.4—1995《工业循环冷却水中溶解性固体的测定　重量法》。

本标准与 GB/T 14415—1993 相比主要差异如下：

——删去了悬浮物、灼烧后残留物及减量的测定方法。

本标准与 GB/T 15893.4—1995 相比主要差异如下：

——增加了总固体的测定方法。

本标准由中华人民共和国石油和化学工业协会提出。

本标准由全国化学标准化技术委员会水处理剂分会(SAC/TC 63/SC 5)归口。

本标准起草单位：天津化工研究设计院、中国石油化工集团公司水处理药剂评定中心。

本标准主要起草人：邵宏谦、金栋、白莹、李琳、朱传俊。

本标准所代替标准的版本发布情况为：

——GB/T 14415—1993；

——GB/T 15893.4—1995。

工业循环冷却水和锅炉用水中固体物质的测定

1 范围

本标准规定了天然水、工业循环冷却水、锅炉用水中总固体、溶解性固体的测定方法。

本标准适用于锅炉用水和工业循环冷却水中固体物质的测定。

2 规范性引用文件

下列文件中的条款通过本标准的引用而成为本标准的条款。凡是注日期的引用文件，其随后所有的修改单(不包括勘误的内容)或修订版均不适用于本标准，然而，鼓励根据本标准达成协议的各方研究是否可使用这些文件的最新版本。凡是不注日期的引用文件，其最新版本适用于本标准。

GB/T 6903　锅炉用水和冷却水分析方法　通则

3 总固体的测定

本方法适用于总固体含量大于 25 mg/L 的天然水、冷却水、炉水水样的测定。

3.1 原理

本方法是将一定体积的水样，置于已知质量的蒸发皿中蒸干后，转入 105℃～110℃ 烘箱中烘干至恒量。所得剩余残留物为水中的总固体。

3.2 仪器和设备

一般实验室用仪器和下列仪器。

3.2.1　蒸发皿：ϕ100 mm(白金、石英或瓷蒸发皿)。

3.2.2　水浴锅。

3.3 分析步骤

分析过程中遵循 GB/T 6903 的相关规定。

3.3.1　将洗净的蒸发皿，置于 105℃～110℃ 烘箱中烘干至恒量，待用。

3.3.2　移取一定量充分摇匀的水样(总固体含量大于 25 mg)于已知质量的蒸发皿中，置于加热器上蒸发。当水样体积较大时，可采用低温电炉、电热板或红外加热板蒸发、浓缩(注意不要使水样沸腾)，并不断补加水样直至体积减少至 20 mL～30 mL 后，移至沸腾的水浴锅里继续蒸干。为防止环境中杂质的污染，应在蒸发皿上放置三角架，并加盖表面皿或加防护罩。还应注意水浴锅的水面不能与蒸发皿接触，以免沾污蒸发皿，影响测定结果。

3.3.3　将已蒸干的水样残留物连同蒸发皿移入 105℃～110℃ 的烘箱中，烘干至恒量。

3.4 结果计算

水样的总固体以质量浓度 ρ_1 计，数值以毫克每升(mg/L)表示，按式(1)计算：

$$\rho_1 = \frac{(m_2 - m_1) \times 10^6}{V_1} \quad \cdots\cdots(1)$$

式中：

m_2——烘干后总固体与蒸发皿的质量的数值，单位为克(g)；

m_1——蒸发皿的质量的数值，单位为克(g)；

V_1——水样的体积的数值，单位为毫升(mL)。

3.5 允许差

取平行测定结果的算术平均值为测定结果。平行测定结果的绝对差值不大于 5 mg/L。

4 溶解性固体的测定

本方法适用于溶解性固体含量大于 25 mg/L 的天然水、工业循环冷却水、炉水水样测定。

4.1 原理

移取过滤后的一定量的水样于已知质量的蒸发皿内蒸干，并在 105℃～110℃烘干至恒量。

4.2 仪器和设备

一般实验室用仪器和下列仪器。

4.2.1 慢速定量滤纸或滤板孔径为 2 μm～5 μm 的玻璃砂芯漏斗。

4.2.2 蒸发皿：ϕ100 mm。

4.2.3 水浴锅。

4.3 分析步骤

将待测水样用慢速定量滤纸或滤板孔径为 2 μm～5 μm 的玻璃砂芯漏斗过滤。移取适量过滤后的水样，置于已于 105℃～110℃干燥至恒量的蒸发皿中。将蒸发皿置于沸水浴上蒸发至干，再将蒸发皿于 105℃～110℃下干燥至恒量。

4.4 结果计算

水样的溶解性固体以质量浓度 ρ_2 计，数值以毫克每升(mg/L)表示，按式(2)计算：

$$\rho_2 = \frac{(m_2 - m_1) \times 10^6}{V_2} \qquad (2)$$

式中：

m_2——溶解性固体与蒸发皿的质量的数值，单位为克(g)；

m_1——蒸发皿的质量的数值，单位为克(g)；

V_2——水样的体积的数值，单位为毫升(mL)。

4.5 允许差

取平行测定结果的算术平均值为测定结果。平行测定结果的绝对差值不大于 5 mg/L。

ICS 13.100
C 68

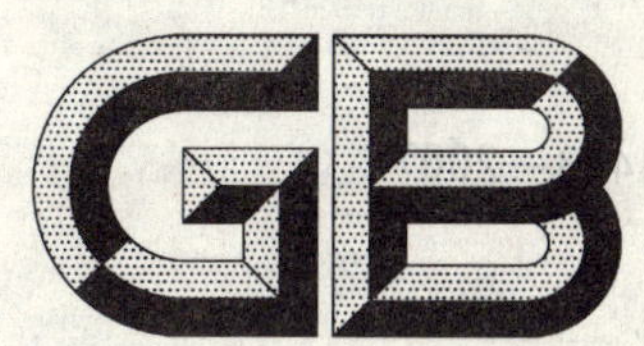

中华人民共和国国家标准

GB 14443—2007
代替 GB 14443—1993

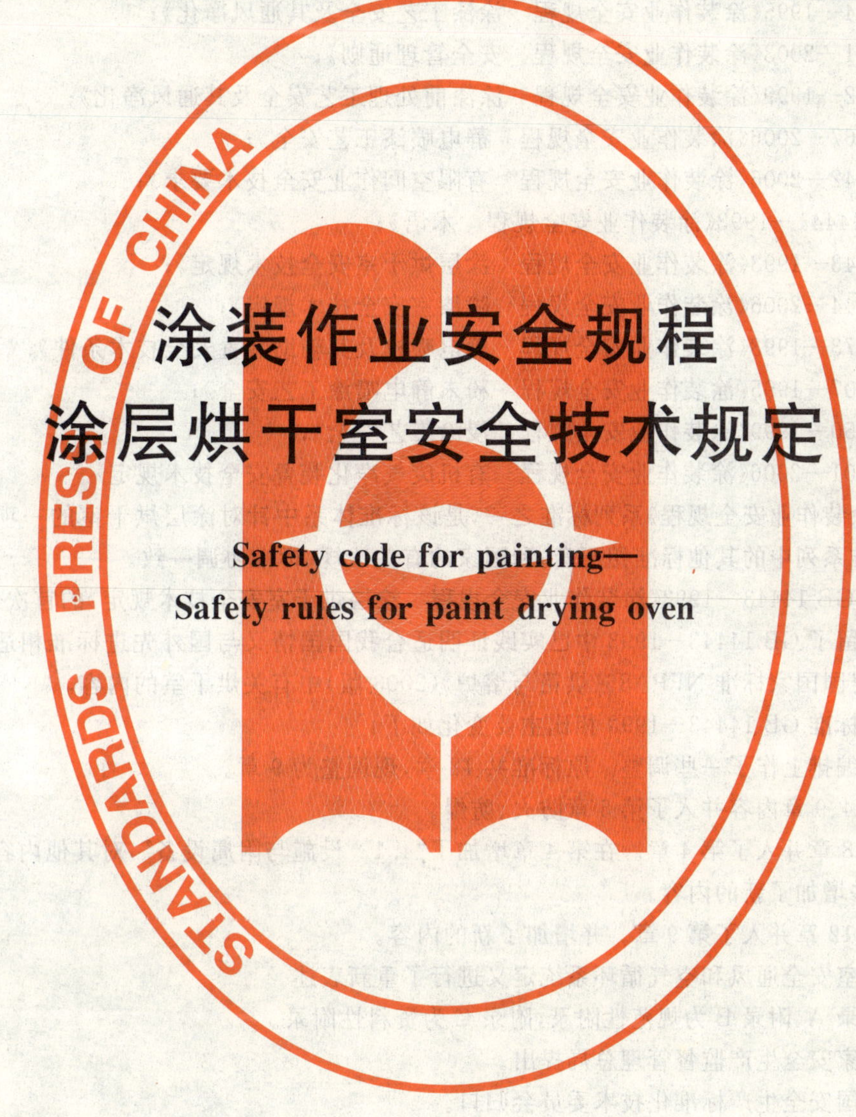

涂装作业安全规程 涂层烘干室安全技术规定

Safety code for painting—
Safety rules for paint drying oven

2007-06-26 发布　　2008-02-01 实施

中华人民共和国国家质量监督检验检疫总局
中国国家标准化管理委员会　发布

前 言

本标准除第1、2、3章外,其余的条款为强制性。

《涂装作业安全规程》系列国家标准已发布的共有12项:

——GB 6514—1995《涂装作业安全规程　涂漆工艺安全及其通风净化》;

——GB 7691—2003《涂装作业安全规程　安全管理通则》;

——GB 7692—1999《涂装作业安全规程　涂漆前处理工艺安全及其通风净化》;

——GB 12367—2006《涂装作业安全规程　静电喷漆工艺安全》;

——GB 12942—2006《涂装作业安全规程　有限空间作业安全技术要求》;

——GB/T 14441—1993《涂装作业安全规程　术语》;

——GB 14443—1993《涂装作业安全规程　涂层烘干室安全技术规定》;

——GB 14444—2006《涂装作业安全规程　喷漆室安全技术规定》;

——GB 14773—1993《涂装作业安全规程　静电喷枪及其辅助装置安全技术条件》;

——GB 15607—1995《涂装作业安全规程　粉末静电喷涂工艺安全》;

——GB 17750—1999《涂装作业安全规程　浸涂工艺安全》;

——GB 20101—2006《涂装作业安全规程　有机废气净化装置安全技术规定》。

本标准为《涂装作业安全规程》系列标准之一,是该标准体系中针对涂层烘干室的一项通用安全技术标准,与本标准系列中的其他标准相配套,和国家的有关法规、标准协调一致。

本标准是对GB 14443—1993《涂装作业安全规程　涂层烘干室安全技术规定》的首次修订。

本次修订保留了GB 14443—1993中已实践证明适合我国国情又与国外先进标准相适应的一些内容,同时参考了美国国家标准NFPA86《烘箱与熔炉》(2003版)中有关烘干室的内容。

本标准与原标准GB 14443—1993相比主要变化如下:

——在结构编排上作了一些调整。原标准共12章,现调整为9章。

——将原第4、9章内容并入了第5章防火、防爆。

——原第5、8章并入了第4章。在第4章增加了"4.1　设施与附属设备",对其他内容进行了重新编排,并增加了新的内容。

——原第7、12章并入了第9章。并增加了新的内容。

——对烘干室安全通风和空气循环系统定义进行了重新表述。

本标准的附录A、附录B为规范性附录,附录C为资料性附录。

本标准由国家安全生产监督管理总局提出。

本标准由全国安全生产标准化技术委员会归口。

本标准负责起草单位:江苏省安全生产科学研究院。

本标准参加起草单位:常州正英工业燃烧设备有限公司、浙江明泉工业涂装有限公司、扬州琼花环保工程设备有限公司、浙江华立涂装有限公司、上海博缘燃烧设备有限公司。

本标准主要起草人:沈立、孙明义、金雪芳、黄立明、奚兴宜、吕春华、吴中直。

涂装作业安全规程
涂层烘干室安全技术规定

1 范围

本标准规定了涂层烘干室的设计、制造、安装、检验、使用和维修的基本安全技术要求。

本标准适用于各类基材涂层的干燥、固化用烘干室。

2 规范性引用文件

下列文件中的条款通过本标准的引用而成为本标准的条款。凡是注日期的引用文件，其随后所有的修改单(不包括勘误的内容)或修订版均不适用于本标准，然而，鼓励根据本标准达成协议的各方研究是否可使用这些文件的最新版本。凡是不注日期的引用文件，其最新版本适用于本标准。

GB/T 4942.1 旋转电机整体结构的防护等级(IP 代码)分级(GB/T 4942.1—2006 eqv IEC 60034-5:2000)

GB 6514—1995 涂装作业安全规程 涂漆工艺安全及其通风净化

GB 7691—2003 涂装作业安全规程 安全管理通则

GB/T 14441—1993 涂装作业安全规程 术语

GB 14444 涂装作业安全规程 喷漆室安全技术规定

GB 16297 大气污染物综合排放标准

GB 20101 涂装作业安全规程 有机废气净化装置安全技术规定

GB 50058 爆炸和火灾危险环境电力装置设计规范

GB 50140 建筑灭火器配置设计规范

GBJ 87 工业企业噪声控制设计规范

3 术语和定义

GB/T 14441—1993 确立的以及下列术语和定义适用于本标准。

3.1

引燃温度 ignition temperature

按照标准试验方法引燃爆炸性混合物的最低温度。

3.2

烘干室安全通风 safety ventilation of drying oven

烘干室内控制可燃气体(或粉末)浓度的专用通风，用以保证烘干室内任何部位在任何工作状态下可燃气体(或粉末)的浓度都低于爆炸下限。安全通风包括：供给适量的新鲜空气；组织合理的空气循环气流，将浓度过高的废气净化或排至适当区域等。

3.3

直接燃烧加热 direct-fired

烘干室加热系统的燃烧产物进入其工作空间，并直接接触和加热工件。

3.4

间接燃烧加热 indirect-fired

烘干室加热系统的燃烧产物与其工作空间气密地隔开，并间接加热工件。

3.5

空气循环系统　air re-circulation system

有组织地将烘干室工作空间的空气抽出并送回的整套装置，用以满足热风对流加热的要求，并组织安全通风，避免室内空气中可燃物集聚。

3.6

间歇式烘干室　batch process oven

间歇地装入工件并周期地进行干燥、固化作业的烘干室。

3.7

连续式烘干室　continuous process oven

连续地装入工件并连续地进行干燥、固化作业的烘干室。

4　结构要求

4.1　设施与附属设备

4.1.1　烘干室室体

4.1.1.1　烘干室室体及其保温层均应使用不燃材料制造并保证结构强度。

4.1.1.2　烘干室及循环风管应有良好保温层，外壁表面温度不应高于室温15℃。

4.1.1.3　烘干室与燃烧装置之间的连接管道应使用不燃材料隔热，外壁表面温度不应超过70℃。

4.1.2　风机

4.1.2.1　烘干室通风系统所用风机宜选用低噪声产品。

4.1.2.2　空气循环及排气系统中所用风机，当用于溶剂型涂料烘干时，应采用防止火花产生的可靠技术。

4.1.3　电气设备

4.1.3.1　烘干室的电气设备应符合GB 50058的规定。

4.1.3.2　烘干室应设置静电接地，其接地电阻值小于100 Ω。

4.1.3.3　装有电器设备的烘干室，其金属外壳应有保护接地，接地电阻值小于10 Ω。金属外壳的各部件之间，应保持良好的电气连接。

4.1.3.4　烘干室内部电气导线应有耐高温绝缘层。

4.1.3.5　烘干室外部电气接线端应有防护罩。

4.1.3.6　烘干室使用的电动机、电控箱及电气元件，如设置在第5章中规定的爆炸危险区内，则应按GB 50058规定选型，达到整体防爆要求；如设置在非爆炸危险区内，其防护等级应不低于表1要求。

表1　非爆炸危险区内电动机防护等级

烘干室用途	防护等级(按GB/T 4942.1)
烘干溶剂型涂料涂层	IP 44
烘干粉末涂料涂层	IP 54

4.2　加热系统

4.2.1　加热器表面温度

4.2.1.1　连续式烘干室，未采用可燃气体浓度报警仪进行直接监测爆炸危险浓度的情况下，其加热器表面温度应低于工件涂层溶剂引燃温度。

4.2.1.2　间歇式烘干室，当设置不同的安全装置时，其加热器表面温度应分别符合以下要求：

a)　未设置4.4.1.2规定的安全通风监测装置时，加热器表面温度不应超过工件涂层溶剂引燃温度(℃)的80%；

b)　设置4.4.1.2规定的安全通风监测装置时，加热器表面温度应低于工件涂层溶剂引燃温度；

c) 设置4.4.1.2规定的安全通风监测装置外,在安全通风系统中排气使用专用排气风机并与加热系统联锁的情况下,加热器表面温度允许超过工件涂层溶剂的引燃温度。

4.2.2 加热器设置

4.2.2.1 烘干室内宜使用有足够机械强度的加热器,如使用易碎加热元件,内部应有防护装置,防止因机械损伤引起的火灾及触电事故。

4.2.2.2 加热器不应设置在被加热工件的正下方。

4.2.3 电加热系统

电加热器与金属支架间应有良好的电气绝缘,其常温绝缘电阻不应小于1 MΩ。

4.2.4 燃油及燃气加热系统

4.2.4.1 烘干室宜选用间接燃烧加热系统。不得不使用直接燃烧加热系统时,应符合4.2.4.2的规定。

4.2.4.2 使用燃烧加热系统的烘干室,应设置符合安全要求的空气循环系统。

4.2.4.3 燃烧装置使用自动点火系统,则应安装窥视窗和火焰监测器,并使燃烧器熄火时能自动切断该燃烧器的燃料供给。

4.2.4.4 燃烧装置的燃料供给系统应设置紧急切断阀。

4.3 通风系统

4.3.1 空气循环系统

4.3.1.1 烘干室根据工艺需要设置空气循环系统,其气流布置应同时满足使室内的可燃气体不产生积聚的要求。

4.3.1.2 采用直接燃烧加热的烘干室,其空气循环系统的体积流量应不少于加热系统燃烧产物体积流量的10倍。

4.3.2 安全通风

4.3.2.1 烘干室的安全通风系统应使用有组织气流通风,以保证烘干室内挥发性溶剂或悬浮粉末的浓度低于爆炸下限。

4.3.2.2 烘干室内可燃气体最高体积浓度不应超过其爆炸下限值的25%。空气中粉末最大含量不应超过爆炸下限值的50%。

各种类型及工作温度的烘干室,应按表2选取烘干室内可燃气体或空气粉末混合气体爆炸下限计算值。

表2 烘干室内可燃气体或空气粉末混合气体爆炸下限计算值

烘干室类型	烘干温度低于120℃	烘干温度不低于120℃
	可燃气体或空气粉末混合气体爆炸下限计算值	
间歇式	取室温时爆炸下限值	取室温时爆炸下限值的1/1.4
连续式	取室温时爆炸下限值	取室温时爆炸下限值

4.3.2.3 溶剂型涂料涂层烘干室可按附录A的计算方法确定安全通风所需的新鲜空气量。溶剂蒸气特性数据由供应商提供,也可参考附录C的数据。

4.3.2.4 当确定安全通风所需的新鲜空气量时,应用带入烘干室内溶剂量的实测值。当有经验数据时,也可用估算法确定带入烘干室的溶剂量。

4.3.2.5 涂层烘干室宜设置排气装置,烘干室内排气口位置应设在可燃气体浓度最高的区域。

4.3.2.6 每台烘干室宜单独设置废气排放总管,不宜兼作燃烧设备排烟管或与其他设备共用排放管道。

4.3.2.7 多区的烘干室,允许设一个废气排放总管,但烘干室在各种工作状态下,各支管的排气量不应低于设计值。

4.3.2.8 排气管道上装设余热回收换热器时，应采取措施防止凝结物堵塞废气排气系统。

4.3.2.9 排气管道和检修口应保持良好的气密性。

4.3.3 废气处理

4.3.3.1 烘干室排出的废气应符合 GB 16297 中最高允许排放浓度和排放限值的规定。

4.3.3.2 烘干室废气净化系统的安全要求，应符合 GB 6514 和 GB 20101 中的有关规定。

4.4 控制

4.4.1 控制与连锁

4.4.1.1 烘干室应设置温度自动控制及超温报警装置。

4.4.1.2 需设置安全通风监测装置的烘干室，优先使用可燃气体浓度报警仪，直接监测爆炸危险浓度；也可使用设备的故障监测装置，间接地进行监测。每种情况均应与加热系统连锁。

4.4.1.3 可燃气体浓度报警装置的报警浓度及连锁浓度，应设定在可燃气体爆炸下限的 50% 以内。这种情况下，烘干室内可燃气体浓度允许高于爆炸下限的 25%。

4.4.1.4 控制系统的连锁应保证，开机时先启动循环风机及排气风机，再启动加热系统及工件输送系统，排气时间按 9.3 计算；停机时先关闭加热系统和工件输送系统，再停止风机运行，风机运行时间符合 9.4 的要求。

4.4.2 调节阀

4.4.2.1 烘干室内使用空气流量调节阀时，在系统的正常调节范围内，应使安全通风系统能达到所需的风量。

4.4.2.2 烘干室的安全通风系统使用调节阀时，应设置阀门最小安全开度的限位装置。

4.5 噪声控制

4.5.1 烘干室的附属设备宜采用低噪声产品。

4.5.2 设备的整体设计应使工人操作区噪声符合 GBJ 87 的规定。

4.6 其他

4.6.1 人工装挂工件的大型间歇式烘干室，应设置内部可开启的安全门或室内发讯机构，防止误将工作人员关在室内。

4.6.2 距地面 2 m 以上的操作及维修平台，周围应安装防护栏杆。

4.6.3 喷漆室不宜兼作烘干室。对于不得不交替进行喷漆及烘干作业的喷烘两用房，应保证达到下列各项要求：

a) 设备内部残留的漆渣能随时清理干净；

b) 加热器、电气设备及导线不接触漆雾；

c) 烘干工作温度低于 80℃；

d) 通风和加热系统分别符合 4.3.2.2 和 4.2.1.2 a)的规定；

e) 符合 GB 6514 和 GB 14444 中的相关安全要求。

5 防火、防爆

5.1 防火

5.1.1 烘干易燃材料(如纸、布及塑料等)涂装件时，烘干室应采用预防工件着火的可靠技术，并配备可靠的灭火装置。

5.1.2 大型烘干室的排气管道上应设防火阀，当烘干室内发生火灾时，应能自动关闭阀门，同时使循环风机和排气风机自动停止工作。

5.1.3 严禁烘干室周围存放易燃、易爆物品。

5.1.4 烘干室附近应按照 GB 50140 设置扑救火灾的消防器材。

5.2 爆炸危险区

5.2.1 为提供机电设备和电气控制系统防爆设计依据，烘干室内部及周围环境，按 5.2.2～5.2.4 规定确定爆炸危险区域的类别、等级和范围。

5.2.2 烘干室内工件涂层在干燥、固化过程中释放易燃、可燃蒸气或出现可燃性气体时，其工作空间应为爆炸危险区的1区，符合第4章的结构要求时为2区。

5.2.3 符合5.2.2规定的烘干室，其装料门的水平和垂直方向3 m范围内，应为爆炸危险区，该区的类别和等级与烘干室工作空间相同。

5.2.4 烘干室周围的地坑与爆炸危险区连通时，其爆炸危险区的划分应按GB 50058中有关规定确定。

5.3 泄压设施

5.3.1 间歇式烘干室宜设置泄压装置。

5.3.2 每立方米烘干室工作容积宜设置0.05 m^2～0.22 m^2 的泄压面积。

5.3.3 泄压装置移动部分的单位面积质量不宜大于12.5 kg/m^2。

5.3.4 结构强度较低的大型烘干室可利用设备上的开口、侧门及靠自重封严的轻型保温顶作为泄压面积。

6 设计

6.1 涂层烘干室的设计应符合GB 7691—2003的6.3要求。

6.2 设计文件应包括如下安全数据：

烘干室工作容积	m^3
加热功率(电，煤气，燃油)	kW，m^3/h，kg/h
最高容许温度	℃
烘干室装载量(连续式)	kg/h
(间歇式)	kg/次
溶剂名称	
最大溶剂量(连续式)	kg/h
(间歇式)	kg/次
新鲜空气量(20℃)	m^3/h

7 安装

7.1 靠近涂漆区安装烘干室时，应按GB 6514—1995的23.2要求设置车间通风系统。

7.2 当烘干室排气管道必须穿过有可燃材料组成的墙壁或屋面时，管道应用不燃材料绝热。

7.3 排气管道的设置应便于清理其中的可燃沉积物。

7.4 离地面2 m以内的高温物体(超过70℃)应加防护措施，以免烫伤工作人员。

7.5 可燃气体浓度取样管道的内壁温度不得低于被检测气体的凝结温度。

7.6 烘干室泄压装置的泄压面不应朝向工人操作区域设置。

7.7 烘干室四周和顶部应留有安装、检测和维修的活动空间。

8 检验

8.1 烘干室出厂(需要现场组装的大型烘干室，在检测、验收完毕)时应附有安全检验合格证明和使用说明书，使用说明书中应注明有关安全技术内容。

8.2 烘干室上应有注明安全技术数据的铭牌，以便核查设备安全性能，其内容详见附录B。

8.3 烘干室交付使用前，应进行设备安全性能检测。

8.4 安全性能检测内容为：

a) 铭牌规定的新鲜空气量；

b) 4.2.3 及 4.1.3.2 规定的绝缘电阻及接地电阻；

c) 4.5 规定的噪声控制要求；

d) 浓度报警器(或控制器)、温度控制器及火焰监测器等仪表的校验；

e) 其他应检测的项目。

9 安全运行及检修

9.1 烘干室运行前，应制订安全操作规程，并悬挂在设备附近醒目位置。

9.2 烘干室操作人员，应经过专业安全技术培训，熟悉操作规程，经考核合格，才能上岗操作。

9.3 烘干室启动前应启动预通风操作程序，预通风排气体积不应少于烘干室容积的 4 倍。预通风结束后，才允许启动加热器。

9.4 烘干室电加热器关闭 5 min～10 min 后，方可关闭循环风机或排气风机。

9.5 烘干室的设备因故障自动切断热源后，应对其进行认真的系统检查，在确认故障已经排除时，方可重新启动运行。

9.6 烘干室内部应保持清洁，随时清除室内的漆渣和定期清除排气管内沉积物，以避免可燃物自燃引起火灾。

9.7 烘干室的存在事故危险的部位应设置安全标志或涂有安全色。

9.8 烘干室的用户应根据设计单位及制造厂提供的技术文件，定期进行安全检查。安全检查的内容至少包括：

a) 装载量及溶剂是否符合设备技术文件要求；

b) 安全装置(如控制及报警系统、泄压装置等)的有效性检查；

c) 其他应检查的项目。

9.9 烘干室通风系统、加热系统、电气与控制系统的安全性能检测，每年至少进行一次。用户应核对检测结果是否符合安全要求，并将检测结果记入档案。

9.10 烘干室的用户应根据设备制造厂提供的使用说明书制订设备维护制度，并定期检修。

附　录　A
（规范性附录）
溶剂型涂料涂层烘干室新鲜空气量计算

A.1　间歇式烘干室

A.1.1　用经验数据确定新鲜空气量

烘干室新鲜空气量可按式(A.1)计算：

$$Q_b = \frac{4G}{t_0 a} \qquad \cdots\cdots (A.1)$$

式中：

Q_b——烘干室安全通风所需的新鲜空气量(20℃时)，m^3/h；

G——一次装载带入烘干室内的溶剂质量，g/次；

a——溶剂蒸气的爆炸下限计算值(见4.3.2.2)，g/m^3；

t_0——以最大挥发率计算的溶剂蒸发时间(经验值，烘干金属薄壁工件，推荐$t_0=0.11$)，h；

4——保证溶剂蒸气浓度低于爆炸下限值的25%的安全系数。

A.1.2　用溶剂挥发率的实测数据确定新鲜空气量

A.1.2.1　已知溶剂峰值蒸发率时，可按式(A.2)计算：

$$Q_{bt} = \frac{4R_p \times 60}{a} \qquad \cdots\cdots (A.2)$$

式中：

Q_{bt}——烘干室安全通风所需的新鲜空气量(20℃时)，m^3/h；

a——溶剂蒸气的爆炸下限计算值(见4.3.2.2)，g/m^3；

R_p——峰值溶剂蒸发率，g/min；

4——保证溶剂蒸气浓度低于爆炸下限值的25%的安全系数。

A.1.2.2　已知溶剂每小时的最大蒸发量时，可按式(A.3)计算：

$$Q_{bt} = \frac{10R_1}{a} \qquad \cdots\cdots (A.3)$$

式中：

Q_{bt}——烘干室安全通风所需的新鲜空气量(20℃时)，m^3/h；

a——溶剂蒸气的爆炸下限计算值(见4.3.2.2)，g/m^3；

R_1——烘干过程中溶剂每小时的最大蒸发量，g/h；当烘干周期小于1 h，则R_1为间歇装载的1 h平均蒸发量。例如：烘干周期为40 min，40 min周期中溶剂蒸发量为R_{40}(g)，则$R_1=R_{40}\times 60/40$(g/h)；

10——经验系数。

A.2　连续式烘干室

新鲜空气量可按式(A.4)计算：

$$Q_c = \frac{4G}{a} \qquad \cdots\cdots (A.4)$$

式中：

Q_c——烘干室安全通风所需的新鲜空气量(20℃时)，m^3/h；

G——每小时带入烘干室内的溶剂质量，g；

a——溶剂蒸气的爆炸下限计算值(见 4.3.2.2),g/m^3;

4——保证溶剂蒸气浓度低于爆炸下限值的 25%的安全系数。

附　录　B
（规范性附录）
烘干室铭牌中应注明的安全技术项目

适用溶剂＿＿＿＿＿＿＿＿＿＿＿＿

最大允许溶剂量（间歇式）＿＿＿＿＿＿＿＿＿＿＿＿kg/次

（连续式）＿＿＿＿＿＿＿＿＿＿＿＿kg/h

最高工作温度＿＿＿＿＿＿＿＿＿＿＿＿℃

额定排气量（＿＿℃时）＿＿＿＿＿＿＿＿＿＿＿＿m^3/h

设计单位名称：＿＿＿＿＿＿＿＿＿＿＿＿

制造厂名：＿＿＿＿＿＿＿＿＿＿＿＿

制造年月：＿＿＿＿＿＿＿＿＿＿＿＿

注1：本附录规定应注明的项目仅为核查设备的安全性能时使用。附录B不做为产品铭牌的规定格式。

注2：额定排气量（＿＿℃时）是指在上述适用溶剂范围及最大允许溶剂量条件下，排气温度为＿＿℃时，排气系统的体积流量（m^3/h）规定值。当排气温度不符合上述数值时，排气的体积流量应做温度修正。

附 录 C
（资料性附录）
溶剂蒸气特性表

表 C.1 溶剂蒸气特性表

溶剂名称	相对分子量	引燃温度组别	闪点/℃	引燃温度/℃	爆炸极限/%		相对蒸气密度（空气=1）
					下限	上限	
苯	78	T_1	−11.1	555	1.2	8.0	2.7
甲苯	92	T_1	4.4	535	1.2	7.0	3.18
二甲苯	106	T_1	30	465	1.0	7.6	3.36
萘溶剂	128	T_1	80	540	0.9	5.9	4.42
乙酸乙酯	88	T_1	−4.4	460	2.1	11.5	3.04
乙酸丁酯	116	T_2	22	370	1.2	7.6	4.01
乙酸正戊酯	130	T_2	25	375	1.0	7.5	4.99
丙酮	58	T_1	−19	537	2.5	13.0	2.00
甲乙酮	72	T_1	−6.1	505	1.8	11.5	2.48
环已酮	98	T_2	33.8	420	1.3	9.4	3.38
乙醇	46	T_2	11.1	422	3.5	19.0	1.59
丙醇	60	T_2	15	405	2.1	13.5	2.07
丁醇	74	T_2	29	340	1.4	10.0	2.55
乙酸溶纤剂*	132	T_2	52	379	1.7	13.0	4.7
二氯乙烷	99	T_2	13.3	412	6.2	16.0	3.4
氯苯*	113	T_1	29	593	1.3	9.6	3.9
汽油	混合	T_3	−42.8	280	1.4	7.6	3.4
煤油*	混合	T_3	38～72	210	0.7	5.0	—
石油醚*	混合	T_3	<−18	288	1.1	5.9	2.50
甲基纤维剂*	76	T_3	39	285	1.8	14.0	2.6
乙基纤维剂（乙二醇乙醚）*	90	T_3	41	238	2.6	15.7	3.1
丁基纤维剂（乙二醇丁醚）*	118	T_3	64	244	1.1（93℃）	12.7（135℃）	4.1
松节油*	136	T_3	35	253	0.8	—	4.7
樟脑油*	152	T_1	66	466	0.6	3.5	5.2

注 1：表中数据取自 1987 年颁发的《中华人民共和国爆炸危险场所电气安全规程（试行）》，带“*”号项目数据取自 NFPA 86—2003 附录 A。

注 2：爆炸极限的容积值（%）换算成 20℃时的单位体积空气中溶剂含量（g/m^3）时，按下式计算：

$$a = \text{极限值} \times \text{相对蒸气密度} \times 1.2 \times 1\,000$$

式中：

a——以单位体积空气中含有溶剂质量表示的爆炸极限值，g/m^3；

极限值——爆炸极限值(%)，如爆炸下限为1%，则该值为0.01；

相对蒸气密度(空气=1)——蒸气与空气的密度比值；

1.2——20℃时单位体积空气质量，kg/m^3；

1 000——千克换算为克的换算系数。

ICS 13.220.40
C 80

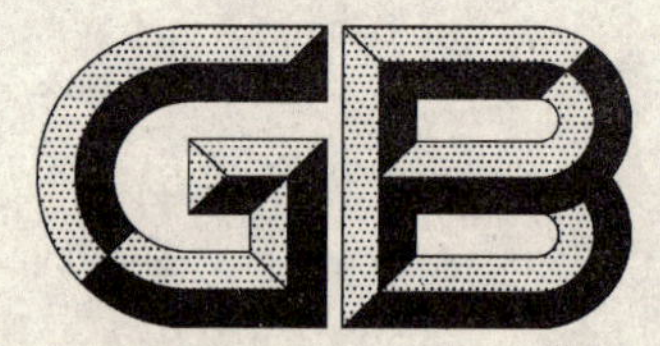

中华人民共和国国家标准

GB/T 14523—2007/ISO 5657:1997
代替 GB/T 14523—1993

对火反应试验　建筑制品在辐射热源下的着火性试验方法

Reaction to fire tests—Ignitability of building products using a radiant heat source

(ISO 5657:1997,IDT)

2007-12-21 发布　　2008-06-01 实施

中华人民共和国国家质量监督检验检疫总局
中国国家标准化管理委员会
发布

前言

本标准等同采用ISO 5657:1997《对火反应试验 建筑制品在辐射热源下的着火性试验方法》(英文版)。

为便于使用,本标准做了下列编辑性修改:

——“本国际标准”一词改为“本标准”;

——用小数点“.”代替作为小数点的逗号“,”;

——删除了国际标准的目次和前言。

本标准代替GB/T 14523—1993《建筑材料着火性试验方法》。

本标准与GB/T 14523—1993相比主要变化如下:

——将标准名称修订为“对火反应试验 建筑制品在辐射热源下的着火性试验方法”;

——增加了基本平整表面、制品、试样的定义(本版的3.3、3.8、3.9);

——对温度监控仪的分辨率设定为±2℃(本版的7.6),旧标准分辨率设定在±1℃(1993年版的3.3.2);

——明确要求对每个不同的受火面在每个辐射照度等级下准备5个试样(本版的6.1.1),而旧版标准中要求若能确定其薄弱面或实际受火面,则对薄弱面或实际受火面进行试验(1993年版的5.5.2);

——增加了对试验制品的基材及基板的热惯量的要求(本版的6.2);

——对装置增加了电路连接及防止电子干扰的要求(本版的9.4);

——对辐射锥的辐射照度要求做了修订(1993年版的3.1.3,本版的7.2.2),同时,对辐射计的量程要求也做了修订(本版的7.7);

——新标准增加了对有反光层制品的要求(本版的6.5);

——增加了资料性附录“正文的注释及操作指南”(见附录A);

——增加了资料性附录“试验的应用及限制”(见附录B);

——增加了资料性附录“更高的热辐射通量”(见附录C);

——增加了资料性附录“持续表面着火时间的比对”(见附录D);

——增加了“参考文献”。

本标准的附录A、附录B、附录C和附录D均为资料性附录。

本标准由中华人民共和国公安部提出。

本标准由全国消防标准化技术委员会第七分技术委员会(SAC/TC 113/SC 7)归口。

本标准负责起草单位:公安部四川消防研究所。

本标准参加起草单位:新疆维吾尔自治区公安厅消防局。

本标准主要起草人:曾绪斌、赵成刚、姚建军、赵丽、邓小兵、张麓。

本标准所代替标准的历次版本发布情况为:

——GB/T 14523—1993。

引 言

火灾是一个复杂的现象:火灾行为及影响取决于很多相互关联的因素,建筑材料和制品的燃烧性能是由火灾性质、材料的使用方法和材料所在的环境决定的。"对火反应"试验原理在 ISO/TR 3814 中作了解释。

本标准规定了材料在点火源以及辐射热源条件下的潜在火灾危险特性的试验方法,它不能单独作为评价火灾行为或火灾安全的直接指南。但是,这种试验可用于材料燃烧性能的比较,从而确定材料的着火性。

术语"着火性"在 ISO 13943 中被定义为在特定试验条件下由于外部热源的影响,试样被点燃的难易性。在火灾危险性评估中,着火性是需要首要考虑的燃烧性能之一。但是,不能将着火性作为影响建筑火灾发展的主要燃烧性能。

此试验并不取决于石棉基材的使用。

安全警告:注意燃烧试验中,试样可能产生有毒或有害气体,可采取适当预防措施来保护身体健康,并注意采用 A.7 给出的安全建议。

对火反应试验　建筑制品在辐射热源下的着火性试验方法

1　范围

本标准规定了在规定热辐射条件下，厚度不超过 70 mm 的材料、复合材料或组件水平放置时，其受火面的着火性的试验方法。

附录 A 给出了对正文的解释和操作的指导性说明，附录 B 给出了试验的局限性说明。

2　规范性引用文件

下列文件中的条款通过本标准的引用而成为本标准的条款。凡是注日期的引用文件，其随后所有的修改单(不包括勘误的内容)或修订版均不适用于本标准，然而，鼓励根据本标准达成协议的各方研究是否可使用这些文件的最新版本。凡是不注日期的引用文件，其最新版本适用于本标准。

GB/T 2918　塑料试样状态调节和试验的标准环境(GB/T 2918—1998，idt ISO 291:1997)

ISO 13943　消防安全词汇

ISO/TR 14697　对火反应试验　建筑制品基材选取指南

3　术语和定义

ISO 13943 中确立的以及下列术语和定义适用于本标准。

3.1

组件　assembly

单一材料或复合材料的制成品(包括空气隙)，如夹层板。

3.2

复合材料　composite

在建筑结构中通常能识别出离散个体的材料的合成物，如涂层材料或层压材料。

3.3

基本平整表面　essentially flat surface

在一个平面上的不平整度不超过±1 mm 的表面。

3.4

受火面　exposed surface

承受试验加热条件的制品表面。

3.5

辐射照度(在表面的一个点上)　irradiance(at a point of a surface)

照射在包含此点的无限小的面元上的辐射能通量与该面元面积的比值。

3.6

材料　material

单一物质或均匀分散的混合物，如金属、石材、木材、混凝土、矿物棉、聚合体。

3.7

羽状着火　plume ignition

在试样上方火羽流中出现的任何火焰，包括持续火焰或短暂火焰。

3.8

制品　product

要求提供相关信息的材料、复合材料或组件。

3.9

试样　specimen

经处理用于试验且具有制品代表性的样品(包括空气隙)。

3.10

持续表面着火　sustained surface ignition

在试样表面开始出现并能维持到下一次点火的火焰(大于 4 s)。

3.11

短暂表面着火　transitory surface ignition

在试样表面开始出现但不能维持到下一次点火的火焰(小于 4 s)。

4　试验原理

将试样水平安装，在 10 kW/m^2～70 kW/m^2 的范围内选择一个恒定的辐射照度作用于试样受火面。按规定时间间隔，在距离每个试样中心上方 10 mm 处用引燃焰点燃试样释放的挥发气体，记录试样表面着火的持续时间(参见 A.2)。

注 1：在高辐射照度下，测定材料着火性的装置的使用信息参见附录 C。

注 2：按 11.5 的规定记录其他类型的着火现象。

注 3：对流传热同样可能对试样中心的加热和校准程序的辐射计读数产生细微的影响，但本标准使用的术语“辐射照度”能最好地表示热传递的主要模式。

5　制品的适合性

5.1　表面特性

5.1.1　具有下述特征的制品适用于本试验：

a)　受火面基本平整；

b)　受火面的不平整是均匀分布的，且满足：

——在一个有代表性的直径为 150 mm 圆形区域内，至少 50% 的受火面与其最高点所在平面间的深度在 10 mm 以内；

——对有宽度不超过 8 mm、深度不超过 10 mm 的槽缝或孔洞的表面，在一个具有代表性的直径为 150 mm 的圆形区域内，该槽缝或孔洞的总面积不超过 30%。

5.1.2　当受火面不能满足 5.1.1 a)或 5.1.1 b)的要求时，应对制品进行处理使其符合 5.1.1 的要求，试验报告应说明制品是经过处理进行试验的，并详细描述制品的处理方法。

5.2　非对称制品

用于本试验的制品可以具有不同的面层，或者由不同的材料按不同顺序层压而成。如果在使用中，制品的任何一面都可能暴露在外面，如使用在室内、洞穴或其他场所，那么应对制品的两面进行试验。

6　试样制备

6.1　试样

6.1.1　在每个辐射照度等级下，对制品的每个受火面均应准备 5 个试样。

6.1.2　试样应具有制品的代表性，正方形，边长为 $165_{-5}^{\ 0}$ mm。

6.1.3　厚度不大于 70 mm 的材料或复合材料应按该材料的实际厚度进行试验。

6.1.4　对于厚度大于 70 mm 的材料或复合材料，制备试样时，应对非受火面进行切除，使其试样厚度为 $70_{-3}^{\ 0}$ mm。

6.1.5　当从表面不平整的制品上切取试样时，应使其表面的最高点处于试样的中心处。

6.1.6 应按照6.1.3或6.1.4的规定对组件进行试验。但是，对于组件结构中的薄型材料或复合材料，空气或空气间隙的存在或垫层的结构特征都可能对受火面的着火性有显著的影响。应了解垫层材料对试验的影响，并确保任何组件的试验结果与它的实际应用相关。

当明确要求制品实际使用时要附在某种特定的基材上时，应按照规定的安装方法，将制品连同基材一起进行试验，如采用适当的粘结剂粘结或机械安装。

当实际使用的基材是不燃性或有限可燃材料时，进行试验时也可采用比实际使用的基材密度更小的参照基材(见ISO/TR 14697对基材的建议)。

6.2 基板

6.2.1 每个试样都要求使用一块基板。基板可以重复使用，要根据试验的频率和被测制品的类型来确定基板的总量。

6.2.2 基板应为正方形，边长165_{-5}^{0} mm，由干态密度为(825+125)kg/m^3、标称厚度为6 mm的不燃绝热板制成。其板材的标称热惯量为9.0×10^4 W^{2}s/m^{4}K^2。

6.3 试样的状态调节

试验前，试样和基板应在温度(23±2)℃、相对湿度(50±5)%、空气可以在其两面自由流动的条件下状态调节至恒重(参见A.4.3)。

6.4 试样准备

6.4.1 将经状态调节后的试样置于按6.3要求进行处理过的基板上，再用一层标称厚度为0.02 mm的铝箔将试样和基板一齐包裹，铝箔上预留一个直径为140 mm的圆孔(见图1)。铝箔的圆孔应位于试样上表面的中心位置。将试样和基板构成的组件重新置于状态调节环境中，直到达到试验的要求。

单位为毫米

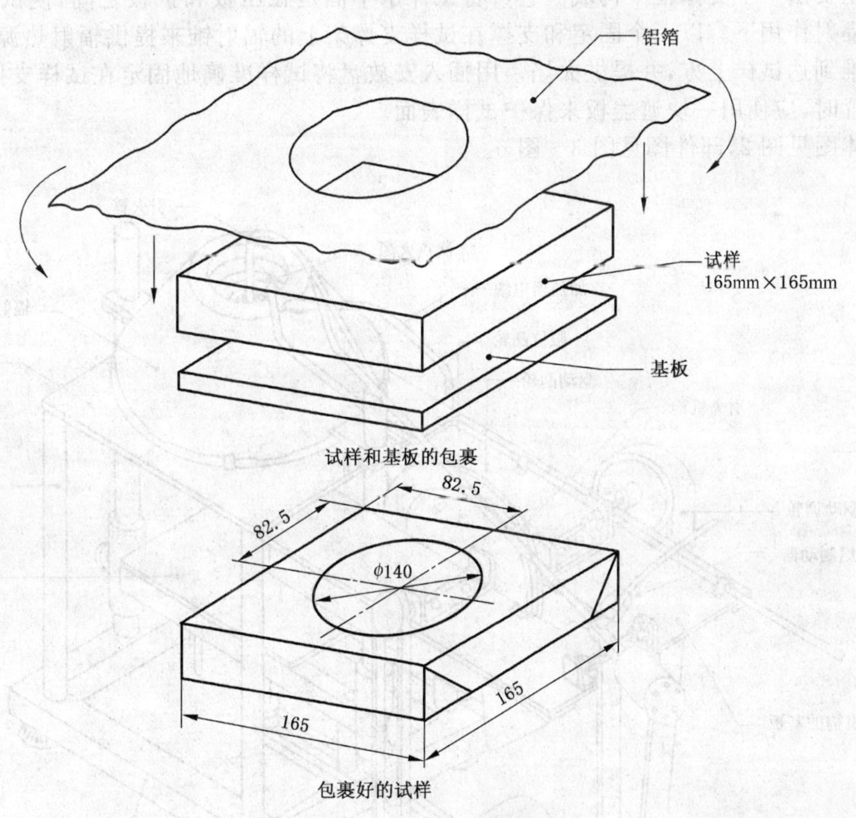

图1 试样的包裹

6.4.2 如果实际使用时，制品背面为空气(见6.1.6)，试验时试样背面应设空气间隙。应通过在试样和基板间使用定位板来形成空气间隙。定位板的尺寸和密度同基板一样，且在其中部切了一个直径为140_{-5}^{0} mm的圆孔。若已知空气间隙尺寸，定位板厚度应与空气间隙的厚度一致，但是定位板加试样的总厚度不能超过70 mm；若不知道空气间隙的大小，或者空气间隙加试样的总厚度超过了70 mm，那么试样和定位板块的总厚度应制成70_{-3}^{0} mm。

定位板和基板应在温度(23±2)℃、相对湿度(50±5)%、空气可以在其两面自由流动的环境中放置至少 24 h,然后将垫块置于基板和试样之间,再按照 6.4.1 的规定将此组合件用铝箔包裹起来。组合件制备好后应重新放置于状态调节环境中,直到达到试验要求。

6.4.3 如果基板和用于背衬试样的定位板没有损坏,则可重复使用,但是在重复使用前应将它们置于 6.3 和 6.4.2 规定的状态调节环境中至少 24 h。如果对于基板和定位板的状态调节没有质疑,也可以将其置于温度为 250℃的鼓风烘箱中 2 h,去除任何可挥发的残余物质,如果对状态调节仍有质疑,则不采用。

6.5 反光涂层

在真实火灾中,易反光的金属涂层容易被黑色烟灰覆盖而失去光泽。当评价有反射金属外层的材料的着火性时,应分别对制品在原始状态和在制品表面涂刷一层很薄的黑色水基乳液状态下进行评价。使用能溶解于有机溶剂中的碳黑涂料,碳黑的使用覆盖率为 5 g/m^2。涂刷后的试样应分别按照 6.4 和第 11 章的要求进行制备和试验。

6.6 易变形的材料

对于在辐射热下受热尺寸变化显著的材料,不适合使用本试验方法,如受热膨胀或收缩变形很大的材料。由于变形,材料表面的实际辐射照度与用温度控制器设定的辐射照度可能相差很大,从而导致本试验方法的重复性和再现性的精密度比附录 D 给出的精密度更低。

7 试验装置

试验装置的尺寸除非规定了公差,均为标称值。

试验装置主要由一个支撑框架构成。它可将试样水平固定在压板和护板之间,使试样上表面的规定区域暴露于辐射作用下。以一个固定和支撑在试样支撑架上的辐射锥来提供辐射热源。将自动引火机构伸入辐射锥到达试样上方,并提供火焰。用插入安放盘将试样准确地固定在试样支撑架的压板上。将试样插入装置时,应使用一块遮盖板来保护试样表面。

装置的整体图见图 2,部件图见图 3～图 6。

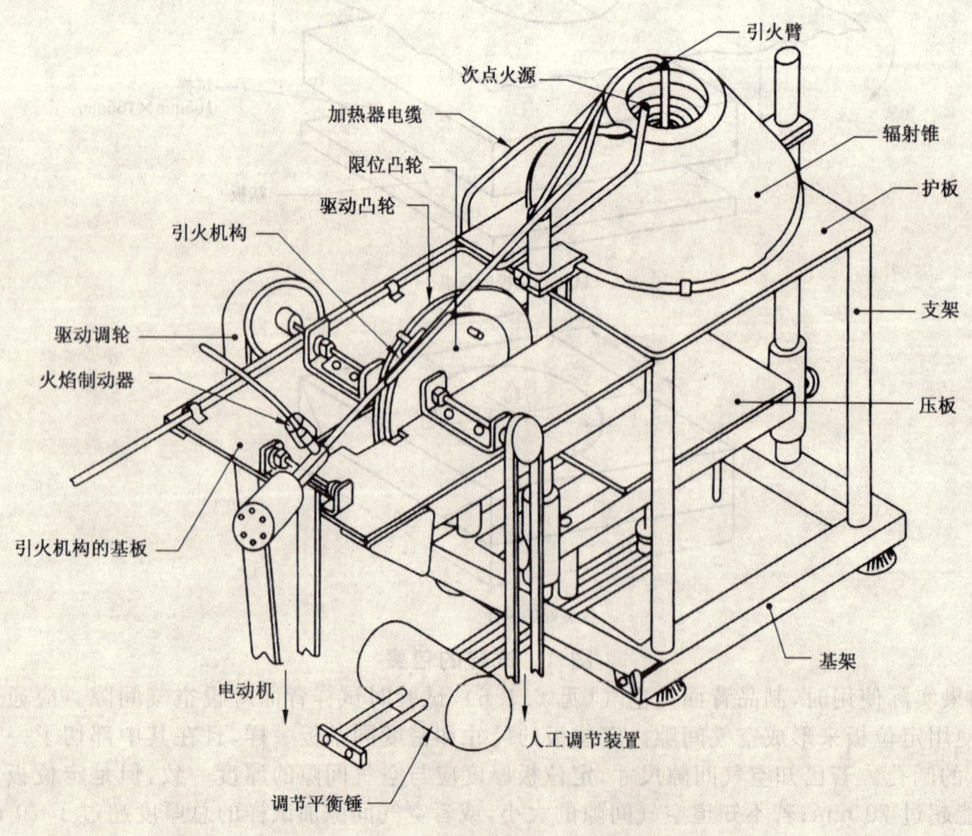

图 2 着火性试验装置——总体图

7.1 试样支撑架、护板和压板

7.1.1 试样支撑架和固定装置的其他部件都应采用不锈钢制作，支撑架由壁厚1.5 mm、尺寸25 mm×25 mm的正方形钢管制成，总尺寸为275 mm×230 mm。水平护板的边长220 mm、厚度4 mm。通过安装在护板角上的4根直径16 mm的脚架，将水平护板固定在基架正上方260 mm处。护板正中央应切割一个直径150 mm的圆形开口，开口上边缘应切割成与水平面成45°、宽度4 mm的倒角。

7.1.2 基架上安装有2根长度小于355 mm、直径20 mm的钢制垂直导杆，分别安装在支撑架的每条短边的中点处。在护板下面，两根垂直导杆之间装有一根25 mm×25 mm的水平调节杆，调节杆可以在导杆上滑动，也可以通过螺钉手动拧紧固定在某个位置，调节杆中央设有一个垂直孔套，用于固定直径12 mm、长度148 mm的垂直滑动杆，滑动杆上面顶着边长180 mm、厚度4 mm的正方形压板。压板通过平衡旋转臂推压着护板的下底面，平衡旋转臂安装在水平调节杆下边，并顶着垂直滑动杆底端。

旋转臂一端有一个滚轮顶在垂直滑动杆下端的轮毂上，在另一端安装了一个调节平衡锤。平衡锤可以平衡不同质量的试样，并在试样和护板间能够施加约20 N的恒定压力，用3 kg的平衡锤较适合。在试验过程中，由于试样可能出现跨塌、变软、熔化，所以应设有一个调节定位装置来限制压板向上移动，最远距离为5 mm，在压板和护板之间可以选择使用垫块。

7.1.3 试样支撑架详见图3。

单位为毫米

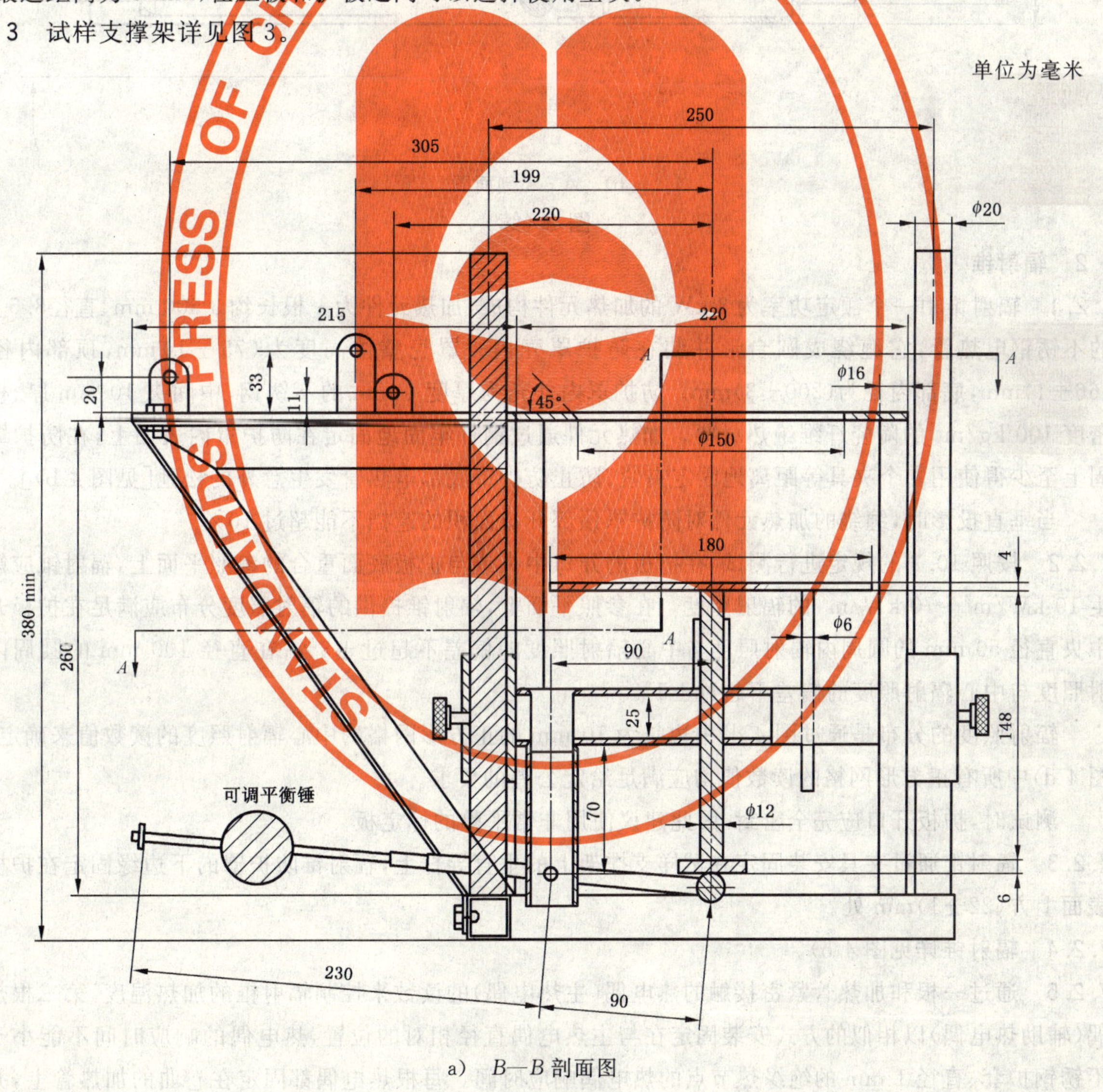

a) B—B 剖面图

图3 试样支架

单位为毫米

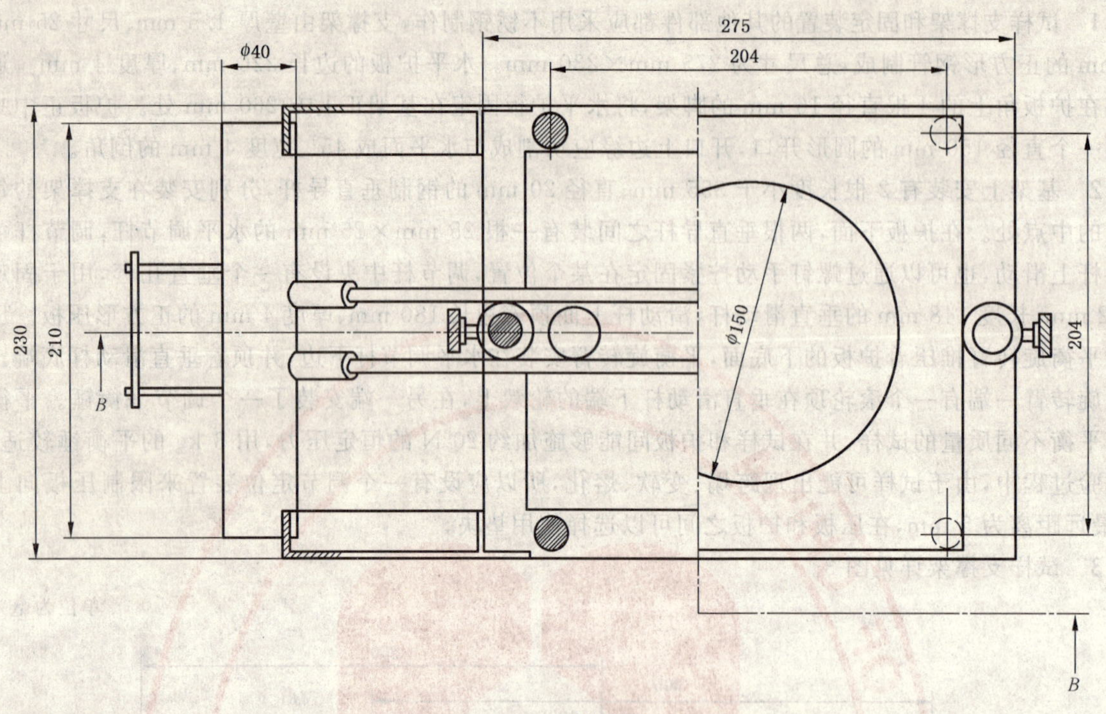

b) *A*—*A* 剖面图

图 3（续）

7.2 辐射锥

7.2.1 辐射锥由一个额定功率为 3 kW 的加热元件构成，加热元件为一根长约 3 500 mm、直径8.5 mm 的不锈钢电热管，它缠绕成圆台形并装在防护罩壳内。罩壳整体高度为(75±1)mm，顶部内径为(66±1)mm，底部内径为(200±3)mm。防护罩内外壳为厚度 1 mm 的不锈钢，中间夹 10 mm 厚、标称密度 100 kg/m^3 的陶瓷纤维绝热材料。加热元件通过钢针牢固地固定在防护罩内表面上，在防护罩圆周上至少得使用 4 个夹具等距离地固定夹紧，防止防护罩底部电热管发生意外的松弛[见图 4 b)]。

当垂直投影时，缠绕的加热元件对防护罩顶部开口面积的遮挡不能超过 10%。

7.2.2 按照 10.2 的规定进行测试，在护板的开口中央或与护板底面重合的参照平面上，辐射锥应能产生 10 kW/m^2～70 kW/m^2 的辐射照度。在参照平面上，辐射锥提供的辐射照度分布应满足在护板开口中央直径 50 mm 的圆周内辐射照度与中心辐射照度的偏差不超过±3%；在直径 100 mm 的圆周内辐射照度与中心辐射照度的偏差不超过±5%。

辐射照度的分布是通过图 4 d)中边长为 10 mm 的正方形网格的中心辐射照度的读数值来确定的。图 4 d)中所有正方形网格的读数值均应满足给定公差的要求。

测试时，护板开口应完全密封，因此建议使用非常平整的标定板。

7.2.3 辐射锥通过夹具安装固定在试样支撑架上的垂直导杆上，辐射锥防护罩的下边缘固定在护板上表面上方(22±1)mm 处。

7.2.4 辐射锥详见图 4 b)。

7.2.5 通过一根和加热管紧密接触的热电偶（主热电偶）的读数来控制辐射锥的加热温度，第二根热电偶（辅助热电偶）以相似的方式安装固定在与主热电偶直径相对的位置，热电偶的响应时间不能小于有不锈钢护套、直径 1 mm 的绝缘热节点的热电偶响应时间。每根热电偶都固定在卷曲的加热管上，并置于顶面下辐射锥高度的 1/3 至 1/2 范围内，热电偶一端至少 8 mm 应处于温度大致相同的区域。

在实际使用中可参见 A.5.1 推荐的较为安全的热电偶固定方法。

单位为毫米

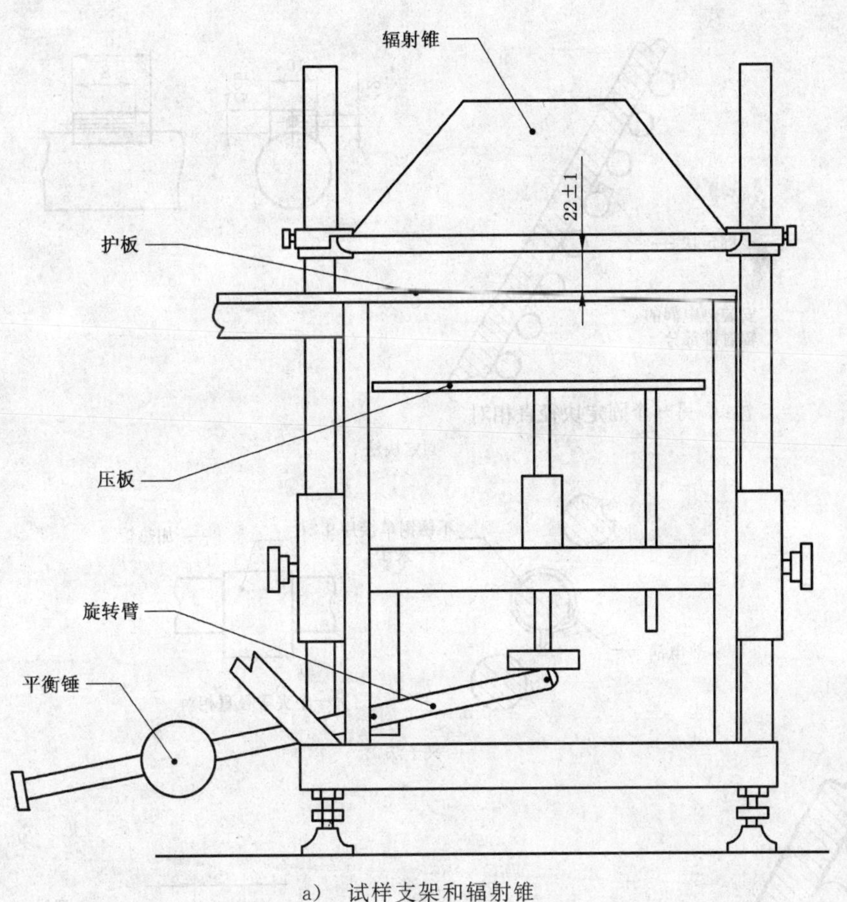

a) 试样支架和辐射锥

单位为毫米

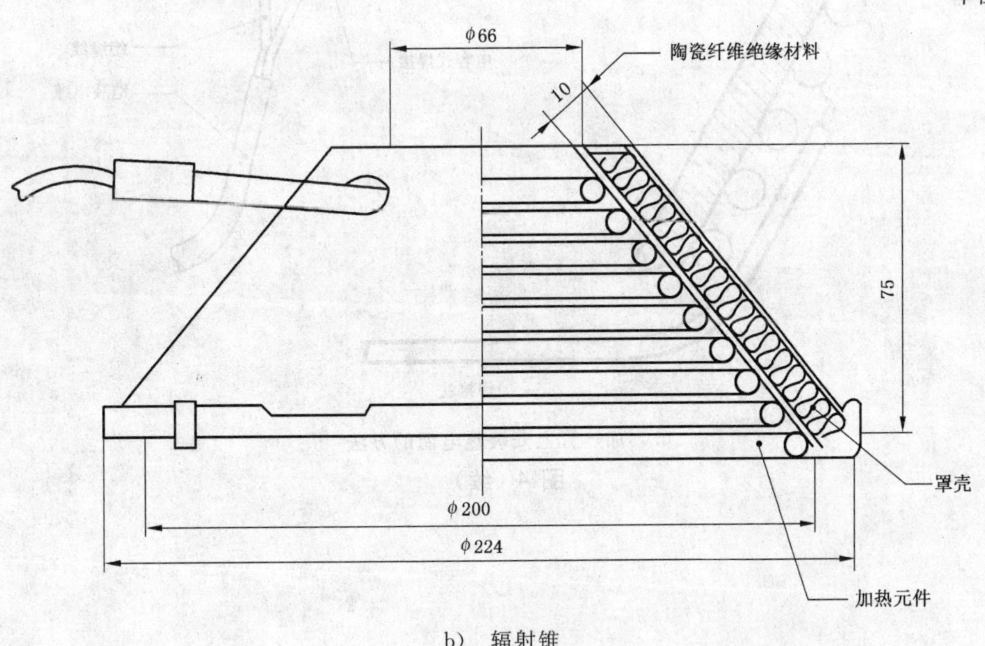

b) 辐射锥

图 4 加热器简图

单位为毫米

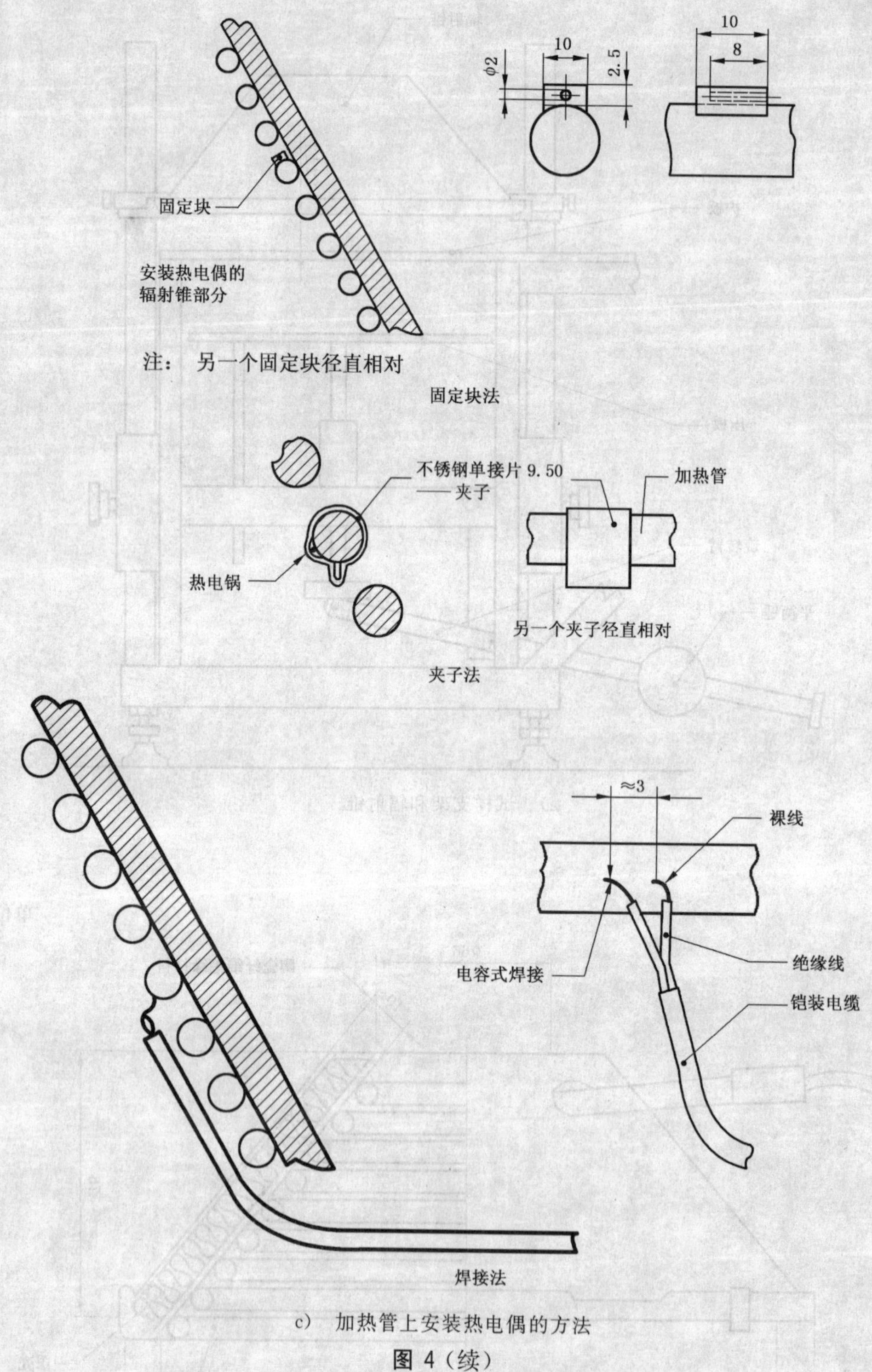

c) 加热管上安装热电偶的方法

图 4（续）

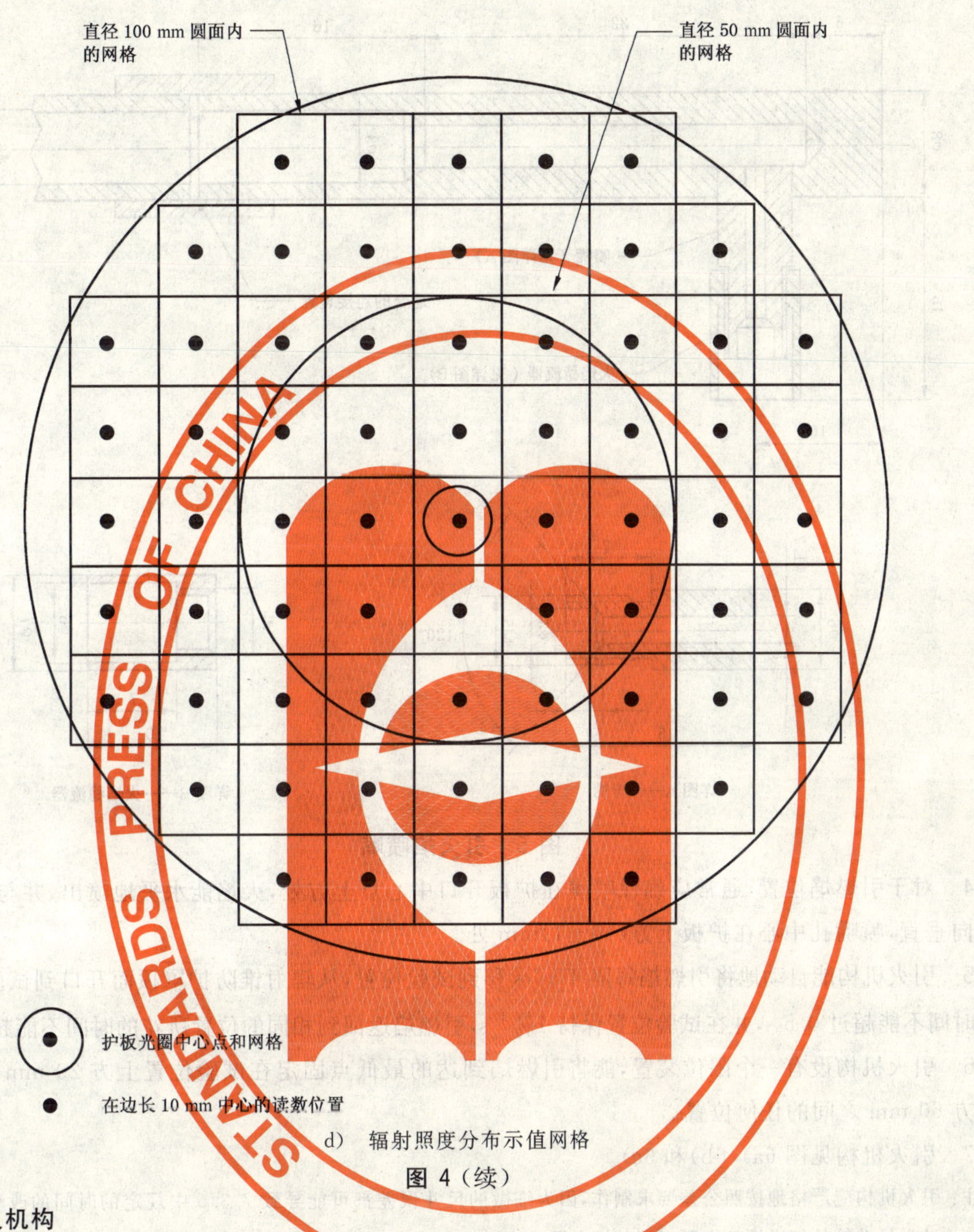

d) 辐射照度分布示值网格

图 4（续）

7.3 引火机构

7.3.1 试验装置应包括一个能提供引燃焰的机械装置，引燃焰能在辐射锥外被重复点燃，并能通过辐射锥移到试验位置。试验装置应能将引燃焰通过辐射锥和护板的开口伸入到护板下方最大距离60 mm的位置。

7.3.2 引燃焰从不锈钢制成的喷嘴喷出(见图 5)，安装在引火管端部。

7.3.3 引燃焰通常置于辐射锥上方，烟气羽流和分解产物可能从辐射锥顶面冒出。当将其置于此位置时，引燃焰喷嘴应靠近一个热输出不大于 50 W 的次点火源，次点火源能够重复点燃引燃焰。

注：次点火源可以是气体火焰、电热或电火花。丙烷火焰从 1 mm～2 mm 内径的喷嘴喷出，火焰长 15 mm，热输出约 50 W。

单位为毫米

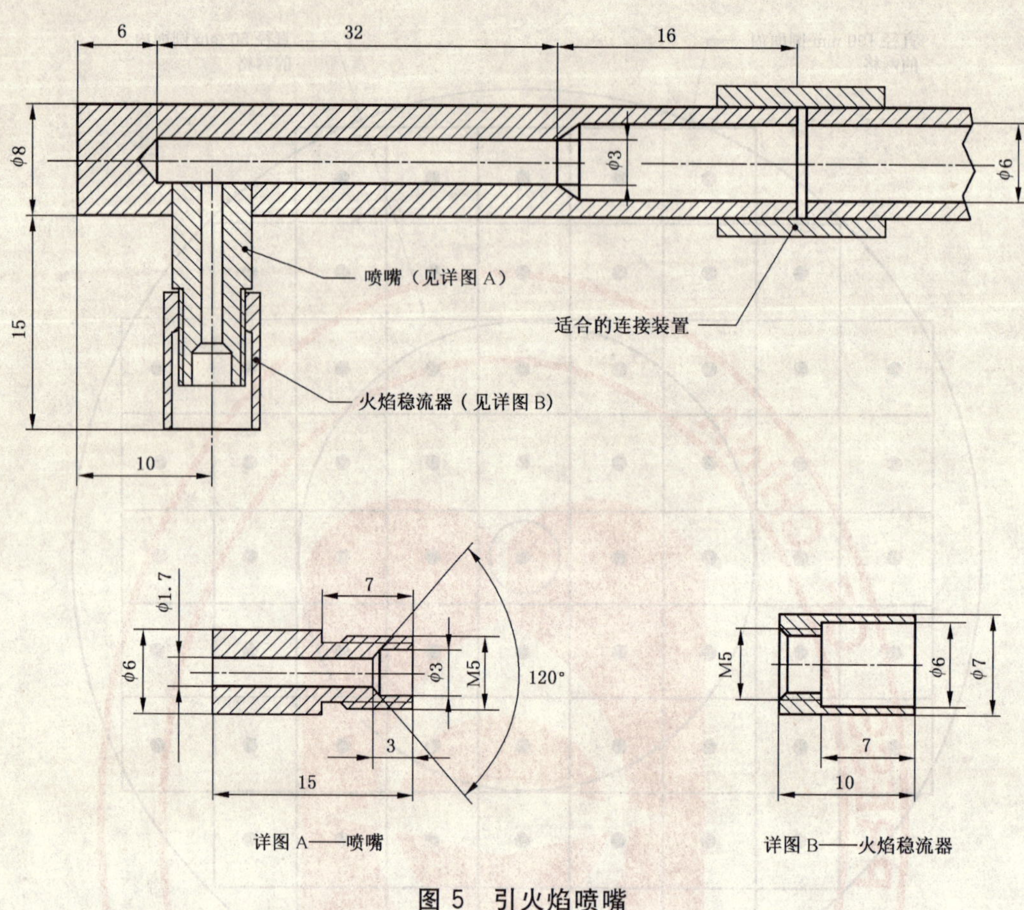

图5　引火焰喷嘴

7.3.4　对于引燃焰位置，通常应确保喷嘴在护板开口中心点上方处，火焰能水平地喷出，并与点火臂运动方向垂直，喷嘴孔中心在护板上方(10±1)mm处。

7.3.5　引火机构能自动地将引燃焰每隔 $4^{+0.4}_{0}$ s移到试验位置，从辐射锥防护罩顶面开口到试验位置，所花的时间不能超过0.5 s，并在试验位置保持 $1^{+0.1}_{0}$ s，引燃焰返回到相同的位置所花的时间不能超过0.5 s。

7.3.6　引火机构设有一个限位装置，能将引燃焰到达的最低点固定在试验位置上方20 mm到试验位置下方60 mm之间的任何位置。

7.3.7　引火机构见图6a)、6b)和6c)。

注：引火机构应严格地按照公差要求制作，因为细微的尺寸误差都可能导致7.3.5中规定的时间的改变。但是通过对从动轮的细微调整也可以让其满足要求。

7.4　试样插入安放盘

7.4.1　试样插入安放盘用于将试样快速地插入到压板上，并将试样的受火区域准确地固定在护板开口处。

7.4.2　试样插入安放盘主要由一块金属平板构成，它的上表面有一些焊片用于固定和夹紧试样，在其下表面安装有导向装置，用于将盘固定在装置上，并用一个限位装置顶住压板，限制其插入的距离。盘上应装一个便于使用的手柄。

7.4.3　装置见图7。

单位为毫米

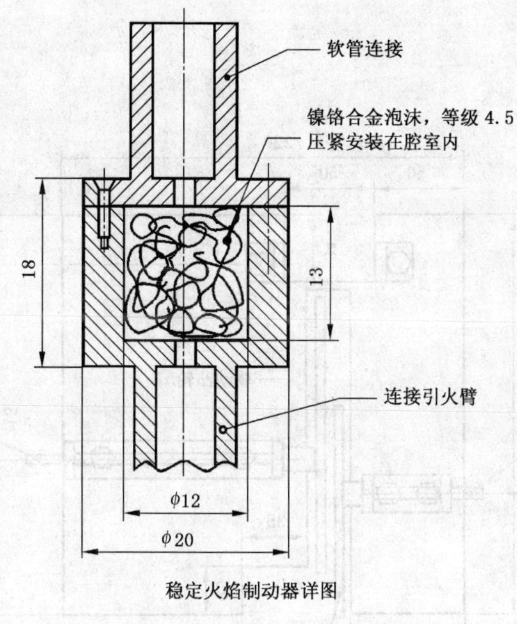

稳定火焰制动器详图

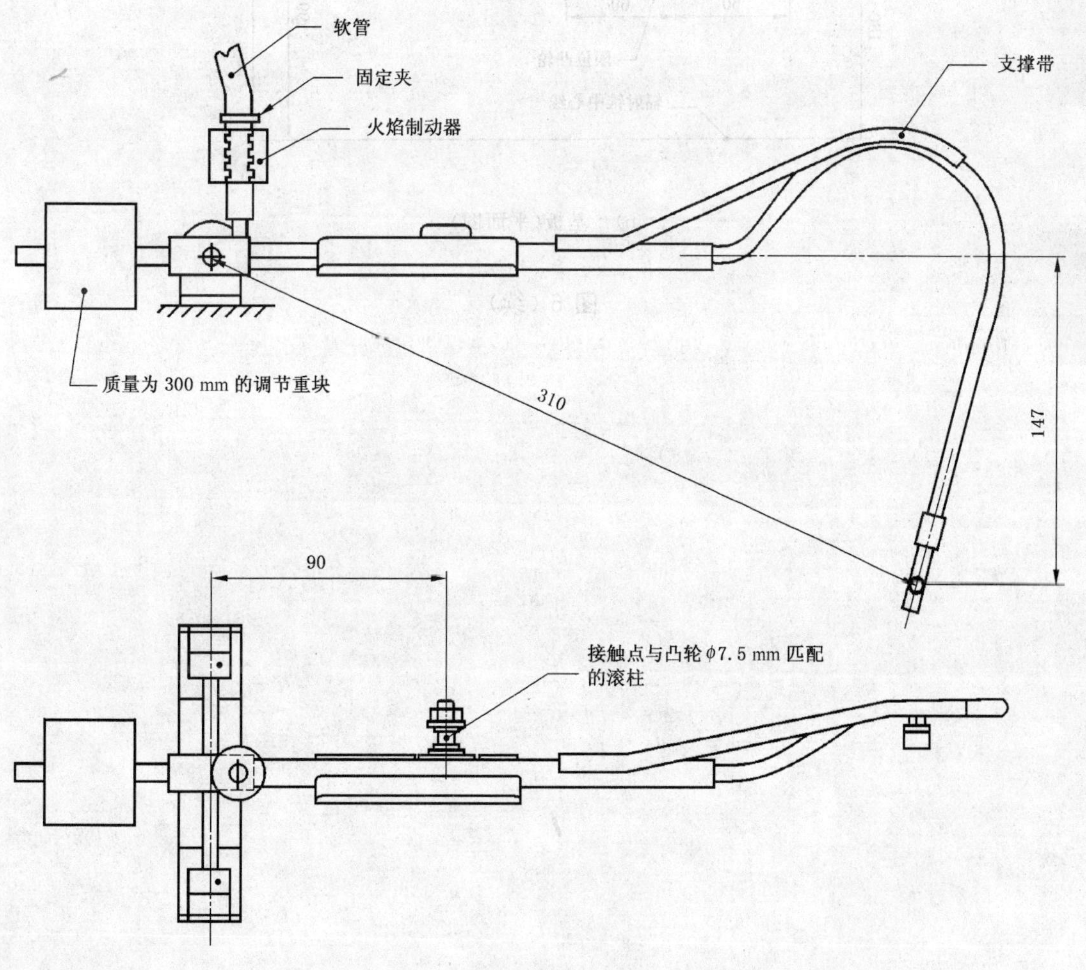

a） 引火臂

图 6 引火机构

单位为毫米

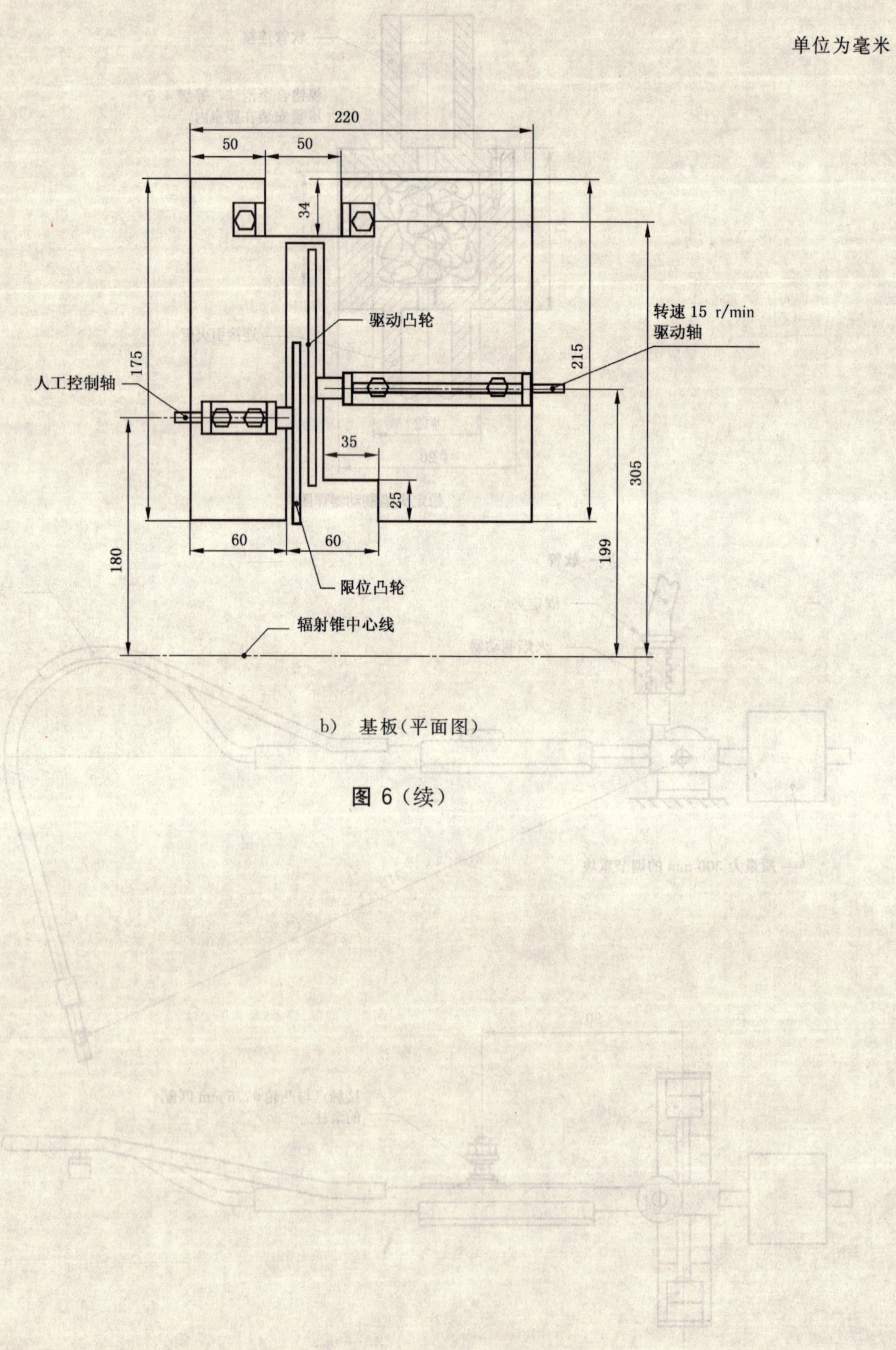

b） 基板(平面图)

图 6（续）

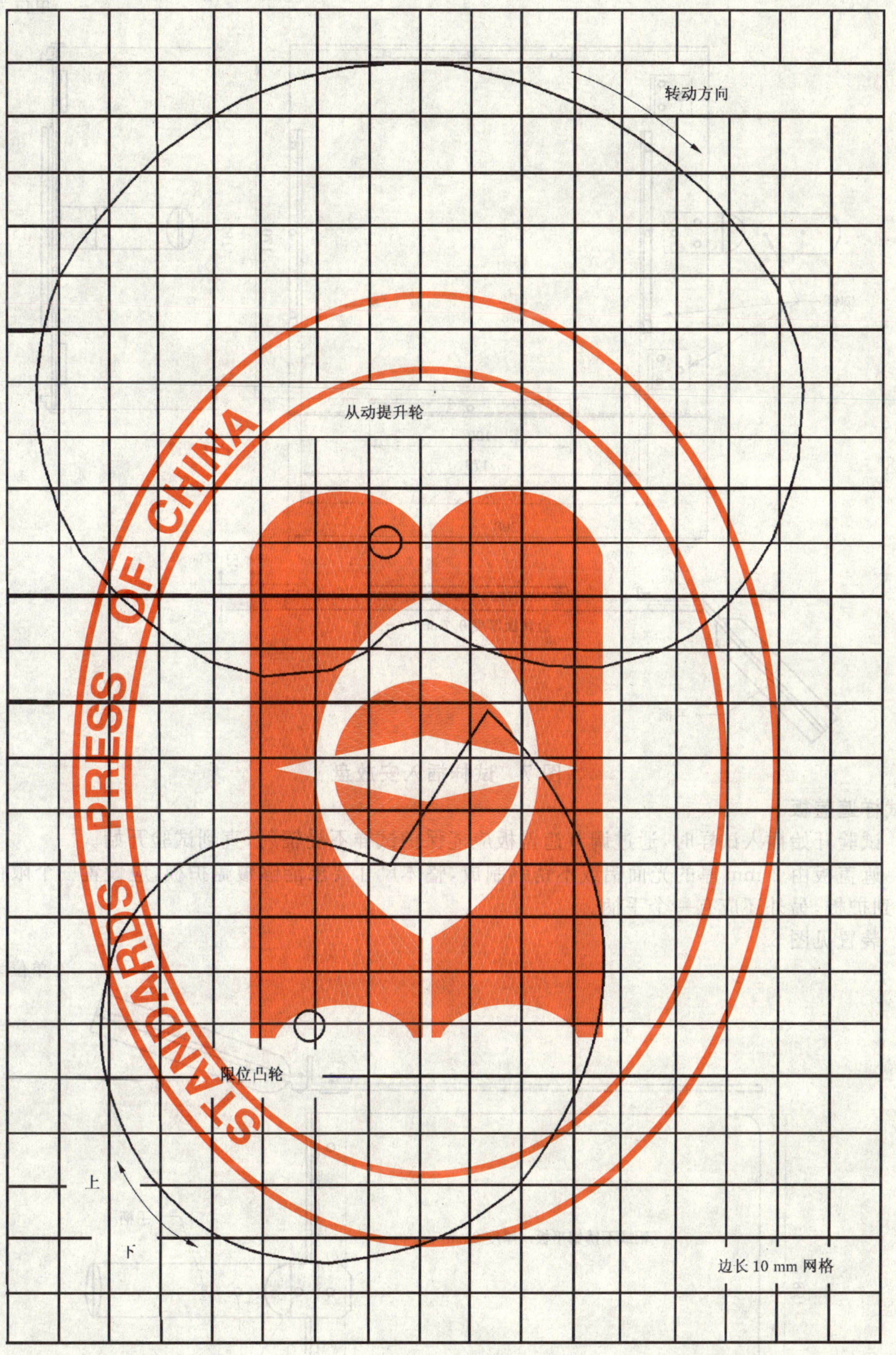

c） 凸轮几何图

图 6（续）

单位为毫米

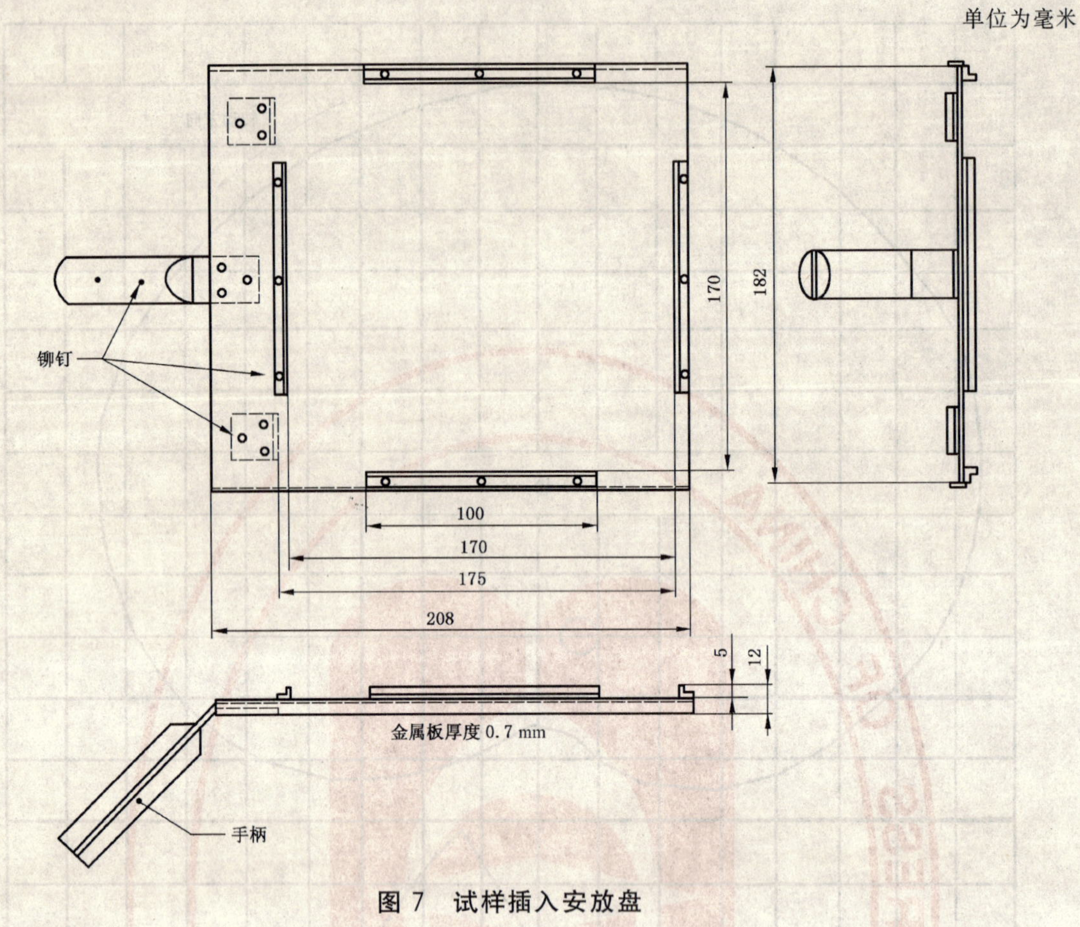

图 7　试样插入安放盘

7.5　试样遮盖板

7.5.1　试验开始插入试样时，通过调节遮盖板应能保护试样不受辐射，直到试验开始。

7.5.2　遮盖板由 2 mm 厚的光面铝或不锈钢制成，整体尺寸要求能够覆盖护板，应设置一个限位装置，避免顶到护板，另外还应有一个手柄。

7.5.3　装置见图 8。

单位为毫米

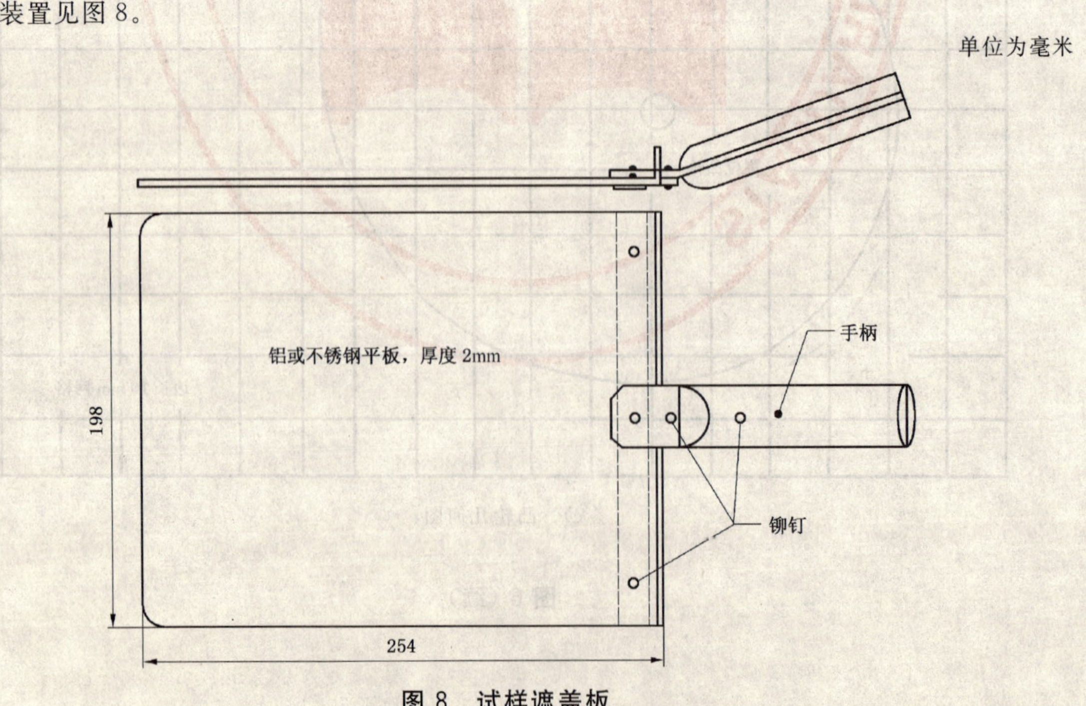

图 8　试样遮盖板

7.6 温度监控仪

辐射锥的温度控制仪应为 PID 型(“3 相”控制仪),用可控硅堆或相角控制输出最大值不小于 15 A 的电流。仪器应具有 10 s～150 s 间的积分时间调节能力、2 s～30 s 间的微分时间调节能力,且应与加热器响应特性相匹配,控制加热器的温度应设定在分辨率±2℃上,温度输入范围约 0℃～1 000℃(给出 50 kW/m^2 的辐射照度时加热器温度在 800℃范围内),对于热电偶应具有自动冷节点补偿。

应有一个能显示加热器输出的仪表,在热电偶断路时,控制仪可以使温度降到其范围的最低点。

监控加热温度,特别是能显示加热器达到平衡时的温度,应用一个分辨率为±2℃的仪表来显示,这可以与控制器合并使用,也可以单独分开使用。

7.7 辐射计(热通量计)

辐射计应为 Schmidt Boelter 或 Gardon 型,测试量程为 0 kW/m^2～70 kW/m^2。感应辐射的靶片(可能有少量对流)为直径不超过 10 mm,覆盖着耐热的黑色无光的扁平圆片。靶片被包在一个水冷壳体中,壳体的受辐射面为高光泽的金属平面,并和靶片处于同一个平面,成圆形,直径 25 mm。

对靶心的辐射不能有任何的干扰,此仪器必须结实,容易安装和使用,不受气流影响,且校准稳定。辐射计精度为±3%,重现性偏差在 0.5%内。

仪器进行校准时(见 10.2),应与专门作为参照标准的辐射计进行比对来校准,参照标准辐射计每年都应送计量单位检定。

7.8 电压测试装置

本装置应与 7.7 规定的辐射计的输出相匹配,它的满度偏差、灵敏度、准确度能使辐射计的辐射照度的示值分辨率达到 0.5 kW/m^2。

7.9 次热电偶监控仪

应有一台仪器监控次热电偶,其分辨率相当于±2℃,可直接显示为温度或毫伏值,应有冷节点温度的公差或自动补偿,如果使用单独的温度监控仪器,则可使用一个适当的转换连接来监控次热电偶。

7.10 计时器(表)

计时器记录时间应精确到秒,其精密度为 1 h 偏差在 1 s 内。

7.11 空气丙烷供应系统

空气和丙烷通过调节阀、过滤器(如果有必要)、流量计、止回阀、适当的连接装置和火焰制动器供应给引燃焰(见图 9)。

7.11.1 气体调节阀

调节阀应能对供给引燃焰的丙烷或空气的压力和流量进行调节,并达到 9.2 要求的等级。

7.11.2 过滤器

在丙烷或空气管路中,应安装过滤器,以消除气路中夹带的杂质(如油滴)对流量计读数的影响。

7.11.3 流量计

流量计应能对供给引燃焰的丙烷和空气的流量进行测试,其精度至少 5%。

7.11.4 止回阀

在空气和丙烷管路中应有适当的止回阀,并尽可能靠近连接点安装。

7.11.5 火焰制动器

火焰制动器应安装于丙烷、空气混合物进入引火臂的入口处[见图 6 a)]。

7.11.6 仪器连接

与软管连接时,应通过适当的夹具将其牢固地连接。

7.12 标定板

标定板由密度(200±50)kg/m^3 的陶瓷纤维板制成,成正方形,边长 $165_{-5}^{\ 0}$ mm,厚度不小于

20^{+5}_{0} mm。

在标定板的中心应切割一个孔槽，将辐射计紧密地安装在孔槽内。辐射计靶片与标定板的上表面处于同一平面。如果用支架支撑辐射计，则支架应安装于标定板下面。

7.13 模拟板

模拟板应按照图 10 的说明制作，陶瓷纤维板总厚度可以通过粘结剂或长细钉将多层薄片叠加在一起做成。

7.14 灭火板

灭火板由与基板材料相同的板材制成，其标称尺寸为 300 mm×185 mm×6 mm。

7.15 烘箱

若需满足 6.4.3 的规定，则鼓风烘箱需能维持 250℃的温度。

7.16 试样状态调节室

状态调节室应能维持常温(23±2)℃和相对湿度(50±5)%。

7.17 天平

天平的标称量程为 5 000 g，示值精度 0.1 g。

8 试验环境

8.1 试验应在基本没有气流或有屏蔽物保护的环境中进行，试验装置周围的空气流速不能超过 0.2 m/s。操作人员应避免燃烧产物的侵害，应抽除释放的烟气，但不能在装置上方形成强制排风。

8.2 图 11 给出了一个适当的装置屏蔽物结构图，可避免气流及烟气产物对试验的影响。

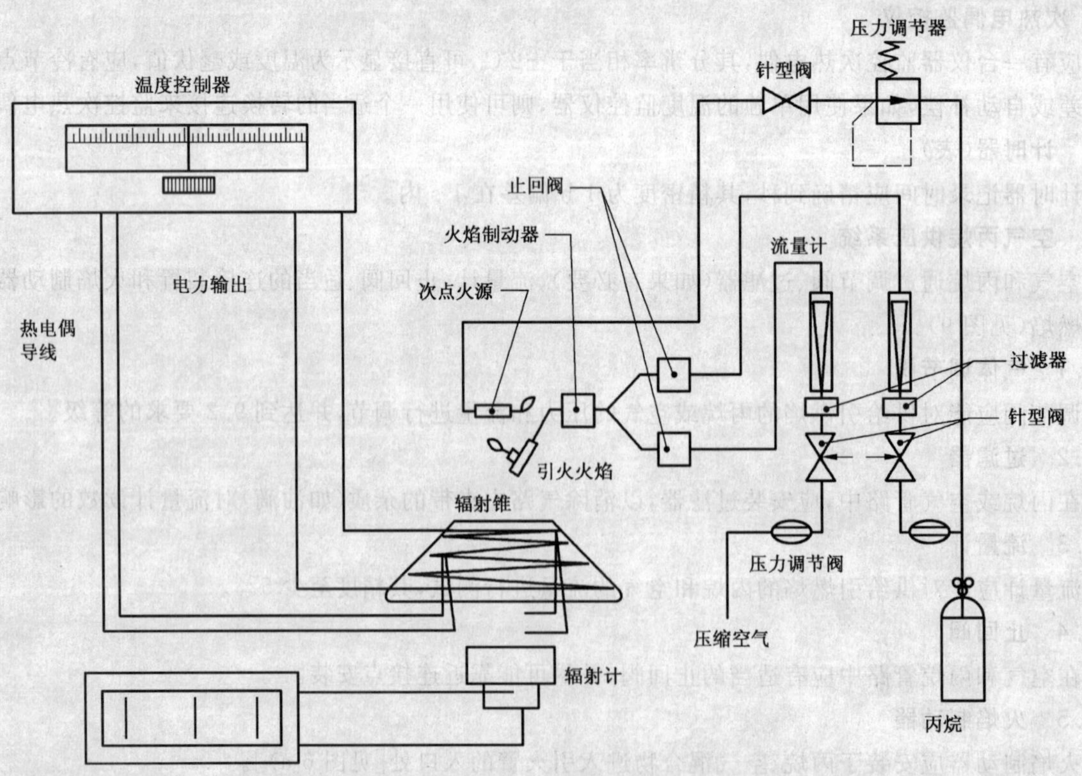

图 9 装置和附加设备的图示布置

单位为毫米

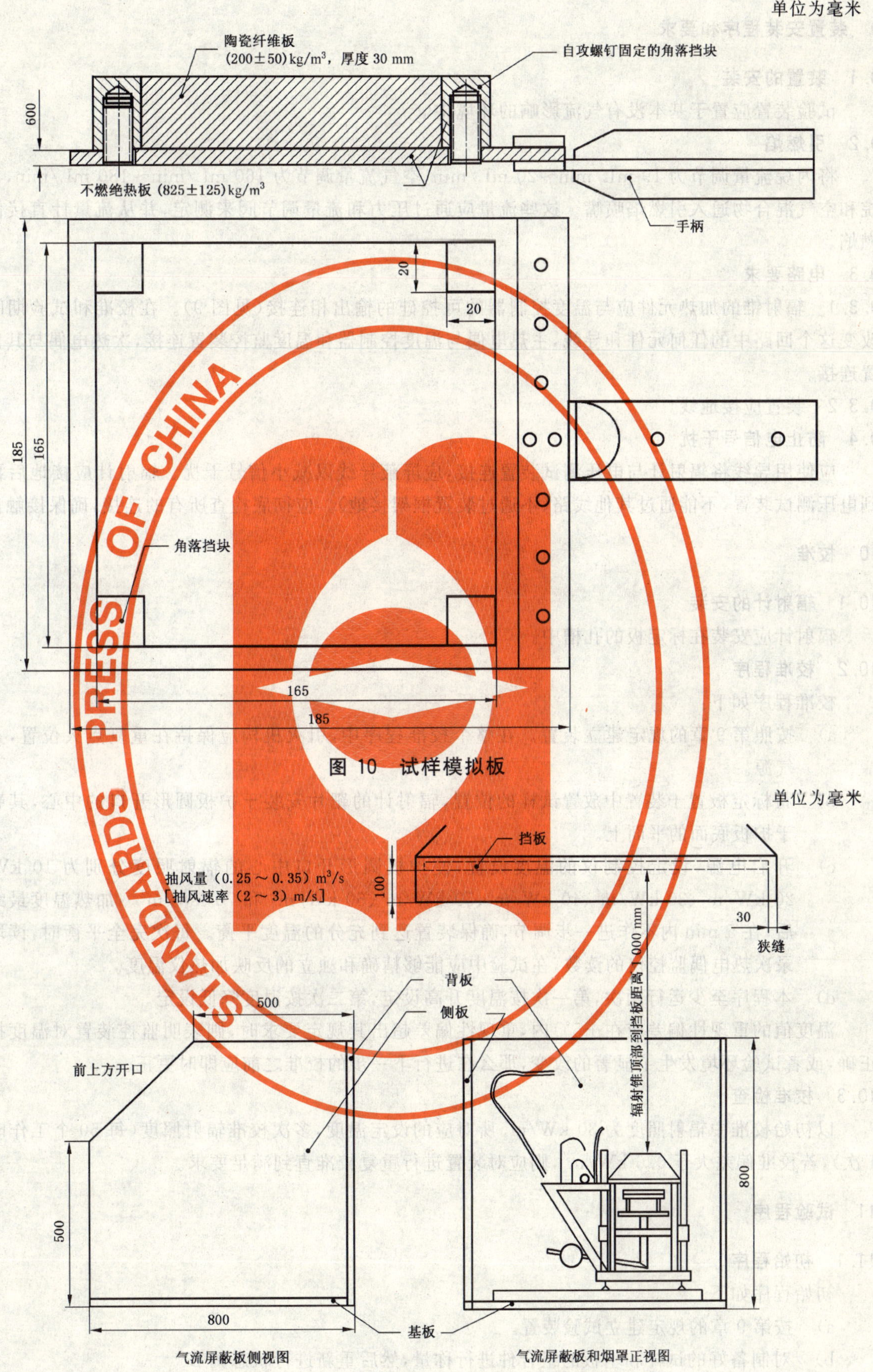

图 10 试样模拟板

单位为毫米

图 11 着火装置集烟罩和气流屏蔽板

9 装置安装程序和要求

9.1 装置的安装

试验装置应置于基本没有气流影响的环境中。

9.2 引燃焰

将丙烷流量调节为 19 mL/min～20 mL/min，空气流量调节为 160 mL/min～180 mL/min，再将丙烷和空气混合物通入引燃焰喷嘴。这些流量应通过压力和流量调节阀来测定，并从流量计直接供给引燃焰。

9.3 电路要求

9.3.1 辐射锥的加热元件应与温度控制器的可控硅的输出相连接(见图 9)。在校准和试验期间不能改变这个回路中的任何元件和导线，主热电偶与温度控制器和温度监控装置连接，次热电偶与其监控装置连接。

9.3.2 装置应接地线。

9.4 防止电信号干扰

应使用导线将辐射计与电压测试装置连接，应屏蔽导线以减小信号干扰。辐射计应接地后再连接到电压测试装置，不能通过其他线路(不通过装置框架接地)。应彻底检查所有的连接，确保接触良好。

10 校准

10.1 辐射计的安装

辐射计应安装在标定板的孔槽中。

10.2 校准程序

校准程序如下：

a) 按照第 9 章的规定建立装置。在整个校准程序中，引火机构应保持在重复点火位置，并关闭气源。

b) 将标定板置于装置中放置试样的位置，辐射计的靶片安装于护板圆形开口的中心，其靶片处于护板底面的平面上。

c) 开启电源，设定控制仪的温度设置，使护板圆形开口中心的辐射照度分别为 10 kW/m^2、20 kW/m^2、30 kW/m^2、40 kW/m^2、50 kW/m^2、60 kW/m^2 和 70 kW/m^2。加热温度最终设定后，在 5 min 内不作进一步调节，确保装置达到充分的温度平衡。每次完全平衡时，读取和记录次热电偶监控仪的读数，在试验中应能够精确和独立的反映加热仪温度。

d) 本程序至少运行两次，第一次按温度升高设定，第二次按温度降低设定。

温度值的重现性偏差应在±5℃内，重现性偏差超出其规定要求时，则表明监控装置对温度控制不正确，或者试验环境发生了显著的改变，那么在进行下一步的校准之前应即时更正。

10.3 校准检查

以初始校准中辐射照度为 30 kW/m^2 所对应的设定温度，多次校准辐射照度(每 50 个工作时至少 1 次)，若校准偏差大于 0.6 kW/m^2，则应对装置进行重复校准直到满足要求。

11 试验程序

11.1 初始程序

初始程序如下：

a) 按第 9 章的规定建立试验装置。

b) 对制备好的试样和基板的组合件进行称量，然后重新进行状态调节。

c) 将试样和基板的组合件安装在插入安放盘里，并置于压板上时，调节平衡锤，使试样上表面和护板间的压力为(20±2)N。可按照 A.6.1 规定的方法进行调节,也可使用与组合件质量相同的模拟试样来代替试样进行调节。

d) 插入模拟试样板。

e) 调节控制仪的温度设定,使其达到校准试验中辐射照度为 50 kW/m^2 所对应的温度值(或要求的其他值)。

f) 运行装置,加热让其达到温度平衡。当温度控制器显示加热器达到温度平衡,5 min 后将试样暴露于辐射下。

g) 检查次热电偶,确定其读数与校准读数值的偏差是否在±2℃内,若偏差超出容许范围,则需进行重复校准。

h) 将制备好的试样从状态调节室取出,置于插入安放盘内。

i) 将试样遮盖板置于护板上。

j) 启动点火装置(7.3)。

k) 调节引火机构中的定位装置,确保模拟板和引燃焰间的距离为 10 mm。

l) 将试样遮盖板置于护板上。

m) 降低压板,取出模拟试样板,放入装有试件的插入安放盘。

n) 松开压板。

o) 当引燃焰处于重复点火位置时,立刻移开试样遮盖板,同时开始计时。

11.2 试验准备的时间要求

从 11.1 i)到 m)所规定的操作应在 15 s 内完成。

11.3 试验运行和结束

11.3.1 若试样出现持续表面着火,则停止计时,在护板上盖上灭火板,立即熄灭所有火焰,停止运行点火装置。迅速取出试样盘和试样残余物,代之以模拟试样板。然后应尽快移开灭火板(参见 A.6.3)。

11.3.2 若 15 min 内试样没有发生持续表面着火,则在护板上盖上灭火板停止试验,并停止运行点火装置。取出试样并代之以模拟试样板,然后应尽快移开灭火板。

11.3.3 若试样出现短暂表面着火或羽状着火,则应继续试验直到试验停止。

11.4 重复试验

11.4.1 在同一个辐射照度下,按照 11.1 h)到 o)和 11.3 的操作应至少再重复测试 4 个试样,两次试验间隔要求有足够的时间使装置达到热平衡(参见 A.6.3)。

11.4.2 在给定辐射照度下,若 5 个试样有一个试样发生了持续表面着火,则应在更低的辐射照度(或其他设定的更低的辐射照度)下,对另一组的 5 个试样进行试验。

11.4.3 重复 11.4.2 的操作,直到在要求的辐射照度下,对 5 个试样均进行了试验。

11.4.4 若在给定的辐射照度下,所有试样均没有发生持续表面着火,则应对另一组 5 个试样在更高的辐射照度下进行试验(或其他设定的更高的辐射照度)。

11.4.5 将加热器设定为另一个辐射照度值时,应改变温度设定,且允许装置有足够的时间达到温度平衡。

完全平衡时,次热电偶的示值与校准读数值的偏差应在±2℃内。

11.5 试验中现象观察

11.5.1 对于每个试样,应记录试样发生持续表面着火的时间。

11.5.2 在每个试验中应观察试样发生的变化,特别记录以下现象:

a) 其他类型的着火时间、位置和特征;

b) 试样的发光分解;

c) 试样受火面的熔化、起泡、散裂、裂纹、膨胀或收缩。

11.6 特殊程序

11.6.1 柔软和易变软的制品

11.6.1.1 对于一些柔软制品，特别是低密度制品，如带涂层或不带涂层的玻璃纤维或矿物棉制品，压板的压力可能对试样边缘产生挤压，从而导致试样受火面不平整并向上凸起。这种情况在辐射锥没有加热时都可能出现。

对于此类试样，为避免因变形而承受更高的辐射照度，应在压板机构中安装一个可调的限位装置，避免挤压包裹的铝箔，维持试样表面的平整度和制品的标称厚度。可以选择在压板和护板中使用垫块。

11.6.1.2 对于受热容易收缩、变软或熔化的试样，可通过调节压板机构上的可调限位装置或压板和护板间的垫块，避免压板对试样边缘包裹的铝箔过分挤压。

11.6.1.3 某些制品可能影响点火装置的运行，如材料受热后有黏性，易附在点火装置上；有些软质材料或受热变软的材料会把引火臂淹没；有些材料会膨胀并产生机械强度很低的泡沫烧焦层。对于这些制品，有必要调节可调限位装置来限制点火装置的移动距离，让它接近但不接触试样的受火面。

11.6.1.4 某些材料(如 PVC)含有高浓度阻燃剂的材料，这些制品在辐射热下会产生大量烟气而使引燃焰熄灭，并阻碍次点火源对它的重新点燃。若 15 min 内，采取了必要的方法重复点燃引燃焰，仍反复出现火焰熄灭，则试验结果应为没有持续表面着火，且注明：制品分解，引燃焰反复熄灭。

11.6.2 有反光层的制品

对于有反光层的制品，不管是否涂刷碳黑涂料，由于引火机构可能损坏材料表层或反光层，因此引火机构工作可能不是很理想。对于这些制品，可以通过使用可调限位装置来限制引火机构的移动距离，让它接近但不接触试样的受火面。

11.6.3 含空气隙的组件

对于背火面有空气隙的组件，应特别注意避免引燃焰喷嘴刺穿试样表面而进入后面的空气隙，必要时应采用可调限位装置来避免这种情况的发生。

11.6.4 不平整表面的制品

对表面不平整的制品进行试验时，有必要采用限位装置来调节喷嘴口出来的火焰位置，使其到试样最高点的距离为 10 mm，必要时，应根据试样表面的形状来调节可调限位装置。

12 结果的表述

12.1 在每个辐射照度下，对每个试样报告应给出持续表面着火时间，以 s 表示。

12.2 若 15 min 内没有试样发生持续表面着火，在此辐射照度下，试样的试验结果应表述为“没有持续表面着火”。

12.3 若在给定的辐射照度下，5 个试样都没有发生持续表面着火，则不需要在更低的辐射照度下进行试验，但在报告中应注明“在更高的辐射照度下不着火，没必要试验”。

13 试验报告

试验报告应尽可能全面，对于每个单独试样，应给出在每个辐射照度下的着火时间，记录试验过程中的现象和影响结果的因素。在报告中应给出下面的基本信息，并附在试验报告的概述中：

a) 试验室名称和地址。

b) 受检单位名称和地址。

c) 生产单位(供货单位)名称和地址。

d) 试验制品的详细描述，包括商标名称、组分、结构、经纬向、厚度、状态调节后试样的密度和质量、试样的受火面;给出基材的说明和安装方法;对于合成物和组件,应给出每个组分的厚度、密度和整个样品的表观密度;还应给出表面的处理说明(如黑色涂层等)。

e) 对有些制品,应特别说明生产日期、处理情况或受火面。

f) 注明"试验结果只与制品的试样在特定试验条件下的性能相关,不能将它们作为评价制品实际使用时潜在火灾危险性的唯一依据"。

附　录　A
（资料性附录）
正文的注解及操作指南

导言

本附录为试验操作人员和结果的使用者提供了关于本标准更具体的要求和背景信息。

A.1　定义

为便于说明将测试的材料定义为制品，制品可以是单一材料、复合材料或组件。

同种材料使用条件不同时，其着火性可能有显著差异，如一种厚型材料，背衬一层轻质绝热基材与背衬一层高密度高传热性基材，其燃烧性能是不一样的。因此考虑材料的实际应用是很重要的。

本试验方法对三类建筑制品进行了定义。

A.2　试验原理

本试验方法是测试材料的着火性能，其原理为材料表面暴露于辐射热中时，将释放出挥发性气体，若此时存在一个小的点火源，就会引燃气体产生持续燃烧。本方法是考察材料在有附加热辐射条件下，直接承受火焰作用时的抗点燃能力。无附加热辐射时，制品的着火性主要与火焰的施加时间、总的热释放有关。

资料显示（见参考文献[4]），试样着火前，其分解产物的烟气羽流对辐射会发生吸热作用。

A.3　制品测试的适合性

A.3.1　本试验方法及设备尽管是用于测试表面平整的试样，但是也可用来测试表面具有一定不规则性的制品。建筑制品根据其表面特点划分为两类，即规则成形面或槽纹面（如波纹板）和压花、痕纹或微孔面（例如具有花纹的矿棉纤维瓦）。对于表面非规则的试样，其尺寸需满足所受到的热辐射照度与表面平整的试件所受到的热辐射照度相同，且要求其大部分表面应位于测试平面上。

A.3.2　试样表面应具有被测材料的代表性。若不能得到具有代表性的试样，则需进行多个试验，以对该制品表面的不同部位进行全面评价。对于表面尺寸不满足要求的制品，将其制成平整表面时，也需进行多个试验以对该制品表面的不同情况进行全面评价。不论是哪种情况，都需分别记录试验结果。

A.3.3　若要求对试样表面不规则区域进行评价，则可对制品表面进行加工，使其低于最高点 10 mm，然后对加工出来的表面进行评价。

A.3.4　对于表面热吸收率低的制品（如光泽金属面、光泽搪瓷面），其试验结果应谨慎处理（参见附录C）。对于黑色表面的制品，可以通过附加试验提供的信息来判断其在火灾中的着火性。

A.3.5　对于厚度较大，受热易熔化的制品，本试验方法在某种程度上来说是不适合的，因为施加在熔化表面的热辐射照度比施加在初始表面上的热辐射照度小，并且靠近熔化材料的引燃焰的施加时间也减少了。

A.3.6　对于受热膨胀显著的制品，将无法得到有效的结果，尽管对引燃焰采取必要的手动调节，可容许一定程度的膨胀，但其结果也是不准确的。

A.4　试样准备

A.4.1　试样安装时，应确保产品与其实际使用情况相一致。对于薄型材料或组件，特别高热导率的材料，空气间隙的存在和下层结构的特征都可能显著影响其受火面的着火性。增加下层结构的热容，就会增加“热沉”效应，延迟受火面的着火时间。任何背衬试件的材料，如基板，都可能改变“热沉”效应，从而对试验结果有着根本性的影响。

对于薄型材料或组件，在实际应用中如果基材是不固定的，那么应根据实际应用情况，选定不同的基材进行试验。基材的“热惯量”（与产品的导热率、密度、比热有关）及其燃烧性能均会影响材料或组件的着火性。

A.4.2 对于非常规试件，需做进一步的研究，如对于一种薄型试件，在实际应用中其背面是空气，那么在试验中应设法在其背面设置空气隙，以尽可能模拟实际应用的情况。在某些情况下，用封闭的孔洞来代替空气间隙还可能带来问题。

A.4.3 恒重是重要条件，纤维类材料在状态调节环境中需要放置超过两周才能达到平衡，而塑料类材料所需时间要短些。除非现行标准有别的要求，否则塑料类材料在试验前要求在温度(23±2)℃，相对湿度(50±5)%条件下状态调节至少48 h，在状态调节后应立即进行试验。

A.5 试验设备安装

A.5.1 适合用以下三种方法将热电偶固定在辐射锥上：

a) 对于能够在900℃温度下持续工作，具有绝缘热接点，直径为1 mm的K型(Ni-Cr/Ni-Al)或R型(Pt/Pt 13%Rh)不锈钢铠装热电偶，可以采取在加热元件上焊一个带孔的不锈钢座，焊接材料熔点高于900℃，将热电偶插入孔中[见图4 c)]。

b) 对于能够在900℃温度下持续工作，具有绝缘热节点，直径为1 mm的K型或R型不锈钢铠装热电偶，可以通过一个小型不锈钢夹子将热电偶固定在加热器上。

c) 对于直径为0.5 mm的玻璃纤维绝缘K型热电偶，将其单独焊接在加热元件上。热电偶的连接可以通过电容式点焊机将其金属线单独焊接在加热元件上，间距约3 mm[见图4 c)]。

不管是用夹子还是用不锈钢座对热电偶进行固定，其接触部位都应用砂纸打磨光滑。在设备进行校准之前加热器应在600℃～700℃之间运行几天，以使其热辐射通量达到稳定值。对于新的加热器，其校准频率应比10.3要求的次数更多，直到加热器达到稳定。

可通过辐射锥上面、下面或侧面微孔将热电偶插入辐射锥。热电偶进入辐射锥时应固定。

A.5.2 当试样表面尺寸稳定时，图2和图6中的引燃焰装置可满足其施火时间为$1^{+0.1}_{0}$ s。若试件膨胀，表面扩大，引燃焰的施加时间宜延长；若试件收缩，则施火时间宜缩短。凭经验若有必要时，宜对引火机构进行改进，使其维持$1^{+0.1}_{0}$ s的施火时间。不同型号的装置，其引燃焰的施加时间将保持一致。9.2中规定的流量对应的引燃焰约为10 mm长。

A.5.3 允许采用相位角控制辐射锥的温度控制器，宜采用电子过滤来防止对低频信号的干扰。

A.6 试验程序

A.6.1 设定平衡机构，要在压板与护板间产生约20 N的力，一个简便的方法是采用旋转臂作为平衡机构。如果在枢轴另一端临时悬挂一个2 kg的重物，则可通过增减重量或是调节其悬挂位置而得到所需的平衡力。在滑杆上移动2 kg的重物，就可以在滑杆上产生一个适当的力，并施加于压板上。

A.6.2 进行多种材料的测试时，在改变辐射照度前，一组试样测试完毕，宜在相同辐射照度下对另一种试样进行连续测试。在这种情况下，有必要对试件重量平衡进行重新调节。

A.6.3 一旦试样着火，宜尽快灭火，避免因气流使辐射锥过度冷却。两次试验间应留有足够的间隔时间使设备达到平衡。

通过温度显示仪判定加热器是否达到温度平衡。温度平衡后，至少应间隔3 min才能进行下一个试样的试验，以使设备的其他部分也达到温度平衡。同样改变了辐射照度，也需3 min后才能进行下面的试验。

A.6.4 宜仔细观察试件表面发生的变化、引燃焰接触试件表面时的情况。若对引火机构的移动距离采用了可调限位装置,则在后续试验中可要求采用相同的调节。

A.6.5 建议试验过程中操作者尽量不要突然快速移动,以免影响环境气流。

A.7 安全

引言中已作了安全警告,注意试验过程中释放的有毒有害气体。同时还要注意辐射锥带来的危险,注意主电源的使用以及试件着火后用水灭火和冷却存在的危险。同时不得忽视试验过程中某些试样可能会有熔滴物或是尖锐碎片溅出,因此操作者宜做好对眼睛的保护。

附 录 B
（资料性附录）
试验的应用及限制

本标准规定的试验方法主要适用于平板类建筑制品（单一材料、复合材料、组件），这些制品可能出现在火灾中，制品的着火及其燃烧可能会影响火灾的增长及传播。本试验测试制品在火源热辐射及引燃焰作用下被点燃的能力。实际情况中，这种受火作用可能是由连续或间断的火焰接触、余烬火星、燃烧滴落物造成的。

本方法是ISO/TC 92开发的对火反应试验之一，通常需要综合考虑试验结果来判定制品对火灾的影响，然后根据影响对建筑提出相应的要求。

本试验提供的信息可用来评价墙和天花板内衬材料、铺地系统、外部覆层和风管绝热材料等。在特定火灾场景中，可以准确描述制品的受火情况，因此试验结果可以直接反映制品在实际使用中的燃烧性能。在某些情况下，不能准确给定火灾场景，但通过试验可区分哪些材料易点燃，哪些材料不易点燃。这将有助于区分材料的火灾危险性。

本方法也可应用于非建筑材料制品。

数据显示着火性试验和火焰传播试验存在一定的关系，特别在高辐射通量下这种关系更明显，着火性试验可作为对火灾增长进行评价的一个较好的测试方法。

本方法不包括对材料在无附加热辐射而直接作用在火焰下的着火能力的评价。

试验使用水平试件，更多的是考虑材料热塑性测试，不代表制品在实际使用中是处于水平方向的。某些情况下，垂直试件实际受火面的着火性不能简单地通过测试一个较小的垂直试件来获得。试件方向影响着着火性的其他因素，如试样挥发物的吸热，试件表面空气流的改变等。试件的安装方向及尺寸也可能相互影响。

本试验还与火焰的产生、传播、发展条件有很大的关系。当火焰传播到某点时，由于辐射对其他可燃物的作用，火灾可能出现一个新的传播或发展阶段。例如，在房间墙面附近一个较小的火源，如果点燃了可燃内衬材料，那么火焰传播就可能很快；如果室内火灾已充分发展，通过门洞，走廊内衬材料便可能受到强烈的热辐射作用，点燃的内衬材料则可能达到一个新的火灾发展阶段。

通过空间分隔来防止火焰传播，必须重点考虑辐射着火（如建筑物之间火灾传播可以通过足够的间隔来阻止）。由于建筑物空间间距是以纤维质材料被引燃所需的临界辐射为基本原理进行控制的，因此建筑材料的着火性已经成为一个特别重要的因素。

本试验方法的特点是通过辐射对试件进行加热。具有光亮金属面的试件在试验中比其在实际应用中表现出更好的着火性，其原因在于在实际使用中，材料与火焰及分解气体接触时，金属表面由于受烟气堆积和湿气聚积的影响，其吸热将明显增加。不能根据材料的视觉表面来判断材料对热辐射的吸收。白色表面对白光吸收率较低，但其对火焰的热辐射却有较高的吸收率。

附 录 C
(资料性附录)
更高的热辐射通量

对本标准规定的设备在更高的热通量等级下试验的可行性已作了研究。通过对大量材料的研究表明,用本标准中的方法和设备,在常规操作下可使热通量达到 70 kW/m^2,并且还可以在更高的热通量下工作。加热器能在 75 kW/m^2～95 kW/m^2 之间提供一个稳定的热通量,可稳定长达 6 h。

设备在 100 kW/m^2 的热通量情况下,超过 7 h,辐射照度有轻微的波动。热通量在 100 kW/m^2～102 kW/m^2 时有一点轻微的向上漂移。

表 C.1 给出了温度与 70 kW/m^2～100 kW/m^2 之间的热通量的对应关系。

表 C.1 获得相应热通量要求的温度

热通量/(kW/m^2)	近似温度/℃
70	890
75	905
80	915
85	930
90	950
95	965
100	980
注:数值存在轻微漂移。	

附 录 D
（资料性附录）
持续表面着火时间的比对

按照本标准给出的试验程序，在6个实验室间对5种材料进行了比对试验。试验结果表明其着火时间没有显著差异。但某些材料的持续着火时间存在一定的差异，且随着辐射照度降低这种差异越大，因此不同的试验只采用单独的数值是没有意义的。

尽管这些试验室测得的持续着火时间没有显著差异，但着火时间对于热通量是很敏感的，因此试验时应特别注意对辐射照度的测试和装置的校准。

表D.1给出了试验结果的平均值、重复性及再现性的统计分析，根据ISO 5725-1的要求，为便于检查，试验结果以s及平均值的百分数表示。

重复性(r)是指对相同材料、以相同试验方法、在相同试验条件(相同试验室、相同设备、相同操作者、较短的试验间隔)下两次着火时间的差异期望落在某一预定区间的概率(取95%置信区间)。

再现性(R)是指对相同材料、以相同试验方法、在不同试验条件(不同试验室、不同设备、不同操作者、不同的试验时间)下两次着火时间的差异被期望落在某一预定区间的概率(取95%置信区间)。

表D.1中的值显示某些制品在较低的辐射照度下偏差相对较大。

表 D.1　表面引燃时间的重复性和再现性数据

产品	聚乙烯(甲基戊烯聚合物)		中纤板		聚乙烯喷涂彩钢板		石膏板		PVC	
厚度	10 mm		12 mm		200 μmm		9.5 mm		2 mm	
热通量/(kW/m²)	30	40	30	40	30	40	30	40	30	40
试验室数量	5	5	5	5	7	7	6	7	7	7
平均值/s	78.5	44.7	85.7	48.3	29.7	20.5	128.0	57.7	138.4	44.9
平均值的重复性/s	7.2 9.2	4.4 9.9	10.3 12.1	8.3 17.3	6.2 20.8	4.4 21.3	15.7 12.3	8.8 15.2	50.7 36.6	4.5 10.1
平均值的再现性/s	19.1 24.4	10.4 23.2	18.2 21.2	13.5 27.9	8.1 27.2	6.0 29.0	33.2 25.9	19.4 33.6	74.8 54.0	8.2 18.2

参 考 文 献

［1］ ISO/TR 3814:1989, *Tests for measuring "reaction to fire" of building materials—Their development and application*. 建筑材料"对火反应"试验方法　开发和应用.

［2］ ISO/TR 5725-1:1994, *Accuracy (trueness and precision) of measurement methods and results—Part 1: General principles and definitions*. 测定方法与结果的准确度(正确度与精确度)　第1部分:一般原理和定义.

［3］ ISO/TR 65851:1979, *Fire hazard and the design and use of fire tests*. 火灾风险及火灾试验的设计和运用.

［4］ KASHIWAGI, T. Experimental observation of Radiative Ignition Mechanisms. combustion and Flame, 34, 1979, pp. 231-234. 热辐射引燃机理的实验观察. 燃烧和火焰, 34, 1979, 231-244.

ICS 47.020.20
U 40

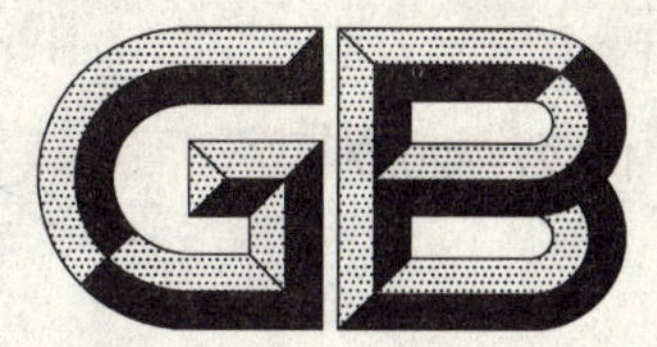

中华人民共和国国家标准

GB/T 14527—2007
代替 GB/T 14527—1993

复合阻尼隔振器和复合阻尼器

Compound damping isolator and compound damper

2007-07-17 发布　　2008-01-01 实施

中华人民共和国国家质量监督检验检疫总局
中国国家标准化管理委员会　发布

前　言

本标准代替 GB/T 14527—1993《复合阻尼隔振器和复合阻尼器》。

本标准与 GB/T 14527—1993 相比主要有下列技术变化：

——增加了“复合阻尼”的定义；

——增加了 GFK1100A 型、GFJ1100A 型、GFC1100A 型、GFK1200A 型、GFJ1200A 型、GFC1200A 复合阻尼隔振器和 ZF1200A 型复合阻尼器的基本参数和主要尺寸；

——明确了－50℃和＋70℃下的存储时间要求；

——增加了对橡胶材料扯断强度的要求和相应的试验方法；

——增加了对尺寸的检验方法；

——增加了速度变化量为 2.0 m/s，峰值加速度为 530 m/s^2，持续时间为 6 ms 下的冲击传递率的要求；

——将使用期由 5 a 改为 10 a。

本标准由中国船舶工业集团公司提出。

本标准由全国船用机械标准化技术委员会(SAC/TC 137)归口。

本标准起草单位：中国船舶工业综合技术经济研究院、上海交通大学。

本标准主要起草人：汪远、勾厚渝。

本标准所代替标准的历次版本发布情况为：

——GB/T 14527—1993。

复合阻尼隔振器和复合阻尼器

1 范围

本标准规定了无谐振峰非线性复合阻尼隔振器(以下简称为隔振器)和复合阻尼器(以下简称阻尼器)的分类、要求、试验方法和验收规则等。

本标准适用于电子设备、仪器仪表隔振、防冲击使用的隔振器和阻尼器的设计、生产和验收。

2 规范性引用文件

下列文件中的条款通过本标准的引用而成为本标准的条款。凡是注日期的引用文件,其随后所有的修改单(不包括勘误的内容)或修订版均不适用于本标准,然而,鼓励根据本标准达成协议的各方研究是否可使用这些文件的最新版本。凡是不注日期的引用文件,其最新版本适用于本标准。

GB/T 191 包装储运图示标志

GB/T 528 硫化橡胶或热塑性橡胶拉伸应力应变性能的测定

GB/T 2298 机械振动与冲击 术语

GB/T 2423.5 电工电子产品环境试验 第二部分:试验方法 试验 Ea 和导则:冲击

GB/T 2423.6 电工电子产品环境试验 第二部分:试验方法 试验 Eb 和导则:碰撞

GB/T 2423.10 电工电子产品环境试验 第二部分:试验方法 试验 Fc 和导则:振动(正弦)

GB/T 11211 硫化橡胶与金属粘合强度的测定 拉伸法

GJB 150.3 军用设备环境试验方法 高温试验

GJB 150.4 军用设备环境试验方法 低温试验

GJB 150.11 军用设备环境试验方法 盐雾试验

GJB 150.16 军用设备环境试验方法 振动试验

GJB 150.18 军用设备环境试验方法 冲击试验

3 术语和定义

GB/T 2298 确立的以及下列术语和定义适用于本标准。

3.1

复合阻尼 compund damping

由两种不同类型的阻尼组合在同一隔振抗冲元件中的阻尼状态,通常是指黏性阻尼与库仑阻尼的组合。

3.2

无谐振峰 resonance peak-free

配有预定非线性阻尼的隔振器与刚性负载组成的弹性系统,在规定的振动量级下系统传递率不大于 1.5 的现象。

3.3

开锁频率 frequency only just out of lock-in

无谐振峰隔振系统在一定的振动量级下由锁紧的刚性状态转变成弹性状态的频率。

3.4

振动传递率 vibration transmissivity

在正弦扫描振动时,某一频率下振动系统的输出量(力、位移、速度或加速度)与同量纲的输入量的比值。对于非线性隔振系统还应注明振动输入的量级。

3.5

冲击传递率　shock transmissivity

输入一个符合规定波形容差的冲击脉动，隔振系统冲击响应的峰值加速度与输入冲击脉冲峰值加速度的比值。

4　分类

4.1　类型

隔振器根据使用环境分为：

a)　K型：用于机载环境；

b)　J型：用于船舶环境；

c)　C型：用于车载环境。

4.2　产品标记

4.2.1　型号

隔振器和阻尼器的型号规定如下：

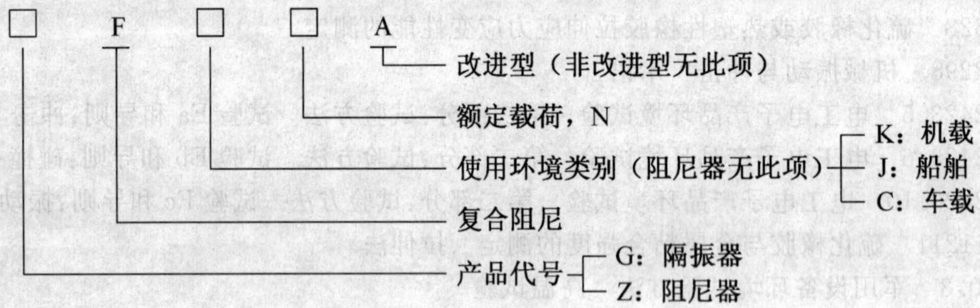

4.2.2　标记示例

额定载荷为500 N的船舶用改进型隔振器标记为：

隔振器　GB/T 14527—2007　GFJ500A

额定载荷为500 N的船舶用改进型阻尼器标记为：

阻尼器　GB/T 14527—2007　ZF500A

4.3　尺寸

隔振器和阻尼器的外形和安装尺寸见表1和图1。

表1　隔振器和阻尼器外形和安装尺寸表

单位为毫米

型号	B	D_m[a]	d	G	H_r[b]	I	K[c]	L	M	ϕ
GFK60										
GFJ60										
GFC60										
GFK100										
GFJ100	84	42	8.5	82±2	60±3	31	32	105	M10	78
GFC100										
GFK150										
GFJ150										
GFC150										

表 1(续)

单位为毫米

<table>
<tr><th>型号</th><th>B</th><th>D_m[a]</th><th>d</th><th>G</th><th>H_r[b]</th><th>I</th><th>K[c]</th><th>L</th><th>M</th><th>ϕ</th></tr>
<tr><td>GFK200</td><td rowspan="3">84</td><td rowspan="3">42</td><td rowspan="31">8.5</td><td rowspan="3">82±2</td><td rowspan="3">60±3</td><td rowspan="3">31</td><td rowspan="3">32</td><td rowspan="3">105</td><td rowspan="3">M10</td><td rowspan="3">78</td></tr>
<tr><td>GFJ200</td></tr>
<tr><td>GFC200</td></tr>
<tr><td>GFK250A</td><td rowspan="18">96</td><td rowspan="18">50</td><td rowspan="18">100±3</td><td rowspan="18">76±4</td><td rowspan="18">41</td><td rowspan="18">40</td><td rowspan="18">122</td><td rowspan="18">M12</td><td rowspan="18">100</td></tr>
<tr><td>GFJ250A</td></tr>
<tr><td>GFC250A</td></tr>
<tr><td>GFK350A</td></tr>
<tr><td>GFJ350A</td></tr>
<tr><td>GFC350A</td></tr>
<tr><td>GFK500A</td></tr>
<tr><td>GFJ500A</td></tr>
<tr><td>GFC500A</td></tr>
<tr><td>GFK700A</td></tr>
<tr><td>GFJ700A</td></tr>
<tr><td>GFC700A</td></tr>
<tr><td>GFK900A</td></tr>
<tr><td>GFJ900A</td></tr>
<tr><td>GFC900A</td></tr>
<tr><td>GFK1100A</td></tr>
<tr><td>GFJ1100A</td></tr>
<tr><td>GFC1100A</td></tr>
<tr><td>GFK1200A</td></tr>
<tr><td>GFJ1200A</td></tr>
<tr><td>GFC1200A</td></tr>
<tr><td>ZF60</td><td rowspan="4">84</td><td rowspan="4">42</td><td rowspan="4">82±2</td><td rowspan="4">58±4</td><td rowspan="4">31</td><td rowspan="4">32</td><td rowspan="4">105</td><td rowspan="4">M10</td><td rowspan="4">78</td></tr>
<tr><td>ZF100</td></tr>
<tr><td>ZF150</td></tr>
<tr><td>ZF200</td></tr>
<tr><td>ZF250A</td><td rowspan="6">96</td><td rowspan="6">50</td><td rowspan="6">103±3</td><td rowspan="6">78±4</td><td rowspan="6">41</td><td rowspan="6">40</td><td rowspan="6">122</td><td rowspan="6">M12</td><td rowspan="6">100</td></tr>
<tr><td>ZF350A</td></tr>
<tr><td>ZF500A</td></tr>
<tr><td>ZF700A</td></tr>
<tr><td>ZF900A</td></tr>
<tr><td>ZF1200A</td></tr>
<tr><td colspan="11">注：隔振器和阻尼器型号加“A”者为改进型，从外形上看，上下两端的制动板扩大了。</td></tr>
</table>

a　D_m 指隔振器和阻尼器最大变形时在安装面以下的高度。

b　H_r 指公称静载荷下隔振器及配套阻尼器在安装面以上的高度。

c　K 指主螺钉可以提供的最大露出长度。

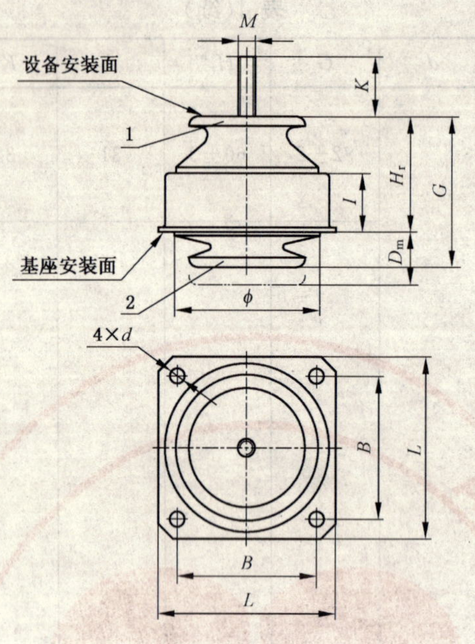

1,2——制动板。

图 1　隔振器和阻尼器外形和安装尺寸图

4.4　基本参数

隔振器和阻尼器的基本参数见表 2。

表 2　隔振器和阻尼器基本参数表

型号	轴向额定载荷 N	轴向载荷范围 N	潜在谐振频率 Hz	轴向最大变形 mm	径向最大变形 mm
GFK60	60	50～70	<6	±12	±12
GFJ60					
GFC60					
GFK100	100	80～120			
GFJ100					
GFC100					
GFK150	150	125～175			
GFJ150					
GFC150					
GFK200	200	180～220		±18	
GFJ200					
GFC200					
GFK250A	250	230～290			
GFJ250A					
GFC250A					
GFK350A	350	300～390			
GFJ350A					
GFC350A					
GFK500A	500	400～600			

表 2(续)

型号	轴向额定载荷 N	轴向载荷范围 N	潜在谐振频率 Hz	轴向最大变形 mm	径向最大变形 mm
GFJ500A	500	400～600	<6	±18	±12
GFC500A					
GFK700A	700	610～800			
GFJ700A					
GFC700A					
GFK900A	900	810～1 000			
GFJ900A					
GFC900A					
GFK1100A	1 100	1 010～1 150			
GFJ1100A					
GFC1100A					
GFK1200A	1 200	1 160～1 360			
GFJ1200A					
GFC1200A					
ZF60	—	≤50	—	±12	
ZF100					
ZF150		≤100			
ZF200					
ZF250A		≤240		±18	
ZF350A					
ZF500A					
ZF700A		≤360			
ZF900A					
ZF1200A					

5 要求

5.1 环境适应性

5.1.1 隔振器和阻尼器在－10℃～＋50℃温度范围内应能满足 5.4 的要求。

5.1.2 隔振器和阻尼器在－50℃温度下储存 24 h,＋70℃温度下储存 48 h,恢复到常温状态后应能满足 5.4 的要求。

5.1.3 船舶用隔振器和阻尼器在盐雾环境下,金属件不应有腐蚀;橡胶材质表面不应龟裂和剥落;橡胶和金属粘接面不应有剥离和损坏,橡胶应无质变。

5.2 外观质量

5.2.1 橡胶件表面应无瘤块、飞边、裂纹、气泡及其他缺陷,但允许有深度不大于 0.5 mm 的局部粗糙纹或模压痕。

5.2.2 金属件表面应无裂痕、腐蚀和其他机械损伤,并有防腐蚀涂层。

5.3 材料

5.3.1 用于经常与油接触的隔振器和阻尼器应采用耐油的橡胶件。

5.3.2 橡胶材料的扯断强度不应小于 12 MPa。

5.3.3 隔振器和阻尼器的橡胶与金属粘合强度不应低于 2.5 MPa。

5.4 性能

5.4.1 静态载荷变形

隔振器在垂直方向承受额定静载荷后的高度 H_r，应符合表 1 的规定。

5.4.2 隔振

隔振器在承受额定载荷的刚性负载时，其垂直方向和水平方向的振动传递率均应符合表 3 的规定，经振动、耐久性、冲击、碰撞和强冲击后振动传递率不应超过表 3 规定指标的 20%。

5.4.3 耐久性

隔振器经耐久性试验后，振动传递率应符合表 3 的规定。

表 3 不同环境类型振动传递率表

<table>
<tr><th colspan="2" rowspan="3">环境类型</th><th colspan="4">正弦扫描振动时的要求</th></tr>
<tr><th rowspan="2">振动条件</th><th colspan="2">振动传递率</th><th rowspan="2">开锁频率
Hz</th></tr>
<tr><th>≤15 Hz</th><th>>15 Hz</th></tr>
<tr><td rowspan="2">机载环境</td><td>不含直升机</td><td>振幅/mm
1.27
20 m/s²
5 20 500 2 000
频率/Hz</td><td rowspan="2">≤1.5</td><td rowspan="2">≤0.40</td><td rowspan="2">≤8</td></tr>
<tr><td>直升机</td><td>振幅/mm
2.54
20 m/s²
5 14 500
频率/Hz</td></tr>
<tr><td colspan="2">船舶环境</td><td>振幅/mm
1
10 m/s²
1 16 200
频率/Hz</td><td colspan="2">≤0.45</td><td>≤10</td></tr>
</table>

表 3(续)

环境类型	正弦扫描振动时的要求			
	振动条件	振动传递率		开锁频率 Hz
		≤15 Hz	>15 Hz	
车载环境	振幅/mm; 12.7; 3.72; 3.75 m/s²; 15 m/s²; 2.7; 5; 10; 200; 频率/Hz	≤3	≤0.30	≤8

5.4.4 冲击传递率

隔振器在承受额定载荷的刚性负载时,冲击传递率应符合表 4 的规定。

表 4 冲击传递率

速度变化量 m/s	半正弦冲击脉冲参数		冲击传递率
	峰值加速度 m/s²	脉冲持续时间 ms	
0.510	50	16	≤0.20
0.560	80	11	
0.570	150	6	
0.920	80	18	≤0.30
1.020	100	16	
1.050	150	11	
0.955	250	6	
1.400	200	11	≤0.35
1.530	400	6	
2.00	530		≤0.40

5.4.5 抗强冲击

5.4.5.1 船舶用隔振器的输出与输入峰值加速度之比应不大于 0.05。

5.4.5.2 在强冲击下隔振器的金属件允许塑性变形,但不应发生脱落。

5.4.5.3 强冲击后的隔振器不应再使用。

5.4.6 安装要求

隔振器和阻尼器在设备上的安装部位应是平面,以安装孔圆心为中心其面积应不小于图 1 的 $L\times L$。

6 试验方法

6.1 试验设备和条件

6.1.1 隔振器的动态性能(即隔振、抗冲击性能)均应以额定载荷(容差±5%)的刚性模拟负载进行试验。

6.1.2 隔振器和阻尼器的试验温度为20℃±5℃。

6.2 尺寸

用相应的测量工具检查隔振器和阻尼器的尺寸。结果应符合4.3的要求。

6.3 高温

隔振器和阻尼器的高温试验按GJB 150.3规定的方法进行。结果应符合5.1.1、5.1.2的要求。

6.4 低温

隔振器和阻尼器的低温试验按GJB 150.4规定的方法进行。结果应符合5.1.1、5.1.2的要求。

6.5 盐雾

隔振器和阻尼器的盐雾试验按GJB 150.11规定的方法进行。结果应符合5.1.3的要求。

6.6 外观质量

用目测的方法检验隔振器和阻尼器的外观质量。结果应符合5.2的要求。

6.7 扯断强度

应从隔振器和阻尼器的每批橡胶材料中取样,并按GB/T 528规定的方法进行橡胶材料的扯断试验。结果应符合5.3.2的要求。

6.8 粘合强度

按GB/T 11211规定的方法进行隔振器和阻尼器的橡胶件与金属粘合的强度试验。结果应符合5.3.3的要求。

6.9 静态载荷变形

6.9.1 隔振器试验时从零载荷到上限载荷预加载2次,每次在上限载荷和零载荷至少保持30 s。

6.9.2 试验过程中隔振器在径向均不应承受静载荷。

6.9.3 以变形不超过4 mm/min的加载速度按表2规定的载荷范围加载到隔振器的下限载荷、额定载荷和上限载荷,在每一载荷至少保持30 s,分别记录各载荷下隔振器的变形量。结果应符合5.4.1的要求。

6.10 隔振

6.10.1 振动试验台的特性能符合GB/T 2423.10的要求。

6.10.2 通常采用4只隔振器绕刚性质量块的中心均匀布置的方式进行隔振器和阻尼器的振动试验。若试验条件不具备,也可采用单只隔振器安装在刚性质量块中心位置进行试验。在水平方向试验时应尽量降低重心高度来避免质量块的摇晃。

6.10.3 隔振性能试验在表3规定的试验条件下,按GJB 150.16规定的方法进行,记录振动传递率。结果应符合5.4.2的要求。

6.11 耐久性

6.11.1 隔振器耐久性试验应分别沿垂直方向和水平面内任意一个方向进行。

6.11.2 隔振器耐久性试验在表3规定的试验条件下,按GJB 150.16规定的方法进行,试验时间为2 h。试验过程中传递率的测量时机由承制方与用户协商确定。结果应符合5.4.3的要求。

6.12 冲击传递率

6.12.1 隔振器的冲击试验按GB/T 2423.5规定的方法进行。

6.12.2 测量系统的频率特性应满足图2和表5的要求,图2中的f_1~f_4按表5选择。测量系统在试验前应进行系统校准,检测点应尽可能靠近冲击机台面中心和刚性负载的重心。

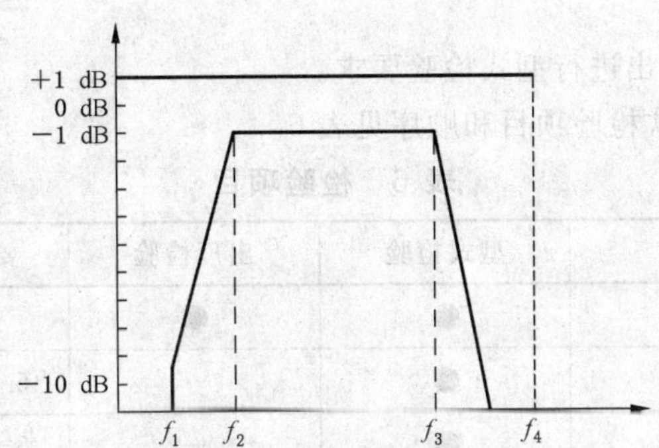

图 2 冲击脉冲测量系统频率特性

表 5 测量系统频率特性表

脉冲持续时间 ms	低频截止频率 Hz		高频截止频率 kHz	响应超过+1 dB时的频率 kHz
D	f_1	f_2	f_3	f_4
0.2	20	120	20	40
0.5	10	50	15	30
1	4	20	10	20
3	2	10	5	10
6	1	4	2	4
11	0.5	2	1	2
18	0.2	1		
30				

6.12.3 试验的严酷度应根据使用环境从表 4 中选取。

6.12.4 为在使用和运输过程中承受多次重复性机械碰撞的机电设备配套的隔振器还应进行碰撞试验，试验的严酷度根据使用环境从表 4 中选取，碰撞的重复频率为每分钟 40 次±5 次，总的碰撞次数为 3 000 次±10 次。

6.12.5 碰撞试验按 GB/T 2423.6 规定的方法进行，测量冲击传递率。结果应符合 5.4.4 的要求。

6.13 抗强冲击

6.13.1 船舶用隔振器应进行强冲击试验，试验应在轻型冲击试验机或中型冲击试验机上进行。

6.13.2 测量系统应符合 6.12.2 的要求，其中图 2 中的 f_1、f_2、f_3、f_4 分别为 1 Hz、4 Hz、3 kHz、6 kHz。

6.13.3 强冲击试验按 GJB 150.18 规定的方法进行。记录系统输入输出峰值加速度。结果应符合 5.4.5 的要求。

7 检验规则

7.1 检验分类

隔振器、阻尼器的检验分为型式检验和出厂检验。

7.2 型式检验

7.2.1 隔振器和阻尼器有下列情况之一时，应进行型式检验：

a) 新产品或老产品转产；

b) 正式生产后，若结构、材料、工艺有较大改变，可能影响产品性能；

c) 长期停产恢复生产；

d) 国家质量监督机构提出进行型式检验要求。

7.2.2 隔振器和阻尼器的型式检验项目和顺序见表6。

表6 检验项目

序号	检验项目	型式检验	出厂检验	要求章条号	试验方法章条号
1	尺寸	●	●	4.3	6.2
2	高温	●	—	5.1.1、5.1.2	6.3
3	低温	●	—	5.1.1、5.1.2	6.4
4	盐雾	●	—	5.1.3	6.5
5	外观质量	●	●	5.2	6.6
6	扯断强度	●	●	5.3.2	6.7
7	粘合强度	●	—	5.3.3	6.8
8	静态载荷变形	●	●	5.4.1	6.9
9	隔振	●	—	5.4.2	6.10
10	耐久性	●	—	5.4.3	6.11
11	冲击传递率	●	—	5.4.4	6.12
12	抗强冲击	●	—	5.4.5	6.13
注：●为必检项目；—为不检项目。					

7.2.3 隔振器和阻尼器的型式检验的样品数量为4只。

7.2.4 隔振器、阻尼器全部检验项目符合要求，判为型式检验合格。若有不符合要求的项目，应加倍取样复验。若复验符合要求，则仍判定隔振器和阻尼器型式检验合格；若复验仍有不符合要求的项目，则判定隔振器和阻尼器的型式检验不合格。

7.3 出厂检验

7.3.1 每只隔振器、阻尼器均应进行出厂检验。

7.3.2 出厂检验项目和顺序见表6。

7.3.3 全部检验项目符合要求的隔振器、阻尼器，判定出厂检验合格。若有不符合要求的项目，则应在修复后进行复验。若复验符合要求，则仍判定该只隔振器或阻尼器出厂检验合格；若复验仍有不符合要求的项目，则判定该只隔振器或阻尼器出厂检验不合格。

8 标志、包装、运输和贮存

8.1 标志与包装

8.1.1 隔振器、阻尼器上应有铭牌，铭牌内容应包括下列内容：

a) 标准号；

b) 产品型号；

c) 生产厂名；

d) 出厂编号。

8.1.2 包装箱外应有符合GB/T 191规定的“禁止翻滚”、“怕湿”、“小心轻放”等字样或符号。

8.1.3 包装箱外应有下列文字标明：

a) 收货单位名称和地址；

b) 发货单位名称和地址及制造厂名；

c) 隔振器或阻尼器型号；

d) 隔振器或阻尼器净重及连同包装箱的毛重；

e) 包装箱尺寸。

8.1.4 隔振器、阻尼器外露金属件表面及安装螺孔应作防锈处理。

8.1.5 随机文件应装入内有防潮剂的密封塑料袋中。

随机文件应包括下列内容：

a) 装箱清单；

b) 产品合格证书。

8.2 运输与贮存

8.2.1 包装好的隔振器、阻尼器应能承受任何方式运输，但应避免被雨雪淋袭。

8.2.2 隔振器、阻尼器在处于自由状态下贮存，贮存环境温度为0℃～40℃，相对湿度不大于80％。

8.2.3 隔振器、阻尼器应避免阳光直接照射，不应与油类、漆类、酸类、盐雾、臭氧及其他对其性能产生影响的物质接触。

8.2.4 隔振器、阻尼器贮存时离发热、发光源应大于1 m。

8.2.5 隔振器、阻尼器贮存期从出厂日期起为1 a，使用期为10 a。

ICS 29.120.50
K 45

中华人民共和国国家标准

GB/T 14598.10—2007/IEC 60255-22-4:2002
代替 GB/T 14598.10—1996

电气继电器 第22-4部分:量度继电器和保护装置的电气骚扰试验——电快速瞬变/脉冲群抗扰度试验

Electrical relays—Part 22-4: Electrical disturbance tests for measuring relays and protection equipment—Electrical fast transient/burst immunity test

(IEC 60255-22-4:2002,IDT)

2007-01-23 发布　　　　2007-08-01 实施

中华人民共和国国家质量监督检验检疫总局
中国国家标准化管理委员会　发布

前　言

本部分等同采用国际标准 IEC 60255-22-4:2002《电气继电器　第 22-4 部分:量度继电器和保护装置的电气骚扰试验——电快速瞬变/脉冲群抗扰度试验》(英文版)。

为便于使用,本部分作了下列编辑性修改:

a) ‘本国际标准’一词改为‘本部分’;

b) 用小数点‘.’代替作为小数点的‘,’;

c) 删除国际标准的前言。

本部分代替 GB/T 14598.10—1996《电气继电器　第 22 部分:量度继电器和保护装置的电气干扰试验　第 4 篇:快速瞬变干扰试验》。

本部分与 GB/T 14598.10—1996 相比主要变化如下:

a) 提出了“端口”的概念,并按不同的端口规定试验的严酷等级及试验电压;

b) 详细描述了试验配置;

c) 试验的严酷等级为 A 级(相当于 4 级)或 B 级(相当于 3 级);

d) 按照装置的不同功能规定验收准则;

e) 增加了附录 A 和附录 B。

本部分的附录 A、附录 B 为资料性附录。

本部分由中国电器工业协会提出。

本部分由全国量度继电器和保护设备标准化技术委员会归口。

本部分主要起草单位:南京南瑞继保电气有限公司、北京四方继保自动化股份有限公司、国电南京自动化股份有限公司、国家继电器质量监督检验中心、许继电气股份有限公司、阿城继电器股份有限公司、上海继电器有限公司、山东积成电子股份有限公司、烟台东方电子信息产业股份有限公司、北海银河高科技股份有限公司、河北电力自动化研究所有限公司、北京紫光测控有限公司、上海三基电子工业有限公司、中国电力科学研究院。

本部分主要起草人:李抗、梁路辉、钟泽章、张占营、雷振锋、赵长青、王洁民、袁文广、赵国刚、史高飞、田建军、葛荣尚、钱振宇、沈晓凡。

本部分所代替标准的历次版本发布情况为:

——GB/T 14598.10—1996。

电气继电器 第22-4部分：量度继电器和保护装置的电气骚扰试验——电快速瞬变/脉冲群抗扰度试验

1 范围

本部分以GB/T 17626.4为基础，参考了该出版物的适用部分，规定了对电快速瞬变抗扰度试验的一般要求。这些试验适用于电力系统保护所用的量度继电器和保护装置，包括与这些装置一起使用的控制、监视和过程接口设备。

试验的目的是验证被试装置在被激励并受到由诸如感性负载断开、继电器触点回跳等引起的重复性快速瞬变(脉冲群)骚扰时能否正确工作。

本部分的各项要求适用于新的量度继电器和保护装置，所规定的所有试验仅为型式试验。

本部分的目的是规定：

——所用术语的定义；

——试验严酷等级；

——试验设备；

——试验配置；

——试验程序；

——验收准则；

——试验报告。

2 规范性引用文件

下列文件中的条款通过本部分的引用而成为本部分的条款。凡是注日期的引用文件，其随后所有的修改单(不包括勘误的内容)或修订版均不适用于本部分，然而，鼓励根据本部分达成协议的各方研究是否可使用这些文件的最新版本。凡是不注日期的引用文件，其最新版本适用于本部分。

GB/T 4365—2003 电工术语 电磁兼容(IEC 60050(161):1990,IDT)

GB/T 14047 量度继电器和保护装置(GB/T 14047—1993,idt IEC 60255-6:1988)

GB/T 17626.4—1998 电磁兼容 试验和测量技术 电快速瞬变脉冲群抗扰度试验(idt IEC 61000-4-4:1995)

3 术语和定义

下列术语和定义适用于本部分。

3.1

辅助设备 auxiliary equipment

为被试装置正常工作提供所需信号的设备，以及用来验证被试装置性能的设备。

3.2

脉冲群 burst

数量有限且清晰可辨的脉冲序列或持续时间有限的振荡。

[GB/T 4365—2003，定义161-02-07]

3.3

耦合/去耦网络 CDN

集成在一只箱体内的耦合和去耦器件。

3.4

通信端口 communication port

采用低功率信号并与被试装置固定连接的通信和/或控制的系统端口。

3.5

被试装置 EUT

被试验的装置,可以是一只量度继电器或一台保护装置。

3.6

输入端口 input port

用于对被试装置激励或控制,以实现其功能的端口,例如电流互感器、电压互感器、状态、模拟输入等。

3.7

输出端口 output port

用于输出被试装置所产生的预定变化(例如触点、光耦、模拟输出等)的端口。

3.8

端口 port

被试装置与外部电磁环境的特定接口(见图 1)。

[GB/T 17626.4—1998,定义 4.2]

3.9

辅助电源端口 auxiliary power supply port

被试装置的交流或直流辅助激励量输入口。

3.10

瞬态 transient

在两相邻稳定状态之间变化的物理量或物理现象,其变化时间小于所关注的时间尺度。

[GB/T 4365—2003,定义 161-02-01]

3.11

功能地端口 functional earth port[1)]

被试装置上的除了以电气安全为目的之外的与大地连接的端口。

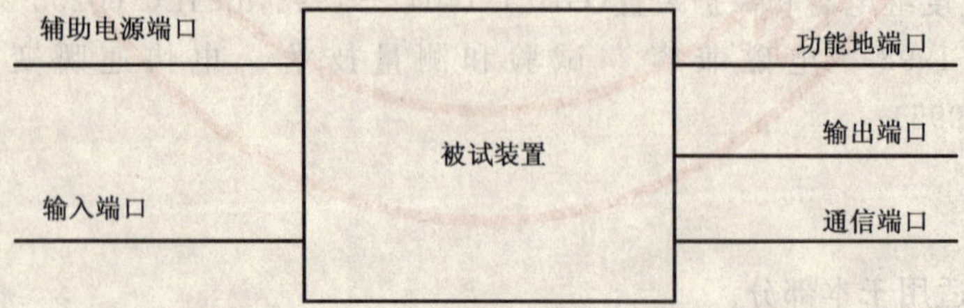

图 1 本部分中量度继电器和保护装置的试验端口

4 试验严酷等级

对被试装置相应端口在 B 级、A 级应用中的试验电压见表 1。表 1 中试验波形的重复率宜按 GB/T 17626.4—1998的规定。

1) IEC 原文无此术语和定义,为了适应本标准图 1 和表 1 的需要,依据 IEC 60255-26 引入。

除非另有规定，按照制造厂的功能规范，连接电缆总长始终小于 10 m 的端口，建议不进行此试验。

按照制造厂的功能规范，连接电缆总长始终小于 3 m 的功能地端口，不适用于快速瞬变/脉冲群试验。当功能地和安全地是一个连接时，不推荐采用此试验。如果这些地线分别连接，在对功能地进行试验时，安全地不宜断开。

在正常使用中，如果端口与电缆固定连接，按制造厂的功能规范，连接电缆总长始终小于 3 m 的通信端口，不适用于快速瞬变/脉冲群试验。

表 1　被试装置端口的试验电压

被试端口	开路输出试验电压和重复率			
	B 级		A 级	
	峰值电压/kV ±10%	重复率/kHz ±10%	峰值电压/kV ±10%	重复率/kHz ±10%
功能地	2	5	4	2.5
辅助电源输入	2	5	4	2.5
输入/输出	2	5	4	2.5
通信	1	5	2	5
注：有关 A 级和 B 级之间试验等级的选择资料在附录 B 中给出。				

5　试验设备

试验设备的描述见 GB/T 17626.4—1998 第 6 章。其中包括对试验发生器、耦合/去耦网络和容性耦合夹的描述。

6　试验配置

通常的试验配置见 GB/T 17626.4—1998 第 7 章的规定。

所有为被试装置正常工作提供所需信号和用于验证被试装置正常运行的辅助设备，必须去耦，以防止受试验电压的影响。为了使被试装置端口的共模抑制比的降低幅度最小，去耦装置的共模抑制能力应尽可能地高。

一般而言，被试装置应单独进行试验，并应将其放置于距接地基准板上方 0.1 m 高的绝缘支座上，且被试装置的所有部分距离任何金属构件应至少 0.5 m。如果被试装置在一张非导电桌上试验（通常桌高 0.8 m），接地基准板可放置在桌下。

当被试装置专门安装于一个机柜内时，试验可施加于机柜内的被试装置。机柜内的被试装置间的全部连线视为系统内部电缆，不应进行试验。机柜宜被安放在一个距接地基准板上方 0.1 m 高的绝缘支座上。属于被试装置的互连电缆若总长超过 1 m，则应保持在绝缘支座上。

除了正在试验的端口外，与其他所有端口的连接都应成为快速瞬变的高阻抗的对地通道。这可以通过开路（若此回路不属于电源或监视回路）或者以长度大于 2 m 的导线来实现。若电源或监视设备需要，去耦电路或器件可附加在导线上，连接见图 2[2)]。

6.1　采用耦合/去耦网络的试验配置

采用 GB/T 17626.4—1998 中 6.2 定义的耦合/去耦网络将快速瞬变试验电压施加到被试装置，是对辅助电源端口唯一的试验方法，也是交流电流和电压端口试验的优先方法。试验电压应以共模方式逐一施加到被试装置的所有端口上。

2) IEC 标准原文误为图 1。

采用耦合/去耦网络的试验配置示例见图 2。

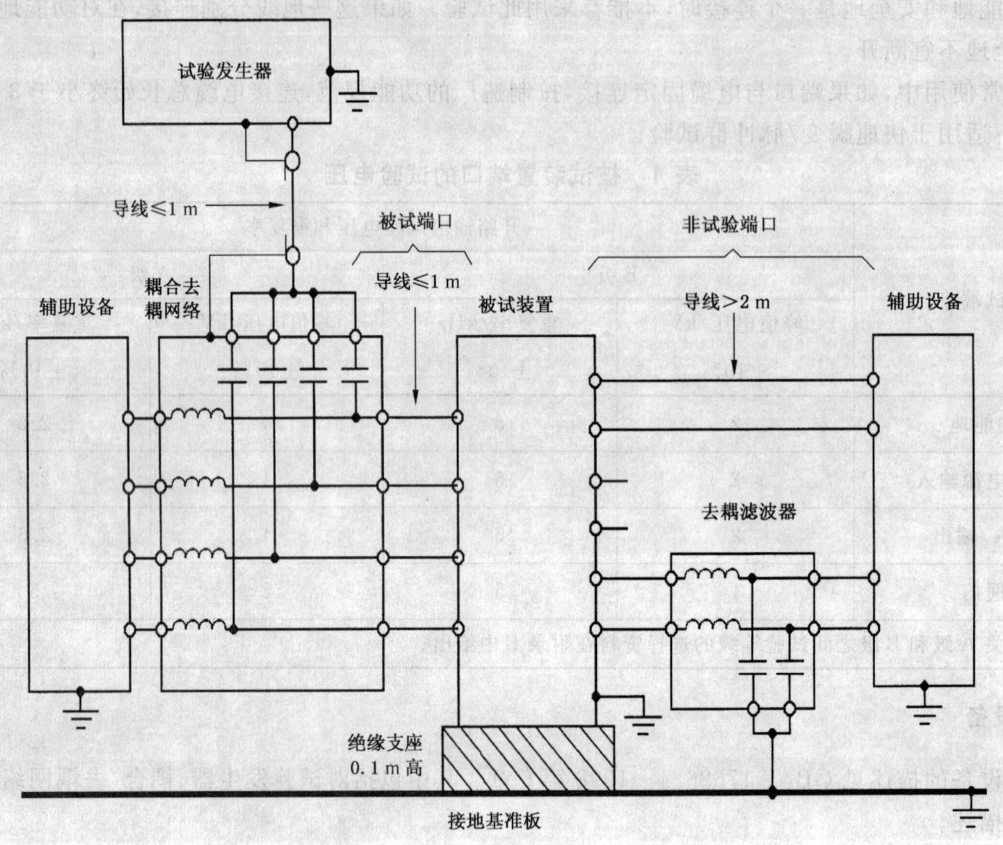

图 2　采用耦合/去耦网络的试验配置示例

快速瞬变发生器和耦合/去耦网络间的连接导线宜尽可能的短；优先采用发生器和耦合/去耦网络的一体组合装置。连接到被试装置的导线长度不宜大于 1 m。

根据规范，确定被试装置运行所要求的辅助设备，例如通信设备，以及为保证数据传输和功能评价所必需的辅助设备，这些设备应通过耦合/去耦网络连接到被试装置。然而，宜将注意力限定在有代表性的功能上，以尽可能地限制被试电缆的数量。

6.2　采用容性耦合夹的试验配置

若不能将快速瞬变试验电压直接施加到连接到被试装置接线端子的电路上，或当插入的耦合/去耦网络自身扰乱被试装置的运行时，应采用 GB/T 17626.4—1998 中 6.3 规定的容性耦合夹。对于功能地、状态输入、输出触点和通信端口，优先采用此种试验方法，并推荐对每个端口逐一试验，如果可行，每个被试端口的所有连接电缆可同时进行试验。

注：将快速瞬变试验电压施加于同属一个保护装置或系统的独立单元之间的连线上，是这种应用的一个例子。

采用容性耦合夹的试验配置见图 3。

被试端口连接所用的电缆类型以及端子和连接方法应遵循制造厂的建议。容性耦合夹和被试装置间的电缆长度不应大于 1 m。辅助设备和耦合夹之间的电缆长度至少应 10 m（如果小于 10 m，则应采用制造厂允许的最大长度）。多余的电缆宜松散地卷绕，与任何接地平面或金属构件的距离至少 0.1 m。

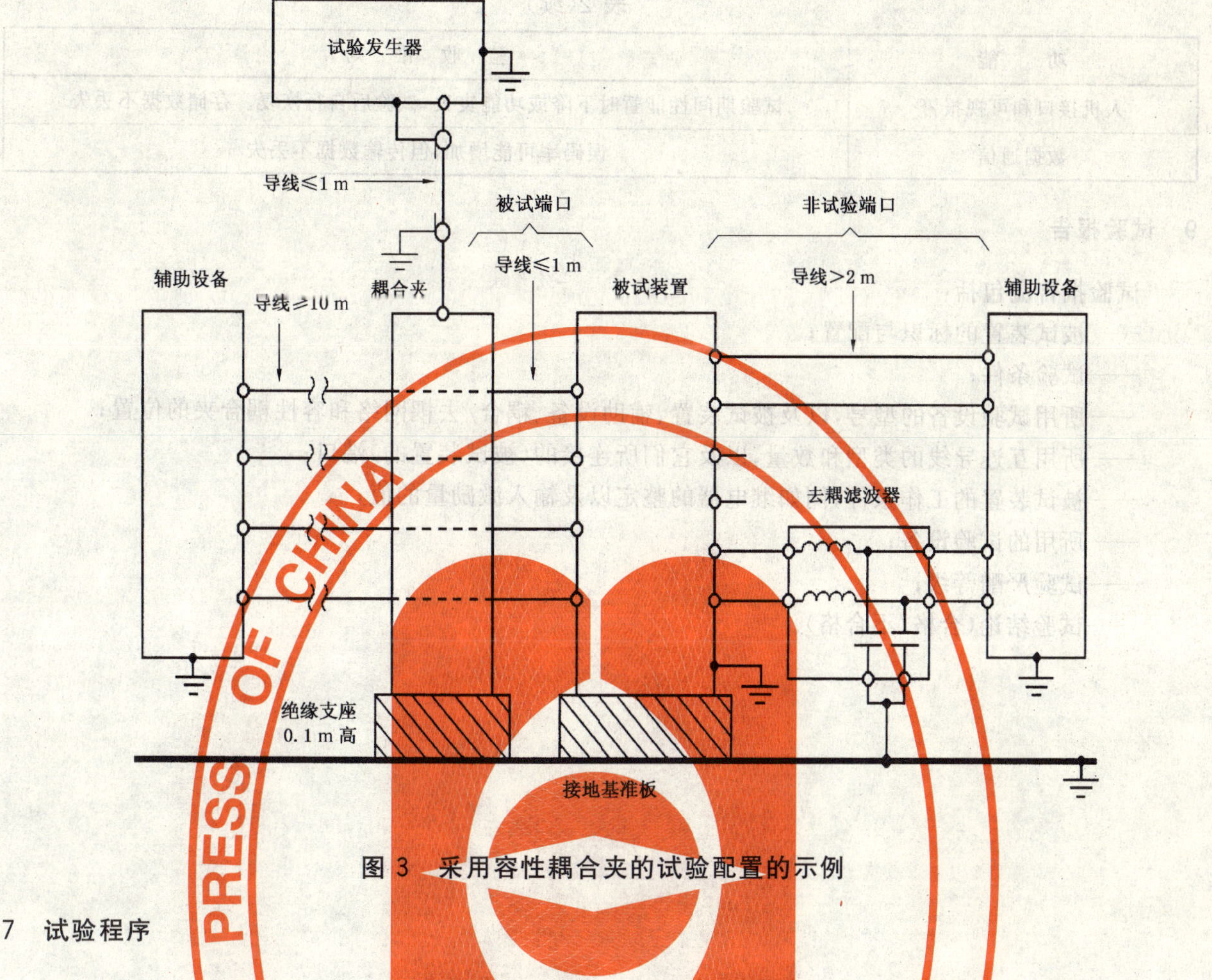

图 3 采用容性耦合夹的试验配置的示例

7 试验程序

试验应在 GB/T 14047 规定的基准条件下进行。

被试装置的延时应设置为它们预期应用的最小实用值。

试验进行时，应将等于额定值的辅助激励量施加到相应电路上。输入激励量的值应在动作值上、下规定暂态误差的两倍之内。

在被试装置的额定条件下，如果输入激励量远小于继电器的动作值，试验应在连续热耐受值下进行。

试验电压应以共模方式逐次施加于每一个端口，每个极性至少 1 min，并应检查与验收准则的一致性。

8 验收准则

表 2 列出了量度继电器或保护装置可能具有的重要功能。在试验中宜监视这些功能。

如果被试装置符合表 2 规定的验收准则，并且在试验结束后仍符合有关的性能要求，则被试装置试验结果合格。

表 2 验收准则

功　能	验 收 准 则
保护	在规定限值内性能正常
命令与控制	在规定限值内性能正常
测量	试验期间性能暂时下降，试验后自行恢复。存储数据不丢失

表 2(续)

功　　能	验　收　准　则
人机接口和可视报警	试验期间性能暂时下降或功能丧失，试验后自行恢复。存储数据不丢失
数据通信	误码率可能增加，但传输数据不丢失

9　试验报告

试验报告应包括：

——被试装置的标识与配置；

——试验条件；

——所用试验设备的型号，以及被试装置、辅助设备、耦合/去耦网络和容性耦合夹的位置；

——所用互连导线的类型和数量，以及它们所连接的(被试装置的)端口；

——被试装置的工作条件，例如继电器的整定以及输入激励量的值；

——所用的试验设备；

——试验严酷等级；

——试验结论(合格/不合格)。

附　录　A
（资料性附录）
快速瞬变/脉冲群抗扰度试验的背景信息

传导干扰电压是由不同的干扰源引起的，并可能通过感性或容性耦合传输到量度继电器和保护装置的电源线、信号线和地。

装置所处的电子环境也与可能存在于不同设施（例如变电站）中的干扰源有关，还与装置正常安装（即电源、位置、电缆类型、接地、屏蔽、滤波等等）所引起的耦合有关。

机电式元件比如继电器，常常安装于接近量度继电器和保护装置的地方。当机械触点将未加抑制的回路断开时，会产生高幅值快速瞬变干扰电压，它们直接耦合到电源和接地线，并通过电感和电容间接耦合到信号电缆。

在断开感性回路的电流时，干扰电压特别严重，即使只断开很小的电流（几毫安）和很低的电压（几伏），也可以引起很高的骚扰电压。由于容性耦合，它们主要以共模电压的形式出现。

在变电站，断路器和隔离开关的操作也可以引起电弧。这种断开操作也会产生瞬变，虽然它比先前描述的瞬变慢，却具有很高的能量。这种类型的电压主要影响装置的接地系统和电源系统，但也会耦合到信号电缆。

快速瞬变/脉冲群抗扰度试验旨在以可控制和可重复的方式模拟这些干扰条件。本部分包含了GB/T 17626.4—1998中的最新信息，是对GB/T 14598.10—1996的修订。

现代量度继电器和保护装置可以在单个装置中包含许多独立的功能，鉴于这一复杂性，人们认识到这些功能中的部分对于装置的工作是关键性的，另一些则不是。表2旨在确定大多数类型的量度继电器和保护装置中存在的最常见的功能类型，并在此功能基础上规定了对每个功能的验收准则。

附 录 B
（资料性附录）
A、B 两试验等级的环境示例

A、B 两试验等级的选择应视现场的安装和环境条件而定。本标准第 4 章对这些等级做了概要性的描述。

抗扰度试验与这些等级有关，以此为被试装置的预期工作环境建立一个性能等级。

基于一般性的安装，依照电磁环境的要求，建议采用下述方法选择电快速瞬变/脉冲群试验的试验等级。

A 级：适于严酷的工业环境

该安装环境具有下述特点：

——在由继电器和接触器切换的电源、控制和功率回路中对电快速瞬变/脉冲群没有抑制；

——工业线路与其他处于更高严酷等级环境中的线路之间没有隔离；

——电源、控制、信号和通信电缆之间没有隔离；

——控制线和信号线共用一个多芯电缆。

工业过程设备的户外区域——没有采用特别安装措施的发电厂、露天高压变电站的开关场和运行电压达 500 kV 的气体绝缘开关设备（典型安装），都是此类环境的代表。

B 级：适于典型的工业环境

该安装环境具有下述特点：

——在用继电器（无接触器）切换的电源和控制回路中对电快速瞬变/脉冲群没有抑制；

——工业线路与其他处于更高严酷等级环境中的线路之间的隔离不完善；

——电源、控制、信号和通信有专用的电缆；

——电源、控制、信号和通信电缆之间的隔离不完善；

——由导电管道、电缆支架（连接到保护接地系统）的接地导体，以及由接地网组成的有效的接地系统。

工业过程设备的区域、发电厂及露天高压变电站的继电器室都是此类环境的代表。

ICS 29.120.50
K 45

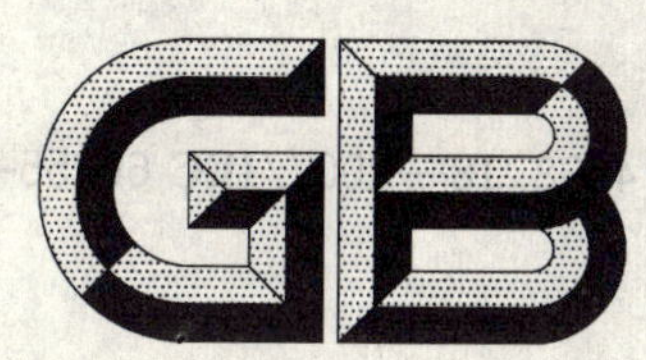

中华人民共和国国家标准

GB/T 14598.18—2007/IEC 60255-22-5:2002

电气继电器 第22-5部分:量度继电器和保护装置的电气骚扰试验——浪涌抗扰度试验

Electrical relays—Part 22-5: Electrical disturbance tests for measuring relays and protection equipment—Surge immunity test

(IEC 60255-22-5:2002,IDT)

2007-01-23 发布 2007-08-01 实施

中华人民共和国国家质量监督检验检疫总局
中国国家标准化管理委员会 发布

前　言

本部分等同采用国际标准 IEC 60255-22-5:2002《电气继电器　第 22-5 部分:量度继电器和保护装置的电气骚扰试验——浪涌抗扰度试验》(英文版)。

为便于使用,本部分作了下列编辑性修改:

a) “本国际标准”一词改为“本部分”;

b) 用小数点“.”代替作为小数点的“,”;

c) 删除国际标准的前言。

本部分由中国电器工业协会提出。

本部分由全国量度继电器和保护设备标准化技术委员会归口。

本部分主要起草单位:国家继电器质量监督检验中心、国电南京自动化股份有限公司、北京四方继保自动化股份有限公司、南京南瑞继保电气有限公司、许继电气股份有限公司、上海继电器有限公司、阿城继电器股份有限公司、山东积成电子股份有限公司、烟台东方电子信息产业股份有限公司、北海银河高科技股份有限公司、河北电力自动化研究所有限公司、北京紫光测控有限公司、上海三基电子工业有限公司、中国电力科学研究院。

本部分主要起草人:杨大林、钟泽章、梁路辉、李九虎、雷振锋、王洁民、赵长青、袁文广、赵国刚、史高飞、田建军、葛荣尚、钱振宇、沈晓凡。

本部分首次发布。

电气继电器 第22-5部分:量度继电器和保护装置的电气骚扰试验——浪涌抗扰度试验

1 范围

本部分以GB/T 17626.5为基础,参考了该出版物的适用部分,规定了对浪涌试验的一般要求。这些试验适用于电力系统保护所用的量度继电器和保护装置,包括与这些装置一起使用的控制、监视和过程接口设备。

试验的目的是验证被试装置在被激励并受到由开关通断和雷击产生的浪涌电压在电源和互连线路上产生的高能量骚扰时能否正确工作。

本部分不适用于检验绝缘耐受高电压的能力。绝缘试验由GB/T 14598.3规定。

本部分的各项要求适用于新的量度继电器和保护装置,所规定的试验仅为型式试验。

本部分的目的是规定:

——所用术语;

——试验严酷等级;

——试验设备;

——试验配置;

——试验程序;

——验收准则;

——试验报告。

2 规范性引用文件

下列文件中的条款通过GB/T 14598的本部分的引用而成为本部分的条款。凡是注日期的引用文件,其随后所有的修改单(不包括勘误的内容)或修订版均不适用于本部分,然而,鼓励根据本部分达成协议的各方研究是否可使用这些文件的最新版本。凡是不注日期的引用文件,其最新版本适用于本部分。

GB/T 4365—2003 电工术语 电磁兼容(IEC 60050(161):1990,IDT)

GB/T 14047 量度继电器和保护装置(GB/T 14047—1993,idt IEC 60255-6:1988)

GB/T 14598.3 电气继电器 第5部分:量度继电器和保护装置的绝缘配合要求和试验(GB/T 14598.3—2006,IEC 60255-5:2000,IDT)

GB/T 17626.5—1999 电磁兼容 试验和测量技术 浪涌(冲击)抗扰度试验(idt IEC 61000-4-5:1995)

3 术语和定义

下列术语和定义适用于本部分。

3.1

辅助设备 auxiliary equipment

为被试装置正常工作提供所需信号的设备,以及用来验证被试装置性能的设备。

3.2

通信端口 communication port

采用低功率信号并与被试装置固定连接的通信和/或控制的系统端口。

3.3

被试装置　EUT

被试验的装置。可以是一只量度继电器或一台保护装置。

3.4

输入端口　input port

用于对被试装置激励或控制，以实现其功能的端口，例如电流互感器、电压互感器、状态、模拟输入等。

3.5

互连线路　interconnection lines

由输入/输出线路、通信线路和平衡线路组成。

3.6

输出端口　output port

用于输出被试装置所产生的预定变化(例如触点、光耦、模拟输出等)的端口。

3.7

端口　port

被试装置与外部电磁环境的特定接口(见图1)。

3.8

辅助电源端口　power supply port

被试装置的交流或直流辅助激励量输入口。

3.9

瞬态　transient

在两相邻稳定状态之间变化的物理量或物理现象，其变化时间小于所关注的时间尺度。

[GB/T 4365—2003，定义 161-02-01]

3.10

浪涌　surge

沿线路或电路传送的电流、电压或功率的瞬态波。其特征是先快速上升后缓慢下降。

注：改写 GB/T 4365—2003，定义 161-08-11。

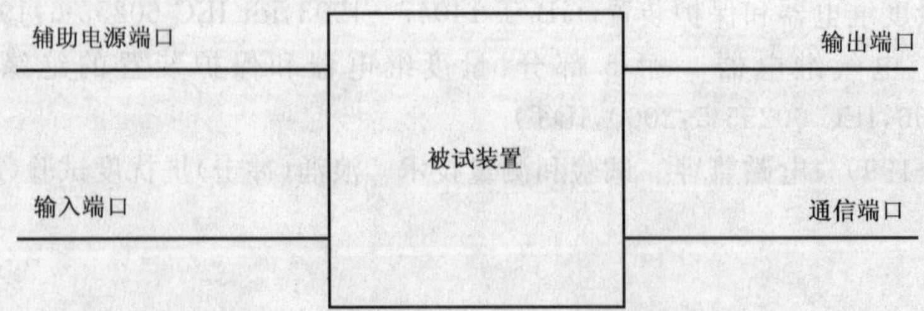

图1　本部分中量度继电器和保护装置的试验端口

4　试验严酷等级

相应端口的试验电压和耦合网络见表1。

表 1 被试装置端口的试验电压及源阻抗

<table>
<tr><td rowspan="3">试验端口</td><td colspan="3">试验条件:线对地</td><td colspan="3">试验条件:线对线[a]</td></tr>
<tr><td rowspan="2">开路试验电压/kV
±10%</td><td colspan="2">耦合网络[c]</td><td rowspan="2">开路试验电压/kV
±10%</td><td colspan="2">耦合网络[c]</td></tr>
<tr><td>R/Ω</td><td>$C/\mu F$</td><td>R/Ω</td><td>$C/\mu F$</td></tr>
<tr><td>辅助电源</td><td>0.5 1.0 2.0</td><td>10</td><td>9</td><td>0.5 1.0</td><td>0</td><td>18</td></tr>
<tr><td>输入[a]/输出</td><td>0.5 1.0 2.0</td><td>40</td><td>0.5</td><td>0.5 1.0</td><td>40</td><td>0.5</td></tr>
<tr><td>通信[b]</td><td>0.5 1.0</td><td>0</td><td>0</td><td>不试验</td><td>—</td><td>—</td></tr>
<tr><td colspan="7">a 对于采用低阻抗电流互感器的输入端口,或按照制造厂的功能规范采用双绞线(屏蔽或非屏蔽的)电缆连接的输入端口,建议不进行线对线试验。
b 不适用于光纤通信。
c 允许选用 GB/T 17626.5—1999 中描述的耦合网络作为替代方法,例如气体放电管。</td></tr>
</table>

试验程序应考虑被试装置非线性的电流—电压特性。因此,试验电压应按照表 1 中规定的步长,从最低的电压增加到最高的电压,而在每一电压水平均应符合验收准则。

在开路情况下,试验电压波形应为 1.2/50 μs,而在短路情况下,电流波形应为 8/20 μs。

除非另有规定,按照制造厂的功能规范,连接电缆总长始终小于 10 m 的端口,建议不进行此试验。

5 试验设备

试验设备的描述见 GB/T 17626.5—1999 第 6 章。其中包括对试验发生器、特性检验(GB/T 17626.5—1999 中 6.1)和耦合/去耦网络(GB/T 17626.5—1999 中 6.3)的描述。

注:某些被试装置采用 GB/T 17626.5—1999 规定的去耦电感可能不能正确工作。此时,允许采用小于规定值的去耦电感。应在试验报告中记录浪涌试验所采用的这些电感的确切值。

6 试验配置

通常的试验配置见 GB/T 17626.5—1999 第 7 章的规定。

所有为被试装置正常工作提供所需信号和用于验证被试装置正常运行的辅助设备,必须去耦,以防止受试验电压的影响。这些去耦网络也必须提供足够的去耦能力,使规定的试验波形仅施加在被试线路上,且不会显著影响试验发生器的开路电压或短路电流。

被试装置和试验发生器之间的连线应小于 2 m,同时,除了对通信端口的试验(见图 8)之外,被试装置和耦合/去耦网络间的连线也应小于 2 m。

在正常情况下,被试装置应置放于距接地基准板上方 0.1 m 高的绝缘支座上单独进行试验,且被试装置的所有部分距离任何金属构件应至少 0.5 m。如果被试装置在一张非导电桌上试验(通常桌高 0.8 m),接地基准板可放置在桌上。

当被试装置被专门安装于机柜内时,试验可施加于机柜内的被试装置。机柜内的被试装置间的全部连线视为系统内部电缆,不应进行浪涌试验。机柜宜被安放在一个距接地基准板上方 0.1 m 高的绝缘支座上。属于被试装置的互连电缆若总长超过 1 m,则应保持在绝缘支座上。

关于量度继电器和保护装置试验配置的详细说明如下。

6.1 辅助电源端口的试验

典型试验配置见图 2 和图 3。耦合/去耦网络的参数值依照 GB/T 17626.5—1999 中 6.3.1.1 和 7.2 的规定。

6.2 电流/电压互感器输入的试验

典型试验配置见图 4 和图 5。耦合/去耦网络的参数值依照 GB/T 17626.5—1999 中 6.3.2.1 和 7.3 的规定。

所施加的浪涌电压不要求与任何电压或电流输入端的交流波形同步。

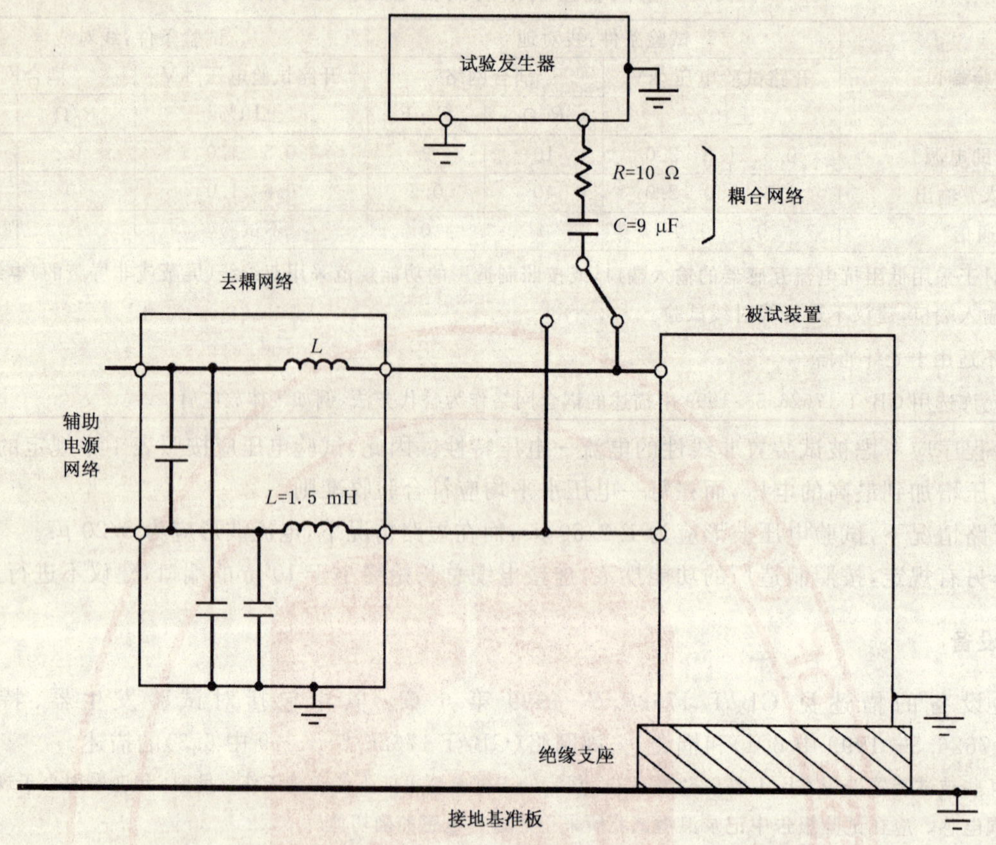

图 2　辅助电源端口的线对地试验

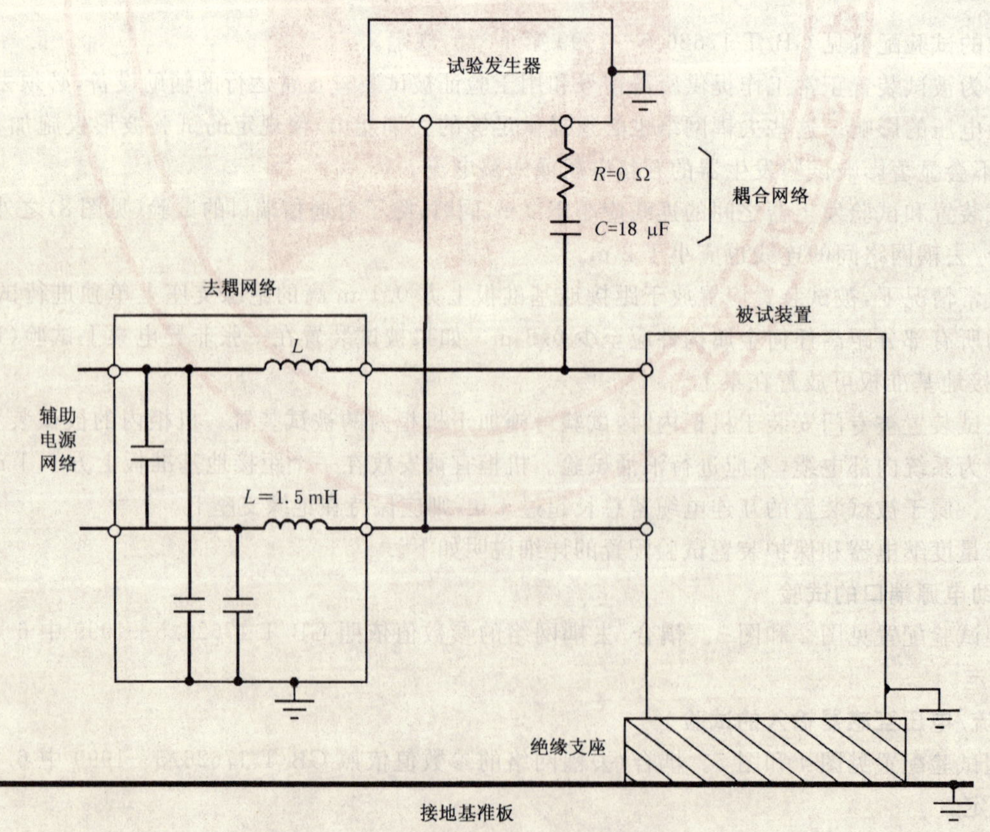

图 3　辅助电源端口的线对线试验

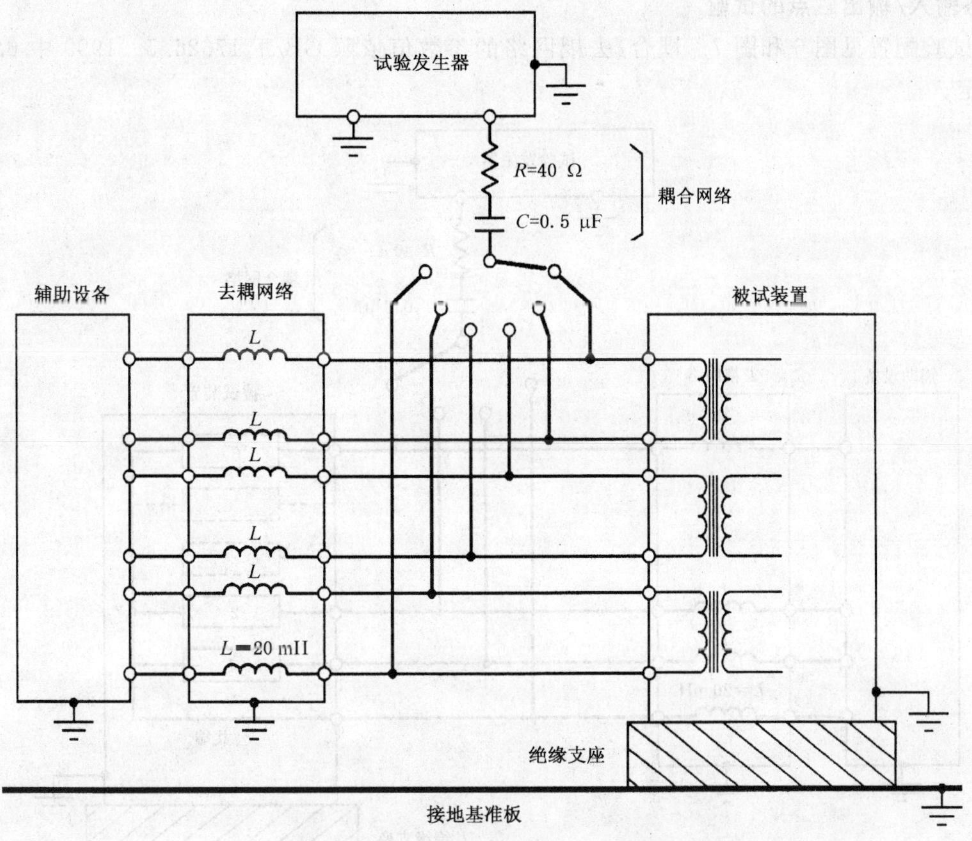

图 4 电流/电压互感器输入的线对地试验

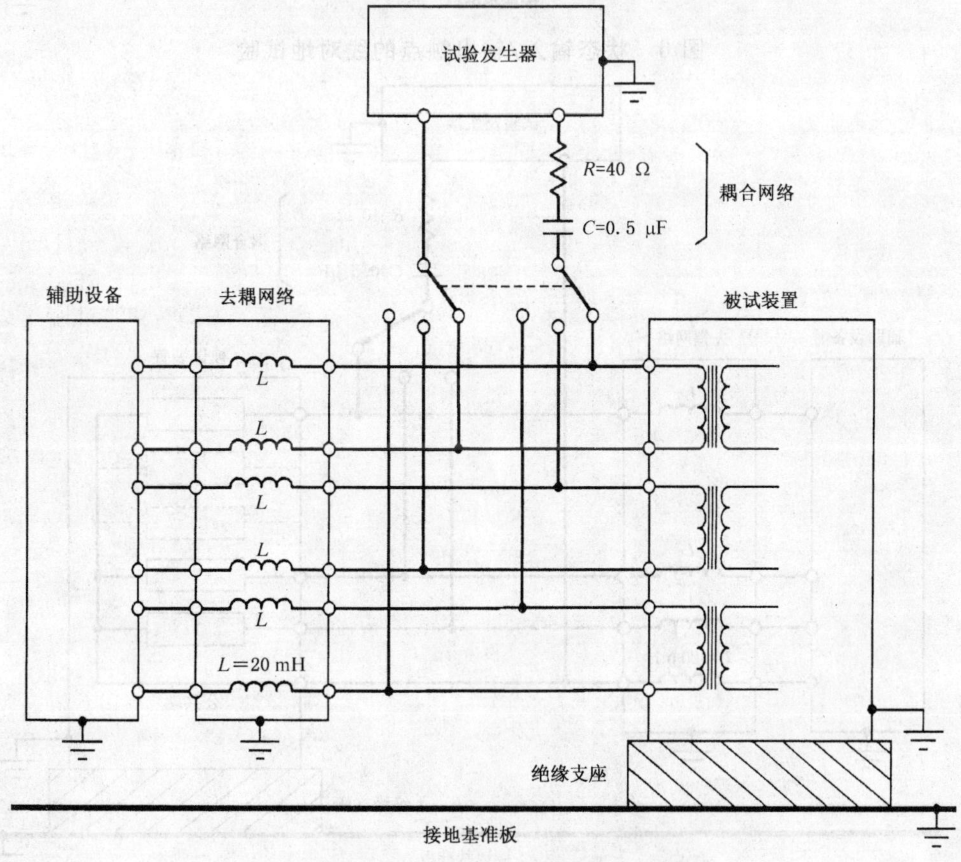

图 5 电压互感器输入的线对线试验

6.3 状态输入/输出触点的试验

典型试验配置见图6和图7。耦合/去耦网络的参数值依照GB/T 17626.5—1999中6.3.2.1和7.3的规定。

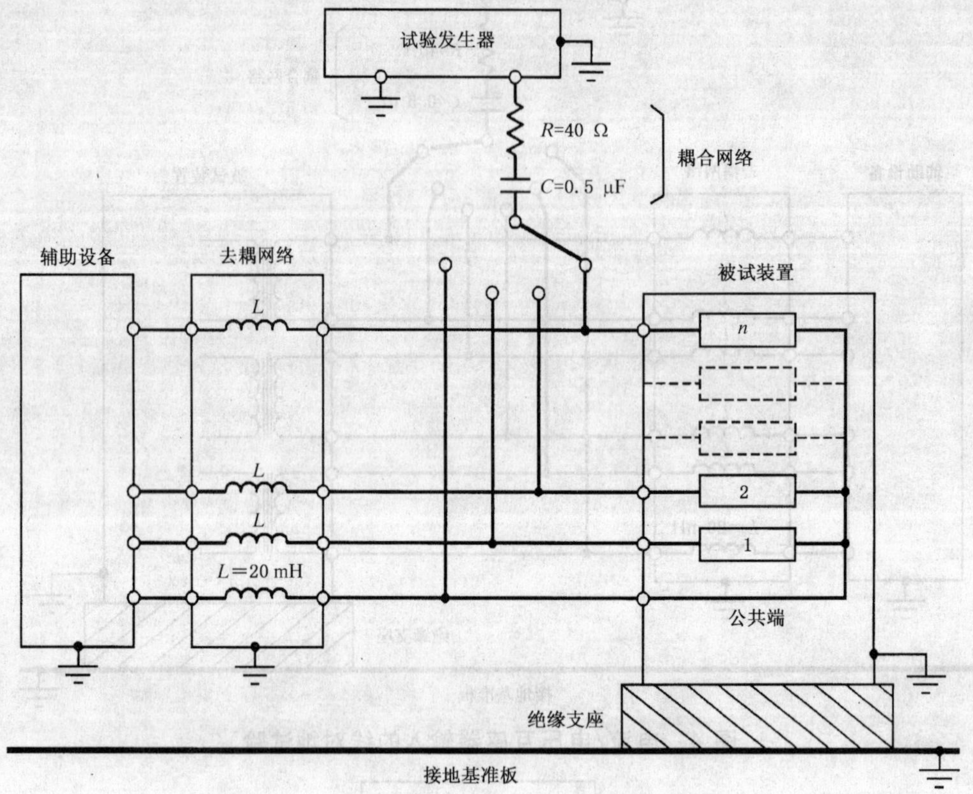

图6 状态输入/输出触点的线对地试验

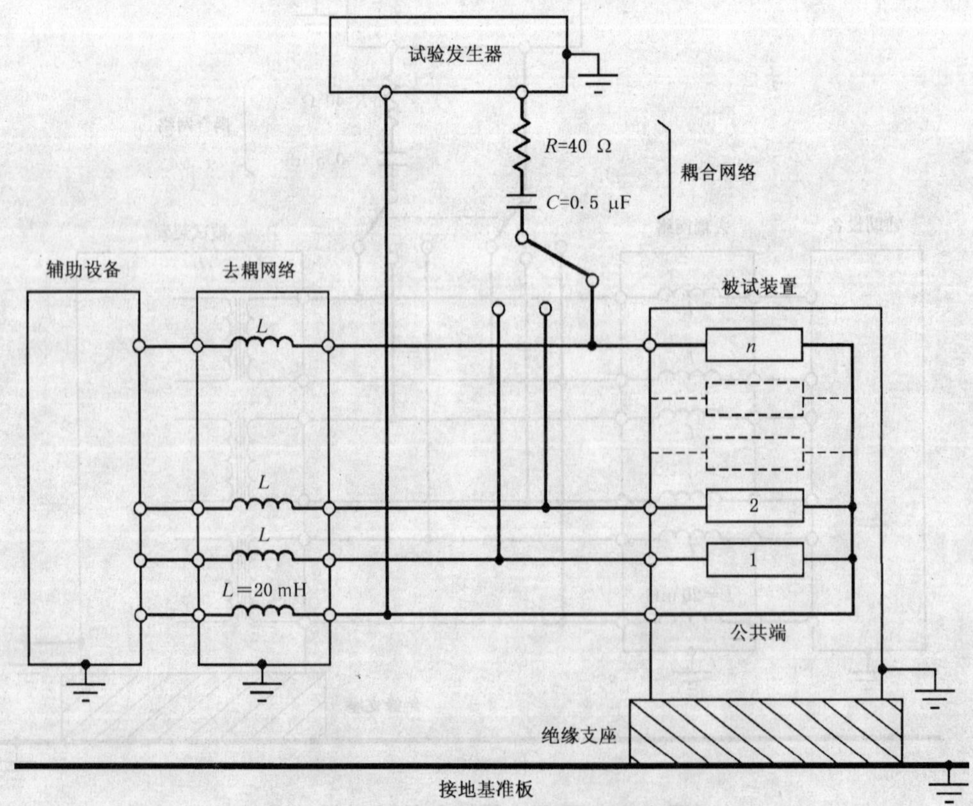

图7 状态输入/输出触点的线对线试验

6.4 通信端口和其他屏蔽线的试验

试验配置见图 8。去耦网络的参数值依照 GB/T 17626.5—1999 中 7.5 的规定。

除非另有规定,按照制造厂的功能规范,仅在一端接地的屏蔽电缆的通信端口,建议不进行此试验。

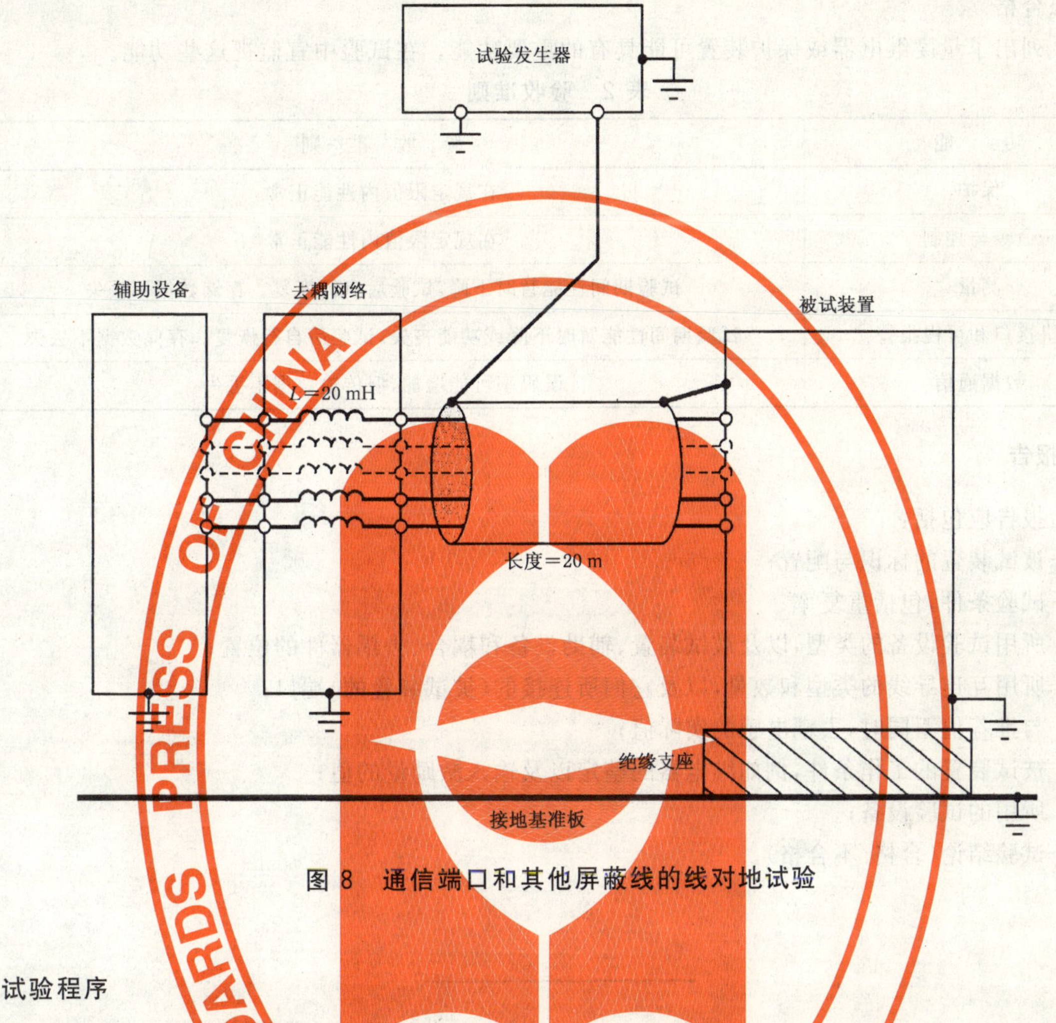

图 8 通信端口和其他屏蔽线的线对地试验

7 试验程序

试验应在 GB/T 14047 规定的基准条件下进行。

被试装置的延时应设置为它们预期使用所限定的最小实用值。

试验应将等于额定值的辅助激励量施加到相应电路上。输入激励量的值应在规定暂态误差的两倍之内。由于实用的原因,不考虑在暂态或动作状态时对被试装置施加浪涌试验。

在被试装置的额定条件下,如果输入激励量远小于继电器的动作值,试验应在连续热耐受值下进行。

浪涌应施加在线对线和线对地之间。当进行线对地试验时,试验电压应逐次施加到每一线路对地之间。

如果一个端口由许多完全相同的电路组成,例如状态输入或输出触点,则浪涌试验只需施加到其中三个回路即可判断其是否符合验收准则。

由于被试装置可能具有非线性的电流—电压特性,显示在表 1 中的所有试验电压(从较低到最大)都应被满足。

在交流辅助电源输入试验中,浪涌必须同步施加到交流电压相位过零点和交流电压波形峰值(正、负极性)。

在选定的试验点应进行至少 5 次正极性和 5 次负极性的浪涌。浪涌最大重复率应为 1 次/min。

8 验收准则

如果被试装置在整个试验期间均满足其抗扰度要求，并且在试验结束后仍符合相关的性能要求，则试验结果合格。

表 2 列出了量度继电器或保护装置可能具有的重要功能。在试验中宜监视这些功能。

表 2 验收准则

功　能	验 收 准 则
保护	在规定限值内性能正常
命令与控制	在规定限值内性能正常
测量	试验期间性能暂时下降，试验后自行恢复。存储数据不丢失
人机接口和可视报警	试验期间性能暂时下降或功能丧失，试验后自行恢复。存储数据不丢失
数据通信	误码率可能增加，但传输数据不丢失

9 试验报告

试验报告应包括：

——被试装置的标识与配置；

——试验条件，包括重复率；

——所用试验设备的类型，以及被试装置、辅助设备和耦合、去耦器件的位置；

——所用互连导线的类型和数量，以及它们所连接的(被试装置的)端口；

——与推荐值不同时，去耦电感的实际值；

——被试装置的工作条件，例如继电器的整定以及输入激励量的值；

——所用的试验设备；

——试验结论(合格/不合格)。

ICS 29.120.50
K 45

中华人民共和国国家标准

GB/T 14598.19—2007/IEC 60255-22-7:2003

电气继电器
第22-7部分:量度继电器和保护装置的电气骚扰试验——工频抗扰度试验

Electrical relays—Part 22-7: Electrical disturbance tests for measuring relays and protection equipment—Power frequency immunity test

(IEC 60255-22-7:2003,IDT)

2007-01-23 发布　　2007-08-01 实施

中华人民共和国国家质量监督检验检疫总局
中国国家标准化管理委员会　发布

前　言

本部分等同采用IEC 60255-22-7:2003《电气继电器　第22-7部分:量度继电器和保护装置的电气骚扰试验——工频抗扰度试验》(英文版)。

为便于使用,本部分作了下列编辑性修改:

a) “本国际标准”一词改为“本部分”;

b) 用小数点“.”代替作为小数点的“,”;

c) 删除国际标准的前言。

本部分的附录A为资料性附录。

本部分由中国电器工业协会提出。

本部分由全国量度继电器和保护设备标准化技术委员会归口。

本部分主要起草单位:国电南京自动化股份有限公司、国家继电器质量监督检验中心、南京南瑞继保电气有限公司、北京四方继保自动化股份有限公司、许继电气股份有限公司、阿城继电器股份有限公司、上海继电器有限公司、山东积成电子股份有限公司、烟台东方电子信息产业股份有限公司、北海银河高科技股份有限公司、河北电力自动化研究所有限公司、北京紫光测控有限公司、上海三基电子工业有限公司、中国电力科学研究院。

本部分主要起草人:吴雪峰、张占营、李九虎、田蘅、雷振锋、李俐、王洁民、袁文广、赵国刚、史高飞、田建军、葛荣尚、钱振宇、沈晓凡。

本部分首次发布。

电气继电器
第22-7部分:量度继电器和保护装置的电气骚扰试验——工频抗扰度试验

1 范围

本部分以IEC 61000-4-16中所描述的概念为基础,参考了该出版物的适用部分,规定了对工频抗扰度试验的一般要求。这些试验适用于电力系统保护所用的量度继电器和保护装置,包括与这些装置一起使用的控制、监视和过程接口设备。

试验的目的是验证被试装置在其额定频率下(例如16⅔ Hz、50 Hz和60 Hz)被激励并受到施加于直流状态量输入的短时、传导性的共模和差模工频骚扰时能否正确工作。

本部分不包括对配置在变电站之间导引线的试验。

本部分所规定的要求适用于新的量度继电器和保护装置,所规定的试验仅为型式试验。

本部分的目的是规定:

——所用术语的定义;

——试验严酷等级;

——试验设备;

——试验配置;

——试验程序;

——验收准则;

——试验报告。

2 规范性引用文件

下列文件中的条款通过GB/T 14598的本部分的引用而成为本部分的条款。凡是注日期的引用文件,其随后所有的修改单(不包括勘误的内容)或修订版均不适用于本部分,然而,鼓励根据本部分达成协议的各方研究是否可使用这些文件的最新版本。凡是不注日期的引用文件,其最新版本适用于本部分。

GB/T 14047 量度继电器和保护装置(GB/T 14047—1993,idt IEC 60255-6:1988)

IEC 61000-4-16:2002 电磁兼容(EMC) 第4-16部分:试验和测量技术 对频率在0 Hz～150 kHz范围内的传导共模骚扰的抗扰度试验

3 术语和定义

下列术语和定义适用于本部分。

3.1

辅助设备 auxiliary equipment

为被试装置正常工作提供所需信号的设备,以及用来验证被试装置性能的设备。

3.2

被试装置 EUT

被试验的装置。可以是一只量度继电器或一台保护装置。

3.3

直流状态量输入端口 DC status input port

通过采用直流输入控制设备以实现其功能的端口。

3.4

端口 port

被试装置与外部电磁环境的特定接口,见图1。

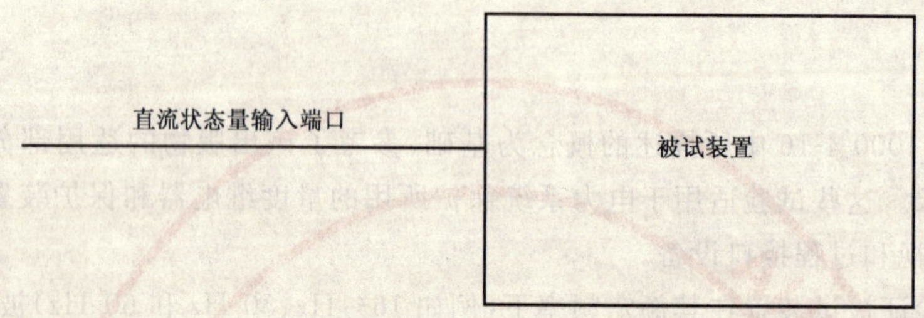

图1 本部分中量度继电器和保护装置的试验端口

4 试验严酷等级

直流状态量输入端口的试验电压和耦合网络见表1。由于这里只考虑短时骚扰,所施加的每个骚扰的持续时间应至少10 s。

表1 直流状态量输入端口的试验电压和耦合网络

试验等级	差模试验			共模试验		
	开路试验电压/V(有效值)±10%	耦合网络		开路试验电压/V(有效值)±10%	耦合网络	
		R/Ω ±5%	$C/\mu F$ ±5%		R/Ω ±5%	$C/\mu F$ ±5%
A级	150	100	0.1	300	220	0.47
B级	100	100	0.047	300	220	0.47
注:有关耦合网络电阻和电容值的匹配见5.3。						

按照制造厂的功能规范,总会有使用多芯屏蔽电缆或双绞线(屏蔽或非屏蔽)电缆的直流状态量输入端口,这些端口不要求进行差模试验。

同样,除非另有规定,那些按照制造厂的功能规范,连接电缆总长始终小于10 m的直流状态量输入端口不要求进行试验。

A级试验适用于大接地故障电流的变电站中,其标准布线允许直流状态输入通过“开”环回路与一次设备辅助触点连接。如果信号的往、返导线允许使用不同的多芯电缆,则会产生一个开环回路,也由此面临走完全不同的路径的危险。这会形成很大的磁通链面积,伴随一次接地故障电流导致严重的工频干扰。

B级试验适用于以下任一情况:

——小接地故障电流的变电站,例如不接地或使用消弧线圈接地的变电站;

——由布线保证了直流状态输入不与“开”环回路连接。为避免产生开环同路,信号的往、返导线使用同一条多芯电缆。这保证了信号的往、返路径基本一致,与一次接地故障电流的磁通链面积很小,从而将工频干扰的水平降至最低。

5 试验设备

如果试验频率不同于电网频率,必须采用一种替代的,例如IEC 61000-4-16:2002中6.1.3所描述的那种试验发生器。

5.1 试验发生器

典型的试验发生器由连接于电网的一只可调变压器和一只隔离互感器组成。发生器宜具有下列特性：

——波形：正弦，总的谐波失真小于10%；

——开路输出电压范围：100 V至300 V(±10%)，有效值；

——阻抗：小于150 Ω；

——频率：所选额定频率(±0.5 Hz)；

——输出电压切换：在过零点处同步(0°±10°)，或从零点上升/下降至零点(见第7章)。

5.2 试验发生器的校准

为了保证使用不同试验发生器时的试验结果具有相互比较的价值，应校准或校验发生器的下列特性：

——输出电压波形；

——电压发生器阻抗；

——频率精度；

——开路输出电压精度。

应采用电压型探头和示波器或最小带宽为1 MHz的其他等效测量仪器进行校准。这些仪器的误差应小于±5%。

5.3 耦合网络

耦合网络使试验电压能够以共模和差模两种形式施加于被试装置。典型的试验配置见图2、图3和图4。

该网络由电阻器和电容器串联组成。这些用于试验的元件的值见表1，每组电容器和电阻器的参数值宜匹配，允许误差为1%。

6 试验配置

差模试验的典型试验配置见图2和图3，共模试验的典型试验配置见图4。被试装置和耦合网络之间的连接线长度应小于2 m。

6.1 接地连接

任何时候都应满足被试装置、辅助设备和试验设备的安全接地要求。此外，被试装置与接地系统的连接应符合制造厂的规范。

6.2 辅助设备

所有为被试装置正常工作提供所需信号和用于验证被试装置正常运行的辅助设备宜去耦，以防止受试验电压的影响。

根据规范，被试装置运行所需要的辅助设备，例如通信设备、调制解调器、打印机等，以及为保证数据传输和功能评价所需要的辅助设备，都应连接到被试装置。然而，宜将注意力限定在有代表性的功能上，以尽可能地限制被试电缆的数量。

7 试验程序

试验应在GB/T 14047规定的基准条件下进行。试验时，施加于辅助电源端口的辅助激励量应等于额定值。

试验发生器应连接到被试装置的直流状态量输入端口上。当这个端口包括多个相同的回路时，只需依照制造厂规定，选择一个具有代表性的回路进行试验，以验证被试装置能否正确工作。

试验电压应至少施加10 s，以验证被试装置的工作性能。试验电压宜按图2、图3和图4的规定施加。

当不具备过零点同步的试验发生器时，为了避免接通和断开时产生不必要的瞬变，可在试验开始时将试验电压从零升至所要求的电压值，试验结束时再降至零。这些上升和下降阶段的持续时间不应计算在试验时间之内，并且它们持续的时间宜分别少于所需试验电压施加时间的 20%。

试验电压应在直流状态量输入未被激励时施加，以验证其确实正确工作。如果直流状态量输入有一个软件或硬件可控的延时，宜首先将其整定至其最小值再施加试验电压。如果试验失败，宜增加延时值后再重新施加试验电压，直至试验通过。应将此最终直流状态量输入的延时值记录于试验报告中(见第 9 章)。

8 验收准则

如果被试装置在施加试验的全过程中均满足其抗扰度要求，并且在试验结束后仍应符合有关的性能规定，则试验结果合格。

9 试验报告

试验报告应包括：

——被试装置的标识与配置；

——试验条件；

——每次试验的持续时间；

——被试装置与试验设备连接的端口；

——试验频率；

——被试装置的工作条件，例如继电器的整定以及输入激励量的值；

——与直流状态输入有关的所有硬件或软件延时的值；

——试验设备、所用互连电缆的类型；

——试验结论(合格/不合格)。

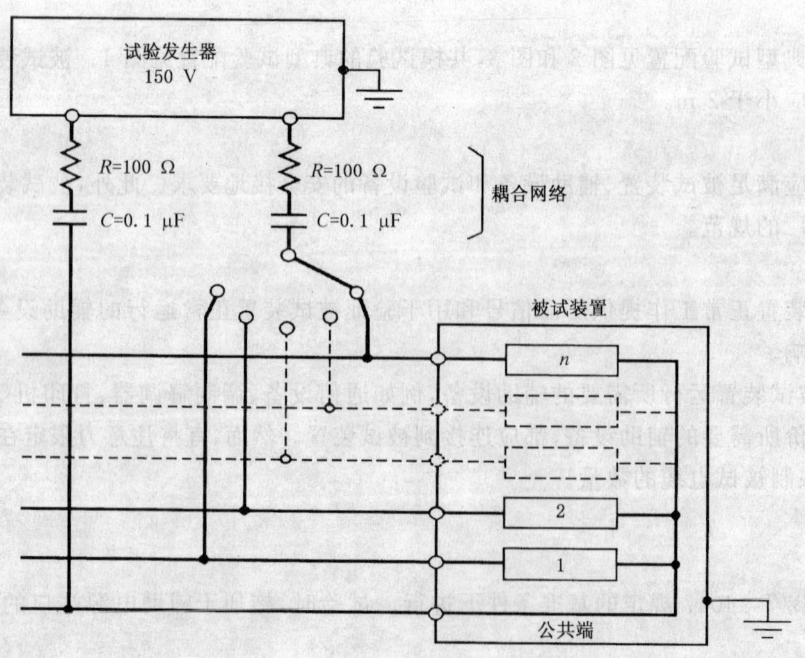

图 2 A 级差模试验的示例

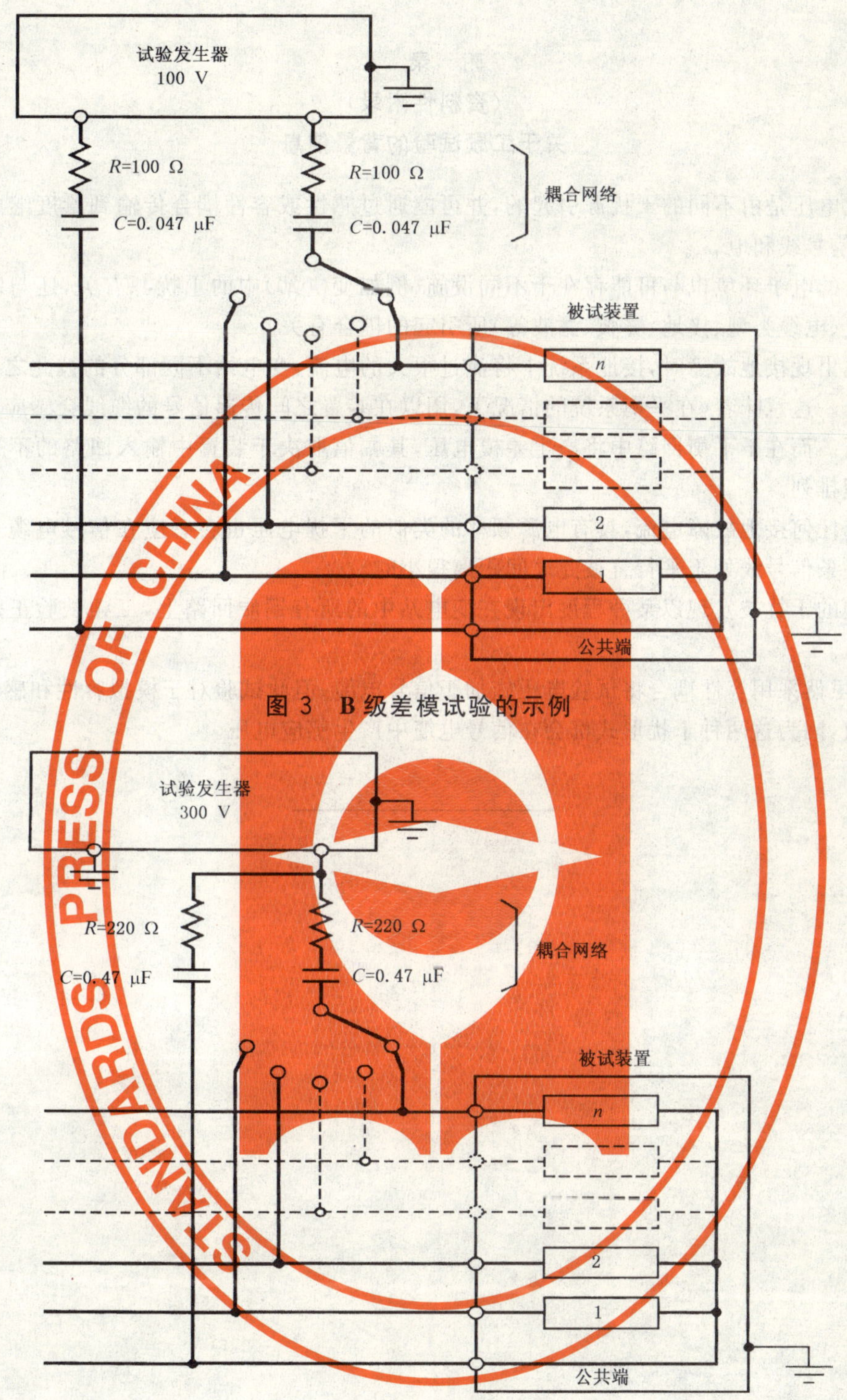

图 3 B级差模试验的示例

图 4 共模试验的示例

附 录 A
（资料性附录）
关于工频试验的背景信息

传导干扰电压是由不同的干扰源引起的，并可能通过感性或容性耦合传输到量度继电器和保护装置的电源线、信号线和地。

装置所处的电子环境也与可能存在于不同设施（例如变电站）中的干扰源有关，还与装置正常安装（即电源、位置、电缆类型、接地、屏蔽、滤波等）所引起的耦合有关。

当变电站出现接地故障时，接地系统中将流过很大的电流，变电站不同部分的彼此之间以及对“地”的电位将上升。这意味着，在平衡系统的情况下，用以在装置之间传递信号的缆线会感应到具有电源频率的共模电压。而在不平衡回路中将产生差模电压，其幅值取决于装置中输入回路的不平衡度以及信号电缆的物理排列。

即使没有任何接地故障电流，具有电源频率的类似的干扰电压也会感应在信号电缆上，例如，当一条电源线和一条信号线处于平行且彼此之间距离很小时。

这些类型的干扰被发现以某种程度出现在变电站中的所有铜质回路上，工频试验正是要试图模拟这些干扰电压。

宜注意，虽然采用容性耦合将试验电压施加于信号电缆，但此试验对于模拟容性和感性耦合这两种干扰均为有效，因为这两种干扰形式都会在信号电缆中产生感应电压。

ICS 29.120.50
K 45

中华人民共和国国家标准

GB/T 14598.20—2007/IEC 60255-26:2004

电气继电器
第26部分:量度继电器和保护装置的电磁兼容要求

Electrical relays—Part 26:Electromagnetic compatibility requirements for measuring relays and protection equipment

(IEC 60255-26:2004,IDT)

2007-01-23 发布　　2007-08-01 实施

中华人民共和国国家质量监督检验检疫总局
中国国家标准化管理委员会　发布

前　言

本部分等同采用IEC 60255-26:2004《电气继电器　第26部分:量度继电器和保护装置的电磁兼容要求》(英文版)。

为便于使用,本部分作了下列编辑性修改:

a) “本国际标准”一词改为“本部分”;

b) 用小数点“.”代替作为小数点的“,”;

c) 删除国际标准的前言。

本部分由中国电器工业协会提出。

本部分由全国量度继电器和保护设备标准化技术委员会归口。

本部分主要起草单位:北京四方继保自动化股份有限公司、南京南瑞继保电气有限公司、国家继电器质量监督检验中心、国电南京自动化股份有限公司、许继电气股份有限公司、上海继电器有限公司、阿城继电器股份有限公司、山东积成电子股份有限公司、烟台东方电子信息产业股份有限公司、北海银河高科技股份有限公司、河北电力自动化研究所有限公司、北京紫光测控有限公司、上海三基电子工业有限公司、中国电力科学研究院。

本部分主要起草人:田蘅、李抗、杨大林、吴雪峰、雷振锋、王洁民、李俐、袁文广、赵国刚、史高飞、田建军、葛荣尚、钱振宇、沈晓凡。

本部分首次发布。

电气继电器
第26部分:量度继电器和保护装置的电磁兼容要求

1 范围

本部分适用于电力系统保护所用的量度继电器和保护装置,包括与这些装置一起使用的控制、监视和过程接口设备。

本部分规定了量度继电器和保护装置的电磁兼容要求。

对于不是由电子电路构成的装置,例如机电式继电器,不要求做本部分规定的试验。

本部分的各项要求适用于新的量度继电器和保护装置,所规定的所有试验仅为型式试验。

1.1 发射

本部分的目的是为量度继电器和保护装置规定有关可能对其他设备产生干扰的电磁发射限值和试验方法。

本部分所选择的发射限值表明了电磁兼容的要求,以确保工作在变电站和发电厂中量度继电器和保护装置所产生的骚扰不会超出某个等级而妨碍其他设备的正常工作。

这些试验要求是为量度继电器和保护装置的外壳和电源端口规定的。

1.2 抗扰度

本部分的目的是为量度继电器和保护装置规定有关对连续的和瞬时的传导骚扰、辐射骚扰以及静电放电的抗扰度试验要求。

这些试验要求阐明了电磁兼容的抗扰度要求,以确保量度继电器和保护装置具有足够的抗扰度水平。

注1:对安全的考虑不包含在本部分中。

注2:在特殊情况下,如果骚扰电平超出本部分所规定的等级,例如一只便携式发射器在非常接近量度继电器和保护装置的地方使用,情况将变得严峻。此时,可能需要采取一些特殊的预防措施。

2 规范性引用文件

下列文件中的条款通过GB/T 14598的本部分的引用而成为本部分的条款。凡是注日期的引用文件,其随后所有的修改单(不包括勘误的内容)或修订版均不适用于本部分,然而,鼓励根据本部分达成协议的各方研究是否可使用这些文件的最新版本。凡是不注日期的引用文件,其最新版本适用于本部分。

GB/T 8367 量度继电器直流辅助激励量的中断和交流分量(纹波)(GB/T 8367—1987,eqv IEC 60255-11:1980)

GB/T 14598.9 电气继电器 第22-3部分:量度继电器和保护装置的电气骚扰试验 辐射电磁场骚扰试验(GB/T 14598.9—2002,IEC 60255-22-3:2000,IDT)

GB/T 14598.10 电气继电器 第22-4部分:量度继电器和保护装置的电气骚扰试验 电快速瞬变/脉冲群抗扰度试验(GB/T 14598.10—2007,IEC 60255-22-4:2002,IDT)

GB/T 14598.13—1998 量度继电器和保护装置的电气干扰试验 第1部分:1 MHz脉冲群干扰试验(eqv IEC 60255-22-1:1988)

GB/T 14598.14 量度继电器和保护装置的电气干扰试验 第2部分:静电放电试验(GB/T 14598.14—1998,idt IEC 60255-22-2:1996)

GB/T 14598.16 电气继电器 第25部分:量度继电器和保护装置的电磁发射试验(GB/T 14598.16—2002,IEC 60255-25:2000,IDT)

GB/T 14598.17 电气继电器 第22-6部分:量度继电器和保护装置的电气骚扰试验 射频场感应的传导骚扰抗扰度试验(GB/T 14598.17—2005,IEC 60255-22-6:2001,IDT)

GB/T 14598.18 电气继电器 第22-5部分:量度继电器和保护装置的电气骚扰试验 浪涌抗扰度试验(GB/T 14598.18—2007,IEC 60255-22-5:2002,IDT)

GB/T 14598.19 电气继电器 第22-7部分:量度继电器和保护装置的电气骚扰试验 工频抗扰度试验(GB/T 14598.19—2007,IEC 60255-22-7:2003,IDT)

IEC 60255-22-1:2005 电气继电器 第22-1部分:量度继电器和保护装置的电气骚扰试验 1 MHz脉冲群抗扰度试验[1)]

3 术语和定义

下列术语和定义适用于本部分。

3.1

辅助电源端口 auxiliary power supply port

被试装置的交流或直流辅助激励量输入口。

3.2

通信端口 communication port

采用低功率信号并与被试装置固定连接的通信和/或控制系统的端口。

3.3

外壳端口 enclosure port

电磁场可能辐射或冲击通过的被试装置的物理边界。

3.4

被试装置 EUT

被试验的装置。可以是一只量度继电器或一台保护装置。

3.5

功能地端口 functional earth port

被试装置上的除了以电气安全为目的之外的与大地连接的端口。

3.6

输入端口 input port

用于对被试装置激励或控制,以实现其功能的端口,例如电流互感器、电压互感器、状态、模拟输入等。

3.7

输出端口 output port

用于输出被试装置所产生的预定变化(例如触点、光耦、模拟输出等)的端口。

3.8

端口 port

被试装置与外部电磁环境的特定接口(见图1)。

---

1) 在我国,还要求增加100 kHz的脉冲群电气骚扰试验,见GB/T 14598.13—1998。

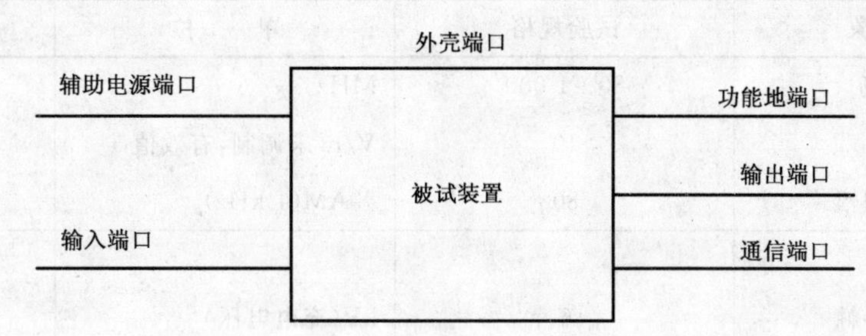

图 1 量度继电器和保护装置的端口

4 试验要求和程序

4.1 发射试验

传导发射和辐射发射试验的要求和程序见表 1 和表 2。

4.2 抗扰度试验

抗扰度试验的要求和程序见表 3 至表 7。

5 验收准则

5.1 发射试验

测量值应小于表 1 和表 2 的规定值。

5.2 抗扰度试验

验收准则应符合表 3 至表 7 的规定。

试验结束后，被试装置仍应符合相关的性能要求。

6 试验报告

通常应编写试验报告，且应符合 IEC 60255 系列相关标准的规定。

注：在表 1、表 2、表 3、表 4、表 5、表 6 及表 7 给出的试验项目编号供参考，并且宜在试验报告中采用。

表 1 发射试验——外壳端口

项目	环境现象	频率范围	限 值	引用标准
1.1	辐射发射	30 MHz～230 MHz	40 dB(μV/m)准峰值	GB/T 14598.16
		230 MHz～1 000 MHz	47 dB(μV/m)准峰值	
注：表中所列限值的测量距离为 10 m。				

表 2 发射试验——辅助电源端口

项目	环境现象	频率范围	限 值	引用标准
2.1	传导发射	0.15 MHz～0.50 MHz	79 dB(μV)准峰值 66 dB(μV)平均值	GB/T 14598.16
		0.50 MHz～5 MHz	73 dB(μV)准峰值 60 dB(μV)平均值	
		5 MHz～30 MHz	73 dB(μV)准峰值 60 dB(μV)平均值	

表 3 抗扰度试验——外壳端口

项目	环境现象	试验规格	单 位	引用标准
3.1	辐射射频电磁场 调幅	80～1 000 10 80	MHz V/m 未调制,有效值 %AM(1 kHz)	GB/T 14598.9
3.2	静电放电 接触 空气	 6 8	 kV(充电电压) kV(充电电压)	GB/T 14598.14

注：因已不再包含在基础标准 IEC 61000-4-3 之中,来自数字无线电话(脉冲调制)发出的辐射电磁场的试验已从本表中删除。

表 4 抗扰度试验——辅助电源端口

项目	环境现象	试验规格	单 位	引用标准
4.1	射频场感应的传导骚扰 调幅	0.15～80 10 150 80	MHz V 未调制,有效值 Ω 源阻抗 % AM(1 kHz)	GB/T 14598.17
4.2	快速瞬变 A 级 B 级 	5/50 4 2.5 2 5	ns T_R/T_H kV 峰值 kHz 重复频率 kV 峰值 kHz 重复频率	GB/T 14598.10
4.3	1 MHz 脉冲群[a] 差模 共模	1 75 400 200 1 2.5	MHz 频率 ns T_R Hz 重复频率 Ω 源阻抗 kV 峰值 kV 峰值	IEC 60255-22-1:2005 GB/T 14598.13—1998
4.4	浪涌 线对线 线对地 	1.2/50(8/20) 2 0.5 1 0 18 0.5 1 2 10 9	μs T_R/T_H 电压(电流) Ω 源阻抗 kV 充电电压 Ω 耦合电阻 μF 耦合电容 kV 充电电压 Ω 耦合电阻 μF 耦合电容	GB/T 14598.18
4.5	直流电压中断	100 5,10,20,50,100,200	% 衰减 ms 中断时间	GB/T 8367

[a] 在我国,还要求增加 100 kHz 的脉冲群电气骚扰试验,见 GB/T 14598.13—1998。

表 5 抗扰度试验——通信端口

项目	环境现象	试验规格	单 位	引用标准
5.1	射频场感应的传导骚扰	0.15～80	MHz	GB/T 14598.17
		10	V 未调制,有效值	
		150	Ω 源阻抗	
	调幅	80	% AM(1 kHz)	
5.2	快速瞬变	5/50	ns T_R/T_H	GB/T 14598.10
	A 级	2	kV 峰值	
		5	kHz 重复频率	
	B 级	1	kV 峰值	
		5	kHz 重复频率	
5.3	1 MHz 脉冲群[a]	1	MHz	IEC 60255-22-1:2005 GB/T 14598.13—1998
		75	ns T_R	
		400	Hz 重复频率	
		200	Ω 源阻抗	
	差模	0	kV 峰值	
	共模	1	kV 峰值	
5.4	浪涌	1.2/50	μs T_R/T_H 电压	GB/T 14598.18
		8/20	μs T_R/T_H 电流	
		2	Ω 源阻抗	
	线对地	0.5 1	kV 充电电压	
		0	Ω 耦合电阻	
		0	μF 耦合电容	

[a] 在我国,还要求增加 100 kHz 的脉冲群电气骚扰试验,见 GB/T 14598.13—1998。

表 6 抗扰度试验——输入和输出端口

项目	环境现象	试验规格	单 位	引用标准
6.1	射频场感应的传导骚扰	0.15～80	MHz	GB/T 14598.17
		10	V 未调制,有效值	
		150	Ω 源阻抗	
	调幅	80	% AM(1 kHz)	
6.2	快速瞬变	5/50	ns T_R/T_H	GB/T 14598.10
	A 级	4	kV 峰值	
		2.5	kHz 重复频率	
	B 级	2	kV 峰值	
		5	kHz 重复频率	
6.3	1 MHz 脉冲群[a]	1	MHz 频率	IEC 60255-22-1:2005 GB/T 14598.13—1998
		75	ns T_R	
		400	Hz 重复频率	
		200	Ω 源阻抗	
	差模	1	kV 峰值	
	共模	2.5	kV 峰值	

表 6(续)

项目	环境现象			试验规格	单 位	引用标准
6.4	浪涌			1.2/50(8/20)	μs T_R/T_H 电压(电流)	GB/T 14598.18
				2	Ω 源阻抗	
		线对线		0.5 1	kV 充电电压	
				40	Ω 耦合电阻	
				0.5	μF 耦合电容	
		线对地		0.5 1 2	kV 充电电压	
				40	Ω 耦合电阻	
				0.5	μF 耦合电容	
6.5	工频					GB/T 14598.19
		A级	差模	150	V 有效值	
				100	Ω 耦合电阻	
				0.1	μF 耦合电容	
			共模	300	V 有效值	
				220	Ω 耦合电阻	
				0.47	μF 耦合电容	
		B级	差模	100	V 有效值	
				100	Ω 耦合电阻	
				0.047	μF 耦合电容	
			共模	300	V 有效值	
				220	Ω 耦合电阻	
				0.47	μF 耦合电容	
注:工频试验仅适用于状态输入端口。						
[a] 在我国,还要求增加 100 kHz 的脉冲群电气骚扰试验,见 GB/T 14598.13—1998。						

表 7 抗扰度试验——功能地端口

项目	环境现象		试验规格	单 位	引用标准
7.1	射频场感应的传导骚扰		0.15～80	MHz	GB/T 14598.17
			10	V 未调制,有效值	
			150	Ω 源阻抗	
		调幅	80	% AM(1 kHz)	
7.2	快速瞬变		5/50	ns T_R/T_H	GB/T 14598.10
		A级	4	kV 峰值	
			2.5	kHz 重复频率	
		B级	2	kV 峰值	
			5	kHz 重复频率	

ICS 13.040.50
Z 64

中华人民共和国国家标准

GB 14622—2007
代替 GB 14622—2002

摩托车污染物排放限值及测量方法（工况法，中国第Ⅲ阶段）

Limits and measurement methods for the emissions of pollutants from motorcycles on the running mode(CHINA stage Ⅲ)

2007-04-03 发布　　2008-07-01 实施

国家环境保护总局
中华人民共和国国家质量监督检验检疫总局　发布

前言

为贯彻《中华人民共和国环境保护法》和《中华人民共和国大气污染防治法》，防治摩托车排气污染物对环境的污染，改善环境空气质量，制定本标准。

本标准修改采用欧盟(EU)对97/24/EC指令《关于两轮和三轮摩托车主要部件和特性》中第五章附录2《关于两轮和三轮摩托车产生的排气污染物测量要求》进行修订的2002/51/EC指令《修订97/24/EC降低两轮和三轮摩托车排气污染物限值》和2003/77/EC指令《修订97/24/EC和2002/24/EC关于两轮和三轮摩托车排气污染物型式核准要求》中的型式核准试验要求和2002/24/EC指令《关于两轮和三轮摩托车型式试验的规定》中生产一致性检查要求，以及欧盟《适应技术进步修订97/24/EC指令〈关于两轮和三轮摩托车产生的排气污染物测量要求〉和2002/24/EC指令〈关于两轮和三轮摩托车型式试验的规定〉的指令》草案中耐久性试验要求的有关技术内容。

本标准规定了两轮和三轮摩托车第Ⅲ阶段型式核准的要求、生产一致性检查和判定方法。

本标准规定了整车整备质量不大于400 kg、发动机排量大于50 mL或最大设计车速大于50 km/h的装有点燃式发动机的两轮或三轮摩托车工况法排气污染物的排放限值及测量方法。

本标准规定了两轮或三轮摩托车曲轴箱污染物排放试验要求及试验方法、污染控制装置耐久性试验要求及试验方法。

本标准与上述欧盟指令相比，主要修改内容：

——删除型式核准试验中的双怠速排放试验；

——增加了对使用气体燃料摩托车的排放要求；

——改变了EUDC运行循环中市郊运行循环的最高车速；

——污染控制装置耐久性试验要求；

——改变了稀释系数计算方法和排气污染物排放量计算公式中的标准条件和密度；

——试验用基准燃料的技术要求。

本标准与GB 14622—2002相比主要变化如下：

——加严了工况法排放试验(Ⅰ型试验)的排放限值；

——改变了工况法排放试验中阻力曲线的设定规则和车辆行驶运行循环；

——增加了污染控制装置耐久性试验(Ⅴ型试验)的要求和试验方法；

——改变了稀释系数计算方法和排气污染物排放量计算公式中的标准条件和密度；

——明确了生产一致性检查规范；

——改变了基准燃料的技术要求。

本标准的附录A、附录B、附录C、附录D、附录E都是规范性附录。

按照有关法律规定，本标准具有强制执行的效力。

本标准由国家环境保护总局科技标准司提出。

本标准主要起草单位：国家摩托车质量监督检验中心。

本标准参加起草单位：中国兵器装备集团公司、天津摩托车技术中心、联合汽车电子有限公司、中国嘉陵工业股份有限公司(集团)、上海摩托车质量监督检验所、五羊-本田摩托(广州)有限公司。

本标准国家环境保护总局2007年2月6日批准。

本标准自2008年7月1日起实施，自实施之日起代替GB 14622—2002。

本标准由国家环境保护总局解释。

摩托车污染物排放限值及测量方法
(工况法,中国第Ⅲ阶段)

1 适用范围

本标准规定了两轮或三轮摩托车工况法排气污染物的排放限值及测量方法、曲轴箱污染物排放要求、污染控制装置的耐久性要求。

本标准规定了两轮和三轮摩托车第Ⅲ阶段型式核准的要求、生产一致性检查和判定方法。

本标准适用于整车整备质量不大于 400 kg、发动机排量大于 50 mL 或最大设计车速大于 50 km/h 的装有点燃式发动机的两轮或三轮摩托车。

2 规范性引用文件

下列文件中的条款通过本标准的引用而成为本标准的条款。凡是注日期的引用文件,其随后所有的修改单(不包括勘误的内容)或修订版均不适用于本标准,然而,鼓励根据本标准达成协议的各方研究是否使用这些文件的最新版本。

GB/T 5359.5—1996 摩托车和轻便摩托车术语 两轮车质量

GB/T 5359.6—1996 摩托车和轻便摩托车术语 三轮车质量

GB/T 15089—2001 机动车辆及挂车分类

3 术语和定义

下列术语和定义适用于本标准:

3.1 摩托车

指 GB/T 15089—2001 规定的两轮摩托车(L_3 类),边三轮摩托车(L_4 类)和正三轮摩托车(L_5 类)。

3.2 基准质量(RM)

指 GB/T 5359.5—1996 或 GB/T 5359.6—1996 规定的摩托车整车整备质量加上 75 kg 驾驶员质量。

3.3 当量惯量(I)

指在底盘测功机上用惯量模拟器模拟摩托车行驶中移动和转动惯量所相当的质量。

3.4 排气污染物

对装点燃式发动机的摩托车,指排气管排放的气态污染物。气态污染物指摩托车排气管排出的一氧化碳(CO)、碳氢化合物(HC)和用二氧化氮当量表示的氮氧化物(NO_x)。假定碳氢比如下:

——汽油:$C_1H_{1.85}$;

——液化石油气(LPG):$C_1H_{2.525}$;

——天然气(NG):CH_4。

3.5 发动机曲轴箱

指发动机的内部或外部空间,该空间通过内部或外部的通道与油底壳相连,气体或蒸气可以通过该通道逸出。

3.6 曲轴箱污染物

指从发动机曲轴箱通气孔或润滑系的开口处排放到大气中的气态污染物。

3.7 发动机排量

对往复式活塞发动机，指发动机的实际汽缸工作容积。

3.8 失效装置

指在摩托车正常工作和使用的条件下，使其排放控制系统的效能降低的装置。包括所有测量、感应或响应运行参数，如车速、发动机转速、变速器所用挡位、温度、进气压力或其他参数等，用以激活、调制、延迟或终止排放控制系统零件工作的装置，但不包括其运行工况确实包含在型式核准试验规程中的装置。

3.9 不合理排放控制措施

指在摩托车正常工作和使用的条件下，使其排放控制系统的效能降低且不符合型式核准试验规程要求的排放水平的措施或测量。

3.10 稀释排气

指摩托车排气管排出的气体经空气稀释后的均匀混合气。

3.11 污染控制装置

指摩托车上用于控制或者限制排气污染物排放的装置。

3.12 气体燃料

指液化石油气(LPG)或天然气(NG)。

3.13 两用燃料车

指既能燃用汽油又能燃用一种气体燃料，但两种燃料不能同时燃用的摩托车。

3.14 单一气体燃料车

指只能燃用某一种气体燃料的摩托车，或能燃用某种气体燃料(LPG 或 NG)和汽油，但汽油仅用于紧急情况或发动机起动用的摩托车。

3.15 车用 LPG 或 NG 装置

指设计用于安装在一种或多种指定车型上的任何车用 LPG 或 NG 部件总成。

3.16 发动机要求的燃料

指发动机正常使用的燃料种类：

——汽油；

——液化石油气(LPG)；

——天然气(NG)；

——汽油和液化石油气(LPG)；

——汽油和天然气(NG)。

4 型式核准的申请和批准

4.1 摩托车制造企业生产、销售摩托车必须获得国家的污染物排放控制性能型式核准。一种车型的型式核准申请必须由摩托车制造企业或其授权代理人提出，申请核准的内容包括该车型的排气污染物排放、曲轴箱排放、污染控制装置耐久性试验等方面。

4.2 摩托车制造企业或其授权代理人应按附录 A 的要求提交型式核准有关技术资料。

4.3 适用时，必须提交其他型式核准复印件，并附带与型式核准扩展和确定排放劣化系数有关的资料。

4.4 为进行第 6 章所述试验，摩托车制造企业应向负责型式核准试验的检验机构提交一辆能代表待核准车型的摩托车。

4.5 如果满足了第 6 章规定的各方面的技术要求，该车型将得到型式核准机关的批准并获得附录 B 所示的型式核准证书。

4.6 如果申请涉及电子控制装置，摩托车制造企业或其授权代理人应提供一套技术资料，其中给出访问系统基本结构的方法，以及控制输出变量的手段。

4.6.1 技术资料在提交型式核准申请时应提供给检验机构,它应包括系统的全部说明。如果所有的输出信号有可能由独立单元输入信号的控制范围获得的矩阵中清楚地展现,技术资料可以简化。

4.6.2 技术资料应包括使用任何发动机电子控制装置、功能、系统或措施的说明,以及证明安装在摩托车上的任一类似装置对排放的影响的附加材料和试验数据。

4.6.3 技术资料应包含所有发动机控制装置、功能、系统或控制措施所调整的参数,以及相关的运行边界条件。同时还应包括燃料供给系统的控制逻辑、正时策略和所有运行工况之间的切换点的说明。这些资料应被严格保密并且由摩托车制造企业保存,但在型式核准检查时予以提供。

5 技术要求

5.1 一般要求

5.1.1 凡是影响摩托车排气污染物排放的零部件,其设计、制造和装配应能保证摩托车在正常使用条件下,即使受到振动,仍应符合本标准的要求。

5.1.2 摩托车制造企业必须采取技术措施,确保摩托车在正常使用条件下和使用寿命期内,能有效控制其排气污染物在本标准规定的限值内。

5.2 限制要求

5.2.1 摩托车禁止使用失效装置和(或)不合理排放控制措施。

5.2.2 在满足下列条件之一时,摩托车可以安装和使用相关的发动机控制装置、功能、系统或措施:

5.2.2.1 仅用于发动机保护,冷起动或暖机目的;

5.2.2.2 仅用于运行安全或保险以及跛行回家的目的。

5.2.3 如果摩托车使用的发动机控制装置、功能、系统或措施,能够导致发动机采用与正常使用排放试验循环中采用的控制策略不同的或是经过调整的发动机控制策略,在满足 4.6 的要求下,且充分证明该措施不会降低排放控制系统的效率,则允许使用。在其他所有的情况下,均认为其是失效装置。

6 型式核准试验及排放限值

6.1 型式核准试验

型式核准试验指摩托车制造企业根据本标准要求,提交 1 辆代表该车型的摩托车,在检验机构对该车进行的本章规定的试验,试验项目包括常温下冷起动后排气污染物平均排放量的测量、曲轴箱污染物排放试验和污染控制装置耐久性试验。

6.2 型式核准试验排气污染物限值

使用汽油或气体燃料摩托车在进行型式核准试验时每种排气污染物应符合表 1 规定的限值要求。

表 1 摩托车排气污染物排放限值

类别		排放限值/(g/km)		
		CO 排放量 L_1	HC 排放量 L_2	NO_x 排放量 L_3
两轮摩托车	<150 mL(UDC)	2.0	0.8	0.15
	≥150 mL(UDC+EUDC)	2.0	0.3	0.15
三轮摩托车	全部(UDC)	4.0	1.0	0.25

注 1:UDC:指 ECE R40 试验循环模型,包括全部 6 个市区循环模型的排气污染物测量,采样开始时间 $t=0$。

注 2:UDC+EUDC:指最高车速为 90 km/h 的 ECE R40+EUDC 试验循环模型,包括市区和市郊全部循环模型的排气污染物测量,采样开始时间 $t=0$。

6.3 型式核准试验要求

6.3.1 常温下冷起动后排气污染物平均排放量的测量（Ⅰ型试验）

6.3.1.1 Ⅰ型试验使用的燃料应符合附录F的规定。

6.3.1.2 对于两用燃料车，应分别使用两种燃料进行Ⅰ型试验。

6.3.1.3 Ⅰ型试验应按附录C规定的方法进行。各种排气污染物气体用规定的方法收集和分析。

6.3.1.4 Ⅰ型试验流程图见图1所示。

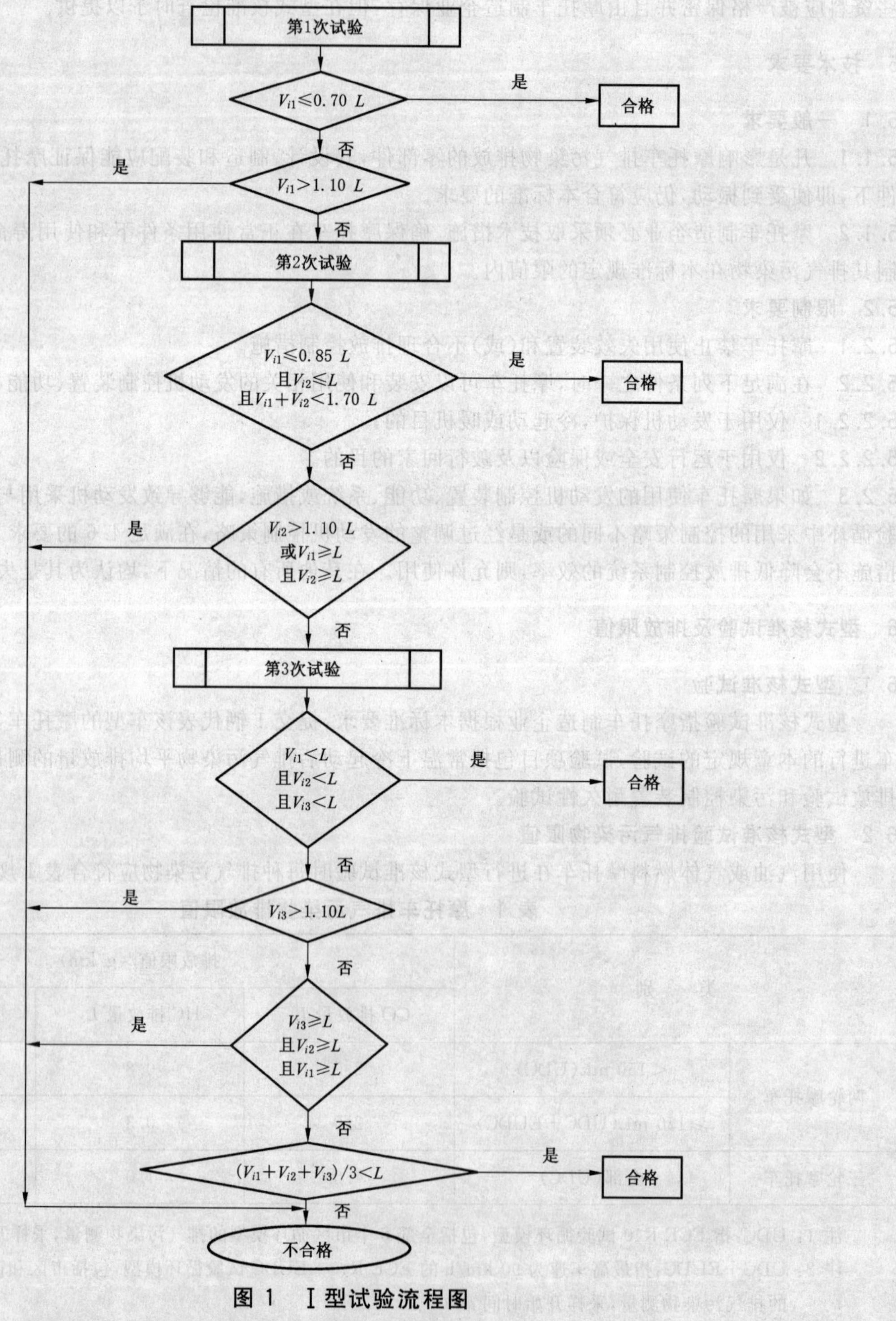

图1 Ⅰ型试验流程图

6.3.1.5 摩托车应放置于带有负荷和惯量模拟的底盘测功机上。

6.3.1.6　试验期间排气被稀释，并按比例将样气收集到一个或多个采样袋中。试验车辆的排气按照下述步骤进行稀释、取样和分析，并测量稀释排气的总容积。

6.3.1.7　除6.3.1.8规定的情况外，试验应进行3次。每次试验所得到的一氧化碳、碳氢化合物和氮氧化物的测量值均应低于表1中规定的排放限值。

6.3.1.8　尽管有6.3.1.7的规定，对于上述每一种污染物，当3次测量结果的算术平均值低于规定限值时，允许3次测量结果中有一次超过相应的规定限值，但不得超过限值的10%。对于一种以上的污染物超过规定限值的情况，不管是发生在同一次试验中，还是发生在不同次的试验中都是允许的。

6.3.1.9　在以下条件下，6.3.1.7规定的试验次数可减少。对6.3.1.7提到的每一种污染物，V_1和V_2分别代表第一次和第二次的测量结果，L为表1中规定的每种污染物的限值。

6.3.1.9.1　对于所有污染物，当$V_1 \leqslant 0.70\ L$时，仅需进行一次试验。

6.3.1.9.2　如果每一种污染物不满足6.3.1.9.1的要求，但每一种污染物符合$V_1 \leqslant 0.85\ L$，且$V_1 + V_2 < 1.70\ L$和$V_2 < L$的要求时，则只需进行两次试验。

6.3.2　曲轴箱污染物排放试验(Ⅲ型试验)

发动机的曲轴箱通风系统不允许有任何气体排入大气。

6.3.3　污染控制装置耐久性试验(Ⅴ型试验)

6.3.3.1　所有进行型式核准的摩托车应进行污染控制装置耐久性试验，试验方法按附录D的规定进行。

6.3.3.2　对两用燃料车仅使用汽油进行此项试验。

6.3.3.3　在整个污染控制装置耐久性试验中，其排气污染物应达到表1规定的要求。

6.3.4　试验时应测量和记录发动机的机油温度。

6.3.5　试验时应完整地记录排气污染物测量数据、试验室环境参数和车辆运行参数。

7　生产一致性检查

7.1　摩托车制造企业必须采取措施，保证摩托车产品的生产一致性。对已通过本标准型式核准试验而获准生产的批量摩托车，凡影响发动机气体污染物排放的零部件均应与进行型式核准试验时摩托车的零部件一致。

7.2　生产一致性检查，是以型式核准试验结果报告及附录A所规定的项目为基础，确认摩托车制造企业生产过程控制的符合性。

7.3　生产一致性检查试验指在摩托车制造企业批量生产的摩托车产品中抽取样车，进行6.3.1规定的Ⅰ型试验，确认其排气污染物与表1的符合性。如果型式核准的摩托车具有一个或多个扩展，此试验可在附录A所述的车型或相关的扩展车型上进行。

7.3.1　在同一型式摩托车的批量产品中任意抽取至少1辆车，型式核准机关确定摩托车后，摩托车制造企业不得对所抽取摩托车进行任何调整。

7.3.2　尽管有C.3.1.1的要求，试验车辆不需磨合，试验是在从生产线下线检验合格的车辆中抽取的样车上直接进行。在摩托车制造企业有要求的情况下，试验可以按摩托车制造企业的磨合规范进行不足1 000 km的磨合，但不得对这些摩托车进行任何调整。

7.3.3　试验摩托车按照6.3.1进行Ⅰ型试验。

7.3.4　每种污染物的测量结果乘以型式核准试验时确定的相应劣化系数DF，计算得出该样车试验总里程时每种污染物排放量，其值应符合表1的规定。

7.3.5　所有试验均应使用附录F规定的基准燃料。

7.4　若从批量产品中抽取的样车不能满足表1的要求，可按摩托车制造企业要求从该批产品中抽取若干辆样车，包含最初抽取的样车进行测量。摩托车制造企业应决定样品的数目n。对于每种气体污染物，确定其样品测量结果的算术平均值$\bar{x}$和标准偏差S，若满足下列条件，型式核准机关则认为该批产品符合一致性要求。否则认为该批产品不符合生产一致性要求。

$$\bar{x}+k\cdot S\leqslant L$$

式中：L——表1中规定的各种气体污染物的排放限值；

k——随 n 变化的统计系数，在表2中给出。

表2 统计系数

n	2	3	4	5	6	7	8	9	10
k	0.973	0.613	0.489	0.421	0.376	0.342	0.317	0.296	0.279
n	11	12	13	14	15	16	17	18	19
k	0.265	0.253	0.242	0.233	0.224	0.216	0.210	0.203	0.198

若 $n\geqslant 20$，则 $k=\dfrac{0.860}{\sqrt{n}}$

S——标准差，满足下式：

$$S=\sqrt{\frac{1}{n-1}\sum_{i=1}^{n}(x_i-\bar{x})^2}$$

$\bar{x}$——算术平均值，满足下式：

$$\bar{x}=\frac{1}{n}\sum_{i=1}^{n}x_i$$

x_i——任一样品的测量结果。

7.5 如果某一车型不能满足7.1、7.2、7.3和7.4生产一致性检查要求的任意一条，摩托车制造企业都应尽快采取有效的措施来重新建立生产一致性，否则应撤销该车型的型式核准。

8 型式核准扩展

按本标准型式核准的车型的扩展，应根据下列条款进行：

8.1 与排气污染物有关的扩展（Ⅰ型试验）

8.1.1 不同基准质量的车型

当型式核准扩展的车型的基准质量对应的当量惯量为已经型式核准车型的对应当量惯量或相邻的较高(低)一级的当量惯量时，一种车型的型式核准可以扩展到仅在基准质量上与型式核准车型不同的其他车型。

8.1.2 具有不同总传动比的车型

通过型式核准的车型在以下条件下可以扩展到与型式核准车型仅总传动比不同的其他车型。

8.1.2.1 对Ⅰ型试验中使用的各种传动比均需确定比例

$$E=\frac{|v_2-v_1|}{v_1}$$

式中：

v_1,v_2——分别为型式核准车型和要求型式核准扩展车型在相同挡位下发动机转速为1 000 r/min的车速。

8.1.2.2 若各传动比均满足 $E\leqslant 8\%$，则型式核准可以扩展而无须进行Ⅰ型试验。

8.1.2.3 若至少有一个传动比 $E>8\%$ 且每一个传动比均满足 $E\leqslant 13\%$，需进行Ⅰ型试验，但该试验可由摩托车制造企业选定经核准机关认可的检验机构进行。

8.1.3 基准质量和总传动比均不同的车型

如果满足8.1.1和8.1.2的全部要求，一种车型的型式核准可以扩展到在基准质量和总传动比方面和型式核准车型不同的其他车型。

8.1.4　三轮摩托车

一种两轮摩托车车型的型式核准可以扩展到采用相同发动机、相同排气系统，相同传动装置或仅总传动比不同的三轮摩托车车型。

8.1.5　型式核准扩展限制

当一种车型按8.1.1～8.1.4方法通过型式核准扩展后，该车型的型式核准扩展不得再核准扩展到其他车型。

8.2　**与污染控制装置耐久性有关的扩展（Ⅴ型试验）**

某一已型式核准的车型，可以扩展到发动机/污染控制装置的组合与已型式核准车型相同的不同车型。

下列所描述的参数相同或能保持在其规定限值之内的车型，都认为其发动机/污染控制装置的组合是相同的。

8.2.1　发动机

——汽缸数；

——发动机工作容积（±30%）；

——汽缸体构造；

——气门数；

——燃料供给系统；

——冷却系工作方式；

——燃烧过程；

——缸径；

——汽缸中心距。

8.2.2　污染控制装置

8.2.2.1　催化转化器

——催化转化器和催化单元的数量；

——催化转化器的尺寸和形状（载体容积±10%）；

——催化活性的类型（氧化，三元……）；

——贵金属含量（相同或更多）；

——贵金属比例（±15%）；

——载体（结构和材料）；

——孔密度；

——催化转化器封装型式；

——催化转化器位置（在排气系统中的位置和尺寸不应使催化转化器入口温度的变化大于75 K），该温度变化应在Ⅰ型试验的设定负荷和以试验循环最高车速（以km/h表示）匀速行驶条件下检查。

8.2.2.2　空气喷射装置

——有或无；

——型式（脉动，空气泵……）。

8.2.2.3　废气再循环装置（EGR）

——有或无。

8.2.2.4 氧传感器

——有或无。

9 标准的实施

本标准规定的型式核准执行时间为2008年7月1日。

自规定的型式核准执行日期起，凡进行排气污染物排放型式核准的摩托车都必须符合本标准要求。在规定执行日期之前，可以按照本标准的相应要求进行型式核准的申请和批准。

对于按本标准已获得型式核准批准的摩托车，其生产一致性检查自批准之日起执行。

自规定型式核准执行日期之后一年起，所有制造、销售、注册登记的摩托车，其排气污染物排放必须符合本标准的要求。

附 录 A
（规范性附录）
型式核准申报资料

型式核准申请时，必须提供包括内容目次的如下资料，以电子文档提供。

任何示意图，应以适当的比例充分说明细节；其幅面尺寸为A4，或折叠至该尺寸。如有照片，应显示其细节。如系统、部件或独立技术装置，应提供其性能资料。

A.1 概述

A.1.1 商标______

A.1.2 型号______

A.1.3 摩托车识别代号______

A.1.4 摩托车类别______

A.1.5 制造企业名称和地址______

A.1.6 总装厂名称和地址______

A.1.7 摩托车标牌位置______

A.2 摩托车总体结构特征

A.2.1 代表摩托车的照片和(或)示意图______

A.2.2 整车外型尺寸图

A.2.3 轴距______mm 轮距______mm

A.2.4 轴数和轮数______

A.2.5 发动机安装位置______

A.2.6 乘员数______

A.2.7 最大设计车速______km/h

A.3 整车质量参数

A.3.1 整备质量______kg

A.3.2 基准质量______kg

A.3.3 基准质量状态下各轴的载荷______N

A.3.4 厂定最大载质量______kg

A.3.5 厂定最大载质量状态下各轴的载荷______N

A.3.6 每个轴上技术上允许的最大质量______kg

A.4 发动机

A.4.1 制造企业______

A.4.2 厂牌或商标______

A.4.3 型号______

A.4.4 发动机号位置______

A.4.5 工作循环：四冲程/二冲程[1)]

---

1) 划掉不适用者。

A.4.6　汽缸数及排列________________

A.4.7　点火次序________________

A.4.8　缸径________________mm

A.4.9　行程________________mm

A.4.10　汽缸工作容积________________cm^3

A.4.11　压缩比[2]________________

A.4.12　进气和排气端口的最小截面直径________________mm

A.4.13　汽缸盖、活塞、活塞环、缸体的图纸________________

A.4.14　最低稳定转速________________r/min[2]

A.4.15　发动机在最大净功率时的转速________________r/min[2]

A.4.16　最大净功率________________kW

A.4.17　发动机在最大净扭矩时的转速________________r/min[2]

A.4.18　最大净扭矩________________N·m

A.4.19　冷却系统　(液冷/风冷)[1]

A.4.19.1　液冷

A.4.19.1.1　液体特性　水/冷却液[1]

A.4.19.1.2　循环泵：是/否[1]

A.4.19.1.3　出口最大温度________________℃

A.4.19.1.4　发动机温度控制装置的标称设置________________

A.4.19.2　风冷

A.4.19.2.1　风机：是/否[1]

A.4.19.2.2　基准点位置________________

A.4.19.2.3　基准点的最大温度________________℃

A.4.20　有无增压器及增压系统的说明________________

A.4.21　曲轴箱气体再循环装置(说明及简图)________________

A.4.22　空气滤清器：图纸或制造企业及型号________________

A.5　污染控制装置

A.5.1　催化转化器：有/无[1]________________

A.5.1.1　催化转化器和催化单元的数目________________

A.5.1.2　催化转化器的尺寸及形状(体积……)________________

A.5.1.3　催化反应的类型(氧化型，三元型……)________________

A.5.2　贵金属的总含量和比例________________

A.5.2.1　载体(结构和材料)________________

A.5.2.2　孔密度________________

A.5.2.3　催化转化器封装型式________________

A.5.2.4　催化转化器的位置(在排气系统中的位置与参照距离)________________

A.5.3　空气喷射装置：有/无[1]________________

A.5.3.1　类型(空气脉冲，空气泵……)________________

A.5.4　废气再循环装置(EGR)：有/无[1]________________

---

1) 划掉不适用者。

2) 注明公差。

A.5.4.1 特性(流量……)__________

A.5.5 氧传感器:有/无[1] __________

A.6 进气和燃油供给

A.6.1 进气系统和附件(进气消声器、加热装置、附加进气口等)的说明和图示__________

A.6.2 燃料供给

A.6.2.1 化油器式:是/否[1]

A.6.2.1.1 数目__________

A.6.2.1.2 制造企业__________

A.6.2.1.3 型号__________

A.6.2.1.4 调整[2]

A.6.2.1.4.1 量孔

A.6.2.1.4.2 喉管

A.6.2.1.4.3 浮子室油面高度 或 对应于不同空气流量的供油曲线[1),2)]

A.6.2.1.4.4 浮子质量

A.6.2.1.4.5 浮子针阀

A.6.2.2 燃料喷射:是/否[1]

A.6.2.2.1 系统说明__________

A.6.2.2.2 工作原理:进气歧管(单点/多点)/直接喷射/其他(注明)[1]

A.6.2.2.3 油泵

A.6.2.2.3.1 制造企业__________

A.6.2.2.3.2 型号__________

A.6.2.2.3.3 油泵排量__________ mm^3/行程(泵速__________ r/min)[1),2)]或特性曲线[1),2)]

A.6.2.2.4 喷射器

A.6.2.2.4.1 制造企业__________

A.6.2.2.4.2 型号__________

A.6.2.2.4.3 开启压力__________ kPa[1),2)]或特性曲线[1),2)]

A.6.2.3 手动或自动阻风门[1] __________闭合度调整[2] __________

A.6.2.4 供油泵

A.6.2.4.1 压力[2] __________或特性曲线[2] __________

A.7 润滑系统

A.7.1 系统描述

A.7.1.1 润滑方式(二冲程发动机:分离润滑或混合润滑)__________

A.7.1.2 储油器的位置(如果有)

A.7.1.3 供给系统(泵/向进气系统喷射/与燃油的混合等)

A.7.2 润滑油

A.7.2.1 制造企业__________

A.7.2.2 规格__________

---

1) 划掉不适用者。

2) 注明公差。

A.7.2.3 若为混合润滑，需说明混合油中润滑油所占比例________

A.7.3 机油冷却器 是/否[1]

A.7.3.1 结构简图

A.7.3.2 商标________

A.7.4 型号________

A.8 气门正时

A.8.1 机械操纵的气门正时

A.8.1.1 气门最大升程和相对上、下止点的气门开启角和关闭角________

A.8.1.1.1 基准间隙及调整间隙[1]________mm

A.8.2 进排气口的说明

A.8.2.1 活塞在上止点时曲轴箱的容积________mL

A.8.2.2 若为簧片阀，需有其技术说明(附尺寸图)________

A.8.2.3 进气口、扫气口和排气口及其相应的气门相位图的技术说明(附尺寸图)________

A.9 点火系统

A.9.1 点火方式________

A.9.2 点火提前曲线[2]________

A.9.3 点火正时(上止点前角度)[2]________

A.9.4 断电器触点间隙[1,2]________

A.9.5 闭合角[1,2]________

A.9.6 火花塞

A.9.6.1 制造企业________

A.9.6.2 型号________

A.9.6.3 火花塞调整间隙________

A.9.7 点火线圈

A.9.7.1 制造企业________

A.9.7.2 型号________

A.9.8 点火控制器

A.9.8.1 制造企业________

A.9.8.2 型号________

A.9.9 分电器

A.9.9.1 制造企业________

A.9.9.2 型号________

A.10 排气系统

A.10.1 完整的排气系统技术说明和图

A.11 传动系

A.11.1 离合器型式和型号________

1) 划掉不适用者。

2) 注明公差。

A. 11.2　变速器系统图

A. 11.3　变速器型式(手动/自动)[1)]

A. 11.4　变挡方式(手/脚)[1)]

A. 11.5　传动比

初级　　末级

1挡　　2挡　　3挡　　4挡　　5挡　　6挡

倒挡

连续传动比的最小值、最大值。

A. 12　**车轮**

A. 12.1　轮胎(种类、规格、最大负荷)

A. 12.1.1　轮胎压力

A. 12.1.2　轮辋(规格)

附　录　B
（规范性附录）
型式核准证书格式
［最大尺寸：A4（210mm×297 mm）］

根据 GB 14622 标准，对某一型式的摩托车作如下通知：

型式核准批准[1)]

型式核准扩展[1)]

型式核准拒绝[1)]

型式核准撤销[1)]

型式核准号[1)]：________________

型式核准扩展号[1)]：________________

扩展理由：________________

B.1　第一部分

B.1.1　商标：________________

B.1.2　型号：________________

B.1.3　摩托车识别代号：________________

B.1.4　摩托车类别：________________

B.1.5　制造企业的名称和地址：________________

B.1.6　总装厂地址：________________

B.2　第二部分

B.2.1　负责进行型式核准试验的检验机构：________________

B.2.2　试验报告日期：________________

B.2.3　试验报告编号：________________

B.2.4　证书签发日期：________________

B.2.5　签字盖章(型式核准机关)：________________

B.2.6　备注：________________

B.2.7　附上型式核准机关保存的资料索引，若需要可索取。

1）划掉不适用者。

附　件　BA
（资料性附件）
型式核准证书的附加资料

BA.1　摩托车参数及试验条件

BA.1.1　摩托车整备质量：________________________

BA.1.2　摩托车最大总质量：________________________

BA.1.3　摩托车基准质量：________________________

BA.1.4　乘员数(包括驾驶员)：________________________

BA.1.5　发动机型号：________________________

BA.1.6　发动机所用燃料：________________________

BA.1.7　发动机所用润滑油：________________________

BA.1.7.1　厂牌：________________________

BA.1.7.2　型号：________________________

BA.1.8　变速器

BA.1.8.1　手动,挡位数________________________

BA.1.8.2　自动,速比数：________________________

BA.1.8.3　连续变速：是/否[1)]

BA.1.8.4　分动器速比：________________________

BA.1.8.5　主传动速比：________________________

BA.1.9　轮胎型号、规格：________________________

BA.2　试验结果

BA.2.1　Ⅰ型试验

	CO/(g/km)	HC/(g/km)	NO_x/(g/km)
Ⅰ型试验测量值			
乘 DF 后			

BA.2.2　Ⅴ型试验

——耐久性类型：12 000 km,18 000 km,30 000 km/无[1)]

1）划掉不适用者。

——实测劣化系数 DF。

BA.3 催化转化器

BA.3.1 按本标准所有有关要求试验的原始催化转化器

BA.3.1.1 A.5.1 中所列原始催化转化器的厂牌和型号：________________________

BA.3.2 按本标准所有有关要求试验的替代用催化转化器

BA.3.2.1 替代用催化转化器的厂牌和型号：________________________

附 录 C
（规范性附录）
常温下冷起动后排气污染物平均排放量的测量
（Ⅰ型试验）

C.1 概述

C.1.1 摩托车应置于装有功率吸收装置和惯量模拟装置的底盘测功机上，按照附件CA规定的运行循环进行试验。对于三轮摩托车和发动机排量小于150 mL的两轮摩托车，试验由6个连续的市区循环构成，一次试验持续1 170 s；对于发动机排量不小于150 mL的两轮摩托车，试验由6个连续的市区循环加一个市郊循环构成，持续时间为1 570 s。

C.1.2 试验期间应用空气稀释排气，并使混合气的容积流量保持恒定。在试验过程中，连续的混合气取样气流被送入取样袋，以便依次确定一氧化碳、碳氢化合物、氮氧化物和二氧化碳的浓度（取试验平均值）。

C.2 底盘测功机上的运行循环

C.2.1 说明

底盘测功机上的运行循环按附件CA所示的规定。

C.2.2 运行循环的一般条件

必要时应进行预试验循环，以便确定如何最好地操作加速油门、变速杆和制动器，以获得接近理论循环所规定范围内的实际循环。

C.2.3 变速器的使用

C.2.3.1 变速器的使用应按下述要求进行：

C.2.3.1.1 等速时，应尽可能使发动机转速处于最大转速的50%～90%。如果有一个以上挡位满足这一要求，则取其较高挡位进行摩托车试验。

C.2.3.1.2 加速时，应使用能给出最大加速度的挡位进行摩托车试验。当发动机转速达到最大功率转速的110%时，应提高一挡继续试验。如果摩托车使用一挡达到了20 km/h或使用二挡达到了35 km/h，此时应提高一挡。在完成上述操作的情况下不允许再提高挡位。在加速阶段，若在该固定车速点已完成换挡，则应在摩托车进入等速阶段时所处的挡位进行接下来的等速阶段试验，此时可不考虑发动机转速。

C.2.3.1.3 减速时，在发动机出现怠速运转不平稳之前，或当发动机转速降到最大功率转速的30%时，应降低一挡。减速时不得降至最低挡。

C.2.3.2 装有自动变速器的摩托车，应使用最高挡（驱动）进行试验，操作油门以尽可能使摩托车在正常啮合的各挡位获得最稳定的加速度。偏差按C.2.4中的规定。

C.2.3.3 在市郊循环中，变速器的操作按摩托车制造企业建议进行。

换挡点在附件CA中并没有具体规定，在从怠速工况向匀速工况过渡期间，加速度应连续。偏差按C.2.4中的规定。

C.2.4 偏差

C.2.4.1 所有循环中各工况的车速均允许有±2 km/h的偏差。工况改变时允许车速超出偏差范围，但在C.6.5.2和C.6.6.3以外的任何情况下超过偏差的时间不得大于0.5 s。

C.2.4.2 时间允许偏差为±0.5 s。

C.2.4.3 车速和时间的复合偏差如附件CA所示。

C.2.4.4 循环行驶距离的测量精度应为±2%。

C.3 摩托车和燃料

C.3.1 试验摩托车

C.3.1.1 摩托车应处于良好机械状态，试验前应走合并至少行驶 1 000 km。若试验前走合不足 1 000 km 时，摩托车制造企业可决定是否进行试验。

C.3.1.2 排气系统不得有任何泄漏，以免使收集的发动机排出的气体量有所减少。

C.3.1.3 应检查进气系统的密封性，以保证混合气不会因意外进气而受到影响。

C.3.1.4 摩托车的调整应按摩托车制造企业的规定进行。

C.3.1.5 检验机构应检查摩托车是否能正常行驶，特别是在常温状态下具有起动能力。

C.3.2 燃料

试验时应使用本标准附录 F 规定的基准燃料。

如果发动机采用混合润滑，加入基准燃料中的润滑油的等级和数量应符合摩托车制造企业的规定。

C.4 试验设备

C.4.1 底盘测功机

底盘测功机的主要特性如下：

每个驱动轮轮胎应与转鼓接触；

转鼓直径≥400 mm；

功率吸收曲线方程：从 12 km/h 的初速度起，底盘测功机应以±15%的精度再现摩托车在水平路面上、风速尽可能接近 0 m/s 行驶时发动机发出的功率。功率吸收装置和测功机内部摩擦所吸收的功率可按附件 CC 中 CC.3.11 计算或者为：

$$kv^3 \pm 5\% P_{v50}$$

式中：

k——底盘测功机特性值；

v——摩托车运行速度，km/h；

P_{v50}——摩托车运行速度为 50 km/h 时底盘测功机吸收的功率，kW。

附加惯量：从 10 kg 到 10 kg 的整数倍。当量惯量也可用等效的电模拟量代替。

实际行驶距离用转数计测量，转数计由底盘测功机的转鼓驱动。

C.4.2 排气取样和容积测量设备

C.4.2.1 在试验过程中用于排气的收集、稀释、取样及容积测量的简图见附件 CB。

C.4.2.2 以下各条描述试验设备要求，其部件均采用附件 CB 中相应的符号表示。当使用其他不同设备时检验机构应对其进行确认，明确其达到等效结果。

C.4.2.2.1 用于收集试验期间排出的所有排气的收集器应为闭式仪器，排气背压变化在±1.25 kPa 时，该装置可以在摩托车排气口处收集所有排出的气体，且在试验温度下收集气体时不得有改变排气成分的凝结现象。若能确保摩托车排气管出口处保持环境大气压力，所有的排气都能被收集，也可使用开式仪器。

C.4.2.2.2 连接收集器与气体取样设备有连接管(Tu)。该连接管和取样设备应采用不影响收集气体成分且能承受其温度的不锈钢或其他材料制成。

C.4.2.2.3 在整个试验过程中，热交换器(Sc)应能将泵入口处的稀释排气的温度变化控制在±5℃。热交换器装有预热系统，使气体在试验开始前加热到所要求的工作温度(偏差为±5℃)。

C.4.2.2.4 用于吸入稀释排气的定容泵 P_1 由多级定速电机驱动，它应有足够容积的恒定流量以保证全部排气被吸入。也可使用临界流量文丘里管装置。

C.4.2.2.5　一个可连续记录进入定容泵(或临界流量文丘里管)的稀释排气温度的装置。

C.4.2.2.6　装在取样装置外部的探头 S_3,通过泵、滤清器和流量计,在试验过程中以固定流量对稀释空气进行取样。

C.4.2.2.7　处于稀释排气管路中且在定容泵之前的取样探头 S_2,必要时通过滤清器、流量计和泵,在整个试验过程中以恒定流量对稀释排气进行取样。在这两个取样装置中,最低取样流量均应至少为150 L/h。

C.4.2.2.8　两个过滤器 F_2 和 F_3 相应地安装在探头 S_2 和 S_3 之后,用于过滤样气中悬浮颗粒物。特别注意的是,该过滤器不得改变样气中各气体成分的浓度。

C.4.2.2.9　两个取样泵 P_2 和 P_3 将样气通过探头 S_2 和 S_3 分别收集到取样袋 S_a 和 S_b 中。

C.4.2.2.10　两个手动调节阀 V_2 和 V_3 分别安装在泵 P_2 和 P_3 之后,以控制进入取样袋中的样气流量。

C.4.2.2.11　两个转子流量计 R_2 和 R_3 串联在"探头、过滤器、泵、调节阀、取样袋"(S_2,F_2,P_2,V_2,S_a 和 S_3,F_3,P_3,V_3,S_b)管路中,以便于随时检查样气流量。

C.4.2.2.12　用于收集稀释空气和稀释排气的密闭的取样袋应有足够的容积,以使取样气流不受阻止。取样袋侧面应有能迅速关闭的自动闭合装置,便于快速而紧密地在试验之后与取样系统或在分析时与分析系统相连。

C.4.2.2.13　两个不同作用的压力计 g_1 和 g_2,安装位置如下:

g_1 安装在定容泵 P_1 之前,用于测量大气与稀释排气的压力差;

g_2 安装在定容泵 P_1 的前后,用于测量泵前后气流的压力差。

C.4.2.2.14　转数计 CT 用于记录定容泵 P_1 的转数。

C.4.2.2.15　上述取样系统中的三通阀,在试验过程中,用以将样气引入各自的取样袋或直接排到大气中,应使用速动阀。三通阀由不影响气体成分的材料制成,其流动截面及形状应尽可能减少压力损失。

C.4.2.2.16　鼓风机(BL)用于输送稀释排气。

C.4.2.2.17　旋风分离器(CS)用于过滤稀释排气中的微粒。

C.4.2.2.18　压力计(G)安装在临界流量文丘里管之前,用于测量稀释排气的压力。

C.4.3　分析设备

C.4.3.1　HC 浓度的测量

试验过程中,收集在取样袋 S_a 和 S_b 中样气中的未燃烧碳氢化合物(HC)浓度用氢火焰离子化法测量。

C.4.3.2　CO 和 CO_2 浓度的测量

试验过程中,收集在取样袋 S_a 和 S_b 中样气中的一氧化碳(CO)和二氧化碳(CO_2)浓度用不分光红外线吸收法测量。

C.4.3.3　NO_x 浓度的测量

试验过程中,收集在取样袋 S_a 和 S_b 中样气中的氮氧化物(NO_x)浓度用化学发光法测量。

C.4.4　仪器和测量精度

C.4.4.1　由于底盘测功机在单独的试验中校验,因此没必要标明其精度。包括转鼓和功率吸收装置旋转部件在内的旋转质量的总惯量(见 C.5.2),其测量精度为±2%。

C.4.4.2　车速通过底盘测功机转鼓的转动速度来确定。在车速 0～10 km/h 的范围内,其测量精度应为±2 km/h,当车速大于 10 km/h 时,其测量精度应为±1 km/h。

C.4.4.3　在 C.4.2.2.5 中温度的测量精度为±1℃;在 C.6.1.1 中温度的测量精度为±2℃。

C.4.4.4　大气压力的测量精度为±0.133 kPa。

C.4.4.5　空气相对湿度的测量精度为±5%。

C.4.4.6 在定容泵 P_1(见 C.4.2.2.13)入口处测量稀释排气与大气压差的测量精度为±0.4 kPa。在定容泵 P_1 前后截面间稀释排气压力差的测量精度为±0.4 kPa。

C.4.4.7 由转数计记录的定容泵 P_1 每一转所排出的容积和在最低泵速下的排量值,应使定容泵在整个测量过程中所排出的稀释排气总容积的测量精度为±2%。

C.4.4.8 在不考虑标准气体精度的条件下,分析仪在测量不同成分时其各量程均应达到±3%的精度。用于测量 HC 浓度的氢火焰离子化型分析仪应有在 1 s 内达到满量程的 90%的能力。

C.4.4.9 标准气体的浓度与其标称值的误差不超过 2%。一氧化碳和氮氧化物的稀释剂为氮气,碳氢化合物(丙烷)的稀释剂为空气。

C.5 试验准备

C.5.1 道路试验

C.5.1.1 道路要求

试验应在宽广、水平、笔直、平坦的铺装道路上进行。道路表面应干燥,无可能对行驶阻力造成影响的障碍物。距离超过 2 m 的任意两点之间的坡度不得超过 0.5%。

C.5.1.2 道路试验环境条件

在数据采集期间,风速应稳定。在滑行试验时,应对风速和风向在定点进行连续或足够频率点的测量。

试验环境应满足下列条件:

——最高风速≤3 m/s;

——瞬时最高风速≤5 m/s;

——水平方向平均风速≤3 m/s;

——垂直方向平均风速≤2 m/s;

——最大相对湿度≤95%;

——温度:278~308 K。

标准环境条件:

——大气压 p_0 为 100 kPa;

——温度 T_0 为 293 K;

——相对空气密度 ρ_0 为 0.919 7 kg/m³;

——风速为 0;

——空气质量浓度为 1.189 kg/m³。

试验中的空气相对密度由下列公式计算,其值不得与标准环境条件的规定相差 7.5%。

相对空气密度 ρ_T 的计算公式:

$$\rho_T = \rho_0 \times \frac{p_T}{p_0} \times \frac{T_0}{T_T}$$

式中:

ρ_T——试验相对空气密度;

p_T——试验大气压,kPa;

T_T——试验温度,K。

C.5.1.3 基准速度

基准速度指试验循环中列出的速度。

C.5.1.4 指定速度

至少应在四个指定速度点,包括基准速度 v_0 进行行驶阻力的测量,做出指定速度 v 的行驶阻力曲线,确定接近基准速度 v_0 的车速与行驶阻力的函数关系。指定速度点的范围(最高和最低车速之间的范围)，应延伸到基准速度点或基准速度范围的两侧。如果基准速度点不止一个，选用C.5.1.6定义的Δv。指定速度点包括基准速度点的间隔均不大于20 km/h，且间隔相同。基准速度点的行驶阻力可通过行驶阻力曲线求得。

C.5.1.5 滑行初速度

滑行开始的速度至少比滑行开始计时的速度即滑行初速度高5 km/h。因为需要足够的时间来调整摩托车和驾驶员的位置，以便在速度下降到滑行初速度v_1之前，切断发动机的动力传递。

C.5.1.6 滑行初速度和末速度间滑行时间的测量

为保证滑行时间Δt、滑行速度差$2\Delta v$、滑行初速度v_1和末速度v_2的测量精度，以km/h为单位，应满足下列要求：

$$v_1 = v + \Delta v$$

$$v_2 = v - \Delta v$$

当$v < 60$ km/h时，$\Delta v = 5$ km/h

当$v \geqslant 60$ km/h时，$\Delta v = 10$ km/h

C.5.1.7 受试摩托车的准备

C.5.1.7.1 受试摩托车应与其产品系列的全部结构一致；如与该产品系列不一致时，应在试验报告中作出具体描述。

C.5.1.7.2 发动机、变速器和摩托车应按摩托车制造企业的规定进行磨合。

C.5.1.7.3 受试摩托车按摩托车制造企业的规定进行调整，如润滑油黏度、轮胎气压，如受试摩托车与该产品系列不一致，应在试验报告中作出具体描述。

C.5.1.7.4 受试摩托车在正常工作状态下的质量应符合C.3.1的规定。

C.5.1.7.5 试验总质量包括驾驶员质量和摩托车质量应在试验前进行测量。

C.5.1.7.6 各轮的轴载分配应与摩托车制造企业的规定一致。

C.5.1.7.7 在受试摩托车上安装测量仪器时，应使其对各轮轴载分配的影响降至最低。在摩托车外部安装速度传感器时，应使其对附加的空气阻力降至最低。

C.5.1.8 驾驶员和驾驶位置

C.5.1.8.1 驾驶员应身穿合身的服装，佩戴防护头盔、护眼罩，穿靴子并戴手套。

C.5.1.8.2 驾驶员在C.5.1.8.1规定条件下质量应为75 kg±5 kg，且身高为1.75 m±0.05 m。

C.5.1.8.3 驾驶员应按正常的驾驶姿势操作摩托车。在整个滑行试验过程中，驾驶员应保持这一姿势，确保驾驶员对摩托车的有效控制。

C.5.1.9 滑行时间的测量

C.5.1.9.1 暖机后，将摩托车加速到滑行初速度点，并从该点开始滑行。

C.5.1.9.2 由于结构原因将变速器换到空挡有一定的难度和危险性，滑行试验可采用单独脱开离合器的操作方式来完成。此外，对无法在滑行过程中切断发动机动力传递的受试摩托车，应使用另一辆摩托车牵引的方式来进行试验。当滑行试验在底盘测功机上重现时，变速器和离合器应保持与道路试验时处于相同的状态。

C.5.1.9.3 在滑行试验结束前，应尽可能减少对摩托车的操作，且不允许使用制动。

C.5.1.9.4 滑行时间Δt_{ai}应与指定速度v_j对应，其值为测量摩托车车速从$v_j + \Delta v$到$v_j - \Delta v$所经历的时间。

C.5.1.9.5 在相反方向，按试验程序C.5.1.9.1～C.5.1.9.4重复滑行试验，测量滑行时间Δt_{bi}。

C.5.1.9.6 滑行时间Δt_{ai}和Δt_{bi}的平均时间ΔT_i由下式计算：

$$\Delta T_i = \frac{\Delta t_{ai} + \Delta t_{bi}}{2}$$

C.5.1.9.7 试验至少进行四次，平均滑行时间ΔT_j由下式计算：

$$\Delta T_j = \frac{1}{n}\sum_{i=1}^{n}\Delta T_i$$

试验进行到统计精度 P 等于或小于 3%（$P \leqslant 3\%$）。统计精度 P 为百分数，由下式计算：

$$P = \frac{ts}{\sqrt{n}} \times \frac{100}{\Delta T_j}$$

式中：

t——表 C.1 给定的系数；

s——由下列公式计算的标准偏差：

$$s = \sqrt{\sum_{i=1}^{n}\frac{(\Delta T_i - \Delta T_j)^2}{n-1}};$$

n——试验次数。

表 C.1 统计精度系数

n	t	$\frac{t}{\sqrt{n}}$
4	3.2	1.60
5	2.8	1.25
6	2.6	1.06
7	2.5	0.94
8	2.4	0.85
9	2.3	0.77
10	2.3	0.73
11	2.2	0.66
12	2.2	0.64
13	2.2	0.61
14	2.2	0.59
15	2.2	0.57

C.5.1.9.8 在重复试验中，应确保在相同的暖机条件和相同的滑行初速度下进行滑行试验。

C.5.1.9.9 对多个指定速度点滑行时间的测量是一个连续的滑行过程，在这种情况下，每次滑行应使用相同的初速度。

C.5.2 数据处理

C.5.2.1 道路行驶阻力的计算

C.5.2.1.1 道路行驶阻力 F_j，单位为 N，在指定速度 v_j 下的计算公式如下：

$$F_j = \frac{1}{3.6}(m + m_r)\frac{2\Delta v}{\Delta T_j}$$

式中：

m——受试摩托车质量，kg，包括驾驶员和仪器设备；

m_r——在滑行试验中车轮和随车轮转动部分的等效惯性质量，kg。

等效惯性质量 m_r 可采用适当的方法进行测量或计算。其中计算方法可按摩托车整备质量的 7% 进行估算。

C.5.2.1.2 道路行驶阻力 F_j 按照 C.5.2.2 的规定进行修正。

C.5.2.2 道路行驶阻力曲线

道路行驶阻力 F 由下式计算：

$$F=f_0+f_2v^2$$

该等式中的 f_0 和 f_2 由对以上的 F_j 和 v_j 进行线性回归分析确定。

式中：

F——行驶阻力，包括风阻，N；

f_0——滚动阻力，N；

f_2——空气阻力系数，$N/(km/h)^2$。

系数 f_0 和 f_2 应在标准环境条件按下列公式进行修止：

$$f_0^*=f_0[1+K_0(T_T-T_0)]$$

$$f_2^*=f_2\times\frac{T_T}{T_0}\times\frac{P_0}{P_T}$$

式中：

f_0^*——修正到标准环境条件下的滚动阻力，N；

T_T——平均环境温度，K；

f_2^*——修正到标准环境条件下的空气阻力系数，$N/(km/h)^2$；

K_0——滚动阻力温度修正因数，由摩托车和轮胎试验所得的经验值，如没有可用资料，可假定为 $K_0=6\times10^{-3}K^{-1}$。

C.5.2.3 底盘测功机目标道路行驶阻力的设定

底盘测功机上基准车速(v_0)下的目标道路行驶阻力 $F^*(v_0)$ 由下式计算，单位为 N：

$$F^*(v_0)=f_0^*+f_2^*\times v_0^2$$

C.5.3 根据道路滑行试验测量结果对底盘测功机的设定

C.5.3.1 仪器要求

速度和时间测量仪器的精度应符合表 C.2 的要求。

表 C.2 测量精度要求

	测量值	分辨率
(a) 道路行驶阻力 F	+2%	—
(b) 摩托车速度(v_1、v_2)	±1%	0.45 km/h
(c) 滑行速度差($2\Delta v=v_1-v_2$)	±1%	0.10 km/h
(d) 滑行时间(Δt)	±0.5%	0.01 s
(e) 基准质量(m_k+m_{rid})	±1.0%	1.4 kg
(f) 风速	±10%	0.1 m/s

测功机转鼓应清洁、干燥并应防止轮胎打滑。

C.5.3.2 惯性质量设定

C.5.3.2.1 底盘测功机的等效惯性质量就是飞轮的等效惯性质量 m_{fi}，它接近实际的摩托车质量 m_a。摩托车质量 m_a 是前轮旋转质量 m_{rf}、摩托车总质量、驾驶员质量、道路试验时使用的测试设备质量的总和。其中等效惯性质量 m_i 可从表 C.3 中选出。m_{rf} 可通过测量或计算得出，单位为 kg，其中计算方法可按试验摩托车质量 m 的 3% 估算。

C.5.3.2.2 如果 m_a 不能由飞轮的等效惯性质量 m_i 补偿，令目标道路行驶阻力 F^* 与底盘测功机设定的行驶阻力 F_E 相等，修正后的滑行时间 ΔT_E 可根据总质量的比例按下述方法进行调整：

$$\Delta T_{road}=\frac{1}{3.6}(m_a+m_{r1})\frac{2\Delta v}{F^*}$$

$$\Delta T_E=\frac{1}{3.6}(m_i+m_{r1})\frac{2\Delta v}{F_E}$$

$$F_E=F^*$$

$$\Delta T_E=\Delta T_{road}\times\frac{m_i+m_{r1}}{m_a+m_{r1}}$$

且

$$0.95<\frac{m_i+m_{r1}}{m_a+m_{r1}}<1.05$$

式中：

ΔT_{road}——目标滑行时间；

ΔT_E——按惯性质量(m_i+m_{r1})修正的滑行时间；

F_E——底盘测功机的等效行驶阻力；

m_{r1}——后轮和滑行过程中摩托车随车轮旋转部分的等效惯性质量。m_{r1}可由测量或计算得来，单位为kg，其中计算方法可按试验摩托车质量m的4%估算。

C.5.3.3　试验前，底盘测功机应适当预热以保证摩擦力F_f保持稳定。

C.5.3.4　轮胎气压应符合摩托车制造企业的规定，或使在底盘测功机上的摩托车运行速度与道路试验时的摩托车速度相等时的轮胎气压。

C.5.3.5　受试摩托车应在底盘测功机上预热到与道路试验相同的状态。

C.5.3.6　底盘测功机设定程序

考虑到底盘测功机的结构，其负荷F_E为摩擦损失F_f（包括底盘测功机转动摩擦阻力、轮胎滚动阻力和摩托车传动系统转动部件的摩擦阻力），以及功率吸收装置(pau)的制动力F_{pau}之和，如下式所示：

$$F_E=F_f+F_{pau}$$

C.5.2.3中提到的目标道路行驶阻力F^*应根据车速在底盘测功机上重现，即：

$$F_E=F^*(v_1)$$

C.5.3.6.1　总摩擦损失的测定

底盘测功机总摩擦损失F_f由C.5.3.6.1.1和C.5.3.6.1.2给出的方法测量。

C.5.3.6.1.1　底盘测功机拖动法

本方法仅适用于能拖动摩托车的底盘测功机。摩托车被底盘测功机以基准速度v_0平稳地拖动，其间离合器脱开，传动系工作。在基准速度v_0下的总摩擦损失$F_f(v_0)$由底盘测功机测量得出。

C.5.3.6.1.2　无功率吸收滑行时间法

滑行时间的测量方法被认为是测量总摩擦损失F_f的滑行测量法。

摩托车在无功率吸收的底盘测功机上滑行，滑行过程将按C.5.1.9.1～C.5.1.9.4所描述的步骤进行，并应测量与基准速度v_0相应的滑行时间Δt_i。

测量至少进行三次，且平均滑行时间$\overline{\Delta t}$由下列公式计算：

$$\overline{\Delta t}=\frac{1}{n}\sum_{i=1}^{n}\Delta t_i$$

在基准速度v_0点的总摩擦损失$F_f(v_0)$可由下列公式计算：

$$F_f(v_0)=\frac{1}{3.6}(m_i+m_{r1})\frac{2\Delta v}{\Delta t}$$

C.5.3.6.2　功率吸收装置的制动力的计算

底盘测功机在基准速度v_0点吸收的力$F_{pau}(v_0)$由目标道路行驶阻力$F^*(v_0)$减去$F_f(v_0)$计算得出：

$$F_{pau}(v_0)=F^*(v_0)-F_f(v_0)$$

C.5.3.6.3　底盘测功机的设定

根据底盘测功机的类型，可用C.5.3.6.3.1～C.5.3.6.3.4中列出的方法之一进行设定。

C.5.3.6.3.1 具有折线函数功能的底盘测功机

具有折线函数功能的底盘测功机，其吸收特性由若干速度点下的负荷值确定，至少选定三个指定速度点作为设定点，其中应包括基准速度。在每个设定点，测功机设定值 $F_{pau}(v_j)$ 按 C.5.3.6.2 规定方法的计算值设定。

C.5.3.6.3.2 具有系数控制功能的底盘测功机

C.5.3.6.3.2.1 具有系数控制功能的底盘测功机，其吸收特性由给定方程式系数的方法确定，指定速度点对应的 $F_{pau}(v_j)$ 为 C.5.3.6.1～C.5.3.6.2 给定方法的计算值。

C.5.3.6.3.2.2 假设负荷特性为：

$$F_{pau}(v)=av^2+bv+c$$

系数 a、b 和 c 用多项式回归法确定。

C.5.3.6.3.2.3 底盘测功机按 C.5.3.6.3.2.2 给定方法计算出的系数 a、b 和 c 设定。

C.5.3.6.3.3 具有 F^* 多元数字设定器的底盘测功机

C.5.3.6.3.3.1 具有 F^* 多元数字设定器的底盘测功机，其 CPU 包含在系统中，底盘测功机的目标道路行驶阻力 F^* 通过对 Δt_i、F_f 和 F_{pau} 的自动测量和计算，用公式 $F^*=f_0^*+f_2^*v^2$ 直接设定。

C.5.3.6.3.3.2 在这种情况下，若干点对应的 F_j^* 和 v_j 值被连续地输入，滑行过程中同时测量滑行时间 Δt_i。计算由内置 CPU 按下列顺序自动完成：以摩托车速度 0.1 km/h 为间隔，把 F_{pau} 自动设置到存储器，滑行应反复进行若干次，直至道路行驶阻力计算设定完成：

$$F^*+F_f=\frac{1}{3.6}(m_i+m_{r1})\frac{2\Delta v}{\Delta t_i}$$

$$F_f=\frac{1}{3.6}(m_i+m_{r1})\frac{2\Delta v}{\Delta t_i}-F^*$$

$$F_{pau}=F^*-F_f$$

C.5.3.6.3.4 具有 f_0^* 和 f_2^* 系数设定器的底盘测功机

C.5.3.6.3.4.1 具有 f_0^* 和 f_2^* 系数设定器的底盘测功机，CPU 包含在系统中，目标道路行驶阻力 $F^*(v_0)=f_0^*+f_2^*\times v_0^2$ 将自动设定到底盘测功机上。

C.5.3.6.3.4.2 在这种情况下，参数 f_0^* 和 f_2^* 直接以数字方式输入，滑行过程执行同时测量滑行时间。计算由内置 CPU 按下列顺序自动完成：以摩托车速度 0.06 km/h 为间隔，把 F_{pau} 自动设置到存储器，直至道路行驶阻力计算设定完成：

$$F^*+F_f=\frac{1}{3.6}(m_i+m_{r1})\frac{2\Delta v}{\Delta t_i}$$

$$F_f=\frac{1}{3.6}(m_i+m_{r1})\frac{2\Delta v}{\Delta t_i}-F^*$$

$$F_{pau}=F^*+F_f$$

C.5.3.7 底盘测功机的确认

C.5.3.7.1 初始设定后，立即用 C.5.1.9.1～C.5.1.9.4 规定的方法，测定与基准速度(v_0)对应的底盘测功机上的滑行时间 Δt_E。

测量至少应进行三次，且平均滑行时间 Δt_E 将由测量的结果计算得出。

C.5.3.7.2 底盘测功机上基准速度点的设定行驶阻力 $F_E(v_0)$，由下式计算：

$$F_E(v_0)=\frac{1}{3.6}(m_i+m_{r1})\frac{2\Delta v}{\Delta t_E}$$

式中：

F_E——底盘测功机上的设定行驶阻力；

Δt_E——底盘测功机上的平均滑行时间。

C.5.3.7.3 设定误差 ε 由下式计算：

$$\varepsilon = \frac{|F_E(v_0) - F^*(v_0)|}{F^*(v_0)} \times 100$$

C.5.3.7.4　如设定误差 ε 不满足下列要求，应重新调整底盘测功机：

$v \geqslant 50$ km/h 时，$\varepsilon \leqslant 2\%$；

30 km/h$\leqslant v <$50 km/h 时，$\varepsilon \leqslant 3\%$；

$v <$30 km/h 时，$\varepsilon \leqslant 10\%$。

C.5.3.7.5　重复 C.5.3.7.1～C.5.3.7.3 步骤，直至设定误差满足要求。

C.5.4　使用行驶阻力表设定底盘测功机

可用查行驶阻力表的方法代替用滑行法测得行驶阻力。在查表法中，测功机将根据基准质量设定，不考虑摩托车的其他特性。

飞轮的等效惯性质量 m_{fi} 为表 C.3 中的等效惯性质量 m_i。底盘测功机将由表 C.3 中列出的前轮"a"滚动阻力和空气阻力系数"b"设定。

表 C.3　等效惯性质量

基准质量 m_{ref}/kg	等效惯性质量 m_i/kg	前轮滚动阻力 a/N	空气阻力系数 b/[N/(km/h)^2]
$95 < m_{ref} \leqslant 105$	100	8.8	0.021 5
$105 < m_{ref} \leqslant 115$	110	9.7	0.021 7
$115 < m_{ref} \leqslant 125$	120	10.6	0.021 8
$125 < m_{ref} \leqslant 135$	130	11.4	0.022 0
$135 < m_{ref} \leqslant 145$	140	12.3	0.022 1
$145 < m_{ref} \leqslant 155$	150	13.2	0.022 3
$155 < m_{ref} \leqslant 165$	160	14.1	0.022 4
$165 < m_{ref} \leqslant 175$	170	15.0	0.022 6
$175 < m_{ref} \leqslant 185$	180	15.8	0.022 7
$185 < m_{ref} \leqslant 195$	190	16.7	0.022 9
$195 < m_{ref} \leqslant 205$	200	17.6	0.023 0
$205 < m_{ref} \leqslant 215$	210	18.5	0.023 2
$215 < m_{ref} \leqslant 225$	220	19.4	0.023 3
$225 < m_{ref} \leqslant 235$	230	20.2	0.023 5
$235 < m_{ref} \leqslant 245$	240	21.1	0.023 6
$245 < m_{ref} \leqslant 255$	250	22.0	0.023 8
$255 < m_{ref} \leqslant 265$	260	22.9	0.023 9
$265 < m_{ref} \leqslant 275$	270	23.8	0.024 1
$275 < m_{ref} \leqslant 285$	280	24.6	0.024 2
$285 < m_{ref} \leqslant 295$	290	25.5	0.024 4
$295 < m_{ref} \leqslant 305$	300	26.4	0.024 5
$305 < m_{ref} \leqslant 315$	310	27.3	0.024 7
$315 < m_{ref} \leqslant 325$	320	28.2	0.024 8
$325 < m_{ref} \leqslant 335$	330	29.0	0.025 0
$335 < m_{ref} \leqslant 345$	340	29.9	0.025 1
$345 < m_{ref} \leqslant 355$	350	30.8	0.025 3
$355 < m_{ref} \leqslant 365$	360	31.7	0.025 4

表 C.3（续）

基准质量 m_{ref}/kg	等效惯性质量 m_i/kg	前轮滚动阻力 a/N	空气阻力系数 b/[N/(km/h)²]
$365<m_{ref}\leqslant375$	370	32.6	0.025 6
$375<m_{ref}\leqslant385$	380	33.4	0.025 7
$385<m_{ref}\leqslant395$	390	34.3	0.025 9
$395<m_{ref}\leqslant405$	400	35.2	0.026 0
$405<m_{ref}\leqslant415$	410	36.1	0.026 2
$415<m_{ref}\leqslant425$	420	37.0	0.026 3
$425<m_{ref}\leqslant435$	430	37.8	0.026 5
$435<m_{ref}\leqslant445$	440	38.7	0.026 6
$445<m_{ref}\leqslant455$	450	39.6	0.026 8
$455<m_{ref}\leqslant465$	460	40.5	0.026 9
$465<m_{ref}\leqslant475$	470	41.4	0.027 1
$475<m_{ref}\leqslant485$	480	42.2	0.027 2
$485<m_{ref}\leqslant495$	490	43.1	0.027 4
$495<m_{ref}\leqslant505$	500	44.0	0.027 5
每 10 kg 为一级	每 10 kg 为一级	$a=0.088\ m_i$ 注：圆整到两位小数	$b=0.000\ 015\ m_i+0.020\ 0$ 注：圆整到五位小数
注：如摩托车制造企业申报的最高车速小于 110 km/h，且按表 C.3 规定对底盘测功机进行了设定，摩托车在底盘测功机上不能达到该最高车速，系数 b 应进行调整，以便达到最高车速。			

C.5.4.1　用行驶阻力表设定底盘测功机的行驶阻力

底盘测功机的行驶阻力 F_E 由下式确定：

$$F_E=F_T=a+b\times v^2$$

式中：

F_T——由行驶阻力表查得的行驶阻力，N；

a——前轮滚动阻力，N；

b——空气阻力系数，N/(km/h)²；

v——指定速度，km/h。

目标行驶阻力 F^* 等于从行驶阻力表查得的行驶阻力 F_T，因此没有必要进行标准环境条件的修正。

C.5.4.2　底盘测功机的指定速度

至少应在四个指定速度点，包括基准速度点对底盘测功机的行驶阻力进行确认。指定速度点包括基准速度点的间隔不能超过 20 km/h，且其间隔应一致。指定速度点的范围(最大车速和最小车速之间的间隔)应均匀地分布在基准速度点或基准速度范围的两侧。如果基准速度点不止一个，按 C.5.1.6 规定的 Δv 取值。

C.5.4.3　底盘测功机的确认

C.5.4.3.1　初始设定后，立即测定与基准速度对应的底盘测功机上的滑行时间。在测量滑行时间期间，摩托车不能装在底盘测功机上。当底盘测功机速度超过试验运行循环最高速度时，开始滑行时间的测量。

测量至少进行 3 次，且平均滑行时间 Δt_E 将由测量结果计算得出。

C.5.4.3.2　底盘测功机上指定速度点对应的行驶阻力 $F_E(v_j)$ 由下式计算：

$$F_E(v_j)=\frac{1}{3.6}m_i\frac{2\Delta v}{\Delta t_E}$$

C.5.4.3.3 指定速度点的设定误差 ε 由下式计算：

$$\varepsilon=\frac{|F_E(v_j)-F_T|}{F_T}\times 100$$

C.5.4.3.4 如设定误差 ε 不满足下列要求，应重新调整底盘测功机：

$v\geqslant 50$ km/h 时，$\varepsilon\leqslant 2\%$

30 km/h$\leqslant v<$50 km/h 时，$\varepsilon\leqslant 3\%$

$v<30$ km/h 时，$\varepsilon\leqslant 10\%$

重复 C.5.4.3.1～C.5.4.3.3 直至设定误差满足要求。

C.5.5 摩托车预处理

C.5.5.1 试验前，摩托车应置于温度在 20～30℃之间某一相对稳定温度的试验区域内，使用油箱排空装置排空燃料，并添加附录 F 规定的试验用基准燃料至油箱的一半。预处理后的摩托车应静置在温度保持 20～30℃之间的试验区域内，静置时间至少 6 h，但不超过 36 h，直至发动机润滑油或冷却液（若有）温度和试验区域内环境温度差保持在±2℃范围内。

C.5.5.2 轮胎气压应与事先为设定底盘测功机进行道路试验时摩托车制造企业所规定的压力相同。如果转鼓直径小于 500 mm，轮胎气压可增加 30%～50%。

C.5.5.3 驱动轮上的载荷应与摩托车乘坐 75 kg 驾驶员正常行驶时的状态相同。

C.5.6 分析仪器的校准

按仪器要求调整指示压力，通过装在各气瓶上的流量计或压力表将一定量气体注入分析仪器。调整分析仪使其指示值稳定，且与标准气瓶上的标称值一致。从最高浓度的标准气开始对仪器进行调整，作出所用的各种标准气浓度下分析仪器的偏差曲线。分析仪常规校准应至少每月进行一次。氢火焰离子化型分析仪用标称浓度为满量程 50%和 90%的空气/丙烷混合气或空气/（正）已烷混合气进行校准；不分光红外线吸收型分析仪用标称浓度为满量程 10%、40%、60%、85%和 90%的 N_2/CO 或 N_2/CO_2 混合气进行校准；化学发光型分析仪用标称浓度为满量程 50%和 90%的 N_2/N_2O 混合气进行校准。上述三种分析仪在每次测量之前，均应使用标称浓度为满量程 80%的标准气进行标定。各种浓度的标准气可以用 100%浓度的标准气通过稀释装置进行稀释得到。

C.6 底盘测功机测量程序

C.6.1 进行循环的特殊条件

C.6.1.1 在整个试验进行期间，底盘测功机所在试验室的室内温度应在 20～30℃之间，并尽可能与试验前静置受试摩托车的试验区域温度一致。

C.6.1.2 试验过程中，摩托车应尽可能水平放置，以避免燃料的非正常分布。

C.6.1.3 在整个试验过程中，变速冷却风机应放置在摩托车前方，冷却气流方向直对摩托车以模拟实际的运行状态。当转鼓速度在 10～50 km/h 范围内，冷却风机出风口的空气线速度与对应的转鼓速度的偏差在±5 km/h 以内；当转鼓速度大于 50 km/h 时，冷却风机出风口的空气线速度与对应的转鼓速度的误差在±10%以内；当转鼓速度在 10 km/h 以下时，空气线速度可等于 0。

C.6.1.4 上述空气线速度为 9 个测量点测量值的平均值。这些测量点分别位于将整个风机出口划分为 9 个区域的矩形的中心（将风机出口的水平和垂直方向分为 3 个相等的部分）。在 9 个测量点测得的数值应在其平均值的 10%以内。

C.6.1.5 冷却风机出口截面面积最小为 0.4 m^2，其下边缘离地高度为 15～20 cm，且其出口截面与摩托车纵向轴线垂直并与摩托车前轮前端的距离为 30～45 cm。冷却风机出口线速度的测量装置应置于距出风口 0～20 cm 的位置。

C.6.1.6 在试验过程中,应绘制出速度-时间曲线,以便检查循环运行的准确性。

C.6.1.7 应记录冷却水和曲轴箱润滑油的温度。

C.6.2 起动发动机

C.6.2.1 在仪器设备进行了取样、稀释、分析和测量气体预操作后(见C.7.1),按摩托车制造企业的说明,利用阻风门、起动阀等装置起动发动机。

C.6.2.2 发动机起动的同时开始采样,取样和测量定容泵转数同步进行。

C.6.3 手动阻风门的使用

原则上阻风门应在0～50 km/h加速段之前尽可能快地关闭,如不能满足这一要求,应注明实际关闭的时间。阻风门的调整应按摩托车制造企业的规定进行。

C.6.4 怠速

C.6.4.1 手(脚)动变速器

C.6.4.1.1 在怠速运行期间,离合器接合,变速器置空挡。

C.6.4.1.2 为使加速能按试验要求进行,摩托车在怠速后、加速前5 s脱开离合器,变速器挂入一挡。

C.6.4.1.3 每个循环开始的第一个怠速时间由离合器接合、变速器置空挡的6s和离合器脱开、变速器置一挡的5 s组成。

C.6.4.1.4 每个循环中间的怠速时间由离合器接合、变速器置空挡的对应时间16 s和离合器脱开、变速器置一挡的5 s组成。

C.6.4.1.5 每个循环中的最后一个怠速时间由离合器接合、变速器置空挡的7 s组成。

C.6.4.2 半自动变速器

按摩托车制造企业的规定进行。如无规定,则按手动变速器的规定进行。

C.6.4.3 自动变速器

试验期间不得操作选择器,除非摩托车制造企业另有规定。如按摩托车制造企业的规定需使用选择器,应按手动变速器的规定进行。

C.6.5 加速

C.6.5.1 加速工况中,应确保达到规定的加速度,且加速度的变化率应尽可能保持稳定。

C.6.5.2 若摩托车的加速能力不能按规定偏差进行加速循环,应将油门全开,直至达到循环规定的车速,然后按循环的规定正常进行。

C.6.6 减速

C.6.6.1 所有减速工况都应在完全关闭油门、离合器接合状态下进行。当车速降至10 km/h时脱开发动机。

C.6.6.2 如减速工况比相应循环规定的时间长,应使用摩托车的制动器,以便循环按规定进行。

C.6.6.3 如减速工况比相应循环规定的时间短,则应进行一段等速或怠速运行,并使其后的等速或怠速运行来恢复理论循环时间。此时C.2.4.3的规定不再适用。

C.6.6.4 在减速工况结束时(转鼓上的摩托车已停止),离合器接合,变速器置空挡。

C.6.7 等速

C.6.7.1 从加速工况过渡到等速工况时,应避免突然加大油门开度或将油门开度减到最小。

C.6.7.2 等速工况期间应保持油门位置不变。

C.7 排气取样、分析和容积测量程序

C.7.1 摩托车起动前的操作

C.7.1.1 取样袋S_a和S_b应抽空关闭。

C.7.1.2 起动已与转数计脱开的定容泵P_1。

C.7.1.3 取样泵P_2和P_3在起动时应将三通阀旋到样气通大气的位置,用阀V_2和V_3调整流量。

C.7.1.4 使温度传感器 T 及压力计 g_1 和 g_2 处于工作状态。

C.7.1.5 将定容泵的转数计 CT 和转鼓的转数计调整至零。

C.7.2 取样及容积测量开始时的操作

C.7.2.1 同步进行下面 C.7.2.2～C.7.2.5 规定的操作内容。

C.7.2.2 将三通阀由之前将样气直接通向大气的位置，旋转到样气通向取样袋 S_a 和 S_b 的位置，以使样气连续通过 S_a 和 S_b 袋中的探头 S_2、S_3。

C.7.2.3 在与温度传感器 T 和压力计 g_1 和 g_2 连接的记录仪上标注出第一个试验循环开始瞬间的位置。

C.7.2.4 起动记录定容泵 P_1 转数的转数计 CT。

C.7.2.5 起动 C.6.1.3 所述的冷却摩托车用风机。

C.7.3 取样及容积测量结束时的操作

C.7.3.1 在试验循环结束的瞬间，同步进行下面 C.7.3.2～C.7.3.5 规定的操作内容。

C.7.3.2 将三通阀旋转至关闭取样袋 S_a 和 S_b 的位置，使由取样泵 P_2 和 P_3 经探头 S_2 和 S_3 抽取的样气通向大气。

C.7.3.3 把循环结束瞬间位置标注在记录仪上(见 C.7.2.3)。

C.7.3.4 脱开与定容泵 P_1 连接的转数计 CT。

C.7.3.5 关闭 C.6.1.3 所述冷却摩托车用风机。

C.7.4 取样袋中样气的分析

C.7.4.1 保留在取样袋中的排气应尽快进行分析，在任何情况下，不得迟于试验循环结束后的 20 min。

C.7.4.2 在对排气进行分析之前，每种污染物的分析仪的对应量程采用适当的零气进行零点校准。

C.7.4.3 然后，使用标称浓度为满量程 70%～100% 的量距气，将分析仪调整到校准/标定曲线。

C.7.4.4 重新检查分析仪的零点，如果读数与 C.7.4.2 的校正值之差大于该量程的 2%，则重复以上程序。

C.7.4.5 对采集样气进行分析。

C.7.4.6 在对排气进行分析之后，对分析仪应使用同样的气体对其零点和满量程点进行重新检查。如果重新检查的结果在 C.7.4.3 中规定的 2% 范围内，则认为该次分析是有效的。

C.7.4.7 对排气进行分析时各种气体的流量和压力都必须与校准分析仪时的状态保持一致。

C.7.4.8 每种污染物浓度值应在测量装置稳定之后读取。

C.7.5 行驶距离的测量

通过转鼓转数计(见 C.4.1.1)读数和转鼓周长的乘积得到实际行驶距离 S，以 km 表示。

C.8 气态污染物排放量的确定

C.8.1 试验中摩托车排出的一氧化碳的质量由下式计算：

$$m(\mathrm{CO})=\frac{1}{S}\times V\times\rho(\mathrm{CO})\times\frac{\varphi_c(\mathrm{CO})}{10^6}$$

式中：

$m(\mathrm{CO})$——试验中排出的一氧化碳的质量，g/km；

S——C.7.5 规定的行驶距离，km；

$\rho(\mathrm{CO})$——一氧化碳在温度为 293.2 K，大气压力为 101.33 kPa 时的密度，$\rho(\mathrm{CO})=1.164\ \mathrm{kg/m^3}$；

$\varphi_c(\mathrm{CO})$——稀释排气中一氧化碳的体积分数，10^{-6}，考虑到稀释空气中的污染物按下列公式进行修正：

$$\varphi_c(CO)=\varphi_e(CO)-\varphi_d(CO)\left(1-\frac{1}{df}\right)$$

$\varphi_e(CO)$——收集在 S_a 袋内稀释样气中的一氧化碳体积分数，10^{-6}；

$\varphi_d(CO)$——收集在 S_b 袋内稀释样气中的一氧化碳体积分数，10^{-6}；

df——C.8.4 规定的系数；

V——在温度为 293.2 K，大气压力为 101.33 kPa 的条件下稀释排气总容积，m^3/次。按下列公式计算：

$$V=V_0\times\frac{N\times(p_a-p_i)\times 293.2}{101.33\times(t_p+293.2)}$$

V_0——泵 P_1 一转中排出气体的容积，m^3/r，该容积是 P_1 泵进出口截面积差的函数；

N——测量过程中定容泵 P_1 的总转数；

p_a——环境大气压力，kPa；

p_i——测量过程中定容泵进口截面处的平均真空度，kPa；

t_p——测量过程中定容泵进口截面处的稀释排气的平均温度，℃。

C.8.2 试验中摩托车排出的碳氢化合物的质量由下式计算：

$$m(HC)=\frac{1}{S}\times V\times\rho(HC)\times\frac{\varphi_c(HC)}{10^6}$$

式中：

$m(HC)$——试验中排出的碳氢化合物的质量，g/km；

S——C.7.5 规定的行驶距离，km；

$\rho(HC)$——碳氢化合物在温度为 293.2 K，大气压力为 101.33 kPa 时的密度，对不同燃料分别为：
对汽油燃料当平均碳氢比为 1∶1.85 时，$\rho(HC)=0.577\ kg/m^3$；
对液化石油气（LPG）燃料当平均碳氢比为 1∶2.525 时，$\rho(HC)=0.517\ kg/m^3$；
对天然气（NG）燃料当平均碳氢比为 1∶4 时，$\rho(HC)=0.511\ kg/m^3$；

$\varphi_c(HC)$——稀释排气中碳氢化合物的体积分数（如丙烷的体积分数乘以 3），10^{-6}。

考虑到稀释空气中的污染物按下列公式进行修正：

$$\varphi_c(HC)=\varphi_e(HC)-\varphi_d(HC)\left(1-\frac{1}{df}\right)$$

$\varphi_e(HC)$——收集在 S_b 袋内稀释排气样气中的碳氢化合物体积分数，10^{-6}；

$\varphi_d(HC)$——收集在 S_a 袋内稀释空气样气中的碳氢化合物体积分数，10^{-6}；

df——C.8.4 规定的系数；

V——总容积（见 C.8.1）。

C.8.3 试验中摩托车排出的氮氧化物的质量由下式计算：

$$m(NO_x)=\frac{1}{S}\times V\times\rho(NO_2)\times\frac{\varphi_c(NO_x)\times K_h}{10^6}$$

式中：

$m(NO_x)$——试验中排出的氮氧化物的质量，g/km；

S——C.7.5 规定的行驶距离，km；

$\rho(NO_2)$——排气中氮氧化物的密度，用 NO_2 当量表示，在温度为 293.2 K，大气压力为 101.33 kPa时，$\rho(NO_2)=1.913\ kg/m^3$；

$\varphi_c(NO_x)$——稀释排气中氮氧化物的体积分数，10^{-6}，考虑到稀释空气中的污染物按下列公式进行修正：

$$\varphi_c(NO_x)=\varphi_e(NO_x)-\varphi_d(NO_x)\left(1-\frac{1}{df}\right)$$

$\varphi_e(NO_x)$——收集在 S_a 袋内稀释排气样气中氮氧化物体积分数，10^{-6}；

$\varphi_d(NO_x)$——收集在 S_b 袋内稀释空气样气中氮氧化物体积分数，10^{-6}；

df——C.8.4 规定的系数；

K_h——湿度修正系数：

$$K_h = \frac{1}{1 - 0.0329 \times (H - 10.7)}$$

H——绝对湿度（水/干空气），g/kg，按下列公式计算：

$$H = \frac{6.2111 \times U \times p_d}{p_a - p_d \times \frac{U}{100}}$$

U——相对湿度，%；

p_d——试验温度下水的饱和蒸汽压力，kPa；

p_a——大气压力，kPa。

C.8.4　稀释系数 df

稀释系数计算公式如下：

对于汽油：
$$df = \frac{13.4}{\varphi(CO_2) + [\varphi(HC) + \varphi(CO)] \times 10^{-4}}$$

对于液化石油气（LPG）：
$$df = \frac{11.9}{\varphi(CO_2) + [\varphi(HC) + \varphi(CO)] \times 10^{-4}}$$

对于天然气（NG）：
$$df = \frac{9.5}{\varphi(CO_2) + [\varphi(HC) + \varphi(CO)] \times 10^{-4}}$$

式中：

$\varphi(CO_2)$——取样袋中稀释排气的 CO_2 体积分数，%；

$\varphi(HC)$——取样袋中稀释排气的 HC 体积分数，10^{-6}；

$\varphi(CO)$——取样袋中稀释排气的 CO 体积分数，10^{-6}。

附 件 CA
Ⅰ型试验运行循环

CA.1 运行循环

运行循环分为市区运行循环 UDC(见 CA.1)和市郊运行循环 EUDC(见 CA.2)。

对于发动机排量小于 150 mL 的两轮摩托车和所有的二轮摩托车的运行循环由 6 个市区运行循环组成,即 UDC,见 CA.3。

对于发动机排量不小于 150 mL 的两轮摩托车的运行循环由 6 个市区运行循环和一个市郊运行循环组成,即 UDC+EUDC,见 CA.4。

CA.2 市区运行循环

见图 CA.1 及表 CA.1。

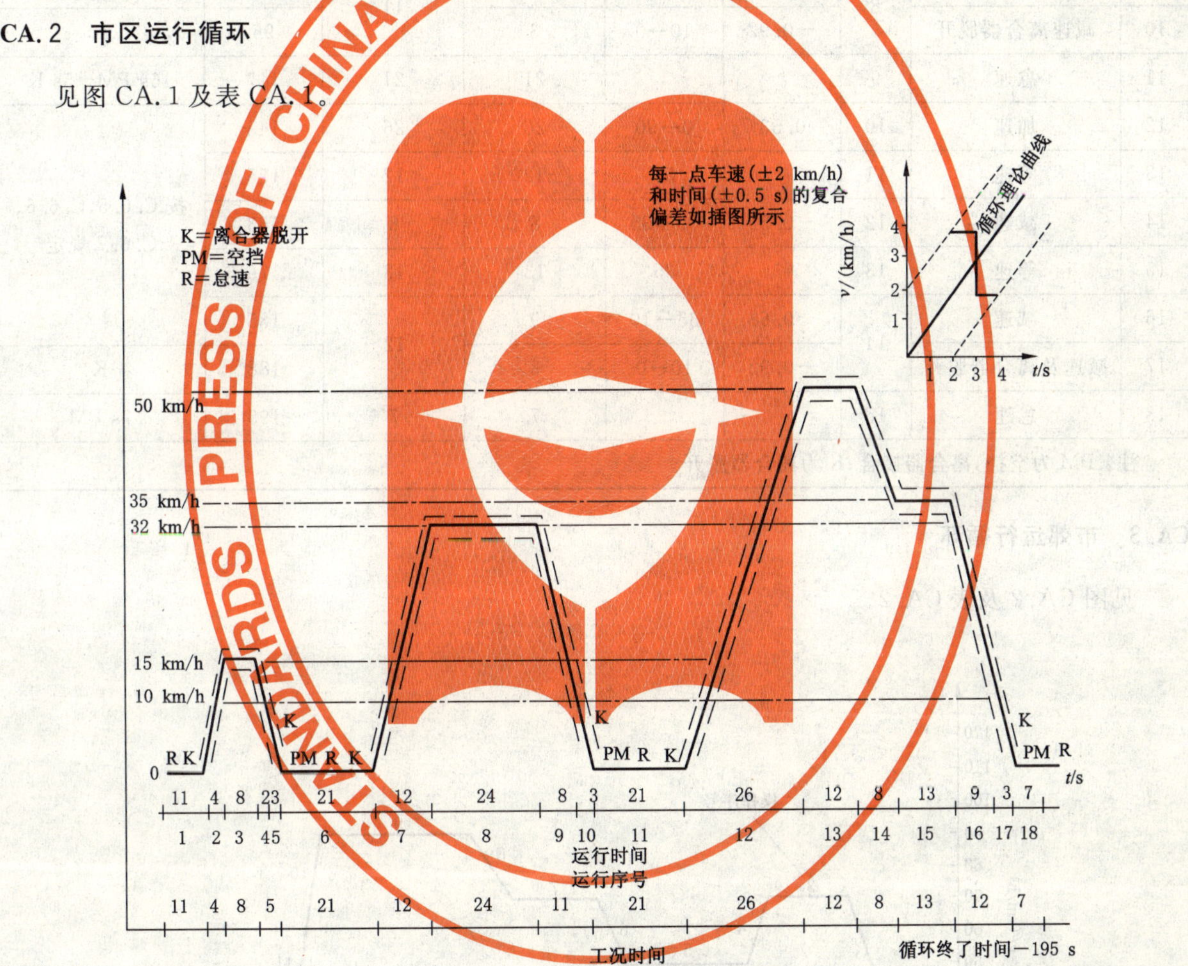

图 CA.1 Ⅰ型试验的运行循环

表 CA.1 市区运行循环

操作序号	运行状态	工况号	加速度/(m/s²)	车速/(km/h)	经历时间		累计时间/s	手动变速箱使用挡位
					运行时间/s	工况时间/s		
1	怠速	1			11	11	11	6s PM+5s K
2	加速	2	1.04	0→15	4	4	15	按 C.6.5、C.6.6、C.6.7 规定
3	等速	3		15	8	8	23	

续表 CA.1

操作序号	运行状态	工况号	加速度/(m/s²)	车速/(km/h)	经历时间		累计时间/s	手动变速箱使用挡位
					运行时间/s	工况时间/s		
4	减速	4	−0.69	15→10	2	5	25	按 C.6.5、C.6.6、C.6.7 规定
5	减速离合器脱开		−0.92	10→0	3		28	K
6	怠速	5			21	21	49	16s PM+5s K
7	加速	6	0.74	0→32	12	12	61	按 C.6.5、C.6.6、C.6.7 规定
8	等速	7		32	24	24	85	
9	减速	8	−0.75	32→10	8	11	93	
10	减速离合器脱开		−0.92	10→0	3		96	K
11	怠速	9			21	21	117	16s PM+5s K
12	加速	10	0.53	0→50	26	26	143	按 C.6.5、C.6.6、C.6.7 规定
13	等速	11		50	12	12	155	
14	减速	12	−0.52	50→35	8	8	163	
15	等速	13		35	13	13	176	
16	减速	14	−0.68	35→10	9	12	185	
17	减速及离合器脱开		−0.92	10→0	3		188	K
18	怠速	15			7	7	195	7s PM
注：PM 为空挡，离合器接合；K 为离合器脱开。								

CA.3 市郊运行循环

见图 CA.2 及表 CA.2。

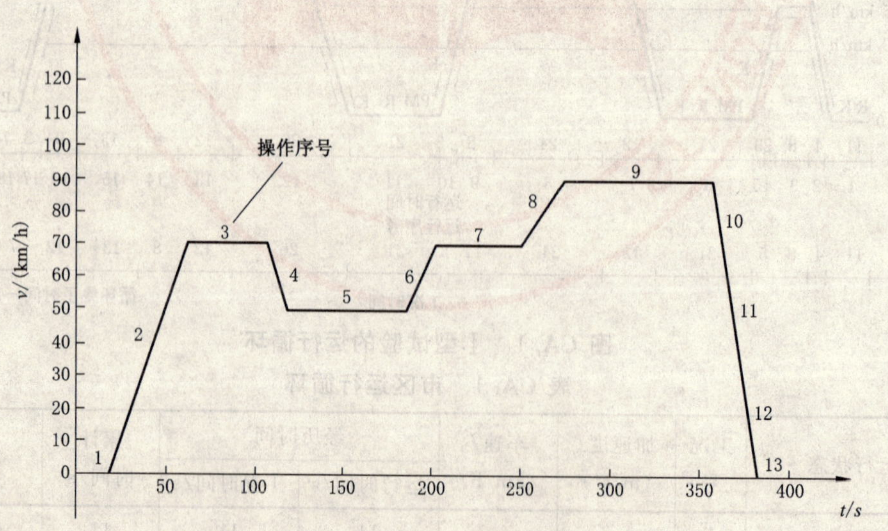

图 CA.2 市郊运行循环

表 CA.2 市郊运行循环

操作序号	运行状态	工况号	加速度/(m/s²)	车速/(km/h)	经历时间		累计时间/s	手动变速箱使用挡位
					运行时间/s	工况时间/s		
1	怠速	1			20	20	20	
2	加速	2	0.47	0～70	41	41	61	
3	等速	3		70	50	50	111	
4	减速	4	−0.69	70～50	8	8	119	
5	等速	5		50	69	69	188	
6	加速	6	0.43	50～70	13	13	201	
7	等速	7		70	50	50	251	EUDC 所使用的换挡点按摩托车制造企业提供的规范实施
8	加速	8	0.24	70～90	23.1	23.1	274.1	
9	等速	9		90	84	84	358.1	
10	减速		−0.69	90～80	3.9		362	
11	减速	10	−1.04	80～50	8	21.9	370	
12	减速及离合器脱开		−1.39	50～0	10		380	
13	怠速	11			20	20	400	

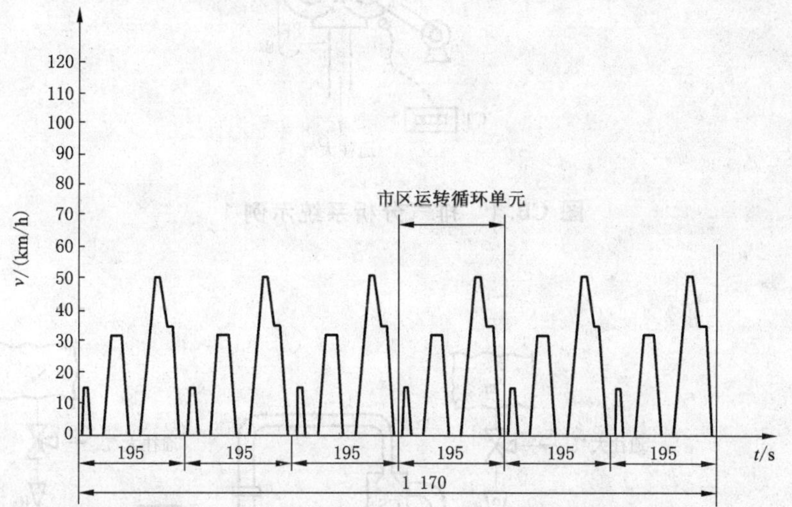

图 CA.3 三轮摩托车和发动机排量小于 150 mL 的两轮摩托车的运行循环(UDC)

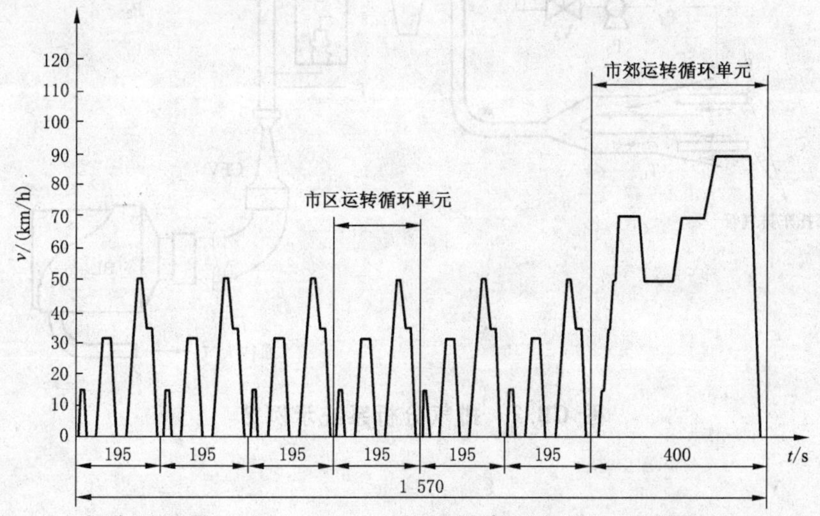

图 CA.4 发动机排量不小于 150 mL 的两轮摩托车的运行循环(UDC+EUDC)

附 件 CB
排气分析系统示例

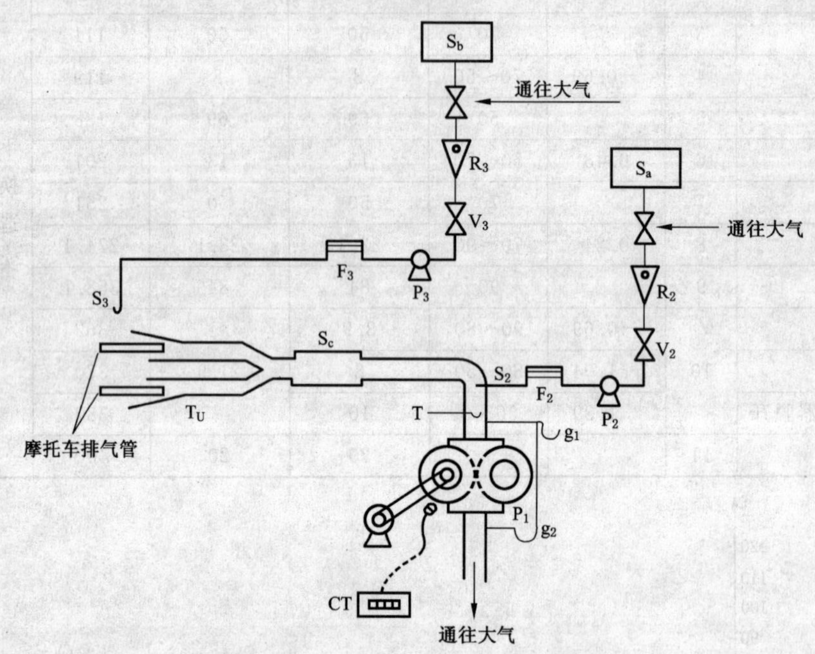

图 CB.1 排气分析系统示例 1

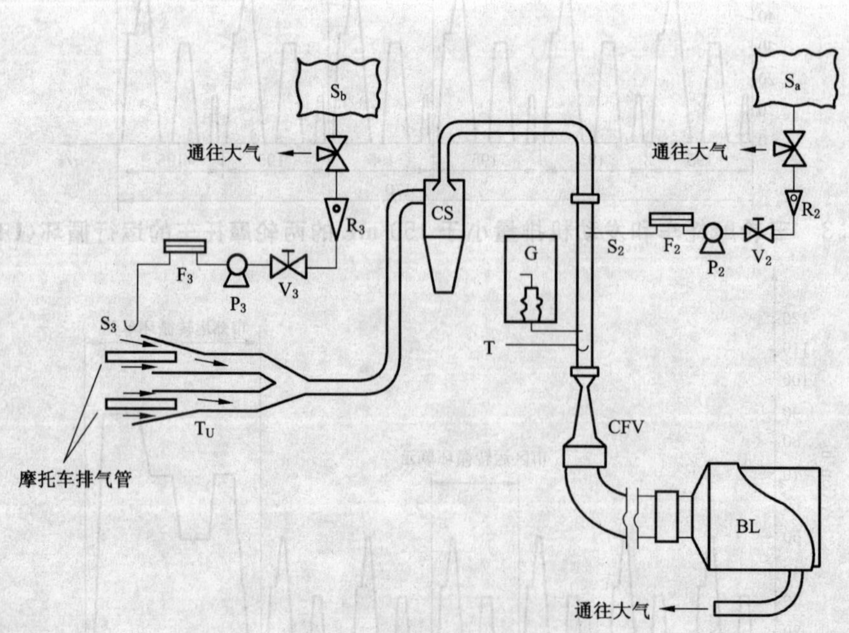

图 CB.2 排气分析系统示例 2

图 CB.3 排气分析系统示例 3

附 件 CC
底盘测功机上摩托车道路吸收功率的校准方法

CC.1 范围

本附件叙述了在底盘测功机上确定摩托车道路吸收功率的方法。

CC.2 原理

测量在底盘测功机上摩托车的道路吸收功率包括摩擦吸收的功率和功率吸收装置所吸收的功率两部分。先使底盘测功机在超过试验车速范围以外运转，然后将驱动底盘测功机用的装置与测功机脱开，转鼓的动能被底盘测功机的功率吸收装置和内部摩擦所消耗，此时转鼓的转动速度降低。本方法不考虑由于摩托车旋转质量所造成的转鼓内部摩擦的变化。对于双转鼓底盘测功机，自由后转鼓和驱动前转鼓停止时间的差别可以不予考虑。

CC.3 试验程序

CC.3.1 测量转鼓的转动速度，可采用五轮仪、转数计和其他一些方法。

CC.3.2 将摩托车置于底盘测功机上或采用其他方法驱动底盘测功机。

CC.3.3 按摩托车质量分级，在底盘测功机上接合飞轮或采用其他惯性模拟系统。

CC.3.4 使底盘测功机达到 90 km/h 的速度。

CC.3.5 记录指示的吸收功率数值。

CC.3.6 使底盘测功机达到 110 km/h 的速度。

CC.3.7 脱开驱动底盘测功机的装置。

CC.3.8 记录底盘测功机从 99 km/h 降到 81 km/h 所需时间。

CC.3.9 将功率吸收装置调整至另一不同的级别。

CC.3.10 重复上述 CC.3.4～CC.3.9 的步骤，使其覆盖所有功率范围。

CC.3.11 用下式计算吸收功率：

$$P_d=\frac{M_1(v_1^2-v_2^2)}{2\,000\,t}=\frac{0.038\,58\,M_1}{t}$$

式中：

P_d——吸收功率，kW；

M_1——当量惯量，kg；

v_1——初速度，m/s(99 km/h=27.5 m/s)；

v_2——末速度，m/s(81 km/h=22.5 m/s)；

t——转鼓从 99 km/h 降至 81 km/h 时所需时间，s。

CC.3.12 速度为 90 km/h 时底盘测功机吸收功率和指示功率的关系曲线见图 CC.1：

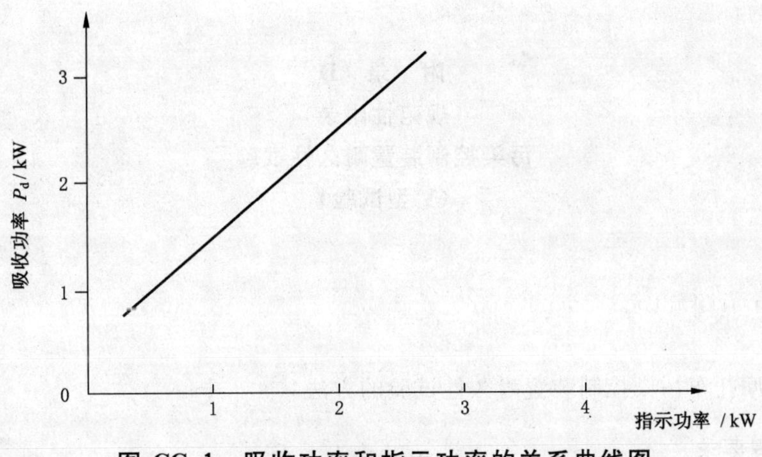

图 CC.1 吸收功率和指示功率的关系曲线图

附 录 D
（规范性附录）
污染控制装置耐久性试验
（V 型试验）

D.1 前言

本附录规定了摩托车污染控制装置耐久性试验的方法。

D.2 耐久试验里程要求

表 D.1 规定了不同类型摩托车耐久试验里程的要求。

表 D.1 摩托车类型和试验总里程

摩托车类型	发动机排量/mL	最高车速/(km/h)	试验总里程/km
Ⅰ	＜150	不限	12 000
Ⅱ	≥150	＜130	18 000
Ⅲ	≥150	≥130	30 000

D.3 试验摩托车

试验摩托车应处于良好的机械状态，发动机和污染控制装置在 V 型试验开始前应是未使用过的。

D.4 燃料

污染控制装置耐久性试验中行驶试验用燃料采用市售的无铅汽油或气体燃料，其技术规格应符合摩托车制造企业产品说明书要求。排放性能试验用附录 F 规定的基准燃料。

对二冲程发动机，应按照摩托车制造企业产品说明书要求使用合适的润滑油的比例和等级。

D.5 摩托车的维护和调整

D.5.1 摩托车的维护、调整和污染控制装置的使用应按摩托车制造企业提供的保养规范进行。

D.5.2 在进行保养时，仅限于对下列项目进行检查、清洁、调整或更换。

——正时装置；
——怠速转速及怠速空燃比；
——气门间隙；
——发动机固定螺栓扭矩；
——火花塞；
——机油；
——燃料管；
——曲轴箱通气管；
——蓄电池接线柱和通气管；
——油门操纵状态；
——机油滤清器；
——空气滤清器；

——二冲程发动机清除积碳。

D.5.3 在下列任一条件下允许对发动机排放控制系统或燃料系统进行保养：

——该零件、系统的功能失效或进行的修理，不直接影响发动机的燃烧，或仅为火花塞、燃料喷射系统零件的拆除更换；

——明显持续性的点火失常、发动机熄火、过热、燃料泄漏、机油压力异常或系统的警示灯亮，需进行保养或更换零件。

D.5.4 对于发动机、排放控制系统或燃料系统以外的零件，仅在零件或系统功能失效时，才能进行保养。

D.5.5 排放污染测试结果不作为是否进行保养的依据。

D.5.6 如果试验摩托车的零件失效或系统功能失常及其修理不能代表实际使用中的摩托车时，该摩托车不得作为试验摩托车。

D.5.7 试验摩托车发生主要机械损坏失效或需拆解发动机曲轴箱维护时，不得作为试验摩托车，但在总试验里程内已完成所需的排气污染物测量的试验摩托车除外。

D.5.8 除初次保养或仅更换发动机机油或滤清器外，其他保养的间隔里程不得低于 2 000 km。

D.6 试验道路或底盘测功机上摩托车的运行规程

D.6.1 总则

D.6.1.1 所有 V 型试验的摩托车基准质量的偏差应在±5 kg 范围内。

D.6.1.2 V 型试验中，摩托车连续运行的时间不得超过 12 h，连续运行期间允许关闭发动机，但关闭发动机的时间不计算在运行时间 12 h 之内。

D.6.1.3 每次连续运行后，摩托车应关闭发动机静置 8 h 或使发动机机油温度达到环境温度。

D.6.2 运行循环

D.6.2.1 在试验道路或底盘测功机上的运行过程中，行驶里程应按下述行驶规范(图 D.1)进行：

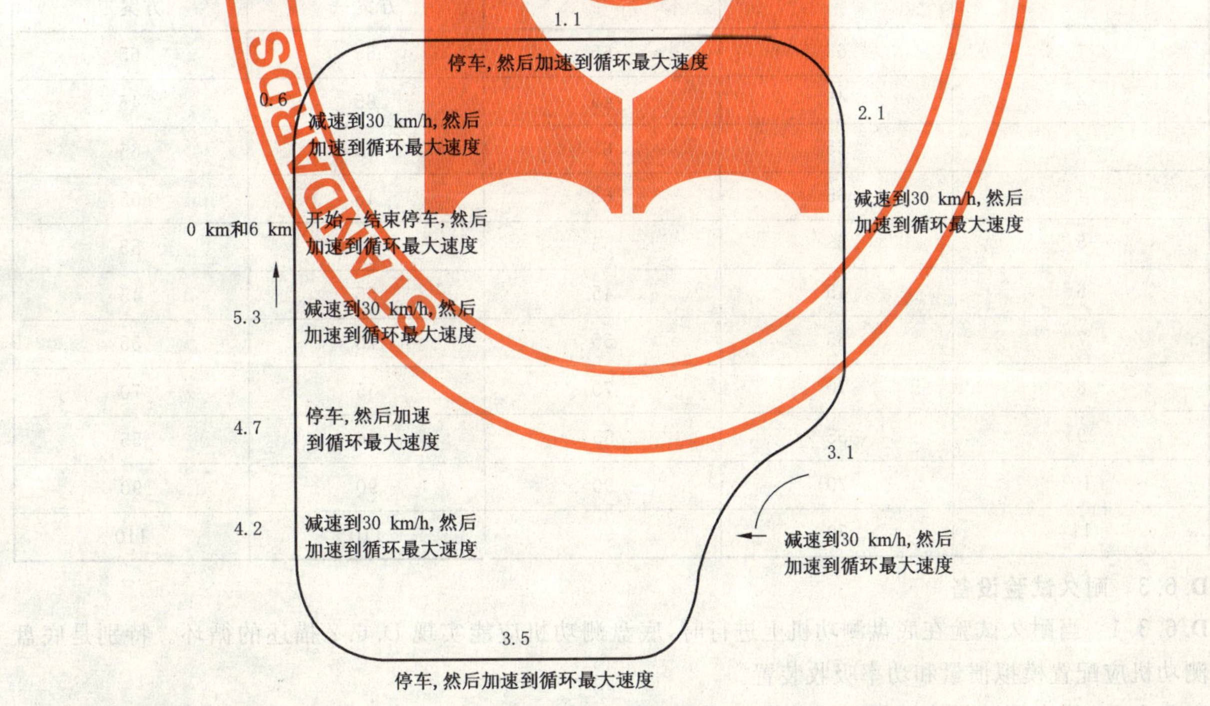

图 D.1 运行规范

在行驶试验中，始终按照摩托车制造企业的换挡规范，正常的加速和减速。

V 型试验行驶程序由 11 个循环组成，每个循环的行驶里程为 6 km。

在前9个循环中，车辆在每一循环过程中，应停车四次，每一次发动机怠速时间为15 s。

在每个循环过程中，有五次减速，车速从循环速度减速到30 km/h，然后，车辆必须再逐渐加速到循环的最大车速。

第10个循环，摩托车应按照表D.2规定各自的车速等速运行。

第11个循环，车辆开始从停止点以最大加速度加速到规定的最大速度，到该循环里程一半时(3 km)正常使用制动器，将车速降为零，随之15 s的怠速，然后第二次以最大加速度加速。

然后重新开始运行程序。

D.6.2.2 每种摩托车，每个循环的最大车速在表D.2中给出。对Ⅲ类摩托车的循环车速摩托车制造企业可从方案一和方案二中选择其中一种方案，进行Ⅴ型试验。

D.6.2.3 如果摩托车制造企业提出申请，可以使用一个替代的道路或跑道试验规范。替代的试验规范应在试验前经过检验机构的认可，替代的试验规范应与试验道路上或底盘测功机上所进行的试验循环(图D.1和表D.2的内容)具有相同的平均车速、车速分布、每公里的停车次数和每公里的加速次数。

D.6.2.4 如果摩托车制造企业提出申请，经检验机构的认可，试验摩托车不能达到该种摩托车的指定循环车速时，试验摩托车可采用更低一种摩托车的循环车速。如果试验摩托车始终不能达到最低一种摩托车的指定循环车速，应采用其能够达到的最高车速进行试验。

D.6.2.5 如果摩托车制造企业提出申请，经检验机构的认可，并经过验证确认试验摩托车适合更高一种摩托车运行规范的要求时，试验摩托车可采用更高一种摩托车运行规范。

D.6.2.6 当Ⅴ型试验在跑道上或道路上进行时，摩托车的基准质量至少应等于在底盘测功机上进行试验时的质量。

表D.2 每个循环的最大车速

km/h

循环	摩托车种类			
	Ⅰ	Ⅱ	Ⅲ	
			方案一	方案二
1	65	65	65	65
2	45	45	65	45
3	65	65	55	65
4	65	65	45	65
5	55	55	55	55
6	45	45	55	45
7	55	55	70	55
8	70	70	55	70
9	55	55	46	55
10	70	90	90	90
11	70	90	110	110

D.6.3 耐久试验设备

D.6.3.1 当耐久试验在底盘测功机上进行时，底盘测功机应能实现D.6.2描述的循环。特别是底盘测功机应配置模拟惯量和功率吸收装置。

D.6.3.2 底盘测功机应调整到可吸收50 km/h稳定车速时，作用在驱动轮上的功率。确定功率和调整制动器的方法和附件CC的要求相同。

D.6.3.3 在底盘测功机上应按照试验循环规范(图D.1和表D.2的内容)的规定进行耐久行驶试验。

配备摩托车自动驾驶系统时，对摩托车的油门、离合器、制动器及换挡装置等应进行实时地控制，以满足规范要求。

D.6.3.4 摩托车的冷却系应使车辆运转时的温度与道路上行驶时相似(机油、冷却液、排气系统等)。

D.6.3.5 如有必要，应确认某些其他的试验台调整和特性与附录C的要求相同(如惯量，是机械式的还是电模拟式的)。

D.6.3.6 如有必要，摩托车可以到另一台底盘测功机上进行排放测试试验。

D.7 排气污染物的测量和劣化系数计算

D.7.1 排气污染物的测量要求

D.7.1.1 在V型试验前应按照6.3.1要求进行0 km排气污染物排放量的测量。

D.7.1.2 V型试验排气污染物排放量的测量包括从初次试验里程直到最少试验里程(即耐久试验总里程的50%)，以相等的试验间隔里程，依据6.3.1要求的Ⅰ型试验，至少进行4次摩托车排气污染物排放量测量，测量要求见表D.3。

表 D.3 试验里程和测量次数

摩托车种类	初次试验里程/km	最少试验里程/km	最少测量次数
Ⅰ	2 500	6 000	4
Ⅱ	2 500	9 000	4
Ⅲ	3 500	15 000	4

D.7.1.3 如果摩托车制造企业提出要求，可按照试验总里程的要求进行D.6的耐久行驶试验，V型试验排气污染物排放量的测量包括从初次试验里程直到试验总里程，以相等的试验间隔里程，依据该标准6.3.1要求的Ⅰ型试验，至少进行4次摩托车排气污染物排放量测量。

D.7.1.4 所有测量应在保养前或在保养后行驶500 km以外的试验里程进行。

D.7.2 V型试验排气污染物测量点的选取

D.7.2.1 初次试验里程应在规定试验里程的±250 km之内。

D.7.2.2 最终试验里程应在规定的最少试验里程或试验总里程的±250 km之内。

D.7.2.3 第2次、第3次测量试验里程选取

D.7.2.3.1 如果摩托车制造企业在规定的初次试验里程和最终试验里程之间没有保养要求，应以相等的试验间隔里程进行第2次、第3次排气污染物测量。

D.7.2.3.2 如果摩托车制造企业在初次试验里程和最终试验里程之间有保养要求，在尽量保持试验间隔里程相等的条件下，第2次、第3次排气污染物测量应在保养前或在保养后行驶500 km以外的试验里程进行。

D.7.3 测量结果

所有测量点每种排气污染物的测量结果应符合该标准6.2中表1的限值要求。

D.7.4 劣化系数计算

D.7.4.1 将所有的排气污染物的测量结果作为耐久行驶里程的函数进行绘图，行驶里程按四舍五入法圆整到整数。利用最小二乘法得到所有测量点的最佳拟合直线，计算时不考虑0 km的测量结果，并采用外推法得出耐久性试验总里程时每种排气污染物的排放量。

D.7.4.2 只有最佳拟合直线所有点上的每种排气污染物的排放量低于该标准6.2中表1的限值时，数据才可以用于计算劣化系数。

D.7.4.3 对每种排气污染物，通过下式计算趋于增加的排气污染物的劣化系数(DF)：

$$DF=\frac{M_{i2}}{M_{i1}}$$

式中：

M_{i1}——在耐久试验总里程 1 000 km 时每种排气污染物排放量的插值，g/km；

M_{i2}——在耐久试验总里程时每种排气污染物排放量的插值，g/km。

D.7.4.4 这些插值应至少保留到小数点后四位，再两者相除确定劣化系数；劣化系数的计算结果应四舍五入到小数点后三位。

D.7.4.5 如果劣化系数小于 1，则视其为 1。

D.7.4.6 每种排气污染物排放量的最终结果用Ⅰ型试验时的测量结果乘以相应的劣化系数得到。

D.7.4.7 对两用燃料车，使用气体燃料时的劣化系数可采用使用汽油时的劣化系数。

附　录　E
（规范性附录）
生产一致性检查规范

E.1　概述

为确保摩托车制造企业批量生产的摩托车、零部件、系统、独立技术总成与已型式核准的车型一致性，型式核准机关对摩托车制造企业提出生产一致性检查要求。

型式核准机关在批准型式核准时，应核实摩托车制造企业是否已具备了为每项型式核准所作的保证计划和书面的控制计划，并在规定的时间间隔内，进行必要的试验或相关检查，以确保持续地与已型式核准车型一致。如适用，还包括专门规定的试验。

E.2　对型式核准证书持有者的要求

E.2.1　具有并有效地控制产品质量的程序。

E.2.2　有必要的监测设备用于检查每个已通过型式核准的摩托车、零部件、系统、独立技术总成的一致性。

E.2.3　确保每种车型进行了本标准规定的各项一致性检查和试验。

E.2.4　记录相应的测试数据，并一直保存至该产品停止生产12个月。

E.2.5　对所有类型试验的测试结果进行分析，确保产品排放性能的一致性符合批量生产时允许的平均值和标准差要求。

E.2.6　如任一样车或分组试验在要求的试验或检查中被确认一致性不符合，需确保再次取样并试验或检查。同时应采取必要措施，恢复其生产一致性。

E.3　生产一致性检查要求

E.3.1　型式核准机关可随时检查每一摩托车制造企业所应用的一致性控制方法。

E.3.2　每次检查时，检查人员应能获得试验或检查记录和生产记录，特别是E.2.3要求的试验或检查记录。

E.3.3　如试验条件适当，检查人员可随机选取样品，在摩托车制造企业的试验室进行试验（或由检验机构试验）。最少样品数可按摩托车制造企业自检结果确定。

E.3.4　如摩托车产品质量控制水平不符合本标准要求，或有必要检查根据E.3.3进行的试验的有效性时，检查人员应选取样品，送交型式核准机关指定的检验机构进行试验。

E.3.5　型式核准机关可进行本标准中规定的任何检查或试验。

E.3.6　型式核准机关应每年至少进行一次生产一致性检查，监督抽查除外。如果在检查过程中发现不符合本标准要求，型式核准机关必须督促摩托车制造企业采取有效的措施，尽快恢复生产的一致性。

附 录 F
（规范性附录）
基准燃料的技术要求

F.1 排放试验用液体基准燃料的技术规格

类型：无铅汽油

项 目		质量指标	试验方法
抗爆性： 研究法辛烷值(RON) 抗爆指数(RON+MON)/2	 不小于 不小于	 93 88	 GB/T 5487 GB/T 503
铅含量[1]/(g/L)	不大于	0.005	GB/T 8020
铁含量[1]/(g/L)	不大于	0.01	SH/T 0712
密度(20℃)/(kg/m^3)		735～765	GB/T 1884 GB/T 1885
馏程： 10%蒸发温度/℃ 50%蒸发温度/℃ 90%蒸发温度/℃ 终馏点/℃ 残留量(体积分数)/%		 50～70 90～110 160～180 180～200 2	GB/T 6536
蒸气压/kPa		55～65	GB/T 8017
实际胶质/(mg/100 mL)	不大于	4	GB/T 8019
诱导期/min	不小于	480	GB/T 8018
硫含量(质量分数)/%	不大于	0.010～0.015	GB/T 380
铜片腐蚀(50℃,3 h)/级	不大于	1	GB/T 5096
水溶性酸或碱		无	GB/T 258
机械杂质		无	GB/T 511
水分		无	GB/T 260
硫醇(需满足下列要求之一)： 硫醇硫(博士试验法) 硫醇硫含量(质量分数)/%	 不大于	 通过 0.001	 SH/T 0174 GB/T 1792
氧含量(质量分数)/%	不大于	2.3	SH/T 0663
苯含量(体积分数)/%	不大于	1	SH/T 0713
烯烃含量(体积分数)/%	不大于	30	GB/T 11132
芳烃含量(体积分数)/%	不大于	40	GB/T 11132
1) 铅、铁虽然规定了限值，但是不得人为加入。不应添加对机动车排放净化系统和人体健康有不良影响的金属添加剂。			

F.2 排放试验用气体基准燃料的技术规格

F.2.1 液体石油气(LPG)基准燃料的技术数据

特　　性	单　位	燃料 A	燃料 B	试验方法
组分：				
C_3（体积分数）	%	30±2	85±2	SH/T 0614
C_4（体积分数）	%	余量	余量	SH/T 0614
$<C_3$，$>C_4$（体积分数）	%	最大 2	最大 2	SH/T 0614
烯烃（体积分数）	%	最大 12	最大 15	SH/T 0614
蒸发残余物	mg/kg	最大 50	最大 50	SY/T 7509
含水量		无	无	目测
硫总含量	mg/kg	最大 50	最大 50	SH/T 0222
硫化氢		无	无	
铜片腐蚀		1 级	1 级	SH/T 0232[1)]
臭味		特征	特征	
马达法辛烷值		最小 89	最小 89	GB/T 12576

1）如果样品含有腐蚀抑制剂，或其他减少铜片腐蚀性的化学制品，此方法不能准确地确定是否存在腐蚀物质。因此，禁止添加单纯为了使试验方法造成偏差的物质。

F.2.2 天然气(NG)基准燃料的技术数据

特　　性	单　位	基　础	限　值		试验方法
			最　小	最　大	
基准燃料 G_{20}					
组分：					
甲烷（摩尔分数）	%	100	99	100	GB/T 13610
余量[1)]（摩尔分数）	%	—	—	1	GB/T 13610
N_2（摩尔分数）	%				GB/T 13610
硫含量[2)]	mg/m^3	—	—	10	GB/T 11061
Wobbe 指数(净)[3)]	MJ/m^3	48.2	47.2	49.2	
基准燃料 G_{25}					
组分：					
甲烷（摩尔分数）	%	86	84	88	GB/T 13610
余量[1)]（摩尔分数）	%	—	—	1	GB/T 13610
N_2（摩尔分数）	%	14	12	16	GB/T 13610
硫含量[2)]	mg/m^3	—	—	10	GB/T 11061
Wobbe 指数(净)[3)]	MJ/m^3	39.4	38.2	40.6	

1）惰性成分(不是 N_2)$+C_2+C_{2+}$。

2）在 293.2 K(20℃)和 101.3 kPa 下测定的值。

3）在 273.2 K(0℃)和 101.3 kPa 下测定的值。

注：Wobbe 指数是单位容积燃气的热值与其相对密度(在同样基准状态下)的平方根的乘积。

ICS 71.040.40
G 76

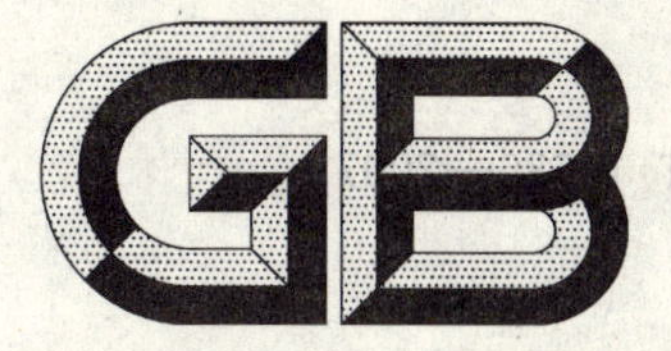

中华人民共和国国家标准

GB/T 14636—2007
代替 GB/T 14636—1993 等

工业循环冷却水中钙、镁含量的测定 原子吸收光谱法

Industrial circulating cooling water—Determination of calcium, magnesium—Atomic absorption spectrometric method

(ISO 7980:1986, Water quality—Determination of calcium and magnesium—Atomic absorption spectrometric method, NEQ)

2007-08-13 发布 2008-02-01 实施

中华人民共和国国家质量监督检验检疫总局
中国国家标准化管理委员会 发布

前　言

本标准对应于 ISO 7980:1986《水质　钙和镁的测定　原子吸收光谱测定法》(英文版),与ISO 7980:1986的一致性程度为非等效。

本标准同时代替 GB/T 14636—1993《工业循环冷却水中钙含量的测定　原子吸收光谱法》、GB/T 14639—1993《工业循环冷却水中镁含量的测定　原子吸收光谱法》、GB/T 16635—1996《工业循环冷却水用磷锌预膜液中钙含量的测定　原子吸收光谱法》。

本标准将 GB/T 14636—1993、GB/T 14639—1993 和 GB/T 16635—1996 的标准内容进行了调整和合并。

本标准附录 A 为资料性附录。

本标准由中华人民共和国石油和化学工业协会提出。

本标准由全国化学标准化技术委员会水处理剂分会(SAC/TC 63/SC 5)归口。

本标准起草单位:天津化工研究设计院、中国石油化工集团公司水处理药剂评定中心。

本标准主要起草人:邵宏谦、朱传俊、金栋、李琳、白莹。

本标准所代替标准的版本发布情况为:

——GB/T 14636—1993;

——GB/T 14639—1993;

——GB/T 16635—1996。

工业循环冷却水中钙、镁含量的测定 原子吸收光谱法

1 范围

本标准规定了工业循环冷却水中钙、镁含量的测定方法——原子吸收光谱法。

本标准适用于工业循环冷却水中钙含量范围为 0.5 mg/L～75 mg/L、镁含量范围为 0.1 mg/L～50 mg/L 的测定,也适用于各种工业用水、原水和生活用水中钙、镁含量的测定。

本标准同时也适用于工业循环冷却水用磷锌预膜液中钙含量的测定。

2 规范性引用文件

下列文件中的条款通过本标准的引用而成为本标准的条款。凡是注日期的引用文件,其随后所有的修改单(不包括勘误的内容)或修订版均不适用于本标准,然而,鼓励根据本标准达成协议的各方研究是否可使用这些文件的最新版本。凡是不注日期的引用文件,其最新版本适用于本标准。

GB/T 4470 火焰发射、原子吸收和原子荧光光谱分析法术语(GB/T 4470—1998,idt ISO 6955:1982)

GB/T 6682 分析实验室用水规格和试验方法(GB/T 6682—1992,neq ISO 3696:1987)

GB 6819 溶解乙炔

3 术语和定义

本标准中涉及到的火焰原子吸收光谱分析术语和定义 GB/T 4470。

4 原理

水样经雾化喷入火焰,钙、镁离子被热解为基态原子,分别以钙共振线 422.7 nm 和镁共振线 285.2 nm为分析线,以空气-乙炔火焰测定钙、镁原子的吸光度。加入氯化锶或氧化镧可抑制水中各种共存元素及水处理药剂的干扰(参见附录 A)。

用一氧化二氮-乙炔火焰测定钙、镁时,加入氯化铯,可抑制钙、镁离子的电离干扰。

5 试剂和材料

本标准所用试剂,除非另有规定,仅使用分析纯试剂。试验中所用乙炔气应符合 GB 6819 之规定。

安全提示:本标准所使用的强酸具有腐蚀性,使用时应注意。溅到身上时,用大量水冲洗,避免吸入或接触皮肤。

5.1 水:GB/T 6682,三级。

5.2 盐酸。

5.3 盐酸溶液:1+1。

5.4 盐酸溶液:1+99。

5.5 氯化镧溶液:含镧 20 g/L。

称取 24.0 g 氧化镧(La_2O_3),放入 200 mL 烧杯中,加入 20 mL 水,慢慢加入盐酸 50 mL 溶解,转移至 1 000 mL 容量瓶中,用水稀释至刻度。

5.6　氯化锶溶液:含锶 50 g/L。

称取 152.0 g 氯化锶($SrCl_2 \cdot 6H_2O$),置于 200 mL 烧杯中,加入 20 mL 水,加入盐酸 20 mL 溶解,移入 1 000 mL 容量瓶中,用水稀释至刻度。

5.7　氯化铯溶液:含铯 20 g/L。

称取 25.0 g 氯化铯(CsCl),置于 100 mL 烧杯中,加入盐酸溶液(5.4)50 mL 溶解,转移至 1 000 mL容量瓶中,并用盐酸溶液(5.4)稀释至刻度。

5.8　钙标准储备溶液:1 000 mg/L。

称取预先于 105℃～110℃烘至恒重的高纯碳酸钙 2.497 0 g,精确至 0.2 mg。置于 100 mL 烧杯中,加入 50 mL 水,10 mL 盐酸溶液(5.3),溶解后移入 1 000 mL 容量瓶中,用水稀释至刻度,摇匀。此溶液 1.00 mL 含钙 1.00 mg。

5.9　钙标准溶液:50 mg/L。

移取钙标准储备溶液 5.0 mL,置于 100 mL 容量瓶中,用水稀释至刻度,摇匀。此溶液 1.00 mL 含钙 0.050 mg。

5.10　镁标准储备溶液:1 000 mg/L。

称取预先于 800℃灼烧至恒重的高纯氧化镁 1.6 583 g,精确至 0.2 mg。放入 100 mL 烧杯中,加入少量水使样品润湿,加入 20 mL 盐酸溶解,转移至 1 000 mL 容量瓶中,用水稀释至刻度,摇匀。此溶液 1.00 mL 含镁 1.00 mg。

5.11　镁标准溶液Ⅰ:100 mg/L。

移取镁标准储备溶液 10.0 mL,置于 100 mL 容量瓶中,用水稀释至刻度,摇匀。此溶液 1.00 mL 含镁 0.10 mg。

5.12　镁标准溶液Ⅱ:10 mg/L。

移取镁标准溶液Ⅰ 10.0 mL,置于 100 mL 容量瓶中,用水稀释至刻度,摇匀。此标准溶液1.00 mL 含镁 0.010 mg(需当天配制)。

6　仪器和设备

一般实验室用仪器和下列仪器。

6.1　原子吸收光谱仪:应配有钙空心阴极灯、镁空心阴极灯,空气-乙炔预混合燃烧器与氧化亚氮预混合燃烧器、打印机或记录仪。

所用原子吸收光谱仪均应达到下列指标:

6.1.1　检出限:在测定循环冷却水样品中,钙的检出限应小于 0.1 mg/L,镁的检出限应小于 0.05 mg/L。

7　工作条件的选择

按照仪器说明书所提供的最佳条件分别调节钙波长为 422.7 nm、镁波长为 285.2 nm,调试灯电流、通带、积分时间、火焰条件,仪器开机点火后需稳定约 5 min～10 min,方能进行测定。

8　试样的制备

取现场循环冷却水水样约 500 mL,加入盐酸溶液将水样酸化至 pH 值为 1 左右[每瓶水样加入盐酸溶液(5.3)8.0 mL]。当水样中悬浮物较多时,可用中速定量滤纸过滤,滤液贮于聚乙烯塑料瓶内(试样可放置 2 周)。

9 测定步骤

9.1 校准曲线的绘制

9.1.1 钙校准曲线的绘制

准确移取钙标准溶液 0.00 mL(空白)、0.50 mL、1.00 mL、2.00 mL、3.00 mL,分别置于 50 mL 容量瓶中,加入 5.0 mL 氯化锶溶液或 2.0 mL 氯化镧溶液,用盐酸溶液(5.4)稀释至刻度,摇匀。此标准系列钙的浓度为 0.00 mg/L、0.50 mg/L、1.00 mg/L、2.00 mg/L、3.00 mg/L。在仪器的最佳条件下,于波长 422.7 nm 处,以试剂空白调零测定其吸光度。以测定的吸光度为纵坐标,相对应的钙含量(mg/L)为横坐标,绘制出校准曲线。

如选用一氧化二氮-乙炔火焰时,则采用适当的浓度绘制校准曲线,加入 5.0 mL 氯化铯溶液抑制钙离子的电离干扰。

9.1.2 镁校准曲线的绘制

准确移取镁标准溶液Ⅱ0.0 mL(空白)、1.0 mL、2.0 mL、3.0 mL、4.0 mL,分别置于 50 mL 容量瓶中,加入 5.0 mL 氯化锶溶液或 2.0 mL 氯化镧溶液,用盐酸溶液(5.4)稀释至刻度,摇匀。此标准系列含镁的浓度为 0.00 mg/L、0.20 mg/L、0.40 mg/L、0.60 mg/L、0.80 mg/L。在仪器的最佳条件下,于波长 285.2 nm 处,以空白调零,测定其吸光度,以测定的吸光度为纵坐标,相对应的镁含量(mg/L)为横坐标,绘制出校准曲线。

如选用一氧化二氮-乙炔火焰时,则采用适当的浓度绘制校准曲线,加入 5.0 mL 氯化铯溶液,抑制镁离子的电离干扰。

9.2 试样的测定

9.2.1 试样中钙含量的测定

用移液管移取适量体积的试样溶液,放置在 50 mL 容量瓶中,加入 5.0 mL 氯化锶溶液或 2.0 mL 氯化镧溶液,用盐酸溶液(5.4)稀释至刻度,摇匀。按校准曲线的制作中同等仪器条件,以空白调零,测定其吸光度,从标准曲线中求得相应的钙含量(mg/L)。试样中钙含量若超过校准曲线范围,可稀释后测定。

如用一氧化二氮-乙炔火焰时,加入氯化铯溶液 5.0 mL,用盐酸溶液(5.4)稀释至刻度,摇匀,用试剂空白调零,测其吸光度。

9.2.2 试样中镁含量的测定

用移液管移取适量体积的试样溶液,放置在 50 mL 容量瓶中,加入 5.0 mL 氯化锶溶液或 2.0 mL 氯化镧溶液,用盐酸溶液(5.4)稀释至刻度,按校准曲线的制作中同等仪器条件,以空白调零,测定其吸光度。

如用一氧化二氮-乙炔火焰时,加入 5.0 mL 氯化铯溶液,用盐酸溶液(5.4)稀释至刻度,摇匀,用试剂空白调零,测其吸光度,从校准曲线中求得相应的镁含量(mg/L)。试样中镁含量若超过校准曲线范围,可稀释后测定。

10 结果计算

10.1 钙含量以质量浓度 ρ_1 计,数值以毫克每升(mg/L)表示,按式(1)计算:

$$\rho_1 = \rho_2 \frac{f \times 50}{V_1} \times 100 \qquad \cdots\cdots(1)$$

式中:

ρ_2——从钙校准曲线中查得钙含量的数值,单位为毫克每升(mg/L);

f——酸化后试样体积(mL)与所取水样体积(mL)之比(见第 8 章);

V_1——钙含量测定时所取试样溶液体积的数值,单位为毫升(mL);

50——测定时试液稀释后的溶液总体积的数值，单位为毫升(mL)。

10.2 镁含量以质量浓度 ρ_3 计，数值以毫克每升(mg/L)表示，按式(2)计算：

$$\rho_3 = \rho_4 \frac{f \times 50}{V_2} \times 100 \quad \cdots\cdots(2)$$

式中：

ρ_4——从镁校准曲线中查得镁含量的数值，单位为毫克每升(mg/L)；

f——酸化后试样体积(mL)与所取水样体积(mL)之比(见第8章)；

V_2——镁含量测定时所取试样溶液体积的数值，单位为毫升(mL)；

50——测定时试液稀释后的溶液总体积的数值，单位为毫升(mL)。

11 允许差

实验室之间分析结果差值不应大于表1所列允许值。

表 1

钙含量/(mg/L)	允许差/(mg/L)	镁含量/(mg/L)	允许差/(mg/L)
$\rho_1 \leqslant 50$	≤1.0	$\rho_3 \leqslant 50$	≤0.5
$50 < \rho_1 \leqslant 100$	≤2.0	$50 < \rho_3 \leqslant 100$	≤1.0
$100 < \rho_1 \leqslant 200$	≤3.0	$100 < \rho_3 \leqslant 200$	≤2.0

12 安全事项

12.1 仪器的燃烧器上方要安装排风装置。

12.2 两种气源离仪器适当距离。

12.3 经常检查管道，防止气体泄漏，严格遵守有关操作规程。

12.4 使用乙炔为燃料时，乙炔钢瓶内含有丙酮和硅藻土等填料，当压力低于0.5 MPa时应更换钢瓶，防止瓶内丙酮等会沿管道流进火焰，造成火焰燃烧不稳定，噪声增大。

附 录 A
（资料性附录）
水中共存元素及水处理药剂干扰的消除

A.1 钙是原子吸收分析中易被干扰元素之一。在工业循环冷却水中，通常存在着一些共存的无机离子和加入的水处理药剂，当水中含有 Al^{3+}、Si、$SO_4{}^{2-}$、$PO_4{}^{3-}$ 等离子使测定灵敏度降低，加入氯化锶或氯化镧后，以下离子和药剂在给定的浓度范围内不干扰测定。

A.1.1 水中无机离子

Fe^{2+} 50 mg/L；Al^{3+} 50 mg/L；Mg^{2+} 80 mg/L；Si 60 mg/L；Na^+ 500 mg/L；K^+ 50 mg/L；Cl^- 500 mg/L；$SO_4{}^{2-}$ 100 mg/L；Cu^{2+} 20 mg/L；$PO_4{}^{3-}$ 60 mg/L；Zn^{2+} 50 mg/L。

A.1.2 水处理药剂

多元醇膦酸酯 10 mg/L；六偏磷酸钠 10 mg/L；聚丙烯酸钠 10 mg/L；聚丙烯酸 10 mg/L；丙烯酸-丙烯酸酯共聚物 10 mg/L；三聚磷酸钠 10 mg/L；HEDP 20 mg/L；EDTMPS 10 mg/L；ATMP 10 mg/L；聚季铵盐小于或等于 100 mg/L；巯基苯骈噻唑小于或等于 3 mg/L；苯骈三氮唑小于或等于 3 mg/L。

A.2 镁是碱土金属，其电离电位较低，在火焰中容易产生电离干扰。在循环冷却水中，通常存在着一些共存无机离子和加入的水处理药剂，当水中含有 Al^{3+}、Si、$PO_4{}^{3-}$、Fe^{2+} 等离子时，使镁形成难离解的化合物，镁的灵敏度降低，加入释放剂氯化镧或氯化锶后与水中离子形成稳定的化合物，使镁从干扰元素的化合物中释放出来，以下离子和药剂在给定的浓度范围以内不干扰测定。

A.2.1 水中无机离子

Al^{3+} 50 mg/L；Fe^{2+} 50 mg/L；Si 40 mg/L；Na^+ 500 mg/L；K^+ 50 mg/L；Cl^- 500 mg/L；$SO_4{}^{2-}$ 100 mg/L；Cu^{2+} 20 mg/L；$PO_4{}^{3-}$ 60 mg/L；Zn^{2+} 50 mg/L。

A.2.2 水处理药剂

多元醇膦酸酯 10 mg/L；六偏磷酸钠 10 mg/L；聚丙烯酸 10 mg/L；聚丙烯酸钠 10 mg/L；丙烯酸-丙烯酸酯共聚物 10 mg/L；HEDP10 mg/L；EDTMPS10 mg/L；ATMP10 mg/L；聚季铵盐小于或等于 100 mg/L；巯基苯骈噻唑小于或等于 3 mg/L；苯骈三氮唑小于或等于 3 mg/L。

ICS 71.040.40
G 76

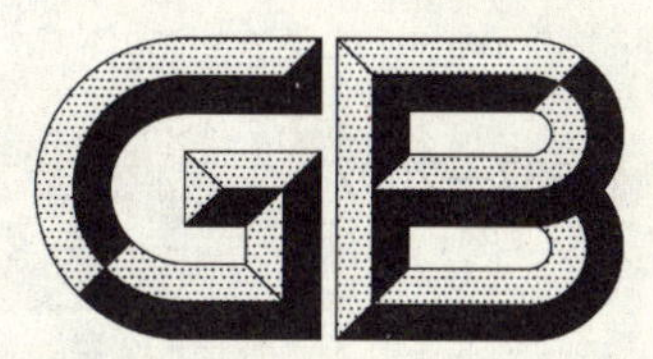

中华人民共和国国家标准

GB/T 14637—2007
代替 GB/T 14637.1～14637.2—1993 等

工业循环冷却水及水垢中铜、锌的测定 原子吸收光谱法

Industrial circulating cooling water and scale—Determination of copper, zinc—Atomic absorption spectrometric method

(ISO 8288:1986, Water quality—Determination of cobalt, nickel, copper, zinc, cadmium and lead—Flame atomic absorption spectrometric methods, NEQ)

2007-08-13 发布　　　　2008-02-01 实施

中华人民共和国国家质量监督检验检疫总局
中国国家标准化管理委员会　发布

前　言

本标准对应于ISO 8288:1986《水质　钴、镍、铜、锌、镉、铅的测定　原子吸收光谱法》(英文版),与ISO 8288:1986的一致性程度为非等效。

本标准同时代替GB/T 14637.1—1993《工业循环冷却水中锌含量的测定　原子吸收光谱法》、GB/T 14637.2—1993《工业循环冷却水水垢中锌的测定　原子吸收光谱法》、GB/T 14638.1—1993《工业循环冷却水中铜含量的测定　原子吸收光谱法》、GB/T 14638.2—1993《工业循环冷却水水垢中铜的测定　原子吸收光谱法》、GB/T 16634—1996《工业循环冷却水用磷锌预膜液中锌含量的测定　原子吸收光谱法》。

本标准将GB/T 14637.1—1993、GB/T 14637.2—1993、GB/T 14638.1—1993、GB/T 14638.2—1993和GB/T 16634—1996的标准内容进行了调整和合并。

本标准由中华人民共和国石油和化学工业协会提出。

本标准由全国化学标准化技术委员会水处理剂分会(SAC/TC 63/SC 5)归口。

本标准起草单位:天津化工研究设计院。

本标准主要起草人:朱传俊、邵宏谦、李琳、白莹。

本标准所代替标准的版本发布情况为:

——GB/T 14637.1—1993;

——GB/T 14637.2—1993;

——GB/T 14638.1—1993;

——GB/T 14638.2—1993;

——GB/T 16634—1996。

工业循环冷却水及水垢中铜、锌的测定 原子吸收光谱法

1 范围

本标准规定了工业循环冷却水及水垢中铜、锌含量的测定方法——原子吸收光谱法。

本标准适用于工业循环冷却水中铜含量为 0.5 mg/L～50 mg/L、锌含量为 0.1 mg/L～20 mg/L，水垢中铜含量为 0.5 mg/g～10 mg/g、锌含量为 0.1 mg/g～10 mg/g 的测定。本标准也适用于各种工业用水、原水、生活用水及锅炉水水垢中铜、锌含量的测定。

本标准同时也适用于工业循环冷却水用磷锌预膜液中锌含量的测定。

2 规范性引用文件

下列文件中的条款通过本标准的引用而成为本标准的条款。凡是注日期的引用文件，其随后所有的修改单(不包括勘误的内容)或修订版均不适用于本标准，然而，鼓励根据本标准达成协议的各方研究是否可使用这些文件的最新版本。凡是不注日期的引用文件，其最新版本适用于本标准。

GB/T 4470 火焰发射、原子吸收和原子荧光光谱分析法术语(GB/T 4470—1998，idt ISO 6955：1982)

GB/T 6682 分析实验室用水规格和试验方法(GB/T 6682—1992，neq ISO 3696：1987)

GB 6819 溶解乙炔

HG/T 3530 工业循环冷却水污垢和腐蚀产物试样的调查、采取和制备

3 术语和定义

本标准中涉及到的火焰原子吸收光谱分析术语和定义见 GB/T 4470。

4 原理

试样经雾化喷入火焰，铜、锌离子被热解为基态原子。分别以铜共振线 324.7 nm、锌共振线 213.9 nm为分析线，以空气-乙炔火焰测定铜、锌原子的吸光度，吸收值的大小与火焰中原子浓度成正比，由校准曲线求得试样中铜、锌含量。水中各种共存元素和加入的水处理药剂对铜、锌的测定均无干扰。

5 试剂和材料

本标准所用试剂和水，除非另有规定，仅使用分析纯试剂和符合 GB/T 6682 三级水的规定。试验中所用乙炔气应符合 GB 6819 之规定。

安全提示：本标准所使用的强酸具有腐蚀性，使用时应注意。溅到身上时，用大量水冲洗，避免吸入或接触皮肤。

5.1 水：GB/T 6682，三级。

5.2 盐酸。

5.3 硝酸。

5.4 高氯酸。

5.5 硝酸溶液：1+1。

5.6 硝酸溶液：1+99。

5.7 硝酸溶液：1+499。

5.8 硝酸银溶液：10 g/L。

5.9 铜标准贮备溶液：1 000 mg/L。

称取高纯铜丝 1.000 g，精确至 0.2 mg，放入 200 mL 烧杯中，加入 50 mL 水，再加入硝酸溶液(5.5)10 mL，在电炉上低温加热溶解，赶尽氮的氧化物，冷却后用硝酸溶液(5.7)稀释并转移至 1 000 mL容量瓶中，摇匀，贮于聚乙烯塑料瓶中。此溶液 1.00 mL 含铜 1.00 mg。

5.10 铜标准溶液：50 mg/L。

移取铜标准储备溶液 5.0 mL，放入 100 mL 容量瓶中，用硝酸溶液(5.7)稀释至刻度，摇匀。此标准溶液 1.00 mL 含铜 0.050 mg。

5.11 锌标准储备溶液：1 000 mg/L。

称取锌粒 1.000 g，精确至 0.2 mg。放置于 100 mL 烧杯中，加入 10 mL 水和 20 mL 硝酸溶液(5.5)，在电炉上慢慢加热溶解，冷却后转移至 1 000 mL 容量瓶中，用水稀释至刻度，摇匀。此标准溶液 1.00 mL 含锌 1.00 mg。

5.12 锌标准溶液Ⅰ：50 mg/L。

移取锌标准储备溶液 5.0 mL，放入 100 mL 容量瓶中，用水稀释至刻度，摇匀。此标准溶液 1.00 mL含锌 0.050 mg。

5.13 锌标准溶液Ⅱ：5 mg/L。

移取锌标准溶液Ⅰ 5.0 mL，放入 50 mL 容量瓶中，用水稀释至刻度，摇匀。此标准溶液 1.00 mL 含锌 0.005 0 mg(需当天配制)。

6 仪器和设备

一般实验室用仪器和下列仪器。

6.1 原子吸收光谱仪：配有铜空心阴极灯、锌空心阴极灯，空气-乙炔预混合燃烧器，背景扣除校正器(本标准推荐使用连续光谱氘灯扣除背景)，打印机或记录仪。

所用原子吸收光谱仪均应达到下列指标：

6.1.1 检出限：在与测量试样溶液的基体一致的溶液中，铜、锌的检出限应小于 0.05 mg/L。

6.2 箱式电阻炉。

6.3 电热板或可调电炉。

6.4 瓷坩埚：30 mL。

6.5 定量滤纸：中速。

7 工作条件的选择

按照仪器使用说明书所提供的最佳条件分别调节铜波长为 324.7 nm、锌波长为 213.9 nm，调试灯心流、通带、积分时间、火焰条件、背景扣除等，仪器开机点火后需稳定 5 min～10 min，方能进行测定。

8 试样的制备

8.1 水样的制备

取现场水样约 500 mL，加入硝酸酸化至 pH 值为 1 左右(每升水样加入 2.0 mL 硝酸)。当水样中悬浮物较多时，需用中速定量滤纸过滤，滤液贮于聚乙烯塑料瓶中(试样可放置 2 星期)。

8.2 垢样的制备

8.2.1 称取按 HG/T 3530 制备好的试样约 0.5 g，精确到 0.2 mg。置于瓷坩埚中，从低温加热至 450℃，灼烧 30 min，冷却后将残渣全部转移到 250 mL 烧杯中。

8.2.2 慢慢加入 30 mL 盐酸(含碳酸盐较多的试样,应分批加入盐酸,以免产生大量二氧化碳气体,使溶液溅失)和 10 mL 硝酸,盖上表面皿,摇匀,在电热板或低温电炉上缓缓加热煮沸 20 min,若仍有褐色或棕黄色残渣,可再加入 20 mL 盐酸,煮沸至溶液清亮。

8.2.3 取下烧杯,稍冷加入 20 mL 高氯酸,再加热至冒浓厚白烟,将表面皿略为移开,继续缓缓加热至冒浓厚白烟 15 min~20 min,切不可将溶液蒸干。

8.2.4 从电热板或低温电炉上取下烧杯,冷却后加入 50 mL 温水,煮沸,充分搅拌使杯上的盐类溶解,用中速定量滤纸过滤,并将烧杯壁上附着的沉淀全部转移至滤纸上,先用硝酸溶液(5.6)洗涤 5 次,再用热水洗 8 次,至无氯离子为止(用硝酸银溶液检验),滤液和洗液一并收集于 250 mL 容量瓶中,加水稀释至刻度,摇匀。此为试样溶液 A。

8.2.5 除不加试样外,按上述手续操作,同时处理,制得空白溶液。

9 测定步骤

9.1 工业循环冷却水及水垢中铜含量的测定

9.1.1 校准曲线的绘制

移取铜标准溶液 0.0 mL(空白)、1.0 mL、2.0 mL、3.0 mL、4.0 mL 分别置于 50 mL 容量瓶中,用水稀释至刻度,摇匀。此标准系列含铜量为 0.0 mL、1.0 mg/L、2.0 mg/L、3.0 mg/L、4.0 mg/L。在仪器的最佳工作条件下,于波长 324.7 nm 处,以空白调零,测定其吸光度。以测定的吸光度为纵坐标,相对应的铜含量(mg/L)为横坐标,绘制出校准曲线。

9.1.2 测定

9.1.2.1 水样的测定

移取试样溶液(8.1)25 mL,放置于 50 mL 容量瓶中,用硝酸溶液(5.7)稀释至刻度,摇匀。按校准曲线的制作中同等仪器条件,以空白调零,测定其吸光度,从校准曲线中查出相对应的铜含量(mg/L)。

水样中铜含量若超过校准曲线范围,可稀释后测定。

9.1.2.2 垢样的测定

按校准曲线制作中同等的仪器条件,以水调零测定试样溶液 A 和空白溶液的吸光度,从校准曲线中查出相对应的铜含量(mg/L),进行计算。

试样溶液中铜含量若超过校准曲线范围,可稀释后测定。

9.1.3 结果计算

9.1.3.1 水样中铜含量以质量浓度 ρ_1 计,数值以毫克每升(mg/L)表示,按式(1)计算:

$$\rho_1 = \rho_2 \frac{f \times 50}{V_1} \qquad \cdots\cdots(1)$$

式中:

ρ_2——从铜校准曲线中查得铜含量的数值,单位为毫克每升(mg/L);

f——酸化后试样体积(mL)与所取水样体积(mL)之比(见 8.1);

V_1——所取试样溶液体积的数值,单位为毫升(mL);

50——测定时试液稀释后的溶液总体积的数值,单位为毫升(mL)。

9.1.3.2 垢样中铜含量以质量分数 w_1 计,数值以%表示,按式(2)计算:

$$w_1 = \frac{(\rho_{试} - \rho_{空})V \times 10^{-3}}{1\,000 m_0} \times 100 \qquad \cdots\cdots(2)$$

式中:

$\rho_{试}$——从校准曲线查得试样溶液 A 中铜含量的数值,单位为毫克每升(mg/L);

$\rho_{空}$——从校准曲线查得空白溶液中铜含量的数值,单位为毫克每升(mg/L);

m_0——试料的质量的数值,单位为克(g);

V——试样溶液A体积的数值,单位为毫升(mL)。

9.1.4 允许差

实验室之间分析结果差值,水样中铜含量应不大于表1所列允许值,垢样中铜含量应不大于表2所列允许值。

表1

水样中铜含量(ρ_1)/(mg/L)	室间允许差/(mg/L)
$\rho_1 \leqslant 1.0$	≤0.03
$1.0 < \rho_1 \leqslant 5.0$	≤0.05
$5.0 < \rho_1 \leqslant 10.0$	≤0.10

表2

垢样中铜含量(w_1)/%	室间允许差/%
$w_1 \leqslant 0.05$	≤0.005
$0.05 < w_1 \leqslant 1.0$	≤0.10
$1.0 < w_1 \leqslant 10.0$	≤0.1~0.5

9.2 工业循环冷却水及水垢中锌含量的测定

9.2.1 校准曲线的绘制

移取锌标准溶液Ⅱ0.0 mL(空白)、2.0 mL、4.0 mL、6.0 mL、8.0 mL分别置于50 mL容量瓶中,用水稀释至刻度。此标准系列含锌量为0.00 mg/L、0.20 mg/L、0.40 mg/L、0.60 mg/L、0.80 mg/L。在仪器的最佳条件下,于波长213.9 nm处,以空白调零,测定其吸光度。以测定的吸光度为纵坐标,相对应的锌含量(mg/L)为横坐标,绘制出校准曲线。

9.2.2 测定

9.2.2.1 水样的测定

移取适量试样溶液(8.1),放入50 mL容量瓶中,用硝酸溶液(5.7)稀释至刻度,摇匀。按校准曲线的制作中同等仪器条件,以空白调零,测定其吸光度,从校准曲线中查出相对应的锌含量(mg/L)。

水样中锌含量若超过校准曲线范围,可稀释后测定。

9.2.2.2 垢样的测定

按校准曲线制作中同等的仪器条件,以水调零测定试样溶液A和空白溶液的吸光度,从校准曲线中查出相对应的锌含量(mg/L),进行计算。

试样溶液中锌含量若超过校准曲线范围,可稀释后测定。

9.2.3 结果计算

9.2.3.1 水样中锌含量以质量浓度ρ_3计,数值以毫克每升(mg/L)表示,按式(3)计算:

$$\rho_3 = \rho_4 \frac{f \times 50}{V_2} \qquad (3)$$

式中:

ρ_4——从锌校准曲线中查得锌浓度的数值,单位为毫克每升(mg/L);

f——酸化后试样体积(mL)与所取水样体积(mL)之比(见8.1);

V_2——所取试样溶液体积的数值,单位为毫升(mL);

50——测定时试液稀释后的溶液总体积的数值,单位为毫升(mL)。

9.2.3.2 垢样中锌含量以质量分数w_2计,数值以%表示,按式(4)计算:

$$w_2 = \frac{(\rho_{试}' - \rho_{空}')V \times 10^{-3}}{1\,000 m_0} \times 100 \qquad (4)$$

式中：

$\rho_{试}'$——从校准曲线查得试样溶液中锌含量的数值，单位为毫克每升(mg/L)；

$\rho_{空}'$——从校准曲线查得空白溶液中锌含量的数值，单位为毫克每升(mg/L)；

m_0——试料的质量的数值，单位为克(g)；

V——试样溶液A体积的数值，单位为毫升(mL)。

9.2.4 允许差

实验室之间分析结果差值，水样中锌含量应不大于表3所列允许值，垢样中锌含量应不大于表4所列允许值。

表3

水样中锌含量(ρ_3)/(mg/L)	室间允许差/(mg/L)
$\rho_3 \leqslant 1.0$	≤0.05
$1.0 < \rho_3 \leqslant 10$	≤0.1
$10 < \rho_3 \leqslant 20$	≤0.5

表4

垢样中锌含量(w_2)/%	室间允许差/%
$w_2 \leqslant 0.1$	≤0.01
$0.1 < w_2 \leqslant 1.0$	≤0.05
$1.0 < w_2 \leqslant 10$	≤0.10

10 安全事项

10.1 仪器的燃烧器上方要安装排风装置。

10.2 两种气源离仪器适当距离。

10.3 经常检查管道防止气体泄漏，严格遵守有关操作规程。

10.4 使用乙炔气为燃料时，钢瓶内含有丙酮和硅藻土等填料，当压力低于0.5 MPa时应更换乙炔钢瓶，防止瓶内丙酮等物会沿管道流进火焰，造成火焰燃烧不稳定，噪声增大。

ICS 83.160.10
G 41

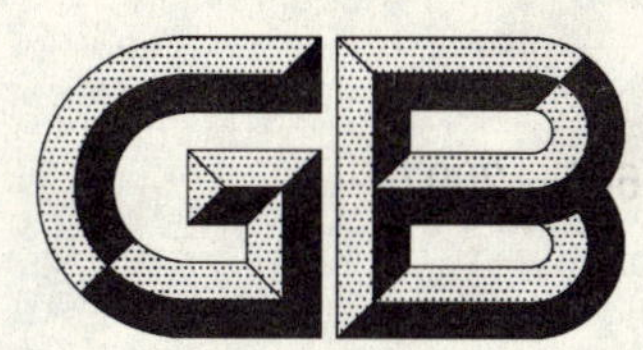

中华人民共和国国家标准

GB 14646—2007
代替 GB 14646—1993

轿车翻新轮胎

Retreaded tyre for passenger car

2007-11-01 发布　　　　2008-04-01 实施

中华人民共和国国家质量监督检验检疫总局
中国国家标准化管理委员会　发布

前　言

本标准的第4章、第6章为强制性的，其余为推荐性的。

本标准代替GB 14646—1993《翻新和修补轮胎(子午线轮胎)》。

本标准与GB 14646—1993的主要差异如下：

——调整了标准名称；

——调整了标准适用范围，本标准仅适用于轿车充气轮胎(见第1章)；

——取消了轮胎分级(1993年版的第4章)；

——调整了选胎技术要求(1993年版第5章；本版的4.1)；

——调整了翻新轮胎外观质量要求(1993年版的6.1；本版的4.4)；

——调整了翻新轮胎外缘尺寸要求(1993年版的6.2；本版的4.5)；

——删除了翻新轮胎使用与保证行驶里程要求(1993年版的6.6)；

——调整了翻新轮胎试验方法(1993年版的第7章；本版的第5章)；

——删除了翻新轮胎检验规则(1993年版的第8章)；

——取消了翻新轮胎成品分级以及分级标志的要求(1993年版的6.5、9.3)；

——增加了翻新轮胎生产编号、负荷指数或层级、速度符号、充气压力标志要求(本版的第6章)；

——增加了强度性能要求与检测(本版的4.6.1、5.1)；

——删除了轮胎修补部分(1993年版的第二篇)。

本标准由中国石油和化学工业协会提出。

本标准由全国轮胎轮辋标准化技术委员会(SAC/TC 19)归口。

本标准委托全国轮胎轮辋标准化技术委员会负责解释。

本标准起草单位：中国轮胎翻修利用协会、东莞市轮胎翻修厂、东莞市石排镇中坑鸿运轮胎厂、重庆超科实业有限公司、上海市红旗轮胎翻修厂。

本标准主要起草人：王衍琳、黄品琴、陈建民、黄益荣、张绍霖。

本标准所代替标准的历次版本发布情况为：

——GB 14646—1993。

轿车翻新轮胎

1 范围

本标准规定了轿车翻新轮胎用术语及其定义、要求、试验方法和标志。

本标准适用于轿车充气轮胎的翻新。

2 规范性引用文件

下列文件中的条款通过本标准的引用而成为本标准的条款。凡是注日期的引用文件,其随后所有的修改单(不包括勘误的内容)或修订版均不适用于本标准,然而,鼓励根据本标准达成协议的各方研究是否可使用这些文件的最新版本。凡是不注日期的引用文件,其最新版本适用于本标准。

GB/T 521 轮胎外缘尺寸测量方法

GB/T 2978 轿车轮胎系列

GB/T 4502 轿车轮胎耐久性试验方法 转鼓法(GB/T 4502—1998,eqv ISO 10191:1993)

GB/T 4503 轿车轮胎强度试验方法(GB/T 4503—2006,ISO 10191:1995,Passenger car tyres—Verifying tyre capabilities—Laboratory test methods,MOD)

GB/T 4504 轿车无内胎轮胎脱圈阻力试验方法(GB/T 4504—1998,eqv ISO 10191:1993)

GB/T 6326 轮胎术语及其定义(GB/T 6326—2005,ISO 4223-1:2002,Definitions of some terms used in tyre industry—Part 1:Pneumatic tyres,NEQ)

GB/T 7034 轿车轮胎高速性能试验方法 转鼓法(GB/T 7034—1998,eqv ISO 10191:1993)

HG/T 2177 轮胎外观质量

3 术语及其定义

GB/T 6326 确立的术语及其定义适用于本标准。

4 要求

4.1 胎体选择

4.1.1 已经被翻新过的轮胎,不应再次翻新。

4.1.2 用于翻新的胎体,其胎侧标识应有以下内容:

——速度符号(或最高行驶速度);

——负荷指数(或最大负荷能力或层级)。

4.1.3 凡有下列情况之一的胎体不应用于翻新:

——胎侧速度符号小于或等于 L(120 km/h)或速度符号大于或等于 H(210 km/h);

——由于超负荷或缺气造成明显损坏;

——胎体破裂或胎体异常变形;

——胎圈断裂或损坏;

——明显的油或化学物质或水侵蚀;

——胎面磨光且帘线暴露;

——胎侧磨损且帘线暴露;

——任何部位脱层;

——胎侧区域结构性损坏;

——内衬层老化或损坏且不能修理；
——无内胎轮胎气密层老化或损坏且不能修理；
——带束层翘边、松弛；
——胎体碾线或跳线；
——胎面虽有剩余花纹，但局部磨损不均匀且伤及缓冲层或带束层；
——胎侧和胎肩有轻微的老化裂痕和切口，且伤及帘布层。

4.1.4 用于翻新的轮胎胎体可有穿洞性损伤，其最多的穿洞性损伤的数量与尺寸及部位应符合表1的规定。

表1 轿车轮胎穿洞性损伤数量与尺寸及部位（处理后测量骨架损伤最大部位）

轮胎类型	胎体损伤最大尺寸/mm			最多修补处	损伤部位边缘至胎趾禁翻区最小距离/mm
	胎侧部位	胎肩部位	胎冠带束层		
速度符号T或最高速度能力190 km/h及其以下	钉眼	6	10	2	40
速度符号T或最高速度能力190 km/h以上	—	—	3	1	40

4.2 翻新前

4.2.1 翻新前应进行胎体清洁干燥。

4.2.2 应逐条对胎体进行充气检验，压力为150 kPa。（如有破损时可先贴补后再进行充气检验）

4.2.3 除采取人工检查胎体外，应配有机械或无损检验设备用以检查胎体内伤。

4.2.4 胎体的打磨尺寸与弧度应符合模具要求。

4.2.5 使用的各种原材料、配件（如预硫化胎面、包封套、硫化内胎等）、修补材料均应有质量保证、使用说明和保存条件等。

4.3 翻新后

4.3.1 轮胎翻新后，首先应在验胎机上逐条充以150 kPa的气压进行人工检验，胎体完好，再充以胎侧上标识的压力进行检测，以检验翻新轮胎有无缺陷。

4.3.2 应根据胎体及翻新轮胎的质量及检验检测情况确定翻新轮胎的速度等级和负荷能力。如不能达到原胎体的性能要求，应重新标记速度符号和负荷能力。任何情况都不应高于原新胎速度等级及负荷能力。

4.3.3 翻新轮胎不应装于机动车导向轮。

4.3.4 轮胎使用至胎面磨耗标志，不应继续使用。

4.4 外观质量

翻新轮胎应逐条进行外观检查。

表面凹坑或凸起的深度或高度不大于1.0 mm，合模错位量不大于0.5 mm，修补衬垫无翘边，其他按照HG/T 2177的规定检查每条翻新轮胎有无外观缺陷。

4.5 外缘尺寸

翻新轮胎成品的最大断面宽度和最大外直径不超过GB/T 2978中规定的相同规格轮胎的最大使用尺寸；雪泥轮胎的断面高度和断面宽度可以超出普通花纹，但应不大于其尺寸的1%。

4.6 安全性能

4.6.1 轿车翻新轮胎应进行强度试验，其最小破坏能应符合GB/T 4503规定的要求。

4.6.2 轿车翻新轮胎应进行耐久性试验，轮胎经过耐久性试验以后，轮胎的气压不应低于规定的初始气压，轮胎不应出现（胎面、胎侧、帘布层、气密层、带束层或缓冲层、胎圈）脱层、帘布层裂缝、帘线剥离、帘线断裂、崩花、接头裂开、龟裂、修补衬垫翘边等缺陷。

4.6.3 轿车翻新轮胎应进行高速性能试验，轮胎经过高速性能试验以后，轮胎的气压不应低于规定的初始气压，轮胎不应出现（胎面、胎侧、帘布层、气密层、带束层或缓冲层、胎圈）脱层、帘布层裂缝、帘线剥离、帘线断裂、崩花、接头裂开、龟裂、修补衬垫翘边等缺陷。

4.6.4 轿车翻新无内胎轮胎应进行无内胎轮胎脱圈阻力试验，应符合 GB/T 4504 规定的要求。

5 试验方法

5.1 轿车翻新轮胎的强度试验按 GB/T 4503 的规定进行。

5.2 轿车翻新轮胎的耐久性试验按 GB/T 4502 的规定进行。

5.3 轿车翻新轮胎的高速性能试验按 GB/T 7034 的规定进行。

5.4 轿车翻新轮胎的无内胎轮胎脱圈阻力试验按 GB/T 4504 的规定进行。

5.5 轿车翻新轮胎的尺寸测量按 GB/T 521 的规定进行。

5.6 轿车翻新轮胎的外观质量检验按 HG/T 2177 的规定进行。

6 标志

6.1 每条翻新轮胎沿轮胎周向等距离地应设置不少于 4 个并能清楚观察到的胎面磨耗标志，其高度应不小于 1.6 mm。轮胎两侧肩部应模刻指示胎面磨耗标志位置的标记。

6.2 每条轮胎上应有以下标志，其中 a)～d)项为模刻标志，e)项为永久性的标志，f)项可为水洗不掉的标志：

a) 轮胎规格；

b) 轮胎翻新厂商标、厂名或地名；

c) 翻新轮胎标志“RETREAD”或“翻新”；

d) 负荷指数或层级、最大负荷能力、速度符号、充气压力；

e) 翻新批号或胎号；

f) 出厂检验印记。

ICS 25.100.10
J 41

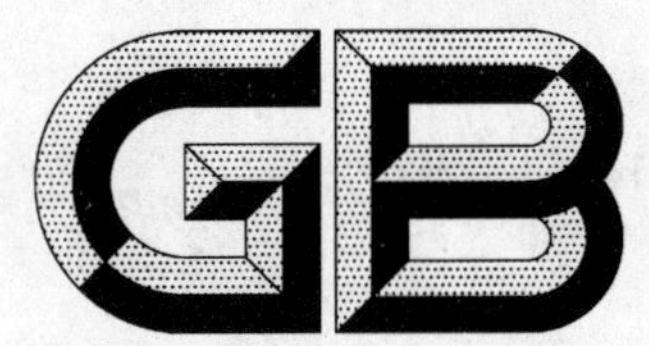

中华人民共和国国家标准

GB/T 14661—2007
代替 GB/T 14661—1993

可转位 A 型刀夹

Cartridges, type A, for indexable inserts

(ISO 5611:1995, Cartridges, type A, for indexable inserts—Dimensions, MOD)

2006-06-25 发布　　2007-11-01 实施

中华人民共和国国家质量监督检验检疫总局
中国国家标准化管理委员会　发布

前　言

本标准修改采用 ISO 5611:1995《可转位 A 型刀夹　尺寸》。

本标准与 ISO 5611:1995 相比主要差异如下：

——删除 ISO 引言，增加了前言；

——“本国际标准”改为“本标准”；

——规范性引用文件中的国际标准用我国国家标准替代；

——对 4.1“柄部”进行了重新编辑，并按最新标准修改了图注；

——对 4.2 进行了重新编辑，并将“刀尖圆弧计算值”编辑进表 2；

——增加了技术要求、标记示例、标志和包装及附录 A。

本标准代替 GB/T 14661—1993《可转位 A 型刀夹》。

本标准与 GB/T 14661—1993 相比主要变化如下：

——修改了“范围”；

——修改了“规范性引用文件”；

——修改了 4.2 中基准点 K 的定义；

——修改了标志和包装的要求；

——增加了可转位 A 型刀夹的标记要求；

——取消了“性能试验”。

本标准的附录 A 为资料性附录。

本标准由中国机械工业联合会提出。

本标准由全国刀具标准化技术委员会(SAC/TC 91)归口。

本标准起草单位：成都工具研究所。

本标准主要起草人：樊瑾。

本标准所代替标准的历次版本发布情况为：

——GB/T 14661—1993。

可转位 A 型刀夹

1 范围

本标准规定了可转位 A 型刀夹的型式和尺寸、型号表示规则、基准点 K、标记示例、技术要求、标志和包装等基本要求。

本标准适用于用螺钉倾斜安装在镗刀杆或其他刀体上，进行端切(进给方向与刀夹长度方向平行)、侧切(进给方向与刀夹长度方向垂直)和端切与侧切的装可转位刀片的刀夹。

2 规范性引用文件

下列文件中的条款通过本标准的引用而成为本标准的条款。凡是注日期的引用文件，其随后所有的修改单(不包括勘误的内容)或修订版均不适用于本标准，然而，鼓励根据本标准达成协议的各方研究是否可使用这些文件的最新版本。凡是不注日期的引用文件，其最新版本适用于本标准。

GB/T 2078　带圆孔的硬质合金可转位刀片(GB/T 2078—1987，eqv ISO 3364:1985)

GB/T 2080　沉孔硬质合金可转位刀片(GB/T 2080—1987，eqv ISO 6987-1:1983)

GB/T 5343.1　可转位车刀及刀夹　第 1 部分：型号表示规则(GB/T 5343.1—2007，ISO 5608:1995，MOD)

3 型号表示规则

可转位 A 型刀夹的型号表示规则按 GB/T 5343.1 的规定，其中第七位用 CA 表示可转位 A 型刀夹。

4 型式和尺寸

4.1 柄部型式和尺寸

可转位 A 型刀夹的柄部型式与尺寸按图 1 和表 1 的规定。

——用于 h_1 = 6[1)]、8[2)]、10 和 12 mm 的刀夹：

单位为毫米

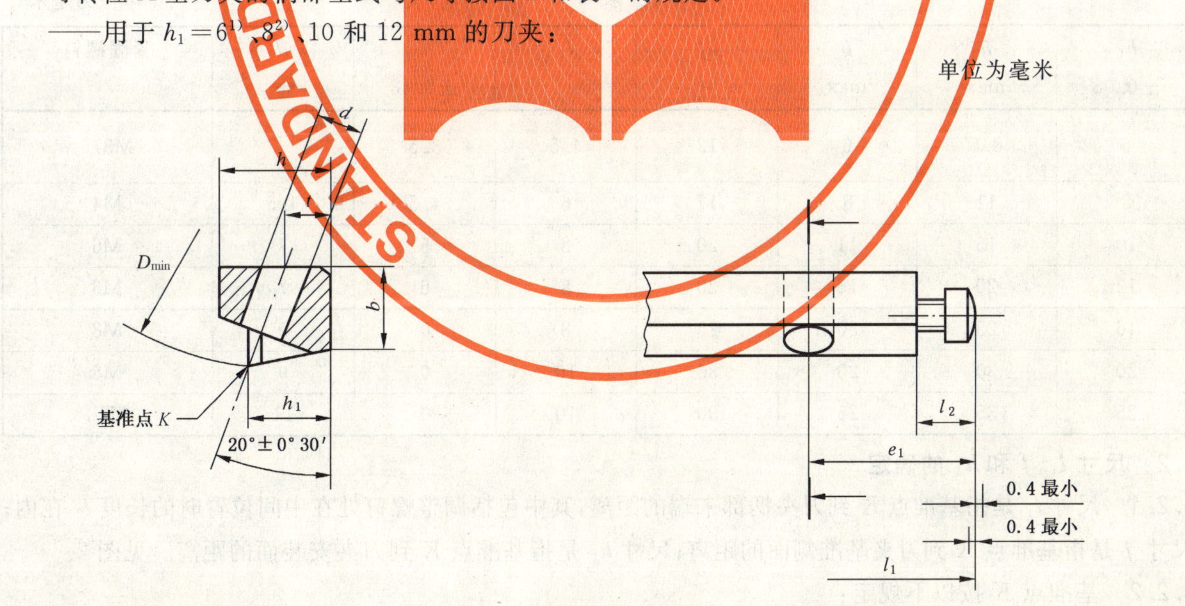

图 1

1) 刀夹选用 GB/T 2078 中的刀片。

2) 刀夹选用 GB/T 2080 中的刀片。

——用于 h_1＝16、20 mm 的刀夹：

单位为毫米

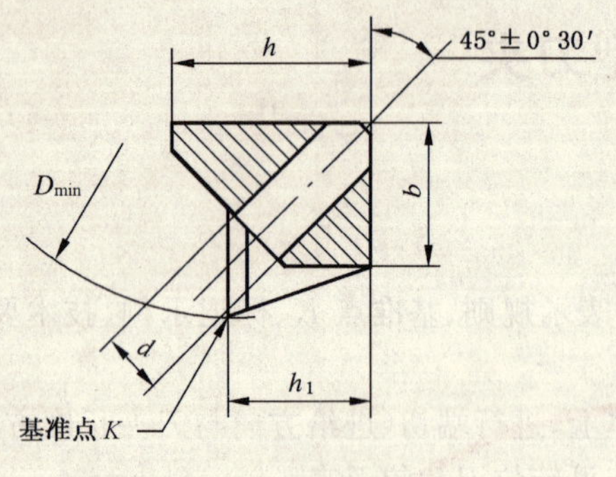

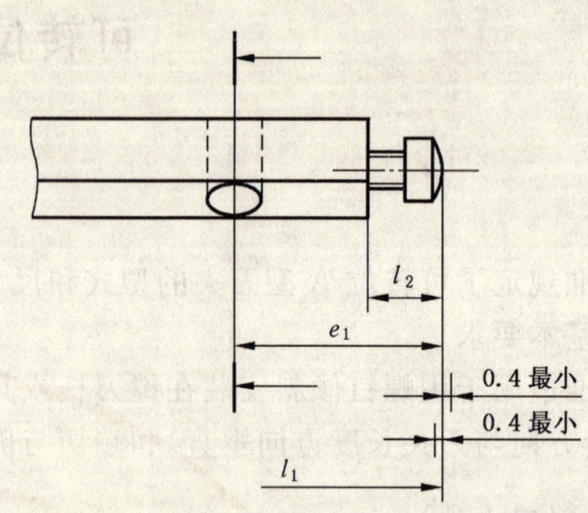

——用于 h_1＝25 mm 的刀夹：

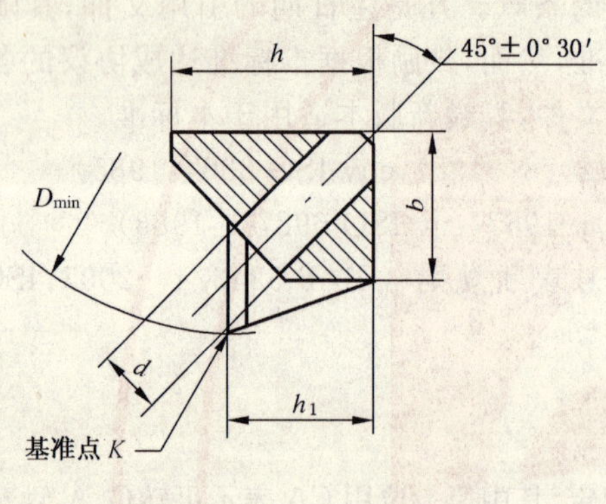

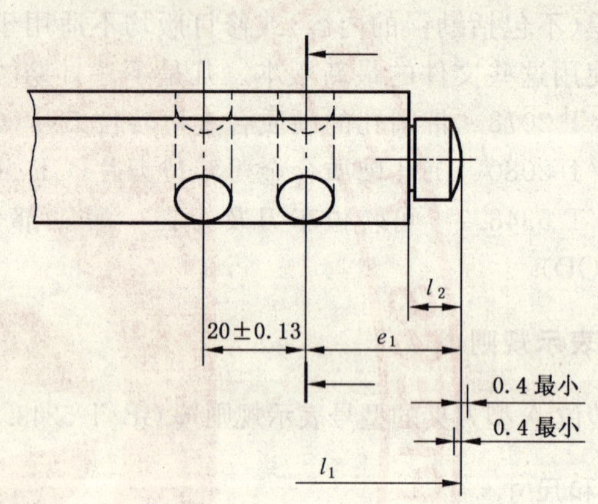

图 1(续)

表 1

单位为毫米

h_1 ±0.08	h max	b max	e_1	l_2	t ±0.13	d	紧固螺钉
6	8.5	6	12	4.5	3.5	$4^{+0.5}_{0}$	M3.5
8	11	8	17	6	4.5	4.5	M4
10	15	11	20	8	5	7	M6
12	20	16	20	8	6	7	M6
16	25	20	25	8	0	9	M8
20	30	20	30	10	0	9	M8
25	35	25	30	10	0	11	M10

4.2 尺寸 l_1、f 和 h_1 的确定

4.2.1 尺寸 l_1 是指基准点 K 到刀夹柄部末端的距离，其中包括调整螺钉处在中间位置时的长度 l_2 在内；尺寸 f 是指基准点 K 到刀夹基准侧面的距离；尺寸 h_1 是指基准点 K 到刀夹安装面的距离。见图 2。

4.2.2 基准点 K 按以下规定：

a) 当 $K_r \leqslant 90°$ 时，基准点 K 是主切削平面 P_S，平行于假定工作平面 P_f 且相切于刀尖圆弧的平面和包含前刀面 A_r 的三个平面的交点。

b) 当 $K_r > 90°$ 时，基准点 K 是平行于假定工作平面 P_f 且相切于刀尖圆弧的平面，垂直于假定工

作平面 P_f 且相切于刀尖圆弧的平面和包含前刀面 A_r 的三个平面的交点。

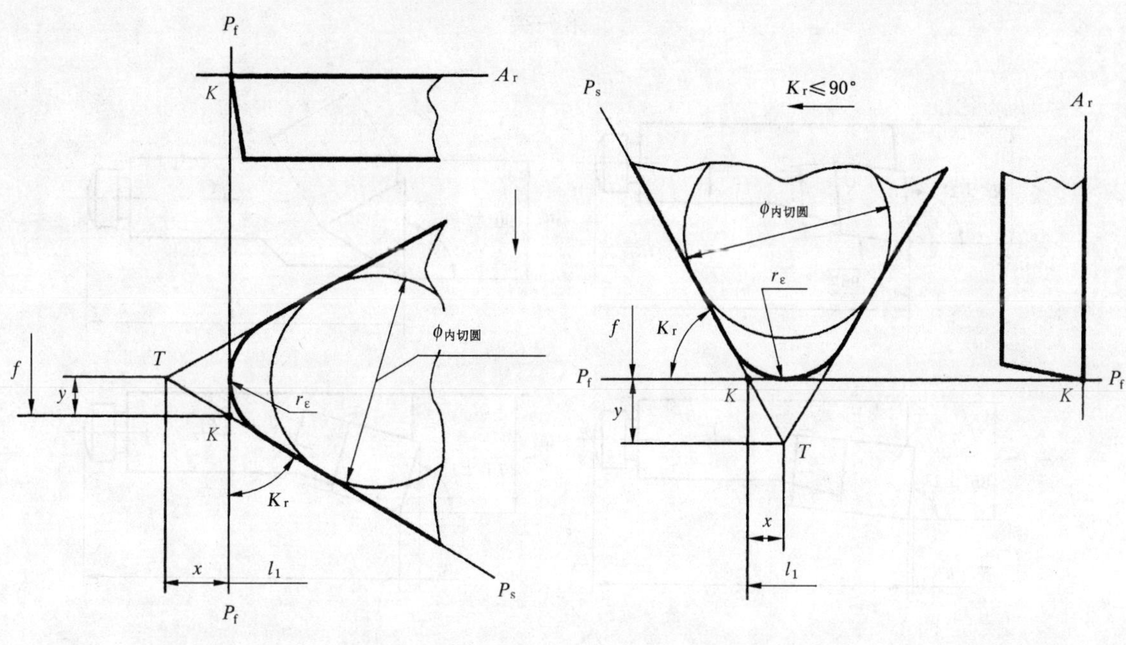

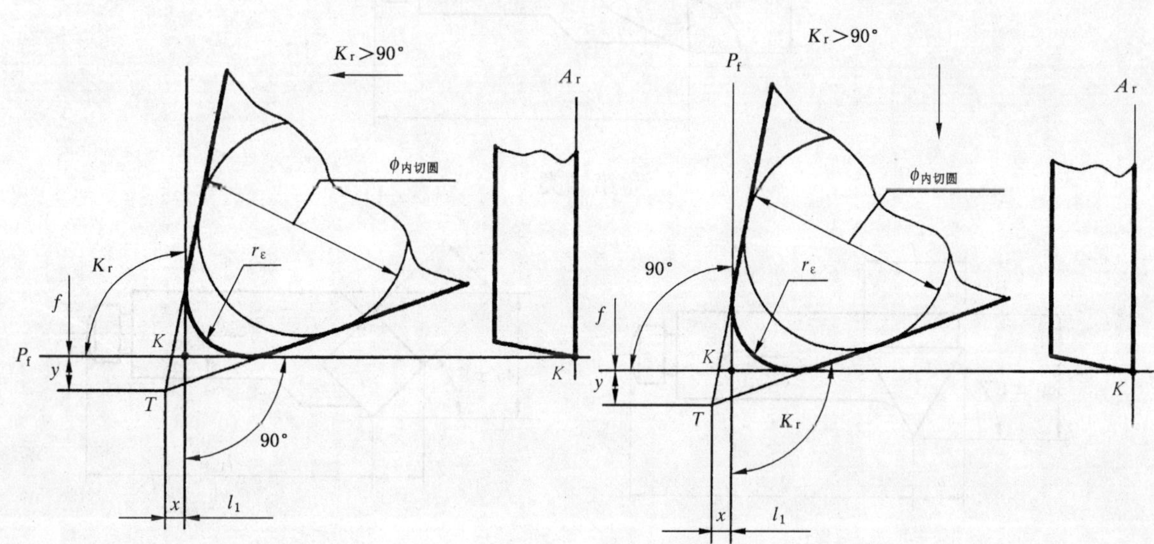

图 2

4.2.3 基准刀片的刀尖圆弧公称半径 r_ε 按表 2 中的规定。

表 2

单位为毫米

内切圆直径	4.76	5.56	6.35	7.94	9.525	12.7	15.875	19.05
刀尖圆弧半径 r_ε	0.4				0.8		1.2	
刀尖圆弧半径计算值	0.397				0.794		1.191	

4.2.4 当刀尖圆弧半径 r_ε 不同于表 2 规定的值时，尺寸 l_1 和 f 应用 x 和 y 值(图 2)进行修正。x 和 y 值是从基准点 K 至理论刀尖 T 在两个相互垂直方向的距离。

4.3 A型刀夹的型式和尺寸

可转位A型刀夹的型式、尺寸和偏差应按图3和表3、表4的规定。

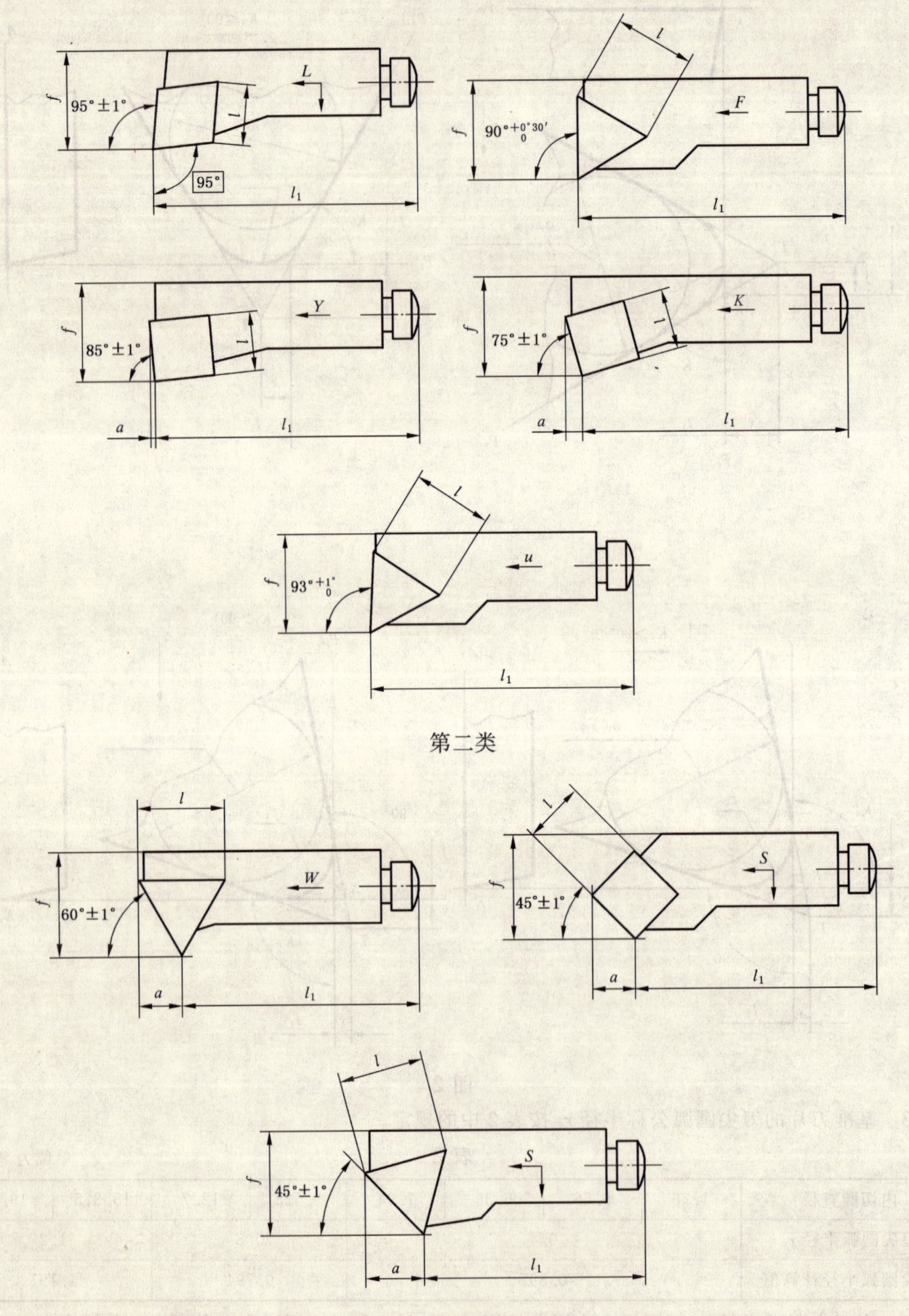

图3

第三类

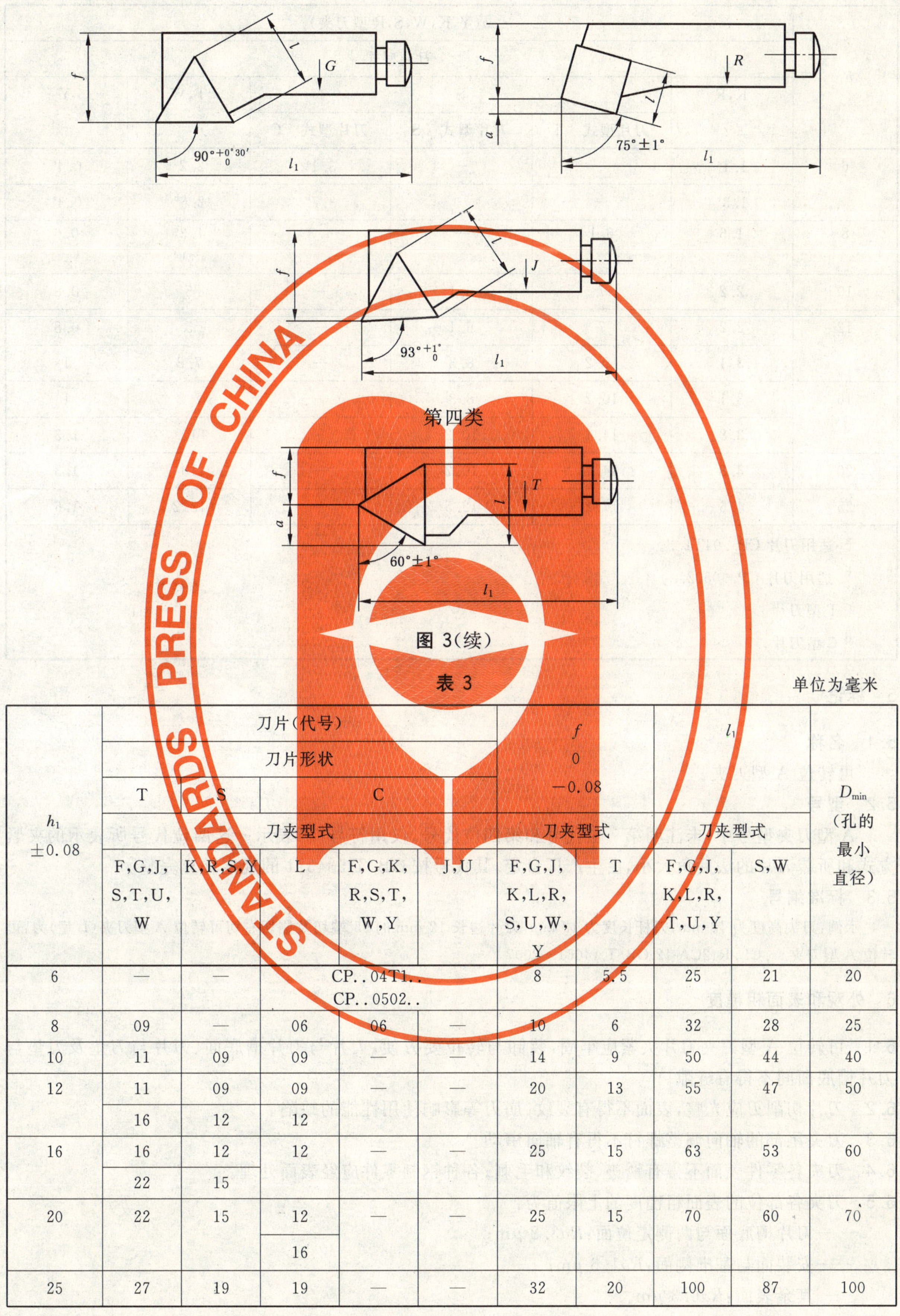

图 3(续)

表 3

单位为毫米

h_1 ±0.08	刀片(代号) 刀片形状 T	S	C			f $^{0}_{-0.08}$		l_1		D_{min} (孔的最小直径)
	刀夹型式					刀夹型式		刀夹型式		
	F,G,J,S,T,U,W	K,R,S,Y	L	F,G,K,R,S,T,W,Y	J,U	F,G,J,K,L,R,S,U,W,Y	T	F,G,J,K,L,R,T,U,Y	S,W	
6	—	—		CP..04T1.. CP..0502..		8	5.5	25	21	20
8	09	—	06	06	—	10	6	32	28	25
10	11	09	09	—	—	14	9	50	44	40
12	11	09	09	—	—	20	13	55	47	50
	16	12	12							
16	16	12	12	—	—	25	15	63	53	60
	22	15								
20	22	15	12	—	—	25	15	70	60	70
			16							
25	27	19	19	—	—	32	20	100	87	100

表 4　　单位为毫米

h_1	a(Y,K,W,S,R型刀夹)					
	刀夹型式					
	K,R	S			T,W	Y
		刀片型式　T	刀片型式　S	刀片型式　C		
6	1.1[a]	—	—	3.1[a]	2.2[a]	0.4[a]
	1.3[b]	—	—	3.7[b]	2.6[b]	0.4[a]
8	1.6	6.1	—	4.3	4.3[c] 3[d]	0.6
10	2.2	7	6.1	—	5	0.8
12	2.2	7	6.1	—	5	0.8
	3.1	10.2	8.3	—	7.2	1
16	3.1	10.2	8.3	—	7.2	1
	3.8	14.1	10.2	—	10	1.3
20	3.8	14.1	10.2	—	10	1.3
25	4.6	17.2	12.5	—	12.2	1.6

a 适用刀片 CP..04T1..。

b 适用刀片 CP..0502..。

c T型刀片。

d C型刀片。

5　标记

5.1　名称

可转位A型刀夹。

5.2　型号

A型刀夹型号中，未注明第一位代号和第四位代号，仅用符号"."表示。这两位代号所表示的夹紧方式和所装刀片的法后角大小，由生产厂自定，其代号按GB/T 5343.1的规定补充完整。

5.3　标准编号

示例：刀尖高度为12 mm，刀杆长度为12 mm，刀片边长12 mm的95°端切及侧切右切可转位A型刀夹(L型)为：可转位A型刀夹　.CL. R12CA-12 GB/T 14661—2007

6　外观和表面粗糙度

6.1　可转位A型刀夹刀片夹紧应牢固，装卸与转位要方便，刀片与刀片槽底面、刀片与刀垫及刀垫与刀片槽底面间不得有缝隙。

6.2　刀片切削刃应光整，表面不得有裂纹、崩刃等影响使用性能的缺陷。

6.3　刀夹尾部的轴向调整螺钉不得有轴向窜动。

6.4　刀夹各零件表面不得有锈迹、裂纹和毛刺；各种钢制零件应经表面处理。

6.5　刀夹各部位的表面粗糙度的上限值为：

——刀片槽底面与两侧定位面：$Ra3.2$ μm；

——安装面与基准侧面：$Ra1.6$ μm；

——其余表面：$Ra6.3$ μm。

7 材料和硬度

7.1 刀夹所用的刀片精度等级不低于 M 级，并应符合 GB/T 2078、GB/T 2080 的规定。

7.2 刀夹的抗拉强度不得低于 1 200 N/mm^2。

7.3 刀夹硬度为 40 HRC～50 HRC；与刀片直接接触的定位面的硬度不低于 45 HRC；夹紧元件的硬度不低于 40 HRC。

7.4 如刀片下装有刀垫，刀垫硬度不低于 55 HRC。

8 标志和包装

8.1 标志

8.1.1 产品上应标志：

——制造厂或销售商的商标；

——可转位 A 型刀夹型号。

8.1.2 包装盒上应标志：

——制造厂或销售商的名称、地址和商标；

——可转位 A 型刀夹标记；

——刀片型号；

——件数。

8.2 包装

刀夹包装前应经防锈处理。成包的刀夹应防止运输过程中的磕碰和损伤。

附 录 A
（资料性附录）
可转位A型刀夹的安装尺寸

A.1 安装尺寸

可转位A型刀夹的安装尺寸按表A.1和图A.1的规定。

表 A.1

单位为毫米

h_1 ±0.08	6	8	10	12	16	20	25
D min	20	25	40	50	60	70	100
D_1 min	30	36	55	75	75	90	115
B min	9	12	16	21	26	31	36
紧固螺钉	M3.5	M4	M6	M6	M8	M8	M10

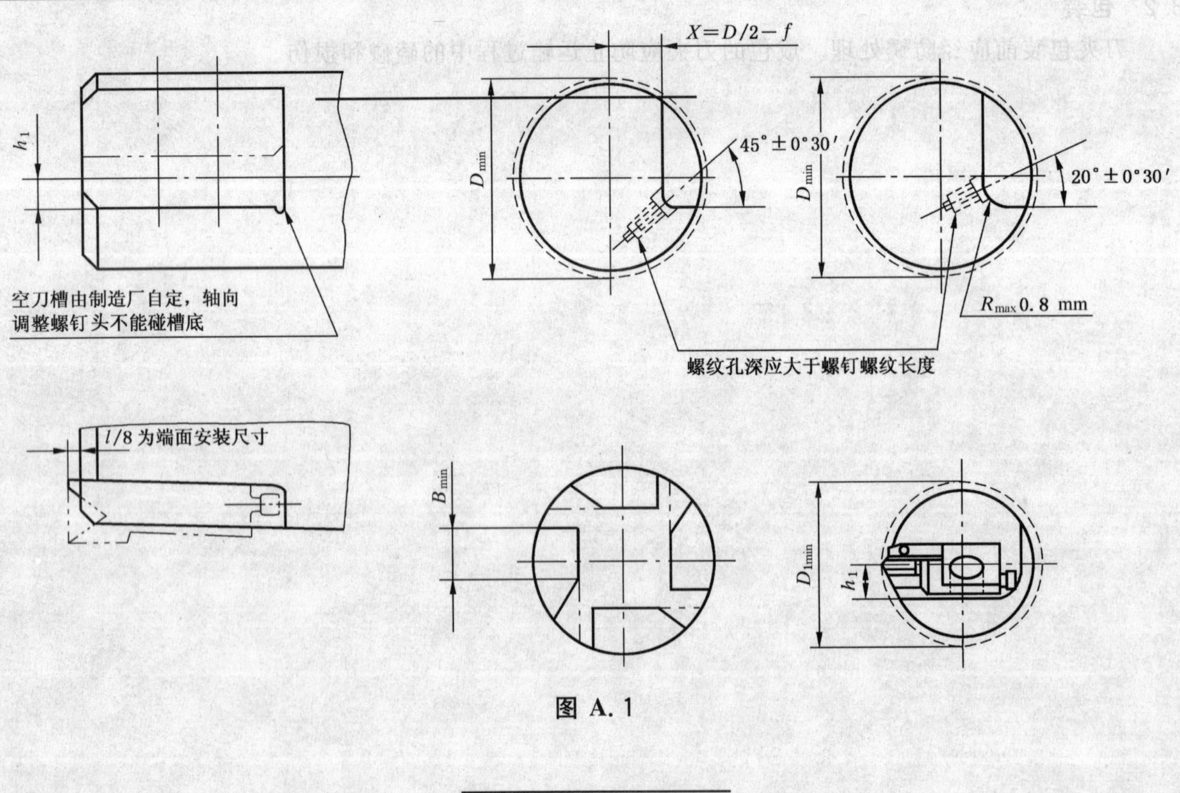

图 A.1

ICS 25.120.30
J 46

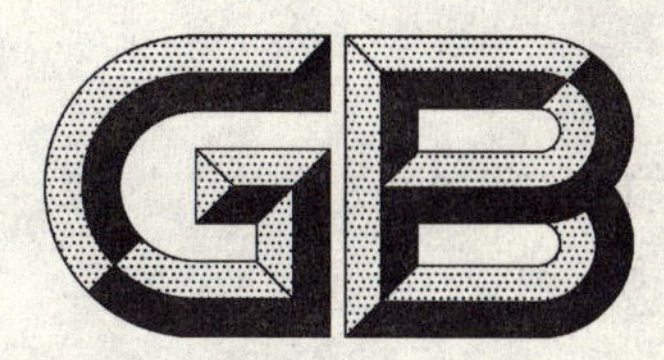

中华人民共和国国家标准

GB/T 14663—2007
代替 GB/T 14663—1993,GB/T 14664—1993

塑封模技术条件

Specification of plastic packaging moulds

2007-03-12 发布　　　　2007-09-01 实施

中华人民共和国国家质量监督检验检疫总局
中国国家标准化管理委员会　发布

前 言

本标准是对 GB/T 14663—1993《塑封模具技术条件》和 GB/T 14664—1993《塑封模具尺寸公差规定》合并修订。

本标准与 GB/T 14663—1993 和 GB/T 14664—1993 相比，主要变化如下：

——将合并后的标准名称改为“塑封模技术条件”；

——GB/T 14664—1993 中只保留了塑封模尺寸公差要求；

——增加了“前言”和“规范性引用文件”；

——将 GB/T 14663—1993 第 3 章“基本性能”改为“零件技术要求”，内容做了调整；

——删除了 GB/T 14663—1993 中 4.1、4.2，并对装配技术要求进行了调整；

——将 GB/T 14663—1993 第 5 章“检测及验收规定”改为“验收”，对验收内容进行了调整；

——将 GB/T 14663—1993 第 6 章“标志、包装、运输和贮存”改为“标志、包装和运输”，内容进行了简化；

——将原标准中“制造者和制造单位”统一改为“供方”，“订购方”改为“顾客”。

本标准由全国模具标准化技术委员会提出。

本标准由全国模具标准化技术委员会(SAC/TC 33)归口。

本标准起草单位：铜陵三佳科技股份有限公司、桂林电器科学研究所、成都尚明工业有限公司。

本标准主要起草人：曹杰、杨亚萍、曹玉堂、胡四海、陶善祥、谢再平、翁史振、刘明华。

本标准所代替标准的历次版本发布情况为：

——GB/T 14663—1993；

——GB/T 14664—1993。

塑封模技术条件

1 范围

本标准规定了塑封模的要求、验收、标志、包装和运输。

本标准适用于集成电路和(半导体)分立元器件等塑料封装模具的设计、制造和验收。

2 规范性引用文件

下列文件中的条款通过本标准的引用而成为本标准的条款。凡是注日期的引用文件，其随后所有的修改单(不包括勘误的内容)或修订版均不适用于本标准，然而，鼓励根据本标准达成协议的各方研究是否可使用这些文件的最新版本。凡是不注日期的引用文件，其最新版本适用于本标准。

GB/T 196 普通螺纹 基本尺寸(GB/T 196—2003,ISO 724:1993,MOD)

GB/T 197 普通螺纹 公差(GB/T 197—2003,ISO 965-1:1998,MOD)

GB/T 825 吊环螺钉(GB/T 825—1988,neq ISO 3266:1984)

GB/T 1184—1996 形状和位置公差 未注公差值(eqv ISO 2768-2:1989)

GB/T 1804—2000 一般公差 未注公差的线性和角度尺寸的公差(eqv ISO 2768-1:1989)

3 零件要求

3.1 成型零件和浇注系统零件所选用的材料应符合相应牌号的技术标准。

3.2 成型零件和浇注系统零件推荐材料和热处理硬度见表1。允许采用质量和性能高于表1推荐的材料。

表1 推荐材料及硬度

零件名称	零件材料	硬度
成型镶件、镶件座	9Cr18Mo1V1	54 HRC～58 HRC
	Cr12MoV	58 HRC～61 HRC
	Cr12Mo1V1	58 HRC～61 HRC
	YG15	85 HRA～89 HRA
中心流道板、流道镶件、浇口镶件	9Cr18Mo1V1	54 HRC～58 HRC
	Cr12MoV	58 HRC～61 HRC
	Cr12Mo1V1	58 HRC～61 HRC
料筒	Cr12MoV	58 HRC～61 HRC
	YG15	85 HRA～89 HRA
	Cr12Mo1V1	58 HRC～61 HRC
注射头	Cr12MoV	58 HRC～61 HRC
	Cr12Mo1V1	58 HRC～61 HRC
	YG15	85 HRA～89 HRA
	SFB-1(聚四氟乙烯)	—

3.3　若成型塑料对模具有腐蚀性，成型零件应采用耐腐蚀材料制作，或其成型面应采取防腐蚀措施。

3.4　若成型塑料对模具易产生磨损，成型零件硬度应不低于 54 HRC，否则成型表面应做表面硬化处理，硬度应不低于 600 HV。

3.5　零件的几何形状、尺寸、表面粗糙度应符合图样要求。

3.6　零件不允许有裂纹，成型表面不允许有划痕、压伤、锈蚀等缺陷。

3.7　成型部位未注公差尺寸的极限偏差应符合 GB/T 1804—2000 中 f 级的规定。

3.8　成型部分和浇注系统工作面的表面粗糙度应符合表 2 的规定。

3.9　非成型部位未注公差尺寸的极限偏差应符合 GB/T 1804—2000 中 m 级的规定。

表 2　成型部分和浇注系统工作面的表面粗糙度　　单位为微米

名称		*Ra*
流道	抛研面	≤0.2
	电加工面	≤2.0
浇口	抛研面	≤0.8
	电加工面	≤1.6
排气槽	抛研面	≤0.1
	电加工面	≤0.8
型腔	抛研面	≤0.1
	电加工面	≤3.2
料筒	抛研面	≤0.1
注射头		
分型面		

注 1：抛研面亦称光面，电加工面亦称亚光面。

注 2：注射头工作部分用 SFB-1 时不受本表限制。

3.10　螺钉安装孔、推杆孔、复位杆孔等未注孔距公差的极限偏差应符合 GB/T 1804—2000 中 f 级的规定。

3.11　螺纹的基本尺寸应符合 GB/T 196 的规定，选用的公差与配合应符合 GB/T 197—2003 中 6 级的规定。

3.12　未注形位公差应符合 GB/T 1184—1996 中 H 级的规定。

3.13　非成型零件外形棱边均应倒角或倒圆。与型芯、推杆相配合的孔在成型面和分型面的交接边缘不允许倒角或倒圆。

4　装配要求

4.1　模具分型面应平整、密合，表面应无锈蚀、锤纹、拉毛和碰伤等缺陷。

4.2　型腔尺寸公差应符合表 3 的规定。

表 3　型腔尺寸公差　　单位为毫米

基本尺寸 *S*	*S*<10	10≤*S*<18	18≤*S*<30	30≤*S*<50	50≤*S*<80
公差	0.022	0.026	0.032	0.039	0.046

4.3　型腔位置偏差应≤0.015 mm。

4.4　上下型腔错位偏差应≤0.05 mm。

4.5　型腔与引线框架错位偏差应≤0.05 mm。

4.6 型腔顶杆高出型腔底面一致性的偏差允许值应符合表4的规定。

表4 顶杆高出型腔底面一致性的偏差允许值

单位为毫米

模具结构	偏差
单注射头塑封模	±0.05
多注射头塑封模	±0.04

4.7 顶杆直径和顶杆孔直径偏差应符合表5的规定。

表5 顶杆直径和顶杆孔直径偏差

单位为毫米

名称	偏差
顶杆	−0.002 −0.006
顶杆孔	+0.005 0

4.8 合模后，模具上下表面的平行度应符合表6的规定。

表6 合模后上下表面的平行度

单位为毫米

基本尺寸 S	160≤S<250	250≤S<400	400≤S<630	630≤S<1 000
平行度	≤0.025	≤0.030	≤0.040	≤0.050

4.9 料筒轴线与上分型面的垂直度应符合表7的规定。

表7 料筒轴线与上分型面的垂直度

单位为毫米

轴线长度 L	<100	100≤L<160	160≤L<250
垂直度	≤0.010	≤0.012	≤0.015

4.10 料筒与注射头的配合应符合表8的规定。

表8 料筒与注射头的配合

单位为毫米

名称	基本尺寸(直径)	偏差
料筒	10～20	+0.005 +0.002
	35～60	+0.01 0
注射头	10～20	−0.003 −0.007
	35～60	−0.02 −0.03
注：注射头工作部位的材料为SFB-1时，不受本表限制。		

4.11 导柱、导套的配合为H6/f6。导柱、导套对上、下模板平面的装配垂直度应符合表9的规定。

表9 导柱、导套的装配垂直度

单位为毫米

有效长度 L	L<40	40≤L<63	63≤L<100	L≥100
垂直度	≤0.010	≤0.012	≤0.015	≤0.020

4.12 在合模位置，下复位杆端面与其接触面之间允许有不大于0.05 mm的间隙。

4.13 模具所有活动部分应保证位置准确，动作可靠，不应有歪斜和卡滞现象。要求固定的零件，不应相对窜动。

4.14 引线框架在模具上安放位置应定位准确、安放可靠，应有防错位措施。

4.15 多注射头塑封模的投料装置投料应准确可靠。

4.16 流道转接处圆弧连接应平滑,镶拼处应密合。

4.17 模具浇注系统不允许有塑料渗漏现象。

4.18 合模后分型面应紧密贴合,间隙应小于塑料的溢料间隙,塑料的溢料间隙应符合表 10 的规定。

表 10 塑料溢料间隙 单位为毫米

塑料流动性	好	一般	较差
溢料间隙	≤0.01	≤0.03	≤0.06

4.19 气动或液压系统应畅通,不应有介质渗漏现象。

4.20 电气系统应绝缘可靠,不得有短路现象。

4.21 模具应设吊环螺钉,确保安全吊装。起吊时模具应平稳,便于装模。吊环螺钉应符合 GB/T 825 的规定。

4.22 模具各辅助机构、装置应稳定可靠。

4.23 模具中所有紧固螺钉应涂高温润滑剂,保证装拆方便。

4.24 加热棒与孔的配合双面间隙为 0.10 mm～0.50 mm,且加热棒孔位旁应有加热功率标识,以防加热棒误插。

4.25 模具外表面应进行防蚀处理,如发黑、电镀等。

4.26 模具交付前应擦洗干净,并进行防锈处理。

4.27 互换性

4.27.1 同类顶杆应互换。

4.27.2 同类镶件应互换。

4.27.3 对应镶件组件成组应互换。

4.27.4 易损件及其备件应互换。

5 验收

5.1 验收应包括以下内容:

a) 外观检查;

b) 尺寸检查;

c) 模具材质和热处理要求检查;

d) 加热系统、气动或液压系统、电气系统检查;

e) 模具总装检查;

f) 试模检查;

g) 塑封件检查;

h) 质量稳定性检查。

5.2 模具供方应按模具图样和本标准对模具零件和整套模具进行外观与尺寸检查。

5.3 模具供方应对加热系统、气动或液压系统、电气系统进行逐项检查。

5.4 完成 5.2 和 5.3 项目检查并确认合格后,可进行试模。

5.4.1 试模所用压机应符合技术要求,严格遵守塑封工艺规程。

5.4.2 试模所用塑料材质应符合设计图样的规定,采用代用塑料时应经顾客同意。

5.4.3 模具装机后应空载运行,确认模具活动部分动作灵活、稳定、准确、可靠。

5.4.4 试模工艺稳定后,应连续提取 2～3 模塑封产品件进行检验。模具供方和顾客确认产品合格后,由供方开具模具合格证并随模具交付顾客。

5.5 模具质量稳定性检验的生产批量为 4 000 模(次)。或由模具供方与顾客协商确定。

5.6 模具顾客在稳定性检验期间,应按图样和本标准对模具主要零件的材质、热处理和表面处理情况进行检查或抽查,发现的质量问题应由供方解决。

6 标志、包装和运输

6.1 在模具非工作面的明显处应做出标志。标志内容一般包含:

——产品名称和供方企业名称;

——模具编号;

——出厂日期;

——安全标志;

——产品执行标准。

6.2 上模、下模合模后整体包装。对于油嘴、油缸、气缸、电器零件允许分体包装。液、气进出口处和电路接口应采取防止异物进入措施。出厂模具根据运输要求进行包装,应防潮、防止磕碰,在正常运输中应保证模具完好无损。

ICS 13.100
C 68

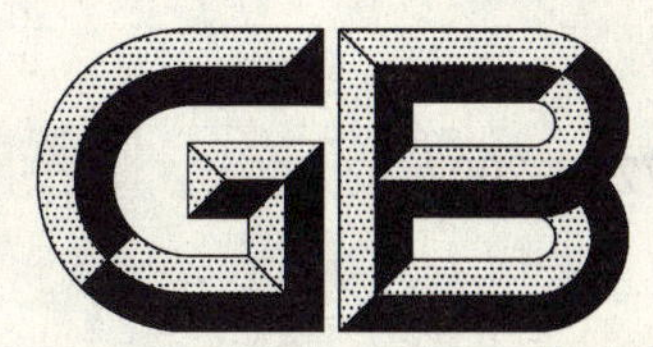

中华人民共和国国家标准

GB 14773—2007
代替 GB 14773—2007

涂装作业安全规程
静电喷枪及其辅助装置安全技术条件

Safety code for painting
—Safety specification for electrostatic spray guns and associated apparatus

2007-06-26 发布　　　　2008-02-01 实施

中华人民共和国国家质量监督检验检疫总局
中国国家标准化管理委员会　发布

前言

本标准的第5、6章内容为强制性。

《涂装作业安全规程》系列国家标准已发布的共有12项：

——GB 6514—1995《涂装作业安全规程　涂漆工艺安全及其通风净化》；

——GB 7691—2003《涂装作业安全规程　安全管理通则》；

——GB 7692—1999《涂装作业安全规程　涂漆前处理工艺安全及其通风净化》；

——GB 12367—2006《涂装作业安全规程　静电喷漆工艺安全》；

——GB 12942—2006《涂装作业安全规程　有限空间作业安全技术要求》；

——GB/T 14441—1993《涂装作业安全规程　术语》；

——GB 14443—2007《涂装作业安全规程　涂层烘干室安全技术规定》；

——GB 14444—2006《涂装作业安全规程　喷漆室安全技术规定》；

——GB 14773—2007《涂装作业安全规程　静电喷枪及其辅助装置安全技术条件》；

——GB 15607—1995《涂装作业安全规程　粉末静电喷涂工艺安全》；

——GB 17750—1999《涂装作业安全规程　浸涂工艺安全》；

——GB 20101—2006《涂装作业安全规程　有机废气净化装置安全技术规定》。

本标准为其中之一。

本标准代替GB 14773—1993《涂装作业安全规程　静电喷枪及其辅助装置安全技术条件》，与GB 14773—1993相比，在章条结构编排上无大的变化，内容上主要采用欧洲标准EN 50050—2001《用于潜在爆炸性气氛的电气装置——手持式静电喷涂装置》，并结合国内情况进行修改。与原标准相比，主要做了如下修订：

——6.7中对静电喷粉枪的安全点火能量进行了修改。

——7.4.2、7.4.3中对抽样产品数量及重复试验次数进行了修改。

——7.7中对高电压绝缘试验的试验压力值进行了修改。

——7.10.2、7.10.3中对静电喷漆（喷粉）枪点火试验气体用标准气体种类和技术参数进行了修订。

——7.10.4中对静电喷枪点火试验电压输入值进行了修改。

——7.10.6中改为用两个不同直径的接地金属球进行试验。

——7.10.7中新增加一句“每次都更换新鲜的试验气体，或者试验气体连续地通过容器，则试验为一次持续20 min”。

本标准由国家安全生产监督管理总局提出。

本标准由全国安全生产标准化技术委员会涂装作业分技术委员会归口。

本标准负责起草单位：江苏省安全生产科学研究院。

本标准参加起草单位：浙江明泉工业涂装有限公司。

本标准主要起草人：朱和平、沈立、金雪芳、邬克、黄立明、赵瑛、茅立安。

涂装作业安全规程
静电喷枪及其辅助装置安全技术条件

1 范围

本标准规定了在静电喷漆区和静电喷粉区使用的手持式或自动式静电喷枪及其辅助装置的安全技术条件。

本标准适用于各种手持式或自动式静电喷枪及其辅助装置的设计、制造、试验、检测、使用和维护。

本标准不适用于本质安全型静电喷枪。

2 规范性引用文件

下列文件中的条款通过本标准的引用而成为本标准的条款。凡是注日期的引用文件，其随后所有的修改单(不包括勘误的内容)或修订版均不适用于本标准，然而，鼓励根据本标准达成协议的各方研究是否可使用这些文件的最新版本。凡是不注日期的引用文件，其最新版本适用于本标准。

GB 3836.1—2000 爆炸性气体环境用电气设备 第1部分:通用要求(eqv IEC 60079-0:1998)

GB 4208 外壳防护等级(IP代码)(GB 4208—1993 eqv IEC 529:1989)

GB/T 14441—1993 涂装作业安全规程 术语

3 术语和定义

GB/T 14441—1993确立的以及下列术语和定义适用于本标准。

3.1

静电喷漆(粉)枪 electrostatic spray paint (powder) gun

喷涂液态、粉末涂料的静电喷枪，包括枪式、转盘式、旋杯式等。

3.2

辅助装置 associated apparatus

供给并控制静电喷枪工作电压和电流及雾化涂料所必需的辅助装置。通常指:高压发生器、高低压电缆、驱动电机、隔离变压器等。

4 一般防护要求

4.1 静电喷枪及其辅助装置应符合GB 3836.1所规定的一种或几种防护类型的要求。

4.2 静电喷枪及其辅助装置的外壳应符合GB 4208中所规定的“IP 54”防护等级要求。

5 机械结构安全要求

5.1 手持式静电喷枪及其辅助装置的壳体结构强度和刚度。

5.1.1 喷枪的各类部件应能承受7.3所规定的冲击试验要求。

5.1.2 喷枪应能承受7.4所规定的跌落试验要求。

5.2 静电喷枪及其辅助装置的塑料部件应具有防止喷涂作业所用涂料溶剂侵蚀的性能，制造厂应给予说明。

5.3 手持式静电喷枪的手柄应由金属或具有电阻率不大于10 Ω·m的材料制成，其总面积应不小于20 cm^2。

5.4 高压电缆的连接应牢固可靠,接头处应采取应力减缓措施。

5.5 高压电缆应有足够的强度,应能承受 7.5 所规定的拉力试验要求。

5.6 高压电缆的屏蔽层外应有耐磨损的绝缘护套保护。

5.7 静电喷枪及其辅助装置通常设计在 0℃～40℃环境温度范围内使用,否则制造厂应在铭牌上标明使用温度范围。

5.8 静电喷枪及其辅助装置中,承受气体或液体压力的部件应能承受 7.6 所规定的耐压试验要求。

6 电气安全要求

6.1 高压电缆应有有效的接地屏蔽层,可利用该屏蔽层将喷枪的金属部件与高压发生器接地端子可靠连接。

6.2 静电喷枪及其辅助装置上不应带电的金属部件,应与高压发生器接地端子可靠连接。

6.3 高压发生器应与静电喷枪的机械或电气开关装置联锁。手持式静电喷枪的扳机应在弹簧作用下处于"关"的位置,"开启"位置不应设置锁定机构。

6.4 静电喷枪及其辅助装置应能承受 7.7 所规定的绝缘试验要求。

6.5 静电喷枪及其辅助装置中所用的高压限流器件应予以有效的绝缘和防护,以避免带高压电极触地 5 min 的冲击影响。

6.6 制造厂应在铭牌上标注静电喷枪及其辅助装置在极限工作状况下的最大温升值。

6.7 在涂装作业区内,静电喷枪无论是在运行或不运行状态,其放电时产生的点火能量均应为安全点火能量,静电喷漆枪应小于 0.24 mJ,静电喷粉枪应小于 2 mJ。应承受 7.10 所规定的点火试验要求。

7 试验方法

7.1 一般检查

7.1.1 检查静电喷枪及其辅助装置所有连接部位的准确性和牢固性。

7.1.2 按 5.3 要求检查电阻率和面积。

7.1.3 按 5.4、5.6 要求检查高压电缆的外层防护及其接头处应力减缓措施。

7.1.4 按 6.3 要求检查高压发生器与喷枪联锁机构。

7.2 防护能力验证

7.2.1 按 GB 3836.1 和 GB 4208 要求,验证静电喷枪及其辅助装置的防护能力。

7.3 冲击试验

7.3.1 按表 1 规定,由检定者根据部件易损情况选定二个以上试点进行冲击试验。

表 1 静电喷枪各类部件的冲击高度要求

部件类别	冲击高度(重锤质量 1 kg)/m	
	受机械损伤的危险程度高	受机械损伤的危险程度低
1. 带防护的透明部件(试验时去掉防护)	0.2	0.1
2. 不带防护的透明部件 3. 防护器、防护机壳、电缆引入件 4. 塑料外壳 5. 轻质金属或铸造金属外壳	0.4	0.2
6. 第 5 项之外的其他材料制成的壁厚小于 1 mm 的外壳	0.7	0.4

7.3.2 被试验的静电喷枪应稳定地置放在混凝土地面上的硬木块之上。

7.3.3 采用质量为 1 kg 的重锤进行冲击试验,重锤头部为直径 25 mm 的淬火钢半球。

7.3.4 静电喷枪经冲击试验后即使出现损坏也应符合7.10点火试验要求。

7.4 跌落试验

7.4.1 静电喷枪应从1.25 m高处跌落至混凝土地面上。

7.4.2 对完全装配好的抽样产品进行跌落试验。

7.4.3 静电喷枪以正常工作状态自由跌落,并至少重复4次。

7.4.4 静电喷枪经跌落试验后即使出现损坏也应符合7.10点火试验要求。

7.5 高压电缆拉力试验

7.5.1 对连接至静电喷枪的任何高压电缆施加150 N拉力,持续时间1 min。

7.5.2 对完全装配好的抽样产品进行拉力试验。试验期间,限位器间的电缆不应出现明显移位。

7.6 压力试验

7.6.1 对静电喷枪及其辅助装置中所有承受气体或液体压力的部件,施加最大标称工作压力1.5倍值的压力进行试验,持续时间为5 min。

7.6.2 试验中,被试部件不应出现渗漏或损坏。

7.7 高电压绝缘试验

7.7.1 静电喷枪及其辅助装置的高电位部分都应按其最高工作电压的1.2倍值进行绝缘试验,应不出现电击穿及表面闪络现象。

7.8 短路试验

7.8.1 将静电喷枪的高压电极触地持续5 min,静电喷枪及其辅助装置中所用的任何限流器件都不应损坏。

7.9 温度试验

7.9.1 在正常作业及设计规定允许的超负荷条件下使用时,测得的设备外表最大温升值不应超过制造厂标注的温升值。

7.9.2 测量表面温度时,应尽可能减少环境对温度参数的干扰。

7.10 静电喷枪点火试验

7.10.1 本试验应在20℃±5℃的环境温度下进行,并注意采取有效的防火、防爆措施。

7.10.2 静电喷漆枪点火试验所用的爆炸性气体的点火能量为0.24 mJ。符合要求的气体为丙烷与空气混合气体,丙烷的体积浓度为5.25%±0.25%,丙烷的纯度为99%。

7.10.3 静电喷粉枪点火试验所用的爆炸性气体的点火能量为2 mJ。符合要求的气体为甲烷与空气混合气体,甲烷的体积浓度为12.0%±0.1%,甲烷的纯度为99%。

7.10.4 试验时应将静电喷枪配用的高压电源调整到最大输出高压值,但输入电压不应超过其标称输入电压的1.1倍。

7.10.5 试验在由非导体材料制成的充满试验气体的透明试验容器内进行。试验前应先用已确定的能量对试验用的混合气体进行引燃校验,以证实其确为标准着火浓度。

7.10.6 将直径为10 mm和25 mm的接地金属球反复地移向喷枪及电缆中可能发生最易燃放电的部分。如果试验气体未被点燃,则认为喷枪通过本试验。

7.10.7 试验以5 min为一周期,连续重复4次。每次都更换新鲜的试验气体,或者试验气体连续地通过容器,则试验为一次持续20 min。

7.10.8 考虑静电喷枪剩余电荷的点火能量,可在上述试验完毕后,切断电源,随即重复一次上述试验。

8 检测

8.1 向有资质的检测部门参照具体产品标准规定的检测周期及抽样产品的封样、送样办法进行送检。

8.2 由有资质的检测部门根据本标准对制造厂按规定送交的抽样产品进行检测检验,以验证其是否符合本标准的要求,并填发检测报告。

8.3 制造厂应自行负责验证所生产的产品完全与提交检测部门检测并通过认证的样品相符。

8.4 如产品有可能影响安全性能的更改时，应重新进行有关安全性能的检测认证。

9 标志

9.1 静电喷枪及其辅助装置都应在明显的位置上设置清晰、耐久的安全标志铭牌。

9.2 静电喷枪上应依序标志下列内容：

a) 制造厂厂名或注册商标；

b) 产品型号及编号；

c) 防护型式标志及外壳防护等级标志；

d) 最大温升值；

e) 本标准号。

ICS 35.240.60
L 70

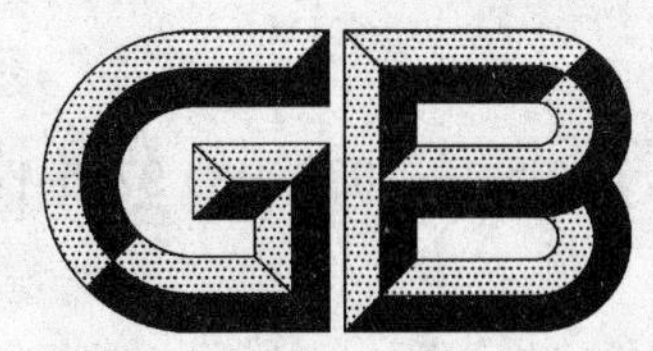

中华人民共和国国家标准

GB/T 14805.1—2007/ISO 9735-1:2002
代替 GB/T 14805.1—1999

行政、商业和运输业电子数据交换（EDIFACT） 应用级语法规则（语法版本号:4,语法发布号:1） 第1部分:公用的语法规则

Electronic data interchange for administration, commerce and transport (EDIFACT)—Application level syntax rules (Syntax version number: 4, Syntax release number: 1)—Part 1: Syntax rules common to all parts

（ISO 9735-1:2002,IDT）

2007-06-29 发布　　　　2007-11-01 实施

中华人民共和国国家质量监督检验检疫总局
中国国家标准化管理委员会　发布

前　言

GB/T 14805《行政、商业和运输业电子数据交换(EDIFACT)　应用级语法规则(语法版本号:4,语法发布号:1)》由下列部分组成:

——第1部分:公用的语法规则;

——第2部分:批式电子数据交换专用的语法规则;

——第3部分:交互式电子数据交换专用的语法规则;

——第4部分:批式电子数据交换语法和服务报告报文(报文类型为CONTRL);

——第5部分:批式电子数据交换安全规则(真实性、完整性和源抗抵赖性);

——第6部分:安全鉴别和确认报文(报文类型为AUTACK);

——第7部分:批式电子数据交换安全规则(保密性);

——第8部分:电子数据交换中的相关数据;

——第9部分:安全密钥和证书管理报文(报文类型为KEYMAN);

——第10部分:语法服务目录。

将来还有可能增加新的部分。

本部分为GB/T 14805的第1部分。

本部分等同采用ISO 9735-1:2002《行政、商业和运输业电子数据交换(EDIFACT)　应用级语法规则(语法版本号:4,语法发布号:1)　第1部分:公用的语法规则》。

本部分代替GB/T 14805.1—1999。

本部分与GB/T 14805.1—1999的主要变化为:

——对ISO前言和本部分的引言部分进行了更新;

——将GB/T 14805的定义重新编排并放在本部分的术语和定义中;

——取消了规范性附录"语法服务目录",并将它与GB/T 14805其他部分的语法服务目录重新组合成一个新的部分,即:GB/T 14805.10;

——取消了资料性附录"服务代码目录";

——增加了资料性附录"语法发布标识";

——更正了一些编辑性错误。

本部分的附录A为规范性附录,附录B、附录C和附录D为资料性附录。

本部分由中国标准化研究院提出。

本部分由全国电子业务标准化技术委员会归口。

本部分由中国标准化研究院负责起草。

本部分的主要起草人:胡涵景、刘碧松、魏宏、任冠华、曹新九、章建方、刘颖、孙文峰、岳高峰、徐成华。

本部分于1999年第一次发布。

ISO 前言

ISO(国际标准化组织)是一个世界性的各国标准机构(ISO 国家成员体)联盟。国际标准的制定工作一般通过 ISO 技术委员会完成。对某个已建立的技术委员会的项目关注的每个成员体,有权对该技术委员会表述意见。任何与 ISO 有联络关系的官方和非官方的国际组织都可直接参与制定国际标准。ISO 与 IEC(国际电工委员会)在电工技术标准的所有领域密切合作。

应按照 ISO/IEC 导则第 3 部分的规则起草国际标准。

技术委员会的主要任务是起草国际标准。由技术委员会正式通过的国际标准草案在被 ISO 理事会接受为国际标准之前,须分发到各成员体进行表决,按照 ISO 的工作程序,至少 75%的成员体投票赞成后,该标准草案才成为国际标准。

应当注意的是本部分可能涉及到专利。ISO 不负责标识这些专利。

ISO 9735-1:2002 由 ISO/TC 154(商业、工业和行政中的过程、数据元和单证)与 UN/CEFACT 联合语法工作组合作起草。

ISO 9735-1:2002 替代 ISO 9735-1:1998,并且增加了语法发布标识。而在 ISO 9735-1:2002 第 2 章提到的 ISO 9735:1988 以及其 1992 年第 1 号修改单只是被临时性地保留。

另外,为了更好地进行维护,已经将 ISO 9735 各部分中的语法服务目录取消,并将它们重新组合成一个新的部分,即 ISO 9735-10。

在 ISO 9735-1:1998 发布的时候,已经将 ISO 9735-10 指定为“交互式 EDI 安全规则”。由于缺乏用户的支持,这部分内容被撤消,因此本部分删除了所有与“交互式 EDI 安全规则”有关的参考。

ISO 9735 各部分中的术语和定义被重新编排并放在本部分中。

为了总结新的特征和所有的变更,特对 ISO 9735-1:2002 的引言进行了更新。

ISO 9735-1:2002 和 ISO 9735-2:2002 是在 ISO 9735:1988 及其 1992 年第 1 号修改单的基础上进行修改的。

ISO 9735 在《行政、商业和运输业电子数据交换(EDIFACT) 应用级语法规则(语法版本号:4,语法发布号:1)》的总标题下由下列部分组成:

——第 1 部分:公用的语法规则;
——第 2 部分:批式电子数据交换专用的语法规则;
——第 3 部分:交互式电子数据交换专用的语法规则;
——第 4 部分:批式电子数据交换语法和服务报告报文(报文类型为 CONTRL);
——第 5 部分:批式电子数据交换安全规则(真实性、完整性和源抗抵赖性);
——第 6 部分:安全鉴别和确认报文(报文类型为 AUTACK);
——第 7 部分:批式电子数据交换安全规则(保密性);
——第 8 部分:电子数据交换中的相关数据;
——第 9 部分:安全密钥和证书管理报文(报文类型为 KEYMAN);
——第 10 部分:语法服务目录。

将来还有可能增加新的部分。

本部分的附录 A 为规范性附录,附录 B、附录 C 和附录 D 为资料性附录。

引言

基于对批式或交互式 EDI 处理的需求,本部分包括了在开放环境下电子报文交换中数据结构的应用级规则。联合国欧洲经济委员会(UN/ECE)已经同意把这些规则作为行政、商业和运输业电子数据交换(EDIFACT)的应用级语法规则。这些规则是联合国贸易数据交换目录(UNTDID)的一部分。UNTDID 还包含批式和交互式报文设计指南。

本部分可用于各种应用,如果报文符合 UNTDID 中的其他指南、规则和目录,则使用这些规则的报文被看作 EDIFACT 报文。对于 UN/EDIFACT 批式报文而言,批式报文应符合批式的报文设计规则。这些规则在 UNTDID 中加以维护。

通信规范及协议不在本部分的范围之内。

ISO 9735 的早期版本在 1988 年仅为一个部分。目前版本的 ISO 9735 由多个部分组成,并为了扩展其应用范围而进行了补充。

本部分对 ISO 9735 早期版本的相应章节进行了重新编写。本部分的内容包括 ISO 9735 各部分公用的语法规则以及适用于各部分的术语和定义。

除了对字符总表的范围进行扩展并引入两项新技术(即支持独立数据元和复合数据元多次或重复出现的从属性注释和服务重复字符)之外,本部分规定的基本语法规则与上一版本相同。这两项技术适用于本版本的 ISO 9735 的其他部分,且适用于符合 ISO 9735 标准的 EDIFACT 报文。

此外,本部分还对批式交换、组和报文头段进行了扩充。

字符总表:随着 ISO 9735 的使用范围越来越广泛,有必要对字符总表进行扩展,使其涵盖 ISO 8859 第1～9 部分的所有字符总表、ISO 2022 的代码扩充技术(在交换中其用法有一定的限制)以及 ISO/IEC 10646-1 的部分技术。

从属性注释:给出了正式的标记法,用于表述 EDIFACT 报文、段和复合数据元规范之间的关系。

重复数据元:本版本中,扩展了早期版本中的组或交换中报文多次出现的说明、交换中组多次出现的说明以及报文中段组和(或)段多次出现的说明。此外,本版本还引入了一个段中独立数据元和(或)复合数据元多次出现的说明。

UNB——交换头段:对该段进行增强,以允许对服务代码表目录版本号和字符编码方案进行标识、对发送方和接收方进行内部子标识。此外,还扩展了该段中的日期格式以符合 2000 年的日期格式需求。

UNG——组头段:对该段进行重新命名并改变其功能,以允许在该组中包含一种或多种报文类型和(或)包。因此,对某些冗余的数据元标上删除标记。此外,还扩展了该段中的日期格式以符合 2000 年的日期格式需求。

UNH——报文头段:对该段进行增强,以允许对报文子集、有关的报文实施指南和剧本进行标识。

防冲突段:通过增加 UGH/UGT 段组的使用来防止段冲突。为了保证对接收的每个报文段进行无歧义标识,应在报文规范中使用该技术。

语法发布标识:为了对与语法版本号相关的具体发布进行标识而增加了此标识。该标识将便于发布 ISO 9735 标准进行的小修改(如果将来需要的话)。

行政、商业和运输业电子数据交换（EDIFACT） 应用级语法规则（语法版本号:4,语法发布号:1）第1部分:公用的语法规则

1 范围

本部分规定了在计算机应用系统之间交换的批式和交互式报文格式的语法规则，并给出了GB/T 14805各部分的术语和定义。

2 一致性

尽管本部分应在段 UNB(交换头)中出现的必备型数据元 0002(语法版本号)中使用版本号“4”，和条件型数据元 0076(语法发布号)使用发布号“01”，但是，为了能够与本部分相区别，继续使用早期版本中语法规则的交换应使用下列语法版本号:

——ISO 9735:1988:语法版本号:1;

——ISO 9735:1988(1990 年修改并重新印刷):语法版本号:2;

——ISO 9735:1988 以及其 1992 年第 1 号修改单:语法版本号:3;

——ISO 9735:1998:语法版本号:4。

与某个标准的一致性意味着支持其包括所有选项的所有需求。如果不支持所有选项，则任何一致性声明应包含一个说明，用于标识那些声明与其一致的选项。

如果所交换数据的结构和表示符合本部分规定的语法规则，则这些数据处于一致性状态。

当支持本部分的设备能够创建和(或)解释按本部分构建和表示的数据时，这些设备处于一致性状态。

一致性应基于本部分、GB/T 14805.10 以及 GB/T 14805.2 与 GB/T 14805.3 二者中的至少一个。

当本部分标识出相关标准中定义的条款时，这些条款应构成一致性判定条件的组成部分。

3 规范性引用文件

下列文件中的条款通过本部分的引用而成为本部分的条款。凡是注日期的引用文件，其随后所有的修改单(不包括勘误的内容)或修订版均不适用于本部分，然而，鼓励根据本部分达成协议的各方研究是否可使用这些文件的最新版本。凡是不注日期的引用文件，其最新版本适用于本部分。

GB/T 1988—1998 信息技术 信息交换用七位编码字符集 (idt ISO/IEC 646:1991)

GB/T 2311—2000 信息技术 字符代码结构与扩充技术 (idt ISO/IEC 2022:1994)

GB/T 5271.1—2000 信息技术 词汇 第 1 部分:基本术语 (eqv ISO/IEC 2382-1:1993)

GB/T 9387.2—1995 信息处理系统 开放系统互连 基本参考模型 第 2 部分:安全体系结构 (idt ISO 7498-2:1989)

GB/T 14805.2—2007 行政、商业和运输业电子数据交换(EDIFACT) 应用级语法规则(语法版本号:4,语法发布号:1) 第 2 部分:批式电子数据交换专用的语法规则 (ISO 9735-2:2002,IDT)

GB/T 14805.3—2007 行政、商业和运输业电子数据交换(EDIFACT) 应用级语法规则(语法版本号:4,语法发布号:1) 第 3 部分:交互式电子数据交换专用的语法规则(ISO 9735-3:2002,IDT)

GB/T 14805.10—2005 用于行政、商业和运输业电子数据交换的应用级语法规则 第 10 部分:语法服务目录(ISO 9735-10:2002,IDT)

GB/T 17901.1—1999 信息技术 安全技术 密钥管理 第1部分:框架(idt ISO/IEC 11770-1:1996)

ISO/IEC 2382-4:1999 信息技术 词汇 第4部分:数据的组织

ISO 6093:1985 信息处理 信息交换用字符串中数值的表示

ISO/IEC 6429:1992 信息技术 编码字符集的控制功能

ISO/IEC 6523-1:1998 信息技术 机构和机构成分的标识结构 第1部分:机构标识方案法的标识

ISO/IEC 9594-8:1998 信息技术 开放系统互联 目录:公钥和属性的证书框架

ISO/IEC 10646-1:2000 信息技术 通用多八位编码字符集(UCS) 第1部分:体系结构和基本多文种平面

ITU-T 建议书 F.400/X.400:1999 消息处理系统和服务概要

4 术语和定义

下列术语和定义适用于 GB/T 14805 的各个部分。

注:当一个词或词组在定义中以黑体形式出现时,意指在本章中有这个词或词组的定义。

4.1

字母字符集 alphabetic character set

包含字母和(或)**表意字符**,还可包含除数字以外的其他**图形字符**的**字符集**。

4.2

字母数字字符集 alphanumeric character set

包含字母、数字和(或)**表意字符**,还可包含其他**图形字符**的**字符集**。

4.3

非对称算法 asymmetric algorithm

使用**公钥**和**私钥**形成一个非对称密钥集的密码算法。

4.4

属性 attribute

一个实体的特性。

4.5

鉴别 authentication

见**数据原发鉴别**(4.34)。

4.6

批式 EDI batch EDI

对参与方之间使用请求和应答方式的结构化数据交换没有特殊需求的**电子数据交换**。

4.7

业务 business

一系列过程,每个过程都有清晰易解的目的、涉及多个**组织**、通过信息交换实现、直接面向某些共同商定的目标,并延续一段时间。

4.8

证书 certificate

用户的**公钥**与其他相关信息一起使用,并由**认证机构**用**私钥**签名使其不可伪造。

[ISO/IEC 9594-8:1998]

4.9

认证机构 certification authority

一个或多个用户信赖的、负责生成和分配**证书**的机构。

[ISO/IEC 9594-8:1998]

4.10

认证路径 certification path

目录信息树中对象证书的有序序列。通过处理该有序序列与其初始对象的**公钥**,可以获得该路径中最终对象的**公钥**。

[ISO/IEC 9594-8:1998]

4.11

字符 character

供组织、控制或表示数据的元素集合中的一个元素。

[ISO/IEC 10646-1:2000]

4.12

字符总表 character repertoire

一个**代码型字符集**中的图形字符的集合,其编码被认为相对独立。

4.13

代码扩充 code extension

不包含在给定**代码型字符集**的**字符总表**中的字符编码技术。

4.14

代码表 code list

代码型**简单数据元**的数据元值的完整集合。

4.15

代码表目录 code list directory

已标识和规定的**代码表**的清单。

4.16

代码型字符集 coded character set

用于建立**字符集**和该**字符**集中的**字符**与其编码表示之间的一一对应关系的一组明确的规则。

[ISO/IEC 6429:1992]

4.17

成分数据元 component data element

在**复合数据元**中使用的**简单数据元**。

4.18

成分数据元分隔符 component data separator

用来分隔**复合数据元**中**成分数据元**的服务字符。

4.19

复合数据元 composite data element

按照**复合数据元规范**中的说明,已标识、命名和结构化的,在功能上相互关联的**成分数据元**的集合。

注:在传送中,复合数据元是符合复合数据元规范的一个或多个成分数据元的有序集合。

4.20

复合数据元目录 composite data element directory

已标识和命名的**复合数据元**及其规范的清单。

4.21

复合数据元规范 composite data element specification

复合数据元目录中对复合数据元的描述，这些描述包括对构成该复合数据元的成分数据元的位置和状态的说明。

4.22

条件型 conditional

在报文规范、段规范或复合数据元规范中使用的一种状态类型，用来说明一个段组、段、复合数据元、独立数据元或成分数据元为可选或当适合条件出现时才使用。

4.23

机密性 confidentiality

这一性质使信息不泄漏给非授权的个人、实体或进程，不为其所用。

[GB/T 9387.2—1995,3.3.16]

4.24

控制字符 control character

目的为实现一种格式、控制数据传输或执行其他控制功能的一种字符。

注：控制字符虽然不是一种图形字符，但可以由一个图形表示。

[ISO/IEC 2382.4—1999]

4.25

凭证 credential

建立实体所声明身份的数据。

[GB/T 9387.2—1995]

4.26

密码学 cryptography

这门学科包含了对数据进行变换的原理、手段和方法，其目的是掩藏数据的内容，防止对它作了篡改而不被识破或非授权使用。

[GB/T 9387.2—1995]

4.27

数据 data

信息的可重复解释的形式化表示，以适用于通信、解释或处理。

[GB/T 5271.1—2000]

4.28

数据元 data element

在数据元规范中描述的数据单元。

注：数据元有两类：简单数据元和复合数据元。

4.29

数据元目录 data element directory

已标识、命名和规定的简单数据元（简单数据元目录）或复合数据元（复合数据元目录）的清单。

4.30

数据元分隔符 data element separator

服务字符，用于分隔：

——非重复独立数据元；或

——段中的复合数据元；或

——一个由重复数据元的出现的集合；或

——一个由**重复数据元**的出现的空集，

- 一个**重复数据元**出现的集合指的是出现一次或多次(可多达指定的最大次数)的**重复数据元**在**传送**中出现，
- 而一个由**重复数据元**的出现的空集指的是**重复数据元**在**传送**中一次都没出现。

4.31

数据元规范　data element specification

复合数据元目录中对**复合数据元**的描述(**复合数据元规范**)或**简单数据元目录**中对**简单数据元**的描述(**简单数据元规范**)。

4.32

数据元值　data element value

简单数据元的一个具体例子，应按**简单数据元规范**中的规定表示，当其为代码型时，还应按**代码表**中的规定表示。

4.33

数据完整性　data integrity

这一性质表明**数据**没有遭受以非授权方式所作的篡改或破坏。

[GB/T 9387.2—1995]

4.34

数据原发鉴别　data origin authentication

确认接收到的**数据**的来源与所声明的。

[GB/T 9387.2—1995]

4.35

数据值的表示　data value representation

与**简单数据元**的**数据元值**有关的允许的字符类型(如：字符型或数值型)和长度条件。

4.36

小数点符号　decimal mark

把一个数字的整数部分和小数部分分开的字符。

[ISO 6093:1985]

4.37

解密　decipherment

与一个可逆的**加密**过程对应的反过程。

[GB/T 9387.2—1995]

4.38

解密处理　decryption

见**解密**(4.37)。

[GB/T 9387.2—1995]

4.39

默认服务字符　default service characters

当在服务串通知中未定义其他**字符**集时，用做服务字符的那一组**字符**。

4.40

从属性标识符　dependency identifier

在**从属性注释**中使用的、用于规定位于**从属性注释**中的项之间的从属类型的**标识符**。

4.41

从属性注释　dependency note

该类注释用于：

a) 表达报文规范中的段组之间或段之间的关系；

b) 表达段规范中的数据元之间的关系；

c) 表达复合数据元规范中的成分数据元之间的关系。

4.42

对话 dialogue

交互式EDI交易中的发起方和应答方之间的双向会话。

注：通常由一对交换构成。

4.43

数字签名 digital signature

附加在数据单元上的一些数据，或是对数据单元所作的密码变换(见“密码学”)，这种数据或变换允许数据单元的接受者用以确认数据单元来源和数据单元的完整性，并保护数据，防止被人(例如接收者)进行伪造。

[GB/T 9387.2—1995]

4.44

电子数据交换 electronic data interchange (EDI)

在商业交易或行政事务等计算机应用之间通过对交易或报文数据的结构使用商定的标准后进行电子传送。

4.45

加密 encipherment

对数据进行密码变换(见“密码学”)以产生密文。

[GB/T 9387.2—1995]

4.46

编码 encoding

用位组合来表示一个字符。

4.47

加密处理 encryption

见加密(4.45)。

4.48

指数标记 exponent mark

用于指明应把紧随其后的字符解释为一个指数的控制字符。

注：“E”或“e”为指数标记。

4.49

过滤 filtering

把包含任意位模式的八位字节转换成由基本语法支持的字符集所属的八位字节的过程。

4.50

图形字符 graphic character

一种字符，它不是控制字符，有可视的表示，通常由书写、打印或显示产生。

[ISO/IEC 2382-4:1999]

4.51

组 group

一组报文(一个或多个报文类型)和/或一组包(每个包都含有一个对象)。组由组头开始，用组尾结束。

4.52

组头　group header

开始并标识一个组的服务段。

4.53

组尾　group trailer

结束一个组的服务段。

4.54

散列函数　hash function

哈希函数

将值从一个大的(可能很大)定义域映射到一个较小值域的(数学)函数。"好的"散列函数是把该函数用到大的定义域中的若干值的(大)集合的结果可以均匀地(和随机地)被分布在该范围上。

[ISO/IEC 9594-8:1998]

4.55

交互式 EDI　interactive EDI (I-EDI)

为某种业务目的而在对话中进行预定义和结构化的数据交换,该交换符合 GB/T 14805.1 和 GB/T 14805.3的语法规则,并且在一对协作过程之间以即时的方式进行。

4.56

交互式 EDI 交易　I-EDI transaction

剧本的一个应用实例,由一个或多个对话组成。

4.57

标识符　identifier

用于标识或命名一个数据项并可能指出该数据项的确定性质的一个字符或一组字符。

4.58

表意字符　ideogram

在自然语言中,表示一个概念及其发音元素的图形字符。如:一个中文汉字或日文汉字。

4.59

发起方　initiator

开启对话应用和(或)交互式 EDI 交易应用。

4.60

完整性　integrity

见数据完整性(4.33)。

4.61

交换　interchange

用交换头(或服务串通知)开始,并用交换尾结束的相同类型或不同类型的报文和(或)包的序列。

4.62

交换头　interchange header

开始并唯一标识一个交换的服务段。

4.63

交换尾　interchange trailer

结束一个交换的服务段。

4.64

密钥　key

管理加密和解密操作的一序列符号。

[GB/T 9387.2—1995]

4.65

必备型 mandatory

在报文规范、段规范或复合数据元规范中使用的一种状态类型，用来规定一个段组、段、复合数据元、独立数据元或成分数据元，至少应使用一次。

4.66

报文 message

一个已标识、命名和结构化的在功能上相互关联的段的集合，它涵盖某一特定交易类型的需求(如发票)，并在报文规范中说明。一个报文用报文头开始，用报文尾结束。

注：在传送中，报文是一个具体的、符合报文规范的段的有序集合。

4.67

报文体 message body

一个已标识、命名和结构化的，在功能上与段相关联的集合，它涵盖某一特定交易类型的需求(如发票)，不包括报文头和报文尾，并在报文规范中说明。

4.68

报文目录 message directory

已标识和命名的报文及报文规范的清单。

4.69

报文头 message header

开始并唯一标识报文的服务段。

4.70

报文规范 message specification

在报文目录中对报文的说明，它包括对组成该报文的各个段和段组的位置、状态和出现最大次数的说明。

4.71

报文尾 message trailer

结束报文的服务段。

4.72

报文类型 message type

标识报文类型的代码。

4.73

源的抗抵赖性 non-repudiation of origin

允许报文发起方为报文接收方提供该报文源和报文内容完整性的不可撤销证据的服务元素。这将避免发起方随后撤销报文或其内容的企图。提供给报文接收方的源的抗抵赖性是以每个使用非对称加密技术的报文为基准。

[ITU-T F.400/X.400, Amendment 1]

4.74

数字字符集 numeric character set

包含数字，还可包含控制字符和特殊字符、但不包含字母的字符集。

[ISO/IEC 2382-4:1999]

4.75

对象 object

一个按八位字节组成的比特流(可以与一个 EDIFACT 报文相关联)。

4.76

对象头 object header

开始并唯一标识一个**对象**的**服务段**。

4.77

对象尾 object trailer

结束一个**对象**的**服务段**。

4.78

组织 organization

人们为一定目的在其中活动的唯一的权威机构。

[ISO/IEC 6523-1:1998,3.1]

4.79

包 package

一个**对象**及其相关的头段和尾段。

4.80

父子关系 parent-child relationship

两个项之间的一种关系,其中一项(子)被包含于并直接从属于另一项(父)。

4.81

位置标识符 position identifier

在从属性注释中使用的一种**标识符**,以标识某一个项(**段组**、**段**,或**数据元**)在父项中的位置。

4.82

私有密钥 private key

私钥

(在公钥密码系统中)用户密钥对中仅被该用户所知的**密钥**。

[ISO/IEC 9594-8:1998]

4.83

公开密钥 public key

公钥

(在公钥密码系统中)用户密钥对中公布给公众的**密钥**。

[ISO/IEC 9594-8:1998]

4.84

限定符 qualifier

一个赋予另一**数据元**或**段**的功能以特定意义的简单**数据元**,其值可以从一个代码表中提取。

4.85

释放字符 release character

指出接收时应将紧随其后的**字符**传给应用的**字符**。

4.86

重复数据元 repeating data element

在**段规范**中,其最大出现次数大于1的**复合数据元**或**独立数据元**。

4.87

重复分隔符 repetition separator

用于分隔**重复数据元**的相邻的重复出现的**服务字符**。

4.88

应答方　responder

对**发起方**做出应答的应用。

4.89

剧本　scenario

具有同一**业务**目标的一系列**业务**活动的形式规范。

4.90

秘密密钥　secret key

用于对称密码技术并只能由一组特定实体使用的**密钥**。

[GB/T 17901.1—1999]

4.91

段　segment

一个已标识、命名和结构化的，在功能上相互关联的**复合数据元**和(或)**独立数据元**的集合，它在**段规范**中描述。**段**用**段标记**开始，用**段终止符**结束。

注：在传送中，段是一个具体的、符合段规范的一个或多个复合数据元和(或)独立数据元的有序集合。

4.92

段目录　segment directory

用**段规范**来标识和命名这些**段**的清单。

4.93

段组　segment group

报文中已标识的若干个**段**和(或)**段组**的层次化的集合。

4.94

段规范　segment specification

段目录中对**段**的说明，它包括了对组成该**段**的**数据元**的位置、**状态**和最大出现次数的说明。

4.95

段标记　segment tag

通过引用**段目录**来唯一标识一个**段**的**简单数据元**。

4.96

段终止符　segment terminator

指示一个**段**结束的**服务字符**。

4.97

服务字符　service character

保留给句法使用的字符，它包括**成分数据元分隔符**、**数据元分隔符**、**释放字符**、**重复分隔字符**和**段终止符**。

4.98

服务复合数据元　service composite data element

用于**服务段**中的**复合数据元**。

注：服务复合数据元规范仅含有服务简单数据元。

4.99

服务数据元　service data element

服务简单数据元或**服务复合数据元**。

4.100

服务报文　service message

用于交换与 EDIFACT 语法规则或安全的使用有关的服务信息的**报文**。

注：服务报文规范仅含有服务段。

4.101

服务段 service segment

a) 在服务报文中使用的段;

b) 用于控制数据传送的段。

注:服务段规范仅含有服务复合数据元和(或)服务简单数据元。

4.102

服务简单数据元 service simple data element

仅在服务段和(或)服务复合数据元中使用的简单数据元。

4.103

服务串通知 service string advice

用在交换开始,以规定在交换中使用的服务字符的一个可选的字符串。

4.104

简单数据元 simple data element

含有单一的数据元值的数据元。

注:简单数据元有两种用法:一是在复合数据元里作为成分数据元,一是在段内和复合数据元之外作为独立数据元。

4.105

简单数据元目录 simple data element directory

已标识和命名的简单数据元及简单数据元规范的清单。

4.106

简单数据元规范 simple data element specification

简单数据元目录中的简单数据元的属性集合。

4.107

特殊字符 special character

不是字母、数字或空白字符,通常也不是表意字的图形字符。

[ISO/IEC 2382-4:1999]

4.108

独立数据元 stand-alone data element

一种在段中使用而又不处于复合数据元中的简单数据元。

4.109

状态 status

段、段组、复合数据元或简单数据元的一种属性,在报文用法中标识段/数据元的出现或不出现的规则。

注:状态类型有条件型和必备型。

4.110

串 string

作为整体考虑的具有相同性质(如字符)的元素序列。

[ISO/IEC 2382-4:1999]

4.111

对称算法 symmetric algorithm

加密和解密或者鉴别和确认都使用相同密钥值的密码算法。

4.112

威胁 threat

一种潜在的对安全的侵害。

[GB/T 9387.2—1995]

4.113

传送 transfer

从一个伙伴到另一伙伴的信息通信。

4.114

触发段 trigger segment

开始一个段组的段。

5 服务字符

5.1 概述

服务字符包括:成分数据元分隔符、数据元分隔符、释放字符、重复分隔符和段终止符。

成分数据元分隔符、数据元分隔符、重复分隔符和段终止符用于描述第7章定义的各种语法结构。

释放字符的目的是允许使用另一个被解释为服务字符的字符。在一个交换中,紧随释放字符的字符应不被解释为服务字符。

当使用释放字符时,它不被作为数据元值的长度计算。

注:使用在5.2所示的默认服务字符时,数据传输中出现的“10? +10=20”,在接收方应解释为“10+10=20”。数据元值中的问号在传输中应表示为“??”。

5.2 默认服务字符

表1给出了本部分使用的默认服务字符。

表1 默认服务字符

名称	图形表示	功能
冒号	:	成分数据元分隔符
加号	+	数据元分隔符
问号	?	释放字符
星号	*	重复分隔符
撇号	'	段终止符

5.3 服务串通知 UNA

条件型的服务串通知(UNA)用于规定在交换中使用的服务字符(见附录A)。当服务字符与默认服务字符(见5.2)不同时,应使用UNA。如果使用默认字符,其用法是可选的。

使用服务串通知UNA时,它应紧挨在交换头段之前出现。

6 字符总表

从交换服务串通知(如果使用)一直到交换头中用作语法标识符的复合数据元S001应使用GB/T 1988—1998的基本代码表中规定的字符编码。

交换中所用字符的字符总表应使用交换头中S001“语法标识符”的数据元0001的代码值(参见附录D)来标识。所标识的字符总表不适用于对象和(或)加密的数据。

特殊字符总表的默认编码技术应是其相关的字符集规范定义的编码技术。

如果不使用默认选项,应使用交换头中的数据元0133“字符编码,代码型”的代码值。

代码扩充技术(GB 2311—2000)只能在交换头中的复合数据元S001“语法标识符”之后使用。

代码扩充技术和它的目标图形字符应仅用于:

——用字母或字母数字表示的自然语言型(文本型)数据元。

该技术不可用于诸如下列所述的任一部分:

——段标记；

——服务字符；

——用数字表示的数据元。

用于指明代码扩充的字符不应作为数据元长度计算，也不应用作服务字符。

在计算数据元长度时，一个图形字符应计作一个字符，不用考虑对其编码所需的字节或 8 位位组的数目。

7 语法结构

7.1 概述

本章中的定义规定了逻辑语法结构。其使用规则在第 8 章中定义。

7.2 交换结构

一个交换应由一个服务串通知或者一个交换头开始，并且应由一个交换头标识，由一个交换尾终止。交换应至少含有一个组，或一个报文，或一个包。在一个交换中，可以有多个组或报文和(或)包，其中的每一个都由其头标识，由其尾终止。在一个交换或一个组中的报文可以由一种或多种报文类型组成。

一个交换应仅包含下列内容之一：

——报文；

——包；

——报文和包；

——含有报文的组；

——含有包的组；

——含有报文和包的组。

7.3 组结构

组是位于交换头和交换尾之间的由一个或多个报文和(或)包组成的条件型结构。

组由组头开始并标识，由组尾终止，且至少应含有一个报文或包。

7.4 报文结构

报文由若干个段的有序集合组成(参见附录 B)。若干个段可组成段组，每个段的位置、状态和最大出现次数应在报文规范中说明。

报文规范中给出的段应具有必备型或条件型状态中的一种状态。

报文规范应保证在接收时对每一个报文段的无歧义的标识。这种标识可以用段标记(或段标记及 UGH 和 UGT 段中的防冲突段组标识)和段在报文中的位置为基准来实现，不应与段的状态或最大出现次数有关。

报文由报文头开始和标识，由报文尾终止，且至少应包含另外一个段。

7.5 段组结构

段组由段的有序集合组成：一个触发段和至少一个以上的段或段组。触发段应是段组中的第一个段，其状态是必备型的，最大出现次数为一次。报文结构中的每个段组的位置、状态和最大重复次数应在报文规范中说明。

一个段组可含有一个或多个从属段组。当一个段组被包含在另一段组内并直接从属于那个段组时，该从属段组被称为子段组，另一段组被称为父段组。

报文规范中给出的段组应具有必备型或条件型状态中的一种状态。

7.6 段结构

段由若干个独立数据元和(或)复合数据元的有序集合组成，如果在段规范中做了规定，其中的每一个成分都允许重复。段中每个独立数据元或复合数据元的位置、状态和最大出现次数应在段规范中说明。段由段规范中的段标记开始和标识。除了段标记之外,段内应至少再包含一个数据元。

段规范中给出的数据元应具有必备型或条件型状态中的一种状态。

7.7 段标记结构

段标记是一个简单数据元。

用字母"U"(如:UNB、UIH)开头的段标记应保留给服务段使用。

7.8 复合数据元结构

复合数据元由两个或多个成分数据元的有序集合组成。复合数据元结构中的每个成分数据元的位置和状态应在复合数据元规范中说明。

复合数据元规范中给出的成分数据元应具有必备型或条件型状态中的一种状态。

7.9 简单数据元结构

简单数据元含有单个数据元值。

简单数据元可作为独立数据元使用,也可作为成分数据元使用。独立数据元出现在段中的复合数据元之外,成分数据元出现在复合数据元之中。

每个简单数据元的数据元值的表示应在数据元规范中说明。

7.10 包结构

包应由对象头开始和标识,由对象尾终止,并应含有一个对象。

8 保留和删除

8.1 概述

当制作传送用的报文时,应使用本章中的规则。根据这些规则,在某些情况下,一些段组、段、数据元和数据元值中的字符应该出现,而在另外一些情况下,则应予以删除。

8.2 确定是否出现

如果一个简单数据元的值至少含有一个字符,则该简单数据元应出现。

如果一个复合数据元中至少有一个成分数据元出现,则该复合数据元应出现。

如果一个段的段标记出现,则该段应出现。

如果一个段组的触发段出现,则该段组应出现。

8.3 段组的保留

一个不包含在另一个段组中的必备型的段组应出现。

如果一个必备型的子段组的父段组出现,则该子段组应出现。

必备型的段组出现一次就足以满足必备型的要求。

8.4 段组的删除

如果删除一个段组,则其所有的段及其所包含的从属段组,无论状态如何,都应被删除。

8.5 段的保留

段应按报文规范中规定的顺序出现。

段应由段终止符终止。

不在段组中的必备型段应当出现。

如果一个段组出现的话,包含在该段组中的必备型段也应当出现。

必备型的段出现一次就足以满足必备型的要求。

以一个假定的段标记 ABC 为例,如果它被定义为必备型段,而且只包含条件型数据元,并在传送时这些条件型数据元无数据出现,则它应以"ABC′"的形式传送。

8.6 段的删除

只出现段标记的条件型段应作为整体予以删除。

8.7 数据元的保留

数据元应按段规范中规定的顺序出现。

在同一段中，相邻的非重复数据元应该用数据元分隔符分开。

在一个段中，同一重复数据元连续出现时应该用重复分隔符分开。

在同一复合数据元中，相邻的成分数据元应该用成分数据元分隔符分开。

如果一个段出现，则该段中的必备型独立数据元应当出现。

如果一个段出现，则该段中的必备型复合数据元应当出现。

如果一个复合数据元出现，则该复合数据元中的必备型成分数据元应当出现。

必备型重复数据元出现一次就足以满足必备型的要求。

8.8 数据元的删除

8.8.1 概述

如图1至图6所示，“Tag”表示段标记，“DE”表示复合数据元或独立数据元，“CE”表示成分数据元，使用默认的服务字符。

8.8.2 复合数据元和独立数据元的删除

在同一段中，如果删除了一个非重复复合数据元或独立数据元，并且其后紧随着另一个复合数据元或独立数据元，则其位置应由通常紧随其后的数据元分隔符的保留来指明。如果所有的重复数据元被删除，这一规则也适用(见图1)。

图1 段中的非重复数据元的删除

如果删除了在段的末端的一个或多个非重复复合数据元或独立数据元，则也应删除通常紧随其后的数据元分隔符(见图2)。

图2 段末端的非重复数据元的删除

8.8.3 成分数据元的删除

在同一复合数据元中，如果删除了一个成分数据元，且其后紧随着另一个成分数据元，则其位置应由通常紧随其后的成分数据元分隔符的保留来指明(见图3)。

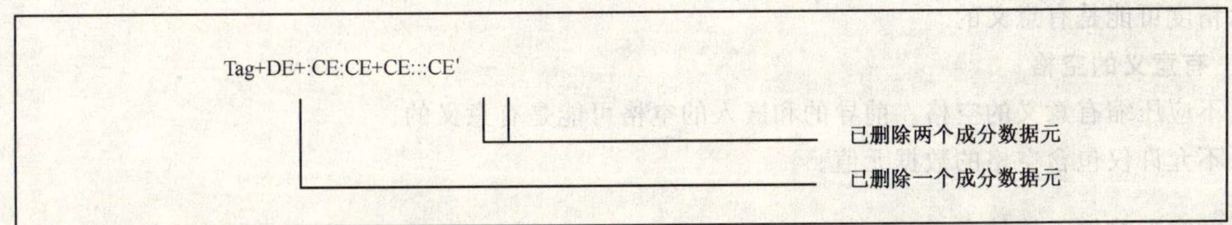

图3 复合数据元中的成分数据元的删除

如果删除了在复合数据元的末端的一个或多个成分数据元，则也应删除通常紧随其后的成分数据元分隔符(见图4)。

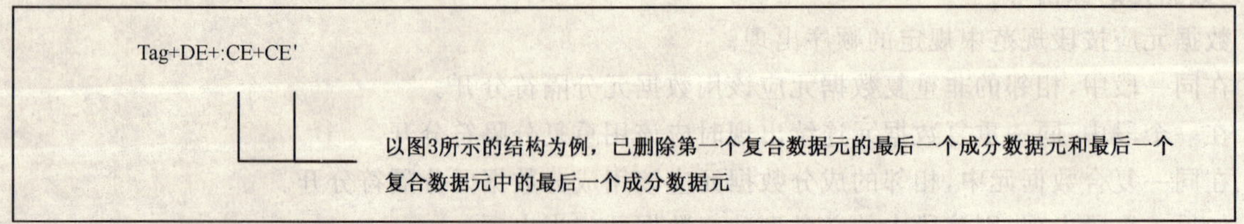

图 4 复合数据元末端的成分数据元的删除

8.8.4 重复数据元的出现的删除

重复数据元的出现的位置可能是很有意义的，例如，为了传送有序数据。在这种情况下，如果重复数据元的一次出现被删除且其后紧随着同一重复数据元的另一次出现，则其位置应由通常紧随其后的重复分隔符的保留来指明（见图 5）。

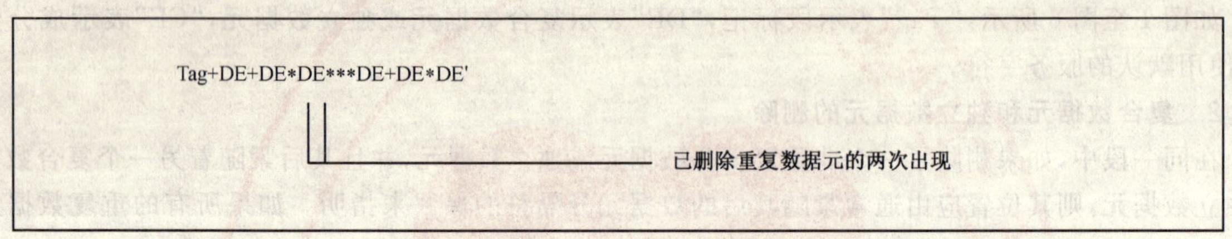

图 5 重复数据元中的出现的删除

如果在重复数据元的末端删除重复数据元的一次或多次出现，则也应删除通常紧随其后的重复分隔符（见图 6）。

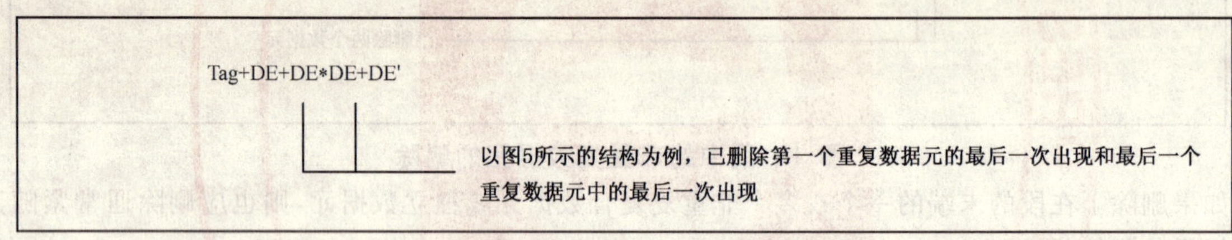

图 6 重复数据元末端的出现的删除

9 数据元中的字符的压缩

9.1 概述

在可变长的数据元中，应压缩（即从传送中删除）无意义的字符，保留有意义的字符。

9.2 无意义的字符

在可变长数字数据元中，应压缩前导零。但是，小数点前的单个的零是允许的。在可变长字母数据元和字母数字数据元中，应压缩尾随的空格。

9.3 有意义的零

不应压缩有意义的零。单个的零可能是有意义的，例如指示温度或税率。小数点后尾随的零对于指示精度可能是有意义的。

9.4 有意义的空格

不应压缩有意义的空格。前导的和嵌入的空格可能是有意义的。

不允许仅包含空格的数据元值。

10 数字型数据元值的表示

就本部分而言，数字型数据元值的表示应是 ISO 6093:1985（不应使用三元组分隔符）规定的任何一种，但下列情况例外：

——不使用 GB/T 1988—1998 中指定的编码；

——对可变长数字字段，采用压缩规则(见第 9 章)；

——不允许空格字符和加号；

——允许用点号“.”和逗号“,”表示小数点。在我国，优先使用点号“.”表示小数点；

——数字数据元值的长度不包括负号(－)、小数点符号(.或,)，或指数符号(E 或 e)及其指数；

——传输小数点符号时，其后至少应有一位数字。

允许用点号或逗号来表示单个数值的小数点。

小数点的使用示例如下：

允许用(点号):2 和 2.00 和 0.5 和.5

不允许用(点号):1. 和 0. 和.

允许用(逗号):2 和 2,00 和 0,5 和,5

不允许用(逗号):1,和 0,和,

11 从属性注释

11.1 概述

如果需要，应在报文规范、段规范或复合数据元中使用从属性注释来表述一些关系。

在从属性注释中定义了两个或多个项(项可以是一个段组、一个段、一个复合数据元、一个独立数据元或一个成分数据元)组成的列表。

任何一个项均可以隶属于一个以上的从属性注释。

11.2 报文规范中的从属性注释

报文规范中的从属性注释用于描述段之间、段组之间或段与段组之间的关系。这些项应位于同一层级并在同一父结构中。

11.3 段规范中的从属性注释

段规范中的从属性注释用于描述独立数据元之间、独立数据元与复合数据元之间或复合数据元之间的关系。这些项应在同一段中。

从属性注释不应用于描述独立数据元和成分数据元之间或复合数据元与成分数据元之间的关系。

11.4 复合数据元规范中的从属性注释

复合数据元规范中的从属性注释用于描述成分数据元之间的关系。这些项应出现在同一复合数据元中。

11.5 从属性注释表记法

从属性注释由一个从属性标识符和置于括号中并用逗号分开的位置标识符清单组成，例如 D3(030,060,090)。位置标识符用项在其父项中的位置号来标识该项，从属性标识符标识清单中各项之间的从属性类型。

清单至少应含有两个位置标识符。清单中位置标识符的顺序可以不同于它们的值所隐含表示的顺序。

从属性标识符说明如下：

D1 有一项且仅有一项

清单中的各项有一项且仅有一项出现。

D2 全有或全无

如果清单中的某一项出现，则其他各项都应出现。

D3 有一项或多项

清单中的各项至少有一项出现。

D4 有一项或无

清单中的各项最多只有一项出现。

D5 如第一项有，则所有项全有

如果清单中的第一项出现，则其他各项都应该出现。但其他一项或多项的出现并不要求第一项必须出现。

D6 如第一项有，则至少有一项有

如果清单中的第一项出现，则至少再有一项出现。但其他一项或多项的出现并不要求第一项必须出现。

D7 如第一项有，则其他项全无

如果清单中的第一项出现，则其他项都不出现。

12 段冲突的防止

在传送的报文中，当基于段标记和段位置的方法无法保证报文中的每一个段都能被无歧义地接收时，应在报文规范中使用 UGH/UGT 段组(参见附录 C)。

在这种情况下，应使用 UGH/UGT 段组封装不能被无歧义标识的段组。

在 UGH/UGT 段组中，UGH 段是第一个段，其状态为必备型且最大重复次数为 1；UGT 段是最后一个段，其状态为必备型且最大重复次数为 1。

数据元 0087“防冲突段组标识”的值应是报文规范中规定的 UGH/UGT 段组的段组号。

UGH/UGT 段组的最大重复次数为 1，其状态应与所封装的段组的状态相同。

在条件型 UGH/UGT 服务段组围绕着报文结构中可能引起冲突的条件组的情况中，当围绕条件组的数据出现时，仅传送 UGH/UGT 服务段组。

13 语法发布标识

为了标识语法版本中将来发布的语法，应使用 UNB 交换头或 UIB 交互式交换头中的语法标识符(复合数据元 S001)(参见附录 D)。

附 录 A
（规范性附录）
服务串通知 UNA

服务串通知应由大写字母UNA开始，紧随其后的是按如下顺序所示的6个字符。空格字符不应在010、020、040、050、060的位置上使用。相同的字符不应在UNA的多个位置上使用。

位置	表示	状态	名称	备注
010	an1	M	成分数据元分隔符	
020	an1	M	数据元分隔符	
030	an1	M	小数点	接收方应忽略在该位置上传送的字符，保留该位是为保证与早期语法版本的向上兼容性。
040	an1	M	释放字符	
050	an1	M	重复分隔符	
060	an1	M	段终止符	

说明：

位置(POS)　服务串通知中字符的3位数字顺序号

表示(REP)　服务串字符的表示

　an1=1位字母数字字符

状态(S)　服务串字符的状态

　M=必备型

名称(Name)　服务串通知中的字符的名称

备注(Remarks)　附加注解

附 录 B
（资料性附录）
报文中段和段组的顺序

B.1 概述

报文中使用的段按报文段表规定的顺序自顶向下出现。

在报文段表中，段由其标记指明。报文中包含该段的必要性即该段的状态，必备型用字母 M 表示，条件型用字母 C 表示。状态之后指出的是段在实际应用中可出现的次数，此后可跟着有关的从属性注释标识符。

在报文段表中，段组由其段组号指明。报文中包含该段组的必要性即该段组的状态，必备型用字母 M 表示，条件型用字母 C 表示。状态之后指出的是段组在实际应用中可出现的次数，此后可跟着有关的从属性注释标识符。

B.2 段组

如图 B.1 所示，两个或两个以上的段可组成段组。在报文段表中，每个段组的触发段紧跟在段组标识(如段组 1、段组 2 等)后出现。段组中的所有其他的段按顺序排列，段组中的最后一个段由用于规定段组范围的边界线标识。

一个段组可包含另一个(或多个)从属段组(如图 B.1 中的段组 2 包含从属段组 3)。如图 B.1 所示，一个段可以终止两个(或多个)段组，并由段组边界线(图中的 LLL 段)指明。

在图 B.1 中，段组 2 是段组 3 的父段组，段组 3 是段组 4 的父段组。

位置	标记	名称	状态	最大出现次数	注释
0010	Uxx	报文头	M	1	
0020	AAA	段 AAA 名	M	1	
0030	BBB	段 BBB 名	C	9	
0040	CCC	段 CCC 名	C	9	
0050		——段组 1——	C	999	1
0060	DDD	段 DDD 名	M	1	
0070	EEE	段 EEE 名	C	9	
0080	FFF	段 FFF 名	C	9	
0090	GGG	段 GGG 名	C	1	
0100		——段组 2——	C	9	1
0110	HHH	段 HHH 名	M	1	
0120		——段组 3——	C	9	
0130	III	段 III 名	M	1	
0140	JJJ	段 JJJ 名	C	9	
0150		——段组 4——	C	9	
0160	KKK	段 KKK 名	M	1	
0170	LLL	段 LLL 名	C	9	

图 B.1 报文段表的例子

.

.

.

nnnn	Uxx	报文尾	M	1

从属性注释：

1. D3(0050,0100)有一项或多项。

说明：

位置(POS)　　报文中的段或段组的顺序位置号(按10递进，便于以后对报文结构进行增补)

标记(TAG)　　报文中的段的标记

名称(Name)　　报文中的段的名称

状态(S)　　段或段组的状态，即 M=必备型，C=条件型

最大出现次数(R)段或段组出现的最大次数

注释(Notes)　　注释号

注1：仅用段标记来表示的段的处理/排列顺序的例子如下所示：

Uxx,AAA,BBB,CCC,DDD,EEE,FFF,GGG,DDD,EEE,FFF,GGG,HHH,III,JJJ,KKK,LLL,…,Uxx

其中：段组1出现两次，其他段组出现一次，可重复的段也只出现一次。

注2：在上述的段表和段串中，第一个“Uxx 报文头”，在批式 EDI 的情况下应为“UNH”，在交互式 EDI 的情况下应为“UIH”；第二个“Uxx 报文尾”，在批式 EDI 的情况下应为“UNT”，在交互式 EDI 的情况下应为“UIT”。

注3：如上所示，报文级的从属性注释(注1)可以在报文段表(UN/EDIFACT 报文规范的组成部分)中说明。

图 B.1(续)

附 录 C
（资料性附录）
防冲突段组 UGH/UGT 的用法

C.1 引言

本附录简述了防冲突段组 UGH/UGT 的用法。该技术只有在确信其他方法无法解决问题时才能使用。

C.2 问题

例 1：

```
ABC                    C 1
DEF                    C 5
──────── 组 1 ──────── C 5 ──────────┐
ABC                    M 1           ¦
JKL                    C 5           ¦
──────── 组 2 ──────── C 5 ───────┐  ¦
ABC                    M 1        ¦  ¦
MNO                    C 5        ¦  ¦
PQR                    C 5 ───────┴──┘
```

例 1 给出了在 7 个位置上使用 5 个不同段的报文结构。ABC 段用在 3 个不同的位置上。

数据流可能是下列情况：

ABC+…'DEF+…'ABC+…'JKL+…'ABC+…'MNO+…'PQR+…'ABC+…'

由于不能确定第一个 ABC 段是独立段还是段组 1 的开始，所以出现了段冲突，而且也不能确定 JKL 段后面的 ABC 段是段组 2 的开始还是段组 1 的开始。

段组 UGH/UGT 可以解决上述问题。使用 UGH/UGT 的正确方法是封装存在问题的段组中的最内层段组。

例 2：

```
ABC                    C 1
DEF                    C 5
──────── 组 1 ──────── C 1 ────────────┐
UGH                    M 1             ¦
──────── 组 2 ──────── C 5 ──────────┐ ¦
ABC                    M 1           ¦ ¦
JKL                    C 5           ¦ ¦
──────── 组 3 ──────── C 1 ───────┐  ¦ ¦
UGH                    M 1        ¦  ¦ ¦
──────── 组 4 ──────── C 5 ─────┐ ¦  ¦ ¦
ABC                    M 1      ¦ ¦  ¦ ¦
MNO                    C 5      ¦ ¦  ¦ ¦
PQR                    C 5 ─────┘ ¦  ¦ ¦
UGT                    M 1 ───────┴──┘ ¦
UGT                    M 1 ────────────┘
```

于是数据流可能变成下列情况：

ABC+…'DEF+…'UGH+1'ABC+…'JKL+…'UGH+3'ABC+…'MNO+…'PQR+…'ABC+…'UGT+3'UGT+1'

用表格的形式对上述数据流分析如表 C.1 所示：

表 C.1 数据流分析(1)

数据流的值	说 明
ABC+…'DEF+…'	独立段
UGH+1'	段组 1 的开始，段组 2 的开始信号
ABC+…'JKL+…'	段组 2
UGH+3'	段组 3 的开始，段组 4 的开始信号
ABC+…'MNO+…'PQR+…'	段组 4
ABC+…'	段组 4
UGT+3'	段组 3 的结束，段组 4 的结束信号
UGT+1'	段组 1 的结束，段组 2 的结束信号

由此可见，JKL 后的 ABC 是段组 4 的开始，而且由于 PQR 后没有 UGT，因此其后的 ABC 是段组 4 的第二次出现。

下面考虑一个更详细的数据流：

ABC+…'DEF+…'UGH+1'ABC+…'JKL+…'UGH+3'ABC+…'MNO+…'PQR+…'UGT+3'ABC+…'JKL+…'UGH+3'ABC+…'MNO+…'PQR+…'ABC+…'MNO+…'PQR+…'ABC+…'MNO+…'PQR+…'UGT+3'UGT+1'

用表格的形式对上述数据流分析如表 C.2 所示：

表 C.2 数据流分析(2)

数据流的值	说 明
ABC+…'DEF+…'	独立段
UGH+1'	段组 1 的开始，段组 2 的开始信号
ABC+…'JKL+…'	段组 2
UGH+3'	段组 3 的开始，段组 4 的开始信号
ABC+…'MNO+…'PQR+…'	段组 4
UGT+3'	段组 3 的结束，段组 4 的结束信号
ABC+…'JKL+…'	段组 2
UGH+3'	段组 3 的开始，段组 4 的开始信号
ABC+…'MNO+…'PQR+…'	段组 4
ABC+…'MNO+…'PQR+…'	段组 4
ABC+…'MNO+…'PQR+…'	段组 4
UGT+3'	段组 3 的结束，段组 4 的结束信号
UGT+1'	段组 1 的结束，段组 2 的结束信号

在上面的例子中，段组 2 出现两次。在其第一次出现时，段组 4 重复一次，在其第二次出现时，段组 4 重复 3 次。

附 录 D
(资料性附录)
语法发布标识

复合数据元 S001 被定义如下：

位置	标记	名称	状态	最大次数	表示
010	S001	语法标识符	M	1	
	0001	语法标识符	M		a4
	0002	语法版本号	M		an1
	0080	服务代码表目录版本号	C		an..6
	0133	字符编码,代码型	C		an..3
	0076	语法发布号	C		an2

成分数据元 0076 给出标识发布语法版本号的方法。例如,每发布一次语法技术勘误表应导致语法发布号增加 1 个数字(例如:从 00 开始,发布一次后数字变为 01,再发布一次数字变为 02)。

由 UN/CEFACT 维护并且在 JSWG 网站上发布的每年更新两次的服务代码表目录应导致服务代码表目录版本号(数据元 0080)后两位数字每次增加 1。语法版本号(数据元 0002)的值和语法发布号(数据元 0076)的值也应相对于服务代码表目录版本号(数据元 0080)第 1、2、3 次变化而变化。

图 D.1 给出了将导出支持数据元 0080 中 5 个数字字段标识方案的编号系统。

0002 语法版本号	0076 语法发布号	0080 服务代码表目录版本号
4	00	40000
	00	40001
	00	40002
	00	40003
	01	40100
	01	40101
	01	40102
	02	40200
	02	40201
	02	40202
	…	…
	99	49900

图 D.1 语法版本 4 的标识方案

在若干年之后如果仅想要增加语法版本号(成分数据元 0002),应请求对该语法版本号进行重要的变化或升级。

图 D.2 给出当语法版本号从 4 变到 5 后标识方案的作用。

重要的是认识到语法版本号是最稳定的字段,而语法发布号字段则是考虑到一些中间变化,提前决定是否更新语法版本号。由于每年要发布一到两次电子版的服务代码表目录,因此,服务代码表目录版本号是最为动态化的字段。

0002 语法版本号	0076 语法发布号	0080 服务代码表目录版本号
5	00	50000
	00	50001
	00	50002
	01	50100
	01	50101
	01	50102
	01	50103
	02	50200
	02	50201
	02	50202
	…	…
	99	59900

图 D.2 语法版本 5 的标识方案

下面给出了当仅对语法版本 4 的服务代码表目录进行变化时,复合数据元 S001 中的数据元如何填充的例子。

S001	语法标识符	
0001	语法标识符	UNOA
0002	语法版本号	4
0080	服务代码表目录版本号	40001
0133	字符编码,代码型	
0076	语法发布号	

在 UNB 段中将会进行如下传送:

UNB＋UNOA:4:40001＋…

其中:

UNOA:　3 位大写字母表示的管理机构(例如:UNO＝UN/ECE),以及 1 位字母表示的说明层(例如:A)(两项合在一起为 UNOA);

4:　ISO 9735 版本 4;

40001:　4 表示语法版本号;00 表示语法发布号没有变化;01 表示对服务代码表目录有一次变化。

在对语法发布号进行第一次变化之后将导致复合数据元 S001 进行下列填充:

S001	语法标识符	
0001	语法标识符	UNOA
0002	语法版本号	4
0080	服务代码表目录版本号	40101
0133	字符编码,代码型	
0076	语法发布号	01

在 UNB 段中将会进行如下传送:

UNB＋UNOA:4:40101::01＋…

ICS 35.240.60
L 70

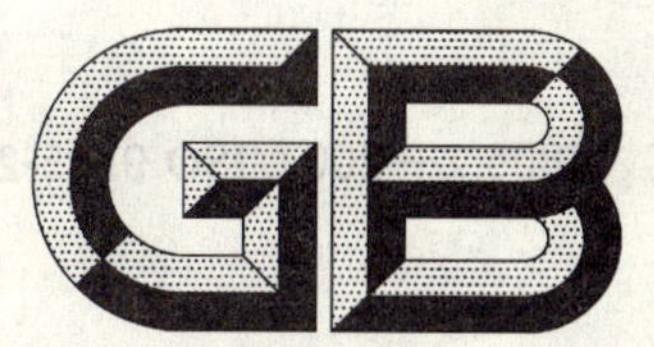

中华人民共和国国家标准

GB/T 14805.2—2007/ISO 9735-2:2002
代替 GB/T 14805.2—1999

行政、商业和运输业电子数据交换(EDIFACT) 应用级语法规则(语法版本号:4,语法发布号:1)第2部分:批式电子数据交换专用的语法规则

Electronic data interchange for administration, commerce and transport (EDIFACT)—Application level syntax rules (Syntax version number: 4, Syntax release number: 1)—Part 2: Syntax rules specific to batch EDI

(ISO 9735-2:2002, IDT)

2007-06-29 发布　　　　2007-11-01 实施

中华人民共和国国家质量监督检验检疫总局
中国国家标准化管理委员会　发布

前言

GB/T 14805《行政、商业和运输业电子数据交换(EDIFACT) 应用级语法规则(语法版本号:4,语法发布号:1)》由下列部分组成:

——第1部分:公用的语法规则;

——第2部分:批式电子数据交换专用的语法规则;

——第3部分:交互式电子数据交换专用的语法规则;

——第4部分:批式电子数据交换语法和服务报告报文(报文类型为CONTRL);

——第5部分:批式电子数据交换安全规则(真实性、完整性和源抗抵赖性);

——第6部分:安全鉴别和确认报文(报文类型为AUTACK);

——第7部分:批式电子数据交换安全规则(保密性);

——第8部分:电子数据交换中的相关数据;

——第9部分:安全密钥和证书管理报文(报文类型为KEYMAN);

——第10部分:语法服务目录。

将来还有可能增加新的部分。

本部分为GB/T 14805的第2部分。

本部分等同采用ISO 9735-2:2002《行政、商业和运输业电子数据交换(EDIFACT) 应用级语法规则(语法版本号:4,语法发布号:1) 第2部分:批式电子数据交换专用的语法规则》。

本部分代替GB/T 14805.2—1999。

本部分与GB/T 14805.2—1999的主要变化为:对ISO前言和本部分的引言部分进行了更新。与以前版本相比,大部分内容相同,只是在术语和段组的使用说明上有些变化,并更正了一些编辑性错误。

本部分由中国标准化研究院提出。

本部分由全国电子业务标准化技术委员会归口。

本部分由中国标准化研究院负责起草。

本部分的主要起草人:胡涵景、刘碧松、魏宏、任冠华、章建方、刘颖、孙文峰、岳高峰、徐成华、曹新九。

本部分于1999年第一次发布。

ISO 前言

ISO(国际标准化组织)是一个世界性的各国标准机构(ISO 国家成员体)联盟。国际标准的制定工作一般通过 ISO 技术委员会完成。对某个已建立的技术委员会的项目感兴趣的每个成员体,有权对该技术委员会表述意见。任何与 ISO 有联络关系的官方和非官方的国际组织都可直接参与制定国际标准。ISO 与 IEC(国际电工委员会)在电工技术标准的所有领域密切合作。

应按照 ISO/IEC 导则第 3 部分的规则起草国际标准。

技术委员会的主要任务是起草国际标准。由技术委员会正式通过的国际标准草案在被 ISO 理事会接受为国际标准之前,须分发到各成员体进行表决,按照 ISO 的工作程序,至少 75%的成员体投票赞成后,该标准草案才成为国际标准。

应当注意的是本部分可能涉及到专利。ISO 不负责标识这些专利。

ISO 9735-2:2002 由 ISO/TC 154(商业、工业和行政中的过程、数据元和单证)与 UN/CEFACT 联合语法工作组合作起草。

ISO 9735-2:2002 取代第一版标准(ISO 9735-2:1998)。而在 ISO 9735-2:2002 第 2 章提到的 ISO 9735:1988 以及其 1992 年第 1 号修改单只是被临时性地保留。

另外,为了更好地进行维护,已经将 ISO 9735 各部分中的语法服务目录取消,并将它们重新组合成一个新的部分,即:ISO 9735-10。

在 ISO 9735-1:1998 发布的时候,已经将 ISO 9735-10 分配为“交互式 EDI 安全规则”部分。由于缺乏用户的支持,这部分内容被撤消,因此在 ISO 9735-2:2002 中删除了所有与“交互式 EDI 安全规则”有关的参考。

在 ISO 9735 各部分中的术语和定义被重新编排并被放在 ISO 9735-1 中。

ISO 9735-2 和 ISO 9735-1 部分是一起在 ISO 9735:1988 以及其 1992 年第 1 号修改单的基础上进行修改的。

ISO 9735 在《行政、商业和运输业电子数据交换(EDIFACT) 应用级语法规则(语法版本号:4,语法发布号:1)》的总标题下由下列几部分组成:

——第 1 部分:公用的语法规则;

——第 2 部分:批式电子数据交换专用的语法规则;

——第 3 部分:交互式电子数据交换专用的语法规则;

——第 4 部分:批式电子数据交换语法和服务报告报文(报文类型为 CONTRL);

——第 5 部分:批式电子数据交换安全规则(真实性、完整性和源抗抵赖性);

——第 6 部分:安全鉴别和确认报文(报文类型为 AUTACK);

——第 7 部分:批式电子数据交换安全规则(保密性);

——第 8 部分:电子数据交换中的相关数据;

——第 9 部分:安全密钥和证书管理报文(报文类型为 KEYMAN);

——第 10 部分:语法服务目录。

将来还有可能增加新的部分。

引 言

基于对批式或交互式电子数据交换处理的需求，本部分包括了在开放环境下电子报文交换中数据结构的应用级规则。联合国欧洲经济委员会(UN/ECE)已经同意把这些规则作为用于行政、商业和运输业电子数据交换(EDIFACT)的应用级语法规则。这些规则是联合国贸易数据交换目录(UNTDID)的一部分。UNTDID 还包含批式和交互式报文设计指南。

本部分可用于各种应用，如果报文符合 UNTDID 中的其他指南、规则和目录，则使用这些规则的报文被看作 EDIFACT 报文。对于 UN/EDIFACT 批式报文而言，批式报文应符合批式的报文设计规则。这些规则在 UNTDID 中加以维护。

通信规范及协议不在本部分的范围之内。

行政、商业和运输业电子数据交换(EDIFACT) 应用级语法规则(语法版本号:4,语法发布号:1)第2部分:批式电子数据交换专用的语法规则

1 范围

GB/T 14805 的本部分规定了在计算机应用系统之间交换的批式报文格式的语法规则。对于批式环境中包的传送,应见 GB/T 14805.8。

2 一致性

尽管本部分应在段 UNB(交换头)中出现的必备型数据元 0002(语法版本号)中使用版本号"4",和条件型数据元 0076(语法发布号)使用发布号"01",但是,为了能够与本部分相区别,继续使用早期版本中语法规则的交换应使用下列语法版本号:

——ISO 9735:1988:语法版本号:1;

——ISO 9735:1988(1990 年修改并且重新印刷):语法版本号:2;

——ISO 9735:1988 及其 1992 年第 1 号修改单:语法版本号:3;

——ISO 9735:1998:语法版本号:4。

与某个标准的一致性意味着支持其包括所有选项的所有需求。如果不支持所有选项,则任何一致性声明应包含一个说明,用于标识那些声明与其一致的选项。

如果所交换的数据的结构和表示符合本部分规定的语法规则,则这些数据处于一致性状态。

当支持本部分的设备能够创建和/或解释其结构和表示与本部分一致的数据时,这些设备处于一致性状态。

与本部分的一致性应包括与 GB/T 14805.1 和 GB/T 14805.10 的一致性。

当在本部分中标识出在相关标准中定义的条款时,这些条款应构成一致性判定条件的组成部分。

3 规范性引用文件

下列文件中的条款通过本部分的引用而成为本部分的条款。凡是注日期的引用文件,其随后所有的修改单(不包括勘误的内容)或修订版均不适用于本部分,然而,鼓励根据本部分达成协议的各方研究是否可使用这些文件的最新版本。凡是不注日期的引用文件,其最新版本适用于本部分。

GB/T 14805.1—2007 行政、商业和运输业电子数据交换(EDIFACT) 应用级语法规则(语法版本号:4,语法发布号:1) 第1部分:公用的语法规则(ISO 9735-1:2002,IDT)

GB/T 14805.10—2003 行政、商业和运输业电子数据交换(EDIFACT) 应用级语法规则(语法版本号:4,语法发布号:1) 第10部分:语法服务目录(ISO 9735-10:2002,IDT)

4 术语和定义

GB/T 14805.1 中确立的术语和定义适用于本部分。

5 批式电子数据交换的交换结构

服务串通知(如果使用)、头服务段和尾服务段(不包括在 GB/T 14805 的有关部分中定义的用于安全和相关数据的服务段),应按图 1 给出的顺序出现在批式 EDI 的交换中:

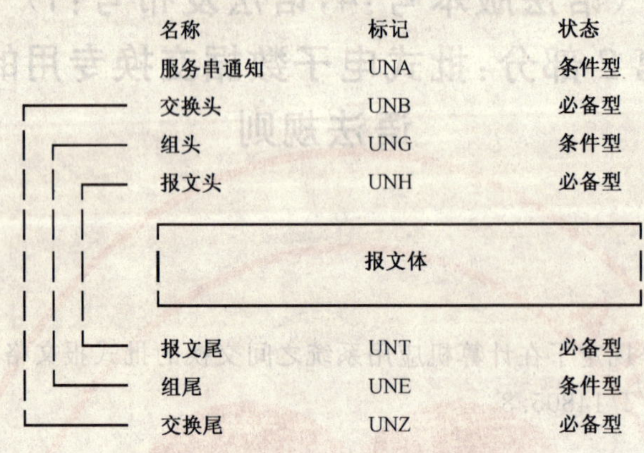

图 1 批式 EDI 交换结构

如图 1 所示,左边的线条列出了成对的头段和尾段。为了简化起见,图中列出的交换仅包含一个组和一个报文。

当使用服务串通知 UNA 时,它仅适用于紧随其后的交换。服务串通知的说明见 GB/T 14805.1—2007 的附录 A。

头段和尾段的说明见 GB/T 14805.10—2003。

注:UN/EDIFACT 报文中使用的段在联合国贸易数据交换目录(UNTDID)中定义。

6 交换中的批式电子数据交换报文

图 2 给出了交换中的批式 EDI 报文的示意图。

图 3 给出了交换中的批式 EDI 报文的说明图。

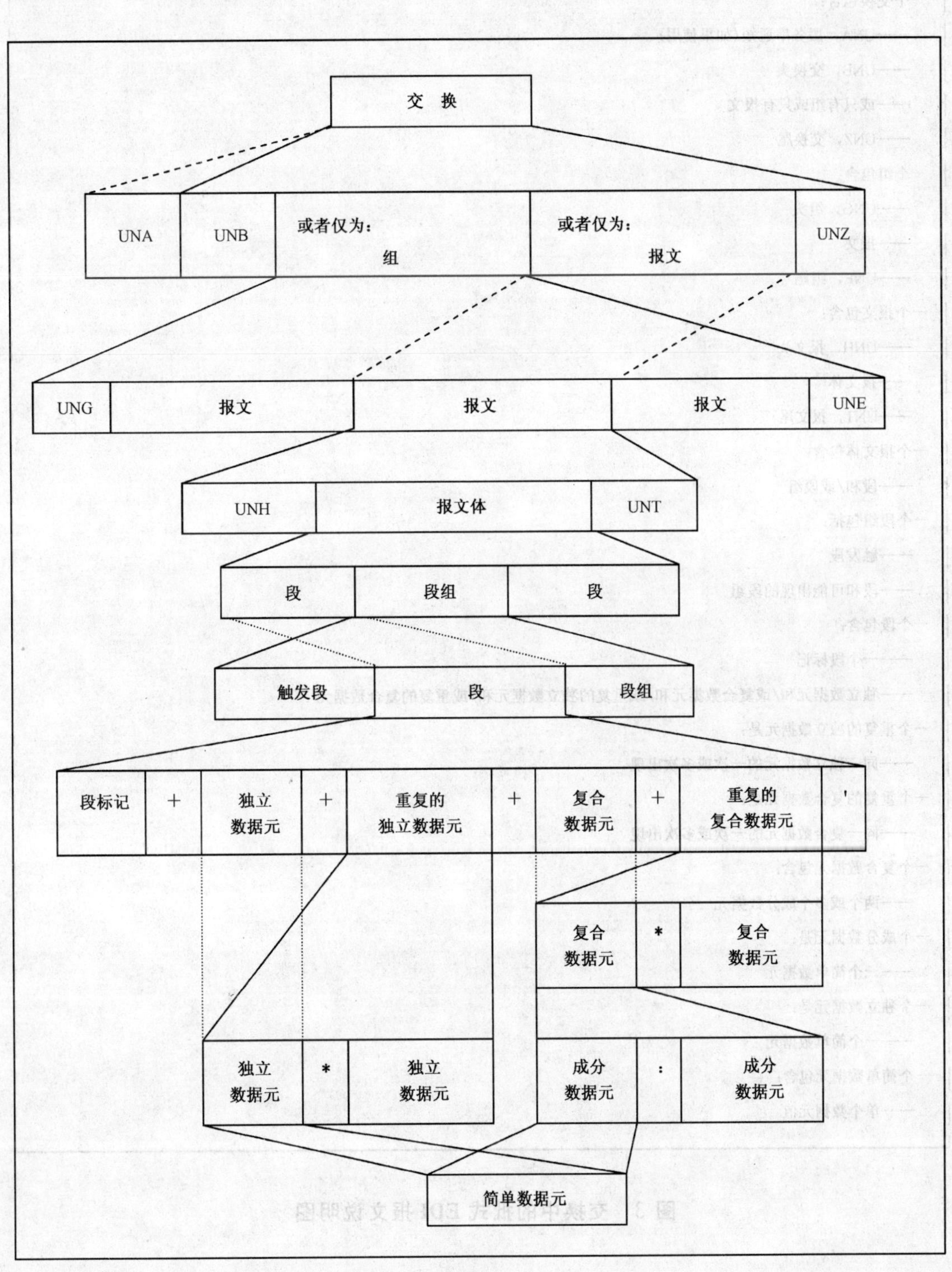

注：为了说明而使用缺省的服务字符。

图 2　交换中的批式 EDI 报文示意图

一个交换包含：

——UNA，服务串通知(如果使用)

——UNB，交换头

——或只有组或只有报文

——UNZ，交换尾

一个组包含：

——UNG，组头

——报文

——UNE，组尾

一个报文包含：

——UNH，报文头

——报文体

——UNT，报文尾

一个报文体包含：

——段和/或段组

一个段组包括：

——触发段

——段和可能出现的段组

一个段包含：

——一个段标记

——独立数据元和/或复合数据元和/或重复的独立数据元和/或重复的复合数据元

一个重复的独立数据元是：

——同一独立数据元的一次或多次出现

一个重复的复合数据元是：

——同一复合数据元的一次或多次出现

一个复合数据元包含：

——两个或多个成分数据元

一个成分数据元是：

——一个简单数据元

一个独立数据元是：

——一个简单数据元

一个简单数据元包含：

——单个数据元值

图 3 交换中的批式 EDI 报文说明图

ICS 35.240.60
L 70

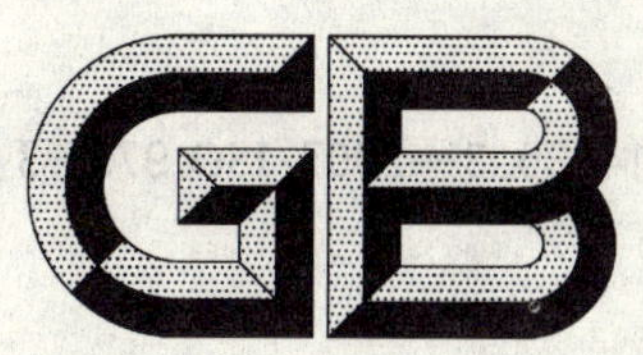

中华人民共和国国家标准

GB/T 14805.3—2007/ISO 9735-3:2002
代替 GB/T 14805.3—1999

行政、商业和运输业电子数据交换（EDIFACT） 应用级语法规则（语法版本号:4,语法发布号:1） 第3部分:交互式电子数据交换专用的语法规则

Electronic data interchange for administration, commerce and transport (EDIFACT)—Application level syntax rules(Syntax version number:4, Syntax release number:1)—Part 3:Syntax rules specific to interactive EDI

(ISO 9735-3:2002, IDT)

2007-06-29 发布　　2007-11-01 实施

中华人民共和国国家质量监督检验检疫总局
中国国家标准化管理委员会 发布

前　言

GB/T 14805《行政、商业和运输业电子数据交换(EDIFACT)　应用级语法规则(语法版本号:4,语法发布号:1)》由下列部分组成:

——第1部分:公用的语法规则;
——第2部分:批式电子数据交换专用的语法规则;
——第3部分:交互式电子数据交换专用的语法规则;
——第4部分:批式电子数据交换语法和服务报告报文(报文类型为CONTRL);
——第5部分:批式电子数据交换安全规则(真实性、完整性和源抗抵赖性);
——第6部分:安全鉴别和确认报文(报文类型为AUTACK);
——第7部分:批式电子数据交换安全规则(保密性);
——第8部分:电子数据交换中的相关数据;
——第9部分:安全密钥和证书管理报文(报文类型为KEYMAN);
——第10部分:语法服务目录。

将来还有可能增加新的部分。

本部分为GB/T 14805的第3部分。

本部分等同采用ISO 9735-3:2002《行政、商业和运输业电子数据交换(EDIFACT)　应用级语法规则(语法版本号:4,语法发布号:1)　第3部分:交互式电子数据交换专用的语法规则》。

本部分代替GB/T 14805.3—1999。

本部分与GB/T 14805.3—1999的主要变化为:对ISO前言和本部分的引言部分进行了更新。与以前版本相比,大部分内容相同,只是在术语和段组的使用说明上有些变化,并更正了一些编辑性错误。

本部分的附录A、附录B和附录C为资料性附录。

本部分由中国标准化研究院提出。

本部分由全国电子业务标准化技术委员会归口。

本部分由中国标准化研究院负责起草。

本部分的主要起草人:胡涵景、刘碧松、魏宏、任冠华、刘颖、孙文峰、岳高峰、徐成华、曹新九、章建方。

本部分于1999年第一次发布。

ISO 前言

ISO(国际标准化组织)是一个世界性的各国标准机构(ISO 国家成员体)联盟。国际标准的制定工作一般通过 ISO 技术委员会完成。对某个已建立的技术委员会的项目感兴趣的每个成员体,有权对该技术委员会表述意见。任何与 ISO 有联络关系的官方和非官方的国际组织都可直接参与制定国际标准。ISO 与 IEC(国际电工委员会)在电工技术标准的所有领域密切合作。

应按照 ISO/IEC 导则第 3 部分的规则起草国际标准。

技术委员会的主要任务是起草国际标准。由技术委员会正式通过的国际标准草案在被 ISO 理事会接受为国际标准之前,须分发到各成员体进行表决,按照 ISO 的工作程序,至少 75%的成员体投票赞成后,该标准草案才成为国际标准。

应当注意的是本部分可能涉及到专利。ISO 不负责标识这些专利。

本部分由 ISO/TC 154(商业、工业和行政中的过程、数据元和单证)与 UN/CEFACT 联合语法工作组合作起草。

本部分取代第一版标准(ISO 9735-3:1998)。而在本部分第 2 章提到的 ISO 9735:1988 以及其 1992 年第 1 号修改单只是被临时性地保留。

另外,为了更好地进行维护,已经将 ISO 9735 各部分中的语法服务目录取消,并将它们重新组合成一个新的部分,即:ISO 9735-10。

在 ISO 9735-1:1998 发布的时候,已经将 ISO 9735-10 分配为“交互式 EDI 安全规则”部分。由于缺乏用户的支持,这部分内容被撤消,因此在本部分中删除了所有与“交互式 EDI 安全规则”有关的参考。

在 ISO 9735 各部分中的术语和定义被重新编排并被放在 ISO 9735-1 中。

ISO 9735 在《行政、商业和运输业电子数据交换(EDIFACT) 应用级语法规则(语法版本号:4,语法发布号:1)》的总标题下由下列几部分组成:

——第 1 部分:公用的语法规则;

——第 2 部分:批式电子数据交换专用的语法规则;

——第 3 部分:交互式电子数据交换专用的语法规则;

——第 4 部分:批式电子数据交换语法和服务报告报文(报文类型为 CONTRL);

——第 5 部分:批式电子数据交换安全规则(真实性、完整性和源抗抵赖性);

——第 6 部分:安全鉴别和确认报文(报文类型为 AUTACK);

——第 7 部分:批式电子数据交换安全规则(保密性);

——第 8 部分:电子数据交换中的相关数据;

——第 9 部分:安全密钥和证书管理报文(报文类型为 KEYMAN);

——第 10 部分:语法服务目录。

将来还有可能增加新的部分。

本部分的附录 A、附录 B 和附录 C 为资料性附录。

引 言

基于对批式或交互式处理的需求，本部分包含了用于结构化在开放环境中交换的电子报文中的数据的应用级规则。联合国欧洲经济委员会(UN/ECE)已经同意把这些规则作为用于行政、商业和运输业电子数据交换(EDIFACT)的应用级语法规则。这些规则是联合国贸易数据交换目录(UNTDID)的一部分。UNTDID 还包含批式和交互式报文设计指南。

本部分可用于各种应用，但是如果报文符合 UNTDID 中的其他指南、规则和目录，则使用这些规则的报文可称为 EDIFACT 报文。就 UN/EDIFACT 而言，交互式报文应符合交互式的报文设计规则。这些规则在 UNTDID 中加以维护。

通信规范及协议不在本部分的范围之内。

本部分是 ISO 9735 新增加的一部分。它提供了在交互式(会话式)EDI 环境中的 EDIFACT 报文交换。

交互式 EDI 具有下列特征：

——在使用对话的两个参与方之间有形式化的联系；

——根据对话中早期交换的结果，动态地指明 I-EDI 交易进程；

——短暂的应答时间；

——在对话中交换的所有报文与同一个业务交易相关联；

——交易是一个在两个或多个参与方间发生的对话的可控制的集合。

这些特征使 I-EDI 不同于 GB/T 14805.2(批式电子数据交换专用的语法规则)中规定的批式 EDI。

为了一致性和使那些既想使用批式 EDI 处理又想使用 I-EDI 来处理的用户简化了本部分的实施，本部分已在很大程度上与 GB/T 14805.2 一致。

行政、商业和运输业电子数据交换（EDIFACT） 应用级语法规则（语法版本号:4,语法发布号:1） 第3部分:交互式电子数据交换专用的语法规则

1 范围

本部分规定了专用于在计算机应用系统之间交换的交互式报文的传送的语法规则。有关在交互式环境中的包的传送,应见GB/T 14805.8。

2 一致性

尽管本部分应在段UNB(交换头)中出现的必备型数据元0002(语法版本号)中使用版本号“4”,和条件型数据元0076(语法发布号)使用发布号“01”,但是,为了能够与本部分相区别,继续使用早期版本中语法规则的交换应使用下列语法版本号:

——ISO 9735:1988:语法版本号:1;

——ISO 9735:1988(1990年修改并且重新印刷):语法版本号:2;

——ISO 9735:1988及其1992年第1号修改单:语法版本号:3;

——ISO 9735:1998:语法版本号:4。

与某个标准的一致性意味着支持其包括所有选项的所有需求。如果不支持所有选项,则任何一致性声明应包含一个说明,用于标识那些声明与其一致的选项。

如果所交换的数据的结构和表示符合本部分规定的语法规则,则这些数据处于一致性状态。

当支持本部分的设备能够创建和/或解释其结构和表示与本部分一致的数据时,这些设备处于一致性状态。

与本部分的一致性应包括与GB/T 14805.1和GB/T 14805.10的一致性。

当在本部分中标识出在相关标准中定义的条款时,这些条款应构成一致性判定条件的组成部分。

3 规范性引用文件

下列文件中的条款通过本部分的引用而成为本部分的条款。凡是注日期的引用文件,其随后所有的修改单(不包括勘误的内容)或修订版均不适用于本部分,然而,鼓励根据本部分达成协议的各方研究是否可使用这些文件的最新版本。凡是不注日期的引用文件,其最新版本适用于本部分。

GB/T 14805.1—2007 行政、商业和运输业电子数据交换(EDIFACT) 应用级语法规则(语法版本号:4,语法发布号:1) 第1部分:公用的语法规则(ISO 9735-1:2002,IDT)。

GB/T 14805.10—2005 用于行政、商业和运输业电子数据交换的应用级语法规则 第10部分:语法服务目录(ISO 9735-10:2002,IDT)。

4 术语和定义

GB/T 14805.1—2007中确立的术语和定义适用于本部分。

5 I-EDI 交换结构

在 I-EDI 交换中，服务串通知(如果使用的话)、头服务段和尾服务段应按图 1 所示的顺序出现：

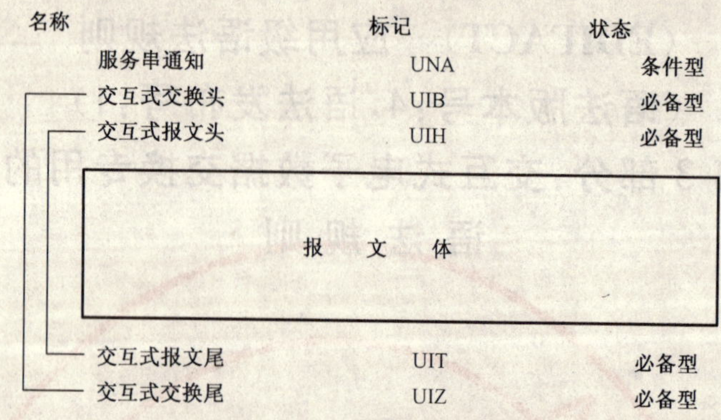

图 1 I-EDI 交换结构

在图 1 中，左边的各连线指出了成对的头段和尾段。为简单起见，图中列出的交换仅包含一个报文。

服务串通知的说明应见 GB/T 14805.1 的附录 A。

交互式头段和尾段的说明应见 GB/T 14805.10。

注：UN/EDIFACT 报文中使用的段在联合国贸易数据交换目录(UNTDID)中定义。

6 交易中的 I-EDI 报文

交易中的 I-EDI 报文见图 2。

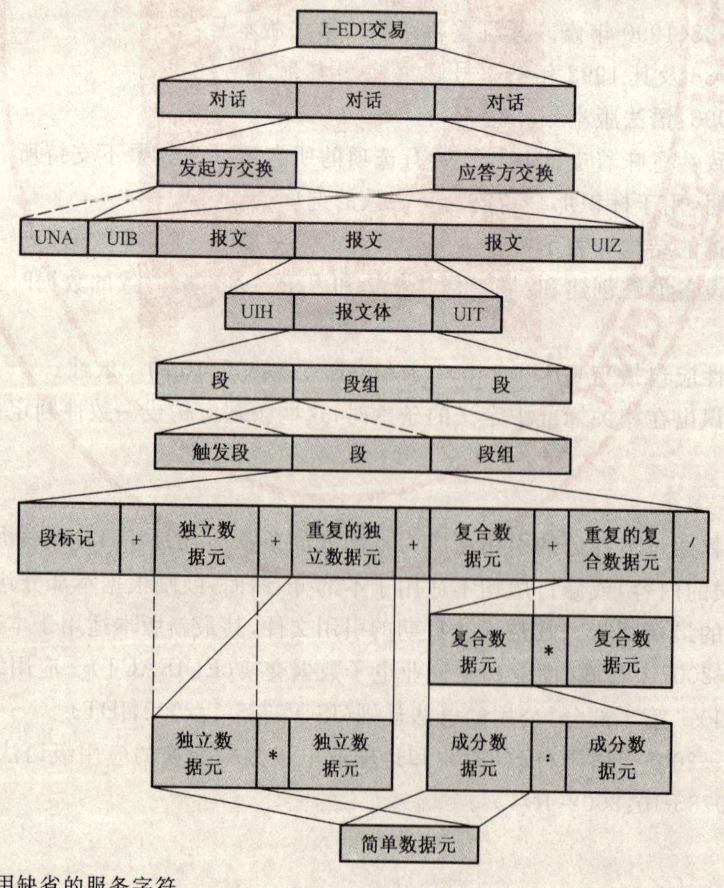

注：为了说明而使用缺省的服务字符。

图 2 交易中的 I-EDI 报文

图 3 给出了交易中的批式 EDI 报文的说明图。

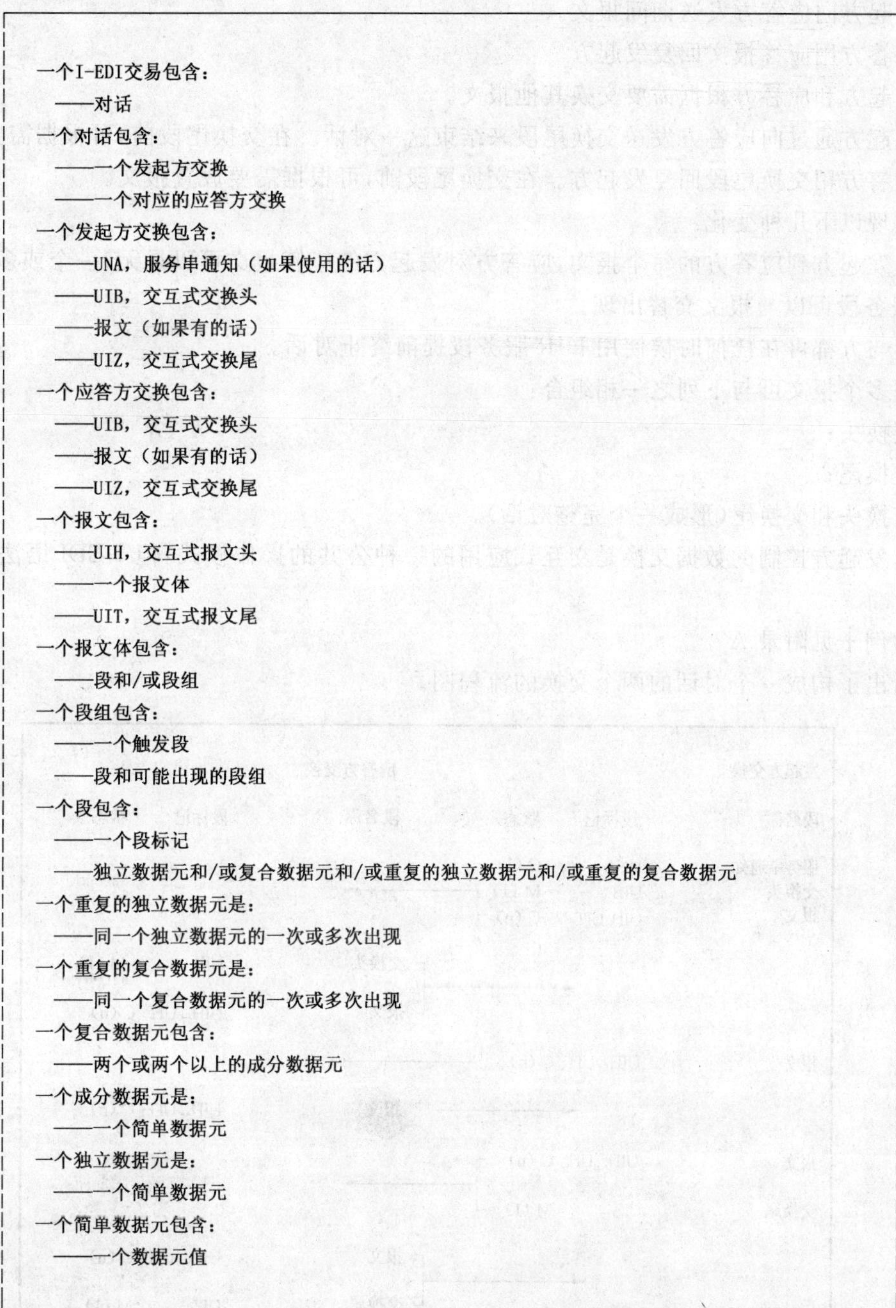

一个I-EDI交易包含：
——对话
一个对话包含：
——一个发起方交换
——一个对应的应答方交换
一个发起方交换包含：
——UNA，服务串通知（如果使用的话）
——UIB，交互式交换头
——报文（如果有的话）
——UIZ，交互式交换尾
一个应答方交换包含：
——UIB，交互式交换头
——报文（如果有的话）
——UIZ，交互式交换尾
一个报文包含：
——UIH，交互式报文头
——一个报文体
——UIT，交互式报文尾
一个报文体包含：
——段和/或段组
一个段组包含：
——一个触发段
——段和可能出现的段组
一个段包含：
——一个段标记
——独立数据元和/或复合数据元和/或重复的独立数据元和/或重复的复合数据元
一个重复的独立数据元是：
——同一个独立数据元的一次或多次出现
一个重复的复合数据元是：
——同一个复合数据元的一次或多次出现
一个复合数据元包含：
——两个或两个以上的成分数据元
一个成分数据元是：
——一个简单数据元
一个独立数据元是：
——一个简单数据元
一个简单数据元包含：
——一个数据元值

图 3　交易中的 I-EDI 报文说明图

7　对话管理

I-EDI 交易作为特定剧本的一个实例由一个或多个对话组成，在两个或多个参与方之间同时出现或者按顺序出现。

一个对话由一对交替的 EDIFACT 交换组成，其中一个为发起方交换，另一个为应答方交换。

应发生下列传送：

——发起方通过向应答方发送交换头段来开始一个对话。在交换头段前，可根据需要放置 UNA 段，在交换头段后，可根据需要放置报文。

——应答方用交换头段回复发起方。在交换头段后，可根据需要放置报文（注意：由发起方发送的

UNA 的值也适用于应答方)。

——发起方向应答方发送询问报文。

——应答方用应答报文回复发起方。

——发起方和应答方根据需要交换其他报文。

——发起方通过向应答方发送交换尾段来结束这一对话。在交换尾段前,可根据需要放置报文。

——应答方用交换尾段回复发起方。在交换尾段前,可根据需要放置报文。

可能出现以下几种变化:

对于从发起方到应答方的每个报文,应答方对发起方的应答报文可以是无、一个或多个,反之亦然。

UIR 服务段可以与报文交替出现。

任一参与方都可在任何时候使用 UIR 服务段提前终止对话。

一个或多个报文可与下列之一相组合:

——交换头;

——交换尾;

——交换头和交换尾(形成一个完整对话)。

虽然由发起方控制的数据交换是交互式应用的一种公共的操作模式,但 I-EDI 语法不排除其他的操作模式。

有关的例子见附录 A。

图 4 给出了构成一个对话的两个交换的流程图。

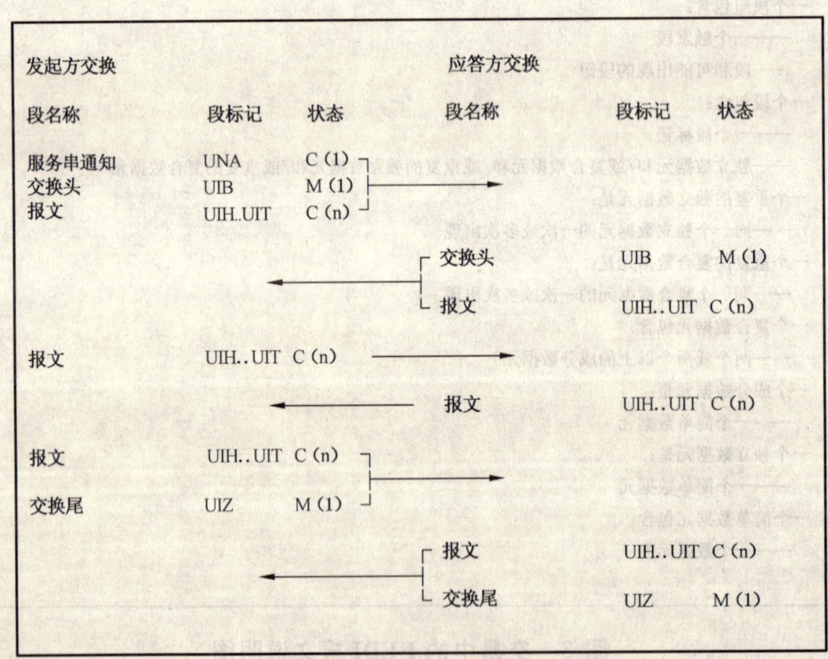

图 4　两个 I-EDI 交换的流程图

图 4 中的箭头指出数据流的方向。注意,UNA 仅由发起方发送。

图 4 中的状态指出必备型(M)或条件型(C)以及允许重复的次数。

附 录 A
(资料性附录)
说明段顺序的示例

示例 1 第一个和最后一个报文分别与交换头和交换尾组合在一起的成对报文：

发起方 UIB…UIH…段和/或段组…UIT

应答方 UIB…UIH…段和/或段组…UIT

发起方 UIH…段和/或段组…UIT

应答方 UIH…段和/或段组…UIT

发起方 UIH…段和/或段组…UIT

应答方 UIH…段和/或段组…UIT

等等

发起方 UIH…段和/或段组…UIT…UIZ

应答方 UIH…段和/或段组…UIT…UIZ

示例 2 带有 UNA 的分离的交换头和交换尾的成对报文(注意，UNA 只由发起方发送，但也适用于应答方)：

发起方 UNA…UIB

应答方 UIB

发起方 UIH…段和/或段组…UIT

应答方 UIH…段和/或段组…UIT

发起方 UIH…段和/或段组…UIT

应答方 UIH…段和/或段组…UIT

发起方 UIH…段和/或段组…UIT

应答方 UIH…段和/或段组…UIT

等等

发起方 UIZ

应答方 UIZ

示例 3 与交换头和交换尾组合在一起的单个报文(一个完整的对话)：

发起方 UIB…UIH…段和/或段组…UIT…UIZ

应答方 UIB…UIH…段和/或段组…UIT…UIZ

示例 4 最后一个报文与交换尾组合在一起的多个报文的序列：

发起方 UIB

应答方 UIB

发起方 UIH…段和/或段组…UIT

应答方 UIH(F)…段和/或段组…UIT

UIH(L)…段和/或段组…UIT

发起方 UIH…段和/或段组…UIT…UIZ

应答方 UIH…段和/或段组…UIT…UIZ

示例 5 带有 UNA 的分离的交换头和交换尾的成对报文，其中嵌有一对 UIR：

发起方 UNA…UIB

应答方 UIB

发起方 UIH…段和/或段组…UIT

应答方　UIH…段和/或段组…UIT

等等

发起方　UIR…报告功能,代码型=′n′(查询状态)

应答方　UIR…报告功能,代码型=′n′(状态报告)

发起方　UIH…段和/或段组…UIT

应答方　UIH…段和/或段组…UIT

等等

发起方　UIZ

应答方　UIZ

示例 6　带有 UNA 的分离的交换头和交换尾的成对报文,其中 UIR 用于报告由应答方查出的严重错误:

发起方　UNA…UIB

应答方　UIB

发起方　UIH…段和/或段组…UIT

应答方　UIH…段和/或段组…UIT

发起方　UIH…段和/或段组…UIT

应答方　UIH…段和/或段组…UIT

发起方　UIH…段和/或段组…UIT

应答方　UIR…报告功能,代码型=′n′(放弃对话)

原因代码指出问题的范围。

在该对话中没有进一步的交换。

示例 7　不能开始的对话。应答方用 UIR 报告开始对话拒绝:

发起方　UNA…UIB

应答方　UIR…报告功能,代码型=′n′(开始对话拒绝)

原因代码指出问题的范围。

在该对话中没有进一步的交换。

示例 8　第一个和最后一个报文分别与交换头和交换尾组合在一起的成对报文,其中使用了暂停和继续:

发起方　UIB…UIH…段和/或段组…UIT

应答方　UIB…UIH…段和/或段组…UIT

发起方　UIH…段和/或段组…UIT

应答方　UIH…段和/或段组…UIT

应答方　UIR…报告功能,代码型=′n′(暂停对话)

原因代码指出暂停的原因,如资源不足。

对话中无进一步的数据流,直到某段时间之后:

应答方　UIR…报告功能,代码型=′n′(继续对话)

发起方　UIH…段和/或段组…UIT

应答方　UIH…段和/或段组…UIT

等等

发起方　UIH…段和/或段组…UIT…UIZ

应答方　UIH…段和/或段组…UIT…UIZ

附　录　B
（资料性附录）
I-EDI 功能、状态和事件

B.1　I-EDI 功能

在下面的各条中，根据实施的情况，“应用”一词可以指主应用程序，也可以指管理 I-EDI 对话的 I-EDI操作部分。“相关”一词指两个应用之间的逻辑关系，而不是在其他标准中使用的其他含义。注意，下列功能没必要映射到单个的服务段或报文上。

开始对话请求

允许一个应用向远程应用传递足够的信息，以便能够发起两个应用之间的联系。

开始对话确认

允许远程应用向发起应用传递足够的信息，以便通知它联系已被接受。

开始对话拒绝

允许远程应用向发起应用传输足够的信息，以便通知它联系不能被接受。

传送数据

允许一个应用向另一个应用传送业务信息。

请求状态

允许一个应用向联系中的其他应用请求状态或控制信息。

报告状态（回复）

允许一个应用向联系中的其他应用发送状态或控制信息。它可以作为一个对请求状态的回复，或者作为一个主动提供的附属报告。

暂停对话

允许一个应用请求暂停对话，直至该应用请求继续对话为止。

继续对话

允许一个应用请求继续其先前提出暂停的对话。

放弃对话

允许一个应用在不能保持联系时无条件地结束联系。

结束对话请求

允许一个应用向联系中的其他应用请求结束联系。该功能通常发生在业务交易正常结束之时。

结束对话确认

允许应答应用向请求应用确认联系被终止。

完成对话请求

允许一个应用向远程应用传输足够的信息，以便在单个的传送中，能够在两个应用之间建立联系、传递数据和终止联系。

完成对话确认

允许一个远程应用向发起应用传递足够的信息，以便在单个的传送中，通知它已接受联系、返回数据和终止联系。

B.2　数据需求

表 B.1 指出了如何把抽象的 I-EDI 功能映射成 I-EDI 服务段和报文，其中“S”（状态）一栏指出段在 I-EDI 功能中是必备型的还是条件型的，“R”一栏指出它的重复次数。

表 B.1 映射成服务段的功能

功能	段	S	R
开始对话请求	UNA UIB (UIH＜数据＞UIT)	C M C	1 1 n
开始对话确认	UIB (UIH＜数据＞UIT)	M C	1 n
开始对话拒绝	UIR	M	1
传送数据	(UIH＜数据＞UIT)	M	n
请求状态	UIR	M	1
报告状态	UIR	M	1
放弃对话	UIR	M	1
结束对话请求	(UIH＜数据＞UIT) UIZ	C M	n＜BR 1
结束对话确认	(UIH＜数据＞UIT) UIZ	C M	n 1
完成对话请求	UNA UIB (UIH＜数据＞UIT) UIZ	C M M M	1 1 n 1
完成对话确认	UIB (UIH＜数据＞UIT) UIZ	M M M	1 n 1

B.3 I-EDI 功能的顺序

B.3.1 概述

在下列图表中，I-EDI 协议通过协议所处的状态和引起状态转移的事件来描述。当这些事件出现时，协议“机器”自动地从一个状态转移到另一个状态。I-EDI 协议能够处于有效状态的数目是有限的。

对话状态图(图 B.1)给出了 I-EDI 协议的状态、影响 I-EDI 协议的事件和从一个状态到另一个状态的转移。这些内容被进一步形式化为状态—事件矩阵(表 B.4)，即 I-EDI 协议机的二维表示。其中一维是状态，另一维是事件。状态和事件的交叉部分给出该特定事件所导致的下一状态，所有其他事件均为出错条件。

B.3.2 状态

在任一时刻，I-EDI 协议都可能处于有限个状态中的某一状态。表 B.2 列出了 I-EDI 协议的有效状态，并描述了这些状态的含义。

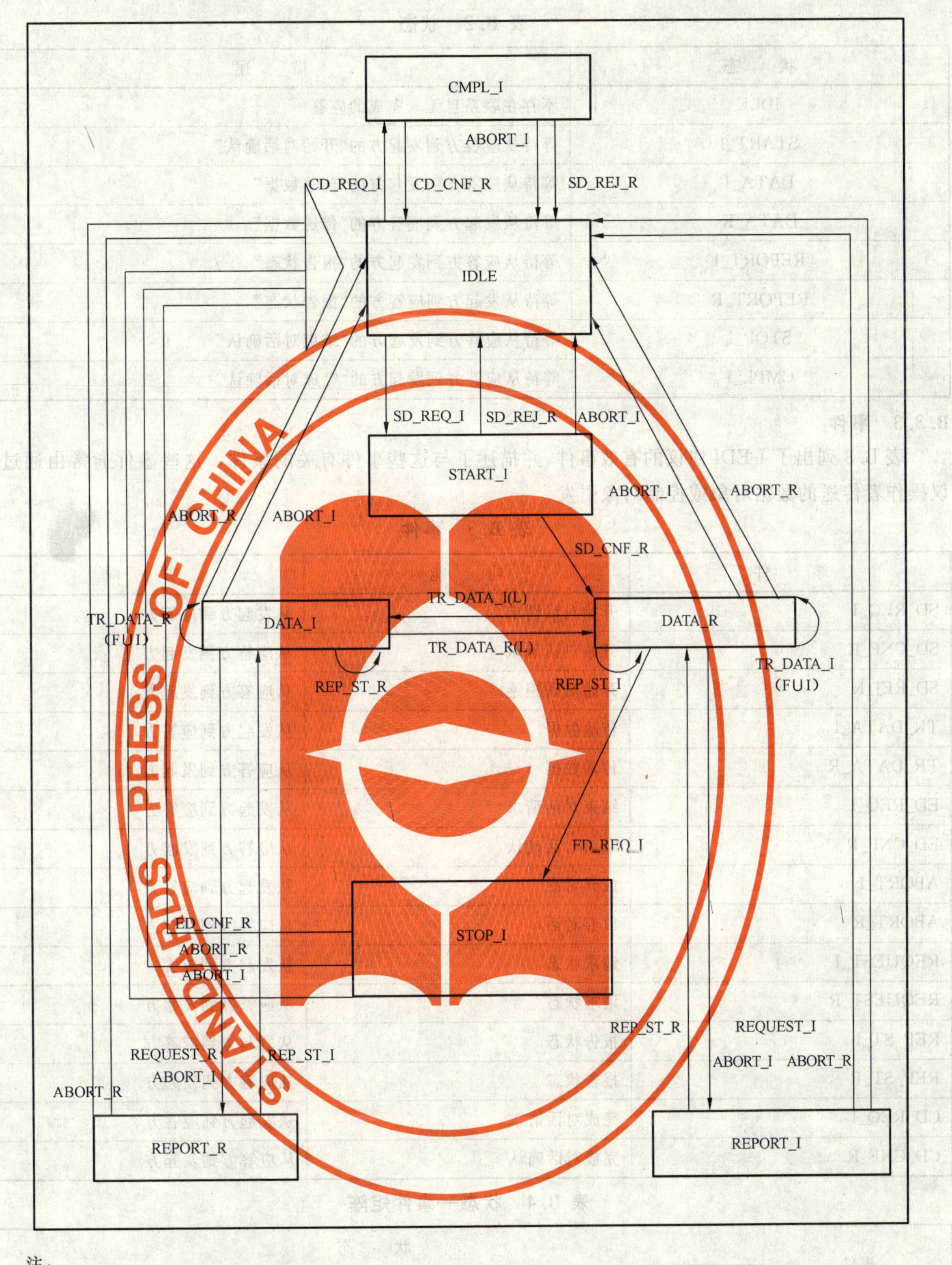

注：

符号	含义
(F∪I)	第一个或中间报文
(L)	最后一个报文
后缀_I	发起方
后缀_R	应答方

图 B.1 对话状态图

表 B.2 状态

状态	描述
IDLE	不存在联系且无未完成的应答
START_I	等待从应答方到发起方的"开始对话确认"
DATA_I	等待从应答方到发起方的"传送数据"
DATA_R	等待从发起方到应答方的"传送数据"
REPORT_I	等待从应答方到发起方的"报告状态"
REPORT_R	等待从发起方到应答方的"报告状态"
STOP_I	等待从应答方到发起方的"结束对话确认"
CMPL_I	等待从应答方到发起方的"完成对话确认"

B.3.3 事件

表 B.3 列出了 I-EDI 协议的有效事件，并描述了与这些事件有关的条件。这些事件通常由通过协议操作者传送的数据对象或控制对象引发。

表 B.3 事件

事件	功能	方向
SD_REQ_I	开始对话请求	从发起方到应答方
SD_CNF_R	开始对话确认	从应答方到发起方
SD_REJ_R	开始对话拒绝	从应答方到发起方
TR_DATA_I	传输数据	从发起方到应答方
TR_DATA_R	传输数据	从应答方到发起方
ED_REQ_I	结束对话请求	从发起方到应答方
ED_CNF_R	结束对话确认	从应答方到发起方
ABORT_I	放弃对话	从发起方到应答方
ABORT_R	放弃对话	从应答方到发起方
REQUEST_I	请求状态	从发起方到应答方
REQUEST_R	请求状态	从应答方到发起方
REP_ST_I	报告状态	从发起方到应答方
REP_ST_R	报告状态	从应答方到发起方
CD_REQ_I	完成对话请求	从发起方到应答方
CD_CNF_R	完成对话确认	从应答方到发起方

表 B.4 状态—事件矩阵

事件	状态							
	IDLE	START_I	DATA_I	DATA_R	STOP_I	CPML_I	REPORT_I	REPORT_R
SD_REQ_I	START_I							
SD_CNF_R		DATA_R						
SD_REJ_R		IDLE				IDLE		
TR_DATA_I(F∪I)				DATA_R				

表 B.4(续)

事件	状态							
	IDLE	START_I	DATA_I	DATA_R	STOP_I	CPML_I	REPORT_I	REPORT_R
TR_DATA_I(L)				DATA_I				
TR_DATA _R(F∪I)			DATA_I					
TR_DATA_R(L)			DATA_R					
ED_REQ_I				STOP_I				
ED_CNF_R					IDLE			
ABORT_I		IDLE	IDLE[a]	IDLE	IDLE[a]	IDLE	IDLE[a]	IDLE
ABORT_R			IDLE	IDLE[a]	IDLE		IDLE	IDLE[a]
REQUEST_I				REPORT_I				
REQUEST_R			REPORT_R					
REP_ST_I				DATA_R				DATA_I
REP_ST_R			DATA_I				DATA_R	
CD_REQ_I	CMPL_I							
CD_CNF_R						IDLE		

a　如果通信介质为半双工的,则不可能出现此状态—事件矩阵。

附 录 C
（资料性附录）
I-EDI 过程模型

C.1 I-EDI 概述

I-EDI 是在独立的参与方的应用之间为完成共同任务而进行的一系列的信息交换，其中后续的交换可能取决于先前交换的结果，通常有严格的时间限制。交互式应用包括民航订票系统，保健药店、索赔提交和合格性审核，银行的远程自动柜员机。

起初，I-EDI 着重于发起方向应答方发送数据且应答方以应答的形式发回数据的应用。迄今为止，由发起方控制的交替的数据交换是交互式应用之间最通用的工作方式。但是，I-EDI 语法并不排斥其他工作方式。

I-EDI 的定义取决于通用的 EDI 的定义。在本部分中所采用的 EDI 的方法是以 ISO/IEC/JTC1 下设的 EDI 特别工作组编制的“关于开放式 EDI 概念模型的报告”为基础的。“开放式 EDI 概念模型”的特征包括：

——使超出贸易领域的 EDI 更加通用化；

——把 EDI 定义为“开放式”（适合于所有参与方，遵从标准，并不需要专门的双边协议）；

——协调 EDI 与通信、建模和开放环境领域的其他国际标准的关系。

EDI 业务语境的两个主要因素促使 I-EDI 的开发很有必要。第一个因素是来自很多组织（不仅仅是民营部门）的市场压力，它们要求在市场上更具竞争性和更高的快速反应能力。因此，很多基本的过程必须被重新模型化，以对付这种压力。第二个因素是对标准解决方案的期望与当前情况（即“非开放式 EDI”）有较大差异。

在定义 I-EDI 需求中采用了下列指导原则：

——用户容易实施是第一位的，标准应相应地定义其要素；

——I-EDI 的机制应与 EDI 的其他形式完全兼容，在可能的情况下应完全相同；

——无论采用何种通信方法，都可得到所需的功能；

——只要在低层通信协议（如 X.25、OSI 交易处理）中可得到等同的功能，都可以使用它们；

——EDI 标准应与所有其他相关的国际标准充分协调。

为了独立于低层体系结构表示 I-EDI 的特征和需求，下面描述了业务和功能模型以及 I-EDI 服务段所需的信息内容。建议而非强制采用相关的 ISO 协议传送 I-EDI 数据。

C.2 I-EDI 的业务需求

——使在两个或多个业务伙伴之间进行的单一的业务交易能够连贯一致地完成；

——必须支持交互式的对话活动；

——以及时的方式提供对大业务量信息的处理；

——为在业务伙伴之间安全地传递业务信息提供方法。

C.3 支持业务需求的功能需求

在业务交易中应能够：

——使应用之间合作；

——进行多个双边对话；

——双边对话协调；

——进行分级双边对话；

——在双边对话中进行双向交换 I-EDI 报文；

——为在一秒钟内作出应答提供有效的机制；

——通过减少开销而支持大业务量交易；

——应由通用的 UN/EDIFACT 安全标准或其他标准提供安全。

C.4 业务模型

I-EDI 对话既分离于又独立于在其他 ISO 文件中作为术语使用的对话。

如图 C.1 所示，剧本是为完成特定的业务目标而在各参与方之间发生的一组业务活动的形式规范。它建立了参与方之间的关系和相互作用的模型。

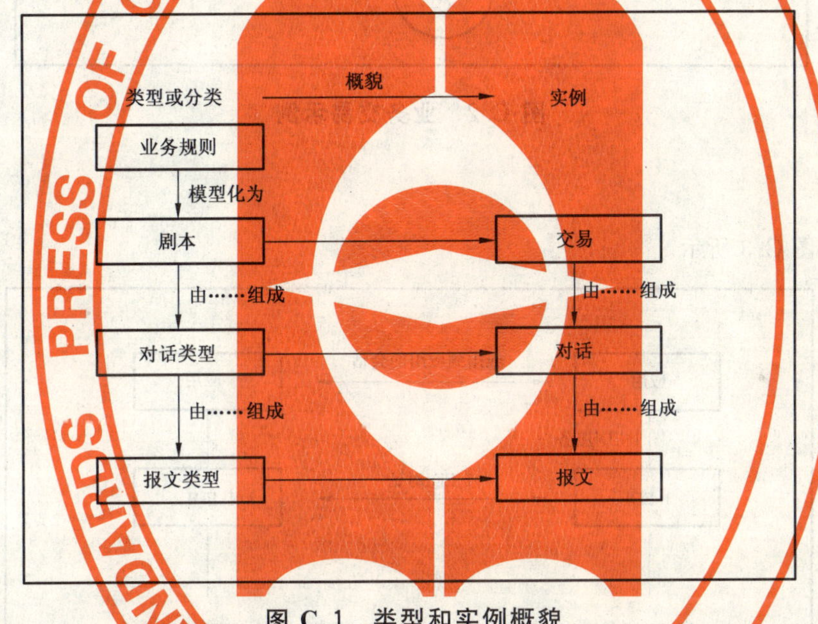

图 C.1 类型和实例概貌

交易是剧本的实例。当剧本中的角色被扮演以执行实际的业务交易时，交易便被建立。在这里刻画交易仅仅是为了明确对话的语境。

为了执行交易，参与业务交易的不同的参与方要使用该交易的 I-EDI 部分的对话进行双边通信。交易具有将对话成组的潜能。但是，许多剧本可被模型化为在双方之间只包含单一的对话类型，其实例便是在两个参与方之间只包括单一对话的交易。

在同一交易中可将对话成组，在同一对参与方或不同对的参与方之间可发生多个对话(见图 C.2)。

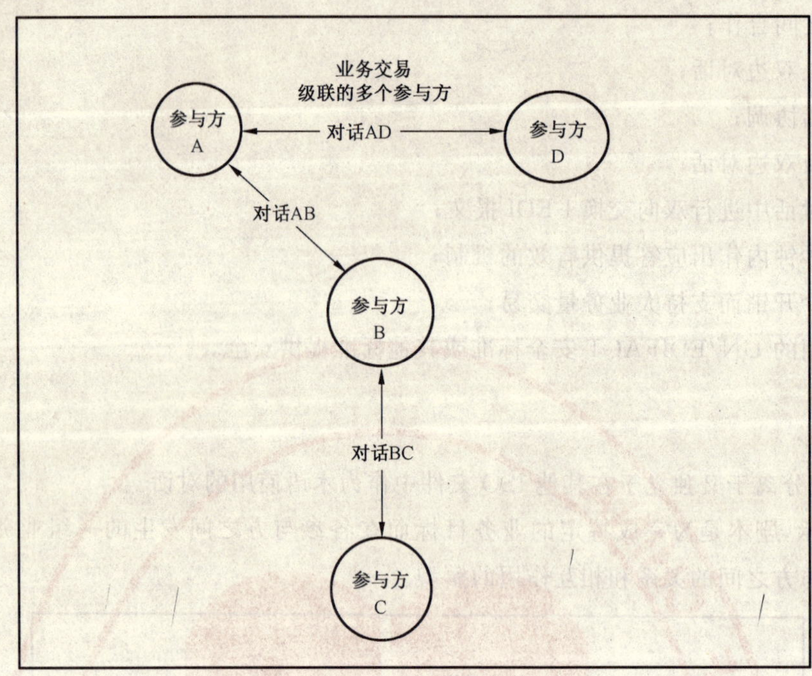

图 C.2 业务交易示例

C.5 功能模型

功能模型见图 C.3 所示。

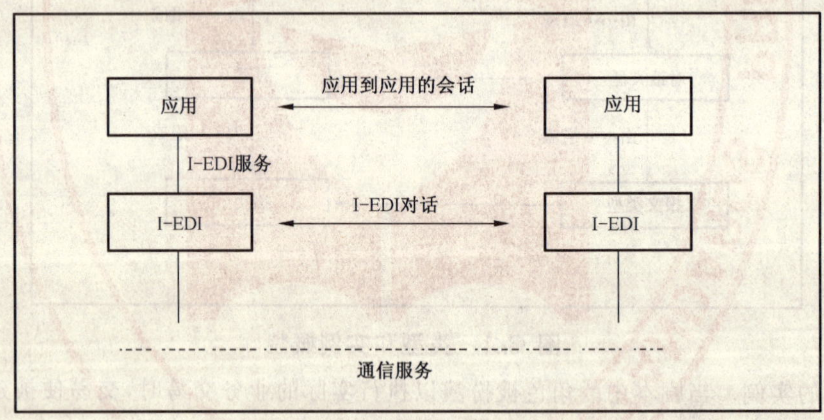

图 C.3 通过对话实现的功能模型

C.6 最小的通信需求

通信必须：

——无差错；

——按原来传输的顺序投递数据；

——允许双向的数据流；

——提供检测和报告丢失的逻辑联系；

——在应用之间提供稳定的逻辑联系(如会话、对话等)。因此每个 I-EDI 对话应有其自身的唯一的逻辑联系。如果不能满足这种需求,则实现者必须处理与分隔符和字符集识别有关的问题。

C.7 数据需求

下列清单试图给出执行已命名的功能所需的数据清单。该清单曾用于建立服务段的模型，但是，在这里存在的一个功能不一定保证存在唯一的服务段，因为某些服务段执行多个功能。

开始对话请求(UNA、UIB和可选的报文)

——分隔符；

——字符集；

——语法标识符；

——对话参考；

——业务交易参考；

——剧本标识符；

——对话标识符；

——发送方标识符；

——接收方标识符；

——日期和时间；

——重复指示符；

——测试指示符；

——安全信息。

开始对话确认(UIB和可选的报文)

——语法标识符；

——对话参考；

——业务交易参考；

——剧本标识符；

——对话标识符；

——发送方标识符；

——接收方标识符；

——日期和时间；

——重复指示符；

——测试指示符；

——应答信息；

——安全信息。

发送数据(报文＝UIH、查询或命令、UIT)

——报文标识符或类型；

——报文参考；

——对话参考；

——传送状态；

——日期和时间；

——测试指示符。

接收数据(报文＝UIH、应答、UIT)

——报文标识符或类型；

——报文参考；

——对话参考；

——传送状态；

——日期和时间；

——测试指示符。

请求状态(UIR)

——对话参考；

——功能（=查询)；

——日期和时间。

报告状态(UIR)

——对话参考；

——功能(=报告)；

——原因代码；

——源于出错报文的其他信息；

——日期和时间。

开始对话拒绝(UIR)

——对话参考；

——功能（=开始对话拒绝)；

——原因代码；

——源于出错对话的其他信息；

——日期和时间。

暂停对话(UIR)

——对话参考；

——功能（=暂停)；

——原因代码；

——日期和时间。

继续对话(UIR)

——对话参考；

——功能(=继续)；

——日期和时间。

放弃对话(UIR)

——对话参考；

——功能(=放弃对话)；

——原因代码；

——源于出错报文的其他信息；

——日期和时间。

结束对话请求(可选的报文和 UIZ)

——对话参考；

——已发送报文的控制计数；

——重复指示符。

结束对话确认(可选的报文和 UIZ)

——对话参考；

——已发送报文的控制计数。

ICS 35.240.60
L 70

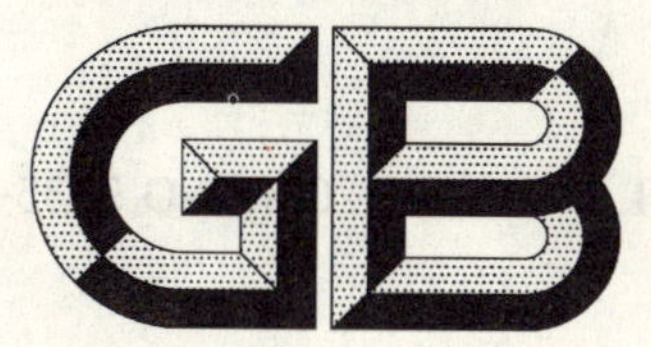

中华人民共和国国家标准

GB/T 14805.4—2007/ISO 9735-4:2002
代替 GB/T 14805.4—1999

行政、商业和运输业电子数据交换（EDIFACT） 应用级语法规则（语法版本号:4,语法发布号:1） 第4部分:批式电子数据交换语法和服务报告报文(报文类型为CONTRL)

Electronic data interchange for administration, commerce and transport (EDIFACT)—Application level syntax rules (Syntax version number: 4, Syntax release number: 1)—Part 4: Syntax and service report message for batch EDI (Message type—CONTRL)

(ISO 9735-4:2002, IDT)

2007-06-29 发布　　2007-11-01 实施

中华人民共和国国家质量监督检验检疫总局
中国国家标准化管理委员会　发布

前言

GB/T 14805《行政、商业和运输业电子数据交换(EDIFACT) 应用级语法规则(语法版本号:4,语法发布号:1)》由下列部分组成:

——第1部分:公用的语法规则;

——第2部分:批式电子数据交换专用的语法规则;

——第3部分:交互式电子数据交换专用的语法规则;

——第4部分:批式电子数据交换语法和服务报告报文(报文类型为CONTRL);

——第5部分:批式电子数据交换安全规则(真实性、完整性和源抗抵赖性);

——第6部分:安全鉴别和确认报文(报文类型为AUTACK);

——第7部分:批式电子数据交换安全规则(保密性);

——第8部分:电子数据交换中的相关数据;

——第9部分:安全密钥和证书管理报文(报文类型为KEYMAN);

——第10部分:语法服务目录。

将来还有可能增加新的部分。

本部分为GB/T 14805的第4部分。

本部分等同采用ISO 9735-4:2002《行政、商业和运输业电子数据交换(EDIFACT) 应用级语法规则(语法版本号:4,语法发布号:1) 第4部分:批式电子数据交换语法和服务报告报文(报文类型为CONTRL)》。

本部分代替GB/T 14805.4—1999。

本部分与GB/T 14805.4—1999的主要变化为:对ISO前言和本部分的引言部分进行了更新。与以前版本相比,大部分内容相同,只是在术语和段组的使用说明上有些变化,删除了原标准中规范性附录A"错误代码表",并且更正了一些编辑性错误。

本部分由中国标准化研究院提出。

本部分由全国电子业务标准化技术委员会归口。

本部分由中国标准化研究院负责起草。

本部分的主要起草人:胡涵景、刘碧松、魏宏、任冠华、孙文峰、岳高峰、徐成华、曹新九、章建方、刘颖。

本部分于1999年第一次发布。

ISO 前言

ISO(国际标准化组织)是一个世界性的各国标准机构(ISO 国家成员体)联盟。国际标准的制定工作一般通过 ISO 技术委员会完成。对某个已建立的技术委员会的项目感兴趣的每个成员体,有权对该技术委员会表述意见。任何与 ISO 有联络关系的官方和非官方的国际组织都可直接参与制定国际标准。ISO 与 IEC(国际电工委员会)在电工技术标准的所有领域密切合作。

应按照 ISO/IEC 导则第 3 部分的规则起草国际标准。

技术委员会的主要任务是起草国际标准。由技术委员会正式通过的国际标准草案在被 ISO 理事会接受为国际标准之前,须分发到各成员体进行表决,按照 ISO 的工作程序,至少 75% 的成员体投票赞成后,该标准草案才成为国际标准。

应当注意的是本部分可能涉及到专利。ISO 不负责标识这些专利。

本部分由 ISO/TC 154(商业、工业和行政中的过程、数据元和单证)与 UN/CEFACT 联合语法工作组合作起草。

本部分取代第一版标准(ISO 9735-4:1998),并且在本部分中删除了附录 A"错误代码表"。而在本部分第 2 章提到的 ISO 9735:1988 以及其 1992 年第 1 号修改单只是被临时性地保留。

另外,为了更好地进行维护,已经将 ISO 9735 各部分中的语法服务目录以及本部分中的附录 A"错误的代码表"取消,并将各部分中的语法服务目录重新组合成一个新的部分,即:ISO 9735-10。

在 ISO 9735-1:1998 发布的时候,已经将 ISO 9735-10 分配为"交互式 EDI 安全规则"部分。由于缺乏用户的支持,这部分内容被撤消,因此在本部分中删除了所有与"交互式 EDI 安全规则"有关的参考。

在 ISO 9735 各部分中的术语定义被重新编排并被放在 ISO 9735-1 中。

ISO 9735 在《行政、商业和运输业电子数据交换(EDIFACT) 应用级语法规则 (语法版本号:4,语法发布号:1)》的总标题下由下列几部分组成:

——第 1 部分:公用的语法规则;

——第 2 部分:批式电子数据交换专用的语法规则;

——第 3 部分:交互式电子数据交换专用的语法规则;

——第 4 部分:批式电子数据交换语法和服务报告报文(报文类型为 CONTRL);

——第 5 部分:批式电子数据交换安全规则(真实性、完整性和源抗抵赖性);

——第 6 部分:安全鉴别和确认报文(报文类型为 AUTACK);

——第 7 部分:批式电子数据交换安全规则(保密性);

——第 8 部分:电子数据交换中的相关数据;

——第 9 部分:安全密钥和证书管理报文(报文类型为 KEYMAN);

——第 10 部分:语法服务目录。

将来还有可能增加新的部分。

引　言

本部分为应答所接收到的交换、组、报文或包提供了自动地准备一个报文的能力，以便：

——确认正确的语法结构，或者

——拒绝不正确的语法结构。

在拒绝不正确的语法结构的情况下，该报文列出语法错误或不支持那些未遇见的功能。

此外，该报文可仅用于指出收到交换。

本部分基于由 UN/ECE 开发和出版的用于 ISO 9735 的早期版本的一个类似的服务报文。

行政、商业和运输业电子数据交换(EDIFACT) 应用级语法规则(语法版本号:4,语法发布号:1) 第4部分:批式电子数据交换语法和服务报告报文(报文类型为CONTRL)

1 范围

GB/T 14805的本部分规定了批式电子数据交换的语法和服务报告报文(CONTRL)。

2 一致性

尽管本部分应在段UNB(交换头)中出现的必备型数据元0002(语法版本号)中使用版本号"4",和条件型数据元0076(语法发布号)使用发布号"01",但是,为了能够与本部分相区别,继续使用早期版本中语法规则的交换应使用下列语法版本号:

——ISO 9735:1988:语法版本号:1;

——ISO 9735:1988(1990年修改并且重新印刷):语法版本号:2;

——ISO 9735:1988以及其1992年第1号修改单:语法版本号:3;

——ISO 9735:1998:语法版本号:4。

与某个标准的一致性意味着支持其包括所有选项的所有需求。如果不支持所有选项,则任何一致性声明应包含一个说明,用于标识那些声明与其一致的选项。

如果所交换的数据的结构和表示符合本部分规定的语法规则,则这些数据处于一致性状态。

当支持本部分的设备能够创建和/或解释按本部分构建和表示的数据时,这些设备处于一致性状态。

与本部分的一致性应包括与GB/T 14805.1、GB/T 14805.2和GB/T 14805.10的一致性。

当本部分标识出相关标准中定义的条款时,这些条款应构成一致性判定条件的组成部分。

3 规范性引用文件

下列文件中的条款通过本部分的引用而成为本部分的条款。凡是注日期的引用文件,其随后所有的修改单(不包括勘误的内容)或修订版均不适用于本部分,然而,鼓励根据本部分达成协议的各方研究是否可使用这些文件的最新版本。凡是不注日期的引用文件,其最新版本适用于本部分。

GB/T 14805.1—2007 行政、商业和运输业电子数据交换(EDIFACT) 应用级语法规则(语法版本号:4,语法发布号:1) 第1部分:公用的语法规则(ISO 9735-1:2002,IDT)

GB/T 14805.2—2007 行政、商业和运输业电子数据交换(EDIFACT) 应用级语法规则(语法版本号:4,语法发布号:1) 第2部分:批式电子数据交换专用的语法规则(ISO 9735-2:2002,IDT)

GB/T 14805.10—2003 用于行政、商业和运输业电子数据交换的应用级语法规则 第10部分:语法服务目录(ISO 9735-10:2002,IDT)

ISO 9735-5:2002 行政、商业和运输业电子数据交换(EDIFACT) 应用级语法规则(语法版本号:4,语法发布号:1) 第5部分:批式电子数据交换安全规则(真实性、完整性和源抗抵赖性)

ISO 9735-6:2002 行政、商业和运输业电子数据交换(EDIFACT) 应用级语法规则(语法版本

号:4,语法发布号:1) 第6部分:安全鉴别和确认报文(报文类型为AUTACK)

ISO 9735-7:2002 行政、商业和运输业电子数据交换(EDIFACT) 应用级语法规则(语法版本号:4,语法发布号:1) 第7部分:批式电子数据交换安全规则(保密性)

ISO 9735-8:2002 行政、商业和运输业电子数据交换(EDIFACT) 应用级语法规则(语法版本号:4,语法发布号:1) 第8部分:电子数据交换中的相关数据

ISO 9735-9:2002 行政、商业和运输业电子数据交换(EDIFACT) 应用级语法规则(语法版本号:4,语法发布号:1) 第9部分:安全密钥和证书管理报文(报文类型为KEYMAN)

4 术语和定义

GB/T 14805.1—2007中确立的以及下列术语和定义适用于本部分。

注:当本章中的词或词组以加黑形式出现时,意指该术语在本章中或GB/T 14805.1中已定义。

4.1

确认 acknowledgement

主交换的接收方的如下活动:

——已收到所确认的主交换的引用层;

——已查明所确认的引用层中没有阻碍进一步处理的致命语法错误;

——已查明所有确认的**服务段**(或其部分)(在无报告错误的情况下)在语义上是正确的;

——即将采取所确认的**服务段**(或其引用层)中请求的行动;

——有责任在下列情况下通过其他方式而不是发送CONTRL报文来通知发送方:

- 后来在相关部分中又检查到上述语法或语义错误,或
- 在提交的CONTRL报文中确认完某一部分之后又由于其他原因无法对该部分进行处理;

——已采取合理的预防措施以保证能检查出这类错误并通知发送方。

4.2

交换接收指示 indication of interchange receipt

主交换的接收方的如下活动:

——已收到主交换;

——对已检查过的主交换的某些部分进行确认以保证复制到UCI段中的**数据元**在语法上是正确的;

——有责任将对主交换其他部分的确认或拒绝情况通知发送方;

——已采取合理的预防措施以保证发送方能收到通知。

4.3

拒绝 rejection

主交换的接收方的如下活动:

——由于CONTRL报文中指出的原因而无法确认主交换或其有关部分;

——不对主交换中被拒绝的那部分所包含的业务信息采取进一步行动。

4.4

报告 report

对主交换或其某一部分所采取的行动(确认或拒绝)。

4.5

报告层 report-level

CONTRL报文中用于报告对应的引用层的**段**。

注:报告层指的是UCI、UCF、UCM、UCS和UCD段。

4.6

引用层 referenced level

主交换的这些部分分别是：

——UNA、UNB 和 UNZ 段以及用于保护主交换的安全段，在 UCI 段中引用；

——UNG 和 UNE 段以及用于保护组的安全段，在 UCF 段中引用；

——完整的**报文**或**包**以及用于保护报文或包的安全段，在 UCM 段中引用；

——报文体中的**段**，在 UCS 段中引用；

——独立**数据元**、**复合数据元**或**成分数据元**，在 UCD 段中引用。

注：CONTRL 报文的结构基于 UCI、UCF、UCM、UCS 和 UCD，其中每个段都包含一个对主交换部分的引用。

4.7

主交换 subject interchange

CONTRL 报文所应答的**交换**。

5 批式电子数据交换语法和服务报告报文的使用规则

5.1 功能定义

CONTRL 报文是一个具有错误指示功能的从语法上对所收到的交换、组、报文或包进行确认或拒绝的报文。

CONTRL 报文应被用于：

——确认或拒绝所收到的交换、组、报文或包并列出其中包含的语法错误或不支持的功能，或

——仅指出收到交换。

5.2 应用领域

CONTRL 报文应被用于 EDIFACT 语法规则(GB/T 14805)，并用于应答按该标准的第 1、2、5、6、7、8、9 和/或 10 部分生成的交换。

5.3 原则

5.3.1 概述

在参与方之间应当像商定所支持的报文功能那样商定对所提交和接收的 CONTRL 报文类型的支持，并通过主交换 UNB 段或交换协议中的确认请求指出对 CONTRL 报文接收的支持。

EDIFACT 交换的发送方(A)可在 UNB 段中请求接收方(B)作出应答，应答的内容是已收到交换，并且该交换在语法上是正确的，服务段的语义是正确的，接收方支持服务段中请求的功能。另外，该请求也可在交换伙伴间商定的交换协议中规定。

从 A 到 B 的交换称为主交换。

应答应以一个或两个 CONTRL 报文的形式从主交换的接收方(B)发往主交换的发送方(A)。

CONTRL 报文给出下列功能：

——指出接收方根据对主交换语法检查的结果所采取行动，或

——仅指出收到交换。

在第一种情况下，行动(确认或拒绝)指出对接收的整个交换进行语法检查的结果。行动可以针对整个交换，也可以针对交换的某一部分，因此某些报文、包或组可被确认而其他一些报文、包或组可被拒绝。CONTRL 报文应指出对主交换的每个部分所采取的行动。

在第二种情况下，只提供交换接收指示。

在对交换或交换的某一部分进行语法检查时，应遵循下列规则：

——EDIFACT 语法规则(GB/T 14805)(包括服务段使用规则)；

——所收到的报文类型的语法规则。

CONTRL 报文不适用于报告应用层的错误或针对其所采取的行动，即报告不涉及用户段中的语义

信息。因此,通过 CONTRL 报文指出的确认并不是指已接受或认可报文或包的业务内容。

即使交换或其某一部分包含语法错误,接收方也可选择对它进行确认,并报告这些错误。这些错误是否为非致命错误应由接收方决定。例如,接收方可视情况确认超出了规定最大长度的数据元。

由主交换的接收方生成的含有 CONTRL 报文的交换应在其 UNB 段中包含与主交换相同的发送方和接收方标识,只是主交换的发送方变为该交换的接收方,主交换的接收方变为该交换的发送方。

参与方可商定,即使在主交换的 UNB 段中没有请求确认,也可发送 CONTRL 报文来拒绝有错的主交换或其某一部分。

另外,不能以组的形式发送 CONTRL 报文。

5.3.2 CONTRL 报文和主交换的关系

最多可发送两个 CONTRL 报文来应答所收到的交换。第一个报文为可选型的,它给出交换接收指示。第二个报文报告对主交换进行语法检查后所采取的行动。UCI 段中的行动代码应指出该报文是第一种类型还是第二种类型。

如果在主交换的 UNB 段中提出了确认请求,则应发送第二类 CONTRL 报文来报告对主交换进行语法检查的结果(除非主交换只包含 CONTRL 报文)。第一类报文是可选型的意味着如果最终要发送 CONTRL 报文,通常应发送第二类 CONTRL 报文(除非主交换只包含 CONTRL 报文)。第一类 CONTRL 报文的 UCI 段不用于报告错误,即当需要通过 UCI 段报告错误时,只能发送第二类 CONTRL 报文。

CONTRL 报文只报告对一个主交换所采取的行动,即它不涉及多个主交换或其某些部分。

在提供交换接收指示的 CONTRL 报文中不应使用段组 1 和段组 3。如果主交换包含(由报文和/或包的构成的)组,则只用 CONTRL 报文的段组 3。如果主交换中不包含组,则只用 CONTRL 报文的段组 1。

当需要发送 UCM 段组(段组 1 或段组 4)时,对每个收到的报文或包最多只能发送一个 UCM 段组。

所有报告层的顺序应与其对应的主交换中的引用层的顺序相同。

5.3.3 行动代码的用法

主交换中与 UCI、UCF 和 UCM 段对应的引用层可被确认或拒绝。

CONTRL 报文还提供了确认或拒绝整个交换或组而无需引用其中的报文、包或组的方法。

行动(确认或拒绝)应由 UCI、UCF 和 UCM 段中的行动代码来指出。该代码可表示对对应引用层所采取的行动,在某些情况下,也可表示对更低的引用层所采取的行动。

如果 CONTRL 报文中包含与主交换中某一引用层对应的段,则称该引用层被显式报告了。如果要显式报告较低的引用层则需确认该引用层以上的所有引用层。

如果对某一引用层所采取的行动是由主交换中更高的引用层所对应的 UCI 或 UCF 段来报告的,则称该引用层被隐式报告了。例如,如果由 UCI 段中的行动代码来表示对整个主交换的拒绝,则其中的组和所有报文或包就被隐式拒绝了。另外,当 UCI 或 UCF 段中的行动代码指出对下一层的报文或包的确认并且没有出现拒绝这些报文或包的 UCM 段时,这些报文或包就被隐式确认了。

在 CONTRL 报文中,行动代码 4 或 7 只用于报告对主交换进行了完全检查之后所采取的行动。行动代码 8 只用于表示收到交换。这些代码在数据元 0083(行动,代码型)中规定。

5.3.4 语法错误报告

CONTRL 报文的报告层是通过其中的数据元来报告错误的。这些数据元标识错误在主交换中的位置并指出错误的性质。

每个报告层(即 UCI、UCF、UCM、UCS 和 UCD 段)只能报告一个错误。如果由这些段中的某个段在引用层上检查出多个错误,则主交换的接收方应自由选择报告哪个错误。不能发送多个 CONTRL 报文来报告多个错误,并且对于每个引用层的实例不应出现多个报告层。

即使确认了包含错误的引用层也可报告错误。用户还应该意识到有些语法错误可改变数据的语义，当确认有语义错误的数据时，主交换的接收方应对其后果负责。

建议尽可能精确地标识错误。如果定义了精确的错误代码，就不应再使用通用的(和不精确的)错误代码。同样，错误的位置也应尽可能使用最低的报告层来尽量精确地标识。

不能把较低的报告层上的错误代码“复制”到较高的报告层。否则可能出现这种情况：在UCD段中用错误代码报告了数据元错误，而在UCM段中又重复出现了相同的错误代码。在这种情况下，标识该错误的错误代码只能出现在UCD段中。该规则适用于所有报告层。

CONTRL报文的接收方在标识错误的精确位置和性质时通常需要按主交换的传输格式访问主交换。

5.3.5 从主交换复制到CONTRL报文的数据元中的错误

CONTRL报文包含若干个需从主交换复制的必备型数据元。如果主交换中的某个数据元遗失或在语法上是无效的，则无法生成一个在语法上有效的CONTRL报文，因此这样的错误就不应该用CONTRL报文而应通过其他方法来报告，除非处理CONTRL报文的所有参与方已在交换协议中商定允许将出错的数据元复制到CONTRL报文中。

5.3.6 行动的冗余报告

如果在UCI段中使用了行动代码7，同时又发送了UCM或UCF段来确认报文、包或组也是允许的。同样，当UCF段中使用行动代码7时，还可以用冗余的UCM段来确认组中的报文或包。

5.3.7 重新传输

决定是否需要重新发送交换、组、报文或包的条件应由交换双方事先商定，不在CONTRL报文规定的范围之内。

5.3.8 CONTRL报文的确认或拒绝

不应发送第二类CONTRL报文(确认或拒绝)来应答只包含CONTRL报文的交换。CONTRL报文中的错误应通过其他方式来报告。

如果所应答的交换中包含一个或多个CONTRL报文，则应像所收到的交换中没有CONTRL报文那样来生成用作应答的CONTRL报文。

如果交换中既有CONTRL报文又有其他类型的报文，则对该交换中某些部分的隐式确认或拒绝不适用于CONTRL报文。

5.4 报文定义

5.4.1 数据段说明

阅读本条时，应参考标有必备型、条件型和重复次数的段表(见表1)。

下列各段中的数据元的有关信息在GB/T 14805.10—2003中给出。

0010 UNH，报文头

开始并唯一标识报文的服务段。批式电子数据交换的语法和服务报告报文的报文类型代码是CONTRL。

符合本部分的语法和服务报告报文必须在UNH段的S009中包含下列数据：

数据元 0065 CONTRL

0052 4

0054 1

0051 UN

0020 UCI，交换应答

标识所应答的交换，指出收到交换以及对UNA、UNB和UNZ段的确认或拒绝，并标识与这些段有关的错误。当USA、USC、USD、USH、USR、UST或USU段出现在交换层时，该段可标识与这些段有关的错误。另外，该段还可通过行动代码指出对组、报文或包所采取的行动。

主交换的标识应通过将其交换发送方、交换接收方和交换控制参考复制到本段中的相同数据元中的方式来完成。该段还可标识出错或丢失的 UNA、UNB、UNZ、USA、USC、USD、USH、USR、UST 或 USU 段。如果没有标识段，则说明错误与整个交换有关。

0030 **段组 1:UCM-SG2**

对 UCI 段所标识的主交换中的报文或包作出应答。该段组只有在主交换不包含组时方可使用。

0040 **UCM，报文/包应答**

标识主交换中的报文或包、指出对报文或包的确认或拒绝，并标识与 UNH、UNT、UNO 和 UNP 段有关的错误。当安全段 USA、USC、USD、USH、USR、UST 或 USU 段出现在报文或包这一层时，本段还可标识与这些段有关的错误。

报文的标识应通过将其报文标识符和报文参考号复制到本段中相同数据元中的方式来完成。该段还可标识出错或丢失的 UNH、UNT、USA、USC、USD、USH、USR、UST 或 USU 段。如果没有标识段，则说明错误与整个报文有关。

包的标识应通过将其参考标识和包参考号复制到本段中相同数据元中的方式来完成。该段还可标识出错或丢失的 UNO、UNP、USA、USC、USD、USH、USR、UST 或 USU 段。如果没有标识段，则说明错误与整个包有关。

0050 **段组 2:UCS_UCD**

对段组 1 中的 UCM 段所标识的报文中的出错段作出应答。

0060 **UCS，段错误指示**

标识报文中的段，指出该段有错，并标识与整个段有关的错误。

0070 **UCD，数据元错误指示**

对段组 2 中 UCS 段所标识的段中出错的独立数据元、复合数据元或成分数据元进行标识，并指出错误的性质。

0080 **段组 3:UCF-SG4**

对 UCI 段所标识的主交换中的组作出应答。本段组只有在主交换包含组时方可使用。

0090 **UCF，组应答**

标识主交换中的组，指出对 UNG 和 UNE 段的确认或拒绝，并标识与这些段有关的错误。当安全段 USA、USC、USD、USH、USR、UST 或 USU 出现在组这一层时，本段还可标识与这些段有关的错误。另外，本段还可通过行动代码指出对组中的报文或包所采取的行动。

组的标识应通过将其应用发送方标识、应用接收方标识和组参考号复制到本段中相同数据元的方式来完成。本段还可标识出错或丢失的 UNG、UNE、USA、USC、USD、USH、USR、UST 或 USU 段。如果未标识段，则说明错误与整个组有关。

0100 **段组 4:UCM-SG5**

对段组 3 所标识的组中的报文或包作出应答。

0110 **UCM，报文/包应答**

标识主交换中的报文或包，指出对报文或包的确认或拒绝，并标识与 UNH、UNT、UNO 和 UNP 段有关的错误。当安全段 USA、USC、USD、USH、USR、UST 或 USU 出现在报文或包这一层时，本段还可标识与这些段有关的错误。

报文的标识应通过将其报文标识符和报文参考号复制到本段中相同数据元的方式来完成。本段可标识出错或丢失的 UNH、UNT、USA、USC、USD、USH、USR、UST 或 USU 段。如果未标识段，则说明错误与整个报文有关。

包的标识应通过将其参考标识和包参考号复制到本段中相同数据元的方式来完成。本段还可标识出错或丢失的 UNO、UNP、USA、USC、USD、USH、USR、UST 或 USU 段。如果未标识段，则说明错误与整个包有关。

0120 **段组 5:UCS-UCD**

对段组 4 中的 UCM 段所标识的报文中出错的段作出应答。

0130 **UCS,段错误指示**

标识报文中的段,指出该段有错,并标识与整个段有关的错误。

0140 **UCD,数据元错误指示**

标识段组 5 中的 UCS 段所标识的段中出错的独立数据元、复合数据元或成分数据元,并指出错误的性质。

0150 **UNT,报文尾**

结束报文、给出报文中段的总数和报文的控制参考号。

5.4.2 数据段索引(按段标记的字母顺序排列)

UCD 数据元错误指示

UCF 组应答

UCI 交换应答

UCM 报文/包应答

UCS 段错误指示

UNH 报文头

UNT 报文尾

5.4.3 报文结构

表 1 给出了报文结构。

表 1 段表

位置	标记	名称	状态	重复次数	注释
0010	UNH	报文头	M	1	
0020	UCI	交换应答	M	1	
0030		——段组1——	C	999999	1
0040	UCM	报文/包应答	M	1	
0050		——段组2——	C	999	
0060	UCS	段错误指示	M	1	
0070	UCD	数据元错误指示	C	99	
0080		——段组3——	C	999999	1
0090	UCF	组应答	M	1	
0100		——段组4——	C	999999	
0110	UCM	报文/包应答	M	1	
0120		——段组5——	C	999	
0130	UCS	段错误指示	M	1	
0140	UCD	数据元错误指示	C	99	
0150	UNT	报文尾	M	1	

注:D4(0030,0080)有一项或无,即段组 1 和段组 3 中最多只有一个段组出现。

ICS 35.240.60
L 70

中华人民共和国国家标准

GB/T 14805.5—2007/ISO 9735-5:2002
代替 GB/T 14805.5—1999

行政、商业和运输业电子数据交换(EDIFACT)应用级语法规则(语法版本号:4,语法发布号:1) 第5部分:批式电子数据交换安全规则(真实性、完整性和源抗抵赖性)

Electronic data interchange for administration, commerce and transport (EDIFACT)—Application level syntax rules (Syntax version number: 4, Syntax release number: 1)—Part 5: Security rules for batch EDI (authenticity, integrity and non-repudiation of origin)

(ISO 9735-5:2002, IDT)

2007-08-24 发布　　　　2008-01-01 实施

中华人民共和国国家质量监督检验检疫总局
中国国家标准化管理委员会　发布

前言

GB/T 14805《行政、商业和运输业电子数据交换(EDIFACT) 应用级语法规则(语法版本号:4,语法发布号:1)》由下列部分组成:

——第1部分:公用的语法规则;

——第2部分:批式电子数据交换专用的语法规则;

——第3部分:交互式电子数据交换专用的语法规则;

——第4部分:批式电子数据交换语法和服务报告报文(报文类型为CONTRL);

——第5部分:批式电子数据交换安全规则(真实性、完整性和源抗抵赖性);

——第6部分:安全鉴别和确认报文(报文类型为AUTACK);

——第7部分:批式电子数据交换安全规则(保密性);

——第8部分:电子数据交换中的相关数据;

——第9部分:安全密钥和证书管理报文(报文类型为KEYMAN);

——第10部分:语法服务目录。

将来还有可能增加新的部分。

本部分为GB/T 14805的第5部分。

本部分等同采用ISO 9735-5:2002《行政、商业和运输业电子数据交换(EDIFACT) 应用级语法规则(语法版本号:4,语法发布号:1) 第5部分:批式电子数据交换安全规则(真实性、完整性和源抗抵赖性)》。

本部分代替GB/T 14805.5—1999。

本部分与GB/T 14805.5—1999相比主要变化如下:

——对ISO前言和本部分的引言部分进行了更新;

——与以前版本相比,在术语和段组的使用说明上有些变化;

——删除了上一版国家标准中附录A"定义"、附录B"语法服务目录",以及附录G"服务代码目录",并对一些编辑性的错误进行了修正。

本部分的附录A、附录B、附录C、附录D和附录E为资料性附录。

本部分由中国标准化研究院提出。

本部分由全国电子业务标准化技术委员会归口。

本部分由中国标准化研究院负责起草。

本部分的主要起草人:胡涵景、任冠华、岳高峰、徐成华、曹新九、章建方、刘颖、孙文峰。

本部分于1999年第一次发布。

ISO 前言

ISO(国际标准化组织)是一个世界性的各国标准机构(ISO 国家成员体)联盟。国际标准的制定工作一般通过 ISO 技术委员会完成。对某个已建立的技术委员会的项目感兴趣的每个成员体,有权对该技术委员会表述意见。任何与 ISO 有联络关系的官方和非官方的国际组织都可直接参与制定国际标准。ISO 与 IEC(国际电工委员会)在电工技术标准的所有领域密切合作。

应按照 ISO/IEC 导则第 3 部分的规则起草国际标准。

技术委员会的主要任务是起草国际标准。由技术委员会正式通过的国际标准草案在被 ISO 理事会接受为国际标准之前,须分发到各成员体进行表决,按照 ISO 的工作程序,至少 75%的成员体投票赞成后,该标准草案才成为国际标准。

应当注意的是本部分可能涉及到专利。ISO 不负责标识这些专利。

本部分由 ISO/TC 154(商业、工业和行政中的过程、数据元和单证)与 UN/CEFACT 联合语法工作组合作起草。

本部分取代第一版标准(ISO 9735-5:1998)。而在本部分第 2 章提到的 ISO 9735:1988 及其 1992 年第 1 号修改单只是被临时性地保留。

另外,为了更好地进行维护,已经将 ISO 9735 各部分中的语法服务目录取消,并将它们重新组合成一个新的部分,即:ISO 9735-10。

在 ISO 9735-1:1998 发布的时候,已经将 ISO 9735-10 分配为“交互式 EDI 安全规则”部分。由于缺乏用户的支持,这部分内容被撤销,因此在本部分中删除了所有与“交互式 EDI 安全规则”有关的参考。

在 ISO 9735 各部分中的术语和定义被重新编排并被放在 ISO 9735-1 中。

ISO 9735 在《行政、商业和运输业电子数据交换(EDIFACT) 应用级语法规则(语法版本号:4,语法发布号:1)》的总标题下由下列部分组成:

——第 1 部分:公用的语法规则;

——第 2 部分:批式电子数据交换专用的语法规则;

——第 3 部分:交互式电子数据交换专用的语法规则;

——第 4 部分:批式电子数据交换语法和服务报告报文(报文类型为 CONTRL);

——第 5 部分:批式电子数据交换安全规则(真实性、完整性和源抗抵赖性);

——第 6 部分:安全鉴别和确认报文(报文类型为 AUTACK);

——第 7 部分:批式电子数据交换安全规则(保密性);

——第 8 部分:电子数据交换中的相关数据;

——第 9 部分:安全密钥和证书管理报文(报文类型为 KEYMAN);

——第 10 部分:语法服务目录。

将来还有可能增加新的部分。

本部分的附录 A、附录 B、附录 C、附录 D 和附录 E 为资料性附录。

引　言

根据批式或交互式处理的需求，本部分包含了用于在开放环境中的电子报文交换中的结构化数据的应用级规则。联合国欧洲经济委员会(UN/ECE)已经同意把这些规则作为用于行政、商业和运输业电子数据交换(EDIFACT)的应用级语法规则。这些规则是联合国贸易数据交换目录(UNTDID)的一部分。UNTDID还包含批式和交互式报文设计指南。

通信规范及协议不在本部分的范围之内。

本部分是GB/T 14805的一个新增部分。它提供了一种保护批式EDIFACT结构(即报文、包、组或交换)的可选能力。

行政、商业和运输业电子数据交换(EDIFACT)应用级语法规则(语法版本号:4,语法发布号:1) 第5部分:批式电子数据交换安全规则(真实性、完整性和源抗抵赖性)

1 范围

本部分规定了用于 EDIFACT 安全的语法规则。本部分阐述了根据所建立的安全机制为报文/包级、组级和交换级安全提供真实性、完整性和源抗抵赖性的方法。

2 一致性

尽管本部分应在段 UNB(交换头)中出现的必备型数据元 0002(语法版本号)中使用版本号“4”,和条件型数据元 0076(语法发布号)使用发布号“01”,但是,为了能够与本部分相区别,继续使用早期版本中语法规则的交换应使用下列语法版本号:

——ISO 9735:1988:语法版本号:1;

——ISO 9735:1988(1990 年修改并且重新印刷):语法版本号:2;

——ISO 9735:1988 及其 1992 年第 1 号修改单:语法版本号:3;

——ISO 9735:1998:语法版本号:4。

与某个标准的一致性意味着支持其包括所有选项的所有需求。如果不支持所有选项,则任何一致性声明应包含一个说明,用于标识那些声明与其一致的选项。

如果所交换的数据的结构和表示符合本部分规定的语法规则,则这些数据处于一致性状态。

当支持本部分的设备能够创建和/或解释其结构和表示与本部分一致的数据时,这些设备处于一致性状态。

与本部分的一致性应包括与 GB/T 14805.1、GB/T 14805.2、GB/T 14805.8 和 GB/T 14805.10 的一致性。

当在本部分中标识出在相关标准中定义的条款时,这些条款应构成一致性判定条件的组成部分。

3 规范性引用文件

下列文件中的条款通过本部分的引用而成为本部分的条款。凡是注日期的引用文件,其随后所有的修改单(不包括勘误的内容)或修订版均不适用于本部分,然而,鼓励根据本部分达成协议的各方研究是否可使用这些文件的最新版本。凡是不注日期的引用文件,其最新版本适用于本部分。

GB/T 14805.1—2007 行政、商业和运输业电子数据交换(EDIFACT) 应用级语法规则(语法版本号:4,语法发布号:1) 第1部分:公用的语法规则(ISO 9735-1:2002,IDT)

GB/T 14805.2—2007 行政、商业和运输业电子数据交换(EDIFACT) 应用级语法规则(语法版本号:4,语法发布号:1) 第2部分:批式电子数据交换专用的语法规则(ISO 9735-2:2002,IDT)

GB/T 14805.6—2007 行政、商业和运输业电子数据交换(EDIFACT) 应用级语法规则(语法版本号:4,语法发布号:1) 第6部分:安全鉴别和确认报文(报文类型为 AUTACK)(ISO 9735-6:2002,IDT)

GB/T 14805.7—2007 行政、商业和运输业电子数据交换(EDIFACT) 应用级语法规则(语法版本号:4,语法发布号:1) 第7部分:批式电子数据交换安全规则(保密性)(ISO 9735-7:2002,IDT)

GB/T 14805.8—2007 行政、商业和运输业电子数据交换(EDIFACT) 应用级语法规则(语法版

本号:4,语法发布号:1) 第 8 部分:电子数据交换中的相关数据(ISO 9735-8:2002,IDT)

GB/T 14805.10—2005 用于行政、商业和运输业电子数据交换的应用级语法规则 第 10 部分:语法服务目录(ISO 9735-10:2002,IDT)

GB/T 18794.2—2002 信息技术 开放系统互连 开放系统安全框架 第 2 部分:鉴别框架(ISO/IEC 10181-2:1996,IDT)

GB/T 18794.4—2003 信息技术 开放系统互连 开放系统安全框架 第 4 部分:抗抵赖性框架(ISO/IEC 10181-4:1997,IDT)

GB/T 18794.6—2003 信息技术 开放系统互连 开放系统安全框架 第 6 部分:完整性框架(ISO/IEC 10181-6:1996,IDT)

4 术语和定义

GB/T 14805.1—2007 确立的术语和定义适用于本部分。

5 批式 EDI 的安全头段组和安全尾段组的使用规则

5.1 报文/包级安全——集成报文/包安全

5.1.1 概述

附录 A 和附录 B 描述了与报文/包传送有关的安全威胁及针对这些威胁的安全服务。

本条描述了 EDIFACT 报文/包级安全的结构。

本部分所描述的安全服务,对于任一现有的报文,应通过在 UNH 段后紧跟安全头段组和在 UNT 段前加入安全尾段组来提供;对于任一现有的包,应通过在 UNO 段后紧跟安全头段组和在 UNP 段前加入安全尾段组来提供。

5.1.2 安全头段组和安全尾段组

图 1 描述了表示报文级安全的一个交换。

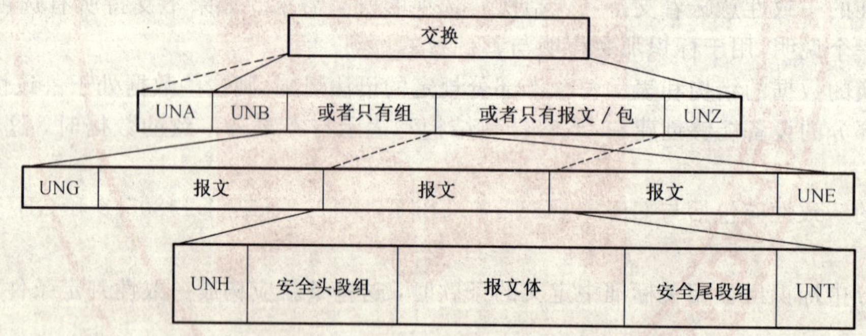

图 1 表示报文级安全的一个交换(示意图)

图 2 给出了表示包级安全的一个交换。

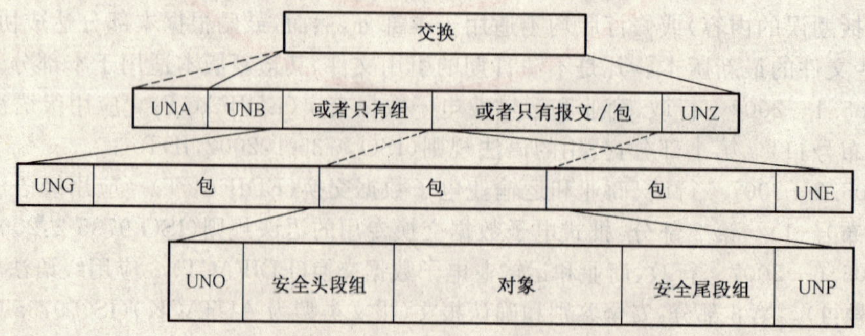

图 2 表示包级安全的一个交换(示意图)

5.1.3 安全头段组和安全尾段组的结构

表 1 给出了安全头段组和安全尾段组的段表(报文级安全)。

表 1 安全头段组和安全尾段组的段表(报文级安全)

标记	名称	状态	最大次数
UNH	报文头	M	1
------------	段组 1 ----------------------	C	99
USH	安全头	M	1
USA	安全算法	C	3
------------	段组 2 ----------------------	C	2
USC	证书	M	1
USA	安全算法	C	3
USR	安全结果	C	1
	报文体		
------------	段组 n ----------------------	C	99
UST	安全尾	M	1
USR	安全结果	C	1
UNT	报文尾	M	1

表 2 给出了安全头段组和安全尾段组的段表(包级安全)。

表 2 安全头段组和安全尾段组的段表(包级安全)

标记	名称	状态	最大次数
UNO	对象头	M	1
------------	段组 1 ----------------------	C	99
USH	安全头	M	1
USA	安全算法	C	3
------------	段组 2 ----------------------	C	2
USC	证书	M	1
USA	安全算法	C	3
USR	安全结果	C	1
	对象		
------------	段组 n ----------------------	C	99
UST	安全尾	M	1
USR	安全结果	C	1
UNP	对象尾	M	1

注:包含报文头 UNH、报文尾 UNT、对象头 UNO 和对象尾 UNP 在内的完整的段规范和数据元规范在 GB/T 14805.10—2005中规定,本部分不对它们做进一步说明。

5.1.4 数据段说明

段组 1:USH-USA-SG2(安全头段组)

本段组标识了所采用的安全服务和安全机制,并包含了执行确认计算所需的数据。

如果对报文/包采用不同的安全服务(如完整性和源抗抵赖性)或几个参与方采用了相同的安全服务,则在同一报文/包中可以有几个不同的安全头段组。

USH,安全头

本段规定了适用于包含本段在内的报文/包的安全服务。

与该安全服务有关的各参与方(即安全数据元发起方和安全数据元接受方)可在本段中标识,除非在采用非对称算法时,它们被无歧义地用证书(即 USC 段)标识。

下述情况之一出现时,应在 USH 段中使用复合数据元安全标识细目(S500):

——采用对称算法;

——采用非对称算法时,为区别安全发起方证书和安全接受方证书而提交两个证书。

在后一种情况下,S500 中的参与方标识(数据元 S500/0511,S500/0513,S500/0515,S500/0586 中的任一个)应与在段组 2 的 USC 段中出现的某个 S500 中被限定为"证书持有者"的参与方标识相同。同时,数据元 S500/0577 应标识所涉及的参与方的功能(即发起方或接受方)。

复合数据元安全标识细目中的数据元密钥名称(S500/0538)可用来在发送方和接收方之间建立密钥关系。

该密钥关系也可通过使用段组 1 的 USA 段中的复合数据元算法参数中的数据元密钥标识(S503/0554)来建立。

如果不需要传送段组 1 中的 USA 段(因为加密机制已事先在参与方间商定),可使用 USH 段中的 S500/0538。

然而,在同一安全头段组中,本部分推荐使用 USH 中的 S500/0538 或 USA 中带有限定符的 S503/0554 中的一个,而不是两个都使用。

USH 段可规定用于段组 1 中 USA 段以及相应的安全尾组中的 USR 段的二进制区的过滤函数。

USH 段可包含一个用于提供顺序完整性的安全顺序号和安全元素的创建日期。

USA,安全算法

本段标识了安全算法及该算法的用法,并包含了所需的技术参数。该算法应是直接应用于报文/包的算法。该算法可以是对称算法、哈希函数或压缩算法。例如,对数字签名而言,该算法指明所使用的与报文相关的哈希函数。

非对称算法不应直接在段组 1 中的 USA 段内引用,只可在由 USC 段触发的段组 2 中出现。

USA 段允许出现三次。一次用于提供 USH 段中规定的安全服务所需的对称算法或哈希函数,其余两次在 GB/T 14805.7 中描述。

必要的时候可以使用番丁(padding)算法。

段组 2:USC-USA-USR(证书组)

当使用非对称算法时,本段组包含了用来验证应用于报文/包的安全方法所需的数据。当采用非对称算法来标识所使用的非对称密钥对时,即使不使用证书,也应使用证书段组。

在 USC 段中,应给出整个证书段组(包括 USR 段)或只用于无歧义地标识所使用的非对称密钥对所需的数据元。如果两个参与方已经交换了证书或如果证书可从数据库中获得,则可避免整个证书的出现。

当决定引用非 EDIFACT 证书(诸如 X.509)时,应在 USC 段的数据元 0545 中标识该证书的语法和版本。这样的证书可在 EDIFACT 包中传送。

本段组允许出现两次。一次用于报文/包的发送方证书(报文/包的接收方将用它来验证发送方的签名),另一次则是在发送方为了对称密钥的保密性而使用接收方公开密钥的情况下,用于报文/包的接收方证书(只用证书参考引用)。

如果在同一个安全头段组中该段组出现两次,则可用复合数据元安全标识细目(S500)和数据元证书参考(0536)将它们区分开来。

如果不使用非对称算法,该段组应被省略。

USC,证书

本段包含证书持有者的凭证,并标识生成该证书的认证机构。代码型数据元过滤函数(0505)应标识用于段组 2 的 USA 段和 USR 段的二进制区的过滤函数。

USC 段中的 S500 可以出现两次,一次用于证书持有者(识别使用包含于本证书内的公开密钥相对应的私有密钥进行签名的那一方),另一次用于证书发布者(认证机构 CA)。

USA,安全算法

本段标识了安全算法及该算法的用法,并包括所需的技术参数。在段组 2 中,USA 段可出现三次,分别标识:

a) 证书发布者用于计算证书的哈希值的算法(哈希函数);

b) 证书发布者用于生成证书(即签署根据证书内容计算出的哈希函数的结果)的算法(非对称算法);

c) 发送方用于签署报文/包(即签署根据证书内容计算出的哈希函数的结果)的算法(非对称算法),或发送方使用的接收方非对称算法,该算法用来加密应用于报文/包内容的对称算法所需的密钥,(非对称算法)并且这个密钥在由 USH 段触发的段组 1 中被引用。

需要时,可使用番丁算法指示。

USR,安全结果

本段包含了认证机构应用于证书的安全功能的结果。该结果应是由认证机构通过签署根据凭证数据计算出的哈希结果而得出的证书的签名。

对证书而言,签名计算始于 USC 段的第一个字符(即"U"),终止于最后一个 USA 段的最后一个字符(包括紧随该 USA 段的分隔符)。

段组 n:UST-USR (安全尾组)

本段组包含与安全头段组的链接和应用于报文/包的安全功能的结果。

UST,安全尾

本段在安全头段组与安全尾段组间建立一个链接,并说明了包含在这些组中安全段的数目。

USR,安全结果

本段包含应用于报文/包的安全功能的结果,这些安全功能是在被链接的安全头段组中规定的。根据在被链接的安全头段组中规定的安全机制,该结果应为下列两种结果之一:

——根据在安全头段组的段组 1 中的 USA 段中指明的算法直接对报文/包进行计算得出的结果;

——通过用非对称算法签署哈希结果而计算出来的结果,其中非对称算法在安全头段组的段组 2 中的 USA 段中指明,哈希结果是根据在安全头段组的段组 1 中的 USA 段中指明的算法对报文/包进行计算而得出的。

5.1.5 安全应用的范围

安全应用的范围有两种可能性。

第一种可能性是每个完整性值、鉴别值及数字签名的计算始于当前的安全头段组,并包含当前的安全头段组和报文体/对象本身。在这种情况下,安全应用的范围不应包括其他的安全头段组或安全尾段组。

安全头段组始于第一个字母"U",终止于结束该安全头段组的分隔符;报文体/对象始于结束最后一个安全头段组的分隔符之后的第一个字符,终止于第一个安全尾段组的第一个字符前的分隔符。

因此,以这种方式集成的安全服务的执行顺序未作规定。它们彼此间完全独立。

图 3 描述了上述这种情况(在安全头段组 2 中定义的安全服务的应用范围用阴影框表示)。

UNH/ *UNO*	安全头 段组 3	安全头 段组 2	安全头 段组 1	报文体/对象	安全尾 段组 1	安全尾 段组 2	安全尾 段组 3	UNT/ *UNP*

图 3　应用范围:仅为安全头段组和报文体/包(示意图)

第二种可能性是计算始于当前的安全头段组,并包含当前的安全头段组和有关的安全尾段组。在这种情况下,安全应用的范围应包括当前的安全头段组、报文体/对象以及其他所有被嵌入的安全头段组和安全尾段组。

该范围应包括从当前的安全头段组的第一个字符“U”到有关的安全尾段组的第一个字符之前的分隔符的每一个字符。

图 4 描述了上述这种情况(在安全头段组 2 中定义的安全服务的应用范围用阴影框表示)。

UNH/ *UNO*	安全头 段组 3	安全头 段组 2	安全头 段组 1	报文体/对象	安全尾 段组 1	安全尾 段组 2	安全尾 段组 3	UNT/ *UNP*

图 4　应用范围:从安全头段组到安全尾段组(示意图)

对每个新增的安全服务,可选择上述两种范围中的一个。在上述两种情况中,安全头段组和有关的安全尾段组之间的关系应由 USH 和 UST 段中的数据元安全参考号提供。

5.2　使用原则

5.2.1　服务的选择

安全头段组可包含下列通用信息:

——所应用的安全服务;

——有关的参与方的标识;

——所使用的安全机制;

——“唯一”值(顺序号和/或时戳);

——接收的抗抵赖性请求。

如果在同一 EDIFACT 结构中需要多种安全服务时,则安全头段组可以出现多次。这就是涉及多对参与方的情况。但是,当同一对参与方需要多个安全服务时,这些服务可以含于一对安全头段组和安全尾段组之中,就好像某个服务隐含于其他服务中一样。

5.2.2　真实性

如果 EDIFACT 结构要求源鉴别服务,则应使用一对适当的安全头段组和安全尾段组并根据 GB/T 18794.2—2002规定的原则提供该项服务。

源鉴别安全服务应在段组 1 的 USH 段中规定,算法则在该段组的 USA 段中标识。

安全发起方应计算在安全尾段组中的 USR 段中传送的真实性值。安全接受方应查证该真实性值。

该服务可以包括完整性服务,并且作为一个“源抗抵赖性”服务的副产品的形式获得。

如果基于防拆硬件或可信第三方实施适当的“源鉴别”服务,则可把它当作一个“源抗抵赖性”服务的实例。这样的作法应在交换协定中予以明确。

5.2.3　完整性

如果 EDIFACT 结构要求内容完整性服务,则应使用一对适当的安全头段组和安全尾段组并根据 GB/T 18794.6—2003 规定的原则提供该项服务。

完整性安全服务应在段组 1 的 USH 段中规定,算法则在段组 1 的 USA 段中标识。该算法应是哈希函数或对称算法。

安全发起方应计算在安全尾段组中的 USR 段中传送的完整性值。安全接受方应查证该完整性值。

完整性服务可以通过源鉴别服务或源抗抵赖性服务的“副产品”的形式获得。

如果需要顺序完整性服务,则应在安全头段组中或者包含安全顺序号和安全时戳的两者之一,或者包含这两者;同时还应使用内容完整性服务、源鉴别服务和源抗抵赖性服务中的一个。

5.2.4 源抗抵赖性

如果 EDIFACT 结构要求源抗抵赖性服务,则应使用一对适当的安全头段组和安全尾段组并根据 GB/T 18794.4—2003 规定的原则提供该项服务。

源抗抵赖性安全服务应在段组 1 的 USH 段中规定,哈希算法则在段组 1 中的 USA 段中标识,如果使用证书,还应在段组 2 的 USA 段中标识用于签名的非对称算法。

如果证书不在报文/包中传送,接收方应知晓所采用的算法为非对称算法。在这种情况下,该非对称算法应在交换协定中明确。

安全服务发起方应计算在安全尾段组的 USR 中传送的数字签名,安全服务接受方应查证该数字签名值。

源抗抵赖性服务还能提供内容完整性和源鉴别服务。

5.3 符合 EDIFACT 语法的内部表示法和过滤器

采用数学算法计算完整性数值和数字签名带来的两个问题。

第一个问题是计算结果依赖于字符集的内部表示。这样,发送方数字签名的计算及接收方对该签名的验证就应使用同一字符集编码来完成。因此,发送方可以指明用于生成原始的安全确认结果的表示法。

第二个问题是安全的计算结果类似随机的位模式。这可能会导致在传输期间和使用翻译软件时出现问题。为避免这些问题,利用过滤函数将位模式可逆地映射到所使用的字符集的特定的表示法上。为简单起见,每个安全服务只使用一个过滤函数。这个映射的结果中所出现的异常终止符通过加入一个转义序列来处理。

6 批式 EDI 的交换和组的安全头段组和安全尾段组的使用规则

6.1 组级和交换级的安全——集成的报文安全

与报文/包传送相关的安全威胁及针对这些威胁的安全服务(参见附录 A 和附录 B)也适用于组级和交换级。

在前一章描述的用于报文/包的安全技术,也可用于交换级和组级。

就组级和交换级安全而言,应采用与报文/包级安全中相同的安全头段组和安全尾段组,即使安全应用于多个以上的级上,头尾交叉引用应总是应用于同一级。

在报文/包级应用安全时,被保护的结构是报文体或对象;在组级时,是该组中包括所有报文/包的头和尾在内的所有报文/包的集合;在交换级时,是该交换中包括所有报文/包或组的头和尾在内的所有报文/包或交换的集合。

6.2 安全头段组和安全尾段组

图 5 描述了同时含有交换级安全和组级安全的一个交换。

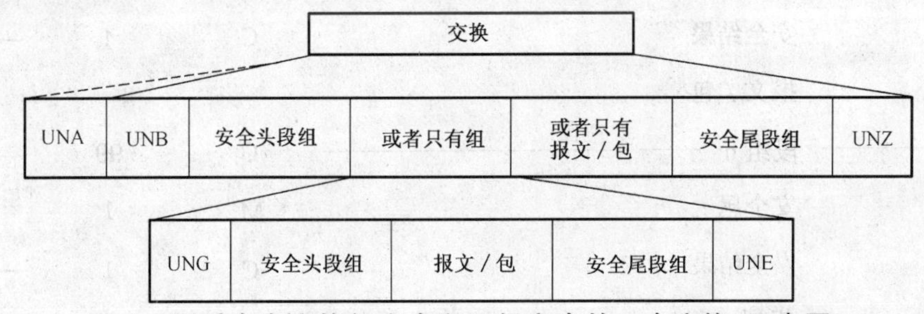

图 5 同时含有交换级安全和组级安全的一个交换(示意图)

6.3 安全头段组和安全尾段组的结构

仅为交换级安全头段组和安全尾段组段表见表 3。

仅为组级安全头段组和安全尾段组段表见表 4。

表 3　安全头段组和安全尾段组段表（仅为交换级安全）

标记	名称	状态	最大次数
UNB	交换头	M	1
----------------	段组 1 ----------------------------------	C	99
USH	安全头	M	1
USA	安全算法	C	3
----------------	段组 2 ----------------------------------	C	2
USC	证书	M	1
USA	安全算法	C	3
USR	安全结果	C	1
	组或报文 / 包		
----------------	段组 n ----------------------------------	C	99
UST	安全尾	M	1
USR	安全结果	C	1
UNZ	交换尾	M	1

表 4　安全头段组和安全尾段组段表（仅为组级安全）

标记	名称	状态	最大次数
UNG	组头	M	1
----------------	段组 1 ----------------------------------	C	99
USH	安全头	M	1
USA	安全算法	C	3
----------------	段组 2 ----------------------------------	C	2
USC	证书	M	1
USA	安全算法	C	3
USR	安全结果	C	1
	报文 / 包		
----------------	段组 n ----------------------------------	C	99
UST	安全尾	M	1
USR	安全结果	C	1
UNE	组尾	M	1

注：包含交换头 UNB、交换尾 UNZ、组头 UNG 和组尾 UNE 在内的完整的段规范和数据元规范在 GB/T 14805.10—2005 中进行了规定，本部分不对它们做进一步说明。

6.4 安全应用的范围

安全应用的范围有两种可能性：

第一种可能性是每个完整性值、鉴别值及数字签名的计算始于当前的安全头段组，并包含当前的安全头段组和组/包本身。在这种情况下，安全应用的范围不应包括其他的安全头段组或安全尾段组。

安全头段组始于第一个字母“U”，终于结束该安全头段组的分隔符；组或报文/包始于结束最后一个安全头段组的分隔符之后的第一个字符，终于第一个安全段组的第一个字符前的分隔符。

因此，以这种方式集成的安全服务的执行顺序未作规定。它们彼此间完全独立。

图6和图7描述了上述这种情况(在安全头段组2中定义的安全服务的应用范围用阴影框表示)。

UNB	安全头段组3	安全头段组2	安全头段组1	组或报文/包	安全尾段组1	安全尾段组2	安全尾段组3	UNZ

图6 应用范围：仅为安全头段组和组或报文/包(示意图)

UNG	安全头段组3	安全头段组2	安全头段组1	报文/包	安全尾段组1	安全尾段组2	安全尾段组3	UNE

图7 应用范围：仅为安全头段组和报文/包(示意图)

第二种可能性是计算始于并包含当前的安全头段组，终于有关的安全尾段组。在这种情况下，安全应用的范围应包括当前的安全头段组、组或报文/包以及其他所有被嵌入的安全头段组和安全尾段组。

该范围应包括从当前的安全头段组的第一个字符“U”到有关的安全尾段组的第一个字符之前的分隔符的每一个字符。

图8和图9描述了上述这种情况(在安全头段组2中定义的安全服务的应用范围用阴影框表示)。

UNB	安全头段组3	安全头段组2	安全头段组1	组或报文/包	安全尾段组1	安全尾段组2	安全尾段组3	UNZ

图8 应用范围：从安全头段组到安全尾段组(示意图)

UNG	安全头段组3	安全头段组2	安全头段组1	报文/包	安全尾段组1	安全尾段组2	安全尾段组3	UNE

图9 应用范围：从安全头段组到安全尾段组(示意图)

对每个新增的安全服务，可选择上述两种范围中的一个。在上述两种情况中，安全头段组和有关的安全尾段组之间的关系应由USH和UST段中的数据元安全参考号提供。

附 录 A
（资料性附录）
EDIFACT 的安全威胁和解决方案

A.1 概述

本附录描述了在报文/包的发起方和接受方之间对报文/包传送的一般安全威胁，同时也描述了克服这些威胁的一般方法。这些威胁和解决方案与任意级上的报文/包、组或者交换相关联。

A.2 安全威胁

通过电子媒体和电子手段存储和传送的 EDIFACT 报文/包会面临一些威胁，主要包括：

——报文/包内容未经授权的泄露；

——虚假报文/包的故意插入；

——报文/包的复制、丢失或重放；

——报文/包内容的篡改；

——报文/包的删除；

——发送方或者接收方对报文/包责任的抵赖。

当未经授权而处理报文/包的内容时，这些威胁可能是有意地造成的；或者当通信错误导致报文/包内容的改变时，这些威胁可能是无意地造成的。

A.3 安全解决方案——基本服务和使用原则

为了克服上述威胁，一些安全机制已被标识。这些机制利用一种或多种方法来达到安全目的。

当对报文/包进行安全处理时，重要的是要能够无歧义地标识所涉及到的各参与方安全发起方（以下简称发送方，在传输之前对报文/包进行安全处理）、安全接受方（以后简称接收方，对接收到的报文/包进行核查）。这些参与方可以在安全段中识别。如果使用非对称算法，则此识别可借助证书（即证书本身或证书参考）来完成。

在开放系统中通常需要认证机构（CA）。它是参与方在有限程度上信任的第三方，负责用公开密钥来标识和注册所有用户。这些识别信息通过证书传递给其他用户，此证书是 CA 对报文签署数字签名，该报文由用户标识信息和用户公开密钥组成。在这种情况下，信任纯粹是功能性的，并不涉及秘密密钥或者私有密钥。

另一方面，如果使用对称算法，有关的参与方的标识应在安全发送方/接收方名称字段中指明。

若干参与方均可对报文/包进行安全处理（如：一个报文/包可以有多个数字签名），因此安全相关信息可被重复，以便允许几个签名方或鉴别方的标识并相应地包括几个数字签名或控制值。

下面给出了对 EDIFACT 报文/包、组或者交换进行安全处理的需求和技术。

A.3.1 顺序完整性

顺序完整性防止对 EDIFACT 结构（报文/包、组或者交换）的复制、增加、删除、丢失或者重放。

为了检测到丢失的报文/包、组或者交换：

——发送方可以包括一个顺序号（与两个参与方的报文流/包流有关），并由接收方对其进行核查；

——发送方可请求并核查一个确认。

为了检测到增加或者复制的报文/包、组或者交换：

——发送方可以包括一个顺序号，并由接收方对其进行核查；

——发送方可以包括一个时戳,并由接收方对其进行核查。

当使用顺序号时,参与方之间要协商如何管理这些顺序号。

时戳通常由发送方的系统产生。这意味着,同有纸贸易一样,时戳的初始精确性只受发送方的控制。

为了给出全面的保护,时戳或者顺序号的完整性由下述其他功能中的一个来保证。

A.3.2 内容完整性

内容完整性防止对数据的篡改。

这种保护可通过发送方加入一个完整性控制值的方法来获得。该值可使用一个适当的加密算法来计算,如一个 MDC(更改检测码)。由于这个控制值本身没有被保护,在控制值上附加一些保护措施是必要的,如:用一个单独途径传递控制值或者计算数字签名,这实际上提供了源抗抵赖性。另一方面,使用报文鉴别码得到的源鉴别也隐含了内容完整性。接收方使用相应的算法和参数计算接收到的数据的完整性控制值并将结果与实际收到的完整性控制值进行比较。

总之,在 EDI 中内容完整性通常可作为源鉴别或源抗抵赖性的副产品来获得。

A.3.3 源鉴别

源鉴别保护接收方以防报文/包、组、或者交换的实际发送方声明是另一(被授权的)参与方。

这种保护可通过加入一个鉴别值(如 MAC:报文鉴别码)来获得。这个值不仅依赖于数据内容,而且依赖于发送方持有的秘密密钥。

本服务包括内容完整性并可作为源抗抵赖性的副产品来获得。

在大多数情况下,应至少采用源鉴别的服务。

A.3.4 源抗抵赖性

源抗抵赖性保护报文/包、组或者交换的接收方以防发送方对所发送信息的抵赖。

这种保护可通过加入数字签名(或者使用以防拆硬件或信任第三方的源鉴别的方式描述的函数)来获得。数字签名则可通过利用非对称算法和私有密钥对对象或数据的控制值(如使用哈希函数)进行加密而获得。

数字签名可使用公开密钥验证,此公开密钥与创建数字签名的私有密钥相对应。该公开密钥可以包含在参与方签署的交换协定中,也可以包含在认证机构数字签发的证书中。证书可被作为 EDIFACT 结构中的一部分发送。

数字签名不仅提供源抗抵赖性,而且也提供内容完整性和源鉴别。

A.3.5 接收的抗抵赖性

接收的抗抵赖性保护报文/包、组或者交换的发送方以防接收方对所接收信息的抵赖。

这种保护可通过接收方发送一个确认来实现。此确认包括一个对原始 EDIFACT 结构中数据的数字签名。该确认采用从接收方到发送方服务报文的形式。

A.3.6 内容保密性

内容保密性防止对报文/包、组或者交换内容的非授权的读、拷贝或者泄露。

这种保护可通过加密数据来实现。使用带秘密密钥的对称算法完成加密,发送方和接收方共享此密钥。

而且,该秘密密钥可以通过使用接收方公开密钥的非对称算法进行加密后被传输。

保密性在 GB/T 14805.7—2007 中单独阐述。

A.3.7 安全服务间的相互关系

正如已指出的,有些服务在本质上包含其他服务,这样就没有必要额外地包括已隐含获得的服务。例如:源抗抵赖性隐含了内容完整性。

表 A.1 总结了这些相互关系。

表 A.1 相互关系表

隐含的服务	内容完整性	源鉴别	源抗抵赖性
内容完整性	是	—	—
源鉴别	是	是	—
源抗抵赖性	是	是	是

附 录 B
（资料性附录）
如何保护 EDIFACT 结构

B.1 概述

下面是为了实现 EDIFACT 结构如报文/包、组或者交换的安全而采取的一些较为基本的步骤。要了解进一步的细节和原则性解释，请参考本部分的附录 A、GB/T 9387.2 和 GB/T 16264.8。

第一步（与业务伙伴共同）确定安全服务的要求。下面再次列出 EDIFACT 环境中可利用的安全服务，而且为了防范已标识出的威胁，在业务关系中明确需要哪些服务显得尤为重要。通常，这些需求能够通过审计请求在内部或外部加以定义。发送方可采用的基本安全服务如下：

——内容完整性；

——源鉴别；

——源抗抵赖性。

这些服务不是独立的，因此不必另外包含由其他服务已隐含实现的服务。例如：源抗抵赖性服务隐含了内容完整性。

表 A.1 归纳了这些关系。

因此，发送方最多可选择三个服务中的一个。

接收的抗抵赖性是由接收方发起的服务。该服务可由发送方明确请求或者在交换协定中规定。用于传递接收确认的 AUTACK 报文已制定出。

B.2 双边协定/第三方

如果要集成安全服务，必须同各业务伙伴制定附加的协定。有许多不同的方法可供使用，这里仅简述两种极端情况下的方法。

最小的需求应是每个参与方就安全服务、算法、代码、密钥管理方法、误操作处理等方面达成双边协定。这样一个协定的草案可从 EC TEDIS 项目中获得。在这种情况下，报文/包本身只需包括很少的安全相关信息。

另一种极端的情况是涉及到作为认证机构的第三方，此认证机构注册所有用户并发布证书来认证用户的公开密钥。在这种情况下，只要同认证机构达成一份协定就足够了。认证机构还应开列黑名单。此时，有必要包括更复杂的安全相关信息。

安全服务已通过一种能提供最大灵活性的方式集成到了 EDIFACT 中，并能满足以上提到的两种极端情况或它们中间的任何情况。

B.3 实际方面

当然，为实现这些安全服务需要阐述许多不同方面的内容，例如：密钥生成、对翻译器处理安全段能力的要求、充分利用安全服务的内部过程（如存储收到的带数字签名的报文/包、多个签名的应用等）。

需要强调的是，安全服务的集成是完全透明和独立于所使用的通信协议。如果系统允许传输一个 EDIFACT 报文/包，它也允许传输一个经安全处理的 EDIFACT 报文/包。

B.4 构造经安全处理的 EDIFACT 结构的过程

首先，创建一个 EDIFACT 结构的报文/包、组或交换，第二步是确定和应用适当的安全服务。如果这些服务是基于数字签名的，就将直接或者间接地涉及到私有密钥持有者。在 EDIFACT 结构生成后，第二步不必立即进行。

类似地,在处理收到的 EDIFACT 结构时,第一步要验证安全服务,就像有纸贸易一样尽可能存储经安全处理的 EDIFACT 结构以供今后审计和归档。

B.5 安全服务的应用顺序

安全服务执行的顺序完全由用户决定,因为所有的服务彼此间是完全独立的。特别是,如果使用多个签名且没有嵌入安全头段组和安全尾段组,这些签名的计算和验证顺序是无关紧要的。

B.6 报文/包级上分离报文的安全

该特性有两个业务需求:

a) 以来自发送方单个分离报文的方式为一个或多个报文/包提供安全服务;

b) 为发送方提供经安全处理的确认(收到原始报文/包而不作返回)。

安全鉴别和确认报文 AUTACK(GB/T 14805.6—2007)可满足这些需求。

B.6.1 发送方使用的分离报文的安全

AUTACK 的这种使用允许发送方提供任何安全服务,但以一个分离报文的形式发送。这样安全服务可在以后或者更合适阶段通信。此外,同样在报文/包级上,相对于直接集成一次仅能对一个报文/包进行安全处理而言,他们可以对若干原始报文/包进行安全处理。

对集成的和分离的方法而言其原则是等同的,但是分离方法需要给予安全处理的原始报文/包一个唯一参考。

B.6.2 接收方使用的分离报文的安全

AUTACK 的这种使用描述了提供接收的抗抵赖性的需求。AUTACK 的详尽描述,参见 GB/T 14805.6—2007。

AUTACK 可作为经安全处理的确认来使用。该确认由一个或多个交换、或者一个或多个交换中的一个或多个报文/包的接收方发送给发送方。生成 AUTACK 的准则和方法向原始报文/包或者交换的发送方提供经安全处理的确认,即原始报文/包或交换已经被预定方收到。

B.7 组或交换级上分离报文的安全性

D5 部分中描述的分离的报文/包安全性可用于保证整个组或整个交换。

本特性的两种业务需求是:

a) 以来自发送方单个分离报文的方式为一个或多个组/交换提供安全服务;

b) 为发送方提供经安全处理的确认(收到原始报文/包而不作返回)。

GB/T 14805.6—2007 描述的安全鉴别和确认报文 AUTACK,可满足这些需求。

附 录 C
（资料性附录）
报文保护示例

C.1 概述

本附录提供三个示例以说明安全服务段的不同应用。

这些报文安全的示例基于 SWIFT 发布的金融报文的报文实施指南中描述的 EDIFACT 付款通知。然而这里描述的安全机制与报文类型无关，并且可适用于任何 EDIFACT 报文。

“示例 1:报文源鉴别”说明了当应用一个基于对称算法的方法时，如何使用安全服务段来提供报文源鉴别。伙伴间事前已交换对称密钥，并且安全头段组只包含两个相当简单的段。

“示例 2:源抗抵赖性，方法一”说明了当应用一个基于非对称算法的方法时，如何使用安全服务段来提供源抗抵赖性。直接用于报文的算法是一个哈希函数，此哈希函数不需要在伙伴之间交换任何密钥。哈希值由一个非对称算法来签发。验证报文签名的接收方所需的公开密钥包含在一个证书段中，并在报文的安全头段组中传递此证书段。为了使任何伙伴都能验证证书的完整性和真实性，这个证书由它的发布者(“AUTHORITY”)签发并包括授权的公开密钥。

“示例 3:源抗抵赖性，方法二”说明了当应用一个基于非对称算法的方法时，如何使用安全服务段来提供源抗抵赖性。直接用于报文的算法是一个对称算法，这需要在伙伴间交换对称密钥，该算法并提供一个“完整性值”。该对称密钥通过报文的安全头段组进行交换，并且通过非对称算法用预定接收方的公开密钥加密。

完整性值用非对称算法签发。验证报文签名的接收方所需的公开密钥包含在第一个证书段中，并在报文的安全头段组中传递此证书段。为了使任何伙伴都能验证证书的完整性和真实性，这个证书由它的发布者(“AUTHORITY”)签发并包括该机构的公开密钥。

第二个证书段包含对预定接收方公开密钥的参考，并由报文发送方用来保护对称密钥。本技术目前在法国银行的 ETEBAC 5(银行和客户间经安全处理的文件的传送)系统中使用。

在后两个例子中，信任机构的任何伙伴都可以只使用报文中包含的数据来验证所收到报文的签名。

C.2 示例 1:报文源鉴别

C.2.1 叙述

1996 年 4 月 9 日，A 公司委托 A 银行(分类代码为 603000)，记入 A 公司的借方账号 00387806 款值 54345.10 英镑。此款项要付给 B 银行(分类代码是 201827)中的 West Dock，Milford Haven 的 B 公司的账号 00663151。付款以发票 62345 结算，收款人是销售部的 Jones 先生。

A 银行要求用“报文源鉴别”的安全功能来对该付款通知进行安全处理。

这种要求是通过报文发送方根据 ISO 8731-1 使用“数据加密标准”(DES)生成的“报文鉴别码”(MAC)来实现的，并且该代码要由 A 银行进行验证。假定在 A 公司和 A 银行间秘密 DES 密钥已被事先交换。

注：下面只提及报文中与安全相关的部分。

C.2.2 安全细目

安全头	
安全服务	报文源鉴别

安全参考号	本安全头的参考号是1
过滤函数	用十六进制过滤器过滤所有的二进制值(MAC)
源字符集编码	当生成MAC时,报文用ASCII 8位进行编码
安全标识细目 报文发送方(生成报文鉴别码的参与方)	A公司的Smith先生
安全标识细目 报文接收方(验证报文鉴别码的参与方)	A银行
安全顺序号	本报文的安全顺序号是001
安全日期和时间	安全时戳是:日期:1996年4月9日 时间:13:59:50
安全算法	
安全算法 算法的使用 密码的操作方式 算法	 使用对称算法得到报文源鉴别 根据ISO 8731-1计算MAC 使用DES算法
算法参数 算法参数限定符 算法参数值	 标识下列算法参数值为预先交换的秘密密钥的名称 使用称为MAC-KEY1的密钥
安全尾	
安全参考号	本安全尾的参考号是1
安全段的数目	4
安全结果	
确认结果 确认值限定符 确认值	 MAC 4字节确认结果(报文鉴别码)

C.3 示例2:源抗抵赖性,方法一

C.3.1 叙述

A银行要求由A公司的Smith先生对付款通知实施源抗抵赖性的安全服务。

参与方之间的交换协定规定:A银行所要求的源抗抵赖性安全服务应由A公司的Smith先生使用带有数字签名的付款通知来实现。

标识Smith先生公开密钥的证书由一个双方都信任的认证机构(即证书发布者)签发。

C.3.2 安全细目

安全头	
安全服务	源抗抵赖性
安全参考号	本安全头的参考号是1
应答类型	不需要确认

过滤函数	用十六进制过滤器过滤所有的二进制值(签名)
源字符集编码	当生成签名时,报文用 ASCII 8 位进行编码
安全顺序号	本报文的安全顺序号是 202
安全日期和时间	安全时戳是:日期:1996 年 1 月 15 日 时间:10:05:30
安全算法	Smith 先生签名用的哈希函数
安全算法 算法的使用 密码的操作方式 算法	 使用持有者的哈希算法 使用适宜的哈希函数(ISO/IEC 10118-2《使用 n 位块密码算法的哈希函数》)来提供双倍长度的哈希代码(128 位);初始化值: V = 0F 0F 0F 0F 0F 0F 0F 0F IV′ = F0 F0 F0 F0 F0 F0 F0 F0;按 ISO/IEC 10118-2 的 B3 段规定作为填充规则;按 ISO/IEC 10118-2 附录 A 的规定转换 u 和 u′ 使用 DES 块密码算法
证书	Smith 先生的证书
证书参考	本证书由 AUTHORITY 参考:00000001
安全标识细目 安全参与方标识符	 证书持有者(A 公司的 Smith 先生)
安全标识细目 证书发布者 密钥名称	 Smith 先生的证书由称为“AUTHORITY”的认证机构生成 用于生成 Smith 先生证书的 AUTHORITY 公开密钥是 PK1
证书语法和版本	UN/EDIFACT 服务段目录的证书版本
过滤函数	用十六进制过滤器来过滤所有的二进制值(密钥和数字签名)
源字符集编码	当生成证书时,证书以 ASCII 8 位进行编码
用于签名的服务字符 用于签名的服务字符限定符 用于签名的服务字符	计算签名时使用的服务字符 服务字符是段终止符 值“'”(撇号)
用于签名的服务字符 用于签名的服务字符限定符 用于签名的服务字符	计算签名时使用的服务字符 服务字符是数据段分隔符 值“+”(加号)
用于签名的服务字符 用于签名的服务字符限定符 用于签名的服务字符	计算签名时使用的服务字符 服务字符是成分数据元分隔符 值“:”(冒号)
用于签名的服务字符 用于签名的服务字符限定符 用于签名的服务字符	计算签名时使用的服务字符 服务字符是重复分隔符 值“*”(星号)
用于签名的服务字符 用于签名的服务字符限定符 用于签名的服务字符	计算签名时使用的服务字符 服务字符是释放字符 值“?”(问号)

<table>
<tr><td>安全日期和时间
日期和时间</td><td>证书生成时间
Smith 先生的证书在 1993 年 12 月 15 日 14：12：00 生成</td></tr>
<tr><td>安全日期和时间
日期和时间</td><td>证书有效期的生效时间
Smith 先生证书有效期的生效时间是:1996 年 1 月 1 日 00：00：00</td></tr>
<tr><td>安全日期和时间
日期和时间</td><td>证书有效期的截止时间
Smith 先生证书有效期的截止时间是:1996 年 12 月 31 日 23：59：59</td></tr>
<tr><td>安全算法</td><td>Smith 先生签名用的非对称算法</td></tr>
<tr><td>安全算法
算法的使用
密码的操作方式
算法</td><td>
使用持有者签名算法
这里没有相关的操作方式
RSA 是非对称算法</td></tr>
<tr><td>算法参数
算法参数限定符
算法参数值</td><td>
标识这个算法参数为一个签名验证的公共指数
Smith 先生的公开密钥</td></tr>
<tr><td>算法参数
算法参数限定符
算法参数值</td><td>
标识这个算法参数为一个签名验证的模数
Smith 先生的模数</td></tr>
<tr><td>算法参数
算法参数限定符
算法参数值</td><td>
标识这个算法参数为 Smith 先生模数(用位表示)的长度
Smith 先生模数的长度是 512 位</td></tr>
<tr><td>安全算法</td><td>AUTHORITY 用来生成 Smith 先生证书的哈希函数</td></tr>
<tr><td>安全算法
算法的使用
密码的操作方式

算法</td><td>
使用发布者的哈希算法
使用适宜的哈希函数(ISO/IEC 10118-2《使用 n 位块密码算法的哈希函数》)来提供一个双倍长度的哈希代码(128 位);初始化值:
IV ＝ 0F 0F 0F 0F 0F 0F 0F 0F
IV′ ＝ F0 F0 F0 F0 F0 F0 F0 F0；按 ISO/IEC 10118-2 的 B3 段的规定作为填充规则，按 ISO/IEC 10118-2 的附录 A 中的规定转换 u 和 u′
使用 DES 块密码算法</td></tr>
<tr><td>安全算法
算法的使用
密码的操作方式
算法</td><td>
使用发布者签名算法
这里没有相关的操作方式
RSA 是非对称算法</td></tr>
<tr><td>算法参数
算法参数限定符
算法参数值</td><td>
标识这个算法参数为一个签名验证的公共指数
AUTHORITY 的公开密钥</td></tr>
</table>

算法参数 算法参数限定符 算法参数值	 标识这个算法参数为一个签名验证的模数 AUTHORITY 的模数
算法参数 算法参数限定符 算法参数值	 标识这个算法参数为 AUTHORITY 模数 AUTHORITY 的模数长度为 512 位
安全结果	证书的数字签名
确认结果 确认值限定符 确认值	 唯一的确认值是 1 512 位数字签名
安全尾	
安全参考号	本安全尾参考号是 1
安全段的数目	9
安全结果	报文的数字签名
确认结果 确认值限定符 确认值	 唯一的确认值是 1 512 位数字签名

C.4 示例 3:源抗抵赖性,方法二

C.4.1 叙述

A 银行要求 A 公司的 Smith 先生对付款通知实施源抗抵赖性的安全服务。

A 公司要求 A 银行的一个安全确认(接收的抗抵赖性),这将在 AUTACK 报文中传递。

参与方之间的交换协定规定:源抗抵赖性安全服务可通过带有数字签名的付款通知来实现。

双方都同意在 CBC 操作方式的 DES 计算出的 64 位整数值上用 512 位 RSA(非对称算法)计算这个签名。标识 Smith 先生公开密钥的证书被一个双方都信任的认证机构签发。

C.4.2 安全细目

安全头	
安全服务	源抗抵赖性
安全参考号	本安全头的参考号是 1
应答类型	要求确认
过滤函数	用十六进制过滤器过滤所有的二进制值(签名)
源字符集编码	当生成报文签名时,报文用 ASCII 码 8 位进行编码
安全标识细目 安全方限定符	 报文发送方:(安全处理报文方为:A 公司的 Smith 先生)
安全标识细目 安全方限定符	 报文接收方:(验证报文安全方为:A 银行)

安全顺序号	本报文的安全顺序号是 001
安全日期和时间	安全时戳是:日期:1996 年 1 月 15 日时间:10:05:30
安全算法	用于计算一个完整值的对称算法
安全算法 算法的使用 密码的操作方式 算法	 使用持有者的哈希算法 密码块链接;即 ISO 10116(n 位)。计算 64 位完整值;初始化值是二进制 0;使用 DES 秘密密钥。在 A 银行公开密钥下加密传输 使用 DES 块密码算法
算法参数 算法参数限定符 算法参数值	 标识下列算法参数值为由公开密钥加密的对称密钥 由 A 银行公开密钥加密的对称密钥
算法参数 算法参数限定符 算法参数值	 标识下列算法参数值为清除文本初始化值 清除文本初始化值(所有二进制 0 的)
证书	Smith 先生的证书(报文发送方)
证书参考	本证书由 AUTHORITY 参考:00000001
安全标识细目 安全参与方标识符	 证书持有者(A 公司的 Smith 先生)
安全标识细目 安全参与方标识符 密钥名称	 Smith 先生的证书由认证机构 AUTHORITY 生成 用于生成 Smith 先生证书的 AUTHORITY 公开密钥是 PK1
证书的语法和版本	UN/EDIFACT 服务段目录的证书版本
过滤函数	用 16 进制过滤器过滤所有的二进制值(密钥和数字签名)
源字符集编码	当生成证书时,证书使用 ASCII 8 位进行编码
用于签名的服务字符 用于签名的服务字符限定符 用于签名的服务字符	计算签名时使用的服务字符 服务字符是段终止符 值"'"(撇号)
用于签名的服务字符 用于签名的服务字符限定符 用于签名的服务字符	计算签名时使用的服务字符 服务字符是数据段分隔符 值"+"(加号)
用于签名的服务字符 用于签名的服务字符限定符 用于签名的服务字符	计算签名时使用的服务字符 服务字符是成分数据元分隔符 值":"(冒号)
用于签名的服务字符 用于签名的服务字符限定符 用于签名的服务字符	计算签名时使用的服务字符 服务字符是重复分隔符 值"*"(星号)

用于签名的服务字符 用于签名的服务字符限定符 用于签名的服务字符	计算签名时使用的服务字符 服务字符是释放字符 值“?”(问号)
安全日期和时间 日期和时间	证书生成时间 Smith 先生的证书在 1993 年 12 月 15 日 14:12:00 生成
安全日期和时间 日期和时间	证书有效期的生效 Smith 先生有效期的生效时间是:1996 年 1 月 1 日 000000
安全日期和时间 日期和时间	证书有效期的截止 Smith 先生有效期的截止时间是:1996 年 12 月 31 日 235959
安全算法	Smith 先生签名用的非对称算法
安全算法 算法的使用 密码的操作方式 算法	使用持有者签名算法 这里没有相关的操作方式 RSA 是非对称算法
算法参数 算法参数限定符 算法参数值	标识本算法参数为一个签名验证的公共指数 Smith 先生的公开密钥
算法参数 算法参数限定符 算法参数值	标识本算法参数为一个签名验证的模数 Smith 先生的模数
算法参数 算法参数限定符 算法参数值	标识本算法参数为 Smith 先生模数(用位表示)的长度 Smith 先生模数的长度为 512 位
安全算法	AUTHORITY 生成 Smith 先生证书所使用的哈希函数
安全算法 算法的使用 密码的操作方式 算法	使用发布者的哈希算法 RSA n 位平方模 GB 16264.8 附录 D。 RSA 非对称算法
安全算法	AUTHORITY 签名所用的对称算法
安全算法 算法的使用 密码的操作方式 算法	使用发布者签名算法 这里没有相关的操作方式 RSA 是非对称算法
算法参数 算法参数限定符 算法参数值	标识本算法参数为签名验证的公共指数 AUTHORITY 的公开密钥

算法参数 算法参数限定符 算法参数值	 标识本算法参数为签名验证的模数 AUTHORITY 的模数
算法参数 算法参数限定符 算法参数值	 标识本算法参数为 AUTHORITY 模数(用位表示)的长度 AUTHORITY 模数的长度为 512 位
安全结果	证书的数字签名
确认结果 确认值限定符 确认值	 唯一的确认值是 1 512 位数字签名
证书	A 银行(报文接收方)的证书
证书参考	使用与证书参考 00001001 有关的 A 银行的公开密钥
安全尾	
安全参考号	本安全尾的参考是 1
安全段的数目	10
安全结果	报文的数字签名
确认结果 确认值限定符 确认值	 唯一的确认值是 1 512 位数字签名

附 录 D
（资料性附录）
用于 UN/EDIFACT 字符集字符总表 A 和 C 的过滤函数

D.1 EDA 过滤器

D.1.1 基本原则

十六进制过滤函数将表示二进制数据所需的字符数增加了一倍，这浪费了空间。其他现有的标准化的过滤函数或是因为这些函数将 UN/EDIFACT 字符集 A 和 B 映射为几乎全部可打印的 ISO 字符集（即 96 个可打印字符集中的 94 个），或是因为它们没有比十六进制过滤（博多过滤器）更多的有效空间而不适用于 UN/EDIFACT 字符集 A 和 B。因此建议定义一个简单的过滤函数，该函数能映射到 UN/EDIFACT A 级字符集字符总表（或子集）并且比十六进制过滤器更有效。

D.1.2 UN/EDIFACT 字符集字符总表

字符集字符总表 A 拥有 44 个不受使用限制的字符。除 44 个字符外，4 个服务字符和 8 个电传传输所不允许的字符也是该字符集的一部分。

所有这些字符也是 UN/EDIFACT 字符集字符总表 B 的一部分，该字符集不是用于电传传输的，它拥有 82 个常规字符和 3 个不可打印的服务字符。

D.1.3 2 被 3 过滤

用 3 个过滤字符表示 2 个二进制字符；在字符集中至少需要 41 个字符：$41^3=68\ 921>65\ 536>64\ 000=40^3$

D.1.4 EDA 过滤器规范

假设允许使用 44 个字符，通过以下的方法能使我们避免使用这 44 个字符的字符位置并且过滤每对输入的字符（如果输入数据为奇数，则仅过滤在 2 个结果字符中的最后一个字符）：

——考虑由字符对所组成的无符号整数的二进制值［该值通常取决于应用中计算机的 LITTLE-ENDIAN/BIG-ENDIAN（即最低位或者最高位）特性，BIG-ENDIAN 的标准：第一字节有效］。

——在 0 到 42 之间，用连续 3 个数（2 个表示最后的奇数字节）表示数值。这三个数是：

- 数值被 1849（即 43 的平方）除的模数（最后的奇数字节可省略）；
- 数值对 1849 整除的余数取 43 的模数；
- 数值对 43 的模数。

——将每个数值按相应的对照表映射到 UN/EDIFACT A 级字符集中：

- 0 到 9 由 0～9 表示；
- A 到 Z 由 10～35 表示；
- ( ),-./ = 由 36～42 按给定的顺序表示。

D.1.5 消过滤

消过滤：把 43 字符的每个映射回它的值在 0 和 42 之间，

如果至少保留 3 位过滤字符，计算：c1×1 849＋c2×43＋c3＝短整数；

否则至少保留 2 位，计算：c1×43＋c2＝字符值。

注 1：短整数结果应＜65536。

注 2：字符结果应＜256。

注 3：在 LITTLE_ENDIAN 计算机中，转换短整数结果的 2 位字符。

D.2 EDC 过滤器

D.2.1 基本原则

EDA 过滤器的开发是为了允许过滤 EDIFACT A 或 B 级字符总表。当然，由于该字符总表在字符中有限，3/2 扩充率是相当不理想的，尽管这比 2/1 的 16 进制过滤器已经好多了。

在 C、D、E 和 F 字符总表，很容易完成一个更好的扩充率。

实际上，在这些字符总表，不允许的组合仅包括二进制值 0/0 到 1/15 和值 8/0 到 9/15。

在 256 个可能的二进制值中 192 个是允许的。

一个 C 级过滤器，低扩充率是理想的，但是需要冗长的计算，将允许把 18 个二进制字节表示成 19 个过滤字节，但不是 19 个字节变成 20 个过滤字节，因为：

$192^{19} > 256^{18}$，及

$192^{20} < 256^{19}$

把传输限制到位操作，8/7 的扩充率是可行的。

D.2.2 过滤变换

把一个二进制串字节的字符变换成 C 级字符总表：

——细分 7 字节的子字符串（最后的子字符串最多有 7 个字节）；

——在每个子字符串前添加一个开始值 64（位 1=1）的控制字节；

——在 0 位或者 2 位到 7 位的控制字节的每一位上加 1，根据过滤变换是否用于相应的子字符串的数据字节；

——对子字符集串中的每个数据字节验证是否采用了过滤变换；

——是（data byte . and. 64 == 0）；

——如果采用了过滤变换，则在数据字节中和控制字节位置中置 1 位为 1；

——否则保持数据字节和控制字节不变。

注 1：全部过滤值限于每个字节的 1 位置 1。

注 2：缺省的服务字符不包括在过滤目标字符总表。

D.2.3 逆过滤变换

过滤的字符变换回二进制字符串：

——以 8 字节子字符串来细分字符串（最后的子字符串最多有 8 个字节）；

——把每个子字符串的起始字节作为控制字节，其余的字节是数据字节；

——验证控制字节的位置 0 和 2 到 7；

——相应的字节位置分别是子字符串的 1 到 7；

——如果位=0，保持相应位置的数据字节不变；

——如果位=1，把相应数据字节的位 1 置为 0。

附 录 E
（资料性附录）
安全服务和算法

E.1 目的和范围

本附录给出了安全段组中数据元和代码值可能组合的几种示例。所选择的这些示例是用来说明几种基于国际标准而被更广泛使用的安全技术。

本附录不包括可能组合的全集。这里的举例不表示支持某种算法或操作方法。使用者应选择他想保护的安全威胁的技术。

本附录的目的是给选择安全技术的使用者提供制定适合其实际应用的方案。

为便于阅读和理解，本主题被分为两章。每章集中了应用安全的不同原则。

这两章是：

a） 使用对称算法和完整性安全段的组合；

b） 使用非对称算法和完整性安全段的组合。

0501 安全服务，代码型
1 源抗抵赖性
2 报文源鉴别
3 完整性

0505 过滤函数，代码型
6 UN/EDIFACT EDC 过滤器

0523 算法的使用，代码型
1 持有者哈希算法
2 持有者对称算法
3 发布者签名算法(CA)
4 发布者哈希算法(CA)
6 持有者签名算法

0525 操作的加密方法，代码型
16 DSMR(报文恢复的数字签名)

0527 算法，代码型
1 DES(数据加密标准)
8 SHA(安全哈希算法)
10 RSA(Rivest，shamir，adleman)
11 DSA(数字签名算法)
16 SHA-1(安全哈希算法)
37 MAC(报文鉴别代码)
38 DIM1(数据完整性机制)
40 MDC2(更改检测代码)
42 HDS2(哈希函数)

0531 算法参数限定符
5 对称密钥加密
9 对称密钥名称
10 密钥加密密钥名称
12 模数
13 指数
14 模数长度
25 DSA 参数 P
26 DSA 参数 Q
27 DSA 参数 G
28 DSA 参数 Y

0563 确认值限定符
1 唯一确认值
2 DSA 算法 r 参数

0577 安全参与方限定符
1 报文发送方
2 报文接收方

3	DSA 算法 s 参数	3	证书持有者
		4	鉴别参与方

使用的缩写：

a,b,c,d,e	=	表示安全参考号
CA	=	证书认证机构
Ene-Key	=	加密密钥
G	=	G 公开密钥 DSA 参数
Hash	=	哈希值
KEK-N	=	加密密钥名称的密钥
Key-N	=	密钥名称
KN	=	密钥名称
MAC	=	报文鉴别码
Mod	=	模数
Mod-L	=	模数长度
P	=	P 公开密钥 DSA 参数
PK/CA	=	认证机构公开密钥
Pub-K	=	公开密钥
Q	=	Q 公开密钥 DSA 参数
R	=	DSA 签名的 r 参数结果
S	=	DSA 签名的 s 参数结果
Sig	=	签名
Y	=	Y 公开密钥 DSA 参数

E.2 使用对称算法和完整性安全段的组合

表 E.1 为下列特殊情况建立了关系：

——完整性报文/包/组/交换级安全(GB/T 14805.5)。

——仅使用对称算法。

——所提供的安全服务是报文源鉴别和内容完整性。

——通过给报文增加一个 MAC(报文鉴别码)来提供报文源鉴别。举两个例子，第一个例子是 DES 的 CBC 方式带有一个只有报文接收方知道的秘密密钥，这个秘密密钥只由密钥名称来引用。第一个例子符合 ISO 8731-1。第二个例子是根据 GB 15852 所描述的工作方式的 DES 算法的用法。所需的秘密密钥是通过 DES 用发送方和接收方共用的“密钥加密密钥”加密后来传送的。这个“密钥加密密钥”是通过该密钥名称来引用的。

——内容完整性是通过 DES 算法的哈希函数来提供的，该算法使用 ISO 10118-2 的 MDC 方式。在发送方和接收方之间，没有共享安全密钥。哈希值传送不受保护，因此，该安全服务可能不能充分地保护报文。

——尽管发送方和接收方共享密钥，但双方事先未就加密机制完全达成协议。因此，所用的全部算法和操作方式都要明确命名。

——这里只给出与实际应用的安全技术、算法和操作方式相关的安全字段。

表 E.1 仅使用对称算法时的关系矩阵

标记	名称	状态	最大次数	报文源鉴别 ISO 8731-1	报文源鉴别 GB 15852	内容完整性 ISO/IEC 10118-2	注
SG 1		C	99		每个安全服务 1 个		1
USH	安全头	M	1				
0501	安全服务,代码型	M	1	2	2	3	
0534	安全参考号	M	1	a	b	c	
0505	过滤函数,代码型	C	1	6	6	6	
S500	安全标识细目	C	2				
0577	安全参与方限定符	M		1	1	1	2
0538	密钥名称	C		Key-N	—	—	3
S500	安全标识细目	C	2				
0577	安全参与方限定符	M		2	2	2	4
USA	安全算法	C	3				
S502	安全算法	M	1				
0523	算法的使用,代码型	M		2	2	2	
0525	加密方的操作方式,代码型	C		—		—	
0527	算法,代码型	C		37	38	40	
S503	算法参数	C	9		1 个用于 密钥加密 密钥名称		
0531	算法参数限定符	M		—	10	—	5
0554	算法参数值	M		—	KEK-N	—	
S503	算法参数	C	9		1 个用于 加密密钥		
0531	算法参数限定符	M		—	5	—	6
0554	算法参数值	M		—	Enc-Key	—	
将被安全处理的数据结构(用户段/对象/报文/包/组)							
SG n		C	99		每个安全服务 1 个		1
UST	安全尾	M	1				
0534	安全参考数	M	1	a	b	c	
0588	安全段的数	M	1				
USR	安全结果	C	1				

表 E.1（续）

标记	名称	状态	最大次数	报文源鉴别 ISO 8731-1	报文源鉴别 GB 15852	内容完整性 ISO/IEC 10118-2	注
S508	确认结果	M	2				7
0563	确认值限定符	M		1	1	1	
0560	确认值	C		MAC	MAC	Hash	8

注 1：这两个结构必须有相同出现次数。
注 2：报文发送方。
注 3：发送方和接收方共享的安全密钥名称。
注 4：报文接收方。
注 5：由发送方和接收方共享的密钥加密密钥，在此由其名称指出。
注 6：安全密钥传送具有密钥加密密钥的加密 DES。
注 7：一些签名算法(像 DSA)需要两个结果参数。
注 8：完整性的结果值不被保护并且可分开提出。

E.3 使用非对称密钥和完整性安全段的组合

表 E.2 为下列特殊情况建立了关系：

——完整性报文/包/组/交换级安全(GB/T 14805.5—2007)。

——提供的安全服务是源抗抵赖性，这里列出了两种不同的签名计算方法。

——两种非对称算法：RSA 和 DSA。

——两种哈希函数：MDC 方式的 DES 和 RSA 以及 SHA-1 和 DSA。

——假设证书事先未被交换。

——USC 段包含明确的哈希函数和认证机构用来签署证书的签名函数的标识。检查证书签名所需的认证机构的公开密钥接收方已经知道。它由 USC 段中的名称指出。

——只包括一个证书，仅当使用接收方的公开密钥时，第二个证书才是必要的。

表 E.2 使用非对称算法时的关系矩阵

标记	名称	状态	最大次数	源抗抵赖性(RSA)	源抗抵赖性(DSA)	注
SG 1		C	99	每个安全服务 1 个		1
USH	安全头	M	1			
0501	安全服务，代码型	M	1	1	1	2
0534	安全参考号	M	1	d	e	
0505	过滤函数，代码型	C	1	6	6	
S500	安全标识细目	C	2			
0577	安全参与方限定符	M		1	1	3
S500	安全标识细目	C	2			
0577	安全参与方限定符	M		2	2	4
USA	安全算法	C	3			
S502	安全算法	M	1			

表 E.2（续）

标记	名称	状态	最大次数	源抗抵赖性（RSA）	源抗抵赖性（DSA）	注
0523	算法的使用,代码型	M		1	1	5
0525	加密操作方式,代码型	C		—	—	
0527	算法,代码型	C		42	16	
SG 2		C	2	仅 1 个：发送方证书		
USC		M	1			
0536	证书参考	C	1	该证书的参考		
S500	安全标识细目	C	2	证书持有者		
0577	安全参与方限定符	M		3	3	6
S500	安全标识细目	C	2	鉴别参与方		
0577	安全参与方限定符	M		4	4	7
0538	密钥名称	C		（PK/CA 名称）	（PK/CA 名称）	
USA	安全算法	C	3	（发送方的签名函数）		
S502	安全算法	M	1			
0523	算法的使用,代码型	M		6	6	8
0525	加密操作方式,代码型	C		16	—	
0527	算法,代码型	C		10	11	
S503	算法参数	C	9	（模数的长度）	DSA 参数 P	
0531	算法参数限定符	M		14	25	
0554	算法参数值	M		Mod-L	P	
S503	算法参数	C	9	（模数）	DSA 参数 Q	
0531	算法参数限定符	M		12	26	
0554	算法参数值	M		Mod	Q	
S503	算法参数	C	9	（公开指数）	DSA 参数 G	
0531	算法参数限定符	M		13	27	
0554	算法参数值	M		Pub-K	G	
S503	算法参数	C	9	—	DSA 参数 Y	
0531	算法参数限定符	M			28	
0554	算法参数值	M		—	Y	
USA	安全算法	C	3	（用于证书签名的 CA 哈希函数）		
S502	安全算法	M	1			
0523	算法的使用,代码型	M		4	4	9

表 E.2(续)

标记	名称	状态	最大次数	源抗抵赖性(RSA)	源抗抵赖性(DSA)	注
0525	密码操作方式,代码型	C		11	—	
0527	算法,代码型	C		1	8	
USA	安全算法	C	3	(用于证书签名的CA签名函数)		
S502	安全算法	M	1			
0523	算法的使用,代码型	M		3	3	10
0525	密码操作方式,代码型	C		16	—	
0527	算法,代码型	C		10	11	
USR	安全结果	C	1			
S508	确认结果	M	2			11
0563	确认值限定符	M		1	2	
0560	确认值	C		Sig	R	
S508	确认结果	M	2			11
0563	确认值限定符	M		—	3	
0560	确认值	C		—	S	
将被安全处理的数据结果(用户段/对象/报文/包/组)						
SG n		C	99	每个安全服务1个		1
UST	安全尾	M	1			
0534	安全参考号	M	1	d	e	
0588	安全段的号	M	1			
USR	安全结果	C	1			
S508	确认结果	M	2			11
0563	确认值限定符	M		1	2	
0560	确认值	C		Sig	R	
S508	确认结果	M	2			11
0563	确认值限定符	M		—	3	
0560	确认值	C		—	S	

注1:这两个结构必须有相同的出现次数。

注2:假设报文源鉴别和完整性包括在源抗抵赖性中。

注3:报文发送方。

注4:报文接收方。

注5:经安全处理的结构上由发送方使用的哈希函数。

注6:证书持有者:标识的细目应与报文发送方 USH S500 中相同。

注7:鉴别参与方:认证机构(CA)。

注8:发送方签名函数。

注9:CA 的哈希函数。

注10:CA 的签名函数。

注11:一些签名算法(例 DSA)需要两个结果参数。

参 考 文 献

[1] GB/T 1988—1998 信息技术 信息交换用七位编码字符集

[2] GB/T 7408—2005 数据元和交换格式 信息交换 日期和时间表示法

[3] ISO 8731-1:1987 银行 已批准的报文鉴别算法 第1部分:DEA

[4] GB 15852—1995 信息技术 安全技术 用块密码算法 作密码校验函数的数据完整性机制

[5] GB/T 17964—2000 信息技术 安全技术 n位块密码算法的操作方式

[6] ISO/IEC 10118-2:2000 信息技术 安全技术 哈希函数 第2部分:使用n位块密码的哈希函数

[7] GB/T 18794.1—2002 信息技术 开放系统互连 开放系统安全框架 第1部分:概述

[8] ISO/IEC 10646-1:2000 信息技术 通用多八位代码型字符集(UCS) 第1部分:结构与基本多语种平台

[9] GB/T 17901.1—1999 信息技术 安全技术 密钥管理 第1部分:框架

ICS 35.240.60
L 70

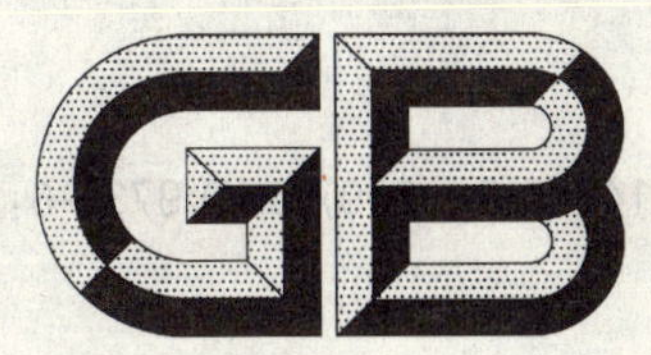

中华人民共和国国家标准

GB/T 14805.6—2007/ISO 9735-6:2002
代替 GB/T 14805.6—1999

行政、商业和运输业电子数据交换(EDIFACT) 应用级语法规则(语法版本号:4,语法发布号:1) 第6部分:安全鉴别和确认报文(报文类型为 AUTACK)

Electronic data interchange for administration, commerce and transport (EDIFACT)—Application level syntax rules (Syntax version number: 4, Syntax release number: 1)—Part 6: Secure authentication and acknowledgement message (message type—AUTACK)

(ISO 9735-6:2002, IDT)

2007-08-24 发布　　　　2008-01-01 实施

中华人民共和国国家质量监督检验检疫总局
中国国家标准化管理委员会　发布

前　言

GB/T 14805《行政、商业和运输业电子数据交换(EDIFACT)　应用级语法规则(语法版本号:4,语法发布号:1)》由下列部分组成:

——第1部分:公用的语法规则;

——第2部分:批式电子数据交换专用的语法规则;

——第3部分:交互式电子数据交换专用的语法规则;

——第4部分:批式电子数据交换语法和服务报告报文(报文类型为CONTRL);

——第5部分:批式电子数据交换安全规则(真实性、完整性和源抗抵赖性);

——第6部分:安全鉴别和确认报文(报文类型为AUTACK);

——第7部分:批式电子数据交换安全规则(保密性);

——第8部分:电子数据交换中的相关数据;

——第9部分:安全密钥和证书管理报文(报文类型为KEYMAN);

——第10部分:语法服务目录。

将来还有可能增加新的部分。

本部分为GB/T 14805的第6部分。

本部分等同采用ISO 9735-6:2002《行政、商业和运输业电子数据交换(EDIFACT)　应用级语法规则(语法版本号:4,语法发布号:1)　第6部分:安全鉴别和确认报文(报文类型为AUTACK)》。

本部分代替GB/T 14805.6—1999。

本部分与GB/T 14805.6—1999相比主要变化如下:

——对ISO前言和本部分的引言部分进行了更新;

——与以前版本相比,在术语和段组的使用说明上有些变化;

——在本部分第5章增加了一个图,用来描述交换中AUTACK(安全鉴别和确认报文)报文的用法;

——删除了上一版国家标准中附录A"语法服务目录"和附录B"服务代码目录",并对一些编辑性的错误进行了修正。

本部分的附录A和附录B为资料性附录。

本部分由中国标准化研究院提出。

本部分由全国电子业务标准化技术委员会归口。

本部分由中国标准化研究院负责起草。

本部分的主要起草人:胡涵景、任冠华、曹新九、章建方、刘颖、孙文峰、岳高峰。

本部分于1999年第一次发布。

ISO 前言

ISO(国际标准化组织)是一个世界性的各国标准机构(ISO 国家成员体)联盟。国际标准的制定工作一般通过 ISO 技术委员会完成。对某个已建立的技术委员会的项目感兴趣的每个成员体,有权对该技术委员会表述意见。任何与 ISO 有联络关系的官方和非官方的国际组织都可直接参与制定国际标准。ISO 与 IEC(国际电工委员会)在电工技术标准的所有领域密切合作。

应按照 ISO/IEC 导则第 3 部分的规则起草国际标准。

技术委员会的主要任务是起草国际标准。由技术委员会正式通过的国际标准草案在被 ISO 理事会接受为国际标准之前,须分发到各成员体进行表决,按照 ISO 的工作程序,至少 75%的成员体投票赞成后,该标准草案才成为国际标准。

应当注意的是本部分可能涉及到专利。ISO 不负责标识这些专利。

本部分由 ISO/TC 154(商业、工业和行政中的过程、数据元和单证)与 UN/CEFACT 联合语法工作组合作起草。

本部分取代第一版标准(ISO 9735-6:1998)。而在本部分第 2 章提到的 ISO 9735:1988 及其 1992 年第 1 号修改单只是被临时性地保留。

另外,为了更好地进行维护,已经将 ISO 9735 各部分中的语法服务目录取消,并将它们重新组合成一个新的部分,即:ISO 9735-10。

在 ISO 9735-1:1998 发布的时候,已经将 ISO 9735-10 分配为“交互式 EDI 安全规则”部分。由于缺乏用户的支持,这部分内容被撤销,因此在本部分中删除了所有与“交互式 EDI 安全规则”有关的参考。

在 ISO 9735 各部分中的术语和定义被重新编排并被放在 ISO 9735-1 中。

ISO 9735 在《行政、商业和运输业电子数据交换(EDIFACT) 应用级语法规则(语法版本号:4,语法发布号:1)》的总标题下由下列几部分组成:

——第 1 部分:公用的语法规则;

——第 2 部分:批式电子数据交换专用的语法规则;

——第 3 部分:交互式电子数据交换专用的语法规则;

——第 4 部分:批式电子数据交换语法和服务报告报文(报文类型为 CONTRL);

——第 5 部分:批式电子数据交换安全规则(真实性、完整性和源抗抵赖性);

——第 6 部分:安全鉴别和确认报文(报文类型为 AUTACK);

——第 7 部分:批式电子数据交换安全规则(保密性);

——第 8 部分:电子数据交换中的相关数据;

——第 9 部分:安全密钥和证书管理报文(报文类型为 KEYMAN);

——第 10 部分:语法服务目录。

将来还有可能增加新的部分。

本部分的附录 A 和附录 B 为资料性附录。

引　言

根据批式或交互式处理的需求，本部分包含了用于在开放环境中的电子报文交换中的结构化数据的应用级规则。联合国欧洲经济委员会(UN/ECE)已经同意把这些规则作为用于行政、商业和运输业电子数据交换(EDIFACT)的应用级语法规则。这些规则是联合国贸易数据交换目录(UNTDID)的一部分。UNTDID 还包含批式和交互式报文设计指南。

通信规范及协议不在本部分的范围之内。

本部分是 GB/T 14805 新增加的部分。它通过给出一个鉴别和确认报文的方法来为一个批式 EDIFACT 结构(即报文、包、组或交换)的可选功能提供保护。

行政、商业和运输业电子数据交换(EDIFACT) 应用级语法规则(语法版本号:4,语法发布号:1) 第6部分:安全鉴别和确认报文(报文类型为AUTACK)

1 范围

本部分给出了安全鉴别和确认报文(报文类型为AUTACK)的定义。

2 一致性

尽管本部分应在段UNB(交换头)中出现的必备型数据元0002(语法版本号)中使用版本号"4",和条件型数据元0076(语法发布号)使用发布号"01",但是,为了能够与本部分相区别,继续使用早期版本中语法规则的交换应使用下列语法版本号:

——ISO 9735:1988:语法版本号:1;

——ISO 9735:1988(1990年修改并且重新印刷):语法版本号:2;

——ISO 9735:1988及其1992年第1号修改单:语法版本号:3;

——ISO 9735:1998:语法版本号:4。

与某个标准的一致性意味着支持其包括所有选项的所有需求。如果不支持所有选项,则任何一致性声明应包含一个说明,用于标识那些声明与其一致的选项。

如果所交换的数据的结构和表示符合本部分规定的语法规则,则这些数据处于一致性状态。

当支持本部分的设备能够创建和/或解释其结构和表示与本部分一致的数据时,这些设备处于一致性状态。

与本部分的一致性应包括与GB/T 14805.1、GB/T 14805.2、GB/T 14805.5和GB/T 14805.10的一致性。

当在本部分中标识出在相关标准中定义的条款时,这些条款应构成一致性判定条件的组成部分。

3 规范性引用文件

下列文件中的条款通过本部分的引用而成为本部分的条款。凡是注日期的引用文件,其随后所有的修改单(不包括勘误的内容)或修订版均不适用于本部分,然而,鼓励根据本部分达成协议的各方研究是否可使用这些文件的最新版本。凡是不注日期的引用文件,其最新版本适用于本部分。

GB/T 14805.1—2007 行政、商业和运输业电子数据交换(EDIFACT) 应用级语法规则(语法版本号:4,语法发布号:1) 第1部分:公用的语法规则(ISO 9735-1:2002,IDT)

GB/T 14805.2—2007 行政、商业和运输业电子数据交换(EDIFACT) 应用级语法规则(语法版本号:4,语法发布号:1) 第2部分:批式电子数据交换专用的语法规则(ISO 9735-2:2002,IDT)

GB/T 14805.5—2007 行政、商业和运输业电子数据交换(EDIFACT) 应用级语法规则(语法版本号:4,语法发布号:1) 第5部分:批式电子数据交换安全规则(真实性、完整性和源抗抵赖性)(ISO 9735-5:2002,IDT)

GB/T 14805.10—2005 用于行政、商业和运输业电子数据交换的应用级语法规则 第10部分:语法服务目录(ISO 9735-10:2002,IDT)

4 术语和定义

GB/T 14805.1—2007 确立的术语和定义适用于本部分。

5 安全鉴别和确认报文的使用规则

5.1 功能定义

AUTACK 是鉴别发送的交换、组、报文或包的报文，或对所接收到的交换、组、报文或包提供安全确认的报文。

安全鉴别和确认报文能用于：

——对报文、包、组或交换提供安全鉴别、完整性或源抗抵赖性；

——对被安全处理的报文、包、组或交换提供接收的安全确认或接收的抗抵赖性。

5.2 应用领域

安全鉴别和确认报文适用于国内贸易和国际贸易。它是基于行政、商业和运输业相关领域内的国际惯例，而不受业务或行业类型的限制。

5.3 原则

5.3.1 概述

所应用的安全规程应由交换协议中进行贸易的参与方商定。

安全鉴别和确认报文(AUTACK)将其安全服务应用于其他 EDIFACT 结构(包括报文、包、组或交换)，并且对经安全处理的 EDIFACT 结构提供安全确认。它还适用于贸易双方间需要安全处理的 EDIFACT 结构组合。

通过适用于原始 EDIFACT 结构内容中的加密机制来提供安全服务。这些加密机制处理的结果形成了 AUTACK 的报文体，并由相关数据(如所用的加密方法的参考、EDIFACT 结构的参考号以及原始结构的日期和时间)补充。

AUTACK 报文应使用标准的安全头段组和安全尾段组。

AUTACK 报文适用于一个或多个交换中的一个或多个报文、包或组，或者适用于一个或多个交换。图 1 给出了把 AUTACK 报文与其他一个或多个报文一起使用的交换。

图 1 给出了在报文级(语义级)使用 AUTACK 报文说明安全性的交换。

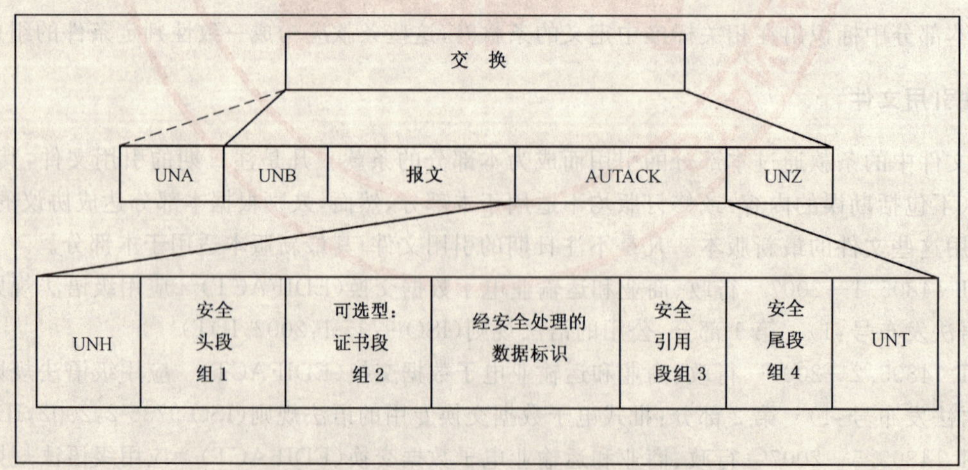

图 1 在报文级(语义级)使用 AUTACK 报文说明安全性的交换

5.3.2 鉴别功能的 AUTACK 的用法

5.3.2.1 概述

用作鉴别报文的 AUTACK 报文应由一个或多个其他 EDIFACT 结构的发起方或有权代表发起方

的参与方来发送。其目的是简化 GB/T 14805.5—2007 中所定义的安全服务,即相关 EDIFACT 结构的真实性、完整性和源抗抵赖性。

AUTACK 鉴别报文能够以两种方法实现。第一种方法是传输参考的 EDIFACT 结构的哈希值,该结构是由 AUTACK 自身进行安全处理的;第二种方法是用 AUTACK 只传输参考的 EDIFACT 结构的数字签名。

5.3.2.2 使用所引用 **EDIFACT** 结构的哈希值的鉴别

经安全处理的 EDIFACT 结构应在 USX 段(安全参考)出现时参考。对于每个 USX 将至少出现一个相对应的 USY 段(参考的安全性),它包括参考的 EDIFACT 结构实施安全功能的安全结果,例如哈希值。

所实施的安全功能细目应包含在这个 AUTACK 的安全头段组中。用于参考的 EDIFACT 结构的 USY 和 USH 段应通过使用两个段中的数据元安全参考号来链接。

最后一步,在 AUTACK 中传输的所有信息应通过至少使用一对安全头段组和安全尾段组加以安全处理。

注:AUTACK 使用 USX 段来引用一个或多个交换中的一个或多个报文,包或组,或者参考一个完整的交换。对于每一个 USX 段,相应的 USY 段包含应用于参考的 EDIFACT 结构的哈希结果、鉴别及抗抵赖方法。

5.3.2.3 使用所引用 **EDIFACT** 结构的数字签名的鉴别

经安全处理的 EDIFACT 结构应在 USX 段(安全参考)出现时被引用。对于每一个 USX 段,至少应出现一个相对应的 USY 段(参考的安全性),且该段包含参考的 EDIFACT 结构的数字签名。关于所执行的安全功能细目应包含于本 AUTACK 安全头段组中。由于可对单个参考的 EDIFACT 结构进行多次安全处理,所以应通过在这两个段中使用数据元安全控制参考号将有关的 USY 段和安全头段组链接起来。

如果参考的 EDIFACT 结构的数字签名包含于 AUTACK(而不是一个哈希值)中,则 AUTACK 报文本身不需要进行安全处理。

5.3.3 确认功能的 **AUTACK** 的用法

用作确认报文的 AUTACK 报文应由已接收一个或多个经安全处理过的 EDIFACT 结构的接收方发送,或由有权代表接收方的一方发送。其目的是简化对相关的 EDIFACT 结构实现接收确认、内容完整性的确认、完整性确认及接收的抗抵赖性。

确认功能只适用于经安全处理的 EDIFACT 结构。这个经安全处理过的 EDIFACT 结构应在一个 USX 段(安全参考)出现时参考。对于每一个 USX 来说,至少应出现一个相应的 USY 段。该 USY 段或者包含哈希值,或者包含参考的 EDIFACT 结构的数字签名。通过使用数据元安全参考号应将 USY 段与参考的 EDIFACT 结构的安全头段组或与对 EDIFACT 结构进行安全处理的 AUTACK 报文的安全头段组链接起来。这个与参考的 EDIFACT 结构相对应的安全头包括了由原始报文的发送方对参考的 EDIFACT 结构实施的安全功能细目。

作为产生确认报文的最后一步,在 AUTACK 中传输的所有信息应由至少一对安全头段组和安全尾段组来进行安全处理。

在安全验证失败时,AUTACK 也用于非确认功能。

注:安全确认仅对经过安全处理的 EDIFACT 结构有意义。对 EDIFACT 结构进行安全处理是通过集成的安全段组(参见 GB/T 14805.5—2007)或通过 AUTACK 鉴别来实现的。

为了避免无限循环,用于确认功能的 AUTACK 不应要求其接收方发回 AUTACK 确认报文。

5.4 报文定义

5.4.1 数据段说明

0010 UNH,报文头

开始并唯一标识报文的服务段。

安全鉴别和确认报文的报文类型代码为 AUTACK。

数据元报文类型子功能标识用来指明 AUTACK 功能的用法，如鉴别、确认或拒绝确认。

符合本部分的报文必须在 UNH 段和复合数据元 S009 中包含下列数据：

数据元	0065	AUTACK
	0052	4
	0054	1
	0051	UN

0020 段组 1：USH-USA-SG2(安全头段组)

本段组标识了所采用的安全服务和安全机制，并包含了执行确认计算所需的数据(见 GB/T 14805.5—2007 中的定义)。

本段组应规定应用于 AUTACK 报文或参考的 EDIFACT 结构的安全服务和算法。

每个安全头段组应与一个安全尾段组相链接，并且某些安全头段组可以另外与 USY 段相链接。

0030 USH，安全头

本段规定了应用于包含本段的报文/包，或应用于参考的 EDIFACT 结构的安全服务(见 GB/T 14805.5—2007 定义)。

安全服务数据元应规定 AUTACK 报文或参考的 EDIFACT 结构所采用的安全服务：

——报文源鉴别和源的抗抵赖性安全服务仅适用于 AUTACK 报文本身；

——参考的 EDIFACT 结构完整性、参考的 EDIFACT 结构源鉴别和参考的 EDIFACT 结构源抗抵赖性等安全服务只能由发送方用来对 AUTACK 参考的 EDIFACT 结构进行安全处理；

——接收鉴别和接收的抗抵赖性安全服务只能由经过安全处理的 EDIFACT 结构的接收方对确认进行安全处理。

应按照 GB/T 14805.5 中的有关规定说明安全服务的安全应用范围。在一个 AUTACK 报文中，允许有 4 种安全应用范围：

——前两种范围见 GB/T 14805.5—2007 第 5 章的定义；

——第三种范围包括全部 EDIFACT 结构，其中安全应用范围是从参考的报文、包、组或交换的第一个字符(即“U”)开始到报文、包、组或交换的最后一个字符为止；

——第四种范围是用户定义，即安全应用在发送方与接收方之间的协议中定义。

0040 USA，安全算法

本段标识了安全算法及由该算法所产生的技术用法，并包含了所需的技术参数(见 GB/T 14805.5—2007 定义)。

0050 段组 2：USC-USA-USR(证书段组)

当使用非对称算法时，本段组包含了用来验证应用于报文/包的安全方法所需的数据(见 GB/T 14805.5—2007 定义)。

0060 USC，证书

本段包含证书持有者的凭证，并标识生成该证书的认证机构(见 GB/T 14805.5—2007 定义)。

0070 USA，安全算法

本段标识了安全算法及由该算法所产生的技术用法，并包含了所需的技术参数(见 GB/T 14805.5—2007 定义)。

0080 USR，安全结果

本段包含认证机构应用于证书的安全功能的结果(见 GB/T 14805.5—2007 定义)。

0090　USB,经安全处理的数据标识

本段应包含交换发送方和交换接收方的标识及与这个 AUTACK 安全性有关的时戳,并且它应规定是否需要来自这个 AUTACK 报文接收方的一个安全确认。如果要求,这个报文发送方将希望得到一个报文接收方发送回来的 AUTACK 确认报文。

在 USB 中的交换发送方和交换接收方应参考出现 AUTACK 的交换中的发送方和接收方,以便保证这个信息的安全性。

0100　段组 3:USX-USY

本段组用来标识安全进程中的参与方,并提供有关参考的 EDIFACT 结构的安全信息。

0110　USX,安全参考

本段应包含安全进程中所涉及的参与方的参考。

复合数据元安全日期和时间可出现包含参考的 EDIFACT 结构的最初生成日期和时间。

如果只出现数据元 0020,而没有 0048、0062 和 0800,则参考整个交换。

如果出现数据元 0020 和 0048,而没有出现 0062 和 0800,则参考该组。

0120　USY,参考的安全

本段包含一个与安全头段组的链接,以及按照被链接的安全头段组中所规定的安全服务应用于参考 EDIFACT 结构的结果。

当通过相同的安全服务并采用相同的安全参数对多个参考的 EDIFACT 结构进行安全处理时,多个 USY 段可以与相同的安全头段相链接。在这种情况下,安全头段组和相关多个 USY 之间的链接值应是相同的。

当 AUTACK 用于确认功能时,相应的安全头段组应参考的 EDIFACT 结构的安全头段组,或者是用于向参考的 EDIFACT 结构提供鉴别功能的 AUTACK 报文的安全头段组。

在一个 USY 段中数据元 0534 的值应与以下两种情况相对应的 USH 段中 0534 的值完全相同:

——如果使用鉴别功能,则是当前的 AUTACK(安全服务:参考的 EDIFACT 结构真实性、参考的 EDIFACT 结构的完整性或参考的 EDIFACT 结构的源抗抵赖性);

——如果使用确认功能,则是参考的 EDIFACT 结构本身,或者向参考的 EDFIACT 结构提供鉴别功能的 AUTACK 报文(安全服务:接收的抗抵赖性或接收鉴别)。

0130　段组 4:UST-USR(安全尾段组)

本段组包含与安全头段组的链接和应用于报文/包的安全功能的结果(见 GB/T 14805.5—2007 定义)。

如果安全尾段组与某个参考的 EDIFACT 结构相关的安全头段组相链接,则可省略 USR 段。在这种情况下,相应的安全功能结果应能在链接到相应安全头段组的 USY 段中找到。

0140　UST,安全尾

本服务段在安全头段组与安全尾段组间建立一个链接,并说明包含在这些组中的安全段的数目(见 GB/T 14805.5—2007 定义)。

0150　USR,安全结果

本段包含适用于在所链接的安全头段组中进行规定的(见 GB/T 14805.5—2007 定义)报文/包的安全功能的结果。在这个段中,安全结果应适用于 AUTACK 报文本身。

0160　UNT,报文尾

本段结束一个报文,并给出段的总数和报文的控制参考号。

5.4.2　报文结构

表 1 给出了段表。

表 1 段表

位置	标记	名称	状态	最大次数	备注
0010	UNH	报文头	M	1	
0020	———	段组 1 ———	M	99	——┐
0030	USH	安全头	M	1	│
0040	USA	安全算法	C	3	│
0050	———	段组 2 ———	C	2	——┐│
0060	USC	证书	M	1	││
0070	USA	安全算法	C	3	││
0080	USR	安全结果	C	1	——┘┘
0090	USB	经安全处理的数据标识	M	1	
0100	———	段组 3 ———	M	9999	——┐
0110	USX	安全参考	M	1	│
0120	USY	参考的安全	M	9	——┘
0130	———	段组 4 ———	M	99	——┐
0140	UST	安全尾	M	1	│
0150	USR	安全结果	C	1	——┘
0160	UNT	报文尾	M	1	

注：AUTACK 报文的报文体由 USB 段和段组 3 构成。

附　录　A
（资料性附录）
AUTACK 报文示例

A.1　引言

本附录提供三个示例来解释 AUTACK 报文的不同应用。

第一个示例说明了在提供源抗抵赖性的安全服务时，如何使用 AUTACK 报文来保护前面发送的报文。这需要 AUTACK 确认报文。

第二个示例说明了一个 AUTACK 报文如何用不同安全服务来保护两个报文：一个报文发起方的抗抵赖，对另一个报文的源鉴别。

第三个示例解释了用于安全确认的 AUTACK 报文的用法。它说明了在第一个示例中由 AUTACK 报文所要求的 AUTACK 确认报文。

A.2　示例 1：由一个 AUTACK 报文提供的源抗抵赖性服务

A.2.1　叙述

当付款通知报文超过一定数量时，A 银行需要由 A 公司的 Smith 先生来对 A 公司的付款通知报文实施源抗抵赖性的安全服务。

双方间的交换协议规定了 A 银行所要求的源抗抵赖性安全服务应由 A 公司的 Smith 先生用数字签名的方式对这些付款通知报文实施加密来完成。

双方都同意这个数字签名是通过 512 位 RSA（非对称算法）对由 MD5 算法算出的哈希值进行计算生成的。

标识 Smith 先生公开密钥的证书由双方都信任的 AUTHORITY 机构（即证书的发布者）发布。

在这些条件下，由于 PAYORD（付款通知报文）的数字签名被包含在 AUTACK 报文中，因此 AUTACK 本身不需要被签名。

由 AUTACK 保护的 PAYORD 报文是 Smith 先生发给 A 银行首次交换中的第三个报文。它于 1996 年 1 月 15 日 10:00 生成。

该 AUTACK 本身是交换中的第五个报文，它由 1996 年 1 月 15 日 10:05:32 生成。出现的安全段如下：

——指示对 PAYORD 报文应用安全服务的 USH 段；

——USC-USA-USA-USA-USR，Smith 先生的证书；

——USB；

——带有（PAYORD 报文的）安全参考和安全结果的 USX-USY；

——UST，没有 USR，参考 USH。

A.2.2　安全细目

安全头	
安全服务，代码型	源抗抵赖性
安全参考号	本安全头的参考号是 1
应答类型	要求确认：1
过滤函数	用十六进制的过滤器过滤所有的二进制值（签名）

源字符集编码	当生成报文签名时，报文用 ASCII 8 位进行编码
证书	Smith 先生的证书
证书参考	本证书由 AUTHORITY 引用：00000001
安全标识细目 安全参与方标识符	 证书持有者（A 公司的 Smith 先生）
安全标识细目 安全参与方标识符 密钥名称	 Smith 先生的证书由认证机构 AUTHORITY 生成 用于生成 Smith 证书的 AUTHORITY 公共密钥是 PK1
证书的语法和版本	UN/EDIFACT 服务段目录的证书版本
过滤器函数	用十六进制过滤器过滤所有二进制值（密钥和数字签名）
源字符集编码	当生成证书时，证书使用 ASCII 8 位进行编码
用于签名的服务字符 用于签名的服务字符限定符 用于签名的服务字符	计算签名时所用的服务字符 服务字符是段终止符 值“'”（撇号）
用于签名的服务字符 用于签名的服务字符限定符 用于签名的服务字符	计算签名时所用的服务字符 服务字符是数据元分隔符 值“+”（加号）
用于签名的服务字符 用于签名的服务字符限定符 用于签名的服务字符	计算签名时所用的服务字符 服务字符是复合数据元分隔符 值“:”（冒号）
用于签名的服务字符 用于签名的服务字符限定符 用于签名的服务字符	计算签名时所用的服务字符 服务字符是重复分隔符 值“*”（星号）
用于签名的服务字符 用于签名的服务字符限定符 用于签名的服务字符	计算签名时所用的服务字符 服务字符是释放分隔符 值“?”（问号）
安全日期与时间 日期与时间	证书生成时间 Smith 先生证书于 1993 年 12 月 15 日 14：12：00 生成
安全日期与时间 日期与时间	证书有效期的生效时间 Smith 先生证书有效期的生效时间是： 1996 年 1 月 1 日 00：00：00
安全日期与时间 日期与时间	证书有效期的截止时间 Smith 先生证书有效期的截止时间是： 1996 年 12 月 31 日 23：59：59
安全算法	由 Smith 先生用于签名的非对称算法
安全算法 算法的使用 密码操作方式 算法	 使用持有者签名算法 这里没有相关的操作方式 RSA 是非对称算法

算法参数 算法参数限定符 算法参数值	 标识这个算法参数为一个签名验证的公共指数 Smith 先生的公开密钥
算法参数 算法参数限定符 算法参数值	 标识这个算法参数为一个签名验证的模数 Smith 先生的模数
算法参数 算法参数限定符 算法参数值	 标识这个算法参数为 Smith 先生模数的长度(位数) Smith 先生模数的长度为 512 位
安全算法	AUTHORITY 用于生成 Smith 先生证书的哈希函数
安全算法 算法的使用 密码操作方式 算法	 使用发布者的哈希算法 使用适宜的哈希函数(ISO/IEC 10118-2《使用 n 位块密码算法的哈希函数》)来提供一个双倍长的哈希代码(128 位);初始化值: A=01234567　　B=89ABCDEF C=FEDCBA98　　D=76543210 使用 MD5 报文—文摘算法
安全算法	AUTHORITY 用于签名的非对称算法
安全算法 算法的使用 密码操作方式 算法	 使用发布者签名算法 这里没有相关的操作方式 RSA 是非对称算法
算法参数 算法参数限定符 算法参数值	 标识这个算法参数为一个签名验证的公共指数 AUTHORITY 的公开密钥
算法参数 算法参数限定符 算法参数值	 标识这个算法参数为一个签名验证的模数 AUTHORITY 的模数
算法参数 算法参数限定符 算法参数值	 标识这个算法参数为 AUTHORITY 模数的长度(位数) AUTHORITY 模数的长度是 512 位
安全结果	证书的数字签名
确认结果 确认值限定符 确认值	 唯一的验证值为 1 512 位过滤的十六进制数字签名
经安全处理的数据标识	
应答类型,代码型	需要一个来自 A 银行的安全确认
安全日期与时间 日期和时间 事件日期 事件时间	 与 AUTACK 时戳相关的安全 AUTACK 的安全时戳是:日期:1996 年 1 月 15 日 时间:10∶05∶32

交换发送方 交换发送方标识	交换发送方的标识 A 公司 Smith 先生的标识
交换接收方 交换接收方标识	交换接收方的标识 A 银行的标识
安全参考	涉及安全实体(具有源抗抵赖性服务相关的 PAYORD)及其相应日期和时间
交换控制参考	标识发送方分配给 PAYORD 报文交换的参考号:1
交换发送方 交换发送方标识	标识 PAYORD 报文交换的发送方是:A 公司的 Smith 先生
交换接收方 交换接收方标识	标识 PAYORD 报文交换的接收方是:A 银行
报文参考号	标识发送方分配给 PAYORD 报文的参考号:3
安全日期与时间 日期和时间 事件日期 事件时间	与参考 PAYORD 的时戳相关的安全 本安全时戳是:日期:1996 年 1 月 15 日 时间:10:00:00
参考的安全	标识可用的安全头(涉及 PAYORD 报文所应用的安全功能)和 PAYORD 报文应用这些功能后的结果
安全参考号	将确认结果同相应的 USH 段连接起来的参考号。在本例中,该值为 1
确认结果 确认值限定符 确认值	唯一的验证值为 1 512 位过滤的十六进制数字签名(PAYORD 报文)
安全尾	
安全参考号	本安全尾的参考号是 1
安全段数	安全段数为 7

A.3 示例 2:用 AUTACK 保护多个报文

A.3.1 叙述

当付款通知报文超过一定数量时,A 银行需要由 A 公司的 Smith 先生来对 A 公司的付款通知报文实施源抗抵赖性的安全服务。对于那些未超出该数量的付款通知报文,则需要报文源鉴别功能。

双方间的交换协议规定了 A 银行所要求的源抗抵赖性安全服务应由 A 公司的 Smith 先生用数字签名的方式对这些付款通知报文实施加密来完成。

双方都同意这个数字签名是通过 512 位 RSA(非对称算法)对由 MD5 算法算出的哈希值进行计算生成的。

此外,报文的源鉴别将在发送方端按照 ISO 8731-1 通过使用对称的 DES 算法生成一个"报文鉴别码"(MAC)来实现。

标识 Smith 先生公开密钥的证书由双方都信任的认证机构(即证书的发布者)发布。

发送的第一个 PAYORD 报文必须通过 AUTACK 用数字签名方式加以保护。这个 PAYORD 报文是 Smith 先生发给 A 银行首次交换中的第五个报文。它是在 1996 年 1 月 15 日 08:00:00 发送的。

发送的第二个 PAYORD 报文必须通过 AUTACK 用 MAC 方式加以保护。它是首次交换中的第七个报文,于 1996 年 1 月 15 日 09:00:00 发送。

AUTACK 报文本身是首次交换中的第十个报文。它是在 1996 年 1 月 15 日 10：05：32 发送的。由于第一个 PAYORD 报文是用数字签名方式加以保护的，AUTACK 本身不需要被签名。

因此，所出现的安全段如下：

——指示对第一个 PAYORD 报文应用源的抗抵赖性服务的 USH 段；

——USC-USA-USA-USA-USR，Smith 先生的证书；

——指示对第二个 PAYORD 报文应用报文源鉴别服务的 USH 段；

——USB；

——带有第一个 PAYORD 报文安全参考和安全结果(数字签名)的 USX-USY；

——带有第二个 PAYORD 报文安全参考和安全结果(MAC)的 USX-USY；

——UST，没有 USR，参考第一个 USH；

——UST，没有 USR，参考第二个 USH。

A.3.2 安全细目

安全头	安全头包括了对所参考的实体(即第一个 PAYORD 报文)实施安全功能的信息
安全服务，代码型	第一个 PAYORD 报文的源的抗抵赖性
安全参考号	本安全头的参考号是 1
过滤函数	用十六进制过滤器过滤所有二进制的值(签名)
源字符集编码	当生成报文签名时，报文用 ASCII 8 位进行编码
安全标识细目 安全方限定符	 报文发送方为 A 公司的 Smith 先生
安全标识细目 安全方限定符	 报文接收方为 A 银行
证书	Smith 先生的证书
证书参考	本证书由 AUTHORITY 引用：00000001
安全标识细目 安全参与方标识符	 证书持有者(A 公司的 Smith 先生)
安全标识细目 安全参与方标识符 密钥名称	 证书发布者(Smith 先生的证书由认证机构 AUTHORITY 生成) 用于生成 Smith 证书的 AUTHORITY 公共密钥是 PK1
证书语法版本	UN/EDIFACT 服务段目录的证书版本
过滤函数	用十六进制过滤器过滤所有二进制值(密钥和数字签名)
用于签名的服务字符 用于签名的服务字符限定符 用于签名的服务字符	计算签名时所用的服务字符 服务字符是段终止符 值“'”(撇号)
用于签名的服务字符 用于签名的服务字符限定符 用于签名的服务字符	计算签名时所用的服务字符 服务字符是数据元分隔符 值“+”(加号)
用于签名的服务字符 用于签名的服务字符限定符 用于签名的服务字符	计算签名时所用的服务字符 服务字符是复合数据元分隔符 值“:”(冒号)

用于签名的服务字符 用于签名的服务字符限定符 用于签名的服务字符	计算签名时所用的服务字符 服务字符是重复分隔符 值“＊”(星号)
用于签名的服务字符 用于签名的服务字符限定符 用于签名的服务字符	计算签名时所用的服务字符 服务字符是释放分隔符 值“?”(问号)
安全日期和时间 日期和时间	证书生成时间 Smith 先生证书于 1993 年 12 月 15 日 14：12：00 生成的
安全日期和时间 日期和时间	证书有效期的生效时间 Smith 先生证书有效期的开始时间是： 1996 年 1 月 1 日 00：00：00
安全日期和时间 日期和时间	证书有效期的截止时间 Smith 先生证书有效期截止时间是： 1996 年 12 月 31 日 23：59：59
安全算法	Smith 先生用于签名的非对称算法
安全算法 算法的使用 密码操作方式 算法	 使用持有者签名算法 这里没有相关的操作方式 RSA 是非对称算法
算法参数 算法参数限定符 算法参数值	 标识这个算法参数为一个签名验证的公共指数 Smith 先生的公开密钥
算法参数 算法参数限定符 算法参数值	 标识这个算法参数为一个签名验证的模数 Smith 先生的模数
算法参数 算法参数限定符 算法参数值	 标识这个算法参数为 Smith 先生模数的长度(位数) Smith 先生模数的长度为 512 位
安全算法	AUTHORITY 用于生成 Smith 先生证书的哈希函数
安全算法 算法的使用 密码操作方式 算法	 使用发布者哈希算法 使用适宜的哈希函数(ISO/IEC 10118-2《使用 n 位块密码算法的哈希函数》)来提供一个双倍长的哈希代码(128 位)；初始化值： A＝01234567　　B＝89ABCDEF C＝FEDCBA98　　D＝76543210 使用 MD5 报文—文摘算法
安全算法	AUTHORITY 用于签名的非对称算法
安全算法 算法的使用 密码操作方式 算法	 使用发布者签名算法 这里没有相关的操作方式 RSA 是非对称算法

算法参数 算法参数限定符 算法参数值	 标识这个算法参数为一个签名验证的公共指数 AUTHORITY 的公开密钥
算法参数 算法参数限定符 算法参数值	 标识这个算法参数为一个签名验证的模数 AUTHORITY 的模数
算法参数 算法参数限定符 算法参数值	 标识这个算法参数为 AUTHORITY 模数的长度(位数) AUTHORITY 模数的长度是 512 位
安全结果	证书的数字签名
确认结果 确认值限定符 确认值	 唯一的验证值为 1 512 位过滤的十六进制数字签名
安全头	安全头包括了对所参考的实体(即第二个 PAYORD 报文)实施安全功能的信息
安全服务,代码型	第二个 PAYORD 的报文源鉴别
安全参考号	本安全头的参考号是 2
过滤函数	用十六进制过滤器过滤所有二进制值
安全标识细目 安全参与方标识符	 报文发送方(A 公司的 Smith 先生)
安全标识细目 安全参与方标识符	 报文接收方(A 银行)
安全算法	
安全算法 算法的使用 密码操作方式 算法	 使用对称算法来实现报文的源鉴别 按照 ISO 8731-1,计算一个 MAC 使用 DES 算法
算法参数 算法参数限定符 算法参数值	 标识本算法参数值为以前交换的对称密钥的名称 1234567890ABCDEF
经安全处理的数据标识	
应答类型,代码型	不需要来自 A 银行的确认
安全日期与时间 日期与时间 事件日期 事件时间	 AUTACK 时戳有关的安全 本安全时戳是:日期:1996 年 1 月 15 日 时间:10:05:32
交换发送方 交换发送方标识	交换发送方的标识 A 公司 Smith 先生的标识
交换接收方 交换接收方标识	交换接收方的标识 A 银行的标识

安全参考	涉及的安全实体(即第二个 PAYORD 报文)
交换控制参考	标识发送方分配给第二个 PAYORD 报文交换的参考号:1
交换发送方 交换发送方标识	 标识 PAYORD 报文交换的发送方:A 公司的 Smith 先生
交换接收方 交换接收方标识	 标识 PAYORD 报文交换的接收方:A 银行
报文参考号	标识发送方分配给第二个 PAYORD 报文的参考号:7
安全日期与时间	本安全时戳是:日期:1996 年 1 月 15 日　时间:09∶00∶00
参考的安全	标识可用的安全头(涉及第二个 PAYORD 报文所应用的安全功能)和该报文应用这些功能后的结果
安全参考号	将确认结果同相应的 USH 段连接起来的参考号。在本例中,该值为 2
确认结果 确认值限定符 确认值	 MAC(报文验证代码) 12345678—这是一个 4 字节的值
安全参考	涉及安全实体(第一个 PAYORD 报文)及其相应日期和时间
交换控制参考	标识发送方分配给 PAYORD 报文交换的参考号:1
交换发送方 交换发送方标识	 标识 PAYORD 报文交换的发送方:A 公司的 Smith 先生
交换接收方 交换接收方标识	 标识 PAYORD 报文交换的接收方:A 银行
报文参考号	标识发送方分配给 PAYORD 报文的参考号:5
安全日期与时间	本安全时戳是:日期为 1996 年 1 月 15 日　时间为 08∶00∶00
参考的安全	标识可用的安全头(涉及对第一个 PAYORD 报文所应用的安全功能)和该报文应用这些功能后的结果
安全参考号	将确认结果同相应的 USH 段连接起来的参考号。在本例中,该值为 1
确认结果 确认值限定符 确认值	 唯一的验证值为 1 512 位过滤的十六进制数字签名(第一个 PAYORD 报文的)
安全尾	
安全参考号	本安全尾的参考号是 2
安全段数	安全段数为 2
安全尾	
安全参考号	本安全尾的参考号是 1
安全段数	安全段数为 7

A.4　示例 3:通过 AUTACK 报文实现接收报文的安全确认

A.4.1　叙述

在示例 1 中,AUTACK 由先前的 PAYORD 报文的发送方(A 公司的 Smith 先生)使用。该 AUTACK 报文要求 A 银行给予确认。

本例将说明如何用 AUTACK 报文进行安全确认。

作为安全确认的 AUTACK 报文将通过采用数字签名方式的源抗抵赖性安全服务加以保护，并且这些工作已经完成。

该 AUTACK 报文生成于 1996 年 1 月 16 日 11：00，是交换中的第二十个报文。

出现的安全段如下：

——USH，标识 AUTACK 报文所应用的安全服务；

——USH，标识确认的实体所应用的安全服务；

——USC-USA(3)-USR，A 银行的证书；

——USB，包括 AUTACK 的详细内容；

——USX-USY，包括确认实体的参考和数字签名；

——UST，没有 USR 的安全尾；

——UST-USR，保护 AUTACK 报文本身。

A.4.2 安全细目

安全头	
安全服务，代码型	源的抗抵赖性
安全参考号	本安全头的参考号是 1
过滤函数	用十六进制过滤器过滤所有的二进制值
源字符集编码	当生成 MAC 时，报文用 ASCII 8 位进行编码
安全标识细目 安全方限定符	 A 银行
安全标识细目 安全方限定符	 A 公司的 Smith 先生
安全顺序号	本报文的安全顺序号是 20
安全日期和时间 事件日期 事件时间	 该安全时戳是：日期：1996 年 1 月 16 日 时间：11：00：00
证书	A 银行的证书
证书参考	本证书由 AUTHORITY 参考：00000010
安全标识细目 安全参与方标识符	 证书持有者（A 银行）
安全标识细目 安全参与方标识符 密钥名称	 A 银行的证书由认证机构 AUTHORITY 生成 用于生成 A 银行证书的 AUTHORITY 的公共密钥是 PK1
证书语法版本	UN/EDIFACT 服务段目录的证书版本
过滤函数	用十六进制过滤器过滤所有二进制值（密钥和数字签名）
源字符集编码	当生成证书时，证书凭证用 ASCII 8 位进行编码
用于签名的服务字符 用于签名的服务字符限定符 用于签名的服务字符	计算签名时所用的服务字符 服务字符是段终止符 值“'”（撇号）

用于签名的服务字符 用于签名的服务字符限定符 用于签名的服务字符	计算签名时所用的服务字符 服务字符是数据元分隔符 值“+”(加号)
用于签名的服务字符 用于签名的服务字符限定符 用于签名的服务字符	计算签名时所用的服务字符 服务字符是复合数据元分隔符 值“:”(冒号)
用于签名的服务字符 用于签名的服务字符限定符 用于签名的服务字符	计算签名时所用的服务字符 服务字符是重复分隔符 值“*”(星号)
用于签名的服务字符 用于签名的服务字符限定符 用于签名的服务字符	计算签名时所用的服务字符 服务字符是释放分隔符 值“?”(问号)
安全日期和时间 日期和时间	证书生成时间 A银行的证书生成于1995年12月31日14:00:00
安全日期和时间 日期和时间	证书有效期的生效时间 A银行证书有效期的生效时间为: 1996年1月1日00:00:00
安全日期和时间 日期和时间	证书有效期的截止时间 A银行证书有效期的截止时间为: 1996年12月31日23:59:59
安全算法	由A银行用于签名的非对称算法
安全算法 算法的使用 密码操作方式 算法	 使用持有者签名算法 这里没有相关的操作方式 RSA是非对称算法
算法参数 算法参数限定符 算法参数值	 标识这个算法参数为一个签名验证的公共指数 A银行的公开密钥
算法参数 算法参数限定符 算法参数值	 标识这个算法参数为一个签名验证的模数 A银行的模数
算法参数 算法参数限定符 算法参数值	 标识这个算法参数为A银行模数的长度(位数) A银行模数的长度为512位
安全算法	由AUTHORITY用于生成A银行证书的哈希函数
安全算法 算法的使用 密码操作方式 算法	 使用发布者哈希算法 使用适宜的哈希函数(ISO/IEC 10118-2《使用n位块密码算法的哈希函数》)来提供一个双倍长的哈希代码(128位);初始化值: A=01234567　B=89ABCDEF C=FEDCBA98　D=76543210 使用MD5报文—文摘算法

安全算法	AUTHORITY 用于签名的非对称算法
安全算法 算法的使用 密码操作方式 算法	 使用发布者签名算法 这里没有相关的操作方式 RSA 是非对称算法
算法参数 算法参数限定符 算法参数值	 标识这个算法参数为签名验证的公共指数 AUTHORITY 的公开密钥
算法参数 算法参数限定符 算法参数值	 标识这个算法参数为一个签名验证的模数 AUTHORITY 的模数
算法参数 算法参数限定符 算法参数值	 标识这个算法参数为 AUTHORITY 模数的长度(位数) AUTHORITY 模数的长度是 512 位
安全结果	证书的数字签名
确认结果 确认值限定符 确认值	 唯一的验证值为 1 512 位过滤的十六进制数字签名
安全头	安全头包括了对所参考的实体(即 PAYORD 报文)实施安全功能的信息
安全服务,代码	源抗抵赖性
安全参考号	本安全头的参考号是 2
过滤函数	用十六进制过滤器过滤所有二进制值(签名)
源字符集编码	当生成报文签名时,该报文用 ASCII 8 位进行编码
经安全处理的数据标识	
安全日期和时间	该 AUTACK 报文的安全时戳是:日期:1996 年 1 月 16 日 时间:11:00:00
交换发送方 交换发送方标识	交换发送方的标识 A 银行的标识
交换接收方 交换接收方标识	标识交换接收方 A 公司 Smith 先生的标识
安全参考	涉及安全实体(确认的报文)及其相关的日期和时间
交换控制参考	标识确认的 PAYORD 报文交换的参考号是:1
交换发送方 交换发送方标识	 标识确认的报文所属交换的发送方:A 公司的 Smith 先生
交换接收方 交换接收方标识	 标识确认的报文交换的接收方:A 银行
报文参考号	标识由发送方分配给确认的报文的参考号:3(见示例 1)
安全日期与时间	该 PAYORD 的安全时戳是:日期:1996 年 1 月 15 日 时间:10:00:00

参考的安全	
安全参考号	标识可应用的头 2
确认结果 确认值限定符 确认值	 唯一的验证值为 1 512 位过滤的十六进制数字签名
安全尾	
安全参考号	本安全尾的参考号是 2
安全段数	安全段数为 3
安全尾	
安全参考号	本安全尾的参考号是 1
安全段数	安全段数为 7
安全结果	
确认结果 确认值限定符 确认值	 唯一的验证值为 1 512 位过滤的十六进制 AUTACK 的数字签名

附 录 B
（资料性附录）
安全服务及算法

B.1 目的和范围

本附录给出了安全段组中数据元和代码值可能组合的几种示例。所选择的这些示例是用来说明几种基于国际标准而被广泛应用的安全技术。

由于可组合的全集太大，因此本附录不能全部列出。在此所做的选择不必认为是对该算法或操作方式的认可。用户可以根据所要防范的安全威胁选择合适的安全技术。

本附录的目的是一旦用户选定了安全技术，便向他提供一个基点以得到适合其特定应用的解决方案。

为便于阅读和理解，本主题被分为三个部分。每个部分针对了应用安全的不同原则。

这三个部分是：

a) 采用对称算法和参考实体的 AUTACK 报文的组合；

b) 采用非对称算法和参考实体的 AUTACK 报文的组合；

c) 采用确认 AUTACK 报文的组合。

各表中使用的代码清单（完整代码表的子集）：

0501 安全服务，代码型
1 源抗抵赖性
2 报文的源鉴别
9 参考的 EDIFACT 结构的完整性

0505 过滤函数，代码型
6 UN/EDIFACT EDC 过滤器

0523 算法的使用，代码型
1 持有者哈希算法
2 持有者对称值
3 发布者签名（CA）
4 发布者哈希值（CA）
6 持有者签名

0527 算法，代码型
1 DES（数据加密标准）
10 RSA（Rivest，Shamir，Adleman）
37 MAC（报文鉴别代码）
40 MAC2（更改检测代码）
42 HDS2（哈希函数）

0531 算法参数限定符
12 模数
13 指数
14 模数长度

0563 确认值限定符
1 唯一的确认值

0577 安全参与方限定符
1 报文发送方
2 报文接收方
3 证书持有者
4 鉴别参与方

使用的缩写：

a,b,c,d = 安全参考号的表示法
CA = 认证机构
Enc-Key = 加密密钥
Hash = 哈希值
Key-N = 密钥名称
MAC = 报文鉴别码
Mod = 模数
Mod-L = 模数长度
PK/CA = 认证机构的公开密钥
Pub-K = 公开密钥
Sig = 签名

B.2 采用对称算法和参考实体 AUTACK 报文的组合

表 B.1 为下列特定情况建立了的关系：

——由 AUTACK 报文向参考的实体提供保护。

——只使用对称算法。

——提供的安全服务是对于参考报文的参考 EDIFACT 结构的源鉴别和 AUTACK 报文的报文源鉴别。参考的 EDIFACT 结构源鉴别是通过参考的 EDIFACT 结构完整性和 AUTACK 的报文源鉴别的组合来提供的。

——参考的 EDIFACT 结构完整性是通过基于 DES 算法的哈希函数来提供的，该 DES 算法按照 ISO/IEC 10118-2 采用 MDC 方式。在发送方和接收方没有共享的秘密密钥。该哈希值在 AUTACK 中被传输且通过 AUTACK 报文上的安全性得以保护。

——AUTACK 的报文源鉴别是通过对 AUTACK 报文计算一个 MAC（报文鉴别码）来提供的。在本例中，所用的算法是使用秘密密钥的 CBC 方式的 DES，该秘密密钥为报文接收方所知且只通过密钥名称来引用。本示例符合 ISO 8731-1。

——尽管发送方和接收方共享密钥，但是密码机制事先并未达成完全一致。因此，所用的全部算法和操作方式要被明确的指定。

——在此仅列出与实际使用的安全技术、算法和操作方式相关的安全段。

表 B.1 当只采用对称算法时的关系矩阵

标记	名称	状态	最大次数	参考的 EDIFACT 结构完整性 ISO/IEC 10118-2	AUTACK 报文源鉴别 ISO 8731-1	注
SG 1		M	99	每个安全服务 1 个		
USH	安全头	M	1			
0501	安全服务，代码型	M	1	9	2	
0534	安全参考号	M	1	a	b	1
0505	过滤函数，代码型	C	1	6	6	
S500	安全标识细目	C	2			
0577	安全参与方限定符	M		1	1	2
0538	密钥名称	C			Key-N	3

表 B.1(续)

标记	名称	状态	最大次数	参考的 EDIFACT 结构完整性 ISO/IEC 10118-2	AUTACK 报文源鉴别 ISO 8731-1	注
S500	安全标识细目	C	2			
0577	安全参与方限定符	M		2	2	4
USA	安全算法	C	3			
S502	安全算法	M	1			
0523	算法的使用,代码型	M		1	2	
0525	密码操作方式,代码型	C		—		
0527	算法,代码型	C		40	37	
USB	经安全处理的数据标识	M	1	经安全处理的数据结构的参考		
SG 3		M	9999			
USX	安全参考	M	1			
USY	参考的安全	M	9			
0534	安全参考号	M	1	a	—	5
S508	确认结果	C	2			
0563	确认值限定符	M		1		
0560	确认值	C		Hash		6
SG 4		M	99			
UST	安全尾	M	1			
0534	安全参考号	M	1	a	b	7
0588	安全段数	M	1			
USR	安全结果	C	1			
S508	确认结果	M	2			
0563	确认值限定符	M			1	
0560	确认值	C			MAC	8

注 1：一个安全头参照 AUTACK 的安全尾,其他的安全头则参照"参考的安全"段。

注 2：报文发送方。

注 3：AUTACK 报文的发送方和接收方共享的秘密密钥名称。

注 4：报文接收方。

注 5：参照安全头之一。

注 6：对参考的 EDIFACT 结构计算出的哈希值。该值由 AUTACK 报文计算出的 MAC 来保护。

注 7：参照安全头之一。

注 8：对 AUTACK 报文计算出的 MAC。

B.3 采用非对称算法和参考实体的报文的组合

表 B.2 为下列特定情况建立了的关系：

——由 AUTACK 报文向参考的实体提供保护。

——只使用对称算法。

——提供的安全服务是对于参考报文的参考 EDIFACT 结构的源抗抵赖性和 AUTACK 报文的报文源抗抵赖性。参考的 EDIFACT 结构源抗抵赖性是通过参考的 EDIFACT 结构完整性和 AUTACK 的报文源抗抵赖性的组合来提供的。

——非对称算法是 RSA。

——哈希函数是 MDC 方式的 DES 算法。相同的哈希函数用来计算参考的 EDIFACT 结构的哈希值和 AUTACK 报文的哈希值。

——假设证书事先未被交换。

——USC 段包含明确的哈希函数和认证机构用来签署证书的签名函数的标识。检查证书签名所需的认证机构的公开密钥接收方已经知道。它由 USC 段中的名称指出。

——只包含一个证书,仅当使用接收方的公开密钥时,第二个证书才是必要的。

表 B.2 使用非对称算法时的关系矩阵

标记	名称	状态	最大次数	参考的 EDIFACT 结构完整性 ISO 10118-2	AUTACK 报文的源抗抵赖性 (RSA)	注
SG 1		M	99	每个安全服务 1 个		
USH	安全头	M	1			
0501	安全服务,代码型	M	1	9	1	1
0534	安全参考号	M	1	c	d	
0505	过滤函数,代码型	C	1	6	6	
S500	安全标识细目	C	2			
0577	安全参与方限定符	M		1	1	2
S500	安全标识细目	C	2			
0577	安全参与方限定符	M		2	2	3
USA	安全算法	C	3			
S502	安全算法	M	1			
0523	算法的使用,代码型	M		1	1	4
0525	密码操作方式,代码型	C		—	—	
0527	算法,代码型	C		40	40	
SG 2		C	2		只有一个:发送方证书	
USC	证书	M	1			
0536	证书参考	C	1		本证书参考	
S500	安全标识细目	C	2		(证书持有者)	
0577	安全参与方限定符	M			3	5
S500	安全标识细目	C	2		(鉴别参与方)	
0577	安全参与方限定符	M			4	6
0538	密钥名称	C			(PK/CA 名称)	
USA	安全算法	C	3		(发送方的签名函数)	

表 B.2(续)

标记	名称	状态	最大次数	参考的 EDIFACT 结构完整性 ISO 10118-2	AUTACK 报文的源抗抵赖性 (RSA)	注
S502	安全算法	M	1			
0523	算法的使用,代码型	M			6	7
0527	算法,代码型	C			10	
S503	算法参数	C	9		(模数长度)	
0531	算法参数限定符	M			14	
0554	算法参数值	M			Mod-L	
S503	算法参数	C	9		(模数)	
0531	算法参数限定符	M			12	
0554	算法参数值	M			模数	
S503	算法参数	C	9		(公开指数)	
0531	算法参数限定符	M			13	
0554	算法参数值	M			公共密钥	
USA	安全算法	C	3		(用于证书签名的 CA 哈希函数)	
S502	安全算法	M	1			
0523	算法的使用,代码型	M			4	8
0525	密码操作方式,代码型	C				
0527	算法,代码型	C			42	
USA	安全算法	C	3		(用于证书签名的 CA 的签名函数)	
S502	安全算法	M	1			
0523	算法的使用,代码型	M			3	9
0527	算法,代码型	C			10	
USR	安全结果	C	1			
S508	确认结果	M	2			11
0563	确认值限定符	M			1	
0560	确认值	C			Sig	
USB	经安全处理的数据标识	M	1	经安全处理的数据结构的参考		
SG 3		M	9999			
USX	安全参考	M	1			
USY	参考的安全	M	9			
0534	安全参考号	M	1	c	—	
S508	确认结果	M	2			11
0563	确认值限定符	M		1	—	

表 B.2(续)

标记	名称	状态	最大次数	参考的 EDIFACT 结构完整性 ISO 10118-2	AUTACK 报文的源抗抵赖性 (RSA)	注
0560	确认值	C		Hash	—	
SG 4		M	99			
UST	安全尾	M	1			
0534	安全参考号	M	1	c	d	
0588	安全段的数目	M	1			
USR	安全结果	C	1			
S508	确认结果	M	2			11
0563	确认值限定符	M			1	
0560	确认值	C		—	Sig	

注 1：假设 AUTACK 的报文源鉴别和完整性被包括在源抗抵赖性中。参考的 EDIFACT 结构的源抗抵赖性是通过参考的 EDIFACT 结构完整性和 AUTACK 源抗抵赖性的组合来提供的。

注 2：报文发送方。

注 3：报文接收方。

注 4：发送方应用于经安全处理的结构上的哈希函数。

注 5：证书持有者：标识细目应与报文发送方 USH S500 中的相同。

注 6：鉴别参与方：认证机构(CA)。

注 7：发送方的签名函数。

注 8：CA 的哈希函数。

注 9：CA 的签名函数。

注 10：某些签名算法(例如 DSA) 需要 2 个结果参数。

B.4 采用确认 AUTACK 报文的组合

确认 AUTACK 报文的可能组合遵循以上描述的示例。

特别是：

——对于 USH 0501 的代码为 6 (接收鉴别)采用表 B.1 的组合；

——对于 USH 0501 的代码为 5 (接收方的抗抵赖)采用表 B.2 的组合。

注：进一步的代码组合是可能的和需要的。

参 考 文 献

[1] ISO 8731-1:1987,银行　已批准的报文鉴别算法　第1部分:DEA

[2] ISO/IEC 10118-2:2000,信息技术　安全技术　哈希函数　第2部分:使用n位块密码的哈希函数

ICS 35.240.60
L 70

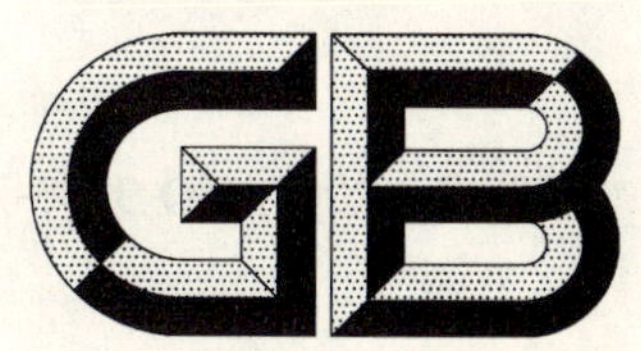

中华人民共和国国家标准

GB/T 14805.7—2007/ISO 9735-7:2002
代替 GB/T 14805.7—1999

行政、商业和运输业电子数据交换(EDIFACT) 应用级语法规则(语法版本号:4,语法发布号:1) 第7部分:批式电子数据交换安全规则(保密性)

Electronic data interchange for administration, commerce and transport (EDIFACT)—Application level syntax rules (Syntax version number: 4, Syntax release number: 1)—Part 7: Security rules for batch EDI (Confidentiality)

(ISO 9735-7:2002, IDT)

2007-08-24 发布 2008-01-01 实施

中华人民共和国国家质量监督检验检疫总局
中国国家标准化管理委员会 发布

前　言

GB/T 14805《行政、商业和运输业电子数据交换(EDIFACT)　应用级语法规则(语法版本号:4,语法发布号:1)》由下列部分组成:

——第1部分:公用的语法规则;

——第2部分:批式电子数据交换专用的语法规则;

——第3部分:交互式电子数据交换专用的语法规则;

——第4部分:批式电子数据交换语法和服务报告报文(报文类型为CONTRL);

——第5部分:批式电子数据交换安全规则(真实性、完整性和源抗抵赖性);

——第6部分:安全鉴别和确认报文(报文类型为AUTACK);

——第7部分:批式电子数据交换安全规则(保密性);

——第8部分:电子数据交换中的相关数据;

——第9部分:安全密钥和证书管理报文(报文类型为KEYMAN);

——第10部分:语法服务目录。

将来还有可能增加新的部分。

本部分为GB/T 14805的第7部分。

本部分等同采用ISO 9735-7:2002《行政、商业和运输业电子数据交换(EDIFACT)　应用级语法规则(语法版本号:4,语法发布号:1)　第7部分:批式电子数据交换安全规则(保密性)》。

本部分代替GB/T 14805.7—1999。

本部分与GB/T 14805.7—1999相比主要变化如下:

——对ISO前言和本部分的引言部分进行了更新;

——与GB/T 14805.7—1999相比,在术语和段组的使用说明上有些变化;

——删除了GB/T 14805.7—1999中附录A"语法服务目录",并对一些编辑性的错误进行了修正。

本部分的附录A、附录B和附录C为资料性附录。

本部分由中国标准化研究院提出。

本部分由全国电子业务标准化技术委员会归口。

本部分由中国标准化研究院负责起草。

本部分的主要起草人:胡涵景、任冠华、刘颖、章建方、孙文峰、岳高峰、曹新九。

本部分于1999年第一次发布。

ISO 前言

ISO(国际标准化组织)是一个世界性的各国标准机构(ISO 国家成员体)联盟。国际标准的制定工作一般通过 ISO 技术委员会完成。对某个已建立的技术委员会的项目感兴趣的每个成员体,有权对该技术委员会表述意见。任何与 ISO 有联络关系的官方和非官方的国际组织都可直接参与制定国际标准。ISO 与 IEC(国际电工委员会)在电工技术标准的所有领域密切合作。

应按照 ISO/IEC 导则第 3 部分的规则起草国际标准。

技术委员会的主要任务是起草国际标准。由技术委员会正式通过的国际标准草案在被 ISO 理事会接受为国际标准之前,须分发到各成员体进行表决,按照 ISO 的工作程序,至少 75%的成员体投票赞成后,该标准草案才成为国际标准。

应当注意的是本部分可能涉及到专利。ISO 不负责标识这些专利。

本部分由 ISO/TC 154(商业、工业和行政中的过程、数据元和单证)与 UN/CEFACT 联合语法工作组合作起草。

本部分取代第一版标准(ISO 9735-7:1998)。而在本部分第 2 章提到的 ISO 9735:1988 及其 1992 年第 1 号修改单只是被临时性地保留。

另外,为了更好地进行维护,已经将 ISO 9735 各部分中的语法服务目录取消,并将它们重新组合成一个新的部分,即:ISO 9735-10。

在 ISO 9735-1:1998 发布的时候,已经将 ISO 9735-10 分配为“交互式 EDI 安全规则”部分。由于缺乏用户的支持,这部分内容被撤销,因此在本部分中删除了所有与“交互式 EDI 安全规则”有关的参考。

在 ISO 9735 各部分中的术语和定义被重新编排并被放在 ISO 9735-1 中。

ISO 9735 在《行政、商业和运输业电子数据交换(EDIFACT) 应用级语法规则(语法版本号:4,语法发布号:1)》的总标题下由下列几部分组成:

——第 1 部分:公用的语法规则;

——第 2 部分:批式电子数据交换专用的语法规则;

——第 3 部分:交互式电子数据交换专用的语法规则;

——第 4 部分:批式电子数据交换语法和服务报告报文(报文类型为 CONTRL);

——第 5 部分:批式电子数据交换安全规则(真实性、完整性和源抗抵赖性);

——第 6 部分:安全鉴别和确认报文(报文类型为 AUTACK);

——第 7 部分:批式电子数据交换安全规则(保密性);

——第 8 部分:电子数据交换中的相关数据;

——第 9 部分:安全密钥和证书管理报文(报文类型为 KEYMAN);

——第 10 部分:语法服务目录。

将来还有可能增加新的部分。

本部分的附录 A、附录 B 和附录 C 为资料性附录。

引　言

根据批式或交互式处理的需求，本部分包含了用于在开放环境中的电子报文交换中的结构化数据的应用级规则。联合国欧洲经济委员会(UN/ECE)已经同意把这些规则作为用于行政、商业和运输业电子数据交换(EDIFACT)的应用级语法规则。这些规则是联合国贸易数据交换目录(UNTDID)的一部分。UNTDID还包含批式和交互式报文设计指南。

本部分适用于任何应用系统，如果这些报文符合UNTDID中的指南、规则和目录，则使用这些规则的报文仅被认为是EDIFACT报文。对于UN/EDIFACT来说，这些报文应符合为批式或交互式报文所设计的规则。这些规则在UNTDID中进行维护。

通信规范及协议不在本部分的范围之内。

本部分是GB/T 14805新增加的部分。它给出了EDIFACT结构(报文、包、组或交换)保密性的可选能力。

行政、商业和运输业电子数据交换（EDIFACT） 应用级语法规则（语法版本号:4,语法发布号:1） 第7部分:批式电子数据交换安全规则（保密性）

1 范围

本部分根据所建立的安全机制为批式 EDIFACT 安全规定了报文/包级、组级和交换级的保密性。

2 一致性

尽管本部分应在段 UNB(交换头)中出现的必备型数据元 0002(语法版本号)中使用版本号"4",和条件型数据元 0076(语法发布号)使用发布号"01",但是,为了能够与本部分相区别,继续使用早期版本中语法规则的交换应使用下列语法版本号:

——ISO 9735:1988:语法版本号:1;

——ISO 9735:1988(1990 年修改并且重新印刷):语法版本号:2;

——ISO 9735:1988 及其 1992 年第 1 号修改单:语法版本号:3;

——ISO 9735:1998:语法版本号:4。

与某个标准的一致性意味着支持其包括所有选项的所有需求。如果不支持所有选项,则任何一致性声明应包含一个说明,用于标识那些声明与其一致的选项。

如果所交换的数据的结构和表示符合本部分规定的语法规则,则这些数据处于一致性状态。

当支持本部分的设备能够创建和/或解释其结构和表示与本部分一致的数据时,这些设备处于一致性状态。

与本部分的一致性应包括与 GB/T 14805.1、GB/T 14805.2、GB/T 14805.5 和 GB/T 14805.10 的一致性。

当在本部分中标识出在相关标准中定义的条款时,这些条款应构成一致性判定条件的组成部分。

3 规范性引用文件

下列文件中的条款通过 GB/T 14805 的本部分的引用而成为本部分的条款。凡是注日期的引用文件,其随后所有的修改单(不包括勘误的内容)或修订版均不适用于本部分,然而,鼓励根据本部分达成协议的各方研究是否可使用这些文件的最新版本。凡是不注日期的引用文件,其最新版本适用于本部分。

GB/T 14805.1—2007 行政、商业和运输业电子数据交换(EDIFACT) 应用级语法规则(语法版本号:4,语法发布号:1) 第 1 部分:公用的语法规则(ISO 9735-1:2002,IDT)

GB/T 14805.2—2007 行政、商业和运输业电子数据交换(EDIFACT) 应用级语法规则(语法版本号:4,语法发布号:1) 第 2 部分:批式电子数据交换专用的语法规则(ISO 9735-2:2002,IDT)

GB/T 14805.5—2007 行政、商业和运输业电子数据交换(EDIFACT) 应用级语法规则(语法版本号:4,语法发布号:1) 第 5 部分:批式电子数据交换安全规则(真实性、完整性和源抗抵赖性)(ISO 9735-5:2002,IDT)

GB/T 14805.10—2005 用于行政、商业和运输业电子数据交换的应用级语法规则 第 10 部分:语法服务目录(ISO 9735-10:2002,IDT)

GB/T 18794.5—2003 信息技术 开放系统互连 开放系统安全框架 第 5 部分:机密性框架(ISO/IEC 10181-5:1996,IDT)

4 术语和定义

GB/T 14805.1—2007 确立的术语和定义适用于本部分。

5 批式 EDI 保密性规则

5.1 EDIFACT 保密性

5.1.1 概述

GB/T 14805.5—2007 的附录 A 和附录 B 描述了与 EDIFACT 数据传送有关的安全威胁及针对这些威胁的安全服务。

本条描述了为提供具有保密性安全服务的 EDIFACT 结构的解决方案。

通过适当的加密算法对报文体、对象、报文/包或单个的报文/包/组分别进行加密，并连同任意安全头段组和安全尾段组一起来提供 EDIFACT 结构（报文、包、组或交换）的保密性。该加密数据可能被过滤，以便在限定能力的通信网中使用。

5.1.2 批式 EDI 的保密性

5.1.2.1 交换的保密性

图 1 表示了一个进行了保密性安全处理的交换结构。服务串通知（UNA）、交换头段（UNB）和交换尾段（UNZ）不受加密的影响。

如果使用压缩技术，应在加密前使用。

在安全头段组中应规定加密算法、压缩算法和过滤算法及相关参数。

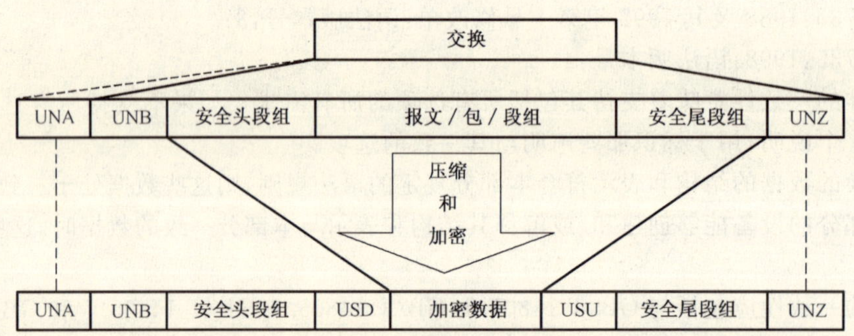

图 1 内容（报文/包或组）已被加密的一个交换结构（示意图）

5.1.2.2 组的保密性

图 2 表示了包含一个已加密组的交换结构，对于其他的安全服务这个加密组已经过安全处理。组头（UNG）和组尾（UNE）不受加密的影响。

如果使用压缩技术，应在加密前使用。

应在安全头段组中规定加密算法、压缩算法和过滤算法及相关参数。

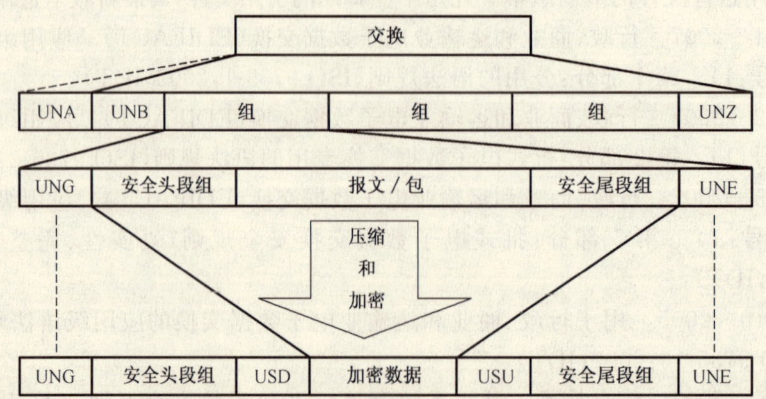

图 2 内容（组体及相应的安全头段组和安全尾段组）已被加密的包含一个组的一次交换结构

5.1.2.3 报文的保密性

图 3 表示了一个包含一个加密报文的一次交换的结构，对于其他的安全服务该加密报文已经过安全处理。报文头段(UNH)和报文尾段(UNT)不受加密的影响。

如果使用压缩技术，应在加密前使用。

在安全头段组中应规定加密算法、压缩算法和过滤算法及相关参数。

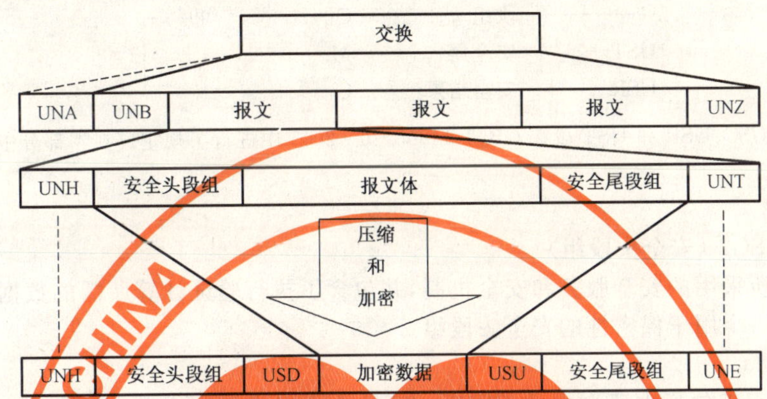

图 3 内容(报文体及相应的安全头段组和安全尾段组)已被加密的包含一个报文的一次交换结构(示意图)

5.1.2.4 包的保密性

图 4 表示了一个包含一个加密包的一次交换结构，对于其他安全服务该加密包已经过安全处理。包头段(UNO)和包尾段(UNP)不受加密的影响。

如果使用压缩技术，应在加密前使用。

在安全头段组中应规定加密算法、压缩算法和过滤算法及相关参数。

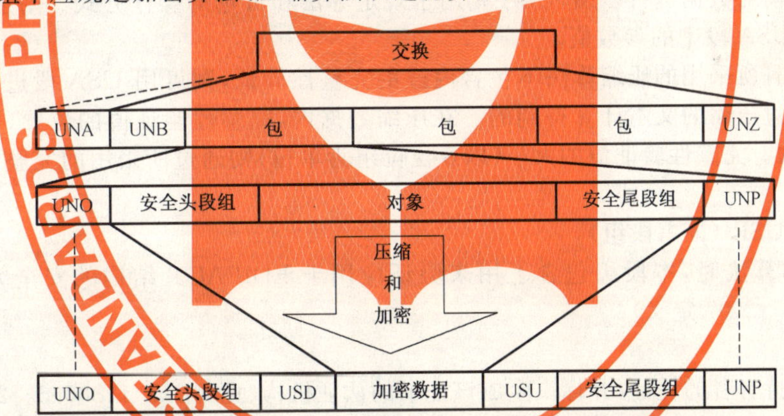

图 4 内容(对象及相应的安全头段组和安全尾段组)已被加密的包含一个包的交换结构(示意图)

5.1.3 数据加密头段和尾段的结构

表 1 给出了安全头段组和安全尾段组的段表。

表 1 安全头段组和安全尾段组的段表

标记	名称	状态	最大次数
----------	段组 1 --------	C	99
USH	安全头	M	1
USA	安全算法	C	3
----------	段组 2 --------	C	2
USC	证书	M	1
USA	安全算法	C	3
USR	安全结果	C	1

表 1(续)

标记	名称	状态	最大次数
USD	数据加密头	M	1
	加密数据		
USU	数据加密尾	M	1
------------	段组 n --------	C	99 ─┐
UST	安全尾	M	1 │
USR	安全结果	C	1 ─┘

注：USH、USA、USC、USR 和 UST 段在 GB/T 14805.10—2005 中进行了规定。在本部分中，不对它们做进一步说明。

5.1.4 数据段说明

段组 1：USH-USA-SG2（安全头段组）

本段组标识了所采用的安全服务和安全机制，并包含了执行验证计算所需的数据。

这里只应含有一个用于保密性的安全头段组。

USH，安全头

本段规定了适用于包括本段在内的 EDIFACT 结构的保密性安全服务（见 GB/T 14805.5—2007 中的定义）。

USA，安全算法

本段标识了安全算法及该算法的用法，并且包含了所需的技术参数。该算法应是适用于报文体、对象、报文/包或报文/包/组的算法。这些算法应是持有者对称算法、持有者压缩算法或持有者压缩完整性算法。

非对称算法不应直接在段组 1 中的 USA 段内引用，只可在 USC 段触发的段组 2 中出现。

如果在加密之前对数据进行压缩，USA 则用于规定算法和可选的操作方式。附加的参数（如初始目录树）可规定为 USA 段中的参数值。

如果采用压缩且所采用的压缩算法不包含内嵌的完整性验证，则可用 USA 段进行规定。完整性验证值是加密前通过压缩的文本计算得到的。在压缩数据内，完整性验证值的位置（即 8 位位组偏移值）可规定为参数值。完整性验证值的大小（以 8 位位组为单位）则通过所采用的完整性验证算法间接地给出。

段组 2：USC-USA-USR（证书段组）

当使用非对称算法时，本段组包含了用来验证应用于 EDIFACT 结构的安全方法所需的数据（见 GB/T 14805.5—2007 定义）。

USC，证书

本段包含证书持有者的凭证，并标识生成该证书的认证机构（见 GB/T 14805.5—2007 定义）。

USA，安全算法

本段标识了安全算法及该算法的用法，并且包含了所需的技术参数。（见 GB/T 14805.5—2007 定义）。

USR，安全结果

本段包含认证机构应用于证书的安全功能的结果（见 GB/T 14805.5—2007 定义）。

USD，数据加密头

本段规定了压缩（可选）、加密和过滤（可选）数据的 8 位位组大小。可以规定用于标识所加密的 EDIFACT 结构的参考号。如果给出参考号，USD 和 USU 段中应采用相同的参考号。

若加密前使用填充，则要说明填充的 8 位位组数。

加密数据

本部分包含了采用安全头段组所规定的加密算法和机制进行加密处理后的加密数据。

USU，数据加密尾

本段规定了压缩（可选）、加密和过滤（可选）数据的 8 位位组大小。可以规定用于标识所加密的 EDIFACT 结构的参考号。如果给出了参考号，则 USD 和 USU 段中应采用相同的参考号。

段组 n:UST-USR (安全尾段组)

本段组包含了与安全头段组的链接和应用于 EDIFACT 结构安全功能的结果(见 GB/T 14805.5—2007 定义)。

UST,安全尾

本段在安全头段组与安全尾段组间建立一个链接,并且说明了包含在这些组中安全段的数目,含 USD 段和 USU 段。

USR,安全结果

本段包含了应用于 EDIFACT 结构的安全功能的结果,这些安全功能是在被链接的安全头段组中进行规定的(见 GB/T 14805.5—2007 定义)。对于保密性的安全服务本段不应出现。

5.1.5 用于保密性的数据加密头段和数据加密尾段

加密成加密数据的 EDIFACT 结构封装在数据加密头段和数据加密尾段内。加密的数据及其相关的安全头段组和安全尾段组将替换原有的报文体、对象或报文/包/组。所采用的加密措施不影响加密的 EDIFACT 结构头和尾。

加密的数据应紧跟在结束 USD 段的分隔符后面,USD 段应以 8 位位组为单位来规定加密数据的长度。USU 段跟随在加密数据之后,USU 段再一次以 8 位位组为单位规定加密数据的长度,其长度应与 USD 段中的相同。

5.1.6 用于保密性的安全头段组和安全尾段组

按 GB/T 14805.5—2007 的定义,应包含一个规定保密性的安全头段组及一个相应的安全尾段组。用于保密性的安全尾段组应只包括一个 UST 段。

如果 EDIFACT 结构被加密,则不应对该结构提供其他 EDIFACT 安全服务。

5.2 使用原则

5.2.1 多种安全服务

如果除保密性外还需要多个安全服务,则应根据 GB/T 14805.5—2007 确定的原则,EDIFACT 结构的发送方应在加密之前实施其他的安全服务,接收方则应在解密之后进行相关的验证处理。

5.2.2 保密性

EDIFACT 结构的保密性应按 GB/T 18794.5—2003 所规定的原则进行处理。

应在安全头段组中规定保密性的安全服务,而相关的算法应在段组 1 的 USA 段中进行标识。该 USA 段也可包括建立安全的发送方与安全的接收方之间密钥联络所需的数据。

安全发起方应从 EDIFACT 结构头段(交换、组、报文或包)的段终止符后开始对该结构加密,直到该结构段尾(交换、组、报文或包)的第一个字符前止,其结果看做加密的数据。当接收加密的数据时,安全接收方应对加密的数据解密并将其还原为不包括头段和尾段的原始 EDIFACT 结构。

5.2.3 内部表示和过滤函数

加密处理的结果是一个近似随机的位串。这可能会在某些限定能力通信网中产生问题。为了避免这类问题,可采用过滤函数将位串可逆地映射为某个特定的字符集。

采用过滤函数的结果是增加了加密数据的长度。不同的过滤函数可采用不同的扩展因子。有些过滤函数允许过滤后的文本包含目标字符集中的任意字符,其中包括如段终止符的服务字符,而其他过滤函数可能过滤掉这些服务字符。

在 USD 段和 USU 段中数据元“8 位位组数据长度”内传输的数据长度应表示经过加密处理的(压缩和过滤)数据的长度。该数据将用来决定加密的数据结束。所采用的过滤函数应在保密性安全头段组中 USH 段的 0505(过滤函数,代码型)内指明。

5.2.4 加密之前压缩技术的使用

加密计算的开销与加密的数据大小有关,因此加密前对数据进行压缩是很有效的。

大多数压缩技术不会影响加密的文本,甚至过滤的文本,如需要压缩应在加密前进行。

因此,当压缩技术应用于保密性安全服务时,安全头段组可以包括加密前数据已被压缩的标识,还可标识所采用的压缩算法和可选参数。在这种情况下,当对加密数据进行解密后,应在恢复原始 EDIFACT 结构前对数据进行解压。

5.2.5 操作的处理顺序

5.2.5.1 加密及相关操作

当对 EDIFACT 结构实施保密性安全处理时,应执行如下操作:

a) 压缩 EDIFACT 结构(任选)并根据压缩数据计算完整性值(可选);

b) 加密(已压缩和完整性保护的)EDIFACT 结构;

c) 过滤(已压缩和完整性保护的)加密数据(可选)。

5.2.5.2 解密和相关操作

当将加密的 EDIFACT 结构还原为原有的 EDIFACT 结构时,应执行如下操作:

a) 对已过滤的加密数据消过滤(是否过滤);

b) 对加密数据解密;

c) 验证压缩数据的完整性值(是否以完整性值给出)并扩展(即解压)已解密数据以还原为原始 EDIFACT 结构(是否压缩)。

附 录 A
(资料性附录)
报文保护示例

A.1 引言

这里给出了一个示例来说明安全服务段的应用。

本报文保密性的示例是基于假定的 EDIFACT 付款通知。这里描述的安全机制完全与报文类型无关并且可以应用于任何 EDIFACT 报文。

本示例说明了当使用一个基于对称算法的方法时如何使用安全服务段,以便确保报文内容的保密性。在参与方之间对称密钥已经被提前交换,并且安全头段组仅包含两个简单段。

A.2 叙述

1995 年 4 月 9 日,A 公司委托 A 银行(分类代码 603000),记入 A 公司借方账号 00387806 款值 54 345.10 英镑。此款项要付给 B 银行(分类代码 201827)中 West Dock,Milford Haven 的 B 公司的账号 00663151。付款以发票 62345 结算。收款人是销售部的 Jones 先生。

A 银行要求采用“报文保密性”的安全服务功能来对该付款通知进行加密处理。

这种要求是通过报文发送端采用对称“数据加密标准”(DES)对报文体进行加密来实现的。假定在 A 公司和 A 银行间秘密 DES 密钥已被事先交换。为降低信息传输量,在应用加密技术前对报文体进行压缩。用于压缩报文体的算法是 ISO 12042。

A.3 安全细目

以下将列出与保密性有关的安全头段组和安全尾段组。

安全头	
安全服务	报文保密性
安全参考号	该安全头的参考号是 1
过滤函数	用十六进制过滤器过滤全部二进制值
源字符集编码	当加密时报文用 ASCII 8 位进行编码
安全标识细目 报文发送方(加密报文的用户)	A 公司的 Smith 先生
安全标识细目 报文接收方(解密报文的用户)	A 银行
安全序号	本报文的安全序号是 001
安全日期和时间	安全时间戳是:日期:1995 年 4 月 9 日时间:13:59:50

安全算法	
安全算法 算法的使用 密钥算法的操作方式 算法 填充机制	 为实现报文保密性所使用的对称算法 使用密码块链接方式 使用 EDS 算法 填充方式采用二进制零
算法参数 算法参数限定符 算法参数值	 为预先交换对称密钥的名称,标识算法参数值 采用称为 ENC-KEY1 的密钥
安全算法	
安全算法 算法的使用 算法	 加密之前为缩小报文量采用压缩算法 采用 ISO 12042 压缩算法
加密头	
8 位位组数据长度 加密参考号 填充位组数	压缩、加密和过滤报文体的大小 参考号是 1 填充位组数是 4
加密数据	
加密数据	压缩、加密和过滤报文体
加密尾	
8 位位组数据长度 加密参考号	压缩、加密和过滤报文体的大小 参考号是 1
安全尾	
安全段数 安全参考号	值为 6(即 USH,USA,USA,USD,USU,UST) 安全尾的参考号是 1

附 录 B
（资料性附录）
处理示例

B.1 加密示例

图 B.1 给出了一个处理示例。实施可以选择不同的顺序和不同的实现部分。

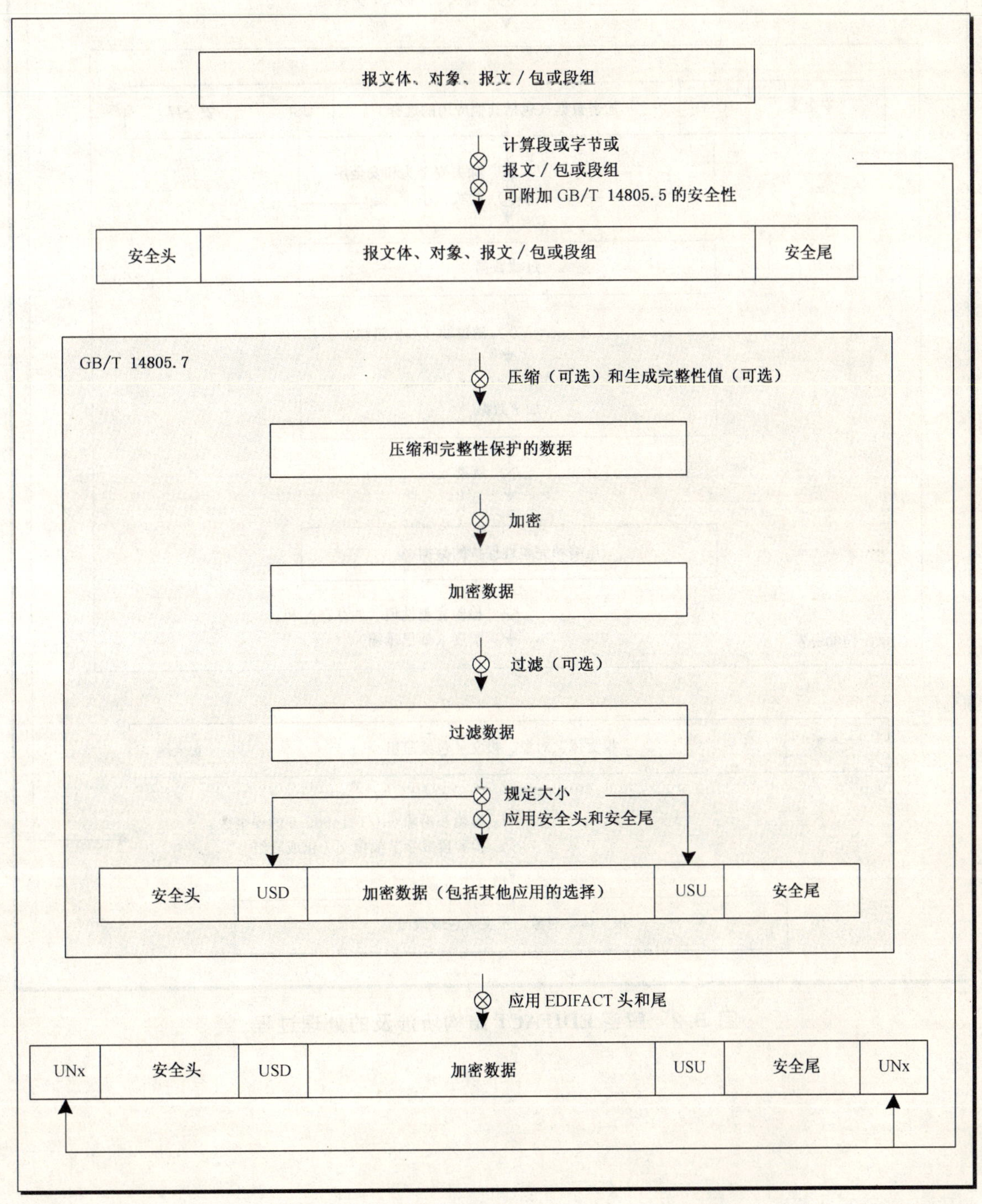

图 B.1 加密 EDIFACT 结构所涉及的处理过程

B.2 解密示例

图 B.2 给出了一个处理示例。实施可以选择不同的顺序和不同的实现部分。

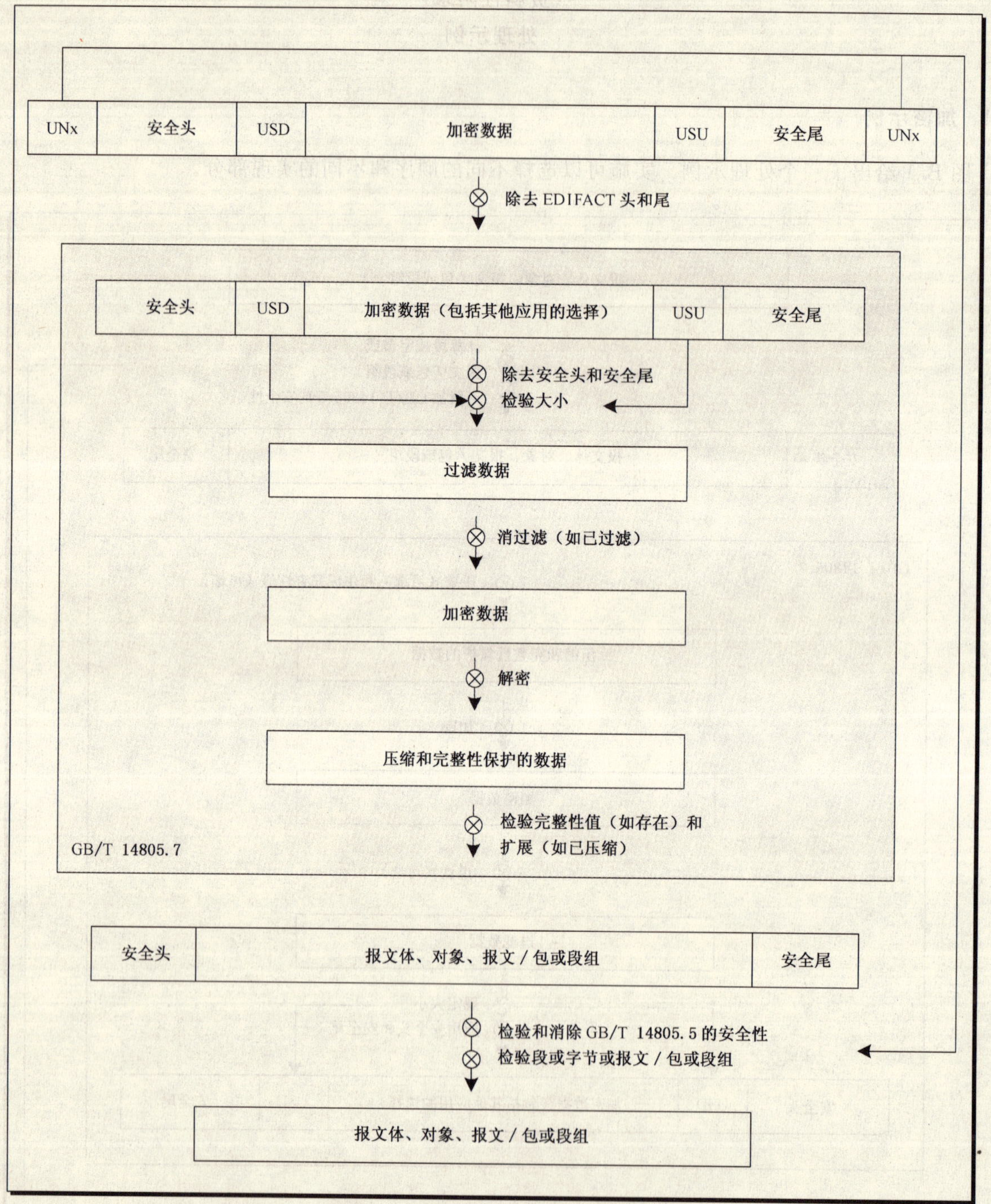

图 B.2 解密 EDIFACT 结构所涉及的处理过程

附 录 C
（资料性附录）
保密性服务和算法

C.1 目的和范围

本附录给出了安全段组中数据元和代码值可能组合的几种示例。所选择的这些示例是用来说明几种基于国际标准而被广泛应用的安全技术。

由于可组合的全集太大，因此本附录不能全部列出。在此所做的选择不必认为是对该算法或操作方式的认可。用户可以根据所要防范的安全威胁选择合适的安全技术。

本附录的目的是一旦用户选定了安全技术，便向他提供一个全面的起点以得到适合其特定应用的解决方案。

矩阵中使用的代码表（完整代码表的子集）：

0501	安全服务，代码型	0523	算法的使用，代码型
4	保密性	3	发布者签名
		4	发布者哈希函数
		5	持有者加密
		8	持有者压缩
		9	持有者压缩完整性

0525	加密的操作方式，代码型	0527	算法，代码型
2	CBC（DES 操作方式）	1	DES（数据加密标准）
16	DSMR（给报文复原的数字签名模式）	4	IDEA（国际数据加密算法）
36	CTS（RC5 操作方式）	10	RSA
		14	RIPEMD-160（专用的哈希函数 ＃1）
		18	ZLIB（数据压缩算法）
		25	CRC-32（循环冗余校验）
		27	ISO12042（数据压缩）
		29	RC5（可变密钥大小对称分组密码）

0531	算法参数限定符	0563	确认值限定符
5	对称密钥，以对称密钥加密	1	唯一确认值
6	对称密钥，以公开密钥加密		
9	对称密钥名称		
10	密钥加密密钥名称		
12	模数		
13	指数		
14	模数长度		

0577	安全参与方限定符	0589	填充机制,代码型
1	报文发送方	1	零填充
2	报文接收方	2	PKCS#1 填充
3	证书持有者	4	TBSS 填充
4	鉴别方		

使用的缩略语

a123,1,ABC99	安全参考号的表示法
CA	认证机构
CA-Sig	认证机构签名
Enc-Key	加密密钥
Exp	公开指数
KEK-N	密钥加密密钥
Key-N	密钥名称
Len	(已压缩)、已加密(和过滤)的 8 位位组数据长度
Mod	公开模数
Mod-L	公开模数长度
PK/CA	认证机构的公开密钥

C.2 采用对称算法和集成式安全段的组合来实现对 EDIFACT 结构的保密性

表 C.1 为下列特定情况建立了的关系：

a） 集成式报文/包/组/交换级的安全(GB/T 14805.7—2007)；

b） 使用对称算法进行加密；

c） 使用对称算法和非对称算法进行密钥交换；

d） 提供的安全服务是保密性；

e） 使用 DES、IDEA 和 RC5 算法来提供保密性。这里给出 3 个示例：

1） DES、CBC 操作方式及接收方所知的秘密密钥。所需的秘密密钥是通过发送方和接收方共享的“密钥加密密钥”加密的。“密钥加密密钥”是通过该密钥名称来引用的。本算法不使用数据压缩技术。填充方式采用零填充并需要有关填充位组数的附加信息。

2） RC5、CTS 操作方式及接收方所知的秘密密钥。所需的秘密密钥是通过发送方和接收方共享的“密钥加密密钥”加密的。“密钥加密密钥”是通过该密钥名称来引用的。加密前，应用 ISO 12042 压缩技术。

3） IDEA、CBC 操作方式及 TBSS 填充技术。用于加密的秘密密钥是通过使用接收方的公开密钥进行交换的。公开密钥是嵌入在证书中的。加密前,应用 Z-lib 压缩和 CRC-32 完整性保护技术。

f） 虽然发送方和接收方共享密钥,但双方事先未就加密机制完全达成协议。因此,所用的全部算法和操作方式都要明确指出；

g） 这里只列出与实际应用的安全技术、算法及操作方式相关的安全区域；

h） USC 段包含了认证机构用于签发证书的哈希函数标识和签名函数。接收方已知道认证机构用于证书签名的公开密钥。该公开密钥在 USC 段中通过名称被引用。

表 C.1 关系矩阵

标记	名称	状态	最大次数	保密性例 1	保密性例 2	保密性例 3	注
SG 1		C	99	每个安全服务 1 个			1
USH	安全头	M	1				
0501	安全服务,代码型	M	1	4	4	4	
0534	安全参考号	M	1	a123	1	ABC99	
S500	安全标识细目	C	2	(发送方)			
0577	安全参与方限定符	M		1	1	1	
0511	安全参与方标识	C		发送方标识	发送方标识	发送方标识	
S500	安全标识细目	C	2	(接收方)			
0577	安全参与方限定符	M		2	2	2	
0511	安全参与方标识	C		接收方标识	接收方标识	接收方标识	
USA	安全算法	C	3	(加密算法)			
S502	安全算法	M	1				
0523	算法的使用,代码型	M		5	5	5	
0525	加密的操作方式,代码型	C		2	36	2	
0527	算法,代码型	C		1	29	4	
0589	填充机制,代码型	C		1	2	4	2
S503	算法参数	C	9	一个加密密钥			
0531	算法参数限定符	M		5	5	6	
0554	算法参数值	M		密钥	密钥	密钥	
S503	算法参数	C	9	一个密钥加密密钥			
0531	算法参数限定符	M		10	10	—	
0554	算法参数值	M		Key-N	Key-N	—	
USA	安全算法	C	3	(压缩算法)			
S502	安全算法	M	1				
0523	算法的使用,代码型	M		—	8	8	
0525	加密的操作方式,代码型	C		—	—	—	
0527	算法,代码型	C		—	27	18	
USA	安全算法	C	3	(压缩完整性算法)			
S502	安全算法	M	1				
0523	算法的使用,代码型	M		—	—	9	
0525	加密的操作方式,代码型	C		—	—	—	
0527	算法,代码型	C		—	—	25	
SG 2		C	2	仅一个:接收方证书			
USC	证书	M	1				

表 C.1(续)

标记	名称	状态	最大次数	保密性例 1	保密性例 2	保密性例 3	注
S500	安全标识细目	C	2		(证书持有者)		
0577	安全参与方限定符	M		—	—	3	
0511	安全参与方标识	C		—	—	持有者标记	
S500	安全标识细目	C	2		(鉴别参与方)		
0577	安全参与方限定符	M		—	—	4	
0538	密钥名称	C		—	—	(PK/C 名称)	
0511	安全参与方标识	C		—	—	认证机构标识	
USA	安全算法	C	3		(证书签名认证机构的哈希函数)		
S502	安全算法	M	1				
0523	算法的使用,代码型	M		—	—	4	
0525	加密的操作方式,代码型	C		—	—	—	
0527	算法,代码型	C		—	—	14	
USA	安全算法	C	3		(证书签名认证机构的签名函数)		
S502	安全算法	M	1				
0523	算法的使用,代码型	M		—	—	3	
0525	加密的操作方式,代码型	C		—	—	16	
0527	算法,代码型	C		—	—	10	
S503	算法参数	C	9		(认证机构公开密钥模数)		
0531	算法参数限定符	M		—	—	12	
0554	算法参数值	M		—	—	Mod	
S503	算法参数	C	9		(认证机构公开密钥指数)		
0531	算法参数限定符	M		—	—	13	
0554	算法参数值	M		—	—	Exp	
S503	算法参数	C	9		(认证机构公开密钥模数长度)		
0531	算法参数限定符	M		—	—	14	
0554	算法参数值	M		—	—	Mod-L	
USA	安全算法	C	3		(证书持有者的加密函数)		
S502	安全算法	M	1				
0523	算法的使用,代码型	M		—	—	5	
0525	加密的操作方式,代码型	C		—	—	—	
0527	算法,代码型	C		—	—	10	
S503	算法参数	C	9		(持有者公开密钥模数)		
0531	算法参数限定符	M		—	—	12	
0554	算法参数值	M		—	—	Mod	

表 C.1(续)

标记	名称	状态	最大次数	保密性例 1	保密性例 2	保密性例 3	注
S503	算法参数	C	9	(持有者公开密钥指数)			
0531	算法参数限定符	M		—	—	13	
0554	算法参数值	M		—	—	Exp	
S503	算法参数	C	9	(持有者公开密钥模数长度)			
0531	算法参数限定符	M		—	—	14	
0554	算法参数值	M		—	—	Mod-L	
USR	安全结果	C	1				
S508	确认结果	M	2				
0563	确认值限定符	M		—	—	1	
0560	确认值性	C		—	—	CA-Sig	
USD	数据加密头	M	1				
0556	8 位位组数据长度	M	1	Len	Len	Len	
0518	加密参考号	C	1	—	A	—	
0582	填充位组数	C	1	3	—	—	3
安全化的数据结构(报文体、对象、报文/包/组)							
USU	加密数据尾	M	1				
0556	8 位位组数据长度	M	1				
0518	加密参考号	C	1	—	A	—	
SG n		C	99	每个安全服务一个			1
UST	安全尾	M	1				
0534	安全参考号	M		a123	1	ABC99	
0588	安全段数	M	1	5	6	12	

注 1：这两个结构必须有相同出现数。

注 2：填充仅应用于规定加密算法的 USA 段。

注 3：填充位组数仅作为示例。

ICS 35.240.60
L 70

中华人民共和国国家标准

GB/T 14805.8—2007/ISO 9735-8:2002
代替 GB/T 14805.8—1999

行政、商业和运输业电子数据交换(EDIFACT) 应用级语法规则(语法版本号:4,语法发布号:1) 第8部分:电子数据交换中的相关数据

Electronic data interchange for administration, commerce and transport (EDIFACT)—Application level syntax rules (Syntax version number: 4, Syntax release number: 1)—Part 8: Associated data in EDI

(ISO 9735-8:2002, IDT)

2007-08-24 发布　　　　2008-01-01 实施

中华人民共和国国家质量监督检验检疫总局
中国国家标准化管理委员会　发布

前言

GB/T 14805《行政、商业和运输业电子数据交换(EDIFACT) 应用级语法规则(语法版本号:4,语法发布号:1)》由下列部分组成:

——第1部分:公用的语法规则;

——第2部分:批式电子数据交换专用的语法规则;

——第3部分:交互式电子数据交换专用的语法规则;

——第4部分:批式电子数据交换语法和服务报告报文(报文类型为CONTRL);

——第5部分:批式电子数据交换安全规则(真实性、完整性和源抗抵赖性);

——第6部分:安全鉴别和确认报文(报文类型为AUTACK);

——第7部分:批式电子数据交换安全规则(保密性);

——第8部分:电子数据交换中的相关数据;

——第9部分:安全密钥和证书管理报文(报文类型为KEYMAN);

——第10部分:语法服务目录。

将来还有可能增加新的部分。

本部分为GB/T 14805的第8部分。

本部分等同采用ISO 9735-8:2002《行政、商业和运输业电子数据交换(EDIFACT) 应用级语法规则(语法版本号:4,语法发布号:1) 第8部分:电子数据交换中的相关数据》。

本部分代替GB/T 14805.8—1999。

本部分与GB/T 14805.8—1999相比主要变化如下:

——对ISO前言和本部分的引言部分进行了更新;

——与以前版本相比,在术语和段组的使用说明上有些变化,并对一些编辑性的错误进行了修正。

本部分由中国标准化研究院提出。

本部分由全国电子业务标准化技术委员会归口。

本部分由中国标准化研究院负责起草。

本部分的主要起草人:胡涵景、任冠华、刘颖、岳高峰、曹新九、章建方、孙文峰。

本部分于1999年首次发布。

ISO 前言

ISO(国际标准化组织)是一个世界性的各国标准机构(ISO 国家成员体)联盟。国际标准的制定工作一般通过 ISO 技术委员会完成。对某个已建立的技术委员会的项目感兴趣的每个成员体,有权对该技术委员会表述意见。任何与 ISO 有联络关系的官方和非官方的国际组织都可直接参与制定国际标准。ISO 与 IEC(国际电工委员会)在电工技术标准的所有领域密切合作。

应按照 ISO/IEC 导则第 3 部分的规则起草国际标准。

技术委员会的主要任务是起草国际标准。由技术委员会正式通过的国际标准草案在被 ISO 理事会接受为国际标准之前,须分发到各成员体进行表决,按照 ISO 的工作程序,至少 75%的成员体投票赞成后,该标准草案才成为国际标准。

应当注意的是本部分可能涉及到专利。ISO 不负责标识这些专利。

本部分由 ISO/TC 154(商业、工业和行政中的过程、数据元和单证)与 UN/CEFACT 联合语法工作组合作起草。

本部分取代第一版标准(ISO 9735-8:1998)。而在本部分第 2 章提到的 ISO 9735:1988 及其 1992 年第 1 号修改单只是被临时性地保留。

另外,为了更好地进行维护,已经将 ISO 9735 各部分中的语法服务目录取消,并将它们重新组合成一个新的部分,即:ISO 9735-10。

在 ISO 9735-1:1998 发布的时候,已经将 ISO 9735-10 分配为"交互式 EDI 安全规则"部分。由于缺乏用户的支持,这部分内容被撤销,因此在本部分中删除了所有与"交互式 EDI 安全规则"有关的参考。

在 ISO 9735 各部分中的术语和定义被重新编排并被放在 ISO 9735-1 中。

ISO 9735 在《行政、商业和运输业电子数据交换(EDIFACT) 应用级语法规则(语法版本号:4,语法发布号:1)》的总标题下由下列部分组成:

——第 1 部分:公用的语法规则;

——第 2 部分:批式电子数据交换专用的语法规则;

——第 3 部分:交互式电子数据交换专用的语法规则;

——第 4 部分:批式电子数据交换语法和服务报告报文(报文类型为 CONTRL);

——第 5 部分:批式电子数据交换安全规则(真实性、完整性和源抗抵赖性);

——第 6 部分:安全鉴别和确认报文(报文类型为 AUTACK);

——第 7 部分:批式电子数据交换安全规则(保密性);

——第 8 部分:电子数据交换中的相关数据;

——第 9 部分:安全密钥和证书管理报文(报文类型为 KEYMAN);

——第 10 部分:语法服务目录。

将来还有可能增加新的部分。

引言

根据批式或交互式处理的需求，本部分包含了用于在开放环境中的电子报文交换中的结构化数据的应用级规则。联合国欧洲经济委员会(UN/ECE)已经同意把这些规则作为用于行政、商业和运输业电子数据交换(EDIFACT)的应用级语法规则。这些规则是联合国贸易数据交换目录(UNTDID)的一部分。UNTDID 还包含批式和交互式报文设计指南。

本部分适用于任何应用系统，如果这些报文符合 UNTDID 中的指南、规则和目录，则使用这些规则的报文仅被认为是 EDIFACT 报文。对于 UN/EDIFACT 来说，这些报文应符合为批式或交互式报文所设计的规则。这些规则在 UNTDID 中进行维护。

通信规范及协议不在本部分的范围之内。

本部分是 GB/T 14805 新增加的部分。它给出了与数据包相关的可选功能，包中包括一个由 EDIFACT 服务段为信封捆绑的对象。

可选功能允许在那些可通过其他应用系统生成的但无法通过 EDIFACT 报文承载的 EDIFACT 数据交换中传送，这些应用系统诸如 STEP(产品模型数据交换标准)、CAD(计算机辅助设计)。

在一个交换中，组中可以包含包，而包中可包含报文和包，或仅包含包。一个交换可以独自包含一个或多个包。

在 EDIFACT 交换中传输的包可能与在相同或不同交换中含有的 EDIFACT 报文(或包)有关或无关。

行政、商业和运输业电子数据交换(EDIFACT) 应用级语法规则(语法版本号:4,语法发布号:1) 第8部分:电子数据交换中的相关数据

1 范围

本部分规定了在计算机应用系统之间交换的电子数据交换(EDI)中的相关数据的语法规则。这些规则为传送不能用批式或交互式 EDIFACT 报文承载的数据提供了一种方法。这些数据可以由其他应用生成(如 STEP、CAD 等),并在本部分中称其为相关数据。

2 一致性

尽管本部分应在段 UNB(交换头)中出现的必备型数据元 0002(语法版本号)中使用版本号"4",条件型数据元 0076(语法发布号)使用发布号"1",但是,为了能够与本部分相区别,继续使用早期版本中语法规则的交换应使用下列语法版本号:

——ISO 9735:1988:语法版本号:1;

——ISO 9735:1988(1990 年修改并且重新印刷):语法版本号:2;

——ISO 9735:1988 及其 1992 年第 1 号修改单:语法版本号:3;

——ISO 9735:1998:语法版本号:4。

与某个标准的一致性意味着支持其包括所有选项的所有需求。如果不支持所有选项,则任何一致性声明应包含一个说明,用于标识那些声明与其一致的选项。

如果所交换的数据的结构和表示符合本部分规定的语法规则,则这些数据处于一致性状态。

当支持本部分的设备能够创建和/或解释其结构和表示与本部分一致的数据时,这些设备处于一致性状态。

与本部分的一致性应包括与 GB/T 14805.1 和 GB/T 14805.10 的一致性,以及与 GB/T 14805.2 或 GB/T 14805.3 的一致性。

当在本部分中标识出在相关标准中定义的条款时,这些条款应构成一致性判定条件的组成部分。

3 规范性引用文件

下列文件中的条款通过 GB/T 14805 的本部分的引用而成为本部分的条款。凡是注日期的引用文件,其随后所有的修改单(不包括勘误的内容)或修订版均不适用于本部分,然而,鼓励根据本部分达成协议的各方研究是否可使用这些文件的最新版本。凡是不注日期的引用文件,其最新版本适用于本部分。

GB/T 14805.1—2007 行政、商业和运输业电子数据交换(EDIFACT) 应用级语法规则(语法版本号:4,语法发布号:1) 第1部分:公用的语法规则(ISO 9735-1:2002,IDT)

GB/T 14805.2—2007 行政、商业和运输业电子数据交换(EDIFACT) 应用级语法规则(语法版本号:4,语法发布号:1) 第2部分:批式电子数据交换专用的语法规则(ISO 9735-2:2002,IDT)

GB/T 14805.3—2007 行政、商业和运输业电子数据交换(EDIFACT) 应用级语法规则(语法版本号:4,语法发布号:1) 第3部分:交互式电子数据交换专用的语法规则(ISO 9735-3:2002,IDT)

GB/T 14805.10—2005 用于行政、商业和运输业电子数据交换的应用级语法规则 第10部分:语法服务目录(ISO 9735-10:2002,IDT)

4 术语和定义

GB/T 14805.1—2007 确立的术语和定义适用于本部分。

5 EDI 交换中的相关数据

5.1 批式 EDI 的结构

图 1 给出了一个批式 EDI 交换中的相关数据的示意图。

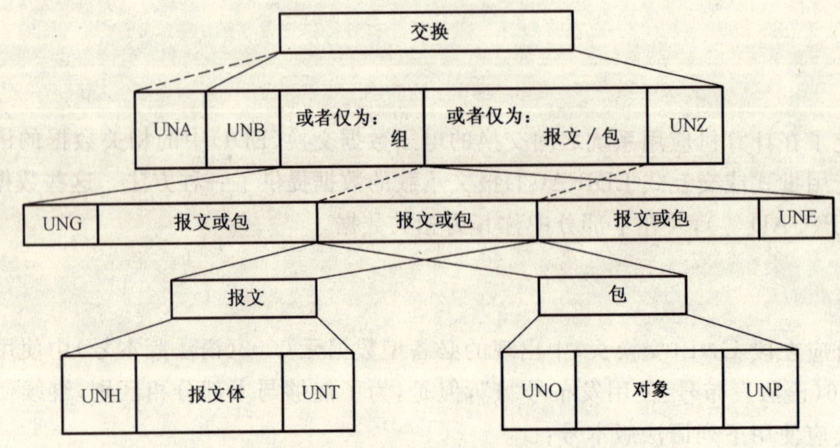

图 1 一个批式 EDI 交换中的相关数据(示意图)

图 2 给出了一个批式 EDI 交换中的相关数据的说明图。

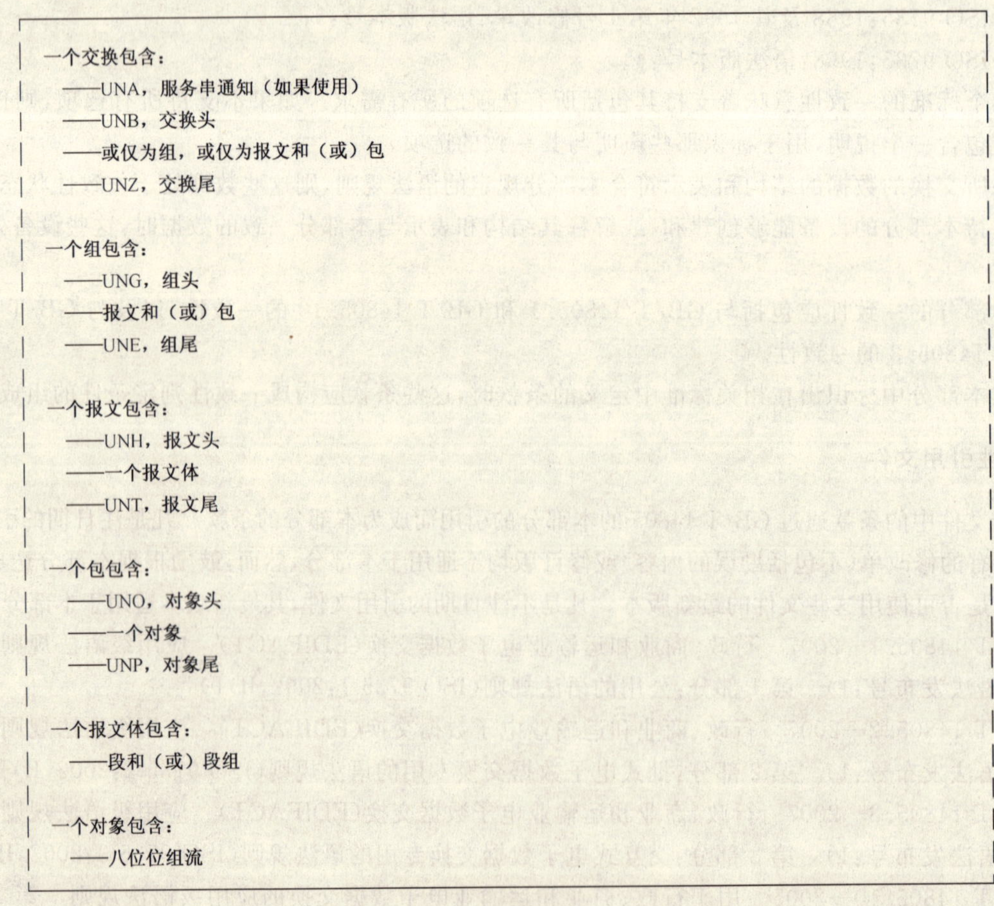

图 2 一个批式 EDI 交换中的相关数据(说明图)

一个批式交换只应包含下列之一：

——报文；

——包；

——报文和包；

——包含报文的组；

——包含包的组；

——包含报文和包的组。

在一个批式 EDI 交换中，服务串通知(如果使用)、头和尾服务段应按图 3 的顺序出现：

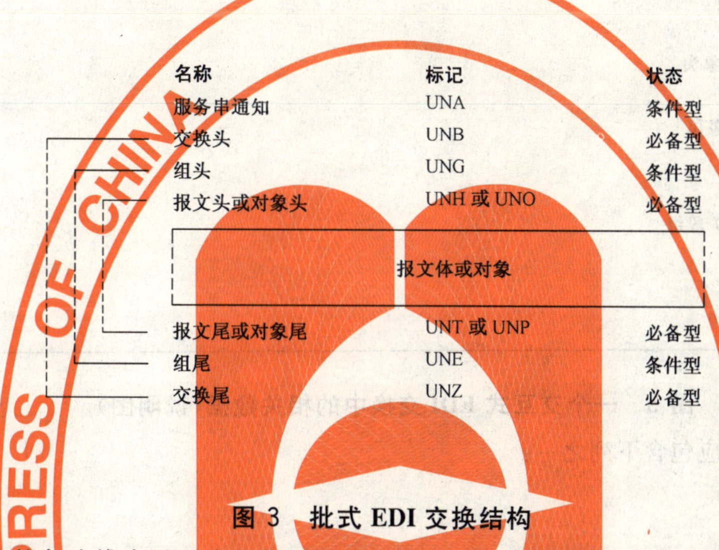

图 3　批式 EDI 交换结构

在图 3 中，左边的各连线表示了头段和尾段成对出现。为简单起见，所示范的交换只包含一个组和一个报文/包。

服务串通知的规范见 GB/T 14805.1—2007 的附录 A。

头段和尾段的规范见 GB/T 14805.10—2005。

注：UN/EDIFACT 报文中使用的段在联合国贸易数据交换目录(UNTDID)中定义。

5.2　交互式 EDI 的结构

图 4 给出了一个交互式 EDI 交换中的相关数据的示意图。

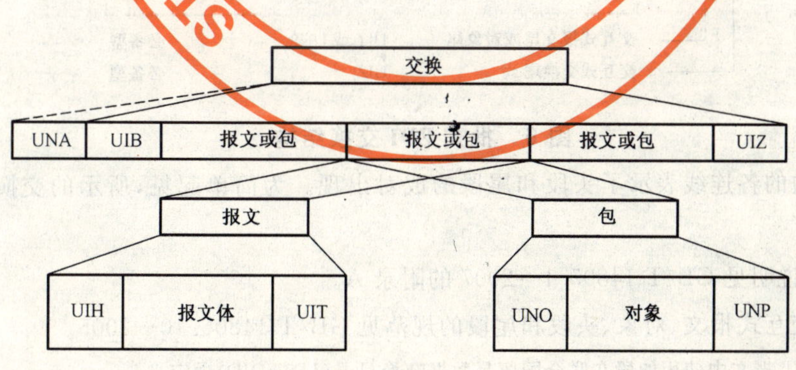

图 4　一个交互式 EDI 交换中的相关数据(示意图)

图 5 给出了一个交互式 EDI 交换中的相关数据的说明图。

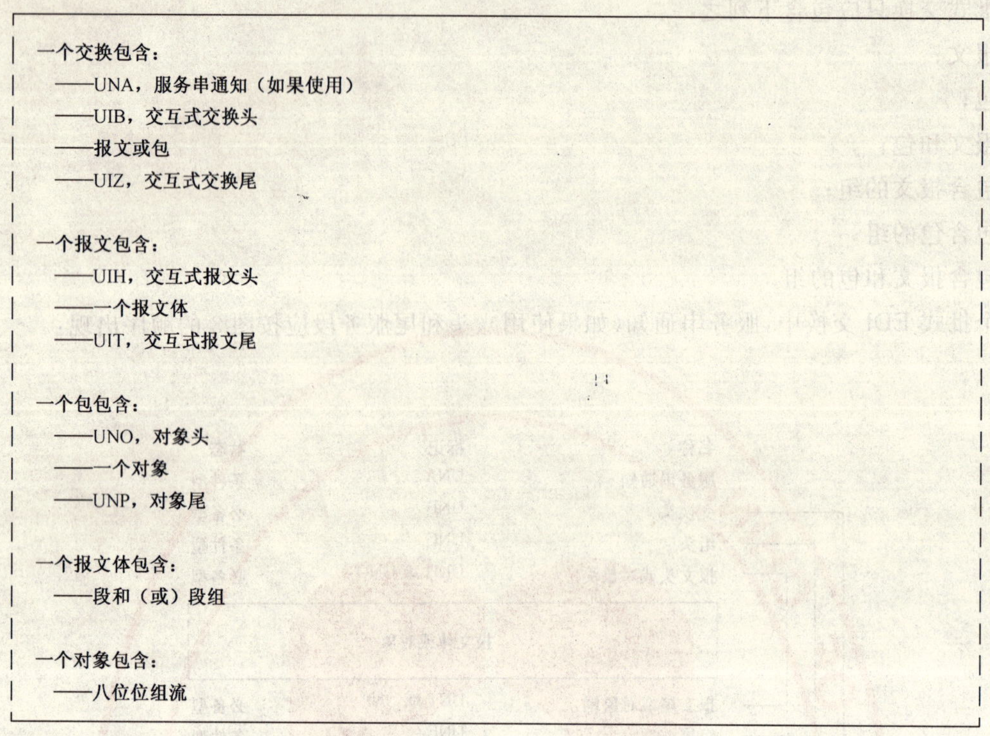

图 5 一个交互式 EDI 交换中的相关数据(说明图)

一个交互式交换只应包含下列之一：

——报文；

——包；

——报文和包。

在一个交互式 EDI 交换中，服务串通知(如果使用)、头和尾服务段应按图 6 的顺序出现：

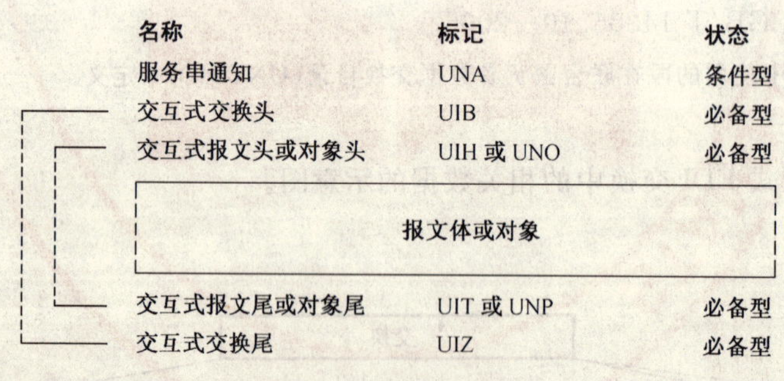

图 6 批式 EDI 交换结构

在图 6 中，左边的各连线表示了头段和尾段的成对出现。为简单起见，所示的交换只包含一个报文/包。

服务串通知的说明见 GB/T 14805.1—2007 的附录 A。

交互式交换、交互式报文、对象、头段和尾段的规范见 GB/T 14805.10—2005。

注：UN/EDIFACT 报文中使用的段在联合国贸易数据交换目录(UNTDID)中定义。

5.3 包的内容

一个包由一个对象头段(UNO)、一个对象和一个对象尾段(UNP)组成。

对象的字符总表不受在交换头中标识的字符总表的限制。

对象中出现的数据不受语法规则的限制(即使在对象中出现服务字符,也无需在其前面加语法释放字符)。

5.4 对象引用

为了在交换结构中传送对象,需要提供足够的引用功能,以正确地建立起对象和相关报文的关系。

对 UNO 段后的对象的引用应通过在 UNO 段的 S020 中规定的对象标识号来完成。

就 UN/EDIFACT 报文而言,应使用 RFF 段来标识可作为对象属性的对象标识号。所分配的对象标识号应在相当长的一段时间内是唯一的,以避免混乱。为标识所有要引用的对象,可以出现多个 RFF 段。

ICS 35.240.60
L 70

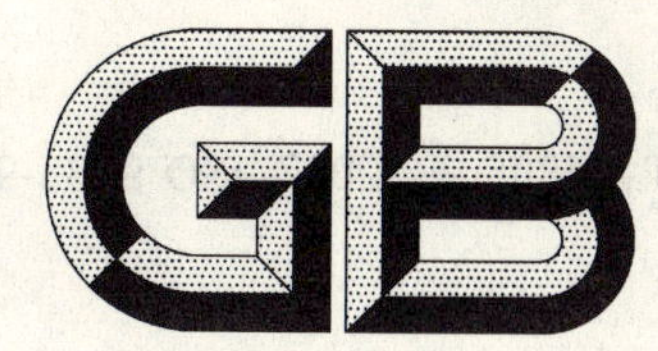

中华人民共和国国家标准

GB/T 14805.9—2007/ISO 9735-9:2002
代替 GB/T 14805.9—2001

行政、商业和运输业电子数据交换(EDIFACT) 应用级语法规则(语法版本号:4,语法发布号:1) 第9部分:安全密钥和证书管理报文(报文类型为KEYMAN)

Electronic data interchange for administration, commerce and transport (EDIFACT)—Application level syntax rules (Syntax version number: 4, Syntax release number: 1)—Part 9: Security key and certificate management message (message type—KEYMAN)

(ISO 9735-9:2002, IDT)

2007-08-24 发布　　2008-01-01 实施

中华人民共和国国家质量监督检验检疫总局
中国国家标准化管理委员会　发布

前言

GB/T 14805《行政、商业和运输业电子数据交换(EDIFACT) 应用级语法规则(语法版本号:4,语法发布号:1)》由下列部分组成:

——第1部分:公用的语法规则;

——第2部分:批式电子数据交换专用的语法规则;

——第3部分:交互式电子数据交换专用的语法规则;

——第4部分:批式电子数据交换语法和服务报告报文(报文类型为CONTRL);

——第5部分:批式电子数据交换安全规则(真实性、完整性和源抗抵赖性);

——第6部分:安全鉴别和确认报文(报文类型为AUTACK);

——第7部分:批式电子数据交换安全规则(保密性);

——第8部分:电子数据交换中的相关数据;

——第9部分:安全密钥和证书管理报文(报文类型为KEYMAN);

——第10部分:语法服务目录。

将来还有可能增加新的部分。

本部分为GB/T 14805的第9部分。

本部分等同采用ISO 9735-9:2002《行政、商业和运输业电子数据交换(EDIFACT)应用级语法规则(语法版本号:4,语法发布号:1) 第9部分:安全密钥和证书管理报文(报文类型为KEYMAN)》。

本部分代替GB/T 14805.9—2001。

本部分与GB/T 14805.9—2001相比主要变化如下:

——对ISO前言和本部分的引言部分进行了更新;

——与GB/T 14805.9—2001相比,在术语和段组的使用说明上有些变化;

——删除了GB/T 14805.9—2001中附录A"定义"和附录B"语法服务目录",以及附录G"服务代码目录",并对一些编辑性的错误进行了修正。

本部分由中国标准化研究院提出。

本部分由全国电子业务标准化技术委员会归口。

本部分由中国标准化研究院负责起草。

本部分的主要起草人:胡涵景、任冠华、刘颖、孙文峰、岳高峰、曹新九、章建方。

本部分于2001年第一次发布。

ISO 前言

ISO(国际标准化组织)是一个世界性的各国标准机构(ISO 国家成员体)联盟。国际标准的制定工作一般通过 ISO 技术委员会完成。对某个已建立的技术委员会的项目感兴趣的每个成员体,有权对该技术委员会表述意见。任何与 ISO 有联络关系的官方和非官方的国际组织都可直接参与制定国际标准。ISO 与 IEC(国际电工委员会)在电工技术标准的所有领域密切合作。

应按照 ISO/IEC 导则第 3 部分的规则起草国际标准。

技术委员会的主要任务是起草国际标准。由技术委员会正式通过的国际标准草案在被 ISO 理事会接受为国际标准之前,须分发到各成员体进行表决,按照 ISO 的工作程序,至少 75% 的成员体投票赞成后,该标准草案才成为国际标准。

应当注意的是本部分可能涉及到专利。ISO 不负责标识这些专利。

本部分由 ISO/TC 154(商业、工业和行政中的过程、数据元和单证)与 UN/CEFACT 联合语法工作组合作起草。

本部分取代第一版标准(ISO 9735-9:1999)。而在本部分第 2 章提到的 ISO 9735:1988 及其 1992 年第 1 号修改单只是被临时性地保留。

另外,为了更好地进行维护,已经将 ISO 9735 各部分中的语法服务目录取消,并将它们重新组合成一个新的部分,即:ISO 9735-10。

在 ISO 9735-1:1998 发布的时候,已经将 ISO 9735-10 分配为“交互式 EDI 安全规则”部分。由于缺乏用户的支持,这部分内容被撤销,因此在本部分中删除了所有与“交互式 EDI 安全规则”有关的参考。

在 ISO 9735 各部分中的术语和定义被重新编排并被放在 ISO 9735-1 中。

ISO 9735 在《行政、商业和运输业电子数据交换(EDIFACT) 应用级语法规则(语法版本号:4,语法发布号:1)》的总标题下由下列部分组成:

——第 1 部分:公用的语法规则;

——第 2 部分:批式电子数据交换专用的语法规则;

——第 3 部分:交互式电子数据交换专用的语法规则;

——第 4 部分:批式电子数据交换语法和服务报告报文(报文类型为 CONTRL);

——第 5 部分:批式电子数据交换安全规则(真实性、完整性和源抗抵赖性);

——第 6 部分:安全鉴别和确认报文(报文类型为 AUTACK);

——第 7 部分:批式电子数据交换安全规则(保密性);

——第 8 部分:电子数据交换中的相关数据;

——第 9 部分:安全密钥和证书管理报文(报文类型为 KEYMAN);

——第 10 部分:语法服务目录。

将来还有可能增加新的部分。

本部分的附录 A、附录 B、附录 C、附录 D 和附录 E 为资料性附录。

引 言

根据批式或交互式处理的需求，本部分包含了用于在开放环境中的电子报文交换中的结构化数据的应用级规则。联合国欧洲经济委员会(UN/ECE)已经同意把这些规则作为用于行政、商业和运输业电子数据交换(EDIFACT)的应用级语法规则。这些规则是联合国贸易数据交换目录(UNTDID)的一部分。UNTDID还包含批式和交互式报文设计指南。

通信规范及协议不在本部分的范围之内。

本部分是GB/T 14805新增加的部分。它给出了管理安全密钥和证书的可选功能。

行政、商业和运输业电子数据交换(EDIFACT) 应用级语法规则(语法版本号:4,语法发布号:1) 第9部分:安全密钥和证书管理报文(报文类型为KEYMAN)

1 范围

本部分规定了批式EDIFACT安全所需的安全密钥和证书管理报文。

2 一致性

尽管本部分应在段UNB(交换头)中出现的必备型数据元0002(语法版本号)中使用版本号“4”,和条件型数据元0076(语法发布号)使用发布号“01”,但是,为了能够与本部分相区别,继续使用早期版本中语法规则的交换应使用下列语法版本号:

——ISO 9735:1988:语法版本号:1;

——ISO 9735:1988(1990年修改并且重新印刷):语法版本号:2;

——ISO 9735:1988及其1992年第1号修改单:语法版本号:3;

——ISO 9735:1998:语法版本号:4。

与某个标准的一致性意味着支持其包括所有选项的所有需求。如果不支持所有选项,则任何一致性声明应包含一个说明,用于标识那些声明与其一致的选项。

如果所交换的数据的结构和表示符合本部分规定的语法规则,则这些数据处于一致性状态。

当支持本部分的设备能够创建和/或解释其结构和表示与本部分一致的数据时,这些设备处于一致性状态。

与本部分的一致性应包括与GB/T 14805.1、GB/T 14805.2、GB/T 14805.5和GB/T 14805.10的一致性。

当在本部分中标识出在相关标准中定义的条款时,这些条款应构成一致性判定条件的组成部分。

3 规范性引用文件

下列文件中的条款通过GB/T 14805的本部分的引用而成为本部分的条款。凡是注日期的引用文件,其随后所有的修改单(不包括勘误的内容)或修订版均不适用于本部分,然而,鼓励根据本部分达成协议的各方研究是否可使用这些文件的最新版本。凡是不注日期的引用文件,其最新版本适用于本部分。

GB/T 14805.1—2007 行政、商业和运输业电子数据交换(EDIFACT) 应用级语法规则(语法版本号:4,语法发布号:1) 第1部分:公用的语法规则(ISO 9735-1:2002,IDT)

GB/T 14805.2—2007 行政、商业和运输业电子数据交换(EDIFACT) 应用级语法规则(语法版本号:4,语法发布号:1) 第2部分:批式电子数据交换专用的语法规则(ISO 9735-2:2002,IDT)

GB/T 14805.5—2007 行政、商业和运输业电子数据交换(EDIFACT) 应用级语法规则(语法版本号:4,语法发布号:1) 第5部分:批式电子数据交换安全规则(真实性、完整性和源抗抵赖性)(ISO 9735-5:2002,IDT)

GB/T 14805.10—2005 用于行政、商业和运输业电子数据交换的应用级语法规则 第10部分:语法服务目录(ISO 9735-10:2002,IDT)

4 术语和定义

GB/T 14805.1—2007 确立的术语和定义适用于本部分。

5 安全密钥和证书管理报文的使用规则

5.1 功能定义

KEYMAN 是用来提供安全密钥和证书管理的报文。密钥可以是使用对称算法的秘密密钥，也可以是使用非对称算法的公开密钥或私有密钥。

5.2 应用领域

KEYMAN 既可用于国内贸易又可用于国际贸易。它基于与行政、商业和运输业相关的国际惯例，但又不依赖于业务或行业类型。

5.3 原则

本报文可用于请求或提交安全密钥、证书或认证路径（包括请求其他密钥和证书管理行动，如更新、替换或撤销证书，以及提交诸如证书状态这样的信息），也可用于提交证书列表（如指出已撤销的证书）。本部分可由安全头段组和安全尾段组来进行安全处理。安全头段组和安全尾段组的结构在 GB/T 14805.5—2007 中进行了定义。

KEYMAN 还可用于：

——请求与密钥和证书有关的行动；

——提交密钥、证书和相关信息。

5.4 报文的定义

5.4.1 数据段说明

0010 **UNH，报文头**

开始并唯一标识一个报文。

安全密钥和证书管理报文的报文类型代码为 KEYMAN。

与本部分一致的报文必须在 UNH 段的复合数据元 S009 中包括下列数据：

数据元	0065	KEYMAN
	0052	4
	0054	1
	0051	UN

0020 **段组 1：USE-USX-SG2**

给出密钥、证书或认证路径管理的请求、交付和通知所需的全部信息。

0030 **USE，安全报文关系**

标识与以前报文的关系，如 KEYMAN 请求。

0040 **USX，安全参考**

标识与以前报文的关系，如一个请求。复合数据元“安全日期和时间”可包括所引用报文的原始生成日期和时间。

0050 **段组 2：USF-USA-SG3**

给出单个密钥、单个证书或构成认证路径的一组证书。

0060 **USF，密钥管理功能**

标识所触发的段组的功能，即请求或提交。当用来指出认证路径的元素时，证书序号应指出所跟证书在认证路径内的位置。也可用于其自身的检索，而无需提供证书。如果处理一个以上的密钥或证书，在同一报文内可以有若干不同的 USF 段。然而，请求功能和提交功能不能混用。USF 段也可以说明用于紧跟该段的 USA 段的二进制域的过滤函数。

0070 **USA,安全算法**

标识安全算法及其用法,并给出所需的技术参数(见 GB/T 14805.5—2007)。该段适用于对称密钥的请求、终止或提交。也可用于非对称密钥对的请求。

0080 **段组 3:USC-USA-USR**

当使用非对称算法时(见 GB/T 14805.5—2007),给出用来验证适用于报文/包的安全方法所需的数据。该段组适用于密钥和证书的请求或提交。

在 USC 段中,应给出整个证书段组(包括 USR 段)或仅给出用于无歧义地标识所使用的非对称密钥对所需的数据元。如果该证书已经由两个参与方交换或可以从数据库中检索到该证书,则不必给出整个证书。

当决定引用非 EDIFACT 证书(如 X.509)时,应在 USC 段的数据元 0545 中标识该证书的语法和版本。这样的证书可在 EDIFACT 包中传送。

0090 **USC,证书**

给出证书持有者的凭证,并标识生成该证书的认证机构(见 GB/T 14805.5—2007)。该段适用于证书请求,如更新或非对称密钥请求终止以及证书提交。

0100 **USA,安全算法**

标识安全算法及其用法,并给出所需的技术参数(见 GB/T 14805.5—2007)。该段适用于证书请求,如凭证注册和提交证书。

0110 **USR,安全结果**

给出由认证机构(见 GB/T 14805.5—2007)提供的适用于该证书的安全函数的运算结果。该段适用于证书验证或提交证书。

0120 **段组 4:USL-SG5**

含有证书或公开密钥列表的段组。该段组适用于把具有相似状态的证书编成组,即把仍然有效的或因为某种原因失效的证书编成组。

0130 **USL,安全列表状态**

标识有效、撤销、未知或终止的项。这些项可以是证书(如有效或已撤销)或公开密钥(如有效或已终止)。如果指的是提交一个以上证书或公开密钥的列表时,该段可在报文中多次出现。不同的列表由列表参数来标识。

0140 **段组 5:USC-USA-USR**

当使用非对称算法时(见 GB/T 14805.5—2007),给出用来验证作用于报文/包的安全方法所需的数据。该段组可用于提交具有相似状态的密钥列表或证书列表。

0150 **USC,证书**

给出证书持有者的凭证,并标识生成该证书的认证机构(见 GB/T 14805.5—2007)。该段与 USA 和 USR 段合起来用于整个证书,用来指出证书参考号或密钥名称,在这种情况下该报文应使用安全头和尾段组签名。

0160 **USA,安全算法**

标识安全算法及其用法,并给出所需的技术参数(见 GB/T 14805.5—2007)。如果需要指出证书所用算法,则应使用该段。

0170 **USR,安全结果**

给出由认证机构(见 GB/T 14805.5—2007)提供的适用于该证书的安全函数的运算结果。如果需要签署一个证书,则应使用该段。

0180 **UNT,报文尾**

结束一个报文的服务段,给出报文中段的总数和控制参考号。

5.4.2 数据段索引

标记	名称
UNH	报文头
UNT	报文尾
USA	安全算法
USC	证书
USE	安全报文关系
USF	密钥管理功能
USL	安全列表状态
USR	安全结果
USX	安全参考

5.4.3 报文结构

段表见表1。

表1 段表

位置	标记	名称	状态	最大次数
0010	UNH	报文头	M	1
0020	————	段组1 ————	C	999
0030	USE	安全报文关系	M	1
0040	USX	安全参考	C	1
0050	————	段组2 ————	M	9
0060	USF	密钥管理功能	M	1
0070	USA	安全算法	C	1
0080	————	段组3 ————	C	1
0090	USC	证书	M	1
0100	USA	安全算法	C	3
0110	USR	安全结果	C	1
0120	————	段组4 ————	C	99
0130	USL	安全列表状态	M	1
0140	————	段组5 ————	M	9999
0150	USC	证书	M	1
0160	UNA	安全算法	C	3
0170	USR	安全结果	C	1
0180	UNT	报文尾	M	1

附 录 A
(资料性附录)
KEYMAN 的功能

A.1 引言

本附录描述了 KEYMAN 报文所提供的不同功能。下面的这些凭证应仅表示与某个特定参与方相关的信息,而不是指公开密钥,也不是指时戳。证书应由下列部分组成:

——凭证;

——公开密钥;

——时戳;

——数字签名。

某些功能可以考虑其他特殊处理,即采用与常规使用不同的通信信道,例如,在用户不负责生成自己的密钥时,这种方式用于传送用户的秘密密钥。

A.2 与注册相关的密钥管理功能

A.2.1 注册的提交

本功能的目的是提供用于注册的全部或部分证书内容。

尽管这种功能一般都采用某种其他特殊的安全技术(如现场办理或手工签名)来实现,但是,如果注册机构(RA,一个被用户信赖的注册机构)只需对用户注册进行检验,而不需要再重新录入信息,会使效率更高。基于这一原因,如果需要进一步进行安全处理,可以采用 GB/T 14805.5—2007 中定义的安全头/尾段组的方法进行完整性检验,但无需对报文本身进行安全处理。

A.2.2 非对称密钥对请求

本功能的目的是请求可信赖的参与方生成非对称密钥对,而后续的秘密密钥的传送必须进行其他特殊处理。

A.3 与证书相关的密钥管理功能

A.3.1 认证请求

本功能的目的是请求对凭证和公开密钥进行认证。

可以假设报文是在前面其他特殊传送的信息之后发出一个单纯的请求,在这种情况下,本请求自身将不传送信息。由于没有已注册的密钥,因此本请求报文可视为未经安全处理的报文。然而,如果在该报文中传送了密钥信息,则需要其他的鉴别措施。如果已经有注册过的密钥,则该报文可用于为新密钥和新证书的信息提供源的抗抵赖服务。

如果用户采用请求报文来转发其公开密钥,尽管该公开密钥还没有标签,用户应采用对应的私有密钥进行签名,这称作自认证,并需要使用安全头和尾段组。为了指出公开密钥是自认证的,GB/T 14805.5—2007 中定义的安全头段组必须包含一个用户采用自己私有密钥签发的证书。尽管自认证公开密钥不能向另一方证明该用户的真实性,但却能够向认证机构证明该用户拥有与公开密钥对应的私有密钥。

A.3.2 证书更新请求

本功能的目的是请求证书的延期(更新)。

本功能的目的是延长当前有效密钥的有效期。这种请求必须采用原证书私有密钥,用 GB/T 14805.5—2007 中定义的 EDIFACT 安全头和尾段组来签名。

A.3.3 证书替换请求

本功能的目的是请求用一个具有不同公开密钥的新证书来替换当前证书，必要时，还给出附加信息。这种请求必须按照商定的策略使用GB/T 14805.5—2007中定义的EDIFACT安全头和尾段组来签名。

与延期请求不同的是，老的证书是被撤销而非过期。新证书总是具有一个新的证书参考号，而撤销的证书总是包含与被撤销证书相同的参考号。

A.3.4 证书(路径)检索请求

本功能的目的是请求提交一个已有的证书(不管是有效还是已撤销)或者撤销的证书。有时应答中还可以含有证书路径，而不仅仅是证书，但查询者常常会忽略这些细节。

如果规定了证书参考号，由于证书是公开的，因此没有安全要求。

A.3.5 证书提交

本功能的目的是提交一个现有的证书或撤销的证书，而无须考虑以前的请求。

对于认证机构(CA)的公开密钥传送通常应进行其他处理。然而，为了简化重新加密，可能需要一个报文，并可采用头和尾段组的方式单独鉴别进行完整性处理。但是这种情况又会误使用户忽略检查其他特殊数值，从而大大降低安全性。因此，可能还需要使用如源抗抵赖性等这样的安全服务。

A.3.6 证书状态请求

本功能的目的是请求所给定证书的当前状态。

A.3.7 证书状态通知

本功能的目的是通知请求方给出指定证书的状态。

可能的状态有：未知、有效或已撤销。这种通知可在没有事先请求的情况下提交，并且通常必须采用源抗抵赖性进行安全处理。

A.3.8 证书有效性请求

该请求被转发到CA，以便对现有证书进行确认。

这种请求适合其他安全域(即由其他CA签发)的证书，在这种情况下，用户可能无法建立其有效性。

A.3.9 证书有效性通知

本通知是对证书有效性请求的应答，建议对该通知采用源抗抵赖性或其他鉴别措施。

A.4 与撤销相关的密钥管理功能

A.4.1 撤销请求

本功能的目的是请求撤销某参与方的证书(使证书状态从有效变为无效)，例如，由于私有密钥已被泄露，用户已变更CA，源证书被替代，已终止使用(如用户离开公司)，或者其他原因。如果可能，建议采用鉴别技术进行安全处理。该功能可能需要单独的信道，并适用于用户丢失私有密钥的情况。

A.4.2 撤销确认

本功能的目的是对证书撤销请求进行确认。

建议采用源的抗抵赖性服务进行安全处理。

A.4.3 撤销列表请求

本功能的目的是索取全部或部分已撤销证书的列表。

A.4.4 撤销列表提交

本功能的目的是通知参与方关于当前CA域中(全部或部分)已撤销的证书。

这类似于多状态通知，但仅用于已撤销的证书。当可能采用一种单独的黑名单列表类型时，最好只有一个，并标识其状态。该提交应采用源抗抵赖性服务进行安全处理。

A.5 警告请求

本功能的目的是请求将参与方的证书置于警告状态。

该证书未被撤销(没有向 CA 请求),但其他用户已警告该证书有问题。如果没有适合的鉴别方式,如第二个有效的密钥和证书进行撤销请求的安全处理,则可使用警告请求。

A.6 证书路径

A.6.1 证书路径提交

本功能的目的是提交以前请求的或没有请求的现有证书的路径。

A.7 对称密钥生成和传送

A.7.1 对称密钥请求

本功能的目的是请求提交对称数据密钥或密钥加密密钥。由于密钥提交意味着双方有一种预先约定的安全关系,因此如果不采用公开密钥技术的话,就必须使用密钥加密密钥(KEK,用于为另外的密钥提供机密性保护)来鉴别发起者。

A.7.2 对称密钥提交

本功能的目的是提交对称密钥(可能有也可能没有先前的请求)。

如果只采用对称技术,就必须假定在传送前另外传送 KEK。这样,在 USA 段的算法参数中将包含已加密的密钥。

A.8 密钥的终止

A.8.1 (非)对称密钥终止请求

本功能的目的是请求终止现有的对称或非对称密钥(如果未使用证书),例如,由于密钥已被泄露,原密钥已被替代,使用已被终止(例如用户已离开公司),或者其他原因。建议采用现有密钥对该请求进行安全鉴别。

A.8.2 终止确认

本功能的目的是确认某个(某些)指定密钥已被终止。

注:KEYMAN 报文不支持的功能有:

——独立的时戳功能(需要另一个单独的报文完成,如 AUTACK);

——对于收到 KEYMAN 报文的确认或错误通知需要另外的报文,如 AUTACK 或 CONTRL。

附 录 B
（资料性附录）
适用于 KEYMAN 报文的安全技术

本附录给出了在 GB/T 14805.5—2007 中描述的适用于每个 KEYMAN 功能的最小和最大头/尾(H/T)安全级(见表 B.1)。

表 B.1 头/尾(H/T)安全级

功能	H/T 安全		备注
	最小	最大	
注册的提交		INT	带外 AUT
非对称密钥对请求			
认证请求		NRO	带外 AUT
证书更新请求	NRO		
证书替换请求	NRO		
证书(路径)检索请求		NRO	
证书提交			
证书状态请求		NRO	
证书状态通知		NRO	
证书有效性请求			
证书有效性通知	NRO		
撤销请求	NRO		
撤销确认	NRO		
撤销列表请求			
撤销列表提交	NRO		
警告请求		NRO	
证书路径提交			
对称密钥请求			
对称密钥提交	CON		可以使用 KEK
(非)对称密钥终止请求	AUT	NRO	
终止确认	AUT	NRO	

注 1：AUT——真实性。
注 2：CON——保密性。
注 3：INT——完整性。
注 4：KEK——密钥加密密钥。
注 5：NRO——源的抗抵赖性。
注 6：带外——使用其他的通信信道。

附 录 C
（资料性附录）
KEYMAN 报文中段组的使用

本附录给出了用于提供特殊 KEYMAN 功能的段组。

用于请求的段组见表 C.1。用于提交或通知的段组见表 C.2。

表 C.1 用于请求的段组

功能	段组	备注
注册的提交	USE-USF-USC-USA	
非对称密钥对请求	USE-USF-USA	
认证请求	USE-USF-USC-USA	标识该证书和公开密钥
证书更新请求	USE-USF-USC	标识该证书并规定新的有效期
证书替换请求	USE-USF-USC-USA	在类似的段组中引用将要被撤销的当前证书
证书（路径）检索请求	USE-USF-USC	包括证书列表的检索，这里使用 USF
证书状态请求	USE-USF-USC	
证书有效性请求	USE-USF-USC-USA(3)-USR	
撤销请求	USE-USF-USC	使用带外方式
撤销列表请求	USE-USF	
警告请求	USE-USF-USC	
对称密钥请求	USE-USF-USA	仅用于对称密钥。必要时，USA 定义该密钥的名称
（非）对称密钥终止请求	USE-USF-USA/USC	用于对称/非对称密钥。标识这些密钥
注：带外——使用其他的通信频道。		

表 C.2 用于提交或通知的段组

功能	段组	备注
证书提交	USE-USX-USF-USC-USA(3)-USR	
证书状态通知	USE-USX-USF-USC-USA(3)-USR	类似于证书/路径提交：把撤销原因增加到通常的证书，和/或该状态明显来自 USF
证书有效性通知	USE-USX-USF-USC-USA(3)-USR	类似于证书状态通知，需由 NRO 进行安全处理
撤销确认	USE-USX-USF-USC	类似于证书状态通知，需由 NRO 进行安全处理
撤销列表提交	USL-USC	类似于多证书状态通知，但仅用于已撤销的证书
证书路径提交	USE-USX-USF-USC-USA(3)-USR	对于多个路径，重复使用 USF 段
对称密钥提交	USE-USX-USF-USA	仅用于对称密钥，有必要先在带外传送 KEK
终止确认	USE-USX-USF-USA/USC	仅用于对称/非对称密钥。必须使用 AUT/NRO 进行安全处理
注 1：KEK——密钥加密密钥。 注 2：NRO——源的抗抵赖性。 注 3：带外——使用其他的通信信道。		

附 录 D
（资料性附录）
密钥管理模式

D.1 引言

在一个开放和安全的信息系统中，密钥管理包括加密密钥的生成、分配、认证、验证和撤销。图 D.1 描述了所考虑的密钥管理模式，其中按功能定义了 5 个逻辑参与方。

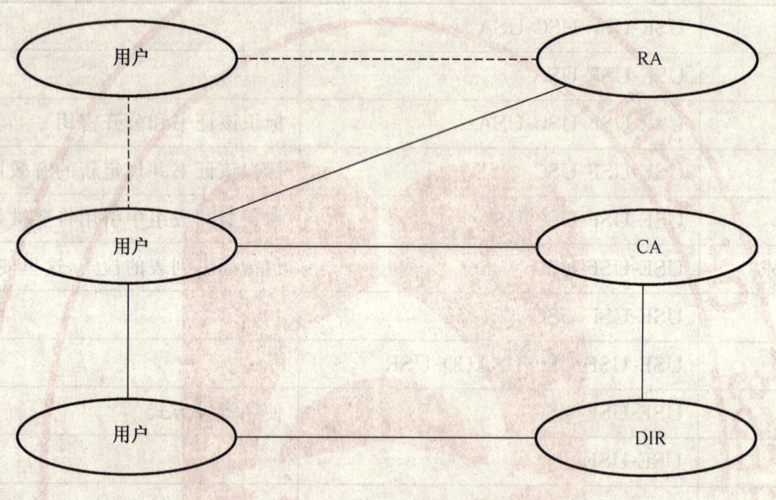

图 D.1 密钥管理模式

本模式的基本假设是采用安全服务的公开密钥技术。而体系结构是根据 ITU/TS X.509 框架标准。

安全域是指认证机构用于签发证书的公开密钥对的“法定管辖范围”。因此，在一个安全域内只有一个认证机构（CA），并且安全域具有这样的特征，即：该域内的所有用户都在该 CA 的管理下，由 CA 采用相同的秘密密钥签发证明。

CA 采用安全的通信方式与为用户注册的若干注册机构（RA）连接。用户可通过其进行注册，在 RA 的请求下，注册由 CA 签发的证书来确认。另外与用户有关的公共信息，如证书可在列表（DIR）中获得。其他可信赖的第三方（TTP）和提供特殊服务的用户也可以注册。

D.2 终端用户（U）

一个用户（U）表示以其凭证所识别的该用户在系统中唯一的用户标识号。一个真实的用户可以有一个以上的标识号。事实上，一个用户标识可以表示一个法人、一个真实（或道义上）的人或一个系统设备。

D.3 注册机构（RA）

对于一个未注册的用户来说，在用户和系统间不存在安全电子连接。通过使用一些现行的信任方式（如挂号信或手工注册登记），RA 可用作为用户建立安全电子连接的入口。尽管这种注册本身不是一种密钥管理，但在需要时，注册仍然将成为用户使用数字签名的法律基础。注册完成后，用户凭证及其公开密钥连同认证请求被传给 CA。

D.4 认证机构(CA)

认证机构是系统的主要参与方。它向用户提供证书,从而可通过RA和用户之间的"信赖关系"为不同用户间建立相互信赖的关系。另外,这些证书可以通过访问一个或多个列表来获得。

通常人们都误认为一个证书签发后其公开密钥一直有效。事实上,证书签发后,如果其公开密钥后来被撤销,则证书将不再有效。取而代之的是CA签发的撤销证书,并在列表中替代源证书。因此,即使证书仍在使用,用户也必须定期查询列表,以便验证公开密钥是否继续有效。至于查询目录的频度,属于风险评估的问题。

D.5 列表(DIR)

类似于公共电话簿,公共列表(DIR)负责保存现行证书以及撤销证书,以备其他用户在线查验。尤其是为了确保来自DIR的信息是最新的和最正确的,用户和列表间的通信必须是安全的。

事实上,DIR通常借助其自身的私有密钥不断验证CA证书的状态。这就要求列表注册为使用CA公开密钥的一个用户。

D.6 可信赖的第三方(TTP)服务

可信赖的第三方指被至少两个其他参与方信赖的参与方。可信赖的第三方还可提供一些附加服务,如时戳等。与EDI有关的TTP服务包括:

——独立的时戳;

——属性证书;

——公证功能;

——文档存储;

——提交/交付的抗抵赖性;

——证书的翻译/验证。

附 录 E
（资料性附录）
密钥管理模式

下面4个例子给出了KEYMAN报文的不同应用。

E.1 撤销请求

E.1.1 叙述

认证机构(CA2)以前为某一组织(O1)的某一名雇员(E1)签发的证书由于该雇员已在格林威治时间(GMT)1996年12月31日中午12点离任而被该组织撤销。本报文由O1发给CA2，为了实现源的抗抵赖性，O1使用GB/T 14805.5—2007中描述的安全头和安全尾段组按通常方式签发本报文。本报文可以通过从CA2到O1的撤销确认来回复。

E.1.2 安全细目

安全报文关系	
安全报文关系	"1"没关系

密钥管理功能	
密钥管理功能限定符	"130"撤销请求

证书	
证书参考	"CA2-O1-E1"有问题的证书
安全标识细目 安全参与方限定符 密钥名称 安全参与方标识 安全参与方代码表限定符 安全参与方代码表负责机构	 "3"证书持有者 "O1"该组织内的雇员 "ZZZ"相互约定 "1"UN/EDIFACT
安全标识细目 安全参与方限定符 密钥名称 安全参与方标识 安全参与方代码表限定符 安全参与方代码表负责机构	 "4"鉴别方 "CA2"认证机构 "ZZZ"相互约定 "1"UN/EDIFACT
安全日期和时间 日期和时间限定符 事件日期 事件时间 时间偏差	 "6"证书撤销日期和时间 "19961231" "120000" "0000"
撤销原因	"3"持有者变更隶属关系

E.2 对称密钥终止请求

E.2.1 叙述

某一组织(O1)请求另一组织(O2)停止使用一个双方的对称密钥(K1),由于它已经被废除了。本报文由O1发给O2。组织间使用的本报文由组织根据GB/T 14805.5中描述的安全头和尾段组的通常方法来进行源鉴别处理。在该方法中将使用另一个以前商定的对称密钥。本报文可以用从O2发到O1的终止确认来回复。

E.2.2 安全细目

安全报文关系	
报文关系	"1" 没关系

密钥管理功能	
密钥管理功能限定符	"151"对称密钥终止请求

安全算法	
安全算法 算法的使用 密码操作方式 算法	 "2" 持有者对称算法 "2"CBC "1"DES
算法参数 算法参数限定符 算法参数值	 "9" 对称密钥名称 "K1"

E.3 证书(路径)交付

E.3.1 叙述

本报文从认证机构(CA2)发给某个组织(O1),在此之前,O1已向其认证机构发送了检索另一个组织(O2)证书路径的证书(路径)检索请求。在本例中,CA2和O2的认证机构CA3都由认证机构CA1以一个二层结构来认证。请求报文中的USE和USF段间的USX段可以被直接引用。

所有证书的时间参照系为格林威治时间零点,顶层证书于1996年12月1日生成,1997年1月1日开始使用,有效期10年;用户证书于1997年2月1日生成,1997年3月1日使用,有效期为2年。CA1、CA3和O2的公开密钥长度分别为2048、1024和512。所有公开密钥指数为10001_{16}。

E.3.2 安全细目

安全报文关系	
报文关系	"2" 应答

密钥管理功能	
密钥管理功能限定符	"222"证书路径提交
证书序列号	"1"路径中的第1个证书

证书	
证书参考	“CA1-CA3” 例如:CA1 为 CA3 签发的证书
安全标识细目 安全参与方限定符 密钥名称 安全参与方标识 安全参与方代码表限定符 安全参与方代码表负责机构	 “3”证书持有者 “CA3”O2 的认证机构 “ZZZ” 相互约定 “1” UN/EDIFACT
安全标识细目 安全参与方限定符 密钥名称 安全参与方标识 安全参与方代码表限定符 安全参与方代码表负责机构	 “4”授权方 “CA1”最高层认证机构 “ZZZ” 相互约定 “1” UN/EDIFACT
证书的语法和版本	“1”版本号为 4
过滤函数	“2”十六进制过滤函数
源字符集编码	“1”ASCII7 位编码
证书源字符集总表	“2”UN/ECE B 级语法
签名用服务字符 签名用服务字符限定符 签名用服务字符	 “1”段终止符 “27”撇号
签名用服务字符 签名用服务字符限定符 签名用服务字符	 “2”成分数据元分隔符 “3A”冒号
签名用服务字符 签名用服务字符限定符 签名用服务字符	 “3” 数据元分隔符 “2B”加号
签名用服务字符 签名用服务字符限定符 签名用服务字符	 “4”释放字符 “3F”问号
签名用服务字符 签名用服务字符限定符 签名用服务字符	 “5”重复分隔符 “2A”星号
安全日期和时间 日期和时间限定符 事件日期 事件时间 时间偏差	 “2”证书生成日期和时间 “19961201” “000000” “0000”
安全日期和时间 日期和时间限定符 事件日期 事件时间 时间偏差	 “3”证书有效期开始日期和时间 “19970101” “000000” “0000”

安全日期和时间	
日期和时间限定符	“4”证书有效期截止日期和时间
事件日期	“20070101”
事件时间	“000000”
时间偏差	“0000”
安全状态	“1”有效
安全算法	
安全算法	
算法的使用	“6”持有者签名
加密操作方法	
算法	“10”RSA
算法参数	
算法参数限定符	“13”指数
算法参数值	“010001”
算法参数	
算法参数限定符	“12”模数
算法参数值	CA3 的公开密钥
算法参数	
算法参数限定符	“14” 模数长度
算法参数值	“1024”

安全算法	
安全算法	
算法的使用	“4”签发者的哈希函数
加密操作方法	
算法	“42”HDS2

安全算法	
安全算法	
算法的使用	“3” 签发者签名
加密操作方法	
算法	“10”RSA
算法参数	
算法参数限定符	“13”指数
算法参数值	“010001”
算法参数	
算法参数限定符	“12” 模数
算法参数值	CA1 的公开密钥
算法参数	
算法参数限定符	“14” 模数长度
算法参数值	“2048”

安全结果	CA1 签发证书的数字签名
有效结果 有效值限定符 有效值	 “1”唯一的有效值 已过滤的 2048 位数字签名

密钥管理功能	
密钥管理功能限定符	“222”证书路径提交
证书序列号	“2”路径中的第二个证书

证书	
证书参考	“CA1-O2” 例如:CA3 的证书为 O2
安全标识细目 安全参与方限定符 密钥名称 安全参与方标识 安全参与方代码表限定符 安全参与方代码表负责机构	 “3”证书持有者 “O2”的机构为 O2 “ZZZ” 相互约定 “1” UN/CEFACT
安全标识细目 安全参与方限定符 密钥名称 安全参与方标识 安全参与方代码表限定符 安全参与方代码表负责机构	 “4”鉴别方 “CA3”O2 的认证机构 “ZZZ” 相互约定 “1” UN/CEFACT
证书语法和版本	“1”版本号为 4
过滤功能	“2”十六进制过滤函数
源字符集编码	“1”ASCII7 位编码
源字符集编码指令集	“2”UN/ECE B 级语法
签名服务字符集 签名限定符服务字符集 签名服务字符集	 “1”段终止符 “27”撇号
签名服务字符集 签名限定符服务字符集 签名服务字符集	 “2”成分数据元分隔符 “3A”冒号
签名服务字符集 签名限定符服务字符集 签名服务字符集	 “3” 数据元分隔符 “2B”加号
签名服务字符集 签名限定符服务字符集 签名服务字符集	 “4”释放字符 “3F”问号

签名服务字符集 签名限定符服务字符集 签名服务字符集	 “5”重复分隔符 “2A”星号
安全日期和时间 日期和时间限定符 事件日期 事件时间 时间偏差	 “2”证书生成日期和时间 “19970201” “000000” “0000”
安全日期和时间 日期和时间限定符 事件日期 事件时间 时间偏差	 “3”证书有效期开始日期和时间 “19970301” “000000” “0000”
安全日期和时间 日期和时间限定符 事件日期 事件时间 时间偏差	 “4”证书有效期截止日期和时间 “19990301” “000000” “0000”
安全状态	“1”有效

安全算法	
安全算法 算法的使用 加密运算方法 算法	 “6”持有者签名 “10”RSA
算法参数 算法参数限定符 算法参数值	 “13”指数 “010001”
算法参数 算法参数限定符 算法参数值	 “12”模数 O2 的公开密钥
算法参数 算法参数限定符 算法参数值	 “14” 模数长度 “512”

安全算法	
安全算法 算法的使用 加密操作方法 算法	 “4”签发者的哈希函数 “42”HDS2

安全算法	
安全算法 算法的使用 加密操作方法 算法	 “3”签发者签名 “10”RSA
算法参数 算法参数限定符 算法参数值	 “13”指数 “010001”
算法参数 算法参数限定符 算法参数值	 “12”模数 CA3 的公开密钥
算法参数 算法参数限定符 算法参数值	 “14”模数长度 “1024”

安全函数运算结果	CA3 签发证书的数字签名
有效结果 有效值限定符 有效值	 “1”唯一的有效值 已过滤的 1024 位数字签名

E.4 对称密钥的提供

E.4.1 叙述

一个组织 O2 向另一个组织 O1 提供一个对称密钥,该对称密钥是根据以前商定的加密密钥 KEK1 进行加密并紧跟在早期的组织 O1 向 O2 请求的对称密钥之后。该请求报文能够通过在 USE 和 USF 段之间使用 USX 段被引用。

E.4.2 安全细目

安全报文关系	
报文关系	“2”应答

密钥管理功能	
密钥管理功能限定符	“251”对称密钥提交
过滤函数	“2”十六进制过滤

安全算法	
安全算法 算法的使用 加密操作方法 算法	 “5”签发者加密 “2”CBC “1”DES

算法参数 算法参数限定符 算法参数值	 “5”根据加密密钥进行加密的对称密钥 已过滤的加密密钥值： “3A94BACCF7DE11A5BEAD5320A2F493”
算法参数 算法参数限定符 算法参数值	 “10”加密密钥的名称 “KEK1”

ICS 21.220.10
G 42

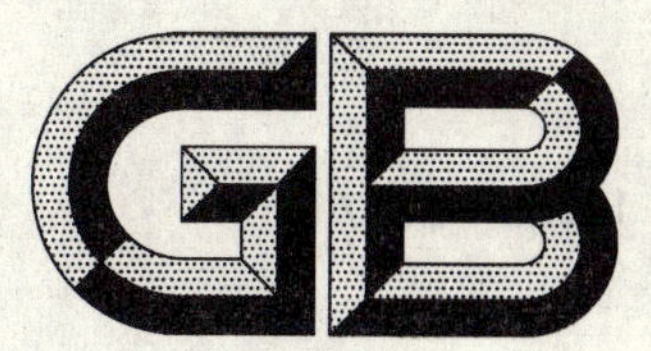

中华人民共和国国家标准

GB/T 14829—2007
代替 GB/T 14829—1993

农业机械用变速 V 带

Variable-speed V-belts for agricultural machinery

2007-11-28 发布 2008-06-01 实施

中华人民共和国国家质量监督检验检疫总局
中国国家标准化管理委员会 发布

前　言

本标准代替 GB/T 14829—1993《农业机械用变速(半宽)V 带》。

本标准与 GB/T 14829—1993 相比主要变化如下：

——删除帘布芯 V 带类型结构图、帘布层间粘合强度要求[1993 年版的图 1(b)]；

——增加 V 带中心距变化量要求(见 5.2)；

——将切边式农业机械用变速 V 带疲劳寿命由 100 h 代替 50 h，外周长变化率由 2%代替 2.5%(1993 年版的 4.2，本版的 5.4)。

本标准由中国石油和化学工业协会提出。

本标准由化学工业胶带标准化技术归口单位归口。

本标准起草单位：浙江三力士橡胶股份有限公司、无锡市中良橡胶有限公司、马鞍山锐生工贸有限公司、浙江紫金港胶带有限公司、佳木斯惠尔有限责任公司、浙江三维橡胶制品有限公司、河南尉氏县中原橡胶有限公司、青岛橡胶工业研究所。

本标准主要起草人：石水祥、朱树生、朱六生、解德利、王宏达、张国方、张清俊。

本标准于 1993 年 12 月首次发布，本次为第一次修订。

农业机械用变速 V 带

1 范围

本标准规定了农业机械用变速 V 带(以下简称 V 带)的分类、结构、材料、要求、抽样、试验方法及标志、包装、标签、贮存和运输。

本标准适用于农业机械(特别是收割脱粒机械)用变速 V 带。

2 规范性引用文件

下列文件中的条款通过本标准的引用而成为本标准的条款。凡是注日期的引用文件,其随后所有的修改单(不包括勘误的内容)或修订版均不适用于本标准,然而,鼓励根据本标准达成协议的各方研究是否可使用这些文件的最新版本。凡是不注日期的引用文件,其最新版本适用于本标准。

GB/T 3686 V 带拉伸强度和伸长率试验方法

GB/T 3688 V 带线绳粘合强度试验方法

GB/T 10821 农业机械用 V 带尺寸(GB/T 10821—1993,eqv ISO 3410:1989)

GB/T 12735 农业机械用 V 带疲劳试验方法

GB/T 13490 V 带 带的均匀性 测量中心距变化量的试验方法(GB/T 13490—2006,ISO 9608:1994,IDT)

3 分类

3.1 型式

V 带的型式根据其结构分为包边 V 带、普通切边 V 带、有齿切边 V 带和底胶夹布切边 V 带等四种。

3.2 型号

V 带应具有对称的梯形横截面,V 带高度与其节宽之比约等于 0.5。其型号分为 HG、HH、HI、HJ、HK、HL、HM、HN、HO 等九种。

3.3 标记

V 带的标记示例:

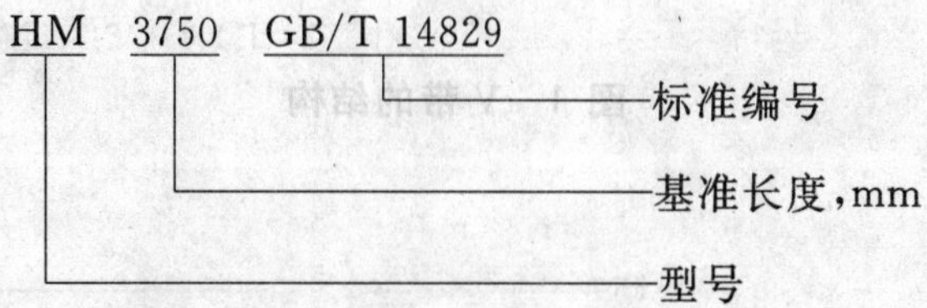

注:根据供需双方协商,可在标记中增加其他长度标识。

4 结构和材料

4.1 结构

V 带的结构如图 1 所示,由包布、顶布、顶胶、缓冲胶、芯绳、底胶、底布、底胶夹布等部件组成。

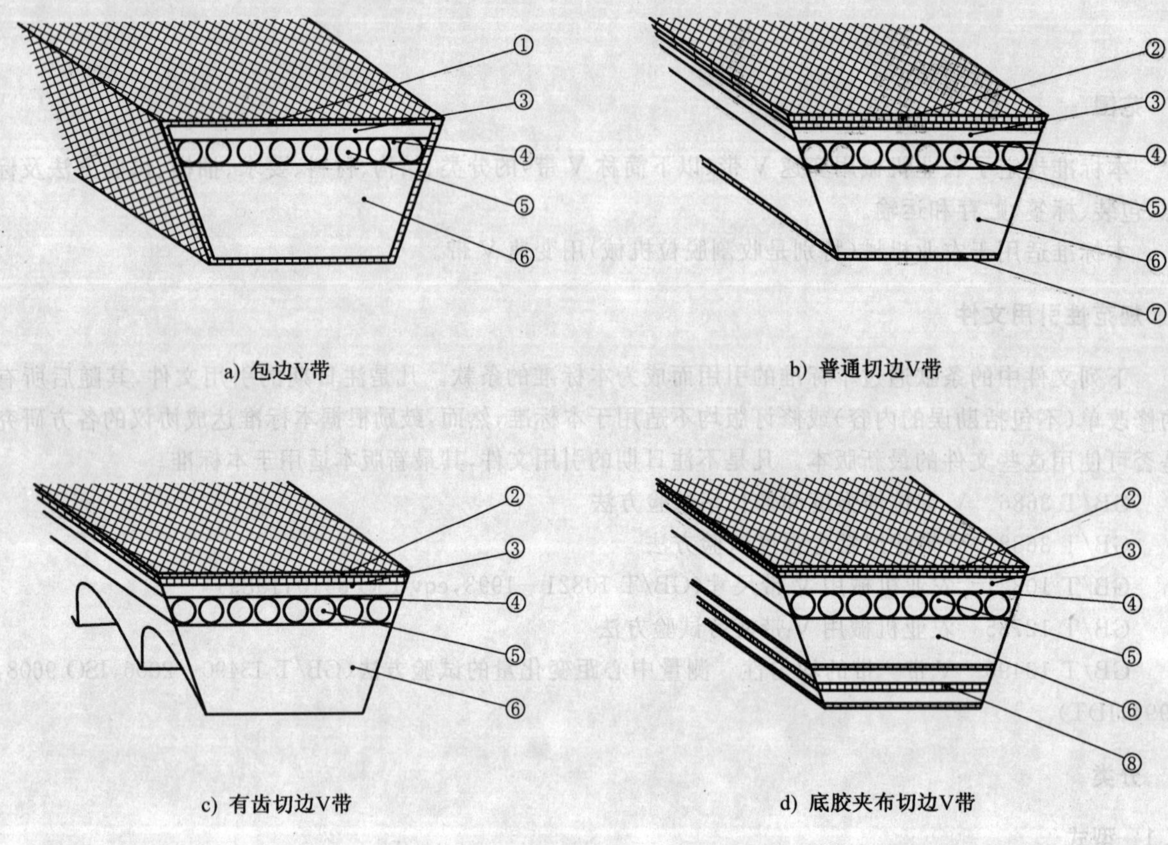

a) 包边V带

b) 普通切边V带

c) 有齿切边V带

d) 底胶夹布切边V带

①——包布；
②——顶布；
③——顶胶；
④——缓冲胶；
⑤——芯绳；
⑥——底胶；
⑦——底布；
⑧——底胶夹布。

图1　V带的结构

4.2　材料

4.2.1　橡胶

顶胶、缓冲胶、底胶的组成应均匀，其性能应适合各自应有的功能。

4.2.2　织物

包布、顶布、底布应是棉纤维或合成纤维织成的织物，其经线和纬线的密度应均匀，其纱线不得有残缺、扭曲等疵点。

4.2.3　芯绳

芯绳应是聚酯纤维或高性能合成纤维制成的线绳，其捻度应均匀。

5 要求

5.1 外观质量

V带的外观不允许有任何明显影响使用的扭曲、开裂、气泡、嵌有物等缺陷。包边式V带不允许有鼓泡、包布搭缝脱开、带身压偏、海绵、工作面包布纵向搭缝；外包布带角包布破损每边累计长度不超过带长的20%，内包布不允许有破损。切边式V带不允许有分层，切割重边等缺陷。

5.2 尺寸

V带的基准长度极限偏差、配组差和露出高度应符合GB/T 10821的规定，V带中心距变化量与V带公称长度和顶宽的要求应符合表1的要求。

表1 V带中心距变化量与V带公称长度和顶宽的要求 单位为毫米

公称长度	中心距变化量 ≤	
	顶宽≤25.0	顶宽>25.0
≤1 000	1.2	1.8
1 000(不含)~2 000	1.6	2.2
2 000(不含)~5 000	2.0	3.4
>5 000	2.5	3.4

5.3 物理性能

V带的物理性能应符合表2的规定。

表2 V带的物理性能

型号	拉伸强度/kN ≥	参考力伸长率/% ≤	线绳粘合强度/(kN/m) ≥
HG	5.0	6.0	18.0
HH	7.0	6.0	19.0
HI	10.0	6.0	20.0
HJ	13.0	6.0	23.0
HK	16.0	7.0	23.0
HL	22.0	7.0	25.0
HM	28.0	7.0	25.0
HN	29.0	7.0	25.0
HO	31.0	7.0	25.0

5.4 疲劳性能

V带的疲劳性能应符合表3的规定。

表 3　V 带的疲劳性能

型　号	疲劳寿命/h ≥		外周长变化率/% ≤
	包边式 V 带	切边式 V 带	
HK	50.0	100.0	2.0
HL			
HM			
注：试验 V 带基准长度在 2 500 mm～3 500 mm 范围内选取。			

6　抽样

6.1　V 带应逐条进行尺寸和外观质量检查。

6.2　同种型号、同种材质的 V 带以不多于 2 000 条为一批，在每批产品中应抽取足够样品对尺寸、外观质量、物理性能进行检验，但每月不得少于一次。

6.3　同种型号、同种材质的 V 带，每次应抽取四条试样进行 V 带疲劳试验。

6.4　同种材质的 V 带，进行疲劳寿命和外周长变化率的测试。月产量大于 5 000 条，每季抽取一次；月产量 2 000～5 000 条，每半年抽取一次；月产量不足 2 000 条，一年抽取一次。

6.5　若 V 带物理性能和疲劳性能有不合格项目时，应在该批产品中另取双倍数量的试样对不合格项目进行复试，若复试结果中仍有一项不合格时，则该批产品为不合格产品。

7　试验方法

7.1　V 带的尺寸测量按 GB/T 10821 规定进行，中心距变化量的试验按 GB/T 13490 规定进行。

7.2　V 带线绳粘合强度试验按 GB/T 3688 规定进行。

7.3　V 带拉伸强度和参考力伸长率试验按 GB/T 3686 规定进行，参考力按表 4 规定。

表 4　V 带的参考力

型号	HI	HJ	HK	HL	HM
参考力/kN	8.0	10.4	12.8	17.6	22.4

7.4　V 带疲劳试验和外周长变化率试验按 GB/T 12735 规定进行。

8　标志、包装、标签、贮存和运输

8.1　标志

每条 V 带应有水洗不掉的明显标志，包括下述内容：

a)　制造厂名和商标；

b)　标准编号；

c)　标记；

d)　配组代号；

e)　制造年月。

8.2 包装、标签

V 带按型号和基准长度捆扎。每捆中 V 带的标记和配组代号应相同，并采用合适的包装袋或包装箱对产品进行包装。在袋或箱中应有标签，标签应包括下述内容：

a) 制造厂名和商标；

b) 标记；

c) 袋或箱内 V 带的条数；

d) 质检部门的合格章；

e) V 带使用和保养条件。

8.3 贮存和运输

8.3.1 V 带在运输和贮存中，应避免阳光直射或雨雪浸淋，保持清洁；避免与酸、碱、油类、及有机溶剂等影响 V 带质量的物质接触；避免机械损伤，并距发热装置 1 m 以外。

8.3.2 贮存时，库房温度保持在－18℃～＋40℃之间，相对湿度不大于 80％。

8.3.3 贮存期间应避免使 V 带承受过大重量而变形，最好将 V 带悬挂在月牙形的架子上或平整地放在货架上。

8.3.4 在上述条件下，贮存期不超过一年时，其性能仍符合本标准的规定。

ICS 77.150.99
H 63

中华人民共和国国家标准

GB/T 14842—2007
代替 GB/T 14842—1993

铌及铌合金棒材

Niobium and niobium alloys rods and bars

2007-11-23 发布　　2008-06-01 实施

中华人民共和国国家质量监督检验检疫总局
中国国家标准化管理委员会　发布

前 言

本标准代替 GB/T 14842—1993《铌棒材》。

本标准修订时参照了美国 ASTM B392-03《铌及铌合金棒、杆、丝材规范》。

本标准与 GB/T 14842—1993 相比，主要变化如下：

——根据内容变化标准名称更改为《铌及铌合金棒材》；

——在适用范围中增加了拉伸生产工艺；

——表 1 中删除了的“制造方法”一栏，对棒材的长度只给出了下限要求；

——对棒材的规格范围进行了修订；

——增加了 NbZr1、NbZr2、NbHf10-1 三个铌合金牌号及相关要求；

——删除了退火态棒材长度的上限要求；

——删除了化学成分表，直接引用 YS/T 656《铌及铌合金加工产品牌号和化学成分》；

——增加了检验结果的判定；

——增加了订货单内容，并对标准格式进行了编辑性修改。

本标准由中国有色金属工业协会提出。

本标准由全国有色金属标准化技术委员会归口。

本标准由宝钛集团有限公司和宝鸡钛业股份有限公司负责起草。

本标准由西部金属材料股份有限公司参加起草。

本标准主要起草人：冯军宁、黄永光、姜斌、王鼎春、李献军、杨军红、张宪铭。

本标准所代替标准的历次版本发布情况为：

——GB/T 14842—1993。

铌及铌合金棒材

1 范围

本标准规定了铌及铌合金棒材的要求、试验方法、检验规则和标志、包装、运输、贮存及订货单(或合同)内容。

本标准适用于铸锭或粉冶条坯经挤压、锻造、轧制、拉伸等工艺生产的铌及铌合金圆棒和方棒。

2 规范性引用文件

下列文件中的条款通过本标准的引用而成为本标准的条款。凡是注日期的引用文件,其随后所有的修改单(不包括勘误的内容)或修订版均不适用于本标准,然而,鼓励根据本标准达成协议的各方研究是否可使用这些文件的最新版本。凡是不注日期的引用文件,其最新版本适用于本标准。

GB/T 228 金属材料 室温拉伸试验方法

GB/T 15076(所有部分) 钽铌化学分析方法

YS/T 656 钽及钽合金加工产品牌号和化学成分

3 要求

3.1 产品分类

3.1.1 牌号、状态、规格

棒材的牌号、状态和规格应符合表1规定。

表 1

单位为毫米

牌号	供应状态	直径或边长[a]	长度[a]
Nb1 Nb2 NbZr1 NbZr2	冷加工态(Y) 热加工态(R) 退火态(M)	3.0～80	≥500
FNb1 FNb2	冷加工态(Y) 退火态(M)	3.5～5.0 >5.0～12	≥500 ≥300
NbHf10-1[b]	冷加工态(Y) 退火态(M)	20～80	500～2 000

a 锻制方棒的边长不小于 25 mm,长度不大于 4 000 mm。

b NbHf10-1 合金仅为圆棒。

3.1.2 标记示例

按照本标准生产的铌及铌合金棒材标记应符合以下示例要求:

示例 1:用 Nb1 制造的、热挤压态、直径为 30 mm、长度为 500 mm 的圆棒标记为:

挤棒 Nb1R ϕ30×500 GB/T 14842—2007

示例 2:用 Nb1 制造的、退火态、直径为 10 mm、长度为 700 mm 的锻制磨光圆棒标记为:

锻磨棒 Nb1M ϕ10×700 GB/T 14842—2007

示例 3:用 Nb1 制造的、退火态、边长为 25 mm、长度为 500 mm 的锻制方棒标记为:

锻棒 Nb1M 25×25×500 GB/T 14842—2007

示例 4：用 FNb1 制造的、退火态、边长为 6 mm、长度为 900 mm 的轧制圆棒标记为：

轧棒 FNb1M ϕ6×900 GB/T 14842—2007

3.2 化学成分

3.2.1 铌及铌合金棒材的化学成分应符合 YS/T 656《铌及铌合金加工产品牌号和化学成分》的规定。

3.2.2 当需方要求并在合同中注明时，成品棒材间隙元素(C、O、H、N)含量应符合表 2 规定。

表 2

质量分数/%

牌号	间隙元素含量，不大于			
	O	C	N	H
Nb1	0.025	0.01	0.01	0.001 5
Nb2	0.04	0.015	0.01	0.001 5
NbZr1	0.025	0.01	0.01	0.001 5
NbZr2	0.04	0.015	0.01	0.001 5
FNb1	0.05	0.02	0.02	0.002
FNb2	0.08	0.05	0.05	0.005

3.3 尺寸允许偏差

3.3.1 Nb1、Nb2、NbZr1、NbZr2、FNb1 和 FNb2 棒材的尺寸允许偏差应符合表 3 的规定，表 3 中未规定尺寸的允许偏差由供需双方协商。

表 3

单位为毫米

<table>
<tr><th rowspan="2">直径或边长</th><th colspan="5">直径或边长允许偏差</th><th rowspan="2">长度</th><th rowspan="2">长度允许偏差</th></tr>
<tr><th>锻棒</th><th>挤棒</th><th>轧棒</th><th>磨(车)棒</th><th>拉伸棒</th></tr>
<tr><td>3.0～3.5</td><td>±0.05</td><td>—</td><td>±0.05</td><td>—</td><td>±0.05</td><td>500～1 500</td><td rowspan="5">+5
0</td></tr>
<tr><td>>3.5～4.5</td><td>±0.07</td><td>—</td><td>±0.07</td><td>—</td><td>±0.07</td><td>500～1 500</td></tr>
<tr><td>>4.5～10.0</td><td>±0.10</td><td>—</td><td>±0.10</td><td>—</td><td>±0.10</td><td>300～1 500</td></tr>
<tr><td>>10～13</td><td>±0.15</td><td>—</td><td>±0.15</td><td>—</td><td>±0.13</td><td>300～1 200</td></tr>
<tr><td>>13～16</td><td>±0.20</td><td>—</td><td>—</td><td>—</td><td>±0.18</td><td>500～1 200</td></tr>
<tr><td>>16～18</td><td>±1.0</td><td>—</td><td>—</td><td>±0.30</td><td>±0.21</td><td>500～2 000</td><td rowspan="6">+20
0</td></tr>
<tr><td>>18～25</td><td>±1.5</td><td>±1.0</td><td>—</td><td>±0.40</td><td>±0.26</td><td>500～2 000</td></tr>
<tr><td>>25～40</td><td>±2.0</td><td>±1.5</td><td>—</td><td>±0.50</td><td>—</td><td>500～4 000</td></tr>
<tr><td>>40～50</td><td>±2.5</td><td>±2.0</td><td>—</td><td>±0.60</td><td>—</td><td>500～3 000</td></tr>
<tr><td>>50～65</td><td>±3.0</td><td>±2.0</td><td>—</td><td>±0.80</td><td>—</td><td>500～1 500</td></tr>
<tr><td>>65～80</td><td>±3.5</td><td>±2.0</td><td>—</td><td>±0.80</td><td>—</td><td>500～1 500</td></tr>
<tr><td colspan="8">注：研磨或机加工方棒的边长允许偏差由供需双方商定。</td></tr>
</table>

3.3.2 NbHf10-1 棒材的尺寸允许偏差应符合表 4 的规定。

表 4

单位为毫米

<table>
<tr><th>直径</th><th>直径允许偏差</th><th>长度</th><th>长度允许偏差</th></tr>
<tr><td>20～40</td><td>±0.6</td><td rowspan="2">500～1 000</td><td rowspan="2">±10</td></tr>
<tr><td>>40～50</td><td>±0.8</td></tr>
<tr><td>>50～60</td><td>±0.8</td><td rowspan="2">>1 000～2 000</td><td rowspan="2">±15</td></tr>
<tr><td>>60～80</td><td>±1.0</td></tr>
</table>

3.3.3 定尺和倍尺棒材应在不定尺长度范围内，倍尺长度应计入截断时的切口量，每个切口为 5 mm。

3.3.4 棒材应平直，直径小于 25 mm 的棒材，其弯曲度应不大于 3 mm/m；直径不小于 25 mm 的棒材，其弯曲度应不大于 5 mm/m。

3.3.5 棒材的不圆度应不大于其直径允许偏差。

3.3.6 棒材应切平整。直径或边长不大于 35 mm 的棒材，切斜应不大于 3 mm；直径或边长大于 35 mm 的棒材，切斜应不大于 5 mm。

3.4 力学性能

3.4.1 退火态 Nb1、Nb2、NbZr1 和 NbZr2 棒材的纵向室温力学性能：直径或边长不大于 18 mm 时应符合表 5 规定；直径或边长大于 18 mm 的棒材，需方要求并在合同中注明时，由供方提供纵向室温力学性能的实测数据。

3.4.2 退火态 FNb1、FNb2 和 NbHf10-1 棒材的室温力学性能应符合表 5 的规定。

表 5

牌号	直径 mm	抗拉强度 R_m/MPa	规定非比例延伸强度 $R_{p0.2}$/MPa	断后伸长率 A/%	断面收缩率 Z/%
Nb1、Nb2	3.0～18	≥125	≥85	≥25	—
NbZr1、NbZr2		≥195	≥125	≥20	—
FNb1、FNb2	3.0～12	≥125	≥85	≥25	—
NbHf10-1	20～80	≥372	≥274	≥20	≥40

3.4.3 冷加工和热加工态棒材的室温力学性能，需方要求并在合同中注明时，供需双方协商确定。

3.5 外观质量

3.5.1 冷加工和退火态棒材表面应无裂纹、折叠、气孔、金属和非金属夹杂物、重皮、残留润滑剂、氧化物及其他脏污。

3.5.2 热加工态棒材表面应无裂纹、折叠、重皮等影响后续加工的缺陷存在。

3.5.3 棒材表面允许有深度不超过直径公差之半的沟纹、凹坑、擦伤、划痕；允许有经矫直时形成的螺旋条纹和轻微锻痕。允许供方对棒材表面的局部缺陷进行修磨，修磨部位应圆滑过度，修磨后应保证最小尺寸。

3.6 缩尾

棒材的缩尾均应去除。

4 试验方法

4.1 棒材的化学成分仲裁分析方法按 GB/T 15076 的规定进行。

4.2 棒材尺寸用相应精度的量具测量。棒材放在平台上，用塞尺或直尺检测其弯曲度。

4.3 棒材的室温力学性能试验按 GB/T 228 进行。

4.4 棒材外观质量和缩尾用目视检验。

5 检验规则

5.1 检查和验收

5.1.1 棒材应由供方质量检验部门进行检验，保证产品质量符合本标准规定，并填写质量证明书。

5.1.2 需方应对收到的产品进行检验，如检验结果与本标准规定不符时，在收到产品之日起 3 个月内向供方提出，由供需双方协商解决。

5.2 组批

棒材应成批提交验收。每批由同一牌号、锭号或粉冶条坯号、规格、制造方法和状态的棒材组成。

5.3 检验项目及取样

质量一致性检验的项目、取样位置及数量应符合表6的规定。

表6

检验项目	取样位置	取样数量	要求的章节号	检验或试验方法的章条号
化学成分	铸锭或粉冶条坯	每批1份	3.2	4.1
外形尺寸	—	逐根	3.3	4.2
力学性能[a]	—	每批1根取1个,GB/T 228中R7或R8试样	3.4	4.3
表面质量、缩尾	—	逐根	3.5、3.6	4.4
注:对于直径不小于50 mm的NbHf10-1合金棒材取横向拉伸试样,小于50 mm的和其他牌号的棒材取纵向试样。				

5.4 检验结果判定

5.4.1 化学成分分析结果不合格时,允许取双倍试样对不合格项进行重复试验。若仍有分析结果不合格,则判整批不合格。

5.4.2 力学性能试验结果不合格时,则从该批产品(包括原受检产品)中取双倍试样进行不合格项目的重复试验。如仍有试验结果不合格,则判整批产品不合格。允许供方对不合格项逐根进行检验,合格者重新组批验收。

5.4.3 棒材的外形尺寸、外观质量不合格时,判单根不合格。

5.4.4 棒材的缩尾不合格时,判单根不合格。允许切除缩尾后重新交验。

6 标志、包装、运输、贮存

6.1 标志

6.1.1 产品应有检查标志,在每个包装箱上应有标签或标牌,注明:

a) 供方名称;

b) 产品牌号、状态和规格;

c) 产品批号和炉号。

6.1.2 箱外注明“防潮”、“轻放”等字样或标志。

6.2 包装、运输、贮存

6.2.1 棒材应用箱包装,箱内应衬防潮纸或塑料薄膜。棒材应在箱内摆放整齐,每层用纸或塑料薄膜隔开,外层用塑料薄膜分包。为防止棒材在箱内窜动,其空隙部分应用软物塞紧。

6.2.2 棒材在运输、保管时,要防止碰撞、受潮和活性化学试剂的腐蚀。

6.3 质量证明书

每批棒材应附有质量证明书,注明:

a) 供方名称;

b) 产品名称;

c) 产品牌号、状态和规格;

d) 产品熔炼炉号、批号、批重和根数;

e) 各项分析检验的结果及质量检验部门印记;

f) 本标准编号;

g) 包装日期。

7 订货单(或合同)内容

本标准所列材料的订货单(或合同)应包括下列内容:

a) 产品名称;

b) 材料牌号;

c) 状态;

d) 尺寸;

e) 重量或件数;

f) 标准编号;

g) 其他。

ICS 77.150.50
H 64

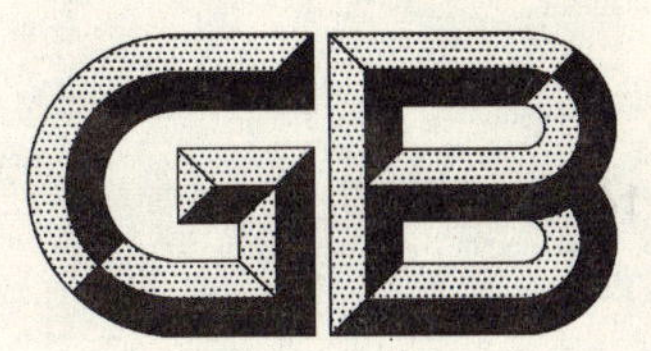

中华人民共和国国家标准

GB/T 14845—2007
代替 GB/T 14845—1993

板式换热器用钛板

Tianium sheet for plate heat exchangers

2007-04-30 发布　　2007-11-01 实施

中华人民共和国国家质量监督检验检疫总局
中国国家标准化管理委员会　发布

前言

本标准代替 GB/T 14845—1993《板式换热器用钛板》。

本标准的修订主要参考了美国标准 ASTM B265—2006《钛及钛合金带、薄板和厚板》中的化学成分、力学性能和工艺性能等技术指标。

本标准与 GB/T 14845—1993 相比主要变化如下：

——增加了 TA8-1 和 TA9-1 两个牌号，并对其化学成分、力学性能及工艺性能作了规定；

——产品厚度由 0.6 mm～1.0 mm 改为 0.5 mm～1.0 mm；

——产品长度允许偏差由 $^{+20}_{0}$ mm 变为 $^{+15}_{0}$ mm；宽度允许偏差由 $^{+15}_{0}$ mm 变为 $^{+10}_{0}$ mm；

——对厚度小于 0.6 mm 的产品性能作了规定，其性能数据报实测值。

本标准由中国有色金属工业协会提出。

本标准由全国有色金属标准化技术委员会归口。

本标准起草单位：宝钛集团有限公司、宝鸡钛业股份有限公司。

本标准主要起草人：黄永光、庞洪、张平辉、王俭、李献军。

本标准由全国有色金属技术标准化技术委员会负责解释。

本标准所代替标准的历次版本发布情况为：

——GB/T 14845—1993。

板式换热器用钛板

1 范围

本标准规定了板式换热器用钛板的分类、要求、试验方法、检验规则和标志、包装、运输、贮存及合同内容等。

本标准适用于冷(温)冲压制作的板式换热器传热板用钛板材。

2 规范性引用文件

下列文件中的条款通过本标准的引用而成为本标准的条款。凡是注日期的引用文件,其随后所有的修改单(不包含勘误的内容)或修订版均不适用于本标准,然而,鼓励根据本标准达成协议的各方研究是否可使用这些文件的最新版本。凡是不注日期的引用文件,其最新版本适用于本标准。

GB/T 228 金属材料 室温拉伸试验方法

GB/T 232 金属材料 弯曲试验方法

GB/T 3620.2 钛及钛合金加工产品化学成分允许偏差

GB/T 4156 金属杯突试验方法(厚度 0.2 mm～2 mm)

GB/T 4698(所有部分) 海绵钛、钛及钛合金化学分析方法

GB/T 6394 金属平均晶粒度测定方法

GB/T 8180 钛及钛合金加工产品的包装、标志、运输和贮存

3 要求

3.1 产品分类

3.1.1 牌号、状态、规格

产品的牌号、状态和规格应符合表 1 的规定。

表 1

牌 号	状 态	产品规格/mm		
		厚 度	宽 度	长 度
TA1、TA8-1、TA9-1	M	0.5～1.0	300～1 000	800～3 000

3.1.2 标记示例

用 TA1 制造的、供应状态为 M、厚度为 0.6 mm、宽度为 840 mm、长度为 2 200 mm 的板式换热器用板材标记为:

板 TA1 M 0.6×840×2 200 GB/T 14845—2007。

3.2 化学成分

板材的化学成分应符合表 2 的规定。需方复验时,板材的化学成分允许偏差应符合 GB/T 3620.2 的相关规定。

表 2 化学成分(质量分数) %

牌号	Ti	Pd	杂质元素含量,不大于						
			Fe	C	N	H	O	其他元素	
								单个	总和
TA1	余量	—	0.15	0.05	0.03	0.012	0.10	0.10	0.40
TA8-1	余量	0.04～0.08	0.20	0.08	0.03	0.015	0.18	0.10	0.40
TA9-1	余量	0.12～0.25	0.20	0.08	0.03	0.015	0.18	0.10	0.40
注:其他元素一般情况下不作检验,但供方应予以保证。									

3.3 尺寸允许偏差

3.3.1 板材厚度、宽度、长度的允许偏差应符合表 3 的规定。

表 3 单位为毫米

厚 度	厚度允许偏差	宽度允许偏差	长度允许偏差
0.5～0.8	±0.07	$^{+10}_{0}$	$^{+15}_{0}$
>0.8～1.0	±0.09		
注:用户要求时,经双方协商也可供应其他尺寸规格或允许偏差的板材。			

3.3.2 板材的不平度应不大于 1.2%。

3.3.3 板材边部应剪切整齐、无裂口、卷边,允许有轻微的毛刺。

3.3.4 板材各角应切成直角,切斜不应超过板材宽度和长度的允许偏差。

3.4 力学性能和工艺性能

板材的室温力学性能和工艺性能应符合表 4 的规定。板材进行弯曲试验时,弯曲至表 4 规定的角度后,试样弯曲处的外表面和侧面应完好。

表 4

牌 号	状 态	抗拉强度 R_m/MPa	规定非比例延伸强度 $R_{p0.2}$/MPa	断后伸长率 A/%	弯曲角 α/度	杯突值/mm
		不小于				
TA1	M	240	140	55	140	9.5
TA8-1 TA9-1		240	140	47	140	9.5
注 1:厚度小于 0.6 mm 的板材抗拉强度数值报实测。 注 2:用户对板材性能有其他要求时,应经双方协商,并在合同中注明。						

3.5 晶粒度

板材应测定平均晶粒度,并报实测值。需方有特殊要求时,应经供需双方协商,并在合同中注明。

3.6 外观质量

3.6.1 板材表面应光亮,不允许有氧化及过碱、酸洗的痕迹,但允许有轻微的发暗和局部水迹。

3.6.2 板材表面不允许有裂纹、针孔、起皮、压折、金属或非金属夹杂物等缺陷。

3.6.3 板材表面允许有局部的,不超出厚度公差之半的划伤、麻点、压痕、凹坑等缺陷,但应保证最小厚度。

3.6.4 允许顺轧制方向用刮刀或120号的千叶砂轮清除表面局部缺陷，并对清理处进行抛光。清理后的板材厚度不应小于最小允许厚度。

3.6.5 对表面质量有特殊要求时，可经供需双方协商，并在合同中注明。

4 试验方法

4.1 化学成分仲裁分析方法

产品的化学成分仲裁分析按GB/T 4698的规定进行。

4.2 力学性能试验方法

室温拉伸试验按GB/T 228的规定进行。拉伸试验的试样应符合试样P1的尺寸规定。

4.3 工艺性能试验方法

弯曲试验按GB/T 232的规定进行(采用15 mm宽的试样，弯芯直径为板材厚度的3倍)。

杯突试验按GB/T 4156的规定进行(冲头直径为20 mm)。

4.4 不平度测量方法

板材不平度由处于检验平台上的板材表面与放在板材任意方向上的直尺之间的最大波谷确定。其值按式(1)计算：

$$\text{不平度}(\%) = H/L \times 100 \quad \cdots\cdots (1)$$

式中：

L——板材表面与直尺两接触点之间的距离，单位为毫米(mm)；

H——与L所对应的板材表面与直尺之间的最大垂直距离，单位为毫米(mm)。

4.5 尺寸测量方法

板材尺寸用相应精度的量具进行测量。板材厚度在距顶角不小于100 mm和距边部不小于10 mm处测量。

4.6 晶粒度的测定方法

晶粒度测定按GB/T 6394的规定进行

4.7 外观质量检验方法

板材的外观质量采用目视检验。

5 检验规则

5.1 检查和验收

5.1.1 板材应由供方质量检验部门进行检验，保证产品质量符合本标准的规定，并填写质量证明书。

5.1.2 需方应对收到的产品按本标准的规定进行检验。检验结果与本标准及订货合同的规定不符时，应以书面形式向供方提出，由供需双方协商解决。属于表面质量及尺寸偏差的异议，应在收到产品之日起一个月内提出，属于其他性能的异议，应在收到产品之日起三个月内提出。如需仲裁，供需双方应共同进行仲裁取样。

5.2 组批

板材应成批提交检验，每批应由同一牌号、熔炼炉号、规格、制造方法、状态和同一热处理炉次的产品组成。

5.3 检验项目

每批板材均应进行化学成分、尺寸偏差、力学性能、工艺性能、晶粒度及外观质量的检验。

5.4 取样位置和取样数量

产品的取样应符合表5的规定。

表 5 取样位置和取样数量

检验项目	取样规定	要求的章条号	试验方法章条号
化学成分	每批板材在成品上任取一个试样进行氢含量的分析，其他成分以原铸锭的分析结果报出	3.2	4.1
尺寸偏差	逐张	3.3	4.4,4.5
力学性能	每批板材任取两张，每张各取一个横向试样。批量为一张时，取一个横向试样	3.4	4.2
工艺性能	每批板材任取两张，每张各取一个横向试样。批量为一张时，取一个横向试样	3.4	4.3
晶粒度	每批板材任取一张，取一个横向试样	3.5	4.6
外观质量	逐张	3.6	4.7

5.5 检验结果的判定

5.5.1 化学成分不合格时，判该批产品不合格。

5.5.2 力学性能、工艺性能、晶粒度各项试验中，如果有一个试样的试验结果不合格，则从该批板材上(包括原受检板材)取双倍试样进行不合格项目的重复试验。重复试验结果仍有一个试样不合格，则判整批板材不合格，但允许逐张对不合格项目检验，合格者重新组批交货。允许对该批板材重新进行一次热处理，重新进行检验，合格者允许组批交货。

5.5.3 外形尺寸和外观质量不合格时，判该张板材不合格。

6 包装、标志、运输和贮存

6.1 标志

在检验合格的板材上应有如下标志(或贴标签)：

a) 牌号；

b) 规格；

c) 供应状态；

d) 批号。

6.2 包装、包装标志、运输、贮存

产品的包装、包装标志、运输和贮存应符合 GB/T 8180 的规定。

6.3 质量证明书

每批板材应附有质量证明书，其上注明：

a) 供方名称；

b) 产品名称；

c) 产品牌号、规格和状态；

d) 熔炼炉号、批号、批重和件数；

e) 热处理炉次；

f) 分析检验结果及质量检验部门印记；

g) 本标准编号；

h) 包装日期。

7 订货单(或合同)内容

定购本标准所列材料的订货单(或合同)内应包括下列内容:

a) 产品名称、牌号、状态、规格和数量;

b) 对晶粒度的特殊要求;

c) 本标准编号;

d) 其他。

ICS 77.120.10
H 12

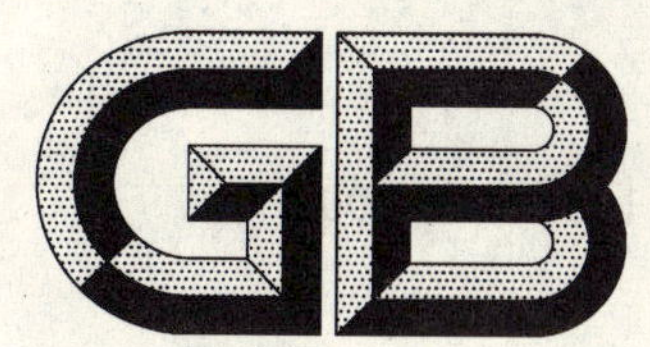

中华人民共和国国家标准

GB/T 14849.1—2007
代替 GB/T 14849.1—1993

工业硅化学分析方法
第1部分：铁含量的测定
1,10-二氮杂菲分光光度法

**Methods for chemical analysis of silicon metal—
Part 1: Determination of iron content—
1,10-Phenanthrolion spectrophotometric method**

2007-10-25 发布　　　　2008-04-01 实施

中华人民共和国国家质量监督检验检疫总局
中国国家标准化管理委员会　发布

前言

GB/T 14849《工业硅化学分析方法》分为四部分：

——第1部分：铁含量的测定 1,10-二氮杂菲分光光度法

——第2部分：铝含量的测定 铬天青-S分光光度法

——第3部分：钙含量的测定

——第4部分：电感耦合等离子体原子发射光谱法测定元素含量

本部分为GB/T 14849的第1部分。

本部分代替GB/T 14849.1—1993《工业硅化学分析方法 1,10-二氮杂菲分光光度法测定铁量》。与GB/T 14849.1—1993相比，主要变化如下：

——增加了“重复性”和“质量保证与控制”条款。

本部分由中国有色金属工业协会提出。

本部分由全国有色金属标准化技术委员会归口。

本部分由抚顺铝业有限公司负责起草。

本部分主要起草人：杨丽梅、杨宇宏、徐铁铃、计春雷。

本部分所代替标准的历次版本发布情况为：

——GB/T 14849.1—1993。

工业硅化学分析方法
第1部分:铁含量的测定
1,10-二氮杂菲分光光度法

1 范围

本部分规定了工业硅中铁含量的测定方法。

本部分适用于工业硅中铁含量的测定。测定范围(质量分数):0.10%～0.65%。

2 方法提要

试料用氢氟酸和硝酸分解,硫酸冒烟驱除硅、氟等,残渣用盐酸溶解。用盐酸羟胺将Fe(Ⅲ)还原至(Ⅱ)。在pH3～5的微酸性介质中,铁与1,10-二氮杂菲生成红色络合物。于分光光度计波长510 nm测量其吸光度。

3 试剂

3.1 氢氟酸(ρ 1.14 g/mL)。

3.2 硝酸(1+1)。

3.3 硫酸(1+1)。

3.4 盐酸(1+1)。

3.5 盐酸羟胺溶液(10 g/L)。

3.6 1,10-二氮杂菲溶液(2.5 g/L):称取1.25 g 1,10-二氮杂菲($C_{12}H_8O_2 \cdot H_2O$)置于烧杯中,加入2 mL盐酸(3.4),加入约300 mL水,溶解后用水稀释至500 mL,混匀。

3.7 乙酸-乙酸钠缓冲溶液:称取272 g乙酸钠($CH_3COONa \cdot 3H_2O$)置于烧杯中,加入500 mL水,溶解后过滤于1 000 mL容量瓶中,加入240 mL冰乙酸(ρ1.05 g/mL),用水稀释至刻度,混匀。

3.8 混合显色溶液:将盐酸羟胺溶液(3.5),1,10-二氮杂菲溶液(3.6)和乙酸-乙酸钠缓冲溶液(3.7)以(1+1+2)的体积混匀。一周内使用。

3.9 铁标准贮存溶液:称取0.286 0 g预先在600℃灼烧1 h并于干燥器中冷却至室温的三氧化二铁置于烧杯中,加入30 mL盐酸(3.4),低温加热溶解,冷却,移入1 000 mL容量瓶中,用水稀释至刻度,混匀,此溶液1 mL含200 μg铁。

3.10 铁标准溶液:移取50.00 mL铁标准贮存溶液(3.9)于200 mL容量瓶中,用水稀释至刻度,混匀。溶液1 mL含50 μg铁。

4 仪器

分光光度计。

5 试样

试样应全部通过0.149 mm的标准筛,并用磁铁吸去铁粉。

6 分析步骤

6.1 试料

称取1 g试样(5),精确至0.000 1 g。

6.2　测定次数

独立地进行两次测定，取其平均值。

6.3　空白试验

随同试料(6.1)做空白试验。

6.4　测定

6.4.1　将试料(6.1)置于100 mL铂皿中，加入0.5 mL硫酸(3.3)、20 mL～25 mL氢氟酸(3.1)，分次滴加硝酸(3.2)直至试料大部分溶解，移铂皿于沙浴上，加热至试料完全溶解，并蒸干。

6.4.2　将铂皿置于450℃±25℃的高温炉中，冒尽硫酸烟，取出，冷却。

6.4.3　于铂皿中加入5.0 mL盐酸(3.4)，沿皿壁加入20 mL～30 mL水，加热至残渣完全溶解，冷却。移入500 mL容量瓶中，用水稀释至刻度，混匀。

6.4.4　按表1移取试液(6.4.3)置于100 mL容量瓶中。

表1

铁的质量分数/%	移取试液体积/mL
0.10～0.20	50.00
>0.20～0.65	20.00

6.4.5　加入20 mL混合显色溶液(3.8)，用水稀释至刻度，混匀。放置15 min。

6.4.6　将部分溶液(6.4.5)移入1 cm吸收皿中，以水为参比，于分光光度计波长510 nm处测量其吸光度。

6.4.7　减去空白试验溶液的吸光度，从工作曲线上查出相应的铁的质量。

6.5　工作曲线的绘制

6.5.1　移取0 mL、1.00 mL、2.00 mL、4.00 mL、6.00 mL、8.00 mL铁标准溶液(3.10)，分别置于一组100 mL容量瓶中。

6.5.2　按表1加入与移取试液体积相等的空白试验溶液(6.3)，以下按6.4.5～6.4.6进行。

6.5.3　减去空白试验溶液的吸光度，以铁的质量为横坐标，吸光度为纵坐标绘制工作曲线。

7　分析结果的计算

按公式(1)计算铁的质量分数 w，数值以%表示：

$$w(\mathrm{Fe})=\frac{m_1 \cdot V_0 \times 10^{-6}}{m_0 \cdot V_1}\times 100 \quad\cdots\cdots(1)$$

式中：

m_1——自工作曲线上查得的铁的质量，单位为微克(μg)；

V_0——试液总体积，单位为毫升(mL)；

m_0——试料的质量，单位为克(g)；

V_1——分取试液体积，单位为毫升(mL)。

8　精密度

8.1　重复性

在重复性条件下获得的两个独立测试结果的测定值，在以下给出的平均值范围内，这两个测试结果的绝对值不超过重复性限(r)，超过重复性限(r)的情况不超过5%。重复性限(r)按表2数据采用线性内插法或外延法求得：

表 2

铁的质量分数/%	重复性限 r/%
0.184	0.017
0.334	0.023
0.502	0.023

8.2 允许差

实验室之间分析结果的差值应不大于表 3 所列允许差。

表 3

铁的质量分数/%	允许差/%
0.100～0.300	0.030
>0.300～0.650	0.040

9 质量保证与控制

应用国家标准样品或行业级标准样品，每六个月校核一次本分析方法标准的有效性。当过程失控时，应找出原因。纠正错误后，重新进行校核。

ICS 77.120.10
H 12

中华人民共和国国家标准

GB/T 14849.2—2007
代替 GB/T 14849.2—1993

工业硅化学分析方法 第2部分:铝含量的测定 铬天青-S分光光度法

Methods for chemical analysis of silicon metal—Part 2:Determination of aluminum content—Chrome azurol S spectrophotometric method

2007-10-25 发布 2008-04-01 实施

中华人民共和国国家质量监督检验检疫总局
中国国家标准化管理委员会 发布

前　言

GB/T 14849《工业硅化学分析方法》分为四部分：

——第 1 部分：铁含量的测定　1,10-二氮杂菲分光光度法

——第 2 部分：铝含量的测定　铬天青-S 分光光度法

——第 3 部分：钙含量的测定

——第 4 部分：电感耦合等离子体原子发射光谱法测定元素含量

本部分为 GB/T 14849 的第 2 部分。

本部分代替 GB/T 14849.2—1993《工业硅化学分析方法　铬天青-S 分光光度法测定铝量》。与 GB/T 14849.2—1993 相比，主要变化如下：

——增加了“重复性”和“质量保证与控制”条款。

本部分由中国有色金属工业协会提出。

本部分由全国有色金属标准化技术委员会归口。

本部分由抚顺铝业有限公司负责起草。

本部分主要起草人：徐铁玲、计春雷、杨宇宏、原建昌。

本部分所代替标准的历次版本发布情况为：

——GB/T 14849.2—1993。

工业硅化学分析方法
第2部分:铝含量的测定
铬天青-S分光光度法

1 范围

本部分规定了工业硅中铝含量的测定方法。

本部分适用于工业硅中铝含量的测定。测定范围(质量分数):0.02%～0.30%。

2 方法提要

试料用氢氟酸和硝酸分解,硫酸冒烟驱除硅、氟等,残渣用盐酸溶解。用抗坏血酸掩蔽铁的干扰,在pH5.5～6.1的六次甲基四胺介质中,铝与铬天青-S生成紫红色络合物。于分光光度计波长545 nm处测量其吸光度。

3 试剂

3.1 氢氟酸(ρ 1.14 g/mL)。

3.2 硝酸(1+1)。

3.3 硫酸(1+1)。

3.4 盐酸(1+1)。

3.5 抗坏血酸溶液(10 g/L)。用时现配。

3.6 六次甲基四胺溶液(300 g/L)。

3.7 铬天青-S乙醇溶液(0.3 g/L):称取0.30 g铬天青-S置于烧杯中,加水和无水乙醇各25 mL,溶解后加入475 mL水,用无水乙醇稀释至1 000 mL,混匀。

3.8 铝标准贮存溶液:称取0.250 0 g金属铝置于聚乙稀杯中,加入约20 mL水、3.0 g氢氧化钠,待反应缓慢后,于水浴上加热至溶解完全。用盐酸(3.4)缓慢中和至出现沉淀并加入过量的20 mL盐酸(3.4),加热至溶液澄清,冷却。移入1 000 mL容量瓶中,用水稀释至刻度,混匀。此溶液1 mL含250 μg铝。

3.9 铝标准溶液:移取10.00 mL铝标准贮存溶液(3.8)于500 mL容量瓶中,加入4.0 mL盐酸(3.4)用水稀释至刻度,混匀。此溶液1 mL含5 μg铝。

4 仪器

分光光度计。

5 试样

试样应全部通过0.149 mm的标准筛,并用磁铁吸去铁粉。

6 分析步骤

6.1 试料

称取1 g试样(5),精确至0.000 1 g。

6.2 测定次数

独立地进行两次测定，取其平均值。

6.3 空白试验

随同试料(6.1)做空白试验。

6.4 测定

6.4.1 将试料(6.1)置于 100 mL 铂皿中，加入 0.5 mL 硫酸(3.3)、20 mL～25 mL 氢氟酸(3.1)、分次滴加硝酸(3.2)直至试料大部分溶解，移铂皿于沙浴上，加热至试料完全溶解，并蒸干。

6.4.2 将铂皿置于 450℃±25℃的高温炉中，冒尽硫酸烟，取出，冷却。

6.4.3 于铂皿中加入 5.0 mL 盐酸(5.4)，沿皿壁加入 20 mL～30 mL 水，加热至残渣完全溶解，冷却。将试液移入 500 mL 容量瓶中，用水稀释至刻度，混匀。此为试液 A。

6.4.4 移取 50.00 mL 试液 A 于 250 mL 容量瓶中，用水稀释至刻度，混匀。此为试液 B。

6.4.5 按表 1 移取试液 B(6.4.4)于 100 mL 容量瓶中，用水稀释至约 30 mL。

表 1

铝的质量分数/%	移取试液 B 的体积/mL
0.10～0.25	25.00
>0.25～0.30	10.00

6.4.6 加入 5 mL 抗坏血酸溶液(3.5)、10.0 mL 铬天青-S 乙醇溶液(3.7)、5.0 mL 六次甲基四胺溶液(3.6)。每加一种试剂均需混匀。用水稀释至刻度，混匀。放置 20 min。

6.4.7 将部分溶液(6.4.6)移入 1 cm 吸收池中，以空白试验溶液(6.3)为参比，于分光光度计波长 545 nm 处测量其吸光度。

6.4.8 从工作曲线上查出相应的铝的质量。

6.5 工作曲线的绘制

6.5.1 按表 1 移取与试液 B 的体积相等的空白试验溶液(6.3)分别置于一组 100 mL 容量瓶中，各加入 0 mL、1.00 mL、2.00 mL、3.00 mL、4.00 mL、5.00 mL 铝标准溶液(3.9)，用水稀释至约 30 mL，以下按 6.4.6～6.4.7 进行。

6.5.2 以铝的质量为横坐标，吸光度为纵坐标绘制工作曲线。

7 分析结果的计算

按公式(1)计算铝的质量分数 w，数值以%表示：

$$w(\mathrm{Al})=\frac{m_1 \cdot V_0 \cdot V_2 \times 10^{-6}}{m_0 \cdot V_1 \cdot V_3}\times 100 \quad \cdots\cdots(1)$$

式中：

m_1——自工作曲线上查得的铝的质量，单位为微克(μg)；

V_0——试液 A 的总体积，单位为毫升(mL)；

V_1——移取试液 A 的体积，单位为毫升(mL)；

V_2——试液 B 的总体积，单位为毫升(mL)；

V_3——移取试液 B 的体积，单位为毫升(mL)；

m_0——试料的质量，单位为克(g)。

8 精密度

8.1 重复性

在重复性条件下获得的两个独立测试结果的测定值，在以下给出的平均值范围内，这两个测试结果的绝对值不超过重复性限(r)，超过重复性限(r)的情况不超过 5%。重复性限(r)按表 2 数据采用线性内插法或外延法求得：

表 2

铝的质量分数/%	重复性限 r/%
0.024	0.002
0.078	0.004
0.300	0.017

8.2 允许差

实验室之间分析结果的差值应不大于表 3 所列允许差。

表 3

铝的质量分数/%	允许差/%
0.020～0.10	0.004
>0.10～0.30	0.040

9 质量保证与控制

应用国家标准样品或行业级标准样品，每六个月校核一次本分析方法标准的有效性。当过程失控时，应找出原因。纠正错误后，重新进行校核。

ICS 77.120.10
H 12

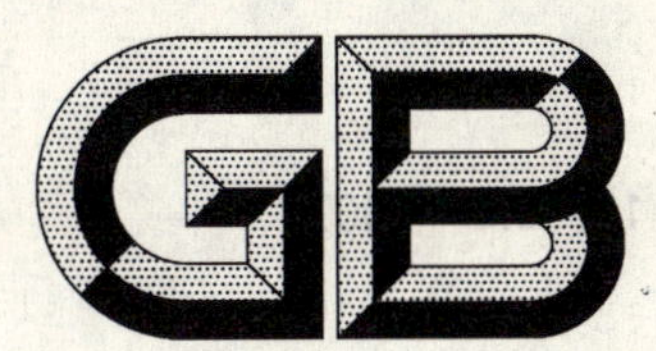

中华人民共和国国家标准

GB/T 14849.3—2007
代替 GB/T 14849.3—1993

工业硅化学分析方法 第3部分:钙含量的测定

Methods for chemical analysis of silicon metal—Part 3:Determination of calcium content

2007-10-25 发布

2008-04-01 实施

中华人民共和国国家质量监督检验检疫总局
中国国家标准化管理委员会
发布

前　言

GB/T 14849《工业硅化学分析方法》分为四部分：

——第1部分：铁含量的测定　1,10-二氮杂菲分光光度法

——第2部分：铝含量的测定　铬天青-S分光光度法

——第3部分：钙含量的测定

——第4部分：电感耦合等离子体原子发射光谱法测定元素含量

本部分为第3部分。

本部分的方法一和方法二分别为火焰原子吸收光谱法和偶氮氯膦Ⅰ分光光度法。

对分析结果有争议时，以方法一为仲裁分析方法。

本部分方法一是对GB/T 14849.3—1993《工业硅化学分析方法　钙量的测定》的修订。为体现标准的协调性，实现分析方法标准与产品标准相匹配，将本部分两个方法的测定范围(质量分数)由0.05%～1.20%修改为0.02%～0.30%，并增加了“重复性”和“质量保证与控制”条款。

本部分由中国有色金属工业协会提出。

本部分由全国有色金属标准化技术委员会归口。

本部分由抚顺铝业有限公司负责起草。

本部分方法一由中国铝业股份有限公司郑州研究院起草。

本部分方法二由抚顺铝业有限公司负责起草。

本部分方法一主要起草人：张炜华、张树朝、郑文良、石磊。

本部分方法二主要起草人：原建昌、杨宇宏、计春雷、杨丽梅。

本部分所代替标准的历次版本发布情况为：

——GB/T 14849.3—1993。

工业硅化学分析方法
第3部分:钙含量的测定

方法一　火焰原子吸收光谱法

1　范围

本方法规定了工业硅中钙含量的测定方法。

本方法适用于工业硅中钙含量的测定。测定范围(质量分数):0.020%～0.30%。

2　方法提要

试料用氢氟酸和硝酸分解,高氯酸冒烟除去硅、氟等,残渣用盐酸溶解。以镧盐抑制铝的干扰,于火焰原子吸收光谱仪波长422.7 nm处,用空气-乙炔火焰测量钙的吸光度。

3　试剂

3.1　高氯酸(ρ1.67 g/L)。

3.2　氢氟酸(ρ1.14 g/L)。

3.3　硝酸(1+1)。

3.4　盐酸(1+1)。

3.5　镧盐溶液(10 g/L):称取5.00 g氧化镧置于250 mL烧杯中,加入15 mL盐酸(3.4),微热溶解,冷却至室温。移入500 mL容量瓶中,以水稀释至刻度,混匀。

3.6　钙标准贮存溶液(500 μg/mL):称取0.624 3 g预先于105℃烘干并置于干燥器中冷却至室温的基准碳酸钙于300 mL烧杯中,加约20 mL水,然后滴加盐酸(3.4)至完全溶解,并过量10 mL,加热煮沸驱除二氧化碳,冷却至室温。移入500 mL容量瓶中,以水稀释至刻度,混匀。此溶液1 mL含500 μg钙。

3.7　钙标准溶液(50 μg/mL):移取25.00 mL钙标准贮存溶液(3.6)于250 mL容量瓶中,以水稀释至刻度,混匀。此溶液1 mL含50 μg钙。

4　仪器

原子吸收光谱仪,附钙空心阴极灯。

在仪器最佳工作条件下,凡能达到下列指标者均可使用。

——灵敏度:在与测量试料溶液基体相一致的溶液中,钙的特征浓度应不大于0.042 μg/mL。

——精密度:用最高浓度的标准溶液测量吸光度10次,其标准偏差不应超过吸光度平均值的1.0%,用最低浓度的标准溶液(不是"零"标准溶液)测量吸光度10次,其标准偏差不应超过最高标准溶液吸光度平均值的0.5%。

——工作曲线线性:将工作曲线按浓度等分成五段,最高短的吸光度差值与最低段的吸光度差值之比,应小于0.7。

5　试样

试样应通过0.149 mm的标准筛,并用磁铁吸去铁粉。

6 分析步骤

6.1 试料

称取 0.5 g 试样(5),精确至 0.000 1 g。

6.2 测定次数

独立地进行两次测定,取其平均值。

6.3 空白试验

随同试料做空白试验。

6.4 测定

6.4.1 将试料(6.1)置于 100 mL 铂皿中,加入 10 mL 氢氟酸(3.2),分次滴加硝酸(3.3)至试料大部分溶解。加入 1 mL 高氯酸(3.1),加热至试料完全溶解并冒尽白烟。取下,冷却。

6.4.2 加入 5 mL 盐酸(3.4),沿皿壁洗入少许水,加热,使残渣完全溶解,冷却至室温。移入 100 mL 容量瓶中,以水稀释至刻度,混匀。

6.4.3 按表 1 移取试液(6.4.2)置于 100 mL 容量瓶中,加入 10 mL 镧盐溶液(3.5),以水稀释至刻度,混匀。

表 1

钙的质量分数/%	移取试液体积/mL
0.02～0.10	50.00
>0.10～0.30	20.00

6.4.4 使用空气-乙炔火焰,于火焰原子吸收光谱仪波长 422.7 nm 处与标准溶液系列同时,以水调零测量吸光度。从工作曲线上查出试液与空白试验溶液的钙浓度。

6.5 工作曲线的绘制

6.5.1 钙含量为 0.020%～0.10%时,移取 0 mL、1.00 mL、2.00 mL、3.00 mL、4.00 mL、5.00 mL 钙标准溶液(3.7)分别置于一组 100 mL 容量瓶中,各加入 10 mL 镧盐溶液(3.5)及 2.5 mL 盐酸(3.4),以水稀释至刻度,混匀。

6.5.2 钙含量为 0.10%～0.30%时,移取 0 mL、1.00 mL、2.00 mL、3.00 mL、4.00 mL、5.00 mL、6.00 mL钙标准溶液(3.7)分别置于一组 100 mL 容量瓶中,各加入 10 mL 镧盐溶液(3.5)及 1.0 mL 盐酸(3.4),以水稀释至刻度,混匀。

6.5.3 在与试液测定相同条件下测量标准溶液(6.5.1)和(6.5.2)的吸光度,减去零浓度溶液的吸光度后,以钙的浓度为横坐标,吸光度为纵坐标,绘制工作曲线。

7 分析结果的计算

按公式(1)计算钙的质量分数 w,数值以%表示:

$$w(\mathrm{Ca})=\frac{(c_0-c_1)\cdot V_2\cdot V_0\times 10^{-6}}{m\cdot V_1}\times 100 \quad\cdots\cdots\cdots\cdots(1)$$

式中:

c_0——自工作曲线上查得试液中钙的浓度,单位为微克每毫升(μg/mL);

c_1——自工作曲线上查得空白试验溶液中钙的浓度,单位为微克每毫升(μg/mL);

V_0——试液的总体积,单位为毫升(mL);

V_1——移取试液的体积,单位为毫升(mL);

V_2——被测试液的体积,单位为毫升(mL);

m——试料的质量,单位为克(g)。

8 精密度

8.1 重复性

在重复性条件下获得的两个独立测试结果的测定值，在以下给出的平均值范围内，这两个测试结果的绝对差值不超过重复性限(r)，超过重复性限(r)的情况不超过5%，重复性限(r)按表2数据采用线性内插法求得。

表 2

钙的质量分数/%	重复性限 r/%
0.041	0.003
0.091	0.003
0.191	0.009

8.2 允许差

试验室之间分析结果的差值应不大于表3所列允许差。

表 3

钙的质量分数/%	允许差/%
0.02～0.080	0.005
>0.080～0.150	0.010
>0.150～0.300	0.020

9 质量保证与控制

分析时，用标准样品或控制样品进行校核，或每年至少用标准样品或控制样品对分析方法校核一次。当过程失控时，应找出原因。纠正错误后，重新进行校核。

方法二 偶氮氯膦Ⅰ分光光度法

10 范围

本部分规定了工业硅中钙含量的测定方法。

本部分适用于工业硅中钙含量的测定。测定范围(质量分数)：0.020%～0.30%。

11 方法提要

试料用氢氟酸和硝酸分解，硫酸冒烟除去硅、氟等，残渣用盐酸溶解。用三乙醇胺、1,10-二氮杂菲、乙酰丙酮掩蔽干扰元素，于pH 10～10.5时，钙与偶氮氯膦Ⅰ形成有色配合物，以EGTA-Pb褪色后的溶液为参比，于分光光度计波长580 nm处测量其吸光度。

12 试剂

12.1 氢氟酸(ρ 1.14 g/mL)。

12.2 硝酸(1+1)。

12.3 硫酸(1+1)。

12.4 盐酸(1+1)。

12.5 三乙醇胺(1+3)。贮存于聚乙烯瓶中。

12.6 1,10-二氮杂菲乙醇溶液(4 g/L):称取 4.0 g 1,10-二氮杂菲($C_{12}H_8N_2 \cdot H_2O$),置于 1 000 mL 容量瓶中,加乙醇溶解后,用乙醇稀释至刻度,混匀。

12.7 乙酰丙酮(1+40)。

12.8 缓冲溶液:称取 21.00 g 硼砂($Na_2B_4O_7 \cdot 10H_2O$)、4.00 g 氢氧化钠(优级纯),用水溶解后稀释至 1 000 mL。此溶液 pH 为 10.5。贮存于聚乙烯瓶中。

12.9 偶氮氯膦Ⅰ($C_{16}H_{18}O_{14}N_2S_2PCl$)溶液(1.0 g/L)。

12.10 EGTA-Pb 溶液(0.02 mol/L):称取 1.90 g 乙二醇二乙醚二胺四乙酸(EGTA),置于烧杯中,加约 100 mL 水,加热,滴加氢氧化钠(1 mol/L)助溶,并调至中性。另取 1.53 g 氯化铅,加约 100 mL 水,加热溶解后,趁热将两溶液混合,调至中性,冷却后用水稀释至 250 mL,混匀。

12.11 钙标准贮存溶液;称取 2.497 0 g 预先于 105℃烘干并置干燥器中冷却至室温的基准碳酸钙于烧杯中,加约 200 mL 水,然后滴加盐酸(12.4)至完全溶解并过量 20 mL,加热煮沸驱除二氧化碳,冷却,移入 1 000 mL 容量瓶中,用水稀释至刻度,混匀。此溶液 1 mL 含 1 mg 钙。

12.12 钙标准溶液:移取 10.00 mL 钙标准贮存溶液(12.11)于 1 000 mL 容量瓶中,用水稀释至刻度,混匀。此溶液 1 mL 含 10 μg 钙。

13 仪器

13.1 分光光度计。

13.2 酸度计。

14 试样

全部通过 0.175 mm 的标准筛,并用磁铁吸去铁粉。

15 分析步骤

15.1 试料

称取 1 g 试样(14),精确至 0.000 1 g。

15.2 测定次数

独立地进行两次测定,取其平均值。

15.3 空白试验

随同试料(15.1)做空白试验。

15.4 测定

15.4.1 将试料(15.1)置于 100 mL 铂皿中,加入 0.5 mL 硫酸(12.3)、20 mL~25 mL 氢氟酸(12.1)、分次滴加硝酸(12.2)直至试料大部分溶解,移铂皿于沙浴上,加热至试料完全溶解,并蒸干。

15.4.2 将铂皿置于 450℃±25℃的高温炉中,冒尽硫酸烟,取出,冷却。

15.4.3 于铂皿中加入 5.0 mL 盐酸(12.4),沿皿壁加入 20 mL~30 mL 水,加热至残渣完全溶解,冷却。移入 500 mL 容量瓶中,用水稀释至刻度,混匀。

15.4.4 分取试液(15.4.3)10 mL 于 50 mL 容量瓶中。加入 6.0 mL 三乙醇胺(12.5)、4.0 mL 1,10-二氮杂菲乙醇溶液(12.6)、3.0 mL 乙酰丙酮(12.7)、10.0 mL 缓冲溶液(12.8)、5.0 mL 偶氮氯膦Ⅰ溶液(12.9)。每加一种试剂均需混匀。用水稀释至刻度,混匀。放置 5 min。

15.4.5 将溶液(15.4.4)移入 2 cm 吸收池中,在剩余的溶液中加入 3 滴~5 滴 EGTA-Pb 溶液(12.10),摇匀至褪色完全,以此褪色后的溶液作参比,在分光光度计波长 580 nm 处测量其吸光度。

15.4.6 减去空白试验溶液(15.3)的吸光度,从工作曲线上查出相应的钙的质量。

15.5 工作曲线的绘制

15.5.1 移取 0 mL、0.50 mL、1.00 mL、2.00 mL、3.00 mL、4.00 mL、5.00 mL、6.00 mL 钙标准溶液

(12.12)分别置于 50 mL 容量瓶中，加入与试液体积相等的空白试验溶液(15.3)以下按 15.4.6～15.4.7进行。

15.5.2　以钙的质量为横坐标，以减去试剂空白吸光度后的吸光度为纵坐标绘制工作曲线。

16　分析结果的计算

按公式(2)计算钙的质量分数 w，数值以%表示：

$$w(\mathrm{Ca})=\frac{m_1 \cdot V_0 \cdot 10^{-6}}{m_0 \cdot V_1}\times 100 \quad \cdots\cdots (2)$$

式中：

m_1——自工作曲线上查得的钙质量，单位为微克(μg)；

V_0——试液的总体积，单位为毫升(mL)；

m_0——试料的质量，单位为克(g)；

V_1——分取试液的体积，单位为毫升(mL)。

17　精密度

17.1　重复性

在重复性条件下获得的两个独立测试结果的测定值，在以下给出的平均值范围内，这两个测试结果的绝对值不超过重复性限(r)，超过重复性限(r)的情况不超过 5%。重复性限(r)按表 4 数据采用线性内插法求得：

表 4

钙的质量分数/%	重复性限 r/%
0.022	0.003
0.097	0.006
0.207	0.018

17.2　允许差

实验室之间分析结果的差值应不大于表 5 所列允许差。

表 5

钙的质量分数/%	允许差/%
0.020～0.080	0.005
>0.080～0.150	0.010
>0.150～0.300	0.020

18　质量保证与控制

应用国家标准样品或行业级标准样品，每六个月校核一次本分析方法标准的有效性。当过程失控时，应找出原因。纠正错误后，重新进行校核。

ICS 67.160.10
X 61

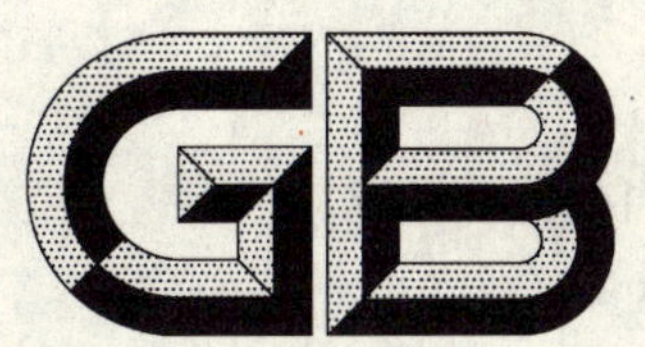

中华人民共和国国家标准

GB/T 14867—2007
代替 GB/T 14867—1994

凤香型白酒

Feng-flavour Chinese spirits

2007-01-19 发布　　2007-07-01 实施

中华人民共和国国家质量监督检验检疫总局
中国国家标准化管理委员会　发布

前　言

本标准是对 GB/T 14867—1994《凤香型白酒》的修订。

本标准代替 GB/T 14867—1994。

本标准与 GB/T 14867—1994 相比主要变化如下：

——增加了术语和定义；

——高度酒的酒精度上限由 GB/T 14867—1994 的 55.0%调整为 68%vol；

——低度酒的酒精度下限由 GB/T 14867—1994 的 35.0%调整为 18%vol；

——质量等级分为优级、一级，去掉 GB/T 14867—1994 中的合格品；

——理化指标相应进行了调整。

本标准由全国食品工业标准化技术委员会酿酒分技术委员会提出并归口。

本标准起草单位：中国食品发酵工业研究院、陕西西凤酒股份有限公司。

本标准主要起草人：郭新光、贾智勇、冯晓山、康永璞、闫宗科、张蔚。

本标准所代替标准的历次版本发布情况为：

——GB/T 14867—1994。

凤香型白酒

1 范围

本标准规定了凤香型白酒的术语和定义、产品分类、要求、分析方法、检验规则和标志、包装、运输、贮存。

本标准适用于凤香型白酒的生产、检验与销售。

2 规范性引用文件

下列文件中的条款通过本标准的引用而成为本标准的条款。凡是注日期的引用文件，其随后所有的修改单(不包括勘误的内容)或修订版均不适用于本标准，然而，鼓励根据本标准达成协议的各方研究是否可使用这些文件的最新版本。凡是不注日期的引用文件，其最新版本适用于本标准。

GB 2757 蒸馏酒及配制酒卫生标准

GB 10344 预包装饮料酒标签通则

GB/T 10345 白酒分析方法

GB/T 10346 白酒检验规则和标志、包装、运输、贮存

JJF 1070 定量包装商品净含量计量检验规则

国家质量监督检验检疫总局[2005]第 75 号令 定量包装商品计量监督管理办法

3 术语和定义

下列术语和定义适用于本标准。

3.1

凤香型白酒 Feng-flavour Chinese spirits

以粮谷为原料，经传统固态法发酵、蒸馏、酒海陈酿、勾兑而成的，未添加食用酒精及非白酒发酵产生的呈香呈味物质，具有乙酸乙酯和己酸乙酯为主的复合香气的白酒。

3.2

酒海 big conservator for spirits storage

用藤条编制成容器，以鸡蛋清等物质配成粘合剂，用白棉布、麻纸裱糊，再以菜油、蜂蜡涂抹内壁，干燥后用于贮酒的容器。

4 产品分类

按产品的酒精度分为：

高度酒：酒精度 41%vol～68%vol；

低度酒：酒精度 18%vol～40%vol。

5 要求

5.1 感官要求

5.1.1 高度酒的感官要求应符合表 1 的规定。

表 1 高度酒感官要求

项目	优级	一级
色泽和外观	无色或微黄，清亮透明，无悬浮物，无沉淀[a]	
香气	醇香秀雅，具有乙酸乙酯和己酸乙酯为主的复合香气	醇香纯正，具有乙酸乙酯和己酸乙酯为主的复合香气
口味	醇厚丰满，甘润挺爽，诸味谐调，尾净悠长	醇厚甘润，谐调爽净，余味较长
风格	具有本品典型的风格	具有本品明显的风格

a 当酒的温度低于10℃时，允许出现白色絮状沉淀物质或失光。10℃以上时应逐渐恢复正常。

5.1.2 低度酒的感官要求应符合表2的规定。

表 2 低度酒感官要求

项目	优级	一级
色泽和外观	无色或微黄，清亮透明，无悬浮物，无沉淀[a]	
香气	醇香秀雅，具有乙酸乙酯和己酸乙酯为主的复合香气	醇香纯正，具有乙酸乙酯和己酸乙酯为主的复合香气
口味	酒体醇厚谐调，绵甜爽净，余味较长	醇和甘润，谐调，味爽净
风格	具有本品典型的风格	具有本品明显的风格

a 当酒的温度低于10℃时，允许出现白色絮状沉淀物质或失光。10℃以上时应逐渐恢复正常。

5.2 理化要求

5.2.1 高度酒理化要求应符合表3的规定。

表 3 高度酒理化要求

项目		优级	一级
酒精度/(%vol)		41～68	
总酸(以乙酸计)/(g/L)	≥	0.35	0.25
总酯(以乙酸乙酯计)/(g/L)	≥	1.60	1.40
乙酸乙酯/(g/L)	≥	0.6	0.4
己酸乙酯/(g/L)		0.25～1.20	0.20～1.0
固形物/(g/L)	≤	1.0	

5.2.2 低度酒理化要求应符合表4的规定。

表 4 低度酒理化要求

项目		优级	一级
酒精度/(%vol)		18～40	
总酸(以乙酸计)/(g/L)	≥	0.20	0.15
总酯(以乙酸乙酯计)/(g/L)	≥	1.00	0.60
乙酸乙酯/(g/L)	≥	0.4	0.3
己酸乙酯/(g/L)		0.20～1.0	0.15～0.80
固形物/(g/L)	≤	0.9	

5.3 卫生要求

应符合GB 2757的规定。

5.4 净含量

按国家质量监督检验检疫总局[2005]第75号令执行。

6 分析方法

感官要求、理化要求的检验按GB/T 10345执行。

净含量的检验按JJF 1070执行。

7 检验规则和标志、包装、运输、贮存

7.1 检验规则和标志、包装、运输、贮存按GB/T 10346执行。

7.2 标签应符合GB 10344的规定。酒精度可表示为"%vol"。酒精度实测值与标签标示值允许差为±1.0%vol。

ICS 43.020
R 06

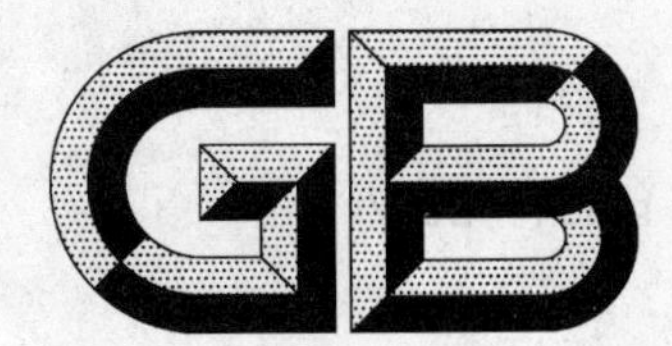

中华人民共和国国家标准

GB/T 14951—2007
代替 GB/T 14951—1994,GB/T 17752—1999,GB/T 17753—1999

汽车节油技术评定方法

Measurement method of fuel saving technology for automobiles

2007-01-24 发布 2007-08-01 实施

中华人民共和国国家质量监督检验检疫总局
中国国家标准化管理委员会 发布

前　言

本标准代替 GB/T 14951—1994《汽车节油技术评定方法》、GB/T 17752—1999《汽车燃油节能添加剂试验评定方法》和 GB/T 17753—1999《汽车发动机润滑油节能添加剂试验评定方法》。

本标准与 GB/T 14951—1994、GB/T 17752—1999 和 GB/T 17753—1999 3 个标准相比主要变化如下：

——对汽车道路燃料消耗量测试方法进行了修订(见 5.2.2.2,5.2.2.3)；

——增加了汽车运行百公里燃料消耗量和挂档滑行距离对比试验的检测内容和方法(见 5.2.2.4,5.2.2.6)；

——对不同生产时期的在用车辆分别执行不同的排气污染物测试方法和限值，增加了针对装有排气后处理装置的车辆排气污染物的测量方法(见 5.2.2.7)；

——取消了原标准中有关特定工况和加速工况燃料消耗量的检测、评定方法及经济效益指标和相应的计算方法。

本标准的附录 A～附录 D 都是规范性附录。

本标准由中华人民共和国交通部提出。

本标准由全国汽车维修标准化技术委员会(SAC/TC 247)归口。

本标准起草单位：交通部公路科学研究院。

本标准主要起草人：韩国庆、冯桂芹、刘莉、赵侃、王伟、董国亮、何勇、洪兰芳、蔡凤田。

本标准所代替的标准历次发布情况为：

——GB/T 14951—1994；

——GB/T 17752—1999；

——GB/T 17753—1999。

汽车节油技术评定方法

1 范围

本标准规定了在用汽车节油技术的评定指标、试验方法和试验数据处理及评定项目计算。

本标准适用于在用汽车各类节油技术使用效果的评定。

2 规范性引用文件

下列文件中的条款通过本标准的引用而成为本标准的条款。凡是注日期的引用文件，其随后所有的修改单(不包括勘误的内容)或修订版均不适用于本标准，然而，鼓励根据本标准达成协议的各方研究是否可使用这些文件的最新版本。凡是不注日期的引用文件，其最新版本适用于本标准。

GB/T 265 石油产品运动黏度测定法和动力黏度计算法

GB/T 3142 润滑剂承载能力测定法(四球法)

GB/T 3535 石油倾点测定法(GB/T 3535—1983,neq ISO 3016:1974)

GB/T 3536 石油产品闪点和燃点测定法(克利夫兰开口杯法)(GB/T 3536—1983,eqv ISO 2592:1973)

GB 3847 车用压燃式发动机和压燃式发动机汽车排气烟度限值及测量方法

GB/T 5096 石油产品铜片腐蚀试验法(GB/T 5096—1983,eqv ASTM D 130:1983)

GB/T 12534 汽车道路试验方法通则

GB/T 12543 汽车加速性能试验方法

GB/T 12545.2 商用车辆燃料消耗量试验方法

GB 18285 点燃式发动机汽车排气污染物排放限值及测量方法(双怠速法及简易工况法)

GB/T 18297 汽车发动机性能试验方法(GB/T 18297—2001,neq ISO 1585:1992,ISO 2534:1998)

GB 18352(所有部分) 轻型汽车污染物排放限值及测量方法

3 术语和定义

下列术语和定义适用于本标准。

3.1

汽车节油技术 fuel saving technologies for automobile

在降低汽车燃料消耗同时对汽车的其他使用性能无不良影响的技术。

4 评定项目

4.1 经济性项目

4.1.1 主要项目:

a) 城间运行模式节油量(ΔQ_c)，单位为千克每百公里(kg/100 km)；

城间运行模式节油率(α_c)，%。

b) 市区运行模式节油量(ΔQ_s)，单位为千克每百公里(kg/100 km)；

市区运行模式节油率(α_s)，%。

c) 快速运行模式节油量(ΔQ_q)，单位为千克每百公里(kg/100 km)；

快速运行模式节油率(α_q),%。

4.1.2 参考项目:

a) 多工况节油量(ΔQ_d),单位为千克每百公里(kg/100 km);

多工况节油率(α_d),%。

b) 运行百公里节油量(ΔQ_b),单位为千克每百公里(kg/100 km);

运行百公里节油率(α_b),%。

4.2 动力性项目

a) 转矩对比系数 K_M;

b) 功率对比系数 K_P;

c) 加速时间对比系数 K_t;

d) 滑行距离对比系数 K_s。

4.3 环境影响项目

a) R_{CO}——汽车排气污染物 CO 净化率;

b) R_{HC}——汽车排气污染物 HC 净化率;

c) R_{NOx}——汽车排气污染物 NO_X 净化率;

d) R_{HC+NOx}——汽车排气污染物 HC+NO_X 净化率;

e) R_{PM}——柴油车排气污染颗粒物净化率;

f) R_{KJ}——柴油车排气污染烟度净化率。

5 性能试验

5.1 试验分类及试验项目

5.1.1 发动机性能台架对比试验:

a) 发动机总功率对比试验;

b) 发动机负荷特性对比试验;

c) 发动机排气污染物对比试验。

5.1.2 汽车性能道路对比试验:

a) 汽车等速燃料消耗量对比试验;

b) 汽车多工况燃料消耗量对比试验;

c) 汽车运行百公里燃料消耗量对比试验;

d) 汽车最高档(或次高档)全油门加速性能对比试验;

e) 汽车挂档滑行对比试验;

f) 汽车排气污染物对比测量;

g) 柴油车排气污染物烟度对比测量。

5.1.3 节油添加剂理化性能试验:

a) 燃油节油添加剂理化性能试验;

b) 润滑油节油添加剂理化性能试验。

5.2 试验方法

5.2.1 发动机性能台架对比试验

5.2.1.1 发动机总功率对比试验

发动机总功率对比试验应按照 GB/T 18297 中相关的试验项目进行。

5.2.1.2 发动机负荷特性对比试验

发动机负荷特性对比试验应按照 GB/T 18297 中负荷特性试验的规定进行,控制参数见表1。发动机转速为汽车最高档或次高档5种车速所对应的发动机转速,在汽车行驶时测量或按式(1)计算。

$$n = \frac{i_o \times i_k \times v}{0.377 \times r} \qquad (1)$$

式中：

n——发动机转速，单位为转每分钟（r/min）；

i_o——主传动比；

i_k——变速器最高档或次高档传动比；

r——车轮滚动半径，单位为米（m）；

v——车速，单位为千米每小时（km/h）。

表1　负荷特性试验控制参数表

乘用车试验车速/(km/h)	$v_1=30$	$v_2=50$	$v_3=70$	$v_4=90$	$v_5=110$
商用车试验车速/(km/h)	$v_1=30$	$v_2=45$	$v_3=60$	$v_4=75$	$v_5=90$
发动机转速/(r/min)	实测或 $n_i=\frac{i_0 \times i_k \times v_i}{0.377 \times r}$				
推荐试验转矩范围及测试点/(N·m)	$M=0.20M_{i\max} \sim M_{i\max}$，均匀分布8个点。				
注：$M_{i\max}$——发动机未采用节油技术时在 i 转速下的最大负荷。					

5.2.1.3　**发动机排气污染物对比试验**

汽油发动机按照GB 18285的规定进行，柴油发动机按照GB 3847的规定进行。装有排气后处理装置的发动机试验时，应在排气处理装置之前的位置进行排气污染物的检测。

5.2.1.4　**发动机预运转**

发动机使用汽车节油技术后，如需发动机预运转，推荐按照表2的规范进行循环运转。完成规定的运转时间后，发动机技术状况应符合要求，再根据试验的要求按5.2.1.1～5.2.1.3的规定进行对比试验。

表2　发动机预运转规范

试验车速[a]/(km/h)	v_1	v_2	v_3	v_4	v_5
转速 n/(r/min)	与试验车速对应的发动机转速 n_i				
负荷 M/(N·m)	$M=0.20M_{i\max}$				
运转时间 t/min	15	90	120	60	15
[a] 与表1所对应的试验车速。					

5.2.1.5　**发动机润滑油老化处理**

当发动机使用润滑油节油技术后，发动机应进行不少于4个循环的预运转，在完成对润滑油老化处理后方可进行试验。

5.2.2　**汽车性能道路对比试验**

5.2.2.1　**汽车道路对比试验条件**

汽车道路对比试验条件应符合GB/T 12534的有关规定。

5.2.2.2　**汽车等速燃料消耗量对比试验**

汽车等速燃料消耗量对比试验应按照GB/T 12545.2的规定进行。

5.2.2.3　**汽车多工况燃料消耗量对比试验**

汽车多工况燃料消耗量对比试验应按照GB/T 12545.2的规定进行。

5.2.2.4　**汽车运行百公里燃料消耗量对比试验**

汽车运行百公里燃料消耗量对比试验应按照附录A的要求进行。

5.2.2.5 汽车最高档(或次高档)全油门加速性能对比试验

汽车最高档(或次高档)全油门加速性能对比试验应按照 GB/T 12543 的规定进行。测试的车速应按照下列要求进行：

——乘用车：30 km/h～110 km/h；

——商用车：30 km/h～80 km/h。

5.2.2.6 汽车挂档滑行距离对比试验

汽车挂档滑行距离对比试验应按照附录 B 的要求进行。

5.2.2.7 汽车排气污染物对比试验

5.2.2.7.1 汽油车排气污染物对比试验按照 GB 18285 或 GB 18352 的规定进行。当装有排气后处理装置的车辆按照 GB 18285 的规定进行试验时，应在排气处理装置之前的位置进行检测。

5.2.2.7.2 柴油车排气污染物对比试验按照 GB 3847 或 GB 18352 的规定进行。

5.2.2.8 汽车预行驶

使用汽车节油技术后，如需进行汽车预行驶，推荐乘用车以 70 km/h～100 km/h 的速度行驶，其他车以 40 km/h～70 km/h 的速度行驶。在行驶过程中及达到所需里程后，车辆的技术状况应符合要求，再根据试验项目的要求，按照 5.2.2.1～5.2.2.7 的相关规定进行对比试验。

5.2.2.9 汽车润滑油老化处理

当汽车使用润滑油节油技术后，汽车应进行不少于 1 000 km 的预行驶，在完成对润滑油老化处理后方可进行试验。

5.2.3 节油添加剂理化性能试验

5.2.3.1 对节油添加剂所要求的理化性能试验

5.2.3.1.1 铜片腐蚀试验按照 GB/T 5096 的规定进行；

5.2.3.1.2 相容性试验按照附录 C 的规定进行。

5.2.3.2 润滑油节油添加剂理化性能试验

5.2.3.2.1 运动黏度的测定和动力黏度计算方法按照 GB/T 265 的规定进行；

5.2.3.2.2 承载能力测定按照 GB/T 3142 的规定进行；

5.2.3.2.3 倾点测定按照 GB/T 3535 的规定进行；

5.2.3.2.4 闪点和燃点的测定按照 GB/T 3536 的规定进行；

5.2.3.2.5 铜片腐蚀测定按照 GB/T 5096 的规定进行；

5.2.3.2.6 稳定性试验按照附录 D 的规定进行。

6 试验数据处理及评定项目的计算

6.1 发动机负荷特性数据处理

6.1.1 根据负荷特性燃料消耗曲线计算积分均值

$$\overline{G}_f = \frac{1}{P_2 - P_1}\int_{P_1}^{P_2} G_f \mathrm{d}P \qquad \cdots\cdots(2)$$

式中：

$\overline{G}_f$——发动机小时燃料消耗积分均值，单位为千克每小时(kg/h)；

G_f——发动机小时燃料消耗量，单位为千克每小时(kg/h)；

P_1——该转速下发动机最大功率的 30%，单位为千瓦(kW)；

P_2——该转速下发动机最大功率的 90%，单位为千瓦(kW)。

6.1.2 燃料消耗量的换算

将发动机小时燃料消耗量 $\overline{G}_f$ 换算为汽车运行燃料消耗量：

$$Q = \frac{\overline{G}_f}{v} \times 100 \qquad \cdots\cdots(3)$$

式中：

Q——百公里汽车燃料消耗量，单位为千克每百公里(kg/100 km)；

$\overline{G}_f$——发动机小时燃料消耗积分均值，单位为千克每小时(kg/h)；

v——车速，单位为千米每小时(km/h)。

6.2 汽车道路试验数据处理

按照 GB/T 12545.2 的规定进行处理。

6.3 经济性评价项目

6.3.1 各种运行模式节油量和节油率计算

6.3.1.1 各种运行模式节油量

$$\Delta Q = \sum R_i Q_{oi} - \sum R_i Q_{ji} \qquad (4)$$

式中：

ΔQ——各种运行模式节油量，单位为千克每百公里(kg/100 km)；

Q_{oi}——未采用节油技术时的燃料消耗量，单位为千克每百公里(kg/100 km)；

Q_{ji}——采用节油技术时的燃料消耗量，单位为千克每百公里(kg/100 km)；

R_i——不同运行模式时不同车速的加权系数，见表 3。

表 3 不同运行模式时不同车速的加权系数 R_i

运行模式	车速，km/h				
	v_1	v_2	v_3	v_4	v_5
市区运行	0.33	0.51	0.16		
城间运行	0.04	0.33	0.41	0.18	0.04
快速运行					1

6.3.1.2 各种运行模式节油率

$$\alpha = \frac{\Delta Q}{\sum R_i Q_{oi}} \times 100 \qquad (5)$$

式中：

α——各种运行模式节油率，%。

6.3.2 汽车多工况节油量和节油率计算

6.3.2.1 多工况节油量

$$\Delta Q_d = Q_{od} - Q_{jd} \qquad (6)$$

式中：

ΔQ_d——多工况节油量，单位为千克每百公里(kg/100 km)；

Q_{od}——未采用节油技术时的燃料消耗量，单位为千克每百公里(kg/100 km)；

Q_{jd}——采用节油技术时的燃料消耗量，单位为千克每百公里(kg/100 km)。

6.3.2.2 多工况节油率

$$\alpha_d = \frac{\Delta Q_d}{Q_{od}} \times 100 \qquad (7)$$

式中：

α_d——多工况节油率，%。

6.3.3 汽车运行百公里节油量和节油率计算

6.3.3.1 运行百公里节油量

$$\Delta Q_b = Q_{ob} - Q_{jb} \qquad (8)$$

式中：

ΔQ_b——运行百公里节油量，单位为千克每百公里(kg/100 km)；

Q_{ob}——未采用节油技术时的燃料消耗量，单位为千克每百公里(kg/100 km)；

Q_{jb}——采用节油技术时的燃料消耗量，单位为千克每百公里(kg/100 km)。

6.3.3.2 运行百公里节油率

$$\alpha_b = \frac{\Delta Q_b}{Q_{ob}} \times 100 \qquad \cdots\cdots (9)$$

式中：

α_b——运行百公里节油率，%。

6.4 动力性项目

6.4.1 转矩对比系数 K_M

$$K_M = \frac{\sum M_j}{\sum M_o} \qquad \cdots\cdots (10)$$

式中：

$\sum M_o$——未采用节油技术时功率特性所测转矩之和(校正)，单位为牛米(N·m)；

$\sum M_j$——采用节油技术后功率特性所测转矩之和(校正)，单位为牛米(N·m)。

6.4.2 功率对比系数 K_P

$$K_P = \frac{P_{jmax}}{P_{omax}} \qquad \cdots\cdots (11)$$

式中：

P_{omax}——未采用节油技术时发动机最大功率(校正)，单位为千瓦(kW)；

P_{jmax}——采用节油技术后发动机最大功率(校正)，单位为千瓦(kW)。

6.4.3 加速时间对比系数 K_t

$$K_t = \frac{t_j}{t_o} \qquad \cdots\cdots (12)$$

式中：

t_o——未采用节油技术时汽车的加速时间，单位为秒(s)；

t_j——采用节油技术后汽车的加速时间，单位为秒(s)。

6.4.4 滑行距离对比系数 K_s

$$K_s = \frac{S_j}{S_o} \qquad \cdots\cdots (13)$$

式中：

S_o——未采用节油技术时汽车的滑行距离，单位为米(m)；

S_j——采用节油技术后汽车的滑行距离，单位为米(m)。

6.5 排气污染物净化率

6.5.1 汽车排气污染物净化率

6.5.1.1 CO 净化率 R_{CO}

$$R_{CO}(\%) = \left(1 - \frac{J_{CO}}{O_{CO}}\right) \times 100 \qquad \cdots\cdots (14)$$

式中：

O_{CO}——未采用节油技术时测得的 CO 排放量；

J_{CO}——采用节油技术后测得的 CO 排放量。

6.5.1.2 HC 净化率 R_{HC}

$$R_{HC}(\%) = \left(1 - \frac{J_{HC}}{O_{HC}}\right) \times 100 \qquad \cdots\cdots (15)$$

式中：

O_{HC}——未采用节油技术时测得的 HC 排放量；

J_{HC}——采用节油技术后测得的 HC 排放量。

6.5.1.3 **NO_X 净化率 R_{NOx}**

$$R_{NOx}(\%)=\left(1-\frac{J_{NOx}}{O_{NOx}}\right)\times 100 \qquad \cdots\cdots(16)$$

式中：

O_{NOx}——未采用节油技术时测得的 NO_X 排放量；

J_{NOx}——采用节油技术后测得的 NO_X 排放量。

6.5.1.4 **$CO+NO_X$ 净化率 R_{CO+NOx}**

$$R_{CO+NOx}(\%)=\left(1-\frac{J_{CO+NOx}}{O_{CO+NOx}}\right)\times 100 \qquad \cdots\cdots(17)$$

式中：

O_{CO+NOx}——未采用节油技术时测得的 $CO+NO_X$ 排放量；

J_{CO+NOx}——采用节油技术后测得的 $CO+NO_X$ 排放量。

6.5.1.5 **颗粒物净化率 R_{PM}**

$$R_{PM}(\%)=\left(1-\frac{J_{PM}}{O_{PM}}\right)\times 100 \qquad \cdots\cdots(18)$$

式中：

O_{PM}——未采用节油技术时测得的颗粒物排放量；

J_{PM}——采用节油技术后测得的颗粒物排放量。

6.5.2 **柴油车排气污染烟度净化率 R_{KJ}**

$$R_{KJ}(\%)=\left(1-\frac{J_{KJ}}{O_{KJ}}\right)\times 100 \qquad \cdots\cdots(19)$$

式中：

O_{KJ}——未采用节油技术时测得的排气污染烟度数值；

J_{KJ}——采用节油技术后测得的排气污染烟度数值。

附　录　A
（规范性附录）
汽车运行百公里燃料消耗量对比试验方法

A.1　试验条件

A.1.1　试验车辆

试验车辆应技术状况良好，性能符合制造厂的规定。

A.1.2　试验车辆载荷

除特殊规定外，试验车辆的载荷应符合 GB/T 12545.2 中的规定。

A.1.3　试验仪器

试验用仪器应满足 GB/T 12545.2 中的要求。

A.1.4　测试路段

汽车道路对比试验条件应满足 5.2.2.1 的要求。测试路段长度不小于 15 km，可以是封闭的环形路（测量路程应为完整的环形）也可以是平直路（试验在两个方向上进行）。

A.1.5　试验燃料

试验用燃料应符合车辆制造厂的规定。

A.2　试验方法

在正常交通情况下，以下列车速行驶并尽可能保持匀速：

——乘用车：90 km/h；

——商用车：70 km/h。

测定每 10 km 单程（或一个完整的环形路程）的燃料消耗量，换算成百公里燃料消耗量。往返各试验一次（或两个完整的环形路程），以两次测量结果的算术平均值为运行百公里条件下的平均使用燃料消耗量的测定值。

试验时应记录制动次数、各档位使用次数、时间、行程和速度。

附 录 B
（规范性附录）
汽车挂档滑行距离对比试验方法

B.1 试验条件

B.1.1 试验车辆

试验车辆应技术状况良好，性能符合制造厂的规定。其他试验条件及车辆的准备符合 5.2.2.1 的规定。

B.1.2 试验仪器

车速、行程记录仪或相应的记录装置，精度不低于 0.5%。

B.1.3 测试路段

汽车挂档滑行距离对比试验的道路条件应满足 5.2.2.1 的要求。

B.2 试验方法

测试应在平直的道路上进行，变速器排档为最高档或次高档，以稳定车速 v_1 进入滑行段，迅速松开油门开始滑行，记录滑行时间、距离和速度等参数，直至车速降至 v_2，停止记录。滑行过程中不得转动方向盘。试验往返各滑行两次，取平均值，往返路段应一致。其中：

——乘用车：v_1 为 110 km/h，v_2 为 50 km/h；

——商用车：v_1 为 70 km/h，v_2 为 30 km/h。

附 录 C
（规范性附录）
汽车燃油节油添加剂与燃油相容性试验方法

C.1 方法概要

本方法主要包括：把燃油节油添加剂加入到参比燃油中，配成混合燃油，使混合燃油在一定转速下离心 30min 后，观察其状态。

C.2 样品

汽车燃油节油添加剂。

C.3 仪器与材料

C.3.1 烘箱：能控制到 105℃±3℃。

C.3.2 三角瓶：具塞，250 mL，两只。

C.3.3 离心管：50 mL。

C.3.4 离心机：能在控制速度下旋转两个或多个离心管，其速度应能使离心管的末端产生 600～700 的相对离心力，转速 n(r/min)按下式计算：

$$n = 1\,337\sqrt{rcf/d} \qquad \cdots\cdots(C.1)$$

式中：

rcf——相对离心力；

d——在旋转状态时，两个相对应的管底间的旋转直径，单位为毫米(mm)。

C.3.5 恒温浴：能控制到 50℃±3℃。

C.3.6 低温浴：能控制到－40℃±3℃。

C.3.7 参比燃油：符合试验要求的燃油。

C.4 准备工作

将三角瓶和离心管用自来水清洗干净，再经蒸馏水清洗后烘干备用。

C.5 试验步骤

C.5.1 将添加剂按产品说明书规定的比例与参比燃油在三角瓶中配成 200 mL 混合燃油，至添加剂完全溶解。

C.5.2 塞上瓶塞后，将三角瓶摇动 1 min。

C.5.3 在室温下，将混合燃油迅速倒入两个清洁的离心管中，至 50 mL，刻度线处，小心地将两个离心管放入离心机对称位置上，使离心机达到平衡。

C.5.4 启动离心机，并在相对离心力达到 600～700 时的转速下运转 30 min，然后取出离心管，观察混合燃油是否出现分层、浑浊或沉淀现象。

C.5.5 将两只离心管分别放入 50℃的恒温浴和－40℃的低温浴中，恒温 8 h，取出后观察混合燃油是否出现分层、浑浊或沉淀现象。

附 录 D
（规范性附录）
汽车发动机润滑油节油添加剂稳定性试验方法

D.1 方法概要

本方法主要包括：把发动机润滑油节油添加剂加入到参比润滑油中，配成混合润滑油，使混合润滑油在一定转速下离心 30 min 后，观察混合润滑油的状态。

D.2 样品

汽车发动机润滑油节油添加剂。

D.3 仪器与材料

D.3.1 烘箱：能控制到 105℃±3℃。

D.3.2 三角瓶：具塞，250 mL，两个。

D.3.3 离心管：50 mL。

D.3.4 离心机：能在控制速度下旋转两个或多个离心管，其速度应能使离心管的末端产生 600～700 的相对离心力，转速 n(r/min)按下式计算：

$$n = 1\,337\sqrt{rcf/d} \qquad \cdots\cdots\cdots\cdots (\text{D.1})$$

式中：

rcf——相对离心力；

d——在旋转状态时，两个管底间的旋转直径，单位为毫米(mm)。

D.3.5 恒温浴：能控制到 93℃±3℃。

D.3.6 参比润滑油：符合试验要求级别的发动机润滑油。

D.3.7 石油醚：分析纯，90℃～120℃。

D.4 准备工作

将三角瓶和离心管用自来水清洗干净，再经蒸馏水清洗后烘干备用。

D.5 试验步骤

D.5.1 在三角瓶中加入 200 mL 参比润滑油和 20 mL 石油醚，然后将添加剂按产品说明书规定的比例加入该瓶中，配成混合润滑油。

D.5.2 塞上瓶塞，剧烈摇动 1 min 后，将其放在 105℃±3℃的烘箱中恒温 8 h。

D.5.3 取出三角瓶，冷却至室温。

D.5.4 将三角瓶剧烈摇动 1 min 后，迅速将混合润滑油倒入两个清洁的离心管中，至 50 mL 刻度线处。

D.5.5 将盛有混合润滑油的离心管放入 93℃±3℃的恒温浴中加热 5 min 后，小心地放入离心机对称位置上，使离心机达到平衡。

D.5.6 启动离心机，并在相对离心力达到 600～700 时的转速下，运转 30 min。然后取出离心管，并观察混合润滑油是否出现分层或沉淀等现象。

ICS 77.140.99
H 58

中华人民共和国国家标准

GB/T 14985—2007
代替 GB/T 14985—1994

膨胀合金尺寸、外形、表面质量、试验方法和检验规则的一般规定

General rules of dimensions, shape, surface, quality, testing method and inspection for expansion alloys

2007-08-14 发布 2008-03-01 实施

中华人民共和国国家质量监督检验检疫总局
中国国家标准化管理委员会 发布

前　言

本标准代替 GB/T 14985—1994《膨胀合金的尺寸、外形、表面质量、试验方法和检验规则的一般规定》。

本标准与 GB/T 14985—1994 相比主要变化如下：

——增加了“规范性引用文件”和“订货内容”；

——冷拉(拔)丝材的尺寸允许偏差与外形规定修改为直接引用 GB/T 342 标准中的相关内容；

——原标准中冷轧带材厚度尺寸允许偏差中的“较高精度和普通精度”的规定修改为按宽度≥150 mm和宽度≤150 mm 的规定进行，并将原负偏差修改为正负偏差；

——冷拉和磨光棒材的尺寸允许偏差与外形规定修改为直接引用 GB/T 3207 标准中的相关内容；

——热锻材的尺寸允许偏差修改为直接引用 GB/T 908 标准中的相关内容，对于 GB/T 908 标准中未包括的 20 mm～＜50 mm 热锻材，修改为“20 mm～＜50 mm 热锻材的直径允许偏差为＋1.5 mm，－0.5 mm”，≥50 mm 热锻材的直径允许偏差则直接引用 GB/T 908 中表 2 的精度要求；

——热轧棒材的尺寸允许偏差与外形规定修改为直接引用 GB/T 702 标准中的相关内容；

——原标准表面质量中删除了“起皮、毛刺等影响使用”的词句；

——表 4 中增加注解“气密性检验由需方进行，被检试样的厚度应在合同中注明，否则按 GB/T 5778标准中规定的试样 A 档进行检验”；

——第 7 章增加“尺寸、外形、表面质量不合格时，为不合格品”的条款内容；

——增加“第 8 章　包装、标志和质量证明书”内容。

本标准附录 A 为规范性的附录。

本标准由中国钢铁工业协会提出。

本标准由全国标准化技术委员会归口。

本标准起草单位：陕西精密合金股份有限公司、上海钢铁研究所。

本标准主要起草人：张爱玲、刘永青。

本标准所代替标准的历次版本发布情况为：

GBn100—1981、GBn100—1987、GB/T 14985—1994。

膨胀合金尺寸、外形、表面质量、试验方法和检验规则的一般规定

1 范围

本标准规定了膨胀合金的尺寸、外形及允许偏差、表面质量、试验方法、检验规则、包装、标志和质量证明书等。

本标准适用于在一定的温度范围内具有一定的平均线膨胀系数的膨胀合金。

2 规范性引用文件

下列文件中的条款通过本标准的引用而成为本标准的条款。凡是注日期的引用文件，其随后所有的修改单(不包括勘误的内容)或修订版均不适用于本标准，然而，鼓励根据本标准达成协议的各方研究是否可使用这些文件的最新版本。凡是不注日期的引用文件，其最新版本适用于本标准。

GB/T 222　钢的成品化学成分允许偏差

GB/T 223.3　钢铁及合金化学分析方法　二安替比林甲烷磷钼酸重量法测定磷量

GB/T 223.4　钢铁及合金化学分析方法　硝酸铵氧化容量法测定锰量

GB/T 223.5　钢铁及合金化学分析方法　还原型硅钼酸盐光度法测定酸溶硅含量

GB/T 223.9　钢铁及合金化学分析方法　铬天青 S 光度法测定铝量

GB/T 223.11　钢铁及合金化学分析方法　过硫酸铵氧化容量法测定铬量

GB/T 223.17　钢铁及合金化学分析方法　二安替比林甲烷光度法测定钛量

GB/T 223.18　钢铁及合金化学分析方法　硫代硫酸钠分离-碘量法测定铜量

GB/T 223.20　钢铁及合金化学分析方法　电位滴定法测定钴量

GB/T 223.24　钢铁及合金化学分析方法　萃取分离-丁二酮肟分光光度法测定镍量

GB/T 223.25　钢铁及合金化学分析方法　丁二酮肟重量法测定镍量

GB/T 223.26　钢铁及合金化学分析方法　硫氰酸盐直接光度法测定钼量

GB/T 223.28　钢铁及合金化学分析方法　α-安息香肟重量法测定钼量

GB/T 223.36　钢铁及合金化学分析方法　蒸馏分离-靛酚蓝光度法测定氮量

GB/T 223.43　钢铁及合金化学分析方法　钨量的测定

GB/T 223.46　钢铁及合金化学分析方法　火焰原子吸收光谱法测定镁量

GB/T 223.52　钢铁及合金化学分析方法　盐酸羟胺-碘量法测定硒量

GB/T 223.53　钢铁及合金化学分析方法　火焰原子吸收分光光度法测定铜量

GB/T 223.62　钢铁及合金化学分析方法　乙酸丁酯萃取光度法测定磷量

GB/T 223.63　钢铁及合金化学分析方法　高碘酸钠(钾)光度法测定锰量

GB/T 223.67　钢铁及合金化学分析方法　还原蒸馏-次甲基蓝光度法测定硫量

GB/T 223.72　钢铁及合金化学分析方法　氧化铝色层分离-硫酸钡重量法测定硫量

GB/T 223.78　钢铁及合金化学分析方法　姜黄素直接光度法测定硼含量

GB/T 226　钢的低倍组织及缺陷酸蚀检验法

GB/T 228　金属材料室温拉伸试验方法(GB/T 228—2002，eqv ISO 6892:1998)

GB/T 342—1997　冷拉圆钢丝、方钢丝、六角钢丝尺寸、外形、重量及允许偏差

GB/T 702—2004　热轧圆钢和方钢尺寸、外形、重量及允许偏差

GB/T 908—1987　锻制圆钢和方钢尺寸、外形、重量及允许偏差

GB/T 1979　结构钢低倍组织缺陷评级图

GB/T 2975　钢及钢产品力学性能试验取样位置及试样制备(GB/T 2975—1998,eqv ISO 377:1997)

GB/T 3207—1988　银亮钢

GB/T 4339　金属材料热膨胀特征参数的测定

GB/T 4340.1　金属维氏硬度试验　第1部分　试验方法

GB/T 6394　金属平均晶粒度测定方法

GB/T 5778—1986　膨胀合金气密性试验方法

GB/T 10561　钢中非金属夹杂物显微评定方法

GB/T 13297　精密合金包装、标志和质量证明书的一般规定

GB/T 20066　钢和铁化学成分测定用试样的取样和制样方法(GB/T 20066—2006,ISO 14284:1998,IDT)

3　订货内容

按本标准订货的合同或订单应包括下列内容：

a) 标准编号；

b) 产品名称；

c) 牌号或统一数字代号；

d) 交货的重量(或数量)；

e) 尺寸与外形；

f) 加工方法；

g) 交货状态及性能；

h) 特殊要求。

4　尺寸、外形及允许偏差

4.1　冷拉(拔)丝材

4.1.1　尺寸及允许偏差

冷拉(拔)丝材的直径为:0.10 mm～7.00 mm,其直径允许偏差应符合 GB/T 342—1997 中表2或表3的精度要求,精度级别应在合同中注明,未注明时,按10级精度提供。

4.1.2　外形

冷拉(拔)丝材的外形应符合 GB/T 342—1997 的相关规定。

4.2　冷轧(拔)管材

4.2.1　尺寸及允许偏差

4.2.1.1　外径及内外径、壁厚允许偏差

冷轧(拔)无缝管材的外径及内外径、壁厚允许偏差应符合表1的规定,其他规格及尺寸允许偏差,由供需双方协商。

表 1

外径/mm	允许偏差		
	外径/mm	内径/mm	壁厚/%
0.3~3	+0.03	−0.03	±10
>3~5	+0.04	−0.04	
>5~10	+0.08	−0.08	
>10~25	+0.12	0.12	
>25~60	外径×0.6%	外径×0.6%	
订货合同中可规定表中列出的 3 种尺寸偏差的任意 2 种。			

4.2.1.2 长度

管材通常长度为 500 mm~600 mm，外径不大于 4 mm 及壁厚不大于 0.15 mm 管材，允许提交长度不小于 0.3 m 的产品，但其重量应不超过该批总重量的 5%。

4.2.2 外形

4.2.2.1 管材每米弯曲度不大于 2 mm，总弯曲度不大于总长度的 0.2%。

4.2.2.2 管材外形不允许呈扭曲形状，两端应平直，无毛刺。

4.3 冷轧带材

4.3.1 尺寸及允许偏差

4.3.1.1 冷轧带材的厚度、宽度及其允许偏差应符合表 2 的规定。

4.3.1.2 冷轧带材宽度方向的厚度偏差(同板差)应不超过厚度公差之半。

4.3.2 外形

4.3.2.1 厚度不大于 1.5 mm 的带材应成卷交货，需方要求按直条或定尺和倍尺交货时，应在合同中注明。

4.3.2.2 成卷交货的带材允许每批有交付长度不小于 0.5 m 的带材，其重量不超过该批总重量的 5%。

4.3.2.3 带材通常应切边交货，对于厚度大于 1.5 mm 的带材，允许不切边交货。

4.3.2.4 带材每米长度的镰刀弯应不大于 3 mm。

表 2

单位为毫米

厚度	一定宽度下厚度允许偏差		规定宽度范围内的宽度允许偏差				
			切边				不切边
	≤150	>150	10~150	>150~220	>220~300	>300~400	
≤0.15	±0.010	—	±0.13	±0.13	±0.25	±0.40	+5
>0.15~0.20	±0.010	±0.010					
>0.20~0.30	±0.010	±0.015					
>0.30~0.40	±0.015	±0.020					
>0.40~0.50	±0.020	±0.025					
>0.50~0.70	±0.025	±0.030					
>0.70~1.00	±0.030	±0.035					
>1.00~1.30	±0.035	±0.040					
>1.30~1.70	±0.040	±0.050					
>1.70~2.50	±0.050	±0.080	±0.20	±0.25	±0.25	±0.40	
注：宽度大于 25 mm 的带材，应在距带材边缘至少 9.5 mm 处测量厚度。							

4.4 冷拉和磨光棒材

4.4.1 尺寸及允许偏差

冷拉和磨光棒材的直径：1.0 mm～40.0 mm，其直径允许偏差应符合 GB/T 3207—1988 表 2 中的 9(9 h)、10(10 h)、11(11 h)的精度要求。精度级别应在合同中注明，未注明时，按 11 级精度提供。

4.4.2 外形

冷拉和磨光棒材的外形应符合 GB/T 3207 的相关规定。

4.5 热锻材

4.5.1 尺寸及允许偏差

热锻材的尺寸及允许偏差应符合表 3 的规定。

表 3

单位为毫米

直　　径	允许偏差
20～＜50	+1.5 −0.5
≥50～200.0	按 GB/T 908—1987 表 2 中的精度要求，精度级别应在合同中注明，未注明时，按 2 组精度提供

4.5.2 外形

4.5.2.1 圆钢的不圆度应不大于直径公差之半，方钢对角线长度应不小于边长下限的 1.4 倍。

4.5.2.2 锻材每米长度的弯曲度不大于 5 mm。

4.5.2.3 方钢不应有明显的扭转。

4.5.2.4 锻材两端切斜度和突出部分应不大于直径或边长的 1/2。

4.6 热轧材

4.6.1 尺寸及允许偏差

4.6.1.1 热轧棒材的直径(或边长)：6.0 mm～100.0 mm，其直径允许偏差应符合 GB/T 702—2004 表 2 中的精度要求，精度级别应在合同中注明，未注明时，按 3 组精度提供。

4.6.1.2 热轧扁材的尺寸及允许偏差应符合表 4 的规定。

表 4

单位为毫米

厚　度	允许偏差	宽　度	允许偏差
3.0～4.0	±0.20	20～400	+2 −1
＞4.0～7.0	±0.25		
＞7.0～13.0	±0.30		
＞13.0～22.0	±0.40		

4.6.2 外形

4.6.2.1 热轧棒材直径为 6.0 mm～12.0 mm 圆钢应成盘交货，需方要求直条交货时，应在合同中注明。

4.6.2.2 直条交货的热轧材每米长度的弯曲度不大于 2.5 mm，总弯曲度不大于总长度的 0.25%。

5 表面质量

5.1 冷轧(拉、拔、磨光)材

冷轧(拉、拔、磨光)材表面应光洁，不允许有微裂纹、分层、折叠、疤痕、锈蚀、划痕、氧化色、麻点等缺陷存在。

5.2 热锻(轧)材

热锻(轧)材表面不允许有裂纹、折叠、鳞屑、重皮、凹陷、耳子等缺陷存在,但上述缺陷允许清理,清理深度应不超过公差之半。

6 试验方法

每批合金各项性能检验的试验方法按表5的规定执行。

表5

序号	检验项目	取样数量	取样部位	试验方法
1	尺寸、外形	逐支	—	通用量具
2	表面质量	逐支	—	目视
3	化学成分	每炉1支	GB/T 222	GB/T 223或通用方法
4	膨胀系数	每炉1支	锻坯或轧件上,也可在钢包中	GB/T 4339
5	拉伸	每批2支	成品任意部位,GB/T 2975	GB/T 228
6	硬度	每批2支	成品任意部位	GB/T 4340
7	晶粒度	每批2支	成品任意部位	GB/T 6394
8	相变检验	每炉2支	见附录A	附录A
9	非金属夹杂	每批2支	成品任意部位	GB/T 10561
10	低倍	每批2支	相当于钢锭头部的钢坯上	GB/T 226、GB/T 1979
11	气密性	每批1支	直径或边长不小于15 mm的成品棒材	GB/T 5778

注:气密性检验由需方进行,被检试样的厚度应在合同中注明,否则按GB/T 5778—1986标准中规定的试样A进行检验。

7 检验规则

7.1 检查和验收

成品的检查和验收由供方质量技术监督部门进行。

7.2 组批规则

成品应按批提交检查和验收,每批由同一合金牌号、同一炉(罐)号、同一加工方法、同一尺寸、同一交货状态、同一热处理制度的合金材组成。

7.3 取样数量及取样部位

每批合金材的取样数量及取样部位应符合表5的规定。

7.4 复验和判定规则

7.4.1 膨胀系数检验结果不合格时,应另取双倍数量的试样进行复验,复验结果即使有一个试样不合格,则该炉合金为不合格品。

7.4.2 晶粒度和硬度检验结果不合格时,应另取双倍数量的试样进行复验,复验结果即使有一个试样不合格,则该批合金为不合格品,但允许逐支检验。晶粒度和硬度同时检验合格时,可以交货。

7.4.3 合金相变检验不合格时,不允许复验,但允许改轧(锻)为较小尺寸的合金材,作为新的一批重新提交检验(4J28合金除外)。

4J29、4J32、4J34、4J40合金的相变检验,允许用同一炉号的较大规格代替较小规格合金材的检验结果。

7.4.4 用户要求检验合金材的气密性时，对每批合金材都按 A、B 头管理，气密性检验试样在第一支料的 A 头取，检验结果不合格时在第二支料的 B 头另取试样进行复验，复验结果仍不合格时，则该批合金为不合格品。

7.4.5 尺寸、外形、表面质量不合格时，判为不合格品。

7.4.6 其他各项检验结果不合格时，应另取双倍数量的试样对该不合格项目进行复验，复验结果仍不合格时，则该批合金为不合格品。

8 包装、标志和质量证明书

合金材成品的包装、标志和质量证明书应符合 GB/T 13297 的有关规定。

附 录 A
（规范性附录）
膨胀合金相变检验方法

A.1 范围

本方法适用于 4J29、4J34、4J40、4J32 和 4J28 等膨胀合金相变检验。

A.2 试验原理

将试样置于容器中，在一定的温度下冷冻，经过一定的冷冻时间，测定其 γ→α 马氏体相变。

A.3 试样

A.3.1 试样的切取

A.3.1.1 试样在成品的任意部位切取。热轧（锻）材取样部位按图 A.1 的规定切取。

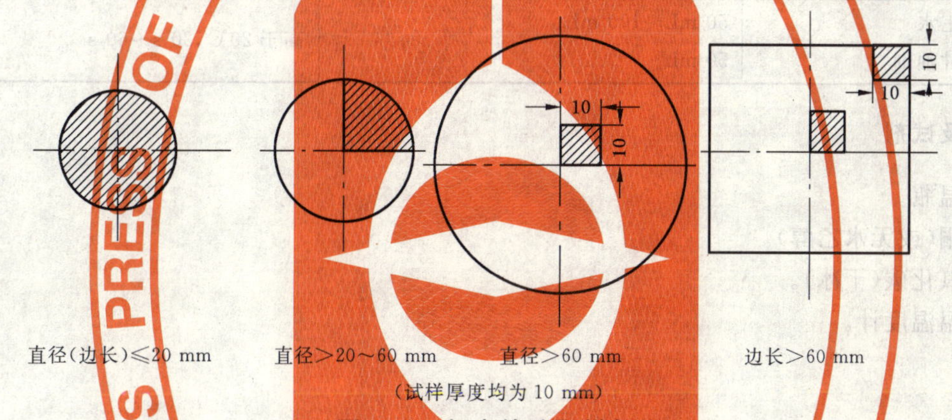

图 A.1 相变检验取样部位

A.3.1.2 试样的切取可用切断机进行，热轧（锻）材大截面可采用砂轮片切割。切割后的试样应刨成平整的表面。

A.3.1.3 试样的热处理按各牌号产品标准规定进行。

A.3.2 试样的研磨

A.3.2.1 粗磨采用 240# 水磨砂纸打平刨痕，细磨采用 260#、280# 水磨砂纸和 01、02、03、04、05 号金相砂纸进行研磨。磨制时两号砂纸之间换 90°角研磨方向，最终的研磨面应为单方向磨痕。

A.3.2.2 直径较小的丝、管、带、棒材以及形状不规则的小型封接结构件，一般要镶嵌之后进行研磨。

A.3.3 试样的抛光

A.3.3.1 试样的抛光面应是完整的截面，也可采用纵截面，但要保证检验面积。

A.3.3.2 抛光是试样磨制的最后一道工序，其目的是消除细磨后的细微磨痕，获得光亮而无磨痕的镜面。本方法采用电解抛光。常用电解抛光液及电解规范如表 A.1。

表 A.1

序号	无水乙醇/mL	高氯酸/mL	丙三醇/mL	乙酸/mL	电解条件		
					电压/V	时间/s	温度/℃
1	90	10	—	—	20～30	5～20	26±2
2	70	20	10	—	15～20	15～30	＜16
3	—	20	—	80	20～30	15～30	＜16

A.3.4 试样的腐蚀

试样采用化学腐蚀方法，常用腐蚀剂腐蚀方法如表 A.2。

表 A.2

序号	名 称	成 分		方 法
1	硫酸铜 盐酸 水溶液	$CuSO_4$ HCl H_2O	4 g 20 mL 20 mL	常温下侵蚀 20 s 左右，颜色变灰即可
2	盐酸 硝酸 水溶液	HCl HNO_3 蒸馏水	50 mL 50 mL 100 mL	煮沸数秒，颜色为灰色。 蚀剂配制后放置
3	盐酸 硝酸 氯化铜饱和溶液	HCl HNO_3 $CuCl_2 \cdot 2H_2O$	3 份(浓) 1 份(浓) 溶液	蚀剂配制后放置 20 min 效果最好，数小时后腐蚀能力减弱。 擦试法
4	王水 甘油剂	50 mL～100 mL 50 mL		高于 20℃，20 s～60 s

A.4 仪器及试剂

A.4.1 保温瓶。

A.4.2 丙酮(或无水乙醇)。

A.4.3 二氧化碳(干冰)。

A.4.4 低温温度计。

A.5 试验

A.5.1 试样的冷冻处理

保温瓶内倒入适量的丙酮(或无水乙醇)，将干冰放入瓶内并搅拌，使温度降到所需温度，再将抛光或腐蚀好的试样放进保温瓶内，并重新调温至规定温度，冷冻完毕，取出试样升至室温后冲洗、吹干，待检验。合金的冷冻温度及冷冻时间应符合表 A.3 的规定。

A.5.2 检验及结果的评定

A.5.2.1 冷冻处理完毕后的试样，在放大镜为 100 倍～400 倍下仔细观察整个抛光面是否有 $\gamma \to \alpha$ 马氏体相变，Fe-Cr(4J28)合金在常温下检查针状马氏体。

A.5.2.2 常温下马氏体经过腐蚀后观察，它的针叶呈黑色，冷冻马氏体针叶颜色浅，多为成群分布，其数量较多时，常常沿加工方向串状分布，有时在抛光面上用目视观察到条状划痕，这是由于 $\gamma \to \alpha$ 马氏体相变是体积膨胀而造成的浮凸现象。图 A.2 和图 A.3 分别为没有马氏体相变和有马氏体相变的试样。

表 A.3

合金牌号	冷冻温度/℃	冷冻时间/h
4J29	−78.5	≥4
4J34	−78.5	≥4
4J40	−60	≥2
4J32	−60	≥2
4J28	常温	—

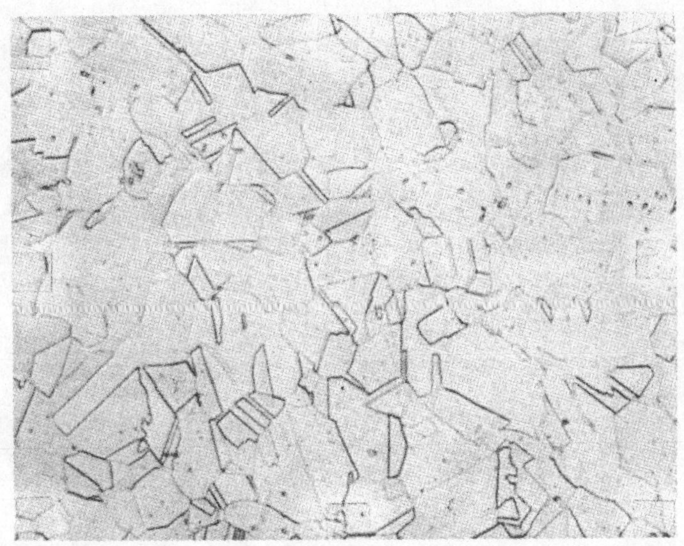

图 A.2　无相变试样

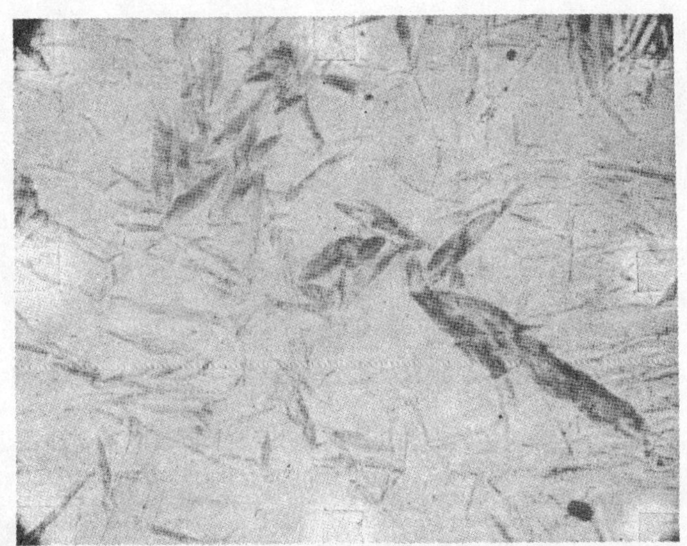

图 A.3　有局部相变试样

ICS 29.035.99
K 15

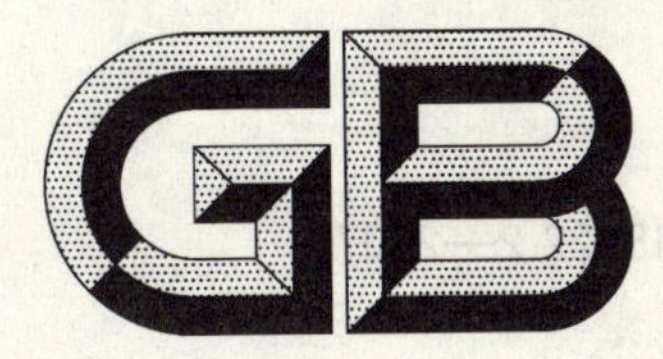

中华人民共和国国家标准

GB/T 15022.2—2007
代替 GB/T 15023—1994

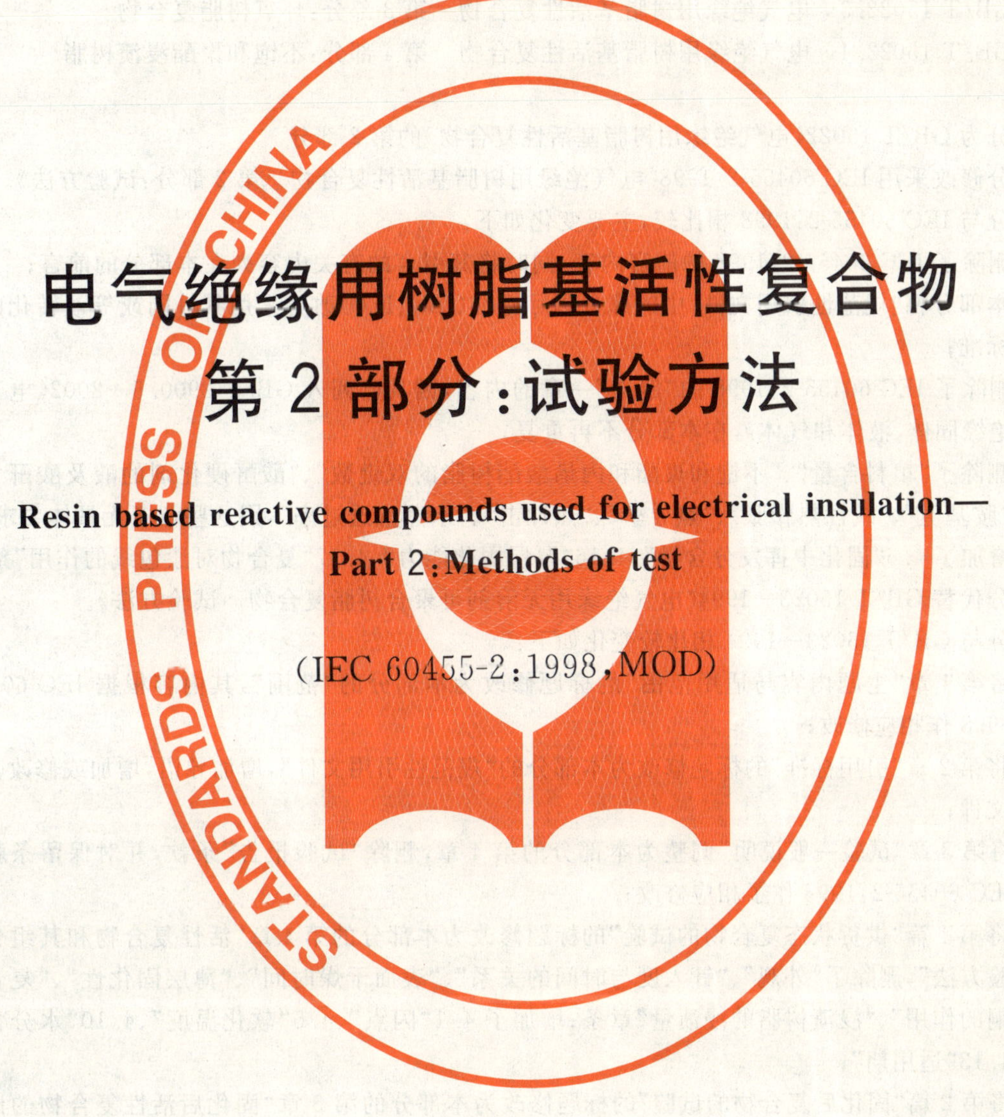

电气绝缘用树脂基活性复合物 第2部分：试验方法

Resin based reactive compounds used for electrical insulation—
Part 2: Methods of test

（IEC 60455-2:1998, MOD）

2007-12-03 发布 2008-05-20 实施

中华人民共和国国家质量监督检验检疫总局
中国国家标准化管理委员会 发布

前　言

GB/T 15022《电气绝缘用树脂基活性复合物》由下列部分组成：

——GB/T 15022.1　电气绝缘用树脂基活性复合物　第1部分：定义及一般要求

——GB/T 15022.2　电气绝缘用树脂基活性复合物　第2部分：试验方法

——GB/T 15022.3　电气绝缘用树脂基活性复合物　第3部分：环氧树脂复合物

——GB/T 15022.4　电气绝缘用树脂基活性复合物　第4部分：不饱和聚酯浸渍树脂

……

本部分为GB/T 15022《电气绝缘用树脂基活性复合物》的第2部分。

本部分修改采用IEC 60455-2:1998《电气绝缘用树脂基活性复合物　第2部分：试验方法》。

本部分与IEC 60455-2:1998相比较，主要变化如下：

a) 删除了IEC 60455-2:1998的前言内容，同时将其引言的有关内容列在本部分的前言；

b) 本部分将“规范性引用文件”中的部分国际标准(ISO、IEC)改为采用其等同或等效转化的国家标准；

c) 删除了IEC 60455-2:1998的“定义”一章的内容，因其已列入GB/T 2900.5—2002《电工术语　绝缘固体、液体和气体》，在本部分不再重复；

d) 删除了“填料含量”、“不饱和聚酯和丙烯酸酯树脂的双键数”、“酸酐硬化剂的酸及酸酐含量”、“胺基值”、“线性热膨胀”、“热导率”、“热冲击”、“水蒸汽透过率”，因这些章条无具体要求；

e) 增加了4.6“固化中挥发分含量”、4.16“厚层固化能力”、4.17“复合物对漆包线的作用”条。

本部分代替GB/T 15023—1994《电气绝缘用无溶剂可聚合树脂复合物　试验方法》。

本部分与GB/T 15023—1994相比较变化如下：

a) 将第1章“主题内容与适用范围”的标题修改为本部分的“范围”，其内容根据IEC 60455-2:1998作相应修改；

b) 将第2章“引用标准”的标题修改为本部分的“规范性引用文件”，增加导语，增加或修改其引用文件；

c) 将第3章“试验一般说明”调整为本部分的第4章，删除“试验报告”条款，并对保留条款根据IEC 60455-2:1998作了相应修改；

d) 将第1篇“供货状态复合物的试验”的标题修改为本部分的第4章“活性复合物和其组分的试验方法”，删除了“外观”、“针入度与时间的关系”、“表面干燥时间”、“薄层固化性”、“复合物对铜的作用”、“浸渍树脂的浸渍量”章条；增加了4.1“闪点”、4.5“软化温度”、4.10“水分含量”、4.13“适用期”；

e) 将第2篇“固化后复合物的试验”的标题修改为本部分的第5章“固化后活性复合物的试验方法”，删除了“耐绝缘液体性”、“耐溶剂蒸汽性”、“耐放电性”、“热失重”章条；增加了5.3.2“压缩性能”、5.4.2.1“玻璃化转变温度”。

本部分由中国电器工业协会提出。

本部分由全国绝缘材料标准化技术委员会(SAC/TC 51)归口。

本部分起草单位：桂林电器科学研究所。

本部分主要起草人：罗传勇。

本部分所代替标准的历次版本发布情况为：GB/T 2643—1981，GB/T 15023—1994。

电气绝缘用树脂基活性复合物 第2部分:试验方法

1 范围

GB/T 15022 的本部分规定了电气绝缘用树脂基活性复合物及其组分以及固化复合物的试验方法。

2 规范性引用文件

下列文件中的条款通过 GB/T 15022 的本部分的引用而成为本部分的条款。凡是注日期的引用文件,其随后所有的修改单(不包括勘误的内容)或修订版均不适用于本部分,然而,鼓励根据本部分达成协议的各方研究是否可使用这些文件的最新版本。凡是不注日期的引用文件,其最新版本适用于本部分。

GB/T 528—1998 硫化橡胶或热塑性橡胶拉伸应力应变性能的测定(eqv ISO 37:1994)

GB/T 1034—1998 塑料 吸水性试验方法(eqv ISO 62:1980)

GB/T 1408.1—2006 绝缘材料电气强度试验方法 第1部分:工频下试验(IEC 60243-1:1998,IDT)

GB/T 1409—2006 测量电气绝缘材料在工频、音频、高频(包括米波波长)下相对介电常数和介质损耗因数的推荐试验方法(IEC 60250:1969,MOD)

GB/T 1410—2006 固体绝缘材料体积电阻率和表面电阻率试验方法(IEC 60093:1980,IDT)

GB/T 1633—2000 热塑性塑料维卡软化温度(VST)的测定(idt ISO 306:1994)

GB/T 1634.1—2004 塑料 负荷变形温度的测定 第1部分:通用试验方法(ISO 75-1:2003,IDT)

GB/T 1634.2—2004 塑料 负荷变形温度的测定 第2部分:塑料、硬橡胶和长纤维增强复合材料(ISO 75-2:2003,IDT)

GB/T 1634.3—2004 塑料 负荷变形温度的测定 第3部分:高强度热固性层压材料(ISO 75-3:2003,IDT)

GB/T 1981.2—2003 电气绝缘用漆 第2部分:试验方法(IEC 60464-2:2001,IDT)

GB/T 2423.16—1999 电工电子产品环境试验 第2部分:试验方法 试验J和导则:长霉(idt IEC 60068-2-10:1988)

GB/T 4074.4—1999 绕组线试验方法 第4部分:化学性能(idt IEC 60851-4:1996)

GB/T 4207—2003 固体绝缘材料在潮湿条件下相比电痕化指数和耐电痕化指数的测定方法(IEC 60112:1979,IDT)

GB/T 4613—1984 环氧树脂和缩水甘油酯无机氯的测定(eqv ISO 4573:1978)

GB/T 6753.4—1998 色漆和清漆 用流出杯测定流出时间(eqv ISO 2431:1993)

GB/T 6753.5—1986 涂料及有关产品闪点测定法 闭口杯平衡法(eqv ISO 1523:1983)

GB/T 7193.4—1987 不饱和聚酯树脂 80℃下反应活性的测定方法(eqv ISO 584:1982)

GB/T 9341—2000 塑料弯曲性能的测定(idt ISO 178:1993)

GB/T 10582—1989 测定因绝缘材料引起的电解腐蚀的试验方法(eqv IEC 60426:1973)

GB/T 11020—2005 固体非金属材料暴露在火焰源时的燃烧性试验方法清单(IEC 60707:1999,

IDT)

GB/T 11026.1—2003 电气绝缘材料 耐热性 第1部分:老化程序和试验结果的评定(IEC 60216-1:2001,IDT)

GB/T 11026.2—2000 确定电气绝缘材料耐热性的导则 第2部分:试验判断标准的选择(idt IEC 60216-2:1990)

GB/T 11026.3—2006 电气绝缘材料 耐热性 第3部分:计算耐热性特征参数的规程(IEC 60216-3:2002,IDT)

GB/T 11026.4—1999 确定电气绝缘材料耐热性的导则 第4部分:老化烘箱 单室烘箱(idt IEC 60216-4-1:1990)

GB/T 11028—1999 测定浸渍剂对漆包线基材粘结强度的试验方法(eqv IEC 61033:1991)

GB/T 15022(第3部分的所有部分) 电气绝缘用树脂基活性复合物 单项材料规范

GB/T 11547—1989 塑料耐液体化学药品(包括水)性能测定方法(eqv ISO 176:1981)

GB/T 12007.5—1989 环氧树脂密度测定方法 比重瓶法(eqv ISO 1675:1985)

GB/T 12007.3—1989 环氧树脂总氯含量的测定方法(eqv ISO 4615:1979)

IEC 60216-5:2003 电气绝缘材料 耐热性 第5部分:耐热性特征参数实际应用的指导

IEC 60814:1997 绝缘液体 油浸纸和油浸纸用卡尔·费休尔自动电量滴定法测定水份

IEC 61006:2004 电气绝缘材料 测定玻璃化转变温度的试验方法

IEC 61099:1992 电气用未使用过的合成有机酯规范

IEC 60296:2003 变压器和开关用的未使用过的矿物绝缘油

ISO 179-1:2000 塑料 简支梁冲击强度的测定 第1部分:无损冲击试验

ISO 527-1:1993 塑料 拉伸性能测定 第1部分:总则

ISO 527-2:1993 塑料 拉伸性能测定 第2部分:模塑料和挤塑料的试验条件

ISO 604:1993 塑料 压缩性能的测定

ISO 868:1985 塑料和橡胶 用硬度计测定压痕硬度(shoe 硬度)

ISO 1183:1987 塑料 非泡沫塑料密度和相对密度的试验方法

ISO 1513:1992 色漆和清漆 试验样品的检验和制备

ISO 2039-1:1993 塑料 硬度的测定 第1部分:球压痕法

ISO 2114:1996 不饱和聚酯树脂 部分酸值和总酸值的测定

ISO 2535:1997 塑料 不饱和聚酯树脂 25℃下凝胶时间的测定

ISO 2554:1997 塑料 不饱和聚酯树脂 羟基值测定

ISO 2555:1989 塑料 液态、乳化态或分散态树脂 用 Brookfield 计试验方法测定表观粘度

ISO 2592:1973 石油产品 闪点和燃点的测定 Cleveland 开口杯法

ISO 3001:1997 塑料 环氧化合物 环氧当量的测定

ISO 3219:1993 塑料 液态、乳化态或分散聚合物/树脂 用规定剪切速率的旋转粘度计测定粘度

ISO 3451-1:1997 塑料 灰分的测定 第1部分:通用方法

ISO 3521:1997 塑料 不饱和聚酯和环氧树脂 总体积收缩率的测定

ISO 3679:1983 涂料、漆、石油和相关产品 闪点的测定 快速平衡法

ISO 4583:1998 塑料 环氧树脂和有关材料 易皂化氯的测定

ISO 4625:1980 涂料和漆的基料 软化点的测定 环球法

ISO 9396:1997 塑料 酚醛树脂 用自动仪测定给定湿度下的凝胶时间

ISO 15528:2000 色漆、清漆和相应的原料 取样

3 试验方法的一般说明

除非在相应的产品标准或试验方法中另有规定，所有的试验均应在温度21℃～29℃、相对湿度为45%～70%的大气环境条件下进行。测定前，样品或试样应在上述大气环境条件中进行预处理，直到足以使样品或试样与大气达到平衡状态。有关液态或糊状物的取样，可参照ISO 15528:2000。有关上述试样的制备按ISO 1513:1992的规定。

注：有关标准大气术语定义见ISO 558。上述规定的试验大气条件，并不符合像ISO 291中所规定的两个标准大气条件中的任何一个，但是覆盖了包括其公差在内的两个范围。

通常，有关试验方法的所有要求都在说明中规定，而简图仅用来说明进行试验的大概布局。在本部分与产品规范不一致的情况下，应优先按产品规范规定。

当其他标准被引用在某一试验方法时，应报告涉及的标准。

4 活性复合物和其组分的试验方法

固化之前的材料有树脂(1)，其他活性或非活性组分(2)(例如硬化剂、催化剂、稳定剂、填料)，以及待用的活性复合物(3)。

4.1 闪点(适用于1,2和3)

对于闪点等于或高于79℃的试样，应采用ISO 2592:1973中规定的方法。对于闪点低于79℃的试样，应采用GB/T 6753.5—1986中规定的方法，采用该标准附录A中规定的任何一种闭口杯装置来测定。GB/T 6753.5—1986应结合ISO 3679:1983使用。

分别对两个试样进行测定，报告两次闪点的测定结果及所采用的标准。

4.2 密度(适用于1,2和3)

采用GB/T 12007.5—1989中规定的方法测定，并报告两次密度的测定结果。

4.3 粘度(适用于1,2和3)

在(23±0.5)℃下采用合适的装置测定。如果采用旋转粘度计，应按照ISO 2555:1989(Brookfield)或ISO 3219:1993(在规定剪切速率下测量)进行。如果采用流出杯法，其试验方法和试验用流出杯应符合GB/T 6753.4—1998的要求。

进行两次测定，报告两次粘度的测定结果以及所采用的标准。

4.4 贮存期(适用于1,2和3)

贮存期应通过在某一温度条件下，经过一定的贮存时间后，测定某一规定特性的变化来确定。经验表明，4.3中的粘度和4.14中的凝胶时间是合适的特性参数。为确定贮存期，应分别按照4.3和/或4.14的要求，按照供需双方商定的温度和终点，测定粘度和/或凝胶时间。分别对试验前试样及在供需双方商定的某温度下经贮存一段时间后的试样进行测定。报告两次测定结果以及所采用的标准。结果应包括贮存前和贮存后试样的粘度和/或凝胶时间，以及贮存时间、贮存温度和试验时温度。

4.5 软化温度(适用于1和2)

应采用GB/T 1633—2000或ISO 4625:1980中规定的方法。进行两次测定，报告两次测定值以及所采用的标准。

4.6 固化中挥发分含量

采用底面积为45 mm×45 mm、高20 mm、厚度约0.1 mm的铝皿。在铝皿中加入10 g试样，水平放置于烘箱中烘焙，烘焙温度和时间由产品规范规定。

用精度值为0.1 mg的分析天平分别称量试样烘焙前后的质量，按下式计算固化中挥发分含量：

固化中挥发分含量(X(%))，按下式计算：

$$X=\frac{m-m_1}{m}\times 100$$

式中：

m——烘焙前试样的质量，单位为克(g)；

m_1——烘焙后试样的质量，单位为克(g)。

试验结果以三次试验的算术平均值表示。

以三次试验结果的平均值作为固化中挥发分含量。

4.7 灰分含量(适用于1和2)

采用 ISO 3451-1:1997 中规定的方法 A。进行两次测定，报告两次测定值。

4.8 氯含量

4.8.1 不饱和聚酯和环氧树脂的总氯含量(适用于1和2)

采用 GB/T 12007.3—1989 中规定的方法。进行两次测定，报告两次测定值。

4.8.2 环氧树脂和缩水甘油酯中有机氯含量(适用于1)

采用 GB/T 4613—1984 中规定的方法。进行两次测定，报告两次测定值。

4.8.3 环氧树脂及相关材料易皂化氯含量(适用于1)

采用 ISO 4583:1998 中规定的方法。进行两次测定，报告两次测定值。

4.9 环氧树脂的环氧当量(适用于1)

采用 ISO 3001:1997 中规定的方法。进行两次测定，报告两次测定值。

4.10 水分含量(卡尔·费休法)(适用于1和2)

用 IEC 60814:1997 中规定的方法。进行两次测定，报告两次测定值。

4.11 羟基值

4.11.1 聚酯树脂

采用 ISO 2554:1997 中规定的方法。进行两次测定，报告两次测定值。

4.12 聚酯树脂的酸值(适用于1)

采用 ISO 2114:1996 中规定的方法。进行两次测定，报告两次测定值。

4.13 适用期(适用于3)

适用期应在组分混合后，通过测定某一规定特性的变化来确定。为确定适用期，应分别按照 4.3 和/或 4.14 的规定，在供需双方商定的温度和终点下，测定粘度和凝胶时间。分别对刚配制的试样和配制后在供需双方商定的温度下，贮存一段时间后的试样进行测定。报告适用期的两次测定结果以及所采用的标准。报告应包括贮存前或贮存后试样的粘度和/或凝胶时间、贮存温度和试验时温度。

4.14 凝胶时间

4.14.1 不饱和聚酯复合物(适用于3)

凝胶时间是活性复合物达到凝胶状态的时间间隔。应采用 ISO 2535:1997 中规定的方法，试验温度由供需双方商定。进行两次测定，报告两次测定值和试验温度。

4.14.2 酚醛树脂复合物(适用于3)

采用 ISO 9396:1997 中规定的方法。进行两次测定，报告两次测定值。

4.15 放热温升

4.15.1 不饱和聚酯树脂复合物(适用于3)

采用 GB/T 7193.4—1987 中规定的方法。进行两次测定，报告两次测定结果。

4.16 厚层固化能力

按 GB/T 1981.2—2003 进行试验。

4.17 复合物对漆包线的作用

复合物对漆包线的作用是以符合 GB/T 4074.4—1994 中平直的漆包线经浸渍后以漆包线漆膜的铅笔硬度来表示。

试验三根平直的漆包线，报告铅笔硬度的三次测定结果。

4.18 环氧和不饱和聚酯树脂基复合物的总体积收缩率(适用于3)

应采用ISO 3521:1997中规定的方法。进行两次测定,报告两次测定结果。报告应包括测试温度,在试验温度下复合物的密度,以及固化后复合物试样的密度。

5 固化后活性复合物的试验方法

固化后的复合物具有自支撑能力,容许制备刚性和柔性试样。

5.1 试样

术语"试样"是表示满足试验方法所要求形状的固化后的材料固体件。

5.1.1 活性复合物的制备

活性复合物为符合供应商规定的组分比例的均匀混合物,按照供应商的配制说明书,对组分和复合物进行干燥、脱氯和加热以及其他处理。当复合物中含有填料时,还要考虑到可能沉降。

5.1.2 试样的制备

试样按相关产品规范中特定试验方法所规定的条件下,或根据供需双方的商定条件制备,这些条件包括浇铸过程的温度及真空度,固化温度和时间或温度——时间程序、脱模、退火和冷却条件等。

按照供方要求在室温下固化的活性复合物,通常在室温下达到最终固化状态需数天或数周。为要达到规定的固化程度;复合物应在室温下固化24 h,然后再在80℃下保持24 h,或者按照供需双方的商定。

试样按照试验方法的要求浇铸成合适的形状和尺寸,或者由浇铸板材加工而成。它们应无孔隙、气泡、裂痕和擦伤。在机加工中,加工表面应冷却以避免过热,例如用水冷却。

注:采用脱模剂及由镀铬或其他合适材料制成的模具,固化复合物容易脱模。

5.1.3 试样类型和数量

特定试验方法所要求的试样类型和数量在GB/T 15022相关产品规范中规定,或由供需双方商定。

5.2 密度

采用ISO 1183:1987规定的方法A或方法B测定。测定两次,报告试样制备方法和尺寸,采用的试验方法和两次测定结果。

5.3 机械性能

5.3.1 拉伸性能

5.3.1.1 刚性材料

采用ISO 527:1993规定的方法,试验速度应能在(60±15)s以内使试样断裂。试样类型按照ISO 527:1993规定选择。测试五个试样,报告试样制备方法、试样尺寸及类型、试验速度及五个试样的拉伸试验结果。如果可能,还报告拉伸屈服应力、最大负荷和断裂拉伸应力,屈服和断裂伸长率以及弹性模量。

5.3.1.2 柔软材料

对于亚铃型试样采用GB/T 528—1998规定的方法。测定五个试样。报告试样制备方法以及哑铃类型,五个拉伸试验值。报告还包括拉伸强度、断裂伸长率以及弹性模量。

5.3.2 压缩性能

采用ISO 604:1993规定的方法。测定五个试样。报告试样制备方法、试样尺寸、变形速率以及压缩性能五个测定值。如果可能,还报告最大负荷压缩强度、压缩屈服应力、百分压缩破裂应变值。

5.3.3 弯曲性能

采用GB/T 9341—2000规定的方法。压头和支架的相对移动速率,应能使试样在(60±15)s内断裂或达到最大的弯曲负荷。测定五个试样。报告试样制备方法、试样尺寸、压头相对移动速率以及五个试样的弯曲性能测定值。如果可能,还报告断裂或最大负荷下的弯曲应力及相应的挠度、弹性模量。

5.3.4 冲击强度

5.3.4.1 无缺口试样

采用 ISO 179-1:2000 规定的方法。测定十个试样。报告试样制备方法、试样尺寸和类型以及十个试样的冲击强度结果值。

5.3.4.2 缺口试样

采用 ISO 179-1:2000 缺口试样的测定方法。测定十个样。报告试样制备方法、试样尺寸和类型以及十个试样冲击强度测定值。

5.3.5 硬度

5.3.5.1 刚性材料

采用 ISO 2039-1:1993 规定的方法(球压痕法)。或按照 ISO 868:1985 规定的方法(肖氏 D 硬度)。对一个或更多个试样进行五次测定。报告试样制备方法、试样尺寸、试验负荷以及五个硬度测定值。

5.3.5.2 柔软材料

采用 ISO 868:1985 规定的方法(优先选用肖氏 A 硬度)。对一个或更多个试样进行五次测定。报告试样制备方法、试样尺寸、硬度计类型(A 或 D 型),以及五个压痕硬度的测定值。

5.4 热性能

5.4.1 高温下的粘结强度

采用 GB/T 11028—1999 规定的扭绞线圈试验(A 法)或螺旋线圈试验(B 法)。试验温度应符合 GB/T 15022 的产品规范的要求,或根据供需双方商定。测定五个试样。报告采用的方法、用作绕制试样基材的漆包线类型,以及五次测定值。

5.4.2 玻璃化转变

5.4.2.1 玻璃化转变温度

采用 IEC 61006:2004 所规定的方法之一。测量两次。报告试样制备方法,如果需要还包括试样尺寸、采用的方法(A1:DSC 或 DTA,B1:TMA,膨胀方式,或 B2:TMA,针入度方式)以及两次测定值。

5.4.2.2 负荷变形温度

采用 GB/T 1634—2004 规定的方法 A 或方法 B。测定两个试样。报告试样制备方法、试样尺寸、采用的方法以及两次测定值。

注:负荷变形温度与玻璃化转变温度是类似的一种特性,但是 GB/T 1634 规定的方法,所测定的温度不能低于 40℃。因此,建议优先采用 5.4.2.1 中的方法。

5.4.3 可燃性

采用 GB/T 11020—2005 规定的 FH 和 FV 法。每种方法均测定五个试样。FH 法仅在按照 FV 法测得的结果差于 FV2 级时才采用。报告试样制备方法、试样尺寸以及按 FV 法测得的可燃性结果,如果需要,还报告 FH 法测得的可燃性结果。

5.4.4 温度指数

注:温度指数取决于试验判断标准和试验终点的选择。因此对同一和相同的材料,温度指数的测定结果可能相差 80 K 或更大。

5.4.4.1 程序

采用 GB/T 11026 规定的方法。试验及终点判断标准应符合 GB/T 15022 相应产品规范的规定,或按照供需双方商定。应采用两个试验标准。对每一个试验标准至少应选定三个暴露温度点。两个相邻的暴露温度点的差值应不大于 20 K。如果试验结果的相关系数小于 0.95,应对另一组试样在不同于原来所选的暴露温度点下进行试验。

注:ISO 2578 中的方法是基于 GB/T 11026 的原理。ISO 2578 删除了对设计和运行温度指数试验以及结果计算不必要的内容,是实验室简要修订本。

5.4.4.2 结果

对于每个试验判断标准,报告试样制备方法、类型和尺寸,每个试验的试样数量、暴露温度。对每个试验组的试验结果，应包括试样终点时间，即对每个暴露温度到达终点的时间，表示特性值与终点时间对数值的函数曲线图，在耐热图纸上绘制的热耐久图(第一阶回归曲线)、温度指数和相关系数。

5.5 化学性能

5.5.1 吸水性

采用 GB/T 1034—1998 规定的方法 1(23℃)和方法 3(沸水中)进行测定。每种方法测定三个试样。报告试样制备方法和尺寸以及采用方法 1 和方法 3 对三个试样的吸水性测定值。保留一个未经处理的试样作为参照样。

5.5.2 液体化学品的影响

采用 GB/T 11547—1989 规定的方法。除非另有规定，试验液体的温度为(23±2)℃，浸泡时间为(168±1)h(7 d)。每种试验液体试验三个试样。报告试样制备方法和尺寸、试验液体种类和每种试验液体的三个试验结果。并对每种试验液体报告每个试样外观尺寸和质量的变化。保留一个未经处理的试样作为参照样。

5.5.3 耐霉菌生长

采用 GB/T 2423.16—1999 规定的方法。采用下列 5.6.1.2 规定的试样进行试验。报告三个试样的耐霉菌生长的试验的结果。保留一个未经试验的样品作为参照样。

5.6 电气性能

5.6.1 浸水对体积电阻率的影响

采用 GB/T 1410—2006 规定的方法。如果被测定材料不适宜采用 GB/T 1410—2006，那么可采用下面的试验方法。

5.6.1.1 设备

采用下列设备：

——任何市场上可购得的 10^{12} 欧姆表，其精度为±10%；

——用作电极的金属圆柱体(上电极)，其直径至少为 60 mm，其质量可使在试样上产生大约 0.015 MPa的压力。

——两个导电橡胶圆片，直径与上电极相同，厚 3 mm～5 mm，最大电阻值为 1 000 Ω，肖氏 A 硬度值 65～85；

——直径与上电极相同的金属圆柱体，高度约 70 mm(下电极)。

5.6.1.2 试样

试样为圆片或方块，直径或边长尺寸至少比上电极直径大 10 mm。厚度不超过 3 mm，上下平面相互平行。制备三个试样。

注：试样可以在两块金属板之间通过浇铸制成，用一个漆包线绕制件作为定位垫圈。

5.6.1.3 程序

试样用橡胶圆片作为隔离层放在两个金属圆柱体电极之间组成试验装置，完整的试验配置见图 1。在电极上施加一直流试验电压，使电极间产生的电场强度不大于 1 000 V/mm。分别对浸去离子水之前和之后的试样进行测定。除非另有规定，去离子水的温度保持在(23±2)℃，浸入时间为(168±1)h(7 d)。

试样浸水处理完成后，从水中取出，放在两片滤纸间吸干表面多余的水分，立即组成试验装置，并在 15 min 内完成电阻测量，在仪器充电后(60±5)s 内进行读数。

当上电极直径是 60 mm 时，电阻率应按下式计算：

$$\rho = (2.83 \times R)/d$$

式中：

ρ——电阻率，单位为欧姆米(Ωm)；

d——试样厚度，单位为毫米(mm)；

R——测得的电阻,单位为欧姆(Ω)。

当上电极直径 D 不是 60 mm 时,可用下式代替系数 2.83:

$2.83D^2/3\ 600$,D 单位用毫米。

5.6.1.4 结果

测定三个试样,报告试样制备方法和试样尺寸、电极尺寸、试验电压、试样浸水前、浸水后的三个电阻率测定值,以及采用的标准。结果还应包括体积电阻和体积电阻率。

5.6.2 介质损耗因数($\tan\delta$)和相对介电常数(ε_r)

采用 GB/T 1409—2006 规定的方法。如果被测材料不适宜采用 GB/T 1409—2006,可采用下面的试验方法。

5.6.2.1 设备

任何市场上购得的合适阻抗表均可采用,要求可精确测量介质损耗因数($\tan\delta$)和相对介电常数(ε_r)。

5.6.2.2 试样

采用符合 5.6.1.2 规定的试样。

5.6.2.3 程序

上电极直径至少为 40 mm,可采用或不采用屏蔽电极。下电极直径至少大于上电极直径 20 mm,使用时应与上电极保持同轴心。

电极涂刷上一层导电的分散物质,如石墨、或银。或采用一层厚度不大于 0.005 mm 的金属箔,用油将它粘附在电极上,或采用任何其他等效的合适方法。

除非另有规定,试验在(23±2)℃下进行,采用频率 1 kHz 的正弦试验电压,按试验设备的说明书连接试样。

5.6.2.4 结果

测定两个试样,报告试样制备方法、试验尺寸、试验温度、采用的电极、试验电压及其频率,两次试验结果以及采用的标准。报告应包括介质损耗因数和相对介电常数。

5.6.3 击穿电压和电气强度

击穿电压按 GB/T 1408.1—2006 规定测定,具体升压方式根据单项材料规范确定。如果被试材料不适宜采用 GB/T 1408.1—2006,可按下列条款对其中的第 5 章和第 7 章进行修正。

5.6.3.1 电极

配置球——平板电极。对于刚性材料,高压电极由抛光的、半径为(3±0.000 5)mm 的钢球构成,对于柔性材料,钢球半径为(10±0.000 5)mm,抛光后的钢球表面优于 0.001 mm 的粗糙度,例如对于滚珠轴承(3 级)中用的钢球,证明可满足试验要求。接地电极为直径(75±1)mm 的平板,其边缘倒角半径(3±0.1)mm。用于柔性材料测定的完整试验装置见图 2。对于刚性材料,上电极和试样配置如图 3 所示。

注 1:与平板——平板电极配置比较,球——平板电极配置能产生一个稍微增强的电场,场强提高程度取决于球形电极的半径和试样的厚度。

例:对于电极半径为 10 mm,试样厚度为 0.1 mm 的试验配置,与平板——平板型电极配置相比,场强大约提高 10%。

注 2:如果把试验装置和液体放在具有足够尺寸的圆柱体玻璃容器中,接地电极处于容器的底部,这样的装置,使得在施加电压后,能够用肉眼观察整个试验过程。另外,还允许通过底部电极接地,让流体流过底部电极,并通过容器上端流出,见图 2。如果需要升高试验温度,这种装置允许液体进行加热。

5.6.3.2 试样

试样承受击穿试验部分的厚度应不超过 1 mm。对一个试样组,任何两个试样的厚度变化不应大于 10%。

注：通常对具有玻璃化转变温度高于80℃的固化复合物，其电气强度为50 kV/mm，甚至更高，如热固性脂环族环氧基复合物。若试样厚度超过1 mm，采用GB/T 1981.2—2003规定的25/75 mm电极组合，可能要求试验电压在220 kV以上。这样将可能导致闪络或部分闪络，不可避免会出现在电极范围以外发生击穿的现象。

5.6.3.2.1 **刚性材料**

试样应浇铸成一根圆柱型棒，直径约30 mm，而长度(mm)是估计的击穿电压(kV)数值的两倍。棒的中央有一根导线，其一端与一个钢球相连接，除了另一端伸出外，其余部分应完全埋封在浇铸树脂中。

将试样从模具中取出后，在与钢球靠近的试样一端，应打磨成规定的厚度，然后抛光，再涂上导电层，如石墨或银分散层，以此作为接地电极。打磨时，厚度应通过厚度校准过的渗透仪型装置来控制，试样配置实例见图3。这种配置也可放在如图2所示的玻璃容器中。

注：浇铸时可采用一根玻璃管作为模具，其中放置一根导线和一球形电极，并通过合适方法让它们处在管子的中心部位。如可采用直径为3 mm的可焊金属线作导线，一端焊上球形电极。

试验完后，取下试样，采用千分尺在击穿处测量抛光面与球形电极间的距离，测定值则作为试样厚度。

5.6.3.2.2 **柔性材料**

采用符合5.6.1.2规定的试样。

5.6.3.3 **程序**

试验电压的上升速度应不大于500 V/s。除非另有规定，试验温度应为(23±2)℃。将试样和试验电极放在电介质液体中进行测定，介质循环流动并维持在规定的温度。除非另有规定，符合IEC 60296:2003规定的未使用过的矿物绝缘油或符合IEC 61099:1992规定的未使用过的合成有机酯均可采用。

5.6.3.4 **结果**

测定五个试样。报告试样制备方法和类型、试样尺寸、试验温度、球电极半径，采用的电介质液体的类型以及五个测定结果和使用的标准。结果应包括试样在击穿处的厚度，击穿电压和电气强度。

5.6.4 **耐电痕化指数(PTI)**

采用GB/T 4207—2003规定的方法。试验三个试样，选择的耐电压值应符合相关产品规范的规定，或根据供需双方商定。报告试样制备方法、尺寸及PTI测定值。结果还包括采用的耐电压值和测得的液滴数。

5.6.5 **电解腐蚀**

按照GB/T 10582—1989规定的方法，用肉眼观察三个试样试验，报告三个电解腐蚀的观察结果。

单位为毫米

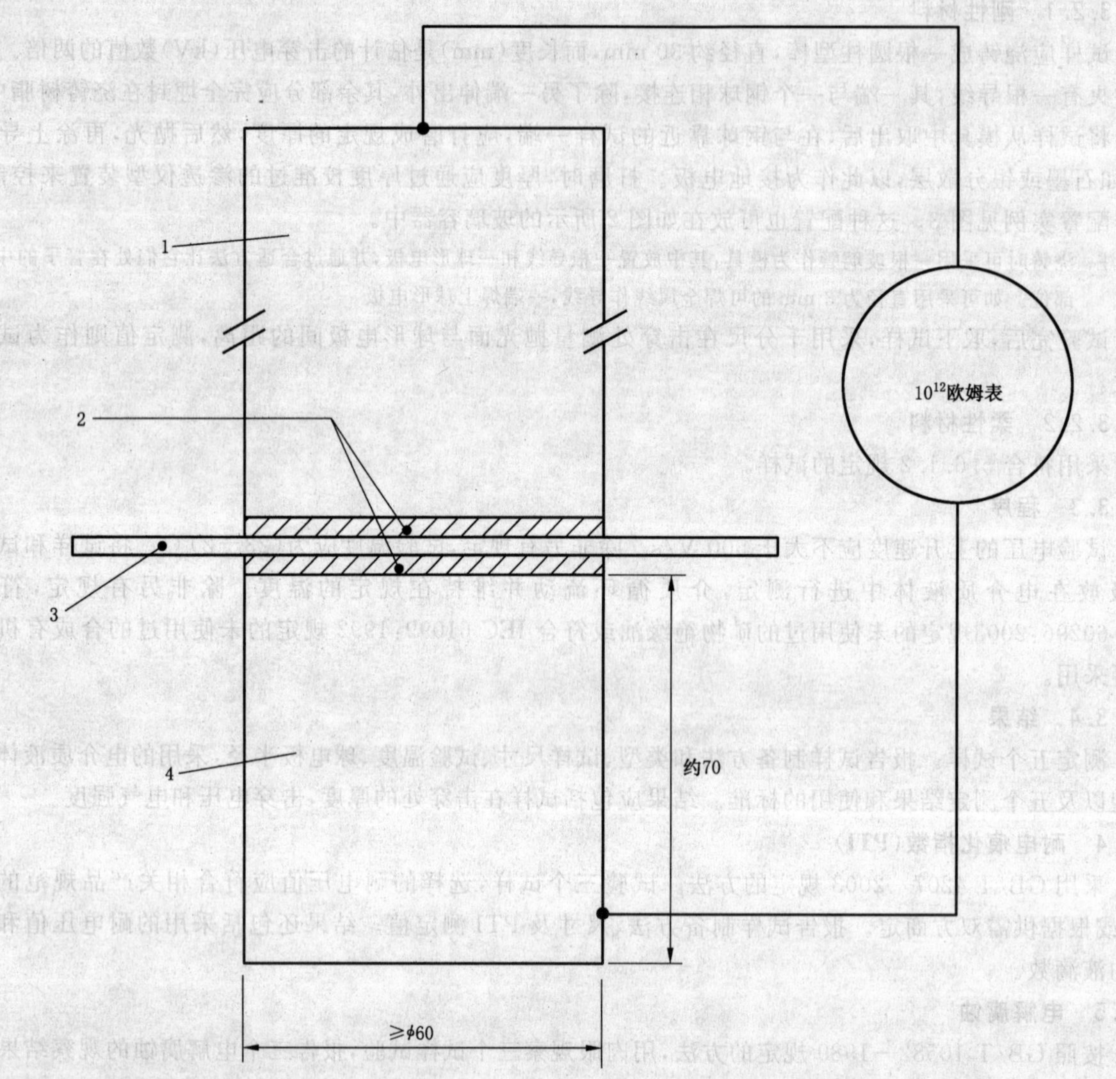

1——上部圆柱体电极；
2——导电橡胶层；
3——试样；
4——下部圆柱体电极。

图 1 测定体积电阻率的试验装置

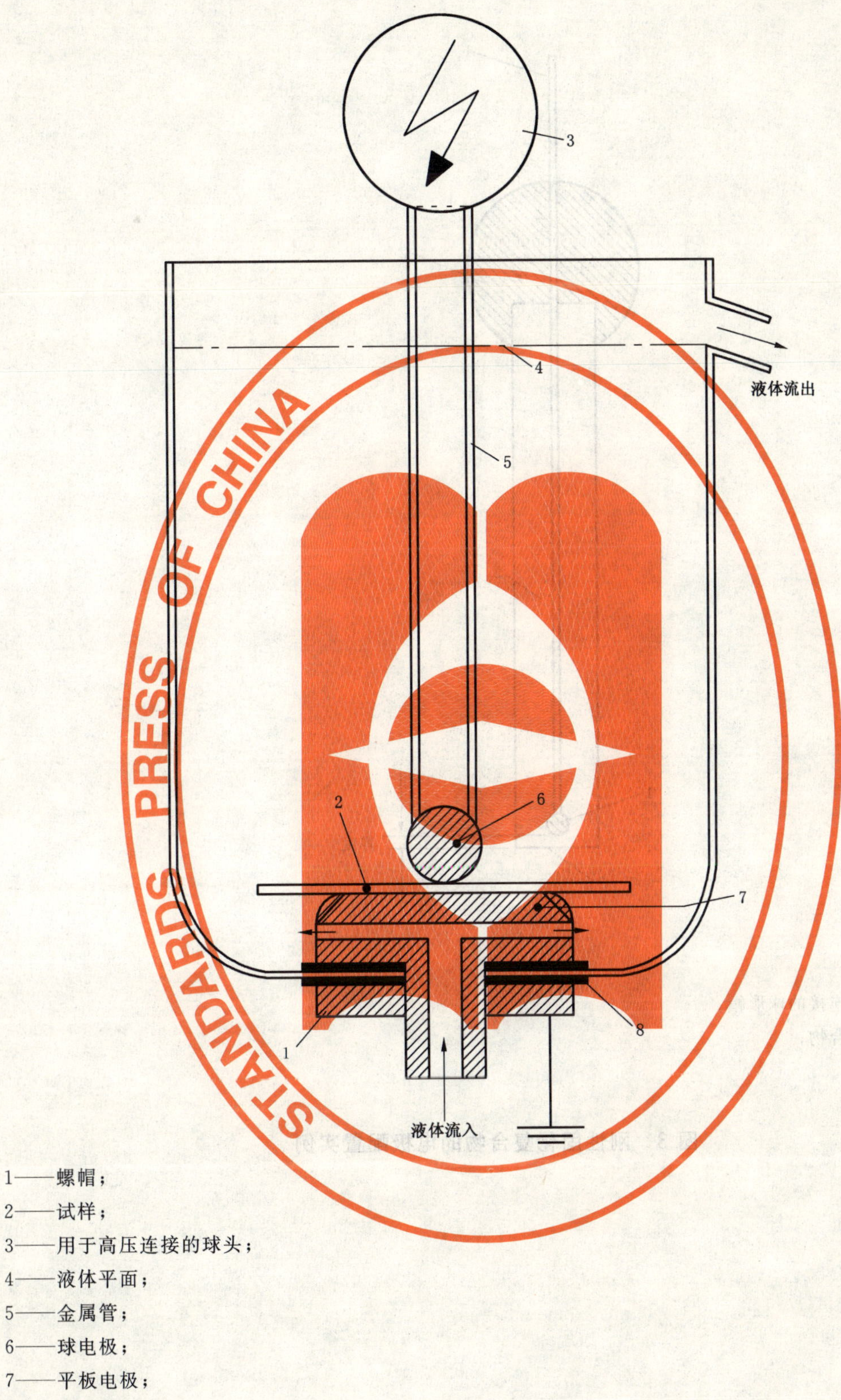

1——螺帽；

2——试样；

3——用于高压连接的球头；

4——液体平面；

5——金属管；

6——球电极；

7——平板电极；

8——密封垫片。

图 2　柔性固化复合物的电极配置实例

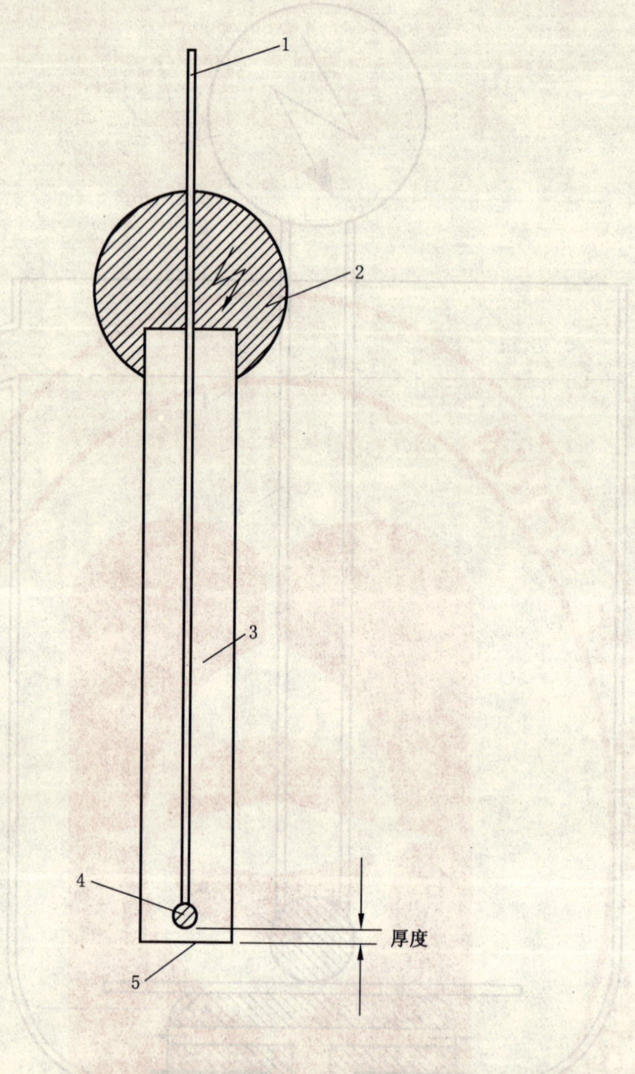

1——铅线；

2——用于高压连接的球形帽；

3——固化后复合物；

4——球电极；

5——导电涂层。

图 3　刚性固化复合物的电极配置实例

参 考 文 献

［1］ ISO 291:1977 塑料 状态调节和试验用标准大气
［2］ ISO 558:1980 调节和试验 标准大气 定义
［3］ ISO 2578:1993 塑料 长期热暴露作用后时间和温度极限的测定

ICS 25.020
J 32

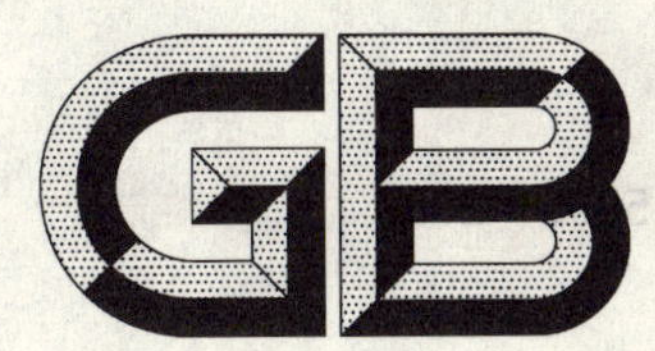

中华人民共和国国家标准

GB/T 15055—2007
代替 GB/T 15055—1994

冲压件未注公差尺寸极限偏差

Permissible stamping variations in dimensions without tolerance indication

2007-04-18 发布 2007-11-01 实施

中华人民共和国国家质量监督检验检疫总局
中国国家标准化管理委员会 发布

前言

本标准代替 GB/T 15055—1994《冲压件未注公差尺寸的极限偏差》。

本标准参照 GB/T 13914—2002《冲压件尺寸公差》、GB/T 13915—2002《冲压件角度公差》和 GB/T 1804—2000《一般公差　未注公差的线性和角度尺寸的公差》的部分内容，调整了部分公差，增加了术语和定义，并作了编辑性修改。

本标准由中国机械工业联合会提出。

本标准由全国锻压标准化技术委员会归口。

本标准起草单位：西安交通大学、北京机电研究所。

本标准主要起草人：郭成、张倩生、吴华英、史东才。

本标准所代替标准的历次版本发布情况为：

GB/T 15055—1994。

冲压件未注公差尺寸极限偏差

1 范围

本标准规定了冲压件未注公差的线性和角度尺寸公差等级及极限偏差。

本标准适用于金属冲压件，非金属冲压件可参照本标准执行。

本标准规定的极限偏差适用于非配合尺寸。

精密冲压和挤压零件可参照使用本标准。

2 术语和定义

下列术语和定义适用于本标准。

2.1

冲裁尺寸 blanking size

经冲孔、落料及其他分离工序加工而成冲压件的线性尺寸(见图1中的 d、D 和图3中的 D)。

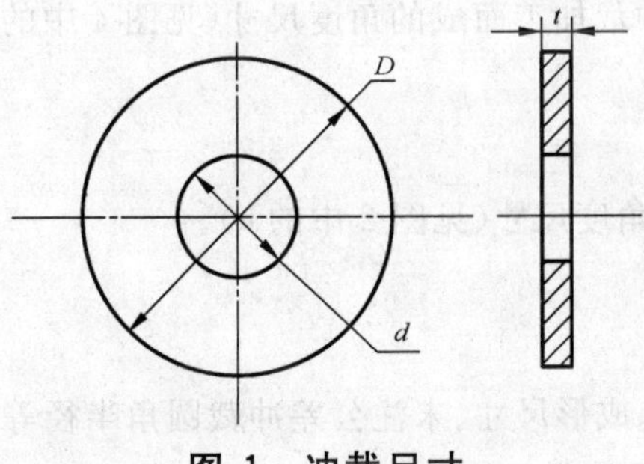

图1 冲裁尺寸

2.2

成形尺寸 forming size

经弯曲、拉深及其他成形工序加工而成冲压件的线性尺寸(见图2中的 l_1、l_2 和图3中的 d、h)。

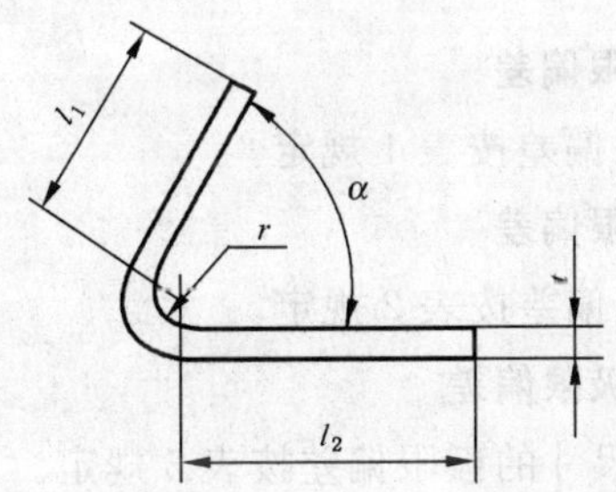

图2 弯曲件的线性尺寸和角度尺寸

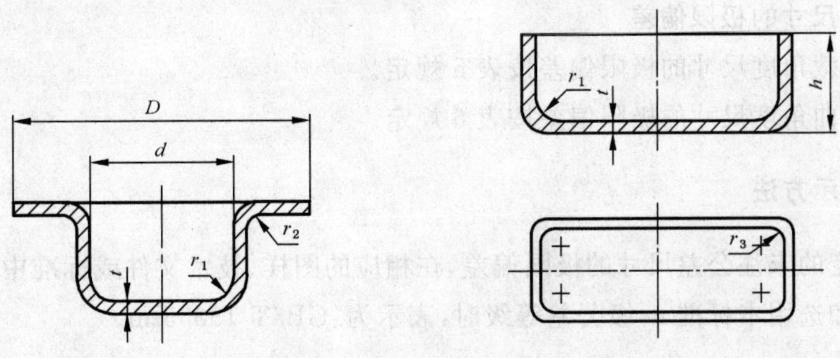

图3 拉深件的线性尺寸

2.3

冲裁圆角半径　blanking corner radius

经冲孔、落料及其他分离工序加工而成冲压件圆角半径的线性尺寸(见图4中的 R)。

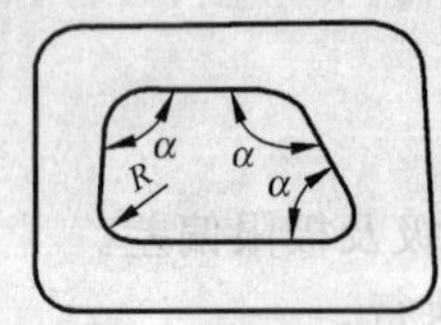

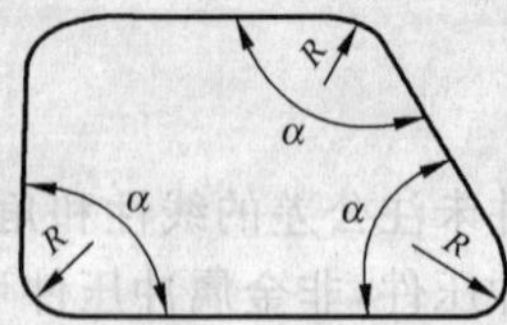

图4　冲裁圆角半径和冲裁角度

2.4

成形圆角半径　forming corner radius

经弯曲、拉深及其他成形工序加工而成冲压件圆角半径的线性尺寸(见图2和图3中的 r、r_1、r_2、r_3)。

2.5

冲裁角度　blanking angle

在平板或成形件平面处,经冲裁加工而成的角度尺寸(见图4中的 α)。

2.6

弯曲角度　bending angle

经弯曲成形而形成冲压件的角度尺寸(见图2中的 α)。

3　公差等级

未注公差冲裁尺寸、未注公差成形尺寸、未注公差冲裁圆角半径等线性尺寸和未注公差角度尺寸的极限偏差均分为f(fine 精密级)、m(medium 中等级)、c(coarse 粗糙级)、v(very coarse 最粗级)四个公差等级,未注公差成形圆角半径线性尺寸的极限偏差不分公差等级。

4　未注公差尺寸的极限偏差

4.1　未注公差冲裁件线性尺寸的极限偏差

未注公差冲裁件线性尺寸的极限偏差按表1规定。

4.2　未注公差成形件线性尺寸的极限偏差

未注公差成形件线性尺寸的极限偏差按表2规定。

4.3　未注公差圆角半径线性尺寸的极限偏差

4.3.1　未注公差冲裁圆角半径线性尺寸的极限偏差按表3规定。

4.3.2　未注公差成形圆角半径线性尺寸的极限偏差按表4规定。

4.4　未注公差角度尺寸的极限偏差

4.4.1　未注公差冲裁角度尺寸的极限偏差按表5规定。

4.4.2　未注公差弯曲角度尺寸的极限偏差按表6规定。

5　采用本标准的表示方法

采用本标准规定的未注公差尺寸的极限偏差,在相应的图样、技术文件或标准中用本标准号和公差等级符号表示。例如选用本标准m级公差等级时,表示为:GB/T 15055-m。

表 1　未注公差冲裁件线性尺寸的极限偏差

单位为毫米

基本尺寸		材料厚度		公差等级			
大于	至	大于	至	f	m	c	v
0.5	3	—	1	±0.05	±0.10	±0.15	±0.20
		1	3	±0.15	±0.20	±0.30	±0.40
3	6	—	1	±0.10	±0.15	±0.20	±0.30
		1	4	±0.20	±0.30	±0.40	±0.55
		4	—	±0.30	±0.40	±0.60	±0.80
6	30	—	1	±0.15	±0.20	±0.30	±0.40
		1	4	±0.30	±0.40	±0.55	±0.75
		4	—	±0.45	±0.60	±0.80	±1.20
30	120	—	1	±0.20	±0.30	±0.40	±0.55
		1	4	±0.40	±0.55	±0.75	±1.05
		4	—	±0.60	±0.80	±1.10	±1.50
120	400	—	1	±0.25	±0.35	±0.50	±0.70
		1	4	±0.50	±0.70	±1.00	±1.40
		4	—	±0.75	±1.05	±1.45	±2.10
400	1 000	—	1	±0.35	±0.50	±0.70	±1.00
		1	4	±0.70	±1.00	±1.40	±2.00
		4	—	±1.05	±1.45	±2.10	±2.90
1 000	2 000	—	1	±0.45	±0.65	±0.90	±1.30
		1	4	±0.90	±1.30	±1.80	±2.50
		4	—	±1.40	±2.00	±2.80	±3.90
2 000	4 000	—	1	±0.70	±1.00	±1.40	±2.00
		1	4	±1.40	±2.00	±2.80	±3.90
		4	—	±1.80	±2.60	±3.60	±5.00

注：对于 0.5 mm 及 0.5 mm 以下的尺寸应标公差。

表 2　未注公差成形件线性尺寸的极限偏差

单位为毫米

基本尺寸		材料厚度		公差等级			
大于	至	大于	至	f	m	c	v
0.5	3	—	1	±0.15	±0.20	±0.35	±0.50
		1	4	±0.30	±0.45	±0.60	±1.00
3	6	—	1	±0.20	±0.30	±0.50	±0.70
		1	4	±0.40	±0.60	±1.00	±1.60
		4	—	±0.55	±0.90	±1.40	±2.20

表 2（续） 单位为毫米

基本尺寸		材料厚度		公差等级			
大于	至	大于	至	f	m	c	v
6	30	—	1	±0.25	±0.40	±0.60	±1.00
		1	4	±0.50	±0.80	±1.30	±2.00
		4	—	±0.80	±1.30	±2.00	±3.20
30	120	—	1	±0.30	±0.50	±0.80	±1.30
		1	4	±0.60	±1.00	±1.60	±2.50
		4	—	±1.00	±1.60	±2.50	±4.00
120	400	—	1	±0.45	±0.70	±1.10	±1.80
		1	4	±0.90	±1.40	±2.20	±3.50
		4	—	±1.30	±2.00	±3.30	±5.00
400	1 000	—	1	±0.55	±0.90	±1.40	±2.20
		1	4	±1.10	±1.70	±2.80	±4.50
		4	—	±1.70	±2.80	±4.50	±7.00
1 000	2 000	—	1	±0.80	±1.30	±2.00	±3.30
		1	4	±1.40	±2.20	±3.50	±5.50
		4	—	±2.00	±3.20	±5.00	±8.00
注：对于 0.5 mm 及 0.5 mm 以下的尺寸应标公差。							

表 3 未注公差冲裁圆角半径线性尺寸的极限偏差 单位为毫米

基本尺寸		材料厚度		公差等级			
大于	至	大于	至	f	m	c	v
0.5	3	—	1	±0.15		±0.20	
		1	4	±0.30		±0.40	
3	6	—	4	±0.40		±0.60	
		4	—	±0.60		±1.00	
6	30	—	4	±0.60		±0.80	
		4	—	±1.00		±1.40	
30	120	—	4	±1.00		±1.20	
		4	—	±2.00		±2.40	
120	400	—	4	±1.20		±1.50	
		4	—	±2.40		±3.00	
400	—	—	4	±2.00		±2.40	
		4	—	±3.00		±3.50	

表 4 未注公差成形圆角半径线性尺寸的极限偏差

单位为毫米

基本尺寸	≤3	>3～6	>6～10	>10～18	>18～30	>30
极限偏差	+1.00 −0.30	+1.50 −0.50	+2.50 −0.80	+3.00 −1.00	+4.00 −1.50	+5.00 −2.00

表 5 未注公差冲裁角度尺寸的极限偏差

公差等级	短边长度/mm						
	≤10	>10～25	>25～63	>63～160	>160～400	>400～1 000	>1 000
f	±1°00′	±0°40′	±0°30′	±0°20′	±0°15′	±0°10′	±0°06′
m	±1°30′	±1°00′	±0°40′	±0°30′	±0°20′	±0°15′	±0°10′
c v	±2°00′	±1°30′	±1°00′	±0°40′	±0°30′	±0°20′	±0°15′

表 6 未注公差弯曲角度尺寸的极限偏差

公差等级	短边长度/mm						
	≤10	>10～25	>25～63	>63～160	>160～400	>400～1 000	>1 000
f	±1°15′	±1°00′	±0°45′	±0°35′	±0°30′	±0°20′	±0°15′
m	±2°00′	±1°30′	±1°00′	±0°45′	±0°35′	±0°30′	±0°20′
c v	±3°00′	±2°00′	±1°30′	±1°15′	±1°00′	±0°45′	±0°30′

ICS 73.100.40
D 93

中华人民共和国国家标准

GB/T 15112—2007
代替 GB/T 15112—1994

凿井绞车

Shaft sinking winch

2007-06-25 发布 2007-11-01 实施

中华人民共和国国家质量监督检验检疫总局
中国国家标准化管理委员会 发布

前　言

本标准代替 GB/T 15112—1994《凿井绞车》。

本标准与 GB/T 15112—1994 相比，主要内容变化如下：

——对绞车容绳量参数进行了优化，并增加了规格。

——增加了对主轴的探伤要求。

——取消了对制造保证的要求。

本标准由中国机械工业联合会提出。

本标准由全国矿山机械标准化技术委员会(SAC/TC 88)归口。

本标准起草单位：济南重工股份有限公司。

本标准主要起草人：胡武臣、燕云龙、郭明。

本标准所代替标准的历次版本发布情况为：

——GB 4593—1984；

——GB 5866—1986；

——GB/T 15112—1994。

凿井绞车

1 范围

本标准规定了凿井绞车的型式与基本参数、技术要求、试验方法与检验规则、标志、包装、运输与贮存。

本标准适用于煤矿、金属矿及非金属矿竖井凿井时悬吊设备用的凿井绞车(以下简称绞车)。

2 规范性引用文件

下列文件中的条款通过本标准的引用而成为本标准的条款。凡是注日期的引用文件,其随后所有的修改单(不包括勘误的内容)或修订版均不适用于本标准,然而,鼓励根据本标准达成协议的各方研究是否可使用这些文件的最新版本。凡是不注日期的引用文件,其最新版本适用于本标准。

GB/T 4879 防锈包装

GB/T 8923—1988 涂装前钢材表面锈蚀等级和除锈等级(eqv ISO 8501-1:1988)

GB/T 10095.1 渐开线圆柱齿轮 精度 第1部分:轮齿同侧齿面偏差的定义和允许值(GB/T 10095.1—2001,idt ISO 1328-1:1997)

GB/T 10095.2 渐开线圆柱齿轮 精度 第2部分:径向综合偏差与径向跳动的定义和允许值(GB/T 10095.2—2001,idt ISO 1328-2:1997)

GB/T 13306 标牌

GB/T 13384 机电产品包装通用技术条件

GB 16423 金属非金属矿山安全规程

煤矿安全规程(2006年版)

3 型式与基本参数

3.1 绞车按其结构型式分缠绕式和摩擦式,缠绕式分单筒和双筒。

3.2 产品型号表示方法:

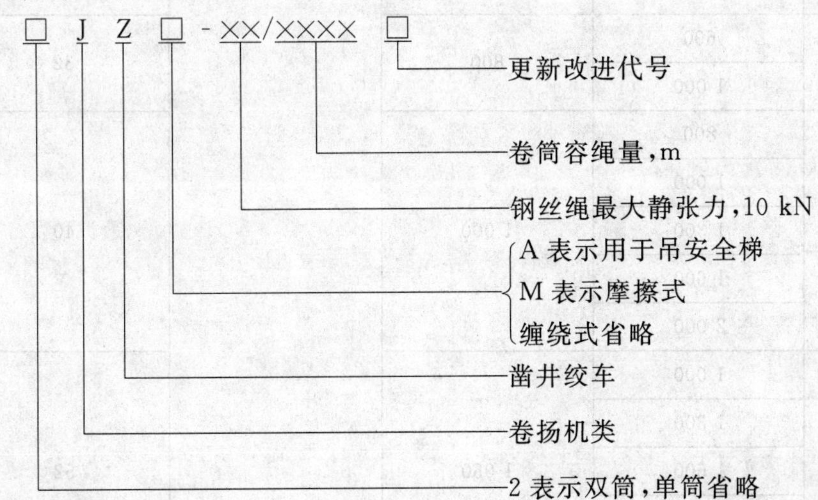

标记示例:

钢丝绳最大静张力为100 kN,卷筒容绳量为800 m的单筒缠绕式凿井绞车:

JZ-10/800 凿井绞车

3.3 基本参数应符合表1的规定。

表1 凿井绞车基本参数

型号	钢丝绳最大静张力/kN	卷筒容绳量/m	卷筒直径/mm	第一层钢丝绳速度/(m/s)	钢丝绳直径/mm
JZA	50	1 000	630	0.250	26
		1 300			
JZ	63	600	630		24
	100	600	800		32
		800			
	160	800	1 000		40
		1 000			
		1 300			
		1 600			
		2 000			
JZ、JZM	250	1 000	1 050		52
		1 300			
		1 600			
		2 000			
		2 500			
	400	1 000	1 250	0.075	60
		1 300			
		1 600			
		2 000			
		2 500			
2JZ	63	600	630		24
	100	600	800		32
		1 000			
	160	800	1 000		40
		1 000			
		1 300			
		1 600			
		2 000			
	250	1 000	1 050		52
		1 300			
		1 600			
		2 000			
		2 500			

4 技术要求

4.1 绞车应符合本标准的要求,并按照经规定程序批准的图样和技术文件制造。

4.2 绞车应符合《煤矿安全规程》和 GB 16423 的有关规定。

4.3 绞车适应环境温度为−25℃~40℃。

4.4 绞车控制系统应灵活、准确、可靠。

4.5 JZA 型绞车应具有手驱动和电力驱动的功能,并可采用其他方式驱动。

4.6 绞车(JZA 型除外)应设置独立的工作制动器和安全制动器。

4.7 绞车的工作制动器和安全制动器的制动力矩均不小于最大静力矩的两倍。制动器工作应灵敏可靠,闸瓦(带)接触面积不小于70%。

4.8 安全制动器应采用锤重力或弹簧力进行制动。JZA 型绞车制动器在断电情况下应能手动解除制动。

4.9 绞车卷筒边缘高出最外一层钢丝绳的高度应不小于钢丝绳直径的 2.5 倍。

4.10 绞车主轴材料的屈服点 σ_s 不应低于 345 MPa,抗拉强度 σ_b 不应低于 630 MPa。其内部组织致密均匀,不允许有白点和裂纹,其夹杂和非裂纹性缺陷要求如下:

a) 在主轴轴心 2/3 直径范围内的单个、分散性缺陷和密集性缺陷,应符合表 2 的规定。

表 2 主轴缺陷限定值

零件名称	被探截面直径/mm	允许存在的单个、分散性缺陷		允许存在的密集性缺陷		起始灵敏度/mm
		最大当量直径/mm	个数/100 cm^2	最大当量直径/mm	占截面总面积/%	
主轴	≤ϕ400	ϕ6	10	ϕ4	6	ϕ3
	>ϕ400	ϕ8	10	ϕ6	8	

b) 在主轴轴心 2/3 直径以外范围,允许存在不大于 ϕ5 mm 的当量单个、分散性缺陷 6 个/100 cm^2;允许存在小于 ϕ4 mm 的当量密集性缺陷,但缺陷区面积不应超过被探面积的 5%。

4.11 环面蜗杆减速器的工作齿面接触斑点:蜗轮沿齿高方向不少于 80%,蜗杆螺旋齿工作面沿长度方向不小于 50%。圆柱齿轮减速器齿轮精度不应低于 GB/T 10095.1—2001 和 GB/T 10095.2—2001 中 8-8-7 级规定。

4.12 环面蜗杆减速器和圆柱齿轮减速器在绞车以额定负荷连续运转情况下,油温温升分别不应超过 60℃和 50℃,油池最高温度分别不应超过 80℃和 70℃,并不允许渗油。

4.13 减速器清洁度用 0.075 mm 筛过滤检查,环面蜗杆减速器污物不应大于 2.5*a* mg,圆柱齿轮减速器污物不大于 1.8*a* mg(*a* 为减速器中心距,mm)。

4.14 2JZ 型绞车的差速机构应保证两根钢丝绳的最大静张力允差不大于表 3 的规定。

表 3 两根钢丝绳最大静张力允差 单位为千牛

绞车型号	2JZ-6.3	2JZ-10	2JZ-16	2JZ-25
两根钢丝绳最大静张力允差	1.5	3.0	5.0	7.5

4.15 绞车所有外露旋转零部件(除卷筒、制动器外)应有防护罩。

4.16 绞车应运转平稳,无周期性噪声,整机空载噪声声压级不大于 85 dB(A)。

4.17 绞车涂装前钢材表面除锈质量应符合 GB/T 8923—1988 中 St2 级的规定。

4.18 绞车涂漆应均匀美观,不允许有针孔、气泡、裂纹、脱皮、流痕及漏涂等缺陷。

4.19 绞车成套供应范围:机械部分、电动机、电控设备及随机技术文件。

5 试验方法与检验规则

5.1 试验条件

5.1.1 试验用的仪器、仪表及计量器具，应为合格品并在检定或校准有效期内。

5.1.2 试验用的主要仪器、仪表及设备见表4。

表4 试验用的主要仪器、仪表及设备

名称	精度
温度计	1℃
测速计	
声级计	2型
交流电压表	0.5级
交流电流表	0.5级
三相功率表	0.5级
转矩转速功率仪	
减速器试验台	
整机试验台	

5.2 出厂检验

5.2.1 根据出厂资料及装箱单检验绞车的成套性，每台绞车须经制造厂质量检验部门检验合格后才能出厂，并附有合格证明书。

5.2.2 采用超声波探伤和机械性能试验方法检验主轴是否符合4.10的要求。

5.2.3 采用目测法检验绞车是否符合4.9、4.15、4.17、4.18的要求。

5.2.4 减速器负荷试验，在额定转速下，按25%、50%、75%、100%额定负荷逐级加载，待温度平衡10 min后，检验环面蜗杆副和齿轮副的接触斑点及减速器温升情况是否符合4.11和4.12的要求。

5.2.5 绞车空负荷试验

绞车空运转30 min，检验下列各项：

a) 控制系统是否符合4.4和4.5的要求。检查次数不少于5次。

b) 工作制动器和安全制动器是否符合4.6和4.8的要求。检查次数不少于5次。

c) 用声级计按A计权声压级测量绞车整机噪声。测量时，声级计放在距绞车1 m处，高度在减速器分合面位置，测量点在绞车前后左右四点均布。测量结果取其平均值，其值应符合4.16的要求。

5.3 型式试验

5.3.1 绞车有下列情况之一对，应进行型式试验：

a) 新产品或老产品转厂生产试制鉴定；

b) 正式生产，如结构、材料、工艺有较大改变，可能影响产品性能时；

c) 正常生产时，每三年进行一次检验；

d) 停产三年后，恢复生产时。

5.3.2 型式检验包括出厂检验全部内容。

5.3.3 空负荷试验后，用清洗、烘干、称重法检验减速器清洁度是否符合4.13的要求。

5.3.4 用测速计测量钢丝绳的速度，允差为±20%。

5.3.5 绞车负荷试验

绞车按25%、50%、75%及100%额定负荷逐级加载，各级运转不少于30 min，在额定负荷下检验下列各项：

a) 各控制系统是否符合 4.4 的要求；

b) 制动器灵敏可靠及闸瓦(带)接触面积是否符合 4.7 的要求；

c) JZA 型绞车分别用电动、手动和其他驱动，检验是否符合 4.5 的要求。

5.3.6 2JZ 型绞车采用两根钢丝绳分别悬吊重量的方法，最大静张力允差不大于表 3 规定值，检验减速器差速机构灵敏性是否符合 4.14 的要求。

5.3.7 工作制动器和安全制动器的制动力矩分别借助吊重法(或专用试验装置)，检验是否符合 4.7 的要求。

6 标志、包装、运输与贮存

6.1 每台绞车在适当的明显位置固定产品标牌，其型式与尺寸应符合 GB/T 13306 的规定，并标明下列内容：

a) 产品名称和型号；

b) 主要技术参数；

c) 制造厂名称、商标；

d) 出厂编号、制造日期。

6.2 绞车外露加工表面应按 GB/T 4879 中 2 级的要求进行防锈包装。

6.3 除电控装置装箱外，其余机械部分采用局部包装，并应符合 GB/T 13384 的要求。

6.4 随机技术文件包括使用说明书、合格证明书、装箱单、总图和基础图。

6.5 绞车的包装应能满足陆路和水路运输的要求。

6.6 绞车应存放在通风、防雨(雪)的场所，每存放半年检查一次油封情况。

ICS 31.220.10
L 23

中华人民共和国国家标准

GB/T 15157.14—2007/IEC 60603-14:1998

频率低于3 MHz的印制板连接器 第14部分:音频、视频和音像设备用低音频及视频圆形连接器详细规范

Connectors for frequencies below 3 MHz for use with printed boards—Part 14: Detail specification for circular connectors for low-frequency audio and video applications such as audio, video and audio-visual equipment

(IEC 60603-14:1998, IDT)

2007-06-29 发布　　2007-11-01 实施

中华人民共和国国家质量监督检验检疫总局
中国国家标准化管理委员会　发布

前　言

GB/T 15157《频率低于 3 MHz 的印制板连接器》分为 14 个部分：

——第 1 部分：总规范　一般要求和编制有质量评定的详细规范的导则；

——第 2 部分：有质量评定的具有通用安装特征　基本网格为 2.54 mm(0.1 in)的印制板用两件式连接器详细规范；

——第 3 部分：接触件中心间距和交错排列的引出端中心间距均为 2.54 mm 的两件式连接器详细规范；

——第 4 部分：接触件中心间距和交错排列的引出端中心间距均为 1.91 mm 的两件式连接器详细规范；

——第 5 部分：间距为 2.54 mm 的双面印制板刀叉式插座连接器和两件式连接器详细规范；

——第 6 部分：标称厚度为 1.6 mm 的单面或双面印制板用接触件间距为 2.54 mm 的刀叉式插座连接器和印制板连接器详细规范；

——第 7 部分：有质量评定的具有通用插合特性的 8 位固定和自由连接器详细规范；

——第 8 部分：有 0.63 mm×0.63 mm 方形阳接触件　基本网格为 2.54 mm 两件式印制板连接器详细规范；

——第 9 部分：基本网格为 2.54 mm 的背面板和电缆连接器，两件式印制板连接器详细规范；

——第 10 部分：方向型基本网格为 2.54 mm 的两件式印制板连接器详细规范；

——第 11 部分：同轴连接器详细规范(自由连接器和固定连接器的尺寸)；

——第 12 部分：集成电路插座的尺寸、一般要求和试验方法详细规范；

——第 13 部分：自由连接器为非绝缘位移引出端　有质量评定的基本网格为 2.54 mm 的两件式印制板连接器详细规范；

——第 14 部分：音频、视频和音像设备用低音频及视频圆形连接器详细规范。

本部分为第 14 部分，等同采用 IEC 60603-14:1998《频率低于 3 MHz 的印制板连接器　第 14 部分：音频、视频和音像设备用低音频及视频圆形连接器详细规范》(英文版)。

为了使用方便，对 IEC 60603-14:1998 作了下列编辑性修改：

a)　删除 IEC 60603-14:1998 中的前言。

b)　在引用文件中增加 GB/T 5095.1—1997。

本部分由中华人民共和国信息产业部提出。

本部分由全国电子设备用机电元件标准化技术委员会归口。

本部分起草单位：中国电子技术标准化研究所(CESI)、浙江省长兴电子厂。

本部分主要起草人：丁然、曹宏国、韩亚芬、汪其龙、陈奥。

频率低于3 MHz的印制板连接器 第14部分:音频、视频和音像设备用低音频及视频圆形连接器详细规范

1 范围

本部分适用于音频、视频和音像设备用低音频及视频圆形连接器。

本部分规定了音频、视频和音像设备中使用的圆形连接器的尺寸、一般要求及试验方法。

2 规范性引用文件

下列文件中的条款通过GB/T 15157的本部分的引用而成为本部分的条款。凡是注日期的引用文件,其随后所有的修改单(不包括勘误的内容)或修订版均不适用于本部分,然而,鼓励根据本部分达成协议的各方研究是否可使用这些文件的最新版本。凡是不注日期的引用文件,其最新版本适用于本部分。

GB/T 5095.1—1997 电子设备用机电元件 基本试验规程和测量方法 第1部分:总则(idt IEC 60512-1:1994)

GB/T 5095.2—1997 电子设备用机电元件 基本试验规程和测量方法 第2部分:一般检查、电连续性和接触电阻测试、绝缘试验和电压应力试验(idt IEC 60512-2:1994)

GB/T 5095.5—1997 电子设备用机电元件 基本试验规程和测量方法 第5部分:撞击试验(自由元件)、静负荷试验(固定元件)、寿命试验和过负荷试验(idt IEC 60512-5:1992)

GB/T 5095.7—1997 电子设备用机电元件 基本试验规程和测量方法 第7部分:机械操作试验和密封试验(idt IEC 60512-7:1993)

ISO 468:1982 表面粗糙度 拟定技术规范要求的参数、数值和一般规则

3 IEC型号命名

符合本部分规定的连接器型号应按下述方法命名:

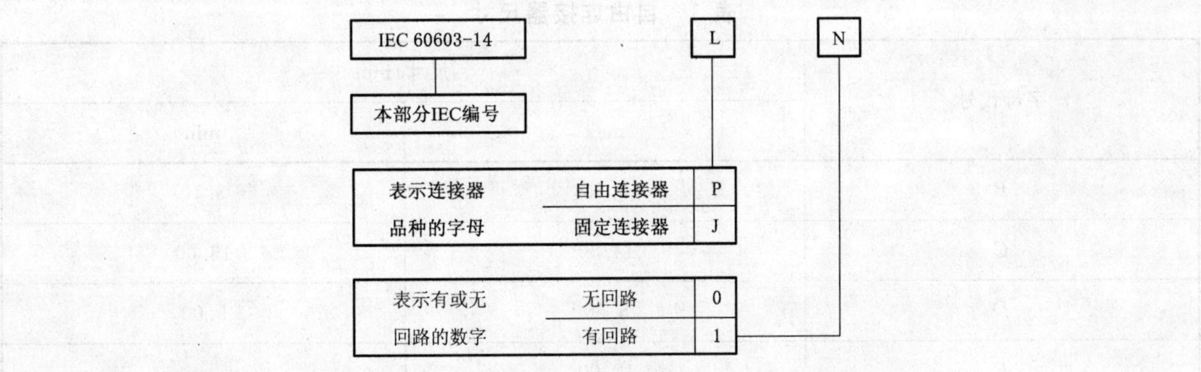

注:“L”代表字母;“N”代表数字。

示例:有回路的自由连接器型号标志为IEC 60603-14-P1。

4 轴测图

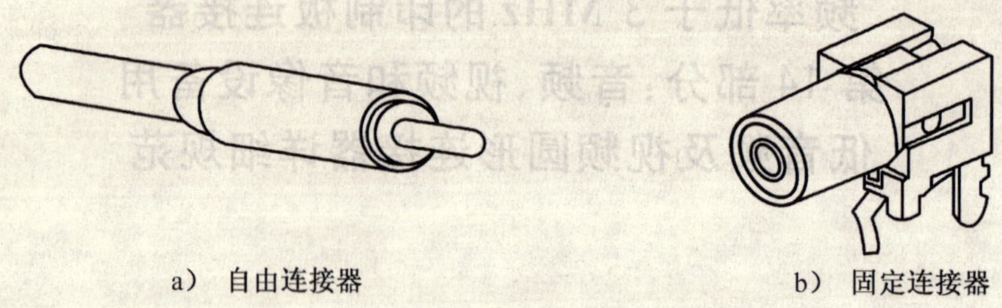

a） 自由连接器　　　　b） 固定连接器

图 1 连接器

5 尺寸

5.1 概述

原始尺寸为毫米。只要不影响规定的尺寸，连接器的形状可以不同于下列图样给出的形状。

5.2 自由连接器的尺寸

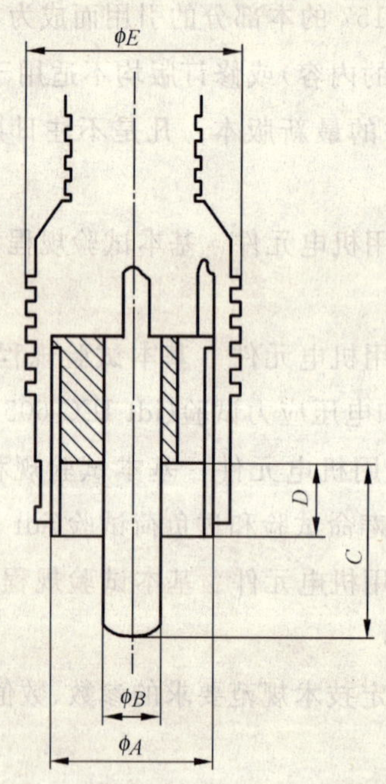

注：尺寸 *A*（弹性接触件内径）为 8.2 mm，仅供参考。

图 2 自由连接器尺寸

表 1 自由连接器尺寸

字母代号	尺寸/mm	
	max	min
B	3.25	3.10
C	14.50	13.50
D	5.50	5.00
E	12.00	

5.3 固定连接器的尺寸

图3 固定连接器尺寸

表2 固定连接器尺寸

字母代号	尺寸/mm	
	max	min
A	8.40	8.20
B	8.00	7.00

6 标准规

6.1 固定连接器标准规

材料:工具钢,淬火;

√=表面粗糙度,按 ISO 468:1982;

Ra=0.25 μm max(10 μin max)。

图4 固定连接器标准规

表3 固定连接器标准规尺寸

字母代号	尺寸/mm	
	max	min
A	14.20	13.80
B	3.205	3.195

6.2 自由连接器标准规

材料:工具钢,淬火;

$\sqrt{}$ =表面粗糙度,按 ISO 468:1982;

Ra=0.25 μm max(10 μin max)。

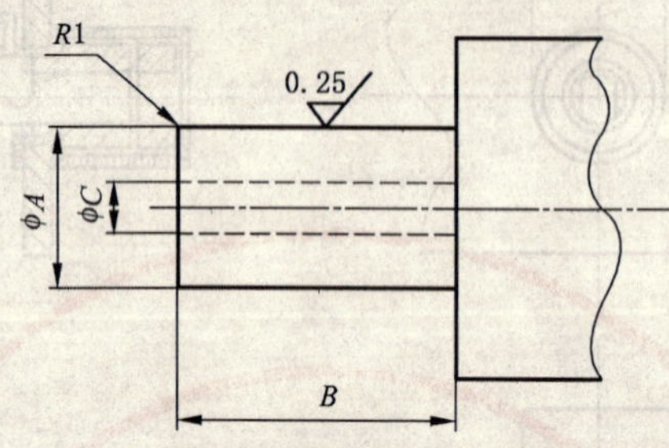

图 5 自由连接器标准规

表 4 自由连接器标准规尺寸

字母代号	尺寸/mm	
	max	min
A	8.23	8.20
B		15.00
C	4.30	4.10

7 特性

7.1 气候类别

温度范围:-10℃~70℃;

稳态湿热:4 d。

7.2 电气性能

7.2.1 耐电压

条件:GB/T 5095.2—1997,试验 4a,标准大气条件;

插合连接器;

接触件/接触件:500 V(r.m.s)。

7.2.2 初始接触电阻

条件:GB/T 5095.2—1997,试验 2a,标准大气条件;

插合连接器;

测量点见图 6;

最大 30 mΩ。

7.2.3 初始绝缘电阻

条件:GB/T 5095.2—1997,试验 3a,方法 A,标准大气条件;

试验电压:500 V±50 V(d.c.);

插合连接器;

最小 100 MΩ。

7.3 机械性能

7.3.1 插入力和拔出力

条件:GB/T 5095.7—1997,试验 13b,标准大气条件;

啮合和分离速度:最大 10 mm/s。

总插入力/N	总拔出力/N
30 max	3～30

总插入力和拔出力应在每一插合的自由和固定连接器间测量。

单脚拔出力/N	
标准插针	标准插孔
F1:0.8 min	F2:3 min

单脚拔出力 F1 应用 6.1 中规定的标准规测量。

单脚拔出力 F2 应用 6.2 中规定的标准规测量。

7.3.2 机械寿命

条件:GB/T 5095.5—1997,试验 9a;

速度:最大 10 mm/s;

间隔时间:至少 30 s;

操作 500 次。

8 试验一览表

8.1 概述

本试验一览表规定了要进行的全部试验及其顺序,以及要满足的要求。

下面有的表中"要求"栏内的"×"号表示应进行的试验或条件作用。

GB/T 5095 试验号与相对应的具体标准编号见 GB/T 5095.1—1997 中表 A1。

除非另有规定,应对插合好的连接器进行试验。

在整个试验过程中,应注意保持连接器的特定组合,即当某项试验需要连接器不插合时,后续的插合试验应将原先的同一插合对插合后进行试验。

下述的一套插合好的连接器,称为一个"样品"。

全面试验需要 21 个样品。全部样品经受 P 组检验合格后,再平均分成三组,经受 AP、BP、CP 组检验。

接触电阻测试的测试点应按图 6 所示:

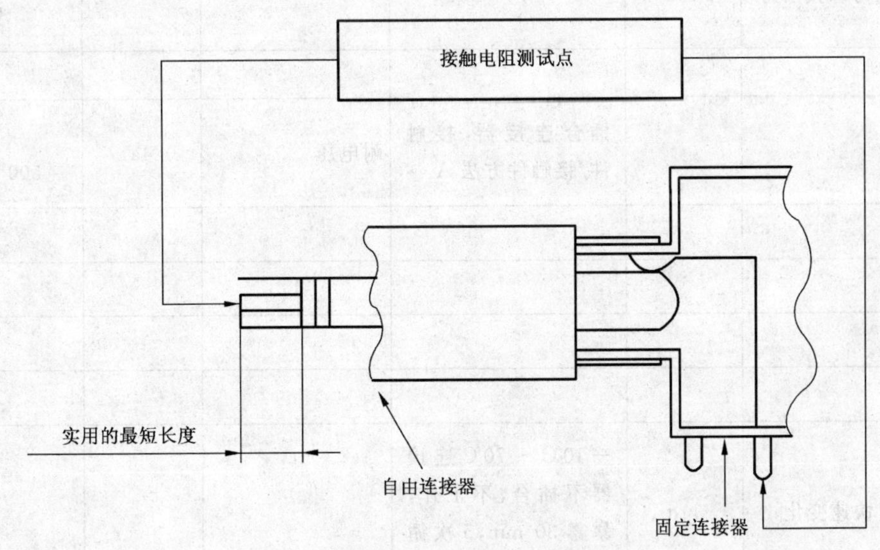

图 6 接触电阻试验装置

8.2 试验

8.2.1 初始P组检验

表5 P组检验

试验步骤	试验			要进行的测试		要求
	名称	GB/T 5095 试验号	试验严酷度或条件	名称	GB/T 5095 试验号	
P1	一般检查		连接器不插合	外观检查	1a	应无影响正常操作的缺陷
				尺寸和质量检查	1b	尺寸应符合5.2和5.3中的规定
P2			测试点按8.1	接触电阻-毫伏法	2a	30 mΩ max
P3			试验电压 500 V±50 V(d.c.) 方法A	绝缘电阻	3a	100 MΩ min
P4			插合连接器 接触件/接触件 方法A	耐电压	4a	500 V/(r.m.s.)

8.2.2 AP检验组——动态/气候

表6 AP组检验

试验步骤	试验			要进行的测试		要求
	名称	GB/T 5095 试验号	试验严酷度或条件	名称	GB/T 5095 试验号	
AP1						不适用
AP2	插入力和拔出力	13b				× 见7.3.1
AP3						不适用
AP4			插合连接器,接触件/接触件方法A	耐电压	4a	× 500 V(r.m.s.)
AP5						不适用
AP6						不适用
AP7						不适用
AP8						不适用
AP9	温度快速变化	11d	−10℃～70℃连接器不插合,不工作,暴露30 min,5次循环,恢复时间:2 h			×

表 6（续）

试验步骤	试验			要进行的测试		要求
	名称	GB/T 5095 试验号	试验严酷度或条件	名称	GB/T 5095 试验号	
AP10			试验电压：500 V±50 V(d.c.) 方法 A	绝缘电阻	3a	100 MΩ min
AP11			方法 A	耐电压	4a	× 500 V(r.m.s.)
AP12			连接器不插合	外观检查	1a	无条件试验造成的损伤
AP13	气候序列	11a	连接器不插合，不工作			
AP13.1	高温	11i	70℃，持续时间：16 h 试验电压：500 V±50 V(d.c.) 方法 A	高温下的绝缘电阻	3a	× 100 MΩ min
AP13.2	循环湿热第 1 次循环	11m	高温：55℃，1 次循环，方式 1，恢复时间：2 h(室温)			×
AP13.3	低温	11j	−10℃恢复时间：2 h			×
AP13.4						不适用
AP13.5	循环湿热余下的循环	11 m	高温 55℃，5 次循环按 AP13.2			×
AP14			试验电压：500 V±50 V(d.c.) 方法 A	绝缘电阻	3a	100 MΩ min
AP15			测量点按 8.1 6 个接触件/样品	接触电阻-毫伏法	2a	30 mΩ max
AP16			接触件/接触件 方法 A 插合连接器	耐电压	4a	500 V r.m.s.
AP17				插入力和拔出力	13b	× 见 7.3.1
AP18			连接器不插合	外观检查	1a	无条件试验造成的损伤

8.2.3 **BP 检验组——机械寿命**

表 7 BP 组检验

试验步骤	试验			要进行的测试		要求
	名称	GB/T 5095 试验号	试验严酷度或条件	名称	GB/T 5095 试验号	
BP1						不适用
BP2	机械操作(规定操作次数的一半)	9a	速度:10 mm/s (0.4 in/s)max 间隔时间至少 30 s(不插合时)250 次操作			×
BP3						不适用
BP4			测量点按 8.1	接触电阻-毫伏法	2a	40 mΩ max
BP5	机械操作(剩余操作次数)	9a	速度:10 mm/s(0.4 in/s) max。间隔时间至少 30 s(不插合时)250 次操作			×
BP6			试验电压:500 V±50 V(d.c.)方法 A	绝缘电阻	3a	100 MΩ min
BP7						不适用
BP8						不适用
BP9						不适用
BP10						不适用
BP11			连接器不插合	外观检查	1a	无条件试验造成的损伤

8.2.4 **CP 检验组——潮湿**

表 8 CP 组检验

试验步骤	试验			要进行的测试		要求
	名称	GB/T 5095 试验号	试验严酷度或条件	名称	GB/T 5095 试验号	
CP1	稳态湿热	11c	连接器不插合,不工作,4 d,恢复时间:24 h			× ×
CP2			试验电压:500 V±50 V(d.c.)方法 A	绝缘电阻	3a	100 MΩ min
CP3			测量点按 8.1	接触电阻	2a	40 mΩ max
CP4			方法 A	耐电压	4a	× 500 V(r.m.s.)
CP5			连接器不插合	外观检查	1a	无条件试验造成的损伤

ICS 33.020
M 04

中华人民共和国国家标准

GB/T 15160—2007
代替 GB 15160—1994

无中心多信道选址移动通信系统体制

Land mobile communication system requirements using multi-channel access techniques without a central controller

2007-06-29 发布　　　　2007-11-01 实施

中华人民共和国国家质量监督检验检疫总局
中国国家标准化管理委员会　发布

ICS 33.020
M 04

中华人民共和国国家标准

GB/T 15160—2007
代替 GB 15160—1994

无中心多信道选址移动通信系统体制

Land mobile communication system requirements using multi-channel access techniques without a central controller

2007-06-29 发布　　2007-11-01 实施

中华人民共和国国家质量监督检验检疫总局
中国国家标准化管理委员会　发布

前 言

900 MHz 频段无中心多信道选址移动通信系统，是国家无线电管理部门针对国内专业无线对讲机的使用需求情况，经研究开放我国 915 MHz～917 MHz 频率，按相关规定生产的专业移动通信系统。其相关标准有：

——GB 15160—1994《无中心多信道选址移动通信系统体制》；

——GB/T 15939—1995《无中心多信道选址移动通信系统设备通用规范》。

本标准对应于国际电信联盟 ITU-R 建议 2000 卷移动业务系列 M.1032(03/94)《应用无中心控制器的多信道选址技术的陆地移动系统的技术和工作特性》附件 1《个人无线电系统》。本标准与 ITU-R M.1032(03/94)的一致性程度为非等效，主要差异如下：

——根据国家无线电管理部门的相关规定对频率进行了修改；

——根据国家无线电管理部门的相关规定对信令格式中的呼号编码进行了修改；

——为便于发送数据而增加了低速数据传输；

——为扩大通信距离而增加了窄频率间隔的异频转发；

——为便于安装和操作而增设了遥控；

——为便于无线电监测管理而增加了电波监控系统和呼号编码器。

本标准代替 GB 15160—1994《无中心多信道选址移动通信系统体制》。本次修订除参照 ITU-R M.1032(03/94)外，还将 GB/T 12192—1990《移动通信调频无线电话发射机测量方法》、GB/T 12193—1990《移动通信调频无线电话接收机测量方法》、GB/T 15844.2—1995《移动通信调频无线电话机环境要求和试验方法》以及 GB/T 15844.1—1995《移动通信专业调频收/发信机通用规范》等标准的有关内容纳入本标准。

本标准与 GB 15160—1994 相比主要变化如下：

——删去了 903.037 5 MHz～904.987 5 MHz 和 430.037 5 MHz～431.987 5 MHz；

——删去了进有线网的功能；

——修改了发射功率；

——修改了参考灵敏度；

——修改了通话限制时间；

——修改了电台呼号编码；

——修改了 ROM 盒；

——修改了用户电话号码使用范围；

——增加了 2 400 bit/s 数据传输；

——删去了交错方式；

——增加了经网络遥控电台功能；

——增加了强制转发、经室内分布系统转发和经网络转发功能；

——增加了话音加密；

——增加了电波监控空中禁发、还原，空中禁收发等功能；

——增加了 158 信道的无三阶互调组法选择空闲信道；

——增加了改善通话质量方法。

本标准的附录 A、附录 B、附录 C、附录 E 为资料性附录，附录 D、附录 F 为规范性附录。

本标准由信息产业部提出。

本标准由中国通信标准化协会归口。

本标准主要起草单位：中国电子科技集团公司第七研究所、北京交通大学、国家无线电监测中心、深圳市三威电子有限公司、广东无线电监测站。

本标准主要起草人：李进良、黄清、黄锦彬、陈科、刘丽君、李坤。

本标准所代替标准的历次版本发布情况为：GB 15160—1994。

无中心多信道选址移动通信系统体制

1 范围

本标准规定了无中心多信道选址移动通信系统必要的技术要求。根据无中心控制的特点，对系统、发射机、接收机、控制单元、结构及配套件等的主要技术要求做出了规定。

本标准适用于有关单位研制、生产、销售、使用、检测和管理无中心多信道选址移动通信系统。

2 术语和定义

下列术语和定义适用于本标准。

2.1

无中心控制 without central control

不采用交换控制中心的集中控制，而由各移动台或固定台分别设定无线通信链路的分散控制方式。

2.2

多信道选址 multi-channel access

通信系统具有多个信道(频率)供用户共同选用，按被呼用户地址码发出选择呼叫信令以建立通信的一种技术。

2.3

M/D/1，M/M/79

通信系统的服务过程，可以作为一个随机服务系统来处理，按输入过程、服务规则和服务机构这三个组成部分可分成不同类别。输入过程分泊松输入(用 M 表示)，定长输入(用 D 表示)等；服务规则分指数分布服务(用 M 表示)、定长服务(用 D 表示)等；服务机构的数目在通信系统中为信道的数目。M/D/1 表示泊松输入/定长服务/1 个信道，M/M/79 表示泊松输入/指数分布/79 个信道。

3 系统组成

3.1 用户设备

用户设备包括固定台、车载台、手持台、遥控台、转发台、调度台等，分别用于以下场合：

——固定台　可供固定地点使用；

——车载台　可供车辆移动使用；

——手持台　可供个人手持移动使用；

——遥控台　可供远距离操作使用；

——转发台　可转发移动台或固定台的信号，转发台在特殊情况下(大功率、远距离)须经当地无线电管理部门批准后方可使用并具有遥控关闭功能；

——调度台　配套计算机和管理软件，可供集团用户调度使用。

3.2 监控设备

监控设备用于无线电管理部门对用户设备的监测和管理，包括电波监控系统和呼号编码器。

3.2.1 电波监控系统

对无线覆盖区内所有电台的通信活动进行监测、控制的无线电波管理系统。

3.2.2 呼号编码器

按国家无线电管理规定，用于将指配的电台呼号编码写入非易失存贮器的设备。

3.3 无中心网络的结构

无中心网络的结构见图 1,有两种形式:

——基本结构:任一电台可在其无线覆盖小区内任意选址另一(或一组)电台直接通信;

——扩展结构:有权电台可在转发台无线覆盖区内任意选址另一(或一组)电台进行转接通信,形成小区之间部分连通网。

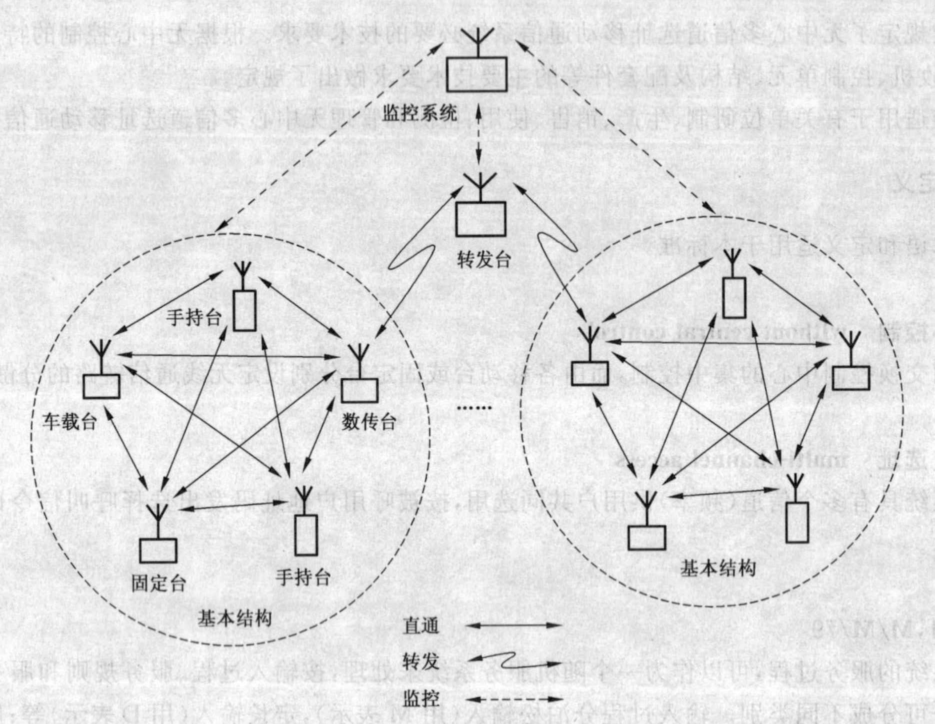

图 1 无中心网络结构

4 系统体制要求

4.1 系统技术规范

系统技术规范见表 1。

表 1 系统技术规范

序号	项 目	12.5 kHz	25 kHz
1	控制方式	电台通过载波电平检测、分别独立设定无线通信链路的分散控制方式	
2	通话方式	同频单工方式 可以 1对1 1对N	
3	频率范围/MHz	915～917	
4	载波电平检测门限	1 μV(开路电压) 1 s	
5	发射功率	一般<5 W	

表 1(续)

序号	项目		12.5 kHz	25 kHz
6	多信道共用方式	控制信道	915.012 5 MHz	
			F2D	
			M/D/1 等待制	
			信道数 1	
			信道间隔 25 kHz	
		通话信道	915.037 5 MHz～916.987 5 MHz	
			F3E	
			M/M/157 损失制	M/M/79 损失制
			信道数 157	79
			信道间隔 12.5 kHz	信道间隔 25 kHz
		信道选择方法	无三阶互调组法选择空闲信道(见附录 A)	
7	呼叫权限		根据使用需求可设置限制发起呼叫权限(单呼、组呼)	
8	每部电台忙时话务量		＜0.03 erl	
9	通话时间限制(见附录 B)		通常自动限时 5 min	
			通话信道使用率高于 80%时,自动转为限时 3 min;限时到前30 s发出报讯音	通话信道使用率高于 75%时,自动转为限时 3 min;限时到前 30 s 发出报讯音
10	呼叫		被呼通:振铃 450 Hz,响 1 s 停 4 s 共 6 声; 告主呼:回铃 450 Hz,响 1 s 停 4 s 共 6 声; 呼不通:忙音 450 Hz,响 0.35 s 停 0.35 s 共 6 声	
11	拆线		复位发出切断信号,双方自动挂机	
12	重呼		复位、守候时,按【呼叫键】可在刚才所拨的电话号码上建立通信	
13	迟后入网		使用相同组号的用户,进行组呼通话时,其后来用户可以监听并插话进网	
15	电台呼号编码		由两个英文字母和紧接字母的六位数字组成,前两位英文字母为识别码,用于区分三十一个省、自治区和直辖市。第三位数字表示区域,叫区域码,其范围从 0-F,可以分 16 个区域,由各省(区、市)无线电管理部门自行规划和分配;第四、五、六、七、八位数字,表示电台本身的地址码。电台呼号编码用计算机写入无中心电台的非易失存贮器	
16	遥控		1) 可将控制头经多芯电缆遥控收发信机; 2) 可配遥控编码器经电缆至解码器遥控电台; 3) 可经网络遥控电台	
17	转发		1) 本网有权用户,必要时可强制转发; 2) 本网有权用户,可自适应通信距离直通或经转发台转发或接力,必要时可设定双信道收发; 3) 对高层建筑与地下建筑物可经室内分布系统转发; 4) 任意距离可经网络转发	
18	非话业务		可以传输数据,数据传输速率为 1 200 bit/s、2 400 bit/s 或更高	

表 1(续)

序号	项　　目	12.5 kHz	25 kHz
19	号段呼叫限制	根据使用需求,同一集团用户地址码和组号可设置≤3 段不同号段,供集团内部互通扩容使用;并限制不同集团用户之间呼叫	
20	报讯	按键操作有效时,能发确认操作音; 功能工作有效时,能发确认工作音	
21	报警	PLL 失锁:可显示相关信息或提示音; 异常发射:可显示相关信息或提示音; 呼号编码不正常:可显示相关信息或提示音; 以上报警直至排除为止	
22	电话号码显示与记忆	开机时,显示本机地址码,并可查阅本机组号; 主呼时,显示并记忆被呼电话号码; 被呼时,显示并记忆主呼电话号码; 无人值守时记忆最后一次主呼电话号码	
23	话音加密	采用话音频率倒置的模拟方式进行加密	

4.2 无线信道号和频率配置

无线信道号、信道间隔以及相应的频率配置见图 2。

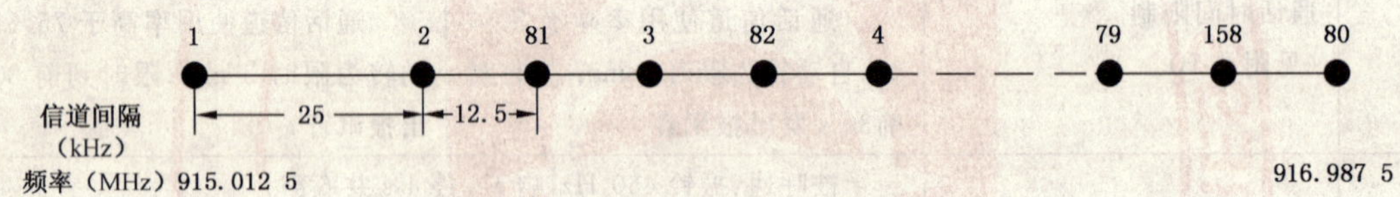

图 2　无线信道号和频率配置

4.3 二种信道间隔方式

系统可以采用 25 kHz 和 12.5 kHz 两种信道间隔方式,其参数及幅频图分别见表 2 和图 3。

表 2　二种信道间隔方式表

单位为 kHz

图号	标　　记	信道间隔	占用带宽	最大频偏
①	————————	25	16	5.0
②	—·—·—·—·—	12.5	8.5	2.5

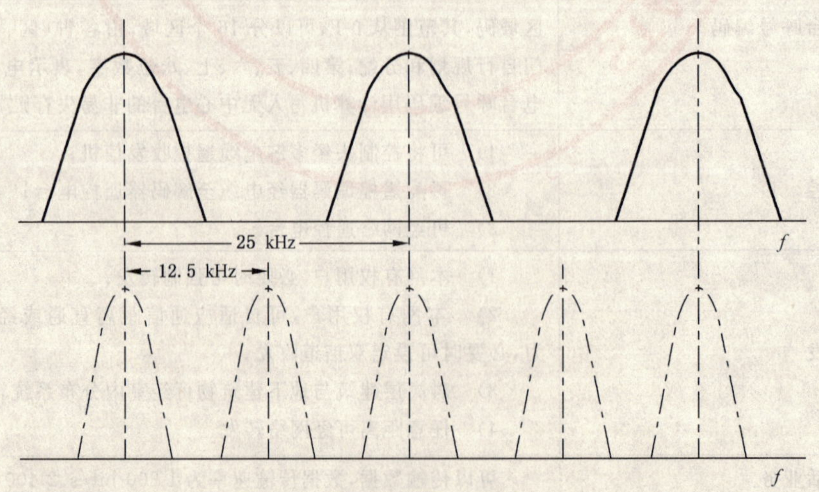

图 3　两种信道间隔幅频图

4.4 连通可靠度

误码率　BER=1×10^{-2}时，连通可靠度≥90%，见附录 C。

4.5 通信流程

系统的通信流程见图 4。

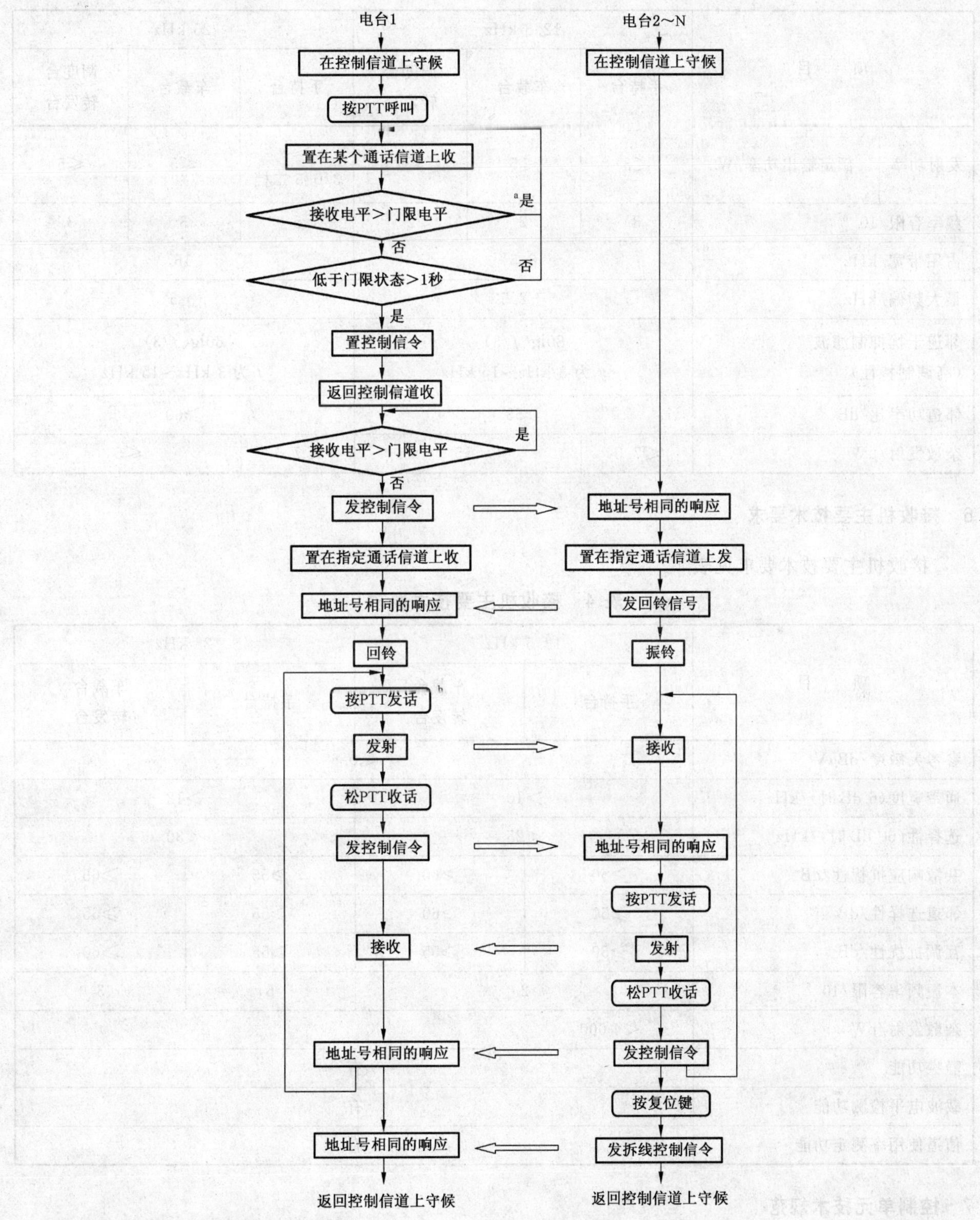

a　载波电平检测门限置为 1 μV(开路电压)。

b　为避免话务拥挤，通话限时开始，见附录 B。

图 4　通信流程图

5 发射机主要技术要求

发射机主要技术要求见表 3。

表 3 发射机主要技术要求

项目		12.5 kHz			25 kHz		
		手持台	车载台	调度台 转发台	手持台	车载台	调度台 转发台
发射功率	额定输出功率/W	≤3	≤5	≤5	≤3 3/0.5 二档	≤5	≤5
频率容限/10^{-6}		3	2	2	5	3	3
占用带宽/kHz		8.5			16		
最大频偏/kHz		±2.5			±5		
邻道干扰抑制滤波 (高调制特性)		80lg(f/3) f 为 3 kHz～15 kHz			60lg(f/3) f 为 3 kHz～15 kHz		
邻道功率比/dB		≥55			≥60		
杂散发射/μW		≤7.5	≤5		≤7.5	≤5	

6 接收机主要技术要求

接收机主要技术要求见表 4。

表 4 接收机主要技术要求

项目	12.5 kHz		25 kHz	
	手持台	车载台 转发台	手持台	车载台 转发台
参考灵敏度/dBμV	≤0.6			
通带宽度(6 dB 时)/kHz	>10		>12	
选择性(60 dB 时)/kHz	<25		<30	
杂散响应抗扰性/dB	≥50	≥60	≥55	≥65
邻道选择性/dB	≥50	≥60	≥55	≥65
互调抗扰性/dB	≥50	≥55	≥55	≥60
本振频率容限/10^{-6}	2		5	3
杂散发射/pW	<4 000			
静噪功能	有			
载波电平检测功能	有			
信道使用率测定功能	有			

7 控制单元技术规范

7.1 控制信令

控制信令的格式及内容见表 5。

表 5　控制信令

项　目		12.5 kHz	25 kHz
码型(符号形式)		NRZ	
信令传输速率/bit/s		1 200 允许偏差<|±200×10⁻⁶|	
调制方式		副载波 MSK	
传号频率/Hz		1 200 允许偏差<|±200×10⁻⁶|	
空号频率/Hz		1 800 允许偏差<|±200×10⁻⁶|	
频偏/kHz		±2.5	±2.5～±5
信令格式	位同步	50 bit　101010……	
	帧同步	15 bit　111011001010000	
	被呼地址	20 bit，　5 位 BCD	
	信道号	8 bit，　二进制	
	指令码	4 bit，　二进制	
	呼号编码	48 bit	
	识别码	8 bit	
	Hagelbarger 码长[a]	2×88(数据长度)+12=188 bit	
	信令总长	188+50+15=253 bit，210.8 ms	

a　Hagelbarger 卷积码的编、解码方法见附录 D。

7.2　被呼地址码

即被呼用户电话号码，采用 20 bit BCD 码表示十进制 5 位数字。

格式：

十进制	0	1	2	3	4	5	6	7	8	9
BCD 码	0000	0001	0010	0011	0100	0101	0110	0111	1000	1001

7.3　通话信道号码

采用 8 bit 二进制码表示十进制信道号，具体见表 6。

表 6　信道号码

信道号 CHn	二　进　制　码
1	00000001
2	00000010
⋮	⋮
80	01010000
81	01010001
⋮	⋮
158	10011110

7.4　指令码

采用 4 bit 二进制码表示各种指令。呼叫、重呼、转发、强制转发指令，由控制信道发送；应答、松键、拆线指令，由通话信道发送，具体见表 7。

表 7 指令码

二进制码	指令码
0000	呼叫、重呼,应答、松键
0001	保留
0010	转发
0011	强制转发或网络转发
0100	保留
0101	保留
0110	保留
0111	拆线
1000	保留
1001	保留
1010	保留
1011	保留
1100	保留
1101	保留
1110	禁发、还原
1111	禁收发

7.5 呼号编码

采用 20 bit BCD 码及 28 bit 16 进制码(HEX)表示电台呼号,具体见表 8。

表 8 呼号编码

比特号	1～8[a]	9～12	13～32	33～36	37～40	41～44[c]	45～48[c]
呼号编码	省识别码	地区识别码	地址码	厂商	限时		
	ABCDEF ABCDEFG	0～F	10000～99999 (十进制)	0～F	A(不限时)[b] F(5 分钟) D(3 分钟)	0～F	0～F
码型	HEX、HEX	HEX	BCD	HEX	HEX	HEX	HEX

a 省识别码 1～8 分为 1～4 和 5～8 两个 HEX 码

1010 表 A

1011 表 B

1100 表 C

1101 表 D

1110 表 E

1111 表 F

0000 表 G(注意:通常 0000 表 0)

具体见附件 F。

b 不限时由当地无线电管理部门根据用户特殊需求指配写入。

c 41-44 45-48 留给扩展。

7.6 识别码

7.6.1 拆线识别码

用 8 bit 16 进制码的 10～FF(即十进制 16～255)表示通信双方为同一组,以便拆线时识别,具体见表 9。

表 9 拆线识别码

16 进制	十进制	二进制
10 ⋮ FF	16 ⋮ 255	00010000 ⋮ 11111111

7.6.2 通信剩余时间

用 8 bit 16 进制码的 00～0F(即十进制 0～15)表示松键时的通信剩余时间,具体见表 10。

表 10 剩余时间的表示

识 别 码	通信剩余时间/s
00	<30
01	31～60
02	61～90
03	91～120
04	121～150
05	151～180
06	181～210
07	211～240
08	241～270
09	
0A	
0B	
0C	
0D	
0E	
0F	

7.7 控制信令格式

7.7.1 单呼和重呼信令格式

7.7.1.1 主呼信令格式(单呼)

位同步＋帧同步＋被呼地址＋信道号＋指令码＋呼号编码＋识别码

7.7.1.2 被呼回铃信令格式(单呼应答)

位同步＋帧同步＋本机地址＋信道号＋指令码＋呼号编码＋识别码

7.7.2 拆线信令格式

位同步＋帧同步＋对方地址＋信道号＋指令码＋呼号编码＋识别码

7.7.3 组呼信令格式

7.7.3.1 主叫方信令格式

位同步＋帧同步＋组地址＋信道号＋指令码＋呼号编码＋识别码

主叫方发出呼叫信令后,直接振铃,按 PTT 键可进行对讲。

7.7.3.2 被叫方信令格式

收到主叫方的呼叫信令后,被呼电台自动转到主叫方指定的信道,不发出回铃信令,直接发出振铃声，按 PTT 键可直接进行通话。

7.7.3.3 松开 PTT 键信令格式

位同步＋帧同步＋组地址＋信道号＋指令码＋呼号编码＋识别码(通话剩余时间)

7.7.4 转发信令格式

移动台发起呼叫后，如通信距离达不到，转发台自适应响应，发如下信令：

位同步＋帧同步＋被呼地址＋信道号＋指令码＋呼号编码＋识别码

7.7.5 强制转发信令格式

移动台发起呼叫时，发如下信令：

位同步＋帧同步＋被呼地址＋信道号＋指令码＋呼号编码＋识别码

转发台响应时，发如下信令：

位同步＋帧同步＋被呼地址＋信道号＋指令码＋呼号编码＋识别码

7.7.6 禁发和还原信令格式

位同步＋帧同步＋被呼地址＋信道号＋指令码＋呼号编码＋识别码

监控台地址码在 09990～09999 之间，禁发成功后，被禁发电台只能接收不能呼叫发射，因此，可以空中还原。

7.7.7 禁收发信令格式

位同步＋帧同步＋被呼地址＋信道号＋指令码＋呼号编码＋识别码

禁收发成功后，被禁电台不能接收也不能呼叫发射，因此，不可以空中还原，应到无线电管理部门还原。

8 结构、呼号编码器、天线和电源

8.1 结构

单片机需用掩膜将程序固化并焊在印制板上，或采取其它保护措施，使不能改写程序。

8.2 呼号编码器

采用计算机将呼号编码写入无中心电台的非易失存贮器，并采取保护措施，使不能改写呼号编码。

8.3 天线

8.3.1 阻抗

天线阻抗为 50 Ω。

8.3.2 接口及增益

天线的接口及增益见表 11。

表 11 接口及增益

型式	手持式	车载式	固定式
插口	SMA 型	N 型	N 型
增益(dBi)		5～9	7～13

8.4 电源

8.4.1 车载台

车载台的直流电压为 13.8×(1±10%)V，消耗电流见表 12。

表 12 车载台

项目	发射(5 W)	接收(2 W)	守候
消耗电流	＜2 000 mA	＜700 mA	＜120 mA

8.4.2 手持台

手持台的直流电压为 3.6×(1±10%)V、4.8×(1±10%)V、7.2×(1±10%)V，7.2 V 时的消耗电

流见表 13。

表 13 手持台

项目	发射(3 W)	接收(0.8 W)	守候
消耗电流	＜1 300 mA	＜300 mA	＜70 mA

8.4.3 固定台(见表 14)

固定台的交流输入电压为 220×(1±10%)V,频率为 50 Hz,功率为 50 V·A;直流输出电压为 13.8×(1±10%)V,输出电流为 3 A(要有 15.5 V 的过压保护),消耗电流见表 14。

表 14 固定台

项目	发射(5 W)	接收(2 W)	守候
消耗电流	＜2 000 mA	＜700 mA	＜120 mA

附 录 A
（资料性附录）
无三阶互调组法选择空闲信道

无中心选址通信系统采用多信道共用方式，其信道选择方法有顺序法、随机法及无三阶互调组法。经计算机模拟，顺序法在短的观察统计时间内控制信道即已发生严重堵塞，随机法可较顺序法长1倍的时间才发生堵塞，而无三阶互调组法可使等待概率较随机法减少1倍，不再堵塞，因此推荐优先使用无三阶互调组法，其方法如下。

A.1 25 kHz 信道间隔时空闲信道的选择方法

采用25 kHz信道间隔时，系统共有80个信道，其中第一个信道固定为控制信道，其余79个为通话信道，将共用的79个通话信道，分成10组无三阶互调组。见表A.1。

表 A.1 无三阶互调组

组号	信道号
1	10 21 29 36 50 54 67 77
2	2 11 22 30 37 51 55 68 78
3	3 12 23 31 38 52 56 69 79
4	4 13 24 32 39 53 57 70 80
5	9 20 28 44 49 62 66 76
6	8 19 27 43 48 61 65 75
7	7 18 26 42 47 60 64 74
8	6 17 25 41 46 59 63 73
9	5 16 34 35 58 71
10	14 15 33 40 45 72

将共用的79个信道按无三阶互调组排成两张搜索排序表。

信道搜索排序表之一，见表A.2。

表 A.2 信道搜索排序表 1

信道号
77 21 67 10 54 29 50 36 51 22 2 55 78 68 11 37 30 38 31 69 79 52 56 23 12 3 80 57 13 53 4 39 32 24 70 76 49 28 66 20 9 44 62 8 43 75 48 65 61 19 27 26 64 47 18 60 42 74 7 17 25 63 6 41 46 59 73 5 16 34 35 58 71 14 72 15 40 45 33

信道搜索排序表之二，见表A.3。

表 A.3 信道搜索排序表 2

信道号
10 21 29 36 50 54 67 77 2 11 22 30 37 51 55 68 78 3 12 23 31 38 52 56 69 79 4 13 24 32 39 53 57 70 80 9 20 28 44 49 62 66 76 8 19 27 43 48 61 65 75 7 18 26 42 47 60 64 74 6 17 25 41 46 59 63 73 5 16 34 35 58 71 14 15 33 40 45 72

电台开机搜索信道时随机停在某一信道上，以 0.5 的概率查这两张表，若查表 A.2，就从所停信道开始，按排序表规定的顺序搜索，通过载波电平检测判别忙闲以寻求空闲信道；若查表 A.3 也如此。因此在所搜索期间及在所搜索空间，其所搜索的信道可在某一无三阶互调组内，或相继的某几个无三阶互调组内，可降低被干扰或误判为忙的概率。

A.2 12.5 kHz 信道间隔时空闲信道的选择方法

采用 12.5 kHz 信道间隔时，系统共有 158 个信道，其中第一个信道固定为控制信道，其余 157 个为通话信道，将共用的 157 个通话信道，保留原主信道频率 $f_2 \sim f_{80}$ 及对应的主信道号 2～80 不变，按与前一相邻主信道频率间隔 12.5 kHz 的方式增设一组 78 个共用信道 $f_{81} \sim f_{158}$，$f_{81} = 915.0500$ MHz，$f_{82} = 915.0750$ MHz…$f_{158} = 916.9750$ MHz，前后增设的信道之间的频率间隔仍为 25 kHz，信道 f_i 对应信道号 $i(81 \leqslant i \leqslant 158)$，增设信道号为 81～158，共 78 个增设的共用信道号。

将增设的 78 个共用信道，按无三阶互调组法分成 10 组无三阶互调组，见表 A.4。

表 A.4 增设的无三阶互调组

组号	信道号
1	88 99 107 114 128 132 145 155
2	89 100 108 115 129 133 146 156
3	81 90 101 109 116 130 134 147 157
4	82 91 102 110 117 131 135 148 158
5	87 98 106 122 127 140 144 154
6	86 97 105 121 126 139 143 153
7	85 96 104 120 125 138 142 152
8	84 95 103 119 124 137 141 151
9	83 94 112 113 136 149
10	92 93 111 118 123 150

将增设的 78 个共用信道所对应的 10 组无三阶互调组排成两个新增信道搜索排序表。

新增信道搜索排序表之一，见表 A.5。

表 A.5 新增信道搜索排序表 1

信道号
155 99 145 88 132 107 128 114 129 100 133 156 146 89 115 108 116 109 147 157 130 134 101 90 81 158 135 91 131 82 117 110 102 148 154 127 106 144 98 87 122 140 86 121 153 126 143 139 97 105 104 142 125 96 138 120 152 85 95 103 141 84 119 124 137 151 83 94 112 113 136 149 92 150 93 118 123 111

表 A.6 新增信道搜索排序表二

信道号
88 99 107 114 128 132 145 155 89 100 108 115 129 133 146 156 81 90 101 109 116 130 134 147 157 82 91 102 110 117 131 135 148 158 87 98 106 122 127 140 144 154 86 97 105 121 126 139 143 153 85 96 104 120 125 138 142 152 84 95 103 119 124 137 141 151 83 94 112 113 136 149 92 93 111 118 123 150

若在某一地区任一个电台任一时间发起呼叫，首先按 25 kHz 信道间隔时共用的 79 个信道无三阶

互调组法进行信道的选择,此时,按附录B通话时间限制方法判别,有2种情况:(1) 使用率小于主信道使用率门限75%;(2) 使用率大于或等于主信道使用率门限75%。

——若主信道使用率小于所设定的主信道使用率门限75%时,仍按25 kHz信道间隔时共用的79个信道无三阶互调组法进行信道的选择,电台随机停在某一信道上,以0.5的概率查两张主信道搜索排序表,若查表A.2,就从所停信道开始,按顺序搜索,通过载波电平检测判别忙闲以寻求空闲信道;若查表A.3也如此。因此在所搜索期间及在所搜索空间,其所搜索的信道可在某一无三阶互调组内,或相继的某几个无三阶互调组内,可降低被干扰或误判为忙的概率。

——当使用率大于等于75%时,按12.5 kHz信道间隔时的157个信道数进行信道选择。电台随机进入增设信道搜索排序表之一进行信道的选择。电台随机停在某一增设信道上,以0.5的概率查两张增设信道搜索排序表,若查表A.5,就从所停信道开始,按顺序搜索,通过载波电平检测判别忙闲以寻求空闲信道;若查表A.6也如此。因此在所搜索期间及在所搜索空间,其所搜索的信道可在某一无三阶互调组内,或相继的某几个无三阶互调组内,可降低被干扰或误判为忙的概率。

——设在某一地区任一个电台任一时间按上述12.5 kHz信道间隔时的157个信道发起呼叫,此时,按附录B通话时间限制方法判别,有2种情况:(1) 使用率小于80%;(2) 使用率大于或等于80%。

- 当使用率小于80%时,仍按12.5 kHz信道间隔时共用的157个信道无三阶互调组法进行信道的选择。
- 当使用率大于等于80%时,这时可能原25 kHz信道间隔时共用的79个信道中有一部分空闲下来;因此,可以回到25 kHz信道间隔时共用的79个信道无三阶互调组法进行信道的选择。此时,按附录B通话时间限制方法判别,有2种情况:(1) 使用率小于80%;(2) 使用率大于或等于80%。
    - 当使用率小于80%时,仍按25 kHz信道间隔时共用的79个信道无三阶互调组法进行信道的选择。
    - 当使用率等于80%时,改按12.5 kHz信道间隔时的157个信道无三阶互调组法进行信道的选择。
    - 当按12.5 kHz信道间隔时的使用率仍等于80%时,说明25 kHz信道间隔时共用的79个信道和12.5 kHz信道间隔时共用的另78个信道都很忙,通话信道使用率高于80%,通话时间自动限制为3 min。

附 录 B
（资料性附录）
通话时间限制方法

B.1 25 kHz 信道间隔

对 25 kHz 信道间隔，一般情况下通话时间限制为 5 min；通话信道使用率高于 75％时，通话时间自动限制为 3 min，限时到前 30 s 发出报讯音。测定通话信道使用率的方法如下：

当信道使用率等于 75％时，信道空闲率则等于 25％，即忙∶闲＝3∶1，当按排序表搜索信道时，连续跳了 3 个信道均被占用，跳至第 4 次以后才寻到空闲信道，此时可粗略认为通话信道使用率高于 75％，而自动转为限 3 min。

B.2 12.5 kHz 信道间隔

对 12.5 kHz 信道间隔，一般情况下通话时间限制为 5 min，通话信道使用率高于 80％时，通话时间自动限制为 3 min，限时到前 30 s 发出报讯音。测定方法如下：

当信道使用率等于 80％时，信道空闲率则等于 20％，即忙∶闲＝4∶1，当按排序表搜索空闲信道时，连续跳了 4 个信道均被占用，跳至第 5 次以后才寻到空闲信道，此时可粗略认为通话信道使用率高于 80％，而自动转为限 3 min。

附　录　C
（资料性附录）
接收输入电平和连通可靠度

接收输入电平与连通可靠度的关系见图 C.1。

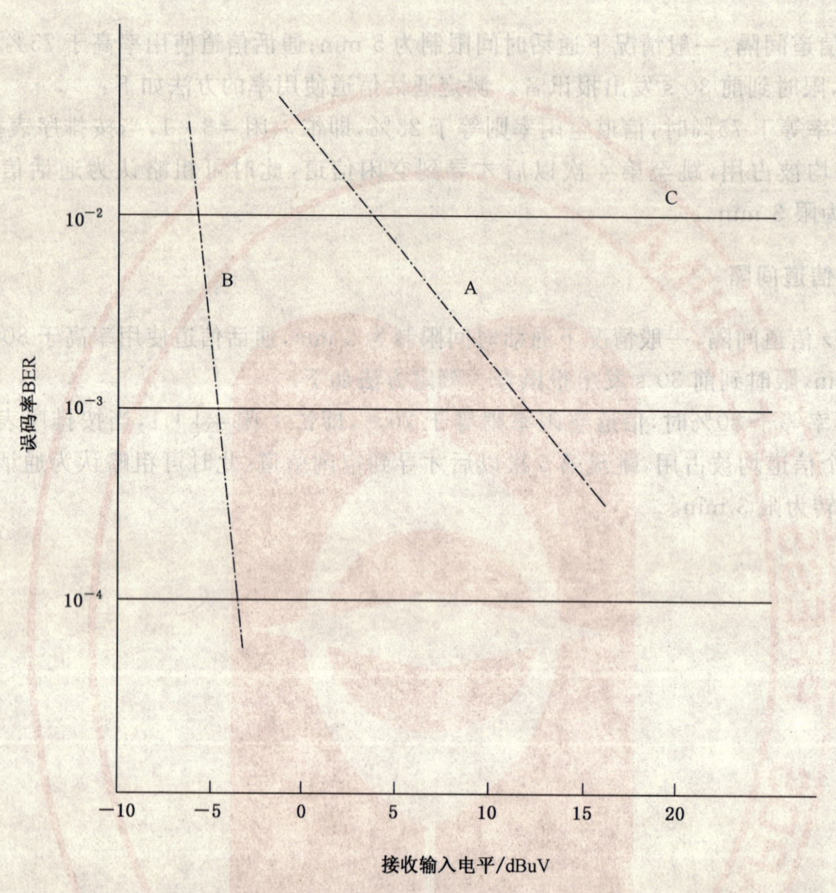

注：曲线 A：瑞利衰落　中心频率 915.887 5 MHz　衰落率 20 Hz；

曲线 B：无衰落；

曲线 C：BER＝1×10^{-2}时，连通可靠度≥90％。

图 C.1　接收输入电平—误码率

附 录 D
（规范性附录）
Hagelbarger 卷积码编码、解码方法

无中心选址通信系统采用的 Hagelbarger 卷积码能纠 6 位以下的突发差错，保护间距最小为19 位，冗余度为 1/2，效率为 50%。其编码、解码具体电路与 D. W. Hagelbarger 所提出的原型略有不同。

D.1 编码电路

编码电路如图 D.1 所示。

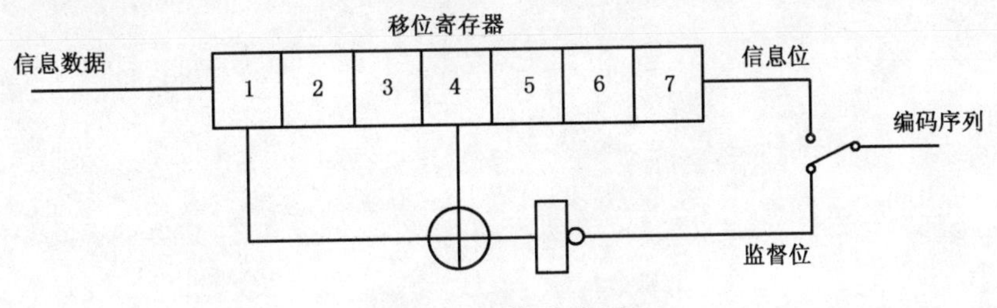

图 D.1 编码电路

a) 88 位信息数据为

$A_7^i \quad A_6^i \quad A_5^i \quad A_4^i \quad A_3^i \quad A_2^i \quad A_1^i \quad A_0^i \qquad i=0,1,2\cdots9,A$ 。

b) 在信息数据输入之前要添加 6 位“0”信息位；在信息数据全部输入之后，还要添加 6 位“0”信息位。

c) 监督位由移位寄存器 1 和 4 的内容模 2 加并反相后输出。

d) 信息位由移位寄存器 7 的内容输出。

e) 编码序列由监督位和信息位交替输出。

D.2 解码电路

解码电路如图 D.2 所示。

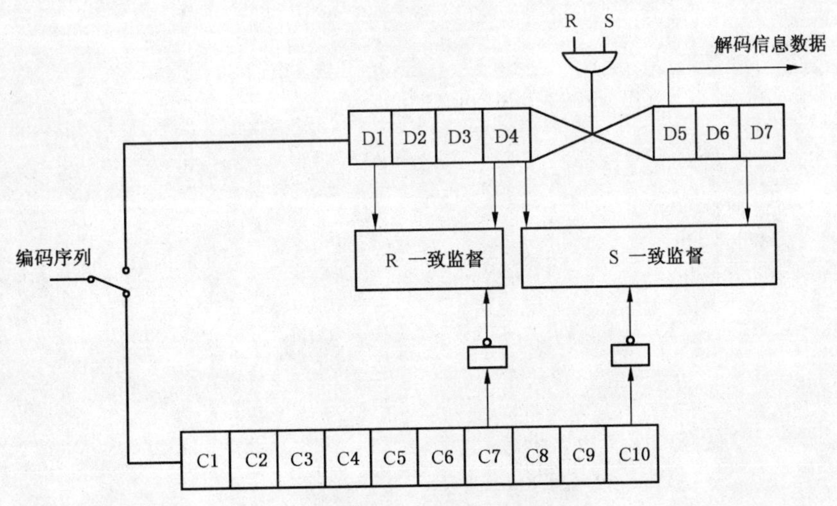

图 D.2 解码电路

a) 首先从低位到高位顺序输入 D 移位寄存器 10 位信息数据，输入 C 移位寄存器 10 位监督数据，得到解码器的初始状态为：

$D_7 = 0$，　$D_4 = A_7^0$，　$D_1 = A_4^0$

$C_{10} = \overline{A_7^0}, C_7 = \overline{A_7^0 \oplus A_4^0}$

b) R——一致监督位的表达式

$R = D_4 \oplus D_1 \oplus \overline{C_7}$

c) S——一致监督位的表达式

$S = D_4 \oplus D_7 \oplus \overline{C_{10}}$

d) 解码输出已纠错信息数据

$R=1, S=1$ 时，$\overline{D_4}$ 送 D_5 输出

R, S 为其他时，D_4 送 D_5 输出

附 录 E
（资料性附录）
改善通话质量方法

利用电台存储并处理选呼信令数据表，再按随机数指针法搜索选择空闲信道，可以明显改善通话质量，显著降低通话信道之间的相互串扰，缩短呼叫建立时间，提高全组用户呼通率。

E.1 生成呼叫信令数据表

无中心电台在控制信道守候时，将当前时间小于接收信令时间与限时时间总和的呼叫信令，按照接收信令时间的先后次序，提取所接收的全部呼叫信令中包括主叫号码、被叫号码、信道号、拆线识别码、限时时间、接收信令时间和在该信道中检测接收的场强数据，记录存储为呼叫信令数据表，设定其最多记录的信令条数为 N，所述 N 是最小为 1、最大为 79(25 kHz 信道间隔）或 157(12.5 kHz 信道间隔）的自然数。例如记录在表 E.1 所示的呼叫信令数据表中。

表 E.1 呼叫信令数据表

主叫号码	被叫号码	信道号	拆线识别码	限时时间	接收信令时间	场强
50076	50089	48	127	5	13：10：56	−78
60006	50047	12	231	5	13：09：26	−90
50014	50025	65	435	5	13：07：43	−89
50025	50078	31	156	5	13：06：23	−90
50024	50099	15	621	5	13：06：08	−77
50045	20053	66	381	5	13：06：01	−67

E.2 起始搜索信道的确定

主叫电台按照附录 A 所述无三阶互调组选择空闲信道法，从至少有以下二种方法产生的随机信道开始搜索其信道上接收电平连续 1 秒钟低于设定的最低门限电平的空闲信道。

——直接提取系统时钟的后三位，模 80 后取其余数，再加上 1。

——提取系统时钟或以任一数作为随机数种子 A，信道号＝$(A\times X+Y)\ \mathrm{mod}\ Z+1$，其中 X、Y 应至少有一个为质数，Z 取 80。

但以下两种情况例外：

——在无中心对讲机数量较少的地区，或在无中心对讲机数量较多地区的晚间，如果发起呼叫的当前时间记录的信令条数不大于 M，信道使用率不大于 $R\%$，主叫电台从所述呼叫信令数据表最后记录的信道号开始，按照推荐的至少 2 份信道搜索排序表中顺序选取未被占用的空闲信道作为通话信道，以缩短呼叫建立时间，因为此信道有 $1-R\%$ 的概率是空闲的。

——如果主叫电台呼叫的用户记录在所述呼叫信令数据表中，且发起呼叫的当前时间与该被呼叫的用户发起呼叫的时间之差小于设定的门限时间，所述门限时间为小于限时时间的一个数值，主叫电台不必搜索空闲信道，不发送呼叫信令而直接示忙，以减少电台的工作量及其在控制信道上的碰撞概率。因为主叫电台欲呼叫的号码是记录在所述呼叫信令数据表中的主叫号码或被叫号码，即该被叫用户在最近限时时间内发出或被呼叫过，例如主叫电台地址码为 12345，当主叫电台 12345 用户呼叫 60006 用户时，从所述呼叫信令数据表中可知 60006 用户在最近限时时间内发出过呼叫。如果主叫电台 12345 用户发出呼叫时，60006 用户和 50047 用户之间未实现双向通话，主叫电台 12345 用户可以呼通 60006 用户；如果主叫电台 12345 用户发出呼叫时，60006 用户和 50047 用户之间的通话已经结束，主叫电台 12345 用户也可以呼通 60006 用户；如果主叫电台 12345 用户发出呼叫时，60006 用户仍在和 50047 用户进行通话，主叫电台 12345 用户就不能呼通 60006 用户，因此，主叫电台 12345 用户不必搜索空闲信道，不发送呼信令而直接示忙。

E.3 空闲信道的确定

按附录 B 测定通话信道使用率的方法，确定非空闲信道数 C。例如系统通话信道总数 S 为 79，主叫电台搜索 2 次，即可找到 1 个空闲信道，相应非空闲信道数 C 近似为 40；主叫电台搜索 3 次，即可找到 1 个空闲信道，相应非空闲信道数 C 近似为 52；主叫电台搜索 4 次，即可找到 1 个空闲信道，相应非空闲信道数 C 近似为 60。

主叫电台搜索到空闲信道后，将其信道号与所述呼叫信令数据表中记录的所有信道号进行比较：

如果 $0<N\leqslant C$，且搜索到的信道号已记录在所述呼叫信令数据表中，就放弃该空闲信道，继续搜索下一个信道，直至搜索到未记录在所述呼叫信令数据表中的空闲信道作为通话信道。这个空闲信道是真正没有在使用且无三阶互调干扰的空闲信道，选择这个空闲信道作为通话信道，不会产生相互串扰。

如果 $C<N\leqslant S$，且搜索到的信道号已记录在所述呼叫信令数据表中，又属于最后发出的 D 个呼叫，就放弃该空闲信道，继续搜索下一个空闲信道，直至搜索到未记录在所述呼叫信令数据表中的空闲信道作为通话信道。

如果 $C<N\leqslant S$，且搜索到的信道号已记录在所述呼叫信令数据表中，又非属于最后发出的 D 个呼叫，而该空闲信道中检测接收到的载波电平连续 1 秒钟是低于设定的最低电平，就选择这个空闲信道作为通话信道。

如果 $C<N\leqslant S$，且搜索到的信道号已记录在所述呼叫信令数据表中，又非属于最后发出的 D 个呼叫，而该空闲信道中检测接收到的载波电平连续 1 秒钟是高于设定的最低电平，就放弃该空闲信道，继续搜索下一个空闲信道，直至搜索到未记录在所述呼叫信令数据表中的空闲信道作为通话信道。

如果 $C<S<N$，按照接收信令时间最先记录在所述呼叫信令数据表中所接收到的场强 RSSI 值最小的信道号，其所检测接收到的载波电平连续 1 秒钟是低于设定的最低电平，就选择这个空闲信道作为通话信道。

如果 $C<S<N$，按照接收信令时间最先记录在所述呼叫信令数据表中所接收到的场强 RSSI 最小值排行，依次逐个对相应信道号检测接收到的载波电平连续 1 秒钟是否低于设定的最低电平进行排选，凡是高于设定的最低电平的，就放弃，直至有低于设定的最低电平的，就选择这个空闲信道作为通话信道。

E.4 组呼时提高全组呼通率的方法

在无中心控制电台设置记录有包括所属同组中的成员用户号码的组呼用户号码表，主叫电台发出组呼时，先检查所有被叫号码是否是本主叫电台相应所属同组中的用户号码，如果是本主叫电台相应所属同组的成员用户号码，就按照相应呼叫信令数据表记录的主叫号码、被叫号码、信道号、拆线识别码，在该成员所在的通话信道上先发一拆线信令，然后再发起组呼，以确保能将全组呼通。

附　录　F
（规范性附录）
900 MHz 无中心多信道选址移动通信系统电台呼号编码

F.1　电台呼号编码中识别码的分配

识别码的分配见表 F.1。

表 F.1　识别码的分配

地区		识别码	地区		识别码
华北地区	北京市	AA	中南地区	河南省	DA
	天津市	AB		湖北省	DB
	河北省	AC		湖南省	DC
	山西省	AD		广东省	DD
	内蒙古自治区	AE		广西自治区	DE
东北地区	辽宁省	BA		海南省	DF
	吉林省	BB	西南地区	四川省	EA
	黑龙江	BC		贵州省	EB
华东地区	上海市	CA		云南省	EC
	江苏省	CB		西藏自治区	ED
	浙江省	CC		重庆市	EE
	安徽省	CD	西北地区	陕西省	FA
	福建省	CE		甘肃省	FB
	江西省	CF		青海省	FC
	山东省	CG		宁夏自治区	FD
				新疆自治区	FE

F.2　电台呼号编码的相关说明

900 MHz 无中心系统电台的呼号编码，由两个英文字母和紧接字母的六位数字组成，如AA123456。前两位英文字母为识别码，用于区分三十一个省、自治区和直辖市。第三位数字表示区域，叫区域码，其范围从 0～F，可以分 16 个区域，由各省（区、市）无线电管理机构自行规划和分配。第四、五、六、七、八位数字，表示电台本身的地址码，其范围从 00000～99999，共 100 000 个。区域码加上电台本身的地址码，统称用户地址码。识别码加上用户地址码构成用户电台呼号编码，如图 F.1。

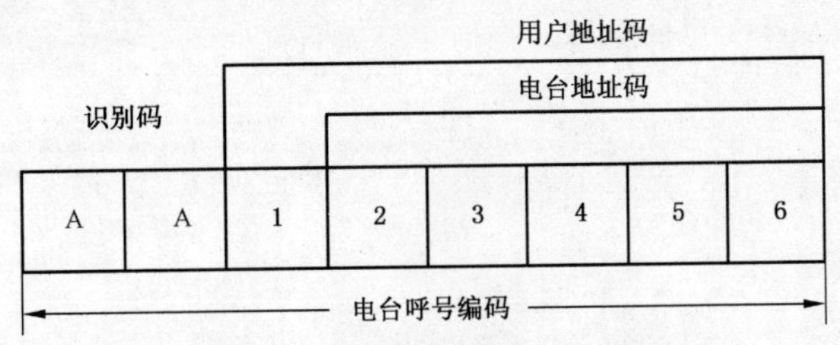

图 F.1　电台呼号编码示意图

ICS 55.120
A 82

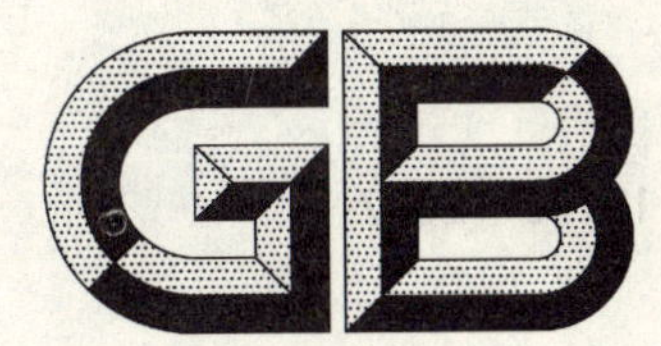

中华人民共和国国家标准

GB/T 15170—2007
代替 GB/T 15170—1994

包装容器 工业用薄钢板圆罐

Packing containers—Pails of sheet for industrial

2007-04-16 发布 2007-10-01 实施

中华人民共和国国家质量监督检验检疫总局
中国国家标准化管理委员会 发布

前　言

本标准代替 GB/T 15170—1994《包装容器　工业用薄钢板圆罐》。

本标准与 GB/T 15170—1994 相比主要变化如下：

——将圆罐气密试验、液压试验、跌落试验值由列表 6 改为分别用文字叙述；

——将圆罐试验方法、性能要求中气密试验、液压试验、跌落试验、堆码试验、提梁、提环强度试验的内容分别用文字叙述；

——考虑到标准应与国际贸易接轨的要求，将原抽样方案取消，按联合国《关于危险货物运输的建议书・试验和标准手册》(第 4 修订版)采用的抽样方案抽样。

本标准由全国包装标准化技术委员会提出。

本标准由全国包装标准化技术委员会归口。

本标准由中化化工标准化研究所负责起草。

本标准由中华人民共和国北京出入境检验检疫局、天津市益友钢桶公司、自贡鸿鹤化工股份有限公司、锦西化工(集团)公司包装容器厂参加起草。

本标准主要起草人：梅建、陈莉平、王晓兵、唐树田、张春国、杨柳、王忠梅。

本标准首次发布于 1994 年 8 月，本次为第一次修订。

包装容器　工业用薄钢板圆罐

1　范围

本标准规定了容量为0.1 L～16 L工业用薄钢板圆罐(以下简称圆罐)的分类、要求、试验方法、检验规则及其包装、运输和贮存。

本标准适用于圆罐的设计、制造和验收。

2　规范性引用文件

下列文件中的条款通过本标准的引用而成为本标准的条款。凡是注日期的引用文件,其随后所有的修改单(不包括勘误的内容)或修订版均不适用于本标准,然而,鼓励根据本标准达成协议的各方研究是否可使用这些文件的最新版本。凡是不注日期的引用文件,其最新版本适用于本标准。

GB/T 4857.3　包装　运输包装件　静载荷堆码试验方法(ISO 2234:2000,MOD)

GB/T 4857.5　包装　运输包装件　跌落试验方法(ISO 2248:1985,MOD)

GB/T 13040　包装术语　金属容器

GB/T 13251　包装容器　钢桶封闭器

3　术语和定义、符号

3.1　术语和定义

GB/T 13040确立的术语和定义适用于本标准。

3.2　符号

下列符号适用于本标准:

H——外高;

h——内高;

d——内径;

d_1——罐顶内径;

d_2——罐底内径;

T——罐型带有锥度;

S——罐型不带锥度;

Ⅰ——一级圆罐;

Ⅱ——二级圆罐;

Ⅲ——三级圆罐。

4　分类

4.1　圆罐类别和型式

圆罐分为六类两种型式,每类分成Ⅰ级、Ⅱ级、Ⅲ级3级;型式包括T型和S型,类别和型式见表1。

表 1 圆罐分类

类别	公称容量/L	圆罐示意图	型式	备注
1	4 10 16		T	分为Ⅰ、Ⅱ、Ⅲ级
2	4 10 16		T	分为Ⅰ、Ⅱ、Ⅲ级 可在盖上 加小开口
3	4 8 10 16		S	分为Ⅰ、Ⅱ、Ⅲ级 可加提梁
4	4 8 10 16		S	分为Ⅰ、Ⅱ、Ⅲ级 可加提梁
5	1 2 4 8 10		S	分为Ⅰ、Ⅱ、Ⅲ级 可加提梁
6	0.1 0.2 0.5 1 2 4		S	分为Ⅰ、Ⅱ、Ⅲ级 可加提梁

4.2 **结构尺寸**

4.2.1 1、2 类 T 型圆罐结构见图 1、图 2,尺寸见表 2。

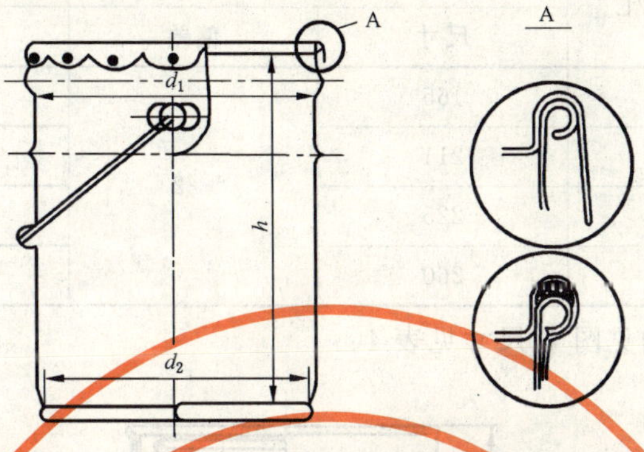

图 1 1 类 T 型圆罐结构

图 2 2 类 T 型圆罐结构

表 2 1、2 类 T 型圆罐尺寸

类别	公称容量/L	d_1/mm		d_2/mm		h/mm	
		尺寸	偏差	尺寸	偏差	尺寸	偏差
1、2	4	170	+2	160	+2	206	+2
	10	227		213		280	
	16	285		272		267	

4.2.2 3、4 类 S 型圆罐结构见图 3,尺寸见表 3。

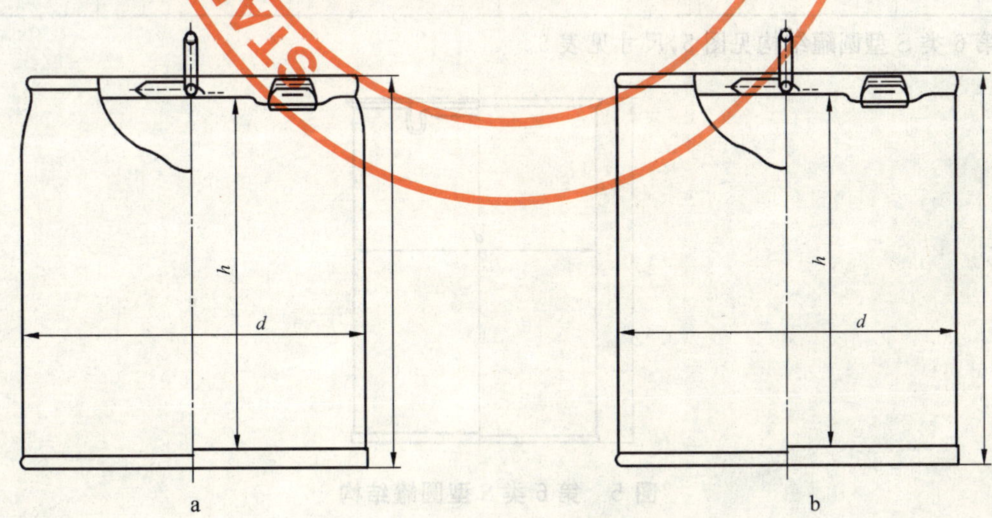

图 3 3、4 类 S 型圆罐结构

表 3　3、4 类 S 型圆罐尺寸

类别	公称容量/L	d/mm		h/mm	
		尺寸	偏差	尺寸	偏差
3、4	4	165	+2	194	+2
	8	211		235	
	10	225		265	
	16	260		311	

4.2.3　第 5 类 S 型圆罐结构见图 4，尺寸见表 4。

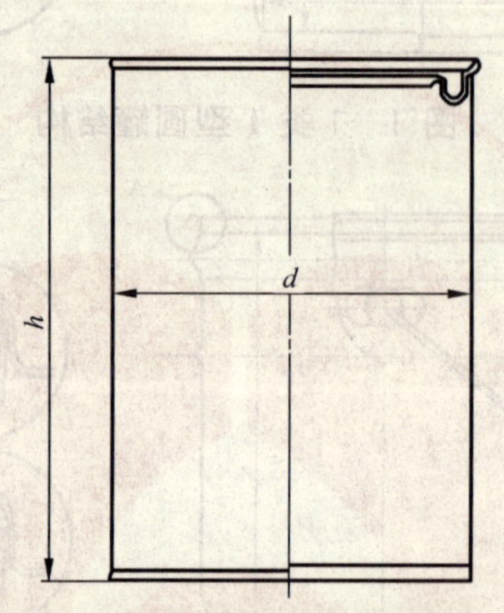

图 4　第 5 类 S 型圆罐结构

表 4　第 5 类 S 型圆罐尺寸

类别	公称容量/L	d/mm		h/mm	
		尺寸	偏差	尺寸	偏差
5	1	108	+1	111	+1
	2	120		170	
	4	165		194	
	8	211	+2	235	+2
	10	225	+2	265	+3

4.2.4　第 6 类 S 型圆罐结构见图 5，尺寸见表 5。

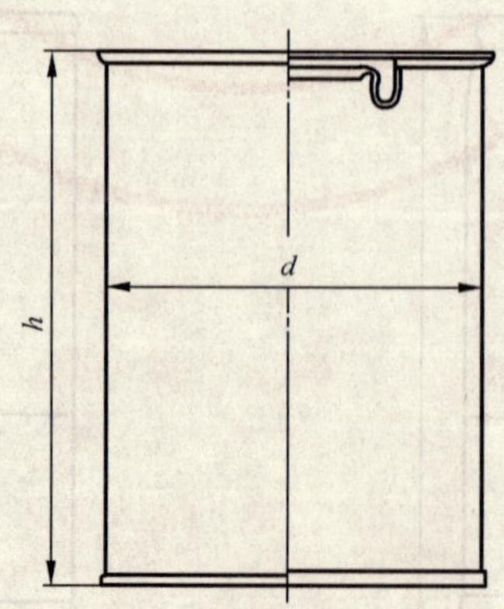

图 5　第 6 类 S 型圆罐结构

表 5　第 6 类 S 型圆罐尺寸

类别	公称容量/L	d/mm		h/mm	
		尺寸	偏差	尺寸	偏差
6	0.1	53	+2	55	+1
	0.3	77		76	
	0.5	88		97	
	1	108		111	
	2	120		170	
	4	165		194	

4.2.5　特殊规格和品种的圆罐可由供需双方依据合同执行。

5　要求

5.1　基本要求

5.1.1　外观要求：内外表面应光滑圆整，焊缝均匀齐整无渣，漆膜色泽一致，无明显缺陷，印刷图案文字清晰端正，套印准确。

5.1.2　圆罐结构尺寸应符合 4.2 的规定。

5.1.3　设置封闭器的圆罐，应符合 GB/T 13251 的规定。封闭器装配后的高度应低于卷边沿口。

5.1.4　卫生要求

用于盛装食品、食品添加剂或药品的圆罐，其密封填料和内涂料必须符合食品卫生法及有关标准和规定。

5.2　性能要求

5.2.1　气密试验

1、2、3、4 类圆罐进行此项试验，5、6 类圆罐不进行此项试验。

对于 1、2 类圆罐在锁装前用试压设备进行此项试验，锁装后的圆罐其试验方法同 3、4 类。

将 3、4 类圆罐在其顶部安装压力表(压力表量程为 0 kPa～60 kPa，精度不低于 1.5 级)与压缩气源连接，各部位安装应牢固，保证密封良好。然后向圆罐内充入压缩气体，1、2 类圆罐加盖前压力值达到 20 kPa，加盖后压力值达到 10 kPa，3、4 类圆罐压力值达到 20 kPa，并保持恒压 2 min 后将其浸入水中，或在制造接缝、卷边、封闭器等部位涂刷皂液，观察有无变型，有无漏气。

5.2.2　液压试验

3、4 类圆罐进行此项试验，1、2、5、6 类圆罐不进行此项试验。

将 3、4 类圆罐安装压力表(压力表量程为 0 kPa～200 kPa，精度不低于 2 级)，其连接方式同 5.2.1，然后启动液压泵(泵压不大于 300 kPa，输出压力应稳定)，向圆罐内充水，压力值达到 100 kPa 并保持恒压 5 min，观察有无渗漏。

5.2.3　跌落试验

1～6 类第Ⅰ、Ⅱ级圆罐进行此项试验，1～6 类第Ⅲ级圆罐不进行此项试验。

按 GB/T 4857.5 的规定，拟装物、填充量见表 6。

表 6　跌落试验

类　别	拟装物	填充量	密度/(kg/m^3)
1、2、5、6	干燥砂和木屑	容量的 95%	1 200
3、4	水	容量的 95%	1 000

碰撞部位选择最薄弱部位进行试验。

5.2.4 **堆码试验**

按 GB/T 4857.3 规定的方法进行,所加载荷由下式决定:

$$F = K(H - h)m/h$$

式中:

F——堆码载荷,单位为牛顿(N);

H——堆码高度,单位为米(m);

h——圆罐高度,单位为米(m);

m——圆罐盛装物品后的质量,单位为牛顿(N);

K——劣变系数,取值为 1。

圆罐加载并保持 24 h,观察有无开裂、渗漏或引起堆码不稳定的变形。

0.5 L(含 0.5 L)以下的圆罐不做此项试验。

5.2.5 **提梁、提环强度试验**

将提梁或提环用适当的方法提吊,加载三倍公称容量水并保持 5 min,观察有无脱落、有无开裂。

6 试验方法

6.1 外观及结构尺寸检验

目测检查外观结构质量,以通用量具检测结构尺寸。

6.2 气密试验

向圆罐内充入压缩气体,达到 5.2.1 规定压力值保持恒压 2 min,卸压后罐型不变,经检验不渗漏。

6.3 液压试验

启动液压泵(泵压不大于 300 kPa,输出压力应稳定),向圆罐内充水,达到 5.2.2 规定压力值并保持恒压 5 min,经检验不渗漏。

6.4 跌落试验

圆罐经跌落试验后不开裂。

1～6 类第Ⅰ级圆罐跌落高度 1.2 m,1～6 类第Ⅱ级种圆罐跌落高度 0.8 m。

6.5 堆码试验

圆罐经堆码试验后,经检验无开裂、渗漏或引起堆码不稳定的变形。

6.6 提梁、提环强度试验

圆罐经提梁、提环强度试验后不脱落、不开裂。

7 检验规则

7.1 圆罐检验分出厂检验和型式检验。

7.1.1 出厂检验

本标准 5.1.1、5.1.2、5.2.1 中气密试验项目为出厂检验项目。

7.1.2 型式检验

本标准规定的要求项目为型式检验项目。

7.2 圆罐应逐批检查。生产厂以每班产量为一批,用户以交货量为一批。检查批应由同型号、同等级、同种类、同生产条件制造的产品组成。

7.3 本标准出厂检验和型式检验按批次每项试验抽 6 个样品,第一次检验用 3 个样品,一个样品不合格则判定该检验项目不合格。当第一次检验不合格时,用余下的样品对该项再次进行检验,如果仍不合格则该批产品为不合格。

7.4 对不合格批可将不合格品剔除或修复后,按本标准的规定重新提交检验,经复验仍不合格时,则该批产品为不合格品。

7.5 圆罐生产厂质量检验部门应按本标准的规定对产品进行检验，并出具合格证。

8 包装、运输和贮存

8.1 包装

圆罐的外包装及包装方式，按用户要求协商确定。

8.2 运输

圆罐在装运过程中应避免剧烈碰撞和滚动冲击。

8.3 贮存

圆罐不宜露天堆放贮存，并应避免受潮、曝晒和污染。堆码时底层应置垫木，产品摆放整齐，严禁重压。贮存库房要通风、干燥。

ICS 91.060.10
P 32

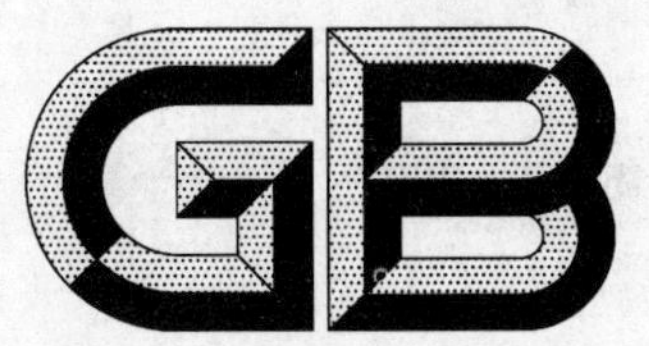

中华人民共和国国家标准

GB/T 15227—2007
代替 GB/T 15226—1994
GB/T 15227—1994
GB/T 15228—1994

建筑幕墙气密、水密、抗风压性能检测方法

Test method of air permeability, watertightness, wind load resistance performance for curtain walls

2007-09-11 发布　　　　2008-02-01 实施

中华人民共和国国家质量监督检验检疫总局
中国国家标准化管理委员会　发布

前言

本标准代替 GB/T 15226—1994《建筑幕墙空气渗透性能检测方法》、GB/T 15227—1994《建筑幕墙风压变形性能检测方法》和 GB/T 15228—1994《建筑幕墙雨水渗漏性能检测方法》。

——本标准对 GB/T 15226—1994《建筑幕墙空气渗透性能检测方法》的主要修订内容如下：

1. 标准名称中的“空气渗透”性能改为“气密”性能；
2. 增加检测负压差下空气渗透量的内容；
3. 对检测装置的主要组成部分及主要仪器测量精度提出具体要求；
4. 减少检测时的加压级数；
5. 增加幕墙整体气密性能检测方法；
6. 增加对附加渗透量的测量方法，提出附加渗透量的限值；
7. 增加单位面积空气渗透量的计算方法。

——本标准对 GB/T 15228—1994《建筑幕墙雨水渗漏性能检测方法》的主要修订内容如下：

1. 标准名称中的“雨水渗漏”性能改为“水密”性能；
2. 对检测装置的主要组成部分及主要仪器测量精度提出具体要求；
3. 增加对升压速度的要求；
4. 波动加压的波幅采用四分之一检测压力值；
5. 对波动加压的使用范围作出规定；
6. 提出水密性能工程检测方法的规定。

——本标准对 GB/T 15227—1994《建筑幕墙风压变形性能检测方法》的主要修订内容如下：

1. 标准名称中的“风压变形”性能改为“抗风压”性能；
2. 增加工程检测方法；
3. 预备加压由原来的 250 Pa 改为施加 500 Pa 脉冲加压 3 次；
4. 反复加压取消按级递增，直接加至反复加压的最大压力差，反复 10 次；
5. 对检测装置的主要组成部分及主要仪器测量误差提出具体要求；
6. 对单元式幕墙、全玻幕墙、点支承幕墙的检测提出要求；
7. 增加幕墙面板、支承构件或结构的挠度检测方法。

本标准的附录 A、附录 B、附录 C 为资料性附录。

本标准由中华人民共和国建设部提出。

本标准由建设部建筑制品与构配件产品标准化技术委员会归口。

本标准负责起草单位：中国建筑科学研究院。

本标准参加起草单位：广东省建筑科学研究院、上海市建筑科学研究院（集团）有限公司、河南省建筑科学研究院、厦门市建筑科学研究院、广州市建筑科学研究院、江苏省建筑科学研究院有限公司、浙江省建筑科学设计研究院有限公司、上海建筑门窗质量检测站、湖北正格幕墙检测有限公司、深圳市三鑫特种玻璃技术股份有限公司、上海杰思工程实业有限公司、山东省建筑科学研究院。

本标准主要起草人：姜红、王洪涛、杨仕超、陆津龙、谈恒玉、姜仁、刘新生、蔡永泰、刘晓松、张云龙、杨燕萍、施伯年、李善廷、张桂先、刘海韵、田华强、徐勤、赖卫中、郇强。

本标准所代替的标准的历次版本发布情况为：

——GB/T 15226—1994；GB/T 15227—1994；GB/T 15228—1994。

建筑幕墙气密、水密、抗风压性能检测方法

1 范围

本标准规定了建筑幕墙气密、水密及抗风压性能检测方法的术语和定义、检测及检测报告。

本标准适用于建筑幕墙气密、水密及抗风压性能的检测。检测对象只限于幕墙试件本身，不涉及幕墙与其他结构之间的接缝部位。

2 规范性引用文件

下列文件中的条款通过本标准的引用而成为本标准的条款。凡是注日期的引用文件，其随后所有的修改单(不包括勘误的内容)或修订版均不适用于本标准，然而，鼓励根据本标准达成协议的各方研究是否可使用这些文件的最新版本。凡是不注日期的引用文件，其最新版本适用于本标准。

GB/T 21086 建筑幕墙

GB 50178 建筑气候区划

3 术语和定义

下列术语和定义适用于本标准。

3.1

气密性能 air permeability performance

幕墙可开启部分在关闭状态时，可开启部分以及幕墙整体阻止空气渗透的能力。

3.1.1

压力差 pressure difference

幕墙试件室内、外表面所受到的空气绝对压力差值。当室外表面所受的压力高于室内表面所受的压力时，压力差为正值；反之为负值。

3.1.2

标准状态 standard condition

标准状态是指温度为 293 K(20℃)、压力为 101.3 kPa(760 mmHg)、空气密度为 1.202 kg/m³ 的试验条件。

3.1.3

总空气渗透量 volume of air flow

在标准状态下，单位时间通过整个幕墙试件的空气渗透量。

3.1.4

附加空气渗透量 volume of extraneous air leakage

除幕墙试件本身的空气渗透量以外，单位时间通过设备和试件与测试箱连接部分的空气渗透量。

3.1.5

开启缝长 length of opening joint

幕墙试件上开启扇周长的总和，以室内表面测定值为准。

3.1.6

单位开启缝长空气渗透量 volume of air flow through the unit joint length of the opening part

幕墙试件在标准状态下,单位时间通过单位开启缝长的空气渗透量。

3.1.7

试件面积 area of specimen

幕墙试件周边与箱体密封的缝隙所包容的平面或曲面面积。以室内表面测定值为准。

3.1.8

单位面积空气渗透量 volume of air flow through a unit area

在标准状态下,单位时间通过幕墙试件单位面积的空气量。

3.2

水密性能 watertightness performance

幕墙可开启部分为关闭状态时,在风雨同时作用下,阻止雨水渗漏的能力。

3.2.1

严重渗漏 serious water leakage

雨水从幕墙试件室外侧持续或反复渗入试件室内侧,发生喷溅或流出试件界面的现象。

3.2.2

严重渗漏压力差值 pressure difference under serious water leakage

幕墙试件发生严重渗漏时的压力差值。

3.2.3

淋水量 volume of water spray

喷淋到单位面积幕墙试件表面的水流量。

3.3

抗风压性能 wind load resistance performance

幕墙可开启部分处于关闭状态时,在风压作用下,幕墙变形不超过允许值且不发生结构损坏(如:裂缝、面板破损、局部屈服、粘结失效等)及五金件松动、开启困难等功能障碍的能力。

3.3.1

面法线位移 frontal displacement

幕墙试件受力构件或面板表面上任意一点沿面法线方向的线位移量。

3.3.2

面法线挠度 frontal deflection

幕墙试件受力构件或面板表面上某一点沿面法线方向的线位移量的最大差值。

3.3.3

相对面法线挠度 relative frontal deflection

面法线挠度和两端测点间距离 l 的比值。

3.3.4

允许挠度 allowable deflection

主要构件在正常使用极限状态时的面法线挠度的限值。

3.3.5

定级检测 grade testing

为确定幕墙抗风压性能指标值而进行的检测。

3.3.6

工程检测 engineering testing

为确定幕墙是否满足工程设计要求的抗风压性能而进行的检测。

4 检测

检测宜按照气密、抗风压变形 P_1、水密、抗风压反复受压 P_2、安全检测 P_3 的顺序进行。

4.1 气密性能

4.1.1 检测项目

幕墙试件的气密性能,检测 100 Pa 压力差作用下可开启部分的单位缝长空气渗透量和整体幕墙试件(含可开启部分)单位面积空气渗透量。

4.1.2 检测装置

4.1.2.1 检测装置由压力箱、供压系统、测量系统及试件安装系统组成。检测装置的构成如图 1 所示。

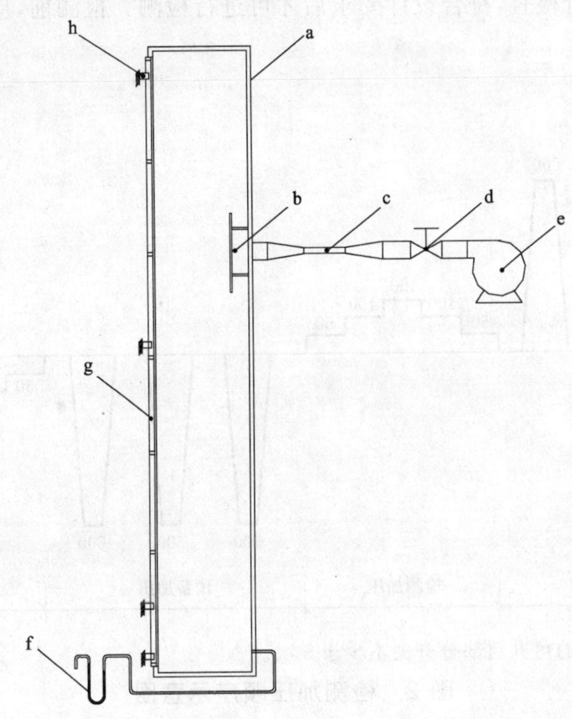

a——压力箱;

b——进气口挡板;

c——空气流量计;

d——压力控制装置;

e——供风设备;

f——差压计;

g——试件;

h——安装横架。

图 1 气密性能检测装置示意

4.1.2.2 压力箱的开口尺寸应能满足试件安装的要求,箱体应能承受检测过程中可能出现的压力差。

4.1.2.3 支承幕墙的安装横架应有足够的刚度,并固定在有足够刚度的支承结构上。

4.1.2.4 供风设备应能施加正负双向的压力差,并能达到检测所需要的最大压力差;压力控制装置应能调节出稳定的压力差。

4.1.2.5 差压计的两个探测点应在试件两侧就近布置,差压计的精度应达到示值的 2%。

4.1.2.6 空气流量计的测量误差不应大于示值的 5%。

4.1.3 试件要求

4.1.3.1 试件规格、型号和材料等应与生产厂家所提供图样一致,试件的安装应符合设计要求,不得加设任何特殊附件或采取其他措施，试件应干燥。

4.1.3.2 试件宽度至少应包括一个承受设计荷载的垂直构件。试件高度至少应包括一个层高，并在垂直方向上应有两处或两处以上和承重结构连接，试件组装和安装的受力状况应和实际情况相符。

4.1.3.3 单元式幕墙应至少包括一个与实际工程相符的典型十字缝，并有一个完整单元的四边形成与实际工程相同的接缝。

4.1.3.4 试件应包括典型的垂直接缝、水平接缝和可开启部分，并使试件上可开启部分占试件总面积的比例与实际工程接近。

4.1.4 检测方法

4.1.4.1 检测前准备

试件安装完毕后应进行检查，符合设计要求后才可进行检测。检测前，应将试件可开启部分开关不少于 5 次，最后关紧。

检测压差顺序见图 2。

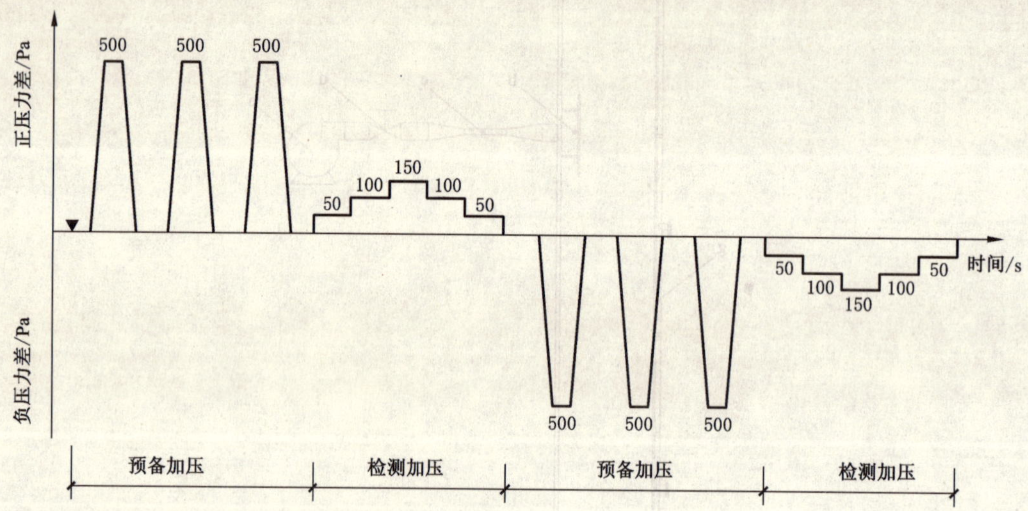

注：图中符号▼表示将试件的可开启部分开关不少于 5 次。

图 2 检测加压顺序示意图

4.1.4.2 预备加压

在正负压检测前分别施加 3 个压力脉冲。压力差绝对值为 500 Pa，持续时间为 3 s，加压速度宜为 100 Pa/s。然后待压力回零后开始进行检测。

4.1.4.3 空气渗透量的检测

4.1.4.3.1 附加空气渗透量 q_f

充分密封试件上的可开启缝隙和镶嵌缝隙，或用不透气的材料将箱体开口部分密封。然后按照图 2 检测加压顺序逐级加压，每级压力作用时间应大于 10 s。先逐级加正压，后逐级加负压。记录各级压差下的检测值。箱体的附加空气渗透量不应高于试件总渗透量的 20%，否则应在处理后重新进行检测。

4.1.4.3.2 总渗透量 q_z

去除试件上所加密封措施后进行检测。检测程序同 4.1.4.3.1。

4.1.4.3.3 固定部分空气渗透量 q_g

将试件上的可开启部分的开启缝隙密封起来后进行检测。检测程序同 4.1.4.3.1。

注：允许对 4.1.4.3.2、4.1.4.3.3 检测顺序进行调整。

4.1.5 检测值的处理

4.1.5.1 计算

a) 分别计算出正压检测升压和降压过程中在 100 Pa 压差下的两次附加渗透量检测值的平均值

$\overline{q_f}$、两个总渗透量检测值的平均值 $\overline{q_z}$，两个固定部分渗透量检测值的平均值 $\overline{q_g}$，则 100 Pa 压差下整体幕墙试件(含可开启部分)的空气渗透量 q_t 和可开启部分空气渗透量 q_k 即可按式(1)计算：

$$q_t=\overline{q_z}-\overline{q_f}$$
$$q_k=q_t-\overline{q_g} \quad \cdots\cdots (1)$$

式中：

q_t——整体幕墙试件(含可开启部分)的空气渗透量，m^3/h；

$\overline{q_z}$——两次总渗透量检测值的平均值，m^3/h；

$\overline{q_f}$——两个附加渗透量检测值的平均值，m^3/h；

q_k——试件可开启部分空气渗透量值，m^3/h；

$\overline{q_g}$——两个固定部分渗透量检测值的平均值，m^3/h。

b) 利用式(2)将 q_t 和 q_k 分别换算成标准状态的渗透量 q_1 值和 q_2 值。

$$q_1=\frac{293}{101.3}\times\frac{q_t\cdot P}{T}$$
$$q_2=\frac{293}{101.3}\times\frac{q_k\cdot P}{T} \quad \cdots\cdots (2)$$

式中：

q_1——标准状态下通过整体幕墙试件(含可开启部分)的空气渗透量，m^3/h；

q_2——标准状态下通过试件可开启部分空气渗透量值，m^3/h；

P——试验室气压值，kPa；

T——试验室空气温度值，K。

c) 将 q_1 值除以试件总面积 A，即可得出在 100 Pa 压差作用下，整体幕墙试件(含可开启部分)单位面积的空气渗透量 q'_1 值，即式(3)：

$$q'_1=\frac{q_1}{A} \quad \cdots\cdots (3)$$

式中：

q'_1——在 100 Pa 下，整体幕墙试件(含可开启部分)单位面积的空气渗透量，$m^3/(m^2\cdot h)$；

A——试件总面积，m^2。

d) 将 q_2 值除以试件可开启部分开启缝长 l，即可得出在 100 Pa 压差作用下，幕墙试件可开启部分单位开启缝长的空气渗透量 q'_2 值，即式(4)：

$$q'_2=\frac{q_2}{l} \quad \cdots\cdots (4)$$

式中：

q'_2——在 100 Pa 压差作用下，试件可开启部分单位缝长的空气渗透量，$m^3/(m\cdot h)$；

l——试件可开启部分开启缝长，m。

e) 负压检测时的结果，也采用同样的方法，分别按式(1)～式(4)进行计算。

4.1.5.2 分级指标值的确定

采用由 100 Pa 检测压力差作用下的计算值 $\pm q'_1$ 值或 $\pm q'_2$ 值，按式(5)或式(6)换算为 10 Pa 压力差作用下的相应值 $\pm q_A$ 值或 $\pm q_l$ 值。以试件的 $\pm q_A$ 和 $\pm q_l$ 值确定按面积和按缝长各自所属的级别，取最不利的级别定级。

$$\pm q_A=\frac{\pm q'_1}{4.65} \quad \cdots\cdots (5)$$

$$\pm q_l=\frac{\pm q'_2}{4.65} \quad \cdots\cdots (6)$$

式中：

q'_1——100 Pa 压力差作用下试件单位面积空气渗透量值，$m^3/(m^2 \cdot h)$；

q_A——10 Pa 压力差作用下试件单位面积空气渗透量值，$m^3/(m^2 \cdot h)$；

q'_2——100 Pa 压力差作用下单位开启缝长空气渗透量值，$m^3/(m \cdot h)$；

q_l——10 Pa 压力差作用下单位开启缝长空气渗透量值，$m^3/(m \cdot h)$。

4.2 水密性能

4.2.1 检测项目

幕墙试件的水密性能，检测幕墙试件发生严重渗漏时的最大压力差值。

4.2.2 检测装置

4.2.2.1 检测装置由压力箱、供压系统、测量系统、淋水装置及试件安装系统组成。检测装置的构成如图 3 所示。

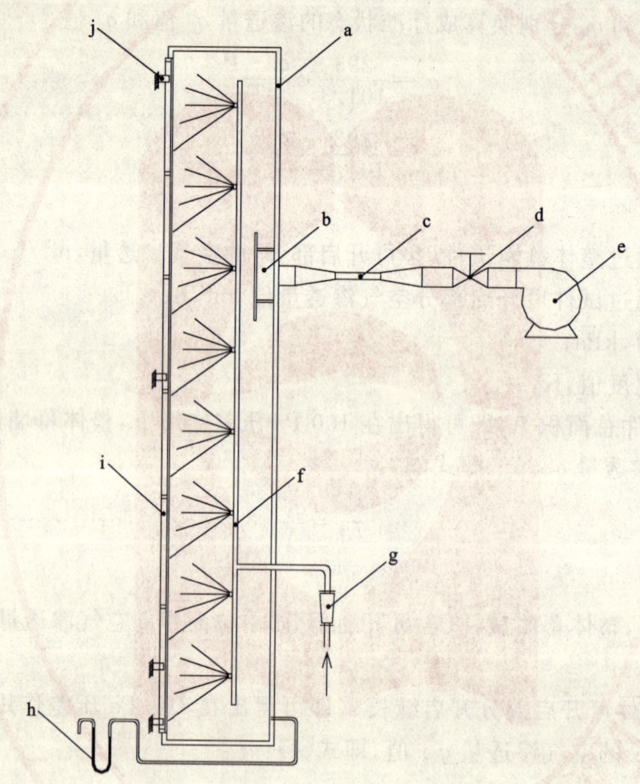

a——压力箱；

b——进气口挡板；

c——空气流量计；

d——压力控制装置；

e——供风设备；

f——淋水装置；

g——水流量计；

h——差压计；

i——试件；

j——安装横架。

图 3 水密性能检测装置示意

4.2.2.2 压力箱的开口尺寸应能满足试件安装的要求；箱体应具有好的水密性能，以不影响观察试件的水密性为最低要求；箱体应能承受检测过程中可能出现的压力差。

4.2.2.3 支承幕墙的安装横架应有足够的刚度和强度，并固定在有足够刚度和强度的支承结构上。

4.2.2.4 供风设备应能施加正负双向的压力差，并能达到检测所需要的最大压力差；压力控制装置应能调节出稳定的压力差，并能稳定的提供 3 s～5 s 周期的波动风压，波动风压的波峰值、波谷值应满足检测要求。

4.2.2.5 差压计的两个探测点应在试件两侧就近布置，精度应达到示值的 2%，供风系统的响应速度应满足波动风压测量的要求。差压计的输出信号应由图表记录仪或可显示压力变化的设备记录。

4.2.2.6 喷淋装置应能以不小于 4 L/(m^2 · min)的淋水量均匀地喷淋到试件的室外表面上，喷嘴应布置均匀，各喷嘴与试件的距离宜相等；装置的喷水量应能调节，并有措施保证喷水量的均匀性。

4.2.3 试件要求

4.2.3.1 试件规格、型号和材料等应与生产厂家所提供图样一致，试件的安装应符合设计要求，不得加设任何特殊附件或采取其他措施，试件应干燥。

4.2.3.2 试件宽度至少应包括一个承受设计荷载的垂直承力构件。试件高度至少应包括一个层高，并在垂直方向上要有两处或两处以上和承重结构相连接。试件的组装和安装时的受力状况应和实际使用情况相符。

4.2.3.3 单元式幕墙至少应包括一个与实际工程相符的典型十字缝，并有一个完整单元的四边形成与实际工程相同的接缝。

4.2.3.4 试件应包括典型的垂直接缝、水平接缝和可开启部分，并且使试件上可开启部分占试件总面积的比例与实际工程接近。

4.2.4 检测方法

4.2.4.1 检测前准备

试件安装完毕后应进行检查，符合设计要求后才可进行检测。检查前，应将试件可开启部分开关不少于 5 次，最后关紧。

检测可分别采用稳定加压法或波动加压法。工程所在地为热带风暴和台风地区的工程检测，应采用波动加压法；定级检测和工程所在地为非热带风暴和台风地区的工程检测，可采用稳定加压法。已进行波动加压法检测可不再进行稳定加压法检测。热带风暴和台风地区的划分按照 GB 50178 的规定执行。

水密性能最大检测压力峰值应不大于抗风压安全检测压力值。

4.2.4.2 稳定加压法

按照图 4、表 1 的顺序加压，并按以下步骤操作：

a) 预备加压：施加三个压力脉冲。压力差绝对值为 500 Pa。加压速度约为 100 Pa/s，压力差持续作用时间为 3 s，泄压时间不少于 1 s。待压力差回零后，将试件所有可开启部分开关不少于 5 次，最后关紧。

表 1 稳定加压顺序表

加压顺序	1	2	3	4	5	6	7	8
检测压力差/Pa	0	250	350	500	700	1 000	1 500	2 000
持续时间/min	10	5	5	5	5	5	5	5
注：水密设计指标值超过 2 000 Pa 时，按照水密设计压力值加压。								

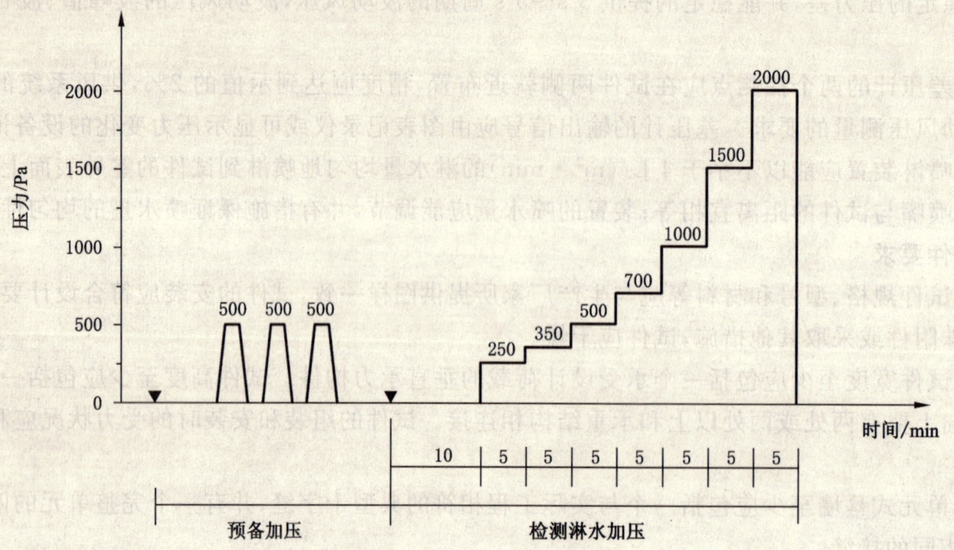

注：图中符号▼表示将试件的可开启部分开关5次。

图4 稳定加压顺序示意图

b) 淋水：对整个幕墙试件均匀地淋水，淋水量为 3 L/(m^2·min)。

c) 加压：在淋水的同时施加稳定压力。定级检测时，逐级加压至幕墙固定部位出现严重渗漏为止。工程检测时，首先加压至可开启部分水密性能指标值，压力稳定作用时间为 15 min 或幕墙可开启部分产生严重渗漏为止，然后加压至幕墙固定部位水密性能指标值，压力稳定作用时间为 15 min 或产生幕墙固定部位严重渗漏为止；无开启结构的幕墙试件压力稳定作用时间为 30 min 或产生严重渗漏为止。

d) 观察记录：在逐级升压及持续作用过程中，观察并参照表3记录渗漏状态及部位。

4.2.4.3 波动加压法

按照图5、表2顺序加压，并按以下步骤操作：

表2 波动加压顺序表

加压顺序		1	2	3	4	5	6	7	8
波动压力差值	上限值/Pa	—	313	438	625	875	1 250	1 875	2 500
	平均值/Pa	0	250	350	500	700	1 000	1 500	2 000
	下限值/Pa	—	187	262	375	525	750	1 125	1 500
波动周期/s		—	3～5						
每级加压时间/min		10	5						

注：水密设计指标值超过 2 000 Pa 时，以该压力差为平均值、波幅为实际压力差的 1/4。

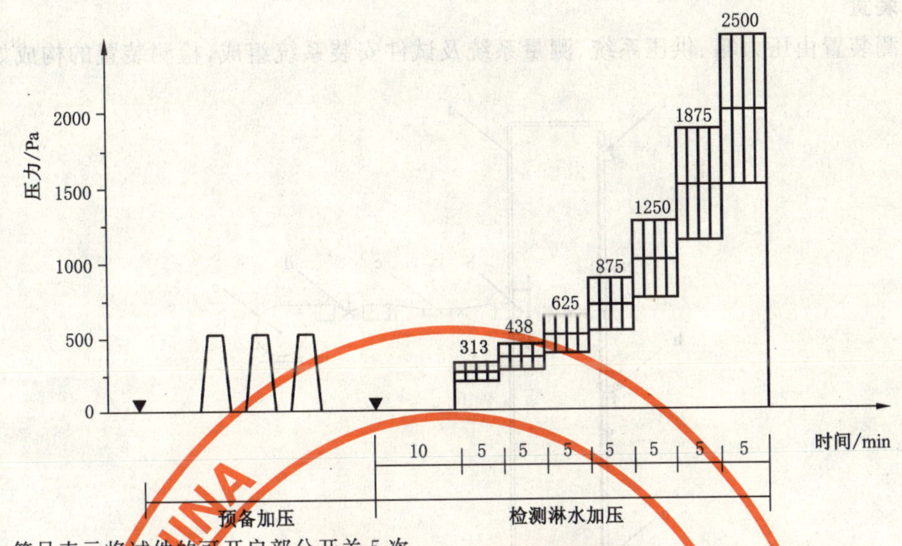

注：图中▼符号表示将试件的可开启部分开关5次。

图5 波动加压示意图

a) 预备加压：施加三个压力脉冲。压力差值为500 Pa。加载速度约为100 Pa/s，压力差稳定作用时间为3 s，泄压时间不少于1 s。待压力差回零后，将试件所有可开启部分开关不少于5次，最后关紧。

b) 淋水：对整个幕墙试件均匀地淋水，淋水量为4 L/(m^2·min)。

c) 加压：在稳定淋水的同时施加波动压力。定级检测时，逐级加压至幕墙试件固定部位出现严重渗漏。工程检测时，首先加压至可开启部分水密性能指标值，波动压力作用时间为15 min或幕墙试件可开启部分产生严重渗漏为止，然后加压至幕墙固定部位水密性能指标值，波动压力作用时间为15 min或幕墙固定部位产生严重渗漏为止；无开启结构的幕墙试件压力作用时间为30 min或产生严重渗漏为止。

d) 观察记录：在逐级升压及持续作用过程中，观察并参照表3记录渗漏状态及部位。

表3 渗漏状态符号表

渗 漏 状 态	符号
试件内侧出现水滴	○
水珠联成线，但未渗出试件界面	□
局部少量喷溅	△
持续喷溅出试件界面	▲
持续流出试件界面	●
注1：后两项为严重渗漏。 注2：稳定加压和波动加压检测结果均采用此表。	

4.2.5 分级指标值的确定

以未发生严重渗漏时的最高压力差值作为分级指标值。

4.3 抗风压性能

4.3.1 检测项目

幕墙试件的抗风压性能，检测变形不超过允许值且不发生结构损坏的最大压力差值。包括：变形检测、反复加压检测、安全检测。幕墙试件的主要构件在风荷载标准值作用下最大允许相对面法线挠度 f_0 参见附录A。

4.3.2 检测装置

4.3.2.1 检测装置由压力箱、供压系统、测量系统及试件安装系统组成,检测装置的构成如图 6 所示。

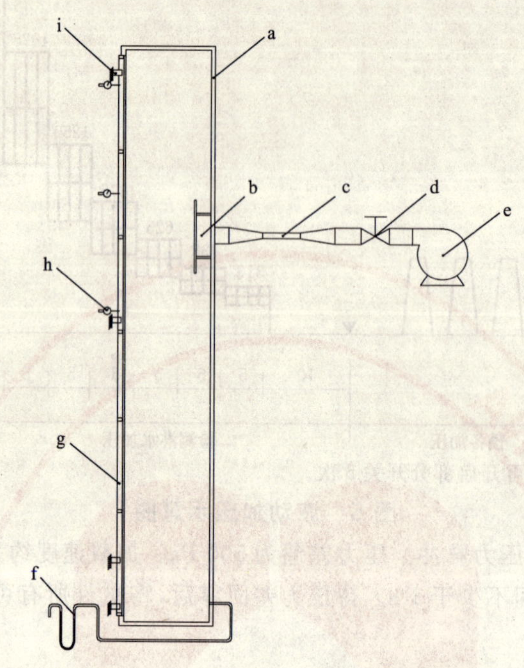

a——压力箱;

b——进气口挡板;

c——风速仪;

d——压力控制装置;

e——供风设备;

f——差压计;

g——试件;

h——位移计;

i——安装横架。

图 6 抗风压性能检测装置示意

4.3.2.2 压力箱的开口尺寸应能满足试件安装的要求,箱体应能承受检测过程中可能出现的压力差。

4.3.2.3 试件安装系统用于固定幕墙试件并将试件与压力箱开口部位密封,支承幕墙的试件安装系统宜与工程实际相符,并具有满足试验要求的面外变形刚度和强度。

4.3.2.4 构件式幕墙、单元式幕墙应通过连接件固定在安装横架上,在幕墙自重的作用下,横架的面内变形不应超过 5 mm;安装横架在最大试验风荷载作用下面外变形应小于其跨度的 1/1 000。

4.3.2.5 点支承幕墙和全玻璃幕墙宜有独立的安装框架,在最大检测压力差的作用下,安装框架的变形不得影响幕墙的性能。吊挂处在幕墙重力作用下的面内变形不应大于 5 mm;采用张拉索杆体系的点支承幕墙在最大预拉力作用下,安装框架的受力部位在预拉力方向的最大变形应小于 3 mm。

4.3.2.6 供风设备应能施加正负双向的压力,并能达到检测所需要的最大压力差;压力控制装置应能调节出稳定的压力差,并应能在规定的时间达到检测压力差。

4.3.2.7 差压计的两个探测点应在试件两侧就近布置,精度应达到示值的 1%,响应速度应满足波动风压测量的要求。差压计的输出信号应由图表记录仪或可显示压力变化的设备记录。

4.3.2.8 位移计的精度应达到满量程的 0.25%;位移计的安装支架在测试过程中应有足够的紧固性,并应保证位移的测量不受试件及其支承设施的变形、移动所影响。

4.3.2.9 试件的外侧应设置安全防护网或采取其他安全措施。

4.3.3　**试件要求**

4.3.3.1　试件规格、型号和材料等应与生产厂家所提供图样一致，试件的安装应符合设计要求，不得加设任何特殊附件或采取其他措施。

4.3.3.2　试件应有足够的尺寸和配置，代表典型部分的性能。

4.3.3.3　试件必须包括典型的垂直接缝和水平接缝。试件的组装、安装方向和受力状况应和实际相符。

4.3.3.4　构件式幕墙试件宽度至少应包括一个承受设计荷载的典型垂直承力构件。试件高度不宜少于一个层高，并应在垂直方向上有两处或两处以上与支承结构相连接。

4.3.3.5　单元式幕墙试件应至少有一个与实际工程相符的典型十字接缝，并应有一个完整单元的四边形成与实际工程相同的接缝。

4.3.3.6　全玻璃幕墙试件应有一个完整跨距高度，宽度应至少有两个完整的玻璃宽度或3个玻璃肋。

4.3.3.7　点支承幕墙试件应满足以下要求：

a)　至少应有4个与实际工程相符的玻璃板块或一个完整的十字接缝，支承结构至少应有一个典型承力单元。

b)　张拉索杆体系支承结构应按照实际支承跨度进行测试，预张拉力应与设计相符，张拉索杆体系宜检测拉索的预张力。

c)　当支承跨度大于8 m时，可用玻璃及其支承装置的性能测试和支承结构的结构静力试验模拟幕墙系统的检测。玻璃及其支承装置的性能测试至少应检测4块与实际工程相符的玻璃板块及一个典型十字接缝。

d)　采用玻璃肋支承的点支承幕墙同时应满足全玻璃幕墙的规定。

4.3.4　**检测方法**

检测压差顺序见图7。

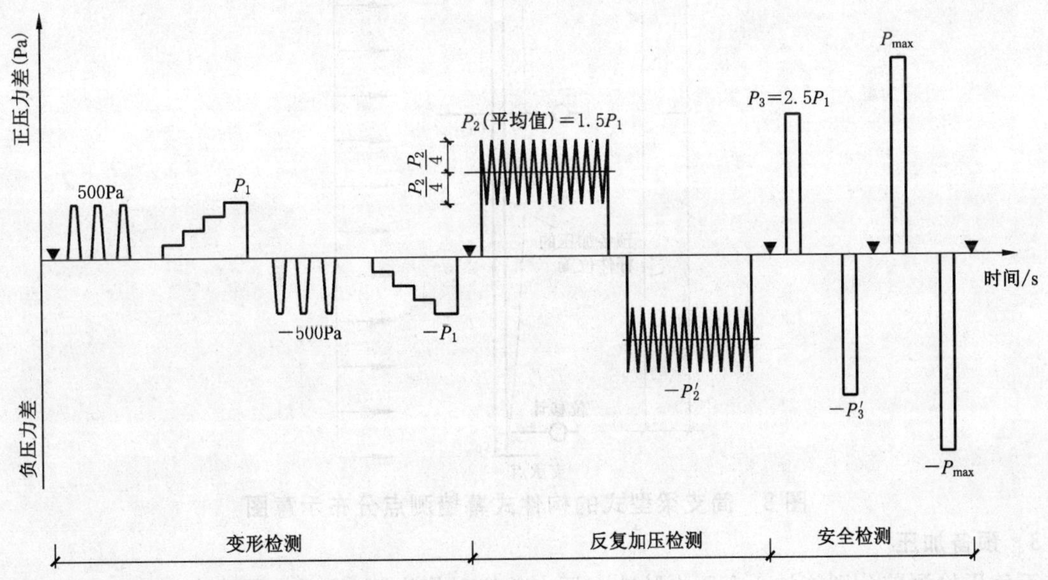

注1：当工程有要求时，可进行P_{max}的检测($P_{max}>P_3$)。

注2：图中符号▼表示将试件的可开启部分开关5次。

图7　检测加压顺序示意图

4.3.4.1　**试件安装**

试件安装完毕，应经检查，符合设计图样要求后才可进行检测。检测前应将试件可开启部分开关不少于5次，最后关紧。

4.3.4.2 位移计安装

位移计宜安装在构件的支承处和较大位移处，测点布置要求为：

a) 采用简支梁型式的构件式幕墙测点布置见图8，两端的位移计应靠近支承点。

b) 单元式幕墙采用拼接式受力杆件且单元高度为一个层高时，宜同时检测相邻板块的杆件变形，取变形大者为检测结果；当单元板块较大时其内部的受力杆件也应布置测点。

c) 全玻璃幕墙玻璃板块应按照支承于玻璃肋的单向简支板检测跨中变形；玻璃肋按照简支梁检测变形。

d) 点支承幕墙应检测面板的变形，测点应布置在支点跨距较长方向玻璃上。

e) 点支承幕墙支承结构应分别测试结构支承点和挠度最大节点的位移，承受荷载的受力杆件多于一个时可分别检测，变形大者为检测结果；支承结构采用双向受力体系时应分别检测两个方向上的变形。

f) 其他类型幕墙的受力支承构件根据有关标准规范的技术要求或设计要求确定。

g) 点支承玻璃幕墙支承结构的结构静力试验应取一个跨度的支承单元，支承单元的结构应与实际工程相同，张拉索杆体系的预张拉力应与设计相符；在玻璃支承装置位置同步施加与风荷载方向一致且大小相同的荷载，测试各个玻璃支承点的变形。

h) 几种典型幕墙的位移计布置参见图8及附录B。

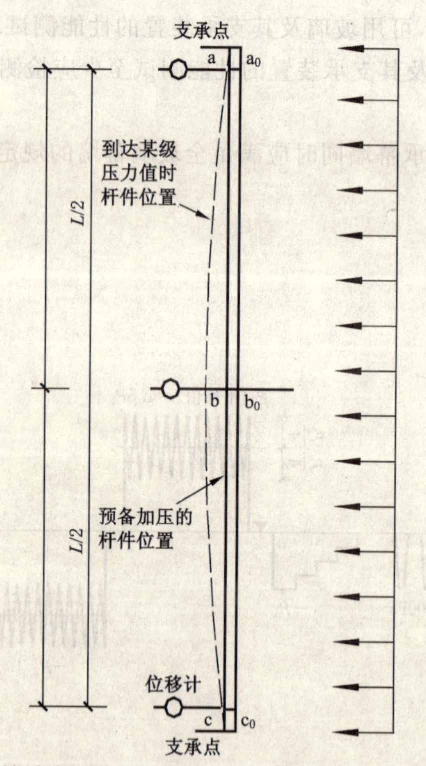

图8 简支梁型式的构件式幕墙测点分布示意图

4.3.4.3 预备加压

在正负压检测前分别施加3个压力脉冲。压力差绝对值为500 Pa，加压速度约为100 Pa/s，持续时间为3 s，待压力差回零后开始进行检测。

4.3.4.4 变形检测

4.3.4.4.1 定级检测时的变形检测

定级检测时检测压力分级升降。每级升、降压力差不超过250 Pa，加压级数不少于4个，每级压力差持续时间不少于10 s。压力的升、降直到任一受力构件的相对面法线挠度值达到 $f_0/2.5$ 或最大检测压力达到2 000 Pa时停止检测，记录每级压力差作用下各个测点的面法线位移量，并计算面法线挠度

值 f_{max}。采用线性方法推算出面法线挠度对应于 $f_0/2.5$ 时的压力值 $\pm P_1$。以正负压检测中绝对值较小的压力差值作为 P_1 值。

4.3.4.4.2 工程检测时的变形检测

工程检测时检测压力分级升降。每级升、降压力差不超过风荷载标准值的10%，每级压力作用时间不少于10 s。压力的升、降达到幕墙风荷载标准值的40%时停止检测，记录每级压力差作用下各个测点的面法线位移量。

4.3.4.5 反复加压检测

以检测压力差 P_2（$P_2=1.5\,P_1$）为平均值，以平均值的1/4为波幅，进行波动检测，先后进行正负压检测。波动压力周期为5 s～7 s，波动次数不少于10次。记录反复检测压力值 $\pm P_2$，并记录出现的功能障碍或损坏的状况和部位。

4.3.4.6 安全检测

4.3.4.6.1 安全检测的条件

当反复加压检测未出现功能障碍或损坏时，应进行安全检测。安全检测过程中施加正、负压力差后分别将试件可开关部分开关不少于5次，最后关紧。升、降压速度为300 Pa/s～500 Pa/s，压力持续时间不少于3 s。

4.3.4.6.2 定级检测时的安全检测

使检测压力升至 P_3（$P_3=2.5\,P_1$），随后降至零，再降到 $-P_3$，然后升至零，升、降压速度为300 Pa/s～500 Pa/s。记录面法线位移量、功能障碍或损坏的状况和部位。

4.3.4.6.3 工程检测时的安全检测

P_3 对应于设计要求的风荷载标准值。检测压力差升至 P_3，随后降至零，再降到 $-P_3$，然后升至零。记录面法线位移量、功能障碍或损坏的状况和部位。当有特殊要求时，可进行压力差为 P_{max} 的检测，并记录在该压力差作用下试件的功能状态。

4.3.5 检测结果的评定

4.3.5.1 计算

变形检测中求取受力构件的面法线挠度的方法，按式(7)计算：

$$f_{max}=(b-b_0)-\frac{(a-a_0)+(c-c_0)}{2} \qquad (7)$$

式中：

f_{max}——面法线挠度值，mm；

a_0、b_0、c_0——各测点在预备加压后的稳定初始读数值，mm；

a、b、c——为某级检测压力作用过程中各测点的面法线位移，mm。

4.3.5.2 评定

4.3.5.2.1 变形检测的评定

定级检测时，注明相对面法线挠度达到 $f_0/2.5$ 时的压力差值 $\pm P_1$。

工程检测时，在40%风荷载标准值作用下，相对面法线挠度应小于或等于 $f_0/2.5$，否则应判为不满足工程使用要求。

4.3.5.2.2 反复加压检测的评定

经检测，试件未出现功能障碍和损坏时，注明 $\pm P_2$ 值；检测中试件出现功能障碍和损坏时，应注明出现的功能障碍、损坏情况以及发生部位，并以发生功能障碍和损坏时压力差的前一级检测压力值作为安全检测压力 $\pm P_3$ 值进行评定。

4.3.5.2.3 安全检测的评定

定级检测时，经检测试件未出现功能性障碍和损坏，注明相对面法线挠度达到 f_0 时的压力差值 $\pm P_3$，并按 $\pm P_3$ 的绝对值较小值作为幕墙抗风压性能的定级值；检测中试件出现功能障碍和损坏时，应注明出现功能性障碍或损坏的情况及其发生部位，并应以试件出现功能障碍或损坏所对应的压力差值的前一级压力差值作为定级值。

工程检测时，在风荷载标准值作用下对应的相对面法线挠度小于或等于允许挠度 f_0，且检测时未出现功能性障碍和损坏，应判为满足工程使用要求；在风荷载标准值作用下对应的相对面法线挠度大于允许挠度 f_0 或试件出现功能障碍和损坏，应注明出现功能障碍或损坏的情况及其发生部位，并应判为不满足工程使用要求。

5 检测报告

检测报告格式参见附录C，检测报告至少应包括下列内容：

a) 试件的名称、系列、型号、主要尺寸及图样（包括试件立面、剖面和主要节点，型材和密封条的截面、排水构造及排水孔的位置、试件的支承体系、主要受力构件的尺寸以及可开启部分的开启方式和五金件的种类、数量及位置）。

b) 面板的品种、厚度、最大尺寸和安装方法。

c) 密封材料的材质和牌号。

d) 附件的名称、材质和配置。

e) 试件可开启部分与试件总面积的比例。

f) 点支式玻璃幕墙的拉索预拉力设计值。

g) 水密检测的加压方法，出现渗漏时的状态及部位。定级检测时应注明所属级别，工程检测时应注明检测结论。

h) 检测用的主要仪器设备。

i) 检测室的温度和气压。

j) 试件单位面积和单位开启缝长的空气渗透量正负压计算结果及所属级别。

k) 主要受力构件在变形检测、反复受荷检测、安全检测时的挠度和状况。

l) 对试件所做的任何修改应注明。

m) 检测日期和检测人员。

附 录 A
（资料性附录）
幕墙试件的主要构件在风荷载标准值作用下最大允许相对面法线挠度 f_0

表 A.1

幕墙类型	材 料	最大挠度发生部位	最大允许相对面法线挠度 f_0
有框幕墙	杆件	跨中	铝合金型材 1/180 钢型材 1/250
	玻璃面板	短边边长中点	1/60
全玻幕墙	支承结构	钢架钢梁的跨中	1/250
	玻璃面板	玻璃面板中心	1/60
	玻璃肋	玻璃肋跨中	1/200
点支承玻璃幕墙	支承结构	钢管、桁架及空腹桁架跨中	1/250
		张拉索杆体系跨中	1/200
	玻璃面板	玻璃面板中心（四点支承时）	1/60

附 录 B
（资料性附录）
典型幕墙的位移计布置示例

B.1 全玻璃幕墙玻璃面板位移计的布置

全玻璃幕墙玻璃面板位移计布置见图 B.1。

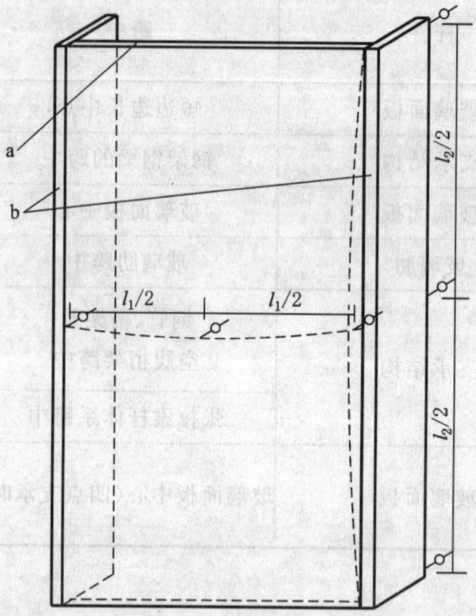

a——玻璃面板；

b——玻璃肋。

注：图中⌀表示安装的位移计。

图 B.1 全玻璃幕墙玻璃面板位移计布置示意图

B.2 点支承幕墙玻璃面板位移计的布置

点支承幕墙玻璃面板位移计布置见图 B.2。

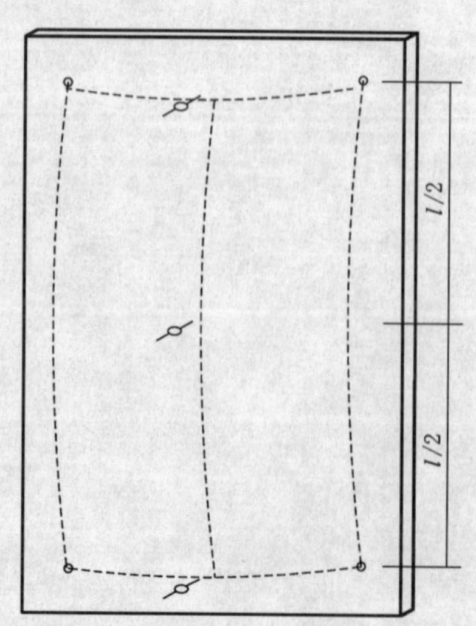

注 1：图中⌀表示安装的位移计。

注 2：四点支承，取玻璃面板的长边为 l。

图 B.2 点支承幕墙玻璃面板位移计布置示意图

B.3 点支承幕墙支承体系位移计的布置

点支承幕墙支承体系位移计布置见图 B.3。

a) 钢桁架支承体系　　b) 双索支承体系　　c) 单索支承体系

注：图中-○-表示安装的位移计。

图 B.3　点支承幕墙支承体系位移计布置示意图

B.4 自平衡索杆结构加载及测点的分布

自平衡索杆结构加载及测点分布见图 B.4。

图 B.4　自平衡索杆结构加载及测点分布示意图

附　录　C
（资料性附录）
建筑幕墙气密、水密、抗风压性能检测报告

报告编号：　　　　　　　　　　　　　　　　　　　　　　　　　　共 2 页　第 1 页

<table>
<tr><td colspan="2">委托单位</td><td colspan="3"></td></tr>
<tr><td colspan="2">地　　址</td><td></td><td>电　　话</td><td></td></tr>
<tr><td colspan="2">送样/抽样日期</td><td colspan="3"></td></tr>
<tr><td colspan="2">抽样地点</td><td colspan="3"></td></tr>
<tr><td colspan="2">工程名称</td><td colspan="3"></td></tr>
<tr><td colspan="2">生产单位</td><td colspan="3"></td></tr>
<tr><td rowspan="2">样品</td><td>名称</td><td></td><td>状　　态</td><td></td></tr>
<tr><td>商标</td><td></td><td>规格型号</td><td></td></tr>
<tr><td rowspan="4">检测</td><td>项目</td><td></td><td>数　　量</td><td></td></tr>
<tr><td>地点</td><td></td><td>日　　期</td><td></td></tr>
<tr><td>依据</td><td colspan="3"></td></tr>
<tr><td>设备</td><td colspan="3"></td></tr>
<tr><td colspan="5">检测结论</td></tr>
<tr><td colspan="5">气密性能：可开启部分单位缝长属国标 GB/T 21086 第______级
幕墙整体单位面积属国标 GB/T 21086 第______级
水密性能：采用××加压法检测，结果为：
可开启部分属国标 GB/T 21086 第______级
固定部分属国标 GB/T 21086 第______级
抗风压性能：属国标 GB/T 21086 第______级

满足/不满足工程使用要求（当工程检测时注明）

（检测报告专用章）</td></tr>
</table>

批准：　　　　　　　　　　　　审核：　　　　　　　　　　　　主检：

报告日期：

报告编号：　　　　　　　　　　　　　　　　　　　　　　　　　　　　　　共2页　第2页

可开启部分缝长/m		面积/m^2		可开启面积与试件总面积比	

面板品种		安装方式	
面板镶嵌材料		框扇密封材料	
型材		附件	
检测室温度/℃		检测室气压/kPa	
面板最大尺寸/mm	宽：	长：	厚：
工程设计值	气密：$m^3/(h \cdot m)$ 水密：固定　Pa　抗风压：　kPa $m^3/(h \cdot m^2)$　可开启　Pa		

检测结果

气密性能：可开启部分单位缝长每小时渗透量为＿＿＿＿＿＿＿＿$m^3/(h \cdot m)$

幕墙整体单位面积每小时渗透量为＿＿＿＿＿＿＿＿$m^3/(h \cdot m^2)$

稳定加压法：固定部分保持未发生渗漏的最高压力为＿＿＿＿＿＿＿＿Pa

可开启部分保持未发生渗漏的最高压力为＿＿＿＿＿＿＿＿Pa

波动加压法：固定部分保持未发生渗漏的最高压力为＿＿＿＿＿＿＿＿Pa

可开启部分保持未发生渗漏的最高压力为＿＿＿＿＿＿＿＿Pa

抗风压性能：变形检测结果为：正压＿＿＿＿＿＿＿＿kPa

负压＿＿＿＿＿＿＿＿kPa

反复加压检测结果为：正压＿＿＿＿＿＿＿＿kPa

负压＿＿＿＿＿＿＿＿kPa

安全检测结果为：正压＿＿＿＿＿＿＿＿kPa

（3 s阵风风压）负压＿＿＿＿＿＿＿＿kPa

工程检验结果：正压＿＿＿＿＿＿＿＿kPa

负压＿＿＿＿＿＿＿＿kPa

备注：

ICS 43.040.20
T 38

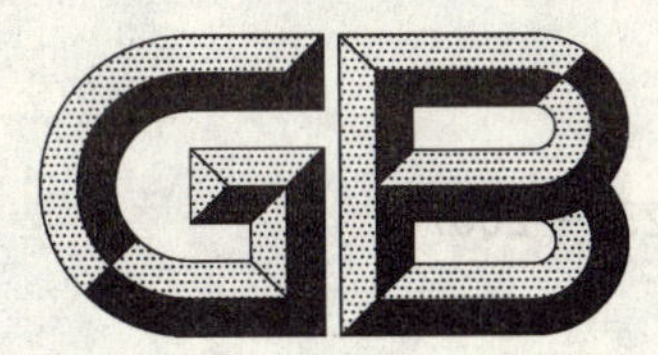

中华人民共和国国家标准

GB 15235—2007
代替 GB 15235—1994

汽车及挂车倒车灯配光性能

Photometric characteristics of reversing lamps for power-driven vehicles and their trailers

2007-11-01 发布　　　　2008-06-01 实施

中华人民共和国国家质量监督检验检疫总局
中国国家标准化管理委员会　发布

前言

本标准的全部技术内容为强制性。

本标准对应于联合国欧洲经济委员会 ECE R23—2002《关于机动车及挂车倒车灯认证的统一规定》,一致性程度为非等效,主要差异如下:

——删除了管理条款;

——删除了“制造商生产一致性控制方法的最低要求”附件;

——删除了“检验员抽样的最低要求”附件;

——增加了检验规则。

主要技术要求,如:一般要求,配光性能,光色,试验方法等,则与上述法规一致。

本标准代替 GB 15235—1994《汽车倒车灯配光性能》,与前版相比较主要变化如下:

——标准名称由前版《汽车倒车灯配光性能》改为本版《汽车及挂车倒车灯配光性能》。

——修改了前版第 2 章“引用标准”和“术语”。

——修改了前版第 4 章的“倒车灯同一型式规定”,改为本版第 4 章的“倒车灯的不同型式”。

——删除了前版第 6 章“倒车灯使用的灯泡要求”,将“倒车灯使用的灯泡要求”进行修改,列入新版第 5.3 条。

——修改了前版的第 7 章,增加以下内容:

1) 对于指定只成对安装在车辆上的倒车灯,其配光性能测量时,向内的水平方向角只到 30°为止(即 25 cd);

2) 增加 h-h 水平－5°以下最大发光强度应不大于 8 000 cd;

3) 增加了有关多光源倒车灯和使用不可更换光源倒车灯的要求。

——修改了前版第 8 章“试验方法”和第 9 章“检验规则”。

——增加了与光源模块相关的内容。

本标准实施之日起,GB 15235—1994 废止。新申请型式检验的汽车及挂车倒车灯必须符合本标准。

本标准实施的过渡要求:对于本标准实施前已通过型式检验的汽车及挂车倒车灯,给予 24 个月的过渡期。

本标准由国家发展和改革委员会提出。

本标准由全国汽车标准化技术委员会归口。

本标准由上海汽车灯具研究所负责起草。

本标准主要起草人:陈蔼明,卜伟理。

本标准所代替标准的历次版本发布情况为:

——JB 4151—1985;

——GB 15235—1994。

汽车及挂车倒车灯配光性能

1 范围

本标准规定了汽车及挂车倒车灯配光性能，试验方法和检验规则。

本标准适用于 M、N 和 O 类车辆使用的各种类型倒车灯。

2 规范性引用文件

下列文件中的条款，通过本标准的引用而成为本标准的条款。凡是注日期的引用文件，其随后所有的修改单(不包括勘误的内容)或修订版均不适用于本标准，然而，鼓励根据本标准达成协议的各方研究是否可以使用这些文件的最新版本。凡是不注日期的引用文件，其最新版本适用于本标准。

GB 4599 汽车用灯丝灯泡前照灯

GB 4785 汽车及挂车外部照明和光信号装置的安装规定

GB 15766.1 道路机动车辆灯丝灯泡尺寸、光电性能要求(GB/T 15766.1—2000,idt IEC 60809:1995)

ECE R37 关于机动车及其挂车灯具认证用灯丝灯泡认证的统一规定

3 术语和定义

GB 4599、GB 4785 和 GB 15766.1 中确立的术语和定义适用于本标准。

4 倒车灯的不同型式

在以下主要方面有差异的倒车灯：

——商标名称或商标；

——光学系统的特性(光强等级，光分布角，灯丝灯泡或光源模块的类型等)。

但是，灯丝灯泡颜色及配光镜颜色的改变不影响型式的变化。

5 技术要求

5.1 一般要求：倒车灯应设计和制造成在正常使用条件下，即使受到振动，仍能保证满足使用要求和符合本标准规定。

5.2 在图 1 所示的区域内，倒车灯的光色应为白色，其色度特性应符合 GB 4785 规定。在该区域外，倒车灯光色无明显变化。

5.3 可更换光源的倒车灯应使用符合 GB 15766.1 或 ECE R37 规定的灯丝灯泡。

5.4 光源模块

5.4.1 光源模块即使在黑暗中也应能将其安装在正确位置上。

5.4.2 应有特定的结构或装置固定光源模块，使其不会松动。

5.5 配光性能

5.5.1 倒车灯在其基准轴线和基准轴线外不同方向上的最小发光强度，应不小于图 1 所示的数值(单位为 cd)。

5.5.2 对于指定只成对安装在车辆上的倒车灯，其配光性能测量时，向内的水平方向角只测量到 30°为止(即图 1 中 25 cd 位置)。

5.5.3 在 h-h 水平面及其以上的任何测量方向上最大发光强度应不大于 300 cd；在 h-h 水平面以下至

−5°的测量方向上最大发光强度应不大于 600 cd，−5°以下最大发光强度应不大于 8 000 cd。

5.5.4　在图 1 所示区域内，发光强度应无明显的局部变化，即在任何两个测量方向之间测量的发光强度，应不小于该两个测量方向中较低发光强度的 50%。

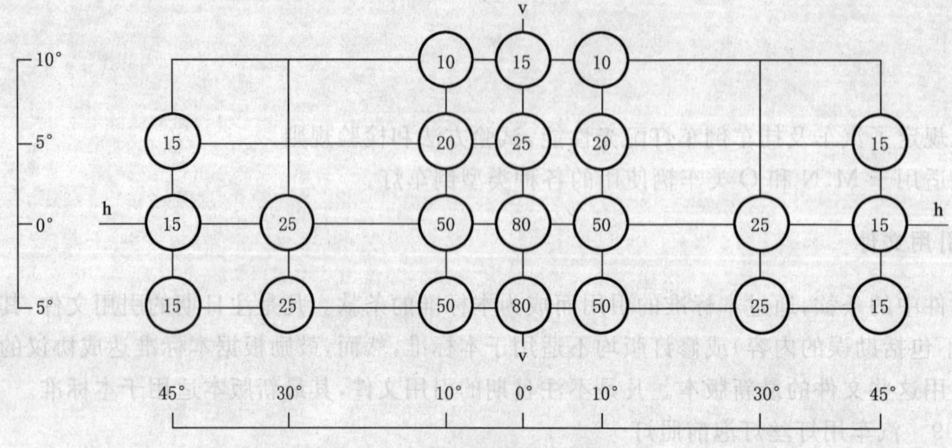

图 1　发光强度分布范围

5.5.5　对于多光源的单灯，当任何一个光源失效时，仍应满足最小发光强度的要求；当所有的光源均点亮时，应不大于最大发光强度。

6　试验方法

6.1　试验暗室、装置及设备，应符合 GB 4599 规定。

6.2　配光性能测量应使用相应类型的标准灯丝灯泡，并在规定的试验光通量下进行。若不符合要求时，允许使用另一个标准灯丝灯泡重新测量。

6.3　配光性能测量前，应将光源以测量时的电压点亮，使其光性能趋于稳定。

6.4　对于不可更换光源的倒车灯配光性能测量，应各自在 13.5 V 或 28.0 V 电压下进行测量。

6.5　对于多光源的倒车灯的配光性能测量：

6.5.1　对于不可更换光源或其他光源的倒车灯：

必要时，制造商应提供为此类光源所需的电光源控制装置，并在制造商规定的电压下进行测量。

6.5.2　对于可更换光源的倒车灯：

当使用灯丝灯泡，在 13.5 V 或 28.0 V 电压下进行测量时，必须修正所产生的发光强度值。规定的试验光通量与试验电压(13.5 V 或 28.0 V)下的光通量平均值之比是修正系数。应使用每个实测光通量与其平均值偏差不大于±5%的灯丝灯泡；或者，可以在每一个灯丝灯泡位置上，依次使用标准灯丝灯泡，在规定的试验光通量下进行测量，并将每个位置上的测量结果相加。

6.6　配光性能的测量距离，应保证能应用光度学中的距离平方反比定律。

6.7　从灯具基准中心观察时，测试设备应保证其接收器的张角是介于 10′至 1°之间。

6.8　在图 1 中任何一个方向上测量时，其角度偏差应不大于 15′。

6.9　测量角度的量度以基准轴线(由制造商确定)为基准。

6.10　色度检验应使用标准光源 A(色温 2 856K)。对于不可更换光源的倒车灯，则应各自在 13.5 V 或 28.0 V 电压下进行测量。

7　检验规则

7.1　倒车灯的不同型式按本标准第 4 章规定判定。

7.2　倒车灯应进行型式检验和生产一致性检验。符合以下 7.3 或 7.4 相应规定的，则认为该产品通过型式检验或一致性检验。

7.3 型式检验

7.3.1 制造商应提供：

7.3.1.1 足以识别该型式倒车灯的图纸一式三份，并标明基准轴线（H＝0°，V＝0°），基准中心和安装在车辆上的几何位置。

7.3.1.2 一份简明的技术说明书。除了不可更换光源的倒车灯外，应规定所使用的灯丝灯泡类型。

7.3.1.3 样灯两只（对于可更换光源的倒车灯，包括灯丝灯泡）。

7.3.2 每只样灯应符合本标准5.1、5.3和5.4规定。

7.3.3 按本标准第6章规定进行试验时，每只样灯应符合本标准5.2和5.5规定。

7.4 生产一致性检验

7.4.1 对型式检验合格的产品，用从批量产品中随机抽取的样灯来判定其生产一致性。

7.4.2 随机抽取的样灯应符合本标准5.1、5.3和5.4规定。

7.4.3 按本标准第6章规定进行试验时，随机抽取的样灯应符合本标准5.2规定。

7.4.4 按本标准第6章规定进行试验时，随机抽取的样灯应符合本标准5.5要求，其中：

7.4.4.1 最小发光强度不小于本标准5.5.1规定值的80%；

7.4.4.2 最大发光强度不大于本标准5.5.3规定值的120%。

ICS 83.140.01
G 42

中华人民共和国国家标准

GB/T 15327—2007
代替 GB/T 12733—1994,GB/T 15327—1994

工业用变速宽V带

Variable-speed-changers wide V-belts for industry

2007-11-28 发布　　2008-06-01 实施

中华人民共和国国家质量监督检验检疫总局
中国国家标准化管理委员会　发布

前　言

本标准代替 GB/T 15327—1994《工业用变速宽 V 带》和 GB/T 12733—1994《工业用变速宽 V 带尺寸》两个标准。

本标准与 GB/T 15327—1994 和 GB/T 12733—1994 相比主要变化如下：

——删除包边 V 带疲劳寿命不低于 100 h，统一采用 ГОСТ 24848.2：1981 规定 V 带疲劳寿命不低于 200 h，(见 4.4)；

——增加了 W20、W25、W31.5、W40、W63、W80 等型号 V 带的带轮尺寸和疲劳寿命不低于 200 h 的要求(见 5.2.1)；

——增加了工业用变速宽 V 带尺寸及测量带轮尺寸，其要求与 ISO 1604：1989《带传动　环型工业变速宽 V 带及带轮轮槽形》相一致，其表示符号采用 ISO 1604：1989(见 4.1)。

本标准由中国石油和化学工业协会提出。

本标准由化学工业胶带标准化技术归口单位归口。

本标准起草单位：宁波伏龙同步带有限公司、浙江紫金港胶带有限公司、青岛橡胶工业研究所。

本标准主要起草人：陆红芬、林齐福、潘海瑞、郑有灿、韩德深。

本标准所代替标准的历次版本发布情况为：

——GB/T 12733—1994；

——GB/T 15327—1994。

工业用变速宽V带

1 范围

本标准规定了工业用变速宽V带(以下简称"V带")的产品分类、技术要求、试验方法、检验规则及标志、包装、运输和贮存。

本标准适用于一般工业机械的变速装置中传动用的宽V带,不适用于机动车和农业机械上使用的V带。

2 规范性引用文件

下列文件中的条款通过本标准的引用而成为本标准的条款。凡是注日期的引用文件,其随后所有的修改单(不包括勘误的内容)或修订版均不适用于本标准,然而,鼓励根据本标准达成协议的各方研究是否可使用这些文件的最新版本。凡是不注日期的引用文件,其最新版本适用于本标准。

GB 321—2005 优先数和优先数系(ISO 3:1973,IDT)

GB/T 3686 V带拉伸强度和伸长率试验方法

GB/T 3688 V带线绳粘合强度试验方法

GB/T 12735 农业机械用V带疲劳试验方法

GB/T 13490 V带 带的均匀性 测量中心距变化量的试验方法(GB/T 13490—2006,ISO 9608:1994,IDT)

3 产品分类

3.1 结构形式

工业用变速宽V带的结构分包边式、切边式两种。由包布、顶胶、抗拉体、底胶等部分构成。如图1所示。

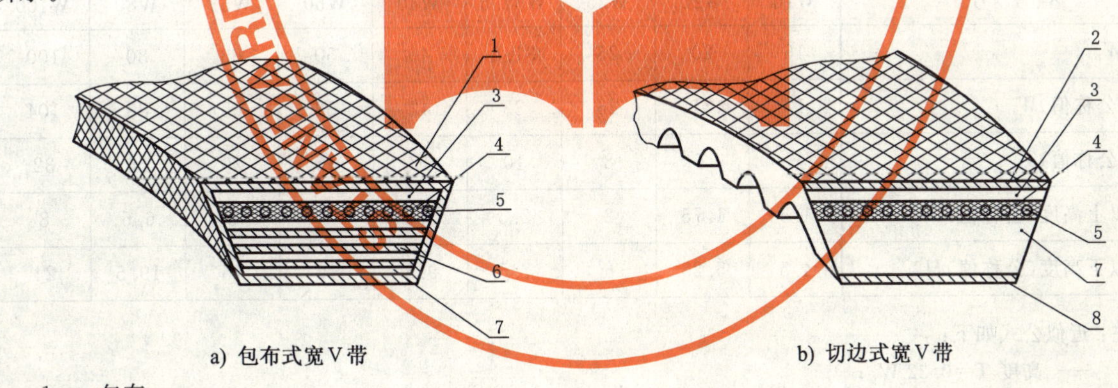

a) 包布式宽V带　　b) 切边式宽V带

1——包布;

2——顶布;

3——顶胶;

4——缓冲胶;

5——芯绳;

6——布质夹层;

7——底胶;

8——底布。

图1 宽V带结构

3.2 内容

V带推荐九种型号为：W16、W20、W25、W31.5、W40、W50、W63、W80、W100。

注：型号中的数字系指带的节宽公称值。在需要上述范围以外的节宽值时，可以从 R10 优先数系中其他数补充，在上述范围内用 R20 优先数系中的数加以补充。

3.3 标记

标记示例：

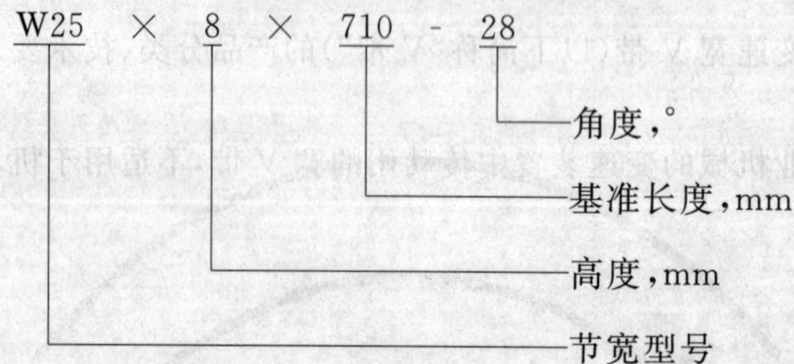

4 技术要求

4.1 尺寸

4.1.1 截面尺寸

V带的截面(见图2)尺寸应符合表1的规定。

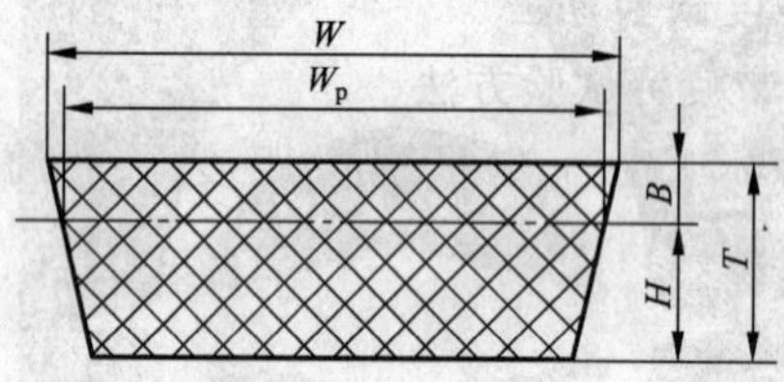

图2 宽V带截面

表1 V带的截面尺寸

单位为毫米

型　号	W16	W20	W25	W31.5	W40	W50	W63	W80	W100
节宽 W_p	16	20	25	31.5	40	50	63	80	100
顶宽(公称值)W	17	21	26	33	42	52	65	83	104
高度(公称值)T	6	7	8	10	13	16	20	26	32
节线以上高度(公称值)B	1.5	1.75	2	2.5	3.2	4	5	6.5	8
节线以下高度(公称值)H	4.5	5.25	6	7.5	9.8	12	15	19.5	24

注：近似公式如下：

——高度 $T=0.32\ W_p$；

——节线以上高度 $B=0.08\ W_p=0.25\ T$；

——节线以下高度 $H=0.24\ W_p=0.75\ T$。

4.1.2 V带的楔入位置

按6.2对带进行检验时，V带的露出高度不得超出表2规定的范围。V带的底边应位于刻线以上(见图5)。

表 2　V 带与轮槽的位置关系

单位为毫米

项　　目		W16	W20	W25	W31.5	W40	W50	W63	W80	W100
h_1 线以上露出高度	最小值	0	0	0	0	0	0	0	0	0
	最大值	1.2	1.8	1.8	1.8	2.4	2.4	3.0	3.0	3.6

4.1.3　长度

V 带的基准长度及其极限偏差见表 3。

如对表 3 所列基准长度尚感不足，可做如下补充：

——在所列范围以外，用 R20 优先数系中的其他数进行补充；

——在表 3 中两个相邻长度之间，用 R40 优先数系中的数进行补充。这种补充主要是为了适应箱式变速器用的带的需要。

表 3　V 带的基准长度

单位为毫米

基准长度		不同型号的基准长度系列								
公称值	极限偏差	W16	W20	W25	W31.5	W40	W50	W63	W80	W100
450	±10	×								
500		×								
560	±12	×	×							
630		×	×							
710	±14	×	×	×						
800	±16	×	×	×						
900	±18	×	×	×	×					
1 000	±20	×	×	×	×					
1 120	±22		×	×	×	×				
1 250	±24		×	×	×	×				
1 400	±28			×	×	×	×			
1 600	±32			×	×	×	×			
1 800	±36				×	×	×	×		
2 000	±40				×	×	×	×		
2 240	±44					×	×	×	×	
2 500	±50					×	×	×	×	
2 800	±56						×	×	×	×
3 150	±62						×	×	×	×
3 550	±70							×	×	×
4 000	±80							×	×	×
4 500	±90								×	×
5 000	±100								×	×
5 600	±110									×
6 300	±120									×

4.1.4 中心距变化量

中心距的变化量 ΔE 在表 4 中列出。

表 4 中心距变化量 ΔE

单位为毫米

带长度	两种截面型号范围的 ΔE	
	≤25	>25
≤1 000	1.2	1.8
1 000(不含)～2 000	1.6	2.2
2 000(不含)～5 000	2	3.4
>5 000	2.5	3.4

4.2 外观质量

V 带的外观质量应符合表 5 规定。

表 5 V 带外观质量

缺陷名称	合格品
① 顶面和底面褶皱	长度不得超过 50 mm；处数：每米带长上不得超过 2 处；全带长上不得超过 6 处
② 顶面和底面凹陷	深度不得超过 1 mm 且不得损伤包布；累计面积不得超过顶面和底面总面积的 3%
③ 模压或异物在顶面和底面造成的疤痕或凸起	深度不得超过 1 mm；累计面积不得超过顶面和底面总面积的 6%
④ 模版端部在顶面和底面造成的痕迹	高度或深度不得超过 1 mm
⑤ 不大于 1 mm 的织物飞边或由修剪织物飞边造成的破边(不超过 1 层包布)	不得超过总长度的 6%
⑥ 表面擦胶脱落	不得超过总表面积的 10%
⑦ 包布修理痕迹	不得大于 20 mm×50 mm；其外观不应有明显影响使用的扭曲、开裂、汽孔等缺陷；带体不允许有分层、切割重边等缺陷
⑧ 包布纵向接缝脱开	宽度不得超过 5 mm；长度不得超过 40 mm；处数不得超过 2 处

4.3 物理性能

V 带的物理性能应符合表 6 规定。

表 6 V 带的物理性能

型号	拉伸强度/kN ≥	参考力伸长率		橡胶与线绳粘合强度/(kN/m) ≥
		参考力/kN	伸长率/%，≤	
W16	4	3.2	8	15
W20	7	5.6		15
W25	10.0	8		20
W31.5	13.0	10.4		20
W40	20.0	16		23
W50	28.0	22.4		23
W63	33.0	26.4		23
W80	40.0	32		23
W100	50.0	40		23

4.4 **疲劳寿命**

4.4.1 V带应进行疲劳寿命和外周长变化率试验，其要求为：

a) V带无扭矩疲劳寿命不低于200 h；

b) 达到规定寿命时V带的伸长率不得大于2%。

4.4.2 为确定V带在试验机上的伸长率而采用最小刻度间距不大于1 mm的钢卷尺测定带外周长。

带的伸长率(E_s)按式(1)计算(以%为单位)：

$$E_s = \frac{100(L_s - L_0)}{L_0} \quad \cdots\cdots(1)$$

式中：

E_s——规定寿命时V带伸长率，表示为百分数(%)；

L_s——V带达到规定寿命时的长度，单位为毫米(mm)；

L_0——V带的初始长度，单位为毫米(mm)。

5 试验方法

5.1 V带的测量

5.1.1 测量装置和程序

推荐的测量装置(见图3)至少包括两个具有相等直径的带轮，其中一个测量带轮可在张力F的作用下，沿带轮的所在平面移动；另一个测量带轮的轮缘处有一个测量带的楔入位置的缺口和刻线，亦称量规轮(见图4)。测量轮尺寸、量规轮尺寸及测量力F见表7。应先让V带在测量装置上转动至少两圈以上使其很好地楔入轮槽，再进行带的测量和检验。

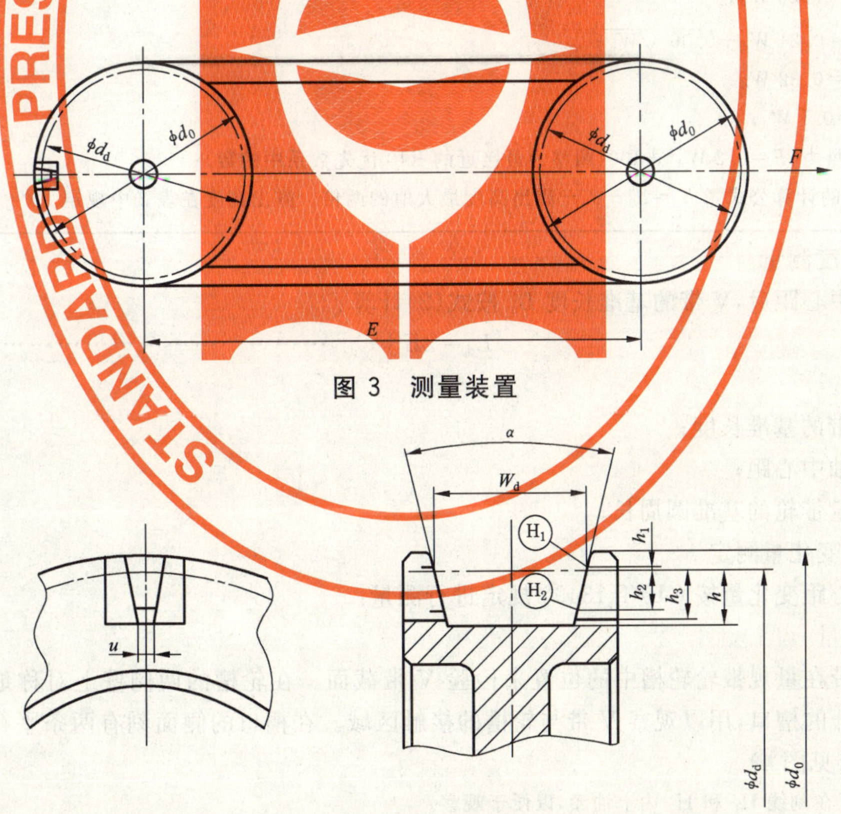

图3 测量装置

图4 量规带轮

表 7 测量带轮尺寸、量规带轮尺寸及测量力

单位为毫米

项	目	W16	W20	W25	W31.5	W40	W50	W63	W80	W100
测量带轮尺寸	$\alpha/(°)$ $\pm 0°20'$	24	26	26	26	26	28	28	30	30
	W_d	16	20	25	31.5	40	50	63	80	100
	C_d	200	250	320	400	500	630	800	1 000	1 250
	d_d	63.7	79.6	101.9	127.3	159.2	200.5	254.6	318.3	397.9
	d_0	67.1	84	107.1	133.5	167.2	210.1	266.6	333.1	416.4
	h	6	7.2	8.5	10.6	13.2	17	21.2	26.5	33.5
量规带轮尺寸	h_1	0.5	0.4	0.8	1.3	1.6	2.4	3	4.4	5.7
	h_2	4.5	5.25	6.3	7.8	10	12.4	15.5	19.7	24.6
	h_3	5.5	6.7	8	10	12.4	16	20	25	32
	u	2	2	2.5	3.2	4	5	6.5	8	10
测量力 F/N		150	180	224	300	425	600	900	1 400	2 120

注：近似公式如下：

——基准圆周长：$C_d=12.5\ W_d$；

——基准直径：$d_d=\frac{12.5}{\pi}W_d\approx 4\ W_d$；

——$h=0.335\ W_d$；

——$h_2=0.24\ W_d+0.06\ \sqrt{W_d}$；

——$h_3=0.32\ W_d$；

——$u=0.1\ W_d$；

——测量力：$F=0.2\ W_d^2+100$(圆整为最接近的 R40 优先数系中的数)；

——h_1 的计算公式：$2\ h_1=d_0-d_d-$露出高度最大值的两倍。露出高度在表 2 中规定。

5.1.2 V 带长度测量

测出两轮中心距后，V 带的基准长度 L_d 按式(2)计算：

$$L_d=2E+C_d \quad \cdots\cdots (2)$$

式中：

L_d——V 带的基准长度；

E——轮轴中心距；

C_d——测量带轮的基准圆周长。

5.1.3 中心距变化量测定

V 带的中心距变化量按 GB/T 13490 规定进行测量。

5.1.4 截面测量

通过检验带在量规带轮轮槽中的位置来检验 V 带截面。在轮槽的两侧壁上对称地开有两个朝带轮端面方向张开的槽口，用以观察 V 带与轮槽的接触区域。在槽口的侧面刻有两条平行于槽口底边的细线 H_1 和 H_2(见图 4)。

注：必要时可在刻线 H_1 和 H_2 内上油漆，以便于观察。

检查前，应使量规带轮上的槽口转至图 2 所示位置，然后检验 V 带的理论底边线是否位于刻线 H_2 以上(见图 5)，如位于该位置以上则 V 带截面合格。

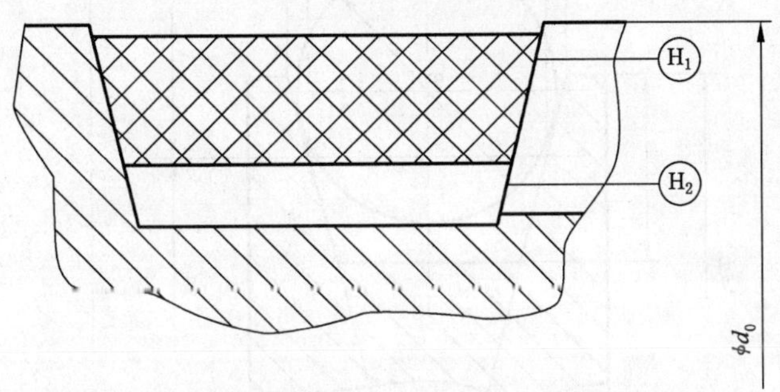

图5 带的截面及带与带轮位置关系检验

5.2 V带的全截面拉伸强度和参考力伸长率按 GB/T 3688 规定进行试验。

5.3 V带的线绳与橡胶粘合强度按 GB/T 3688 规定进行试验。

5.4 V带的疲劳寿命和外周长变化率按 GB/T 12735 规定进行试验。

5.4.1 V带的疲劳寿命试验和外周长变化率试验带轮应按表8和图6规定。

5.4.2 V带的疲劳寿命和外周长变化率试验中的张紧力应按表9规定无扭距进行试验。

表8 疲劳试验带轮和测量圆柱尺寸

单位为毫米

型号	d_d	d_0		B	W_0	W_d	P（最小值）	α/(°)（极限偏差）±15′	d		K	
		公称值	极限偏差						公称值	极限偏差	公称值	极限偏差
W20	56	66.00	−0.19	35	22.50	20	14	28°	20.600	−0.013	81.536	−0.260
W25	67	77.00	−0.19	40	27.50	25	16		25.800	−0.013	99.176	−0.260
W31.5	85	95.00	−0.22	50	34.5	32	18		33.000	−0.016	126.062	−0.310
W40	106	119.00	−0.22	60	43.25	40	22		41.200	−0.016	157.072	−0.310
W50	135	148.00	−0.25	70	53.25	50	25		51.500	−0.016	198.840	−0.330
W63	170	186.00	−0.29	85	67.00	63	30		64.900	−0.019	250.490	−0.350
W80	212	232.00	−0.29	100	85.00	80	35		82.400	−0.022	314.144	−0.410

表9 疲劳试验张紧力及主动轮转速

单位为毫米

带型号	张紧力 F/N(kgf)		主动轮转速/(r/min)	极限偏差
	公差值	极限偏差		
W20	235.0(24)	±2(±0.2)	3 250	±50
W25	294.0(30)	±3(±0.3)	3 250	±50
W31.5	441.0(45)	±5(±0.5)	3 250	±50
W40	735.0(75)	±7(±0.7)	3 250	±50
W50	1 176.0(120)	±12(±1.2)	2 500	±50
W63	1 862.0(190)	±20(±2.0)	2 500	±50
W80	2 450.0(250)	±25(±2.5)	2 000	±50

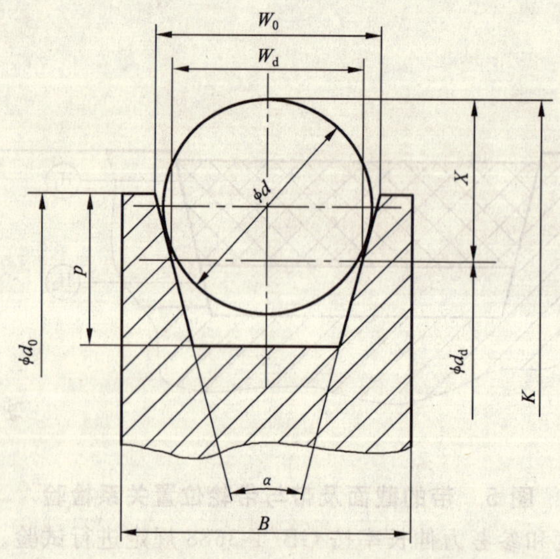

图 6　疲劳试验带轮

6　检验规则

6.1　V 带应由制造厂的质检部门验收。

6.2　V 带应逐条进行尺寸检查、外观质量检查。

6.3　同种型号、同种材质的 V 带以不多于 2 000 条为一批，在每批产品中抽 0.3%，但不少于三条进行物理机械性能检查，每月不得少于一次。

6.4　对于同种材质的 V 带进行的疲劳寿命和外周长变化率试验应为半年一次。

6.5　物理机械性能和疲劳试验等试验项目有一项不合格，则应在该批产品中另取双倍试样对不合格项目进行复试。两个复试结果中有一个不符合要求，则该批产品为不合格。

7　标志、包装、运输和贮存

7.1　每条 V 带应有水洗不掉的明显标志，包括下述内容：

a)　制造厂名或商标；

b)　标记；

c)　制造日期或代号；

d)　本标准编号。

7.2　V 带按型号、规格捆扎包装。

7.3　V 带在运输、贮存中应避免阳光直射或雨雪浸淋，保持清洁，防止与酸、碱、油类及有机溶剂等影响 V 带质量的物质接触，防止机械损伤并距发热装置 1 m 以外。

7.4　贮存时，库房温度宜保持在 −18℃～+40℃之间，相对湿度不大于 80%，贮存期间要避免使 V 带承受过大重量而变形，最好将 V 带悬挂在月牙型的架子上或平整地放在货架上。

ICS 07.060
P 10

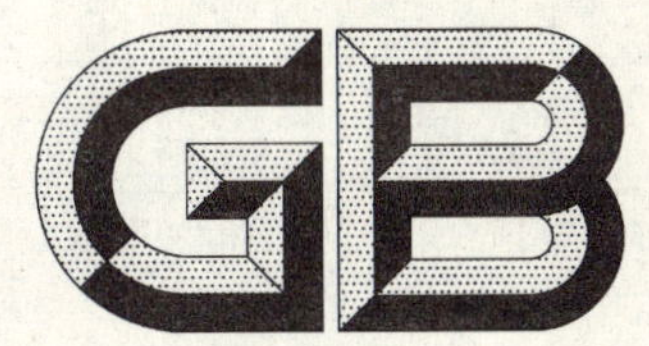

中华人民共和国国家标准

GB/T 15406—2007
代替 GB/T 15406—1994

岩土工程仪器基本参数及通用技术条件

Primary parameter and general specification for geotechnical engineering instrument

2007-06-11 发布　　　　2007-09-01 实施

中华人民共和国国家质量监督检验检疫总局
中国国家标准化管理委员会　发布

前　言

本标准是对 GB/T 15406—1994《土工仪器基本参数及通用技术条件》的修订，与 GB/T 15406—1994 相比，主要变化如下：

——增加了大坝监测(观测)仪器、岩石试验(测试)仪器的内容；

——本标准对岩土工程仪器的测量单位及符号进行了统一；

——本标准在条文上对原规定的产品门类、基本参数、技术要求等有关内容作了适当的拓宽和调整，并加以进一步明确；

——随着国内岩土工程仪器生产技术、工艺水平以及电子元器件品种、质量等方面的进步和提高，本标准对岩土工程仪器的通用技术环境试验模拟因素亦做出原则规定。

本标准的附录 A 是资料性附录。

本标准由中华人民共和国水利部提出。

本标准由水利部国际合作与科技司归口。

本标准主要起草单位：水利部水文仪器及岩土工程仪器质量监督检验测试中心、南京水利科学研究院、南京水利水文自动化研究所、国电自动化研究院、南京电力自动化设备总厂。

本标准参加起草单位：国家水文仪器及岩土工程仪器许可证审查部、水利部大坝安全管理中心、河海大学、长江水利科学院、南京土壤仪器厂有限责任公司。

本标准主要起草人：陆旭、章一新、陈宇、关秉洪、卢有清、徐国龙、沈省三。

本标准参加起草人：石明华、徐海峰、李泽崇、顾冲时、李雷、张德康、周火明、贾宁一。

本标准所代替标准的历次版本发布情况为：

——GB/T 15406—1994。

引　言

我国的岩土工程仪器标准化基础比较薄弱，产品品种多、批量小、精度高等特点非常突出，由于产品跨行业、跨专业应用及市场需求情况的复杂性，使得各种土工试验仪器、大坝监测（观测）仪器及岩石试验（测试）仪器的产品品种非常繁多，其中，许多特殊的被测量在量纲单位、术语符号、误差计算等方面都极其不规范，因此，本标准对岩土工程仪器的测量单位及符号进行了统一和规范，总体要求应符合国家相关标准的基本规定。

本标准是水利、电力、交通、地矿及港口、工民建等行业广泛采用的由土工试验仪器、大坝监测（观测）仪器及岩石试验（测试）仪器三个专业所共同构成的岩土工程仪器类产品的基础性标准。

岩土工程仪器基本参数及通用技术条件

1 范围

本标准规定了岩土工程仪器的产品分类、基本参数及通用技术条件、试验方法、检验规则以及包装、标志、运输、贮存等。

本标准适用于岩土工程仪器的产品研制、设计、生产和使用。

本标准不适用于地震、水力学和环境量监测仪器设备。

2 规范性引用文件

下列文件中的条款通过本标准的引用而成为本标准的条款。凡是注日期的引用文件,其随后所有的修改单(不包括勘误的内容)或修订版均不适用于本标准,然而,鼓励根据本标准达成协议的各方研究是否可使用这些文件的最新版本。凡是不注日期的引用文件,其最新版本适用于本标准。

GB/T 9359 水文仪器基本环境试验条件及方法

GB 9969.1 工业产品使用说明书 总则

GB/T 15464 仪器仪表包装通用技术条件

GB/T 21029 岩土工程仪器系列型谱

GB/T 50279—1998 岩土工程基本术语标准

SL 268—2001 大坝安全自动监测系统设备 基本技术条件

3 术语和定义

GB/T 50279—1998、SL 268—2001 确立的术语和定义适用于本标准。

4 产品分类

4.1 土工试验仪器的分类

土工试验仪器分为室内试验仪器和原位试验(测试)仪器。

4.1.1 室内试验仪器

室内试验仪器按其功能分为:

a) 化学分析和矿物分析仪器;

b) 物理性试验仪器;

c) 力学性试验仪器。

4.1.2 原位试验(测试)仪器

原位试验(测试)仪器按其功能分为:

a) 物理性试验仪器;

b) 力学性试验仪器。

4.2 大坝监测(观测)仪器的分类

大坝监测(观测)仪器按其功能分为:

a) 变形监测(观测)仪器;

b) 压力/应变监测(观测)仪器;

c) 渗流监测(观测)仪器;

d) 温度监测(观测)仪器;

e) 动态监测(观测)仪器;

f) 接收仪表;

g) 其他。

4.3 岩石试验(测试)仪器的分类

岩石试验(测试)仪器按其功能分为:

a) 岩样加工制备设备;

b) 通用测试仪器设备;

c) 岩石测试仪器;

d) 岩体测试仪器;

e) 现场原位监测仪器;

f) 岩石力学模型试验仪器设备;

g) 快速判断岩体质量仪器;

h) 波速测试仪器;

i) 接收仪表。

4.4 其他

本标准仅规定了岩土工程仪器产品的二级分类,其下各大类产品的具体划分应符合 GB/T 21029 的规定。

5 基本参数

5.1 土工试验仪器

5.1.1 室内试验仪器

5.1.1.1 化学分析和矿物分析仪器

本标准对该仪器的基本参数暂不作规定,需要时可参见相关标准的具体规定。

5.1.1.2 密度试验仪系列

5.1.1.2.1 比重瓶基本参数见表 1。

表 1 比重瓶基本参数

仪器名称	型 式	容 积/mL
比重瓶(土粒密度瓶)	长颈	25,50
	短颈	100,200

5.1.1.2.2 环刀基本参数见表 2。

表 2 环刀基本参数

仪器名称	型式	内径/mm	高度/mm	刃口厚度/mm	刃口角度/(°)
环刀	带边	61.8, 64	20,40	0.3	10
	不带边	40,50.46,61.8,64,70,79.8,100,200			

5.1.1.2.3 相对密度试验仪器的基本参数见表3。

表3 相对密度试验仪器的基本参数

仪器名称	型式	量筒			击锤				
		内径/mm	高度/mm	容积/cm³	质量/kg	锤底直径/mm	落高/mm	频率/Hz	振幅/mm
最大密度仪	锤击式	50	127.3	250	1.25	50,100	150	—	—
		100		1 000					
	振动台式	152	156	2 830	—	—	—	60	0.05～0.64
		280	230	14 160					
最小密度仪	漏斗式	长颈漏斗直径 12 mm,锥形塞底直径 15 mm							

5.1.1.2.4 击实试验仪器基本参数见表4。

表4 击实试验仪器基本参数

仪器名称	型式	击实筒		护筒		导筒	击锤			
		内径/mm	高度/mm	内径/mm	高度/mm	内径/mm	质量/kg	锤底直径/mm	落高/mm	锤击频率/(次/min)
击实仪	轻型	102	116	102	50～60	53	2.5	51	305	10～30
	重型	152		152			4.5		457	
大型击实仪	轻型	300	288	300	60	152	15.5	150	500	10～30
	重型						35.2		600	

5.1.1.3 湿度试验仪基本参数

湿度试验仪基本参数见表5。

表5 湿度试验仪基本参数

仪器名称	试样尺寸			主要性能参数
	直径/mm	高度/mm	体积/cm³	
土壤水分速测仪	61.8	20	60	压力:20 kPa～40 kPa
	79.8		100	
液限仪	≥40	≥20	—	锥质量:76 g;锥角:30°
	—			碟质量:200 g;落高:10 mm;碟式液限仪
液、塑限联合测定仪	≥40	≥20	—	锥质量:76 g,100 g;锥角:30°
湿化仪	—			网板:100 mm×100 mm
膨胀仪	58	35	—	—
收缩仪	45～50	20～30	—	—
	环刀式:61.8,79.8	20	—	多板孔:φ70 mm,板厚 2 mm～4 mm 测板:φ10 mm,板厚 2 mm

5.1.1.4 颗粒分析仪基本参数

5.1.1.4.1 标准筛的基本参数见表6。

表 6　标准筛的基本参数

单位为毫米

仪器名称	型　式	孔　径	筛内径	高度
标准筛	粗　筛	100,80,60,40,20,10,5,2	200	50
	细　筛	5.000,2.000,1.000,0.500,0.100,0.075		
	洗　筛	0.100,0.075		

5.1.1.4.2　比重计的基本参数见表 7。

表 7　比重计的基本参数

单位为毫米

仪器名称	型　式	刻　度	分度值
比重计	甲种	0～30 0～60	0.5 1.0
	乙种	0.995～1.050	0.000 2

5.1.1.4.3　移液管分析仪的基本参数见表 8。

表 8　移液管分析仪的基本参数

单位为立方厘米

仪器名称	类　型	容　积
移 液 管 分 析 仪	吸管	25～30
	烧杯	50

5.1.1.5　渗透试验仪基本参数

渗透试验仪基本参数见表 9。

表 9　渗透试验仪基本参数

仪器名称	型式	规格尺寸			主 要 性 能 参 数
		直 径/mm		高度/mm	
		圆筒	环刀		
渗透仪	常水头	100	—	300～400	测压管间距 100 mm
	变水头	—	30～40	230～250	管上刻度单位 10 mm
		300	—	200	测压管内径 20 mm,刻度单位 1.0 mm
		—	61.8	40	测压管内径小于 10 mm;刻度单位 1.0 mm
		—	61.8	20	—
渗透变形仪		200	—	600	—
		300	600～900	—	
		(400×400)[a]	长 800	—	
毛管水试验仪		20～30	1 000	—	刻度单位 5 mm
		40～60	1 200	—	

a　为方形尺寸。

5.1.1.6　压缩试验仪基本参数

压缩试验仪基本参数见表 10。

表 10 压缩试验仪基本参数

仪器名称	型　式	规格尺寸		额定压力/MPa	面积/cm^2
		直径/mm	高度/mm		
固结仪/压缩仪	杠杆式	61.8	20	0.4,0.8,1.6,3.2,4.0	—
	气压式	79.8			—
	液压式	300	150	1.6,3.2	—
		500	250		
侧压力仪		61.8	40	0.8(垂直)	30

5.1.1.7　强度试验仪基本参数

强度试验仪基本参数见表 11～表 13,球形压模仪基本参数参见第 A.3 章。

表 11　强度试验仪基本参数

仪器名称	规 格 尺 寸		主要性能参数			
	直径/mm	高径比	周围压力/kPa	水平荷重/kN	垂直荷重/kN	剪切速率/(mm/min)
静力三轴剪切仪	39.1	2.0～2.5	0～600 0～1 000 0～2 000 0～6 000	—	0～3,0～6 0～12,0～36	0.002 4～4.5
	61.8				0～10,0～16 0～30,0～100	
	101.0				0～25,0～40 0～80,0～300	
	300.0		0～1 500 0～2 500	—	0～800	—
无侧限压缩仪	39.1	2.0～2.5	0	—	0～0.6	—
天然坡角测定仪	100	—	—	—	—	—
	200	—	—	—	—	—
平面应变仪	(89×89)[c]	36	—	—	0～8	—
直接剪切仪[a]	61.8,64.0	20[b]	—	0～1.2 0～5 0～10	0～1.2 0～10	0.01～2.4
	300.0	0.7～0.8	—	0～160	—	—

a　其他系列参见第 A.1 章。

b　试样高度,单位为毫米(mm)。

c　为方形尺寸。

表 12　振动三轴剪切仪基本参数

仪器名称	试 样 尺 寸		主 要 性 能 参 数			
	直 径/mm	高度/直径	周围压力/kPa	垂直荷重/kN	激振力/kN	频 率/Hz
振动三轴仪	39.1	2.0～2.5	0～600	0～5	1	0～100
	101.0		0～2 000	0～1 000	16	0.01～10.00
	300.0				±300	0～5

注：其他三轴仪系列参见第 A.2 章。

表 13 承载比试验仪(CBR)基本参数

仪器名称	击样筒		击锤			贯入杆		荷载板		贯入速率/(mm/min)	额定压力/kN
	内径/mm	高度/mm	锤质量/kg	锤底直径/mm	落高/mm	直径/mm	长度/mm	内径/mm	外径/mm		
承载比试验仪(CBR)	152	166	4.5	51	457	50	100	52	150	1	30,60

5.1.2 原位试验(测试)仪器

5.1.2.1 密度/体积/湿度密度仪基本参数

密度/体积/湿度密度仪基本参数见表 14。

表 14 密度/体积/湿度密度仪基本参数

仪器名称	主要规格
灌砂法密度仪	漏斗直径 200 mm, 50 mm
囊式体积仪	体积筒:刻度单位 10 cm^3;压力:0 kPa~3 kPa
湿度密度仪	浮秤外径:40 mm,试样环刀容积:200 cm^3
核子水分-密度仪	密度测量范围:1.2 g/cm^3~2.7 g/cm^3 水分测量范围:0 g/cm^3~0.65 g/cm^3(表层型),0 g/cm^3~0.8 g/cm^3(深层型) 密度测量最大深度:30 cm(表层型),10 m,50 m(深层型)

5.1.2.2 贯入仪基本参数

贯入仪基本参数见表 15。

表 15 贯入仪基本参数

仪器名称	贯入仪			主要性能参数		
	器身长/mm	外径/mm	内径/mm	锤质量/kg	落高/mm	贯入深度/mm
标准贯入仪	500~760	51	35[a]	63.5	760	300
加重贯入仪	500~760	73	54	100	1 500	300
袖珍式贯入仪	测头直径:6.2 mm,13.8 mm,5.36 mm;测头长度:6 mm,10 mm					

a 为器靴内径。

5.1.2.3 十字板剪切仪基本参数

十字板剪切仪基本参数见表 16。

表 16 十字板剪切仪基本参数

仪器名称	十字板尺寸			刃口角度	主要性能参数	
	直径/mm	高度/mm	厚度/mm		最大力矩/N·m	测量最大深度/m
十字板剪切仪	50	100	2	60°	80	30
	75	150	3			

5.1.2.4 触探仪基本参数

触探仪基本参数见表 17。

表 17 触探仪基本参数

仪器名称	探头尺寸			主要性能参数			
	直径/mm	投影面积/mm²	锥角	最大出力/kN	锥质量/kg	落高/mm	贯入间距/mm
静力触探仪	35.7	1.0×10^{5}	60°	20,30,60,100,160,200	—	—	—
	43.7	1.5×10^{5}					
	50.4	2.0×10^{5}					
动力触探仪	40	1.26×10^{5}	60°	—	10	500	100
							200
	74	4.3×10^{5}	60°		50	500	200
便携式触探仪	锥角:30°,60°;锥高:0.8 cm,1.194 cm,1.299 cm,1.754 cm,3.0 cm						

5.1.2.5 **旁压仪基本参数**

旁压仪基本参数参见第 A.4 章。

5.1.2.6 **波速测定仪基本参数**

波速测定仪基本参数参见第 A.5 章。

5.2 大坝监测(观测)仪器

5.2.1 变形监测(观测)仪器

5.2.1.1 沉降仪系列

5.2.1.1.1 水管式沉降仪基本参数见表 18。

表 18 水管式沉降仪基本参数

单位为毫米

仪器名称	垂直位移		沉降包尺寸		进水管直径	气管直径
	测量范围	分辨力	直径	高度		
水管式沉降仪	0～300,0～500,0～1 000,0～1 500,0～1 800,0～2 000	≤1	140～160	300～500	≥6	>10

5.2.1.1.2 电磁式沉降仪基本参数见表 19。

表 19 电磁式沉降仪基本参数

仪器名称	型式	测量范围	分辨力	规格尺寸		
		垂直距离/m	垂直位移/mm	测头直径/mm	导管/mm	
					外径	内径
电磁式沉降仪	干簧管式	0～30,0～40,0～50,0～100,0～150	≤1	24,32,35,42	50,60,70	40,50,58
	电磁振荡式		≤1			

5.2.1.1.3 液压沉降仪基本参数见表 20。

表 20 液压式沉降仪基本参数

仪器名称	测量范围/m	分辨力/m	充液管和排气管/mm	
			外径	内径
液压式沉降仪	0～1.0,0～1.5,0～2.0,0～3.0,0～4.0	小于等于满量程的 0.2%	6,8	4,6

5.2.1.1.4 横臂式沉降仪基本参数参见第A.6章。

5.2.1.2 **测斜仪系列**

5.2.1.2.1 振弦式测斜仪基本参数见表21。

表21 振弦式测斜仪基本参数

仪器名称	测量范围	分辨力	规格尺寸
	角度/(°)	角度/(′)	直径/mm
振弦式测斜仪	±5	≤2	57,100
	±10		

5.2.1.2.2 电阻应变片式测斜仪基本参数见表22。

表22 电阻应变片式测斜仪基本参数

仪器名称	测量范围	分辨力	导轮间距	规格尺寸
	角度/(°)	角度/(″)	长度/mm	直径/mm
电阻应变片式测斜仪	±5	≤9	500	32,36
	±10	≤18		

5.2.1.2.3 伺服加速度计式测斜仪基本参数见表23。

表23 伺服加速度计式测斜仪基本参数

仪器名称	测量范围	分辨力	导轮间距	规格尺寸
	角度/(°)	水平位移/mm	长度/mm	直径/mm
伺服加速度计式测斜仪	±23	≤0.01/500	500	25.4,28.5, 32,34, 40,46
	±53	≤0.02/500		
	±90	≤0.025/500		

5.2.1.2.4 电解液式测斜仪基本参数见表24。

表24 电解液式测斜仪基本参数

仪器名称	测量范围	分辨力	规格尺寸/
	角度/(°)	角度/(″)	mm
电解液式测斜仪	±5,±10,±25,±50	≤2	133×64×44

5.2.1.2.5 气泡测斜仪基本参数见表25。

表25 气泡测斜仪基本参数

仪器名称	测量范围/(′)
气泡测斜仪	±3

5.2.1.2.6 差动变压器式测斜仪基本参数见表26。

表26 差动变压器式测斜仪基本参数

仪器名称	测量范围	分辨力	规格尺寸
	角度/(°)	角度/(′)	直径/mm
差动变压器测斜仪	±5	≤2	57,100
	±10		

5.2.1.3 **位移计系列基本参数**

5.2.1.3.1 位移计系列基本参数见表27。

5.2.1.3.2 滑动测微计基本参数见表 28。

5.2.1.4 多点变位计系列

多点变位计系列基本参数见表 27。

5.2.1.5 测缝计系列

5.2.1.5.1 振弦式测缝计基本参数见表 27 中振弦式位移计基本参数。

5.2.1.5.2 差动变压器式测缝计基本参数见表 27 差动变压器式位移计。

5.2.1.5.3 差动电阻式测缝计基本参数见表 29。

表 27 位移计系列基本参数

仪器名称	位移		规格尺寸	
	测量范围/mm	分辨力/mm	直径/mm	长度/cm
振弦式位移计	0～5,0～10,0～15,0～20,0～30,0～50,0～100,0～150,0～200	小于等于满量程的0.15%	25,31.5,40,50,60	
差动电阻式位移计	0～100	小于等于满量程的0.15%	49	
电感式位移计	0～5,0～10,0～15,0～20,0～30,0～50,0～100,0～150,0～200	小于等于满量程的 0.1%	110	
电容式位移计	0～10,0～20,0～40,0～50,0～100,0～150,0～200,0～300	小于等于满量程的 0.1%	—	12.5,16.0,20.0,31.5
电位器式位移计	0～10,0～20,0～30,0～50,0～100,0～150,0～200,0～300,0～500	小于等于满量程的 0.1%	—	
引张线式(水平)位移计	0～300,0～500,0～800,0～1 200	≤1	—	
步进式位移计	0～30,0～50,0～100	≤0.5	—	
差动变压器式位移计	0～10,0～20,0～50,0～100,0～150,0～200,0～300,0～500	小于等于满量程的 0.1%	<60	

表 28 滑动测微计基本参数

仪器名称	测量范围/mm	分辨力/mm	测量长度/m	规格尺寸/mm
滑动测微计	0～10,0～20,0～40	≤0.01	±1 ±5	108,110

表 29 差动电阻式测缝计基本参数

单位为毫米

仪器名称	测量范围		分辨力	规格尺寸
	拉伸(+)	压缩(−)		直径
差动电阻式测缝计	5	1	≤0.012	25,28,31.5,35.5,40,45,50,56,63
	12	1	≤0.022	
	25	0	≤0.05	
	40	0	≤0.08	

5.2.1.5.4 电位器式测缝计基本参数见表 30。

5.2.1.5.5 电容式测缝计基本参数见表 31。

表 30 电位器式测缝计基本参数

单位为毫米

仪器名称	测量范围			分辨力
	单向	双向	三向	
电位器式测缝计	0～10	—	—	小于等于满量程的 0.1%
	0～20	—	—	
	0～40	—	—	
	0～50	—	—	
	0～100	—	—	
	0～225	—	—	
	0～50	0～50	—	
	0～100	0～100	—	
	0～225	0～225	—	
	0～50	0～50	0～50	
	0～100	0～100	0～100	
	0～225	0～225	0～225	

表 31 电容式测缝计基本参数

单位为毫米

仪器名称	测量范围			分辨力
	单向	双向	三向	
电容式测缝计	0～10	—	—	小于等于满量程的 0.1%
	0～20	—	—	
	0～40	—	—	
	0～50	—	—	
	0～10	0～10	—	
	0～20	0～20	—	
	0～40	0～40	—	
	0～10	0～10	0～10	
	0～20	0～20	0～10	
	0～40	0～40	0～20	

5.2.1.6 垂线坐标仪

垂线坐标仪基本参数见表 32。

表 32 垂线坐标仪基本参数

单位为毫米

仪器名称	测量范围			分辨力
	X向	Y向	Z向	
步进电机式垂线坐标仪 电容式垂线坐标仪 电磁式垂线坐标仪 光电式(CCD)垂线坐标仪	0～25	0～25	—	小于等于满量程的0.1%
	0～30	0～30	—	
	0～50	0～25	—	
	0～50	0～30	—	
	0～50	0～50	—	
	0～100	0～25	—	
	0～100	0～50	—	
	0～100	0～100	—	
	0～25	0～25	0～10	
	0～50	0～50	0～25	
	0～50	0～50	0～30	
	0～100	0～100	0～50	

5.2.1.7 引张线仪

引张线仪基本参数见表33。

表 33 引张线仪基本参数

单位为毫米

仪器名称	测量范围		分辨力
	X向	Z向	
步进电机式引张线仪 电容式引张线仪 电磁式引张线仪 光电式(CCD)引张线仪	0～25	—	小于等于满量程的0.1%
	0～30	—	
	0～50	—	
	0～100	—	
	0～25	0～10	
	0～50	0～25	
	0～50	0～30	
	0～100	0～50	

5.2.1.8 静力水准仪基本参数

静力水准仪基本参数见表34。

表 34 静力水准仪基本参数

单位为毫米

仪器名称	测量范围	分辨力
光电式(CCD)静力水准仪	0～40	小于等于满量程的0.1%
步进电机式静力水准仪	0～20,0～50,0～100,0～150	小于等于满量程的0.1%
电容式静力水准仪	0～20,0～40,0～50,0～100,0～150	小于等于满量程的0.1%
差动变压器式静力水准仪	0～20,0～50,0～100,0～150,0～200	小于等于满量程的0.1%
振弦式静力水准仪	0～150,0～300,0～600	小于等于满量程的0.025%

5.2.1.9 激光准直位移测量装置基本参数

激光准直位移测量装置基本参数见表35。

表35 激光准直位移测量装置基本参数

仪器名称	测量范围/mm		适用距离/m	分辨力/mm
	水平位移	垂直位移		
真空激光准直位移测量装置	0～100,0～200,0～300		≤1 000	小于等于满量程的0.05%
大气激光准直位移测量装置	0～100,0～200		≤300	

5.2.1.10 光学仪器

5.2.1.10.1 水准仪基本参数见表36。

表36 水准仪基本参数

单位为秒(″)

仪器名称	精 度
光学水准仪	0.2,0.4,0.5,0.7,1.0,1.5,2.0,2.5
电子水准仪	0.3,0.4,0.9,1.0,1.2,1.5

5.2.1.10.2 经纬仪基本参数见表37。

表37 经纬仪基本参数

仪器名称	精度/(″)	最短视距/m	圆水准器灵敏度
光学经纬仪	1,2	1.5,1.7,2.0,2.2	8′/2 mm
电子经纬仪	0.5,1,2,3,5		

5.2.1.10.3 测距仪基本参数见表38。

表38 测距仪基本参数

仪器名称	测程/m	测距精度	分辨力/mm
激光测距仪	0.56～13.2,0.56～15,0.56～18,1～60,0.3～100,411～732,500～999,1 000～1 200,575～2 200	0.1 mm $\pm1\times10^{-6}\times$测程	—
红外电子测距仪	单棱镜:800,900,1 600,2 000,2 400,2 700,4 300,5 000	1 mm $\pm1\times10^{-6}\times$测程 3 mm $\pm1\times10^{-6}\times$测程	0.1 1.0
	双棱镜:1 300,1 500,2 000,3 000,3 100,3 500,5 400,6 000		
	九棱镜:4 300,4 900,6 400,7 000		
测距经纬仪	单棱镜:1 000,2 000	5 mm $\pm1\times10^{-6}\times$测程 (10～20)mm $\pm1\times10^{-6}\times$测程	1.0
	三棱镜:2 000,3 000		

5.2.1.10.4 光学坐标仪基本参数见表 39。

表 39 光学坐标仪基本参数

单位为毫米

仪器名称	测量范围			分辨力
	X 向	Y 向	Z 向	
光学坐标仪	—	20	—	≤0.1
	—	50	—	
	20	20	—	
	50	50	—	
	—	20	20	
	—	50	50	
	50	50	50	

5.2.1.10.5 全站仪基本参数见表 40。

表 40 全站仪基本参数

仪器名称	测距范围/m			精度	
	单棱镜	三棱镜	无棱镜	角度/(″)	距离/mm
全站仪	1.5～2 500	1.5～3 500	—	≤0.5	≤1+1×10^{-6}
	1.5～2 500	1.5～3 500	—	≤1	≤1+2×10^{-6}
	1.5～3 000	1.5～4 000	—	≤1	≤2+2×10^{-6}
	1.5～3 000	1.5～4 000	—	≤2	≤2+2×10^{-6}
	1.5～3 000	1.5～4 000	—	≤3	≤2+2×10^{-6}
	1.5～3 000	1.5～4 000	—	≤5	≤2+2×10^{-6}
	1.5～2 000	1.5～2 600	—	≤1	≤2+2×10^{-6}
	1.5～2 000	1.5～2 600	—	≤2	≤2+2×10^{-6}
	1.5～3 000	1.5～4 300	1.5～80	≤2	≤2+2×10^{-6}
	1.5～3 000	1.5～4 300	1.5～80	≤3	≤2+2×10^{-6}
	1.5～3 000	1.5～4 300	1.5～80	≤5	≤2+2×10^{-6}
	1.5～7 000	—	1.5～150	≤1	≤3(5[a])+2×10^{-6}
	1.5～7 000	—	1.5～150	≤2	≤3(5[a])+2×10^{-6}
	1.5～7 000	—	1.5～150	≤5	≤3(5[a])+2×10^{-6}
	1.0～5 000	—	0.2～60	≤2	≤3+3×10^{-6}
	1.0～5 000	—	0.2～60	≤3	≤3+3×10^{-6}
	1.0～5 000	—	0.2～60	≤4	≤3+3×10^{-6}
	1.0～5 000	—	0.2～60	≤5	≤3+3×10^{-6}

a 数字为无棱镜情况下的精度。

5.2.1.10.6 大坝视准仪基本参数参见第 A.7 章。

5.2.2 应力/应变监测(观测)仪器

5.2.2.1 孔隙水压力计基本参数

5.2.2.1.1 振弦式孔隙水压力计基本参数见表 41。

表 41 振弦式孔隙水压力计基本参数

<table>
<tr><td rowspan="2">仪器名称</td><td colspan="2">压　　力</td><td>主要规格尺寸</td></tr>
<tr><td>测量范围/MPa</td><td>分辨力/MPa</td><td>直径/mm</td></tr>
<tr><td rowspan="2">振弦式孔隙水压力计</td><td>0～0.1,0～0.16,0～0.2,0～0.25,0～0.4,0～0.6,0～1.0,0～1.6,0～2.0,0～2.5,0～4.0,0～6.0</td><td>小于等于满量程的 0.2%</td><td rowspan="2">≤60</td></tr>
<tr><td>0～0.6,0～1.0,0～1.6,0～2.0,0～2.5,0～4.0</td><td>小于等于满量程的 0.15%</td></tr>
</table>

5.2.2.1.2 差动电阻式孔隙水压力计基本参数见表 42。

5.2.2.1.3 压阻式孔隙水压力计基本参数见表 43。

5.2.2.1.4 陶瓷电容式孔隙水压力计基本参数见表 44。

5.2.2.1.5 电感式孔隙水压力计基本参数见表 45。

表 42 差动电阻式孔隙水压力计基本参数

<table>
<tr><td rowspan="2">仪器名称</td><td colspan="2">尺寸参数</td><td colspan="4">性能参数.</td></tr>
<tr><td>最大外径/mm</td><td>长度/mm</td><td>测量范围/MPa</td><td>分辨力/MPa</td><td>0℃时自由状态电阻比/%</td><td>温度测量范围/℃</td></tr>
<tr><td rowspan="6">差动电阻式孔隙水压力计</td><td rowspan="3">58</td><td rowspan="6">140</td><td>0～0.1</td><td><0.000 7</td><td rowspan="6">0.900 0～1.100 0</td><td rowspan="6">0～40</td></tr>
<tr><td>0～0.2</td><td><0.001 5</td></tr>
<tr><td>0～0.4</td><td><0.003</td></tr>
<tr><td rowspan="3">31</td><td>0～0.8</td><td><0.006</td></tr>
<tr><td>0～1.6</td><td><0.012</td></tr>
<tr><td>0～2.4</td><td><0.018</td></tr>
</table>

表 43 压阻式孔隙水压力计基本参数

<table>
<tr><td rowspan="2">仪器名称</td><td colspan="2">压　　力</td><td>主要规格尺寸</td></tr>
<tr><td>测量范围/MPa</td><td>分辨力/MPa</td><td>直径/mm</td></tr>
<tr><td>压阻式孔隙水压力计</td><td>0～0.1,0～0.2,0～0.5,0～0. 7,0～1.0,0～1.5,0～2.0,0～2.5</td><td>小于等于满量程的 0.1%</td><td>≤40</td></tr>
</table>

表 44 陶瓷电容式孔隙水压力计基本参数 单位为兆帕

仪器名称	测量范围	分辨力
陶瓷电容式渗压计	0～0.005,0～0.015,0～0.02,0～0.04,0～0.05,0～0.1	小于等于满量程的 0.1%

表 45 电感式孔隙水压力计基本参数 单位为兆帕

仪器名称	测量范围	分辨力
电感式孔隙水压力计	0～0.1,0～0.2,0～0.5,0～0.7,0～1.0	小于等于满量程的 0.1%

5.2.2.1.6 双管封闭式孔隙水压力计基本参数参见第 A.8 章。

5.2.2.1.7 气压式孔隙水压力计基本参数参见第 A.9 章。

5.2.2.2 土压力计系列

5.2.2.2.1 振弦式土压力计基本参数见表 46。

表 46　振弦式土压力计基本参数

<table>
<tr><th>仪器名称</th><th>型式</th><th>测量范围/MPa</th><th>分辨力/MPa</th><th>压力盒尺寸/mm</th></tr>
<tr><td rowspan="2">振弦式土压力计</td><td>埋入式[a]</td><td>0～0.1,0～0.16,0～0.2,0～0.25,0～0.4</td><td>满量程的 0.2%</td><td>φ120,φ150,φ200
φ300,φ600</td></tr>
<tr><td>边界式</td><td>0～0.6,0～1.0,0～1.6,0～2.0,0～2.5,0～4.0,0～6.0</td><td>满量程的 0.15%</td><td>200×150(长×宽)
300×200</td></tr>
<tr><td colspan="5">a　埋入式土压力计的压力盒直径与厚度应满足 D/H≥20 的关系式。</td></tr>
</table>

5.2.2.2.2　差动电阻式土压力计基本参数见表 47。

5.2.2.2.3　气压式土压力计基本参数参见第 A.10 章。

5.2.2.3　混凝土应力计基本参数

混凝土应力计基本参数见表 48 的规定。

5.2.2.4　锚索测力计基本参数

锚索测力计基本参数见表 49 的规定。

表 47　差动电阻式土压力计基本参数

<table>
<tr><th rowspan="2">仪器名称</th><th rowspan="2">测量范围/MPa</th><th rowspan="2">分辨力/MPa</th><th>主要规格尺寸</th></tr>
<tr><th>直径/mm</th></tr>
<tr><td>差动电阻式土压力计</td><td>0～0.2,0～0.4,0～0.8,0～1.6</td><td>满量程的 0.5%</td><td>φ200</td></tr>
</table>

表 48　混凝土应力计基本参数

<table>
<tr><th rowspan="2">仪器名称</th><th rowspan="2">型　式</th><th rowspan="2">应力测量范围/MPa</th><th rowspan="2">分辨力/MPa</th><th colspan="2">主要规格尺寸/mm</th></tr>
<tr><th>直径</th><th>厚度</th></tr>
<tr><td rowspan="2">混凝土应力计</td><td>振弦式</td><td rowspan="2">0～3,0～6,0～12</td><td rowspan="2">0.03</td><td rowspan="2">185</td><td rowspan="2">≤20</td></tr>
<tr><td>差动电阻式</td></tr>
</table>

表 49　锚索测力计基本参数

<table>
<tr><th>仪器名称</th><th>测量范围/kN</th><th>分辨力/kN</th><th>中心孔直径/mm</th></tr>
<tr><td>振弦式锚索测力计
差动电阻式锚索测力计</td><td>0～50,0～100,0～250,0～500,
0～2 500,0～5 000,0～12 000</td><td>小于满量程的 1%</td><td>80～200</td></tr>
</table>

5.2.2.5　钢筋计/锚杆应力计基本参数

钢筋计/锚杆应力计基本参数见表 50 的规定。

表 50　钢筋计/锚杆应力计基本参数

<table>
<tr><th rowspan="2">仪器名称</th><th colspan="2">应力测量范围/MPa</th><th rowspan="2">分辨力/MPa</th><th>主要规格尺寸</th></tr>
<tr><th>拉伸(+)</th><th>压缩(－)</th><th>直径/mm</th></tr>
<tr><td>振弦式钢筋计/锚杆应力计</td><td>200</td><td>100</td><td><1</td><td rowspan="3">16,18,20,22,25,28,32,36,40,50,60</td></tr>
<tr><td rowspan="2">差动电阻式钢筋计/锚杆应力计</td><td>200</td><td rowspan="2">100</td><td rowspan="2">—</td></tr>
<tr><td>300</td></tr>
</table>

5.2.2.6　应变计/无应力计基本参数

应变计/无应力计基本参数见表 51 的规定。

表 51 应变计/无应力计基本参数

<table>
<tr><th rowspan="2">仪器名称</th><th rowspan="2">标距/mm</th><th colspan="2">应变测量范围/10⁻⁶</th><th rowspan="2">分 辨 力</th><th>主要规格尺寸</th></tr>
<tr><th>拉伸(+)</th><th>压缩(−)</th><th>直径/mm</th></tr>
<tr><td rowspan="6">振弦式应变计/无应力计</td><td rowspan="6">50
100
150
250</td><td>1 000</td><td>1 500</td><td rowspan="6">小于等于满量程的 0.2</td><td rowspan="11">6,12,16,18,20,22,25,27,32,37,40</td></tr>
<tr><td>1 000</td><td>2 000</td></tr>
<tr><td>1 250</td><td>1 250</td></tr>
<tr><td>1 500</td><td>1 000</td></tr>
<tr><td>1 500</td><td>1 500</td></tr>
<tr><td>2 000</td><td>1 000</td></tr>
<tr><td rowspan="5">差动电阻式应变计/无应力计</td><td>100</td><td>1 000</td><td>1 500</td><td><6[a]</td></tr>
<tr><td rowspan="3">150</td><td>400</td><td>2 000</td><td rowspan="4"><4.5[a]</td></tr>
<tr><td>1 000</td><td>1 000</td></tr>
<tr><td>1 200</td><td>1 200</td></tr>
<tr><td>250</td><td>600</td><td>1 000</td></tr>
<tr><td colspan="6">a 该值为最小读数的数值,以 10⁻⁶/0.01%计。</td></tr>
</table>

5.2.3 渗流监测(观测)仪器

5.2.3.1 测压管基本参数

5.2.3.1.1 开敞式测压管基本参数见表 52。

表 52 开敞式测压管基本参数

<table>
<tr><th rowspan="2">仪器名称</th><th rowspan="2">测 量 范 围/MPa</th><th>主要规格尺寸</th></tr>
<tr><th>内径/mm</th></tr>
<tr><td>开敞式测压管</td><td>不限定</td><td>≤50</td></tr>
</table>

5.2.3.1.2 封闭式测压管基本参数见表 53。

表 53 封闭式测压管基本参数

<table>
<tr><th rowspan="2">仪器名称</th><th rowspan="2">测 量 范 围/MPa</th><th>主要规格尺寸</th></tr>
<tr><th>内径/mm</th></tr>
<tr><td>封闭式测压管</td><td>−0.04~0.6</td><td>≤50</td></tr>
</table>

5.2.3.2 孔内水位计基本参数

5.2.3.2.1 振弦式孔内水位计基本参数见表 41 振弦式孔隙水压力计。

5.2.3.2.2 压阻式、电感式孔内水位计基本参数见表 54。

表 54 压阻式、电感式孔内水位计基本参数

单位为兆帕

仪器名称	测 量 范 围	分 辨 力
压阻式孔内水位计	0~0.1,0~0.2,0~0.5,0~0.7,0~1.0,0~1.5,0~2.0,0~2.5	小于等于满量程的 0.1%
电感式孔内水位计	0~0.1,0~0.2,0~0.5,0~0.7,0~1.0	小于等于满量程的 0.1%

5.2.3.2.3 陶瓷电容式孔内水位计基本参数见表 55。

表 55　陶瓷电容式孔内水位计基本参数　　单位为兆帕

仪器名称	测量范围	分辨力
陶瓷电容式孔内水位计	0～0.005,0～0.015,0～0.02,0～0.04,0～0.05,0～0.1	小于等于满量程的 0.1%

5.2.3.2.4　电测水位计基本参数见表 56。

表 56　电测水位计基本参数

仪器名称	测量范围/m	分辨力/mm
电测水位计	0～30,0～50,0～100,0～150	1

5.2.3.3　渗流量观测仪基本参数

5.2.3.3.1　量水堰仪器基本参数见表 57。

表 57　量水堰仪器基本参数　　单位为升每秒

仪器名称	型式	测量范围	分辨力	综合精度
量水堰	三角堰	1～70	1	0.1
	梯形堰	10～30		0.2
	矩形堰	>50		

5.2.3.3.2　量水堰渗流量仪基本参数见表 58。

表 58　量水堰渗流量仪基本参数　　单位为毫米

仪器名称	测量范围	分辨力	精度
振弦式量水堰渗流量仪 压阻式量水堰渗流量仪	0～100,0～300,0～500	小于等于满量程的 0.05%	满量程的 0.1%～0.2%
超声波量水堰渗流量仪 陶瓷电容式量水堰渗流量仪	0～1 000,0～1 500,0～2 000	小于等于满量程的 0.05%	满量程的 0.1%～0.5%
电容式量水堰渗流量仪 差动变压器式量水堰渗流量仪	0～100,0～300,0～500	小于等于满量程的 0.05%	满量程的 0.1%～0.2%
步进电机式量水堰渗流量仪 机械测针式量水堰渗流量仪	0～100,0～300,0～500	≤0.01 mm	0.1～0.2 mm

5.2.3.3.3　管口渗漏量仪基本参数见表 59。

表 59　管口渗漏量仪基本参数　　单位为升每分钟

仪器名称	测量范围	分辨力	精度
管口渗漏量仪	0～0.5,0～1.0,0～2.0,0～5.0	小于等于满量程的 0.5%	小于等于满量程的 5%

5.2.4　温度监测(观测)仪器

5.2.4.1　铜电阻温度计基本参数见表 60。

表 60　铜电阻温度计基本参数

仪器名称	长度/mm	直径/mm	温度测量范围/℃	分辨力/℃
铜电阻温度计	120	12	−30～+70	0.05
	60	6	−30～+70	

5.2.4.2　铂电阻温度计基本参数见表 61。

表 61 铂电阻温度计基本参数 单位为摄氏度

仪器名称	温度测量范围	分辨力
铂电阻温度计	−50～+80	0.05

5.2.5 动态监测(观测)仪器

本系列仪器仅作振动测试选用参考。

5.2.5.1 动态孔隙水压力计基本参数见表 62。

表 62 动态孔隙水压力计基本参数

仪器名称	型 式	压力/MPa		主要规格尺寸
		测量范围	分辨力	直径/mm
动态孔隙水压力计[a]	电阻应变片式	0～2.5(动静两用)	小于等于满量程的 0.1%	≤60
	电感调频式			
[a] 频率响应 0 Hz～100 Hz。				

5.2.5.2 动态土压力计基本参数见表 63。

表 63 动态土压力计基本参数

仪器名称	型 式	压力/MPa		主要规格尺寸
		测量范围	分辨力	直径/mm
动态土压力计[a]	应变片式	0～2.5(动静两用)	小于等于满量程的 0.1%	≥100
	压阻式			
[a] 埋入式动土压力计的压力盒直径与厚度应满足 D/H≥20 的关系，频率响应 0 Hz～100 Hz。				

5.2.5.3 动态位移计基本参数见表 64。

表 64 动态位移计基本参数 单位为毫米

仪器名称	型 式	位 移		主要规格尺寸
		测量范围	分辨力	直径
动态位移计[a]	电感调频式	±5,±10,±20,±50,±75,±100	小于等于满量程的 0.1%	≤60
	差动变压器式			
[a] 频率响应 0 Hz～200 Hz。				

5.2.5.4 加速度计基本参数见表 65。

表 65 加速度计基本参数 单位为米每二次方秒

仪器名称	型式	测 量 范 围	分 辨 力
加速度计[a]	应变片式	0～50 0～100 0～1 000	小于等于满量程的 0.36%
	压电晶体式		
	伺服式		
[a] 频率响应 0 Hz～50 Hz。			

5.2.6 接收仪表

接收仪表包含自动采集装置。

5.2.6.1 振弦式仪器接收仪表基本参数见表 66。

表 66 振弦式仪器接收仪表基本参数

仪器名称	频率/Hz		温度/℃	
	测量范围	分辨力	测量范围	分辨力
振弦式仪器接收仪表	400～4 000	≤0.1	−20～+70	≤0.1

5.2.6.2 差动电阻式仪器接收仪表基本参数见表 67。

表 67 差动电阻式仪器接收仪表基本参数

仪器名称	测量范围		分辨力	
	电阻比	电阻值/Ω	电阻比	电阻值/Ω
差动电阻式仪器接收仪表	0.900 0～1.111 0	0.01～111.10	0.01%	0.01

5.2.6.3 差动电感式仪器接收仪表基本参数见表 68。

表 68 差动电感式仪器接收仪表基本参数

仪器名称	频率	
	测量范围/kHz	分辨力/Hz
差动电感式仪器接收仪表	10.000～99.999	≤1

5.2.6.4 电阻应变片式仪器接收仪表

5.2.6.4.1 静态电阻应变仪基本参数见表 69。

表 69 静态电阻应变仪基本参数

仪器名称	测量范围/10^{-6}	分辨力/10^{-6}
静态电阻应变仪	±1 999	1
	±19 999	1
	±199 999	10

5.2.6.4.2 动态电阻应变仪基本参数见表 70。

表 70 动态电阻应变仪基本参数

仪器名称	测量范围/10^{-6}	分辨力/10^{-6}
动态电阻应变仪	±10 000 ±50 000	1

5.2.6.5 电位器式仪器接收仪表基本参数见表 71。

表 71 电位器式仪器接收仪表基本参数

仪器名称	电位器阻值/Ω	测量范围		分辨力	
电位器式仪器接收仪表	400～20 000	电阻比	电压/V	电阻比	电压/V
		0～1.000 0	0～±1.999 9	0.000 1	0.000 1

5.2.6.6 电感调频式仪器接收仪表基本参数见表 72。

表 72 电感调频式仪器接收仪表基本参数

仪器名称	测量范围		分辨力
电感调频式仪器接收仪表	频偏 $\Delta f/f_0$	0～±20%	1 mV
			1 Hz
	位移/mm	0～64	满量程的 1×10^{-4}
	压力/MPa	0～6.4	满量程的 2×10^{-4}

5.2.6.7　电容式仪器接收仪表基本参数见表73。

表73　电容式仪器接收仪表基本参数

单位为毫米

仪器名称	测量范围	分辨力
电容式仪器接收仪表	0～300	小于等于满量程的0.1%

5.2.6.8　步进式仪器接收仪表基本参数见表74。

表74　步进式仪器接收仪表基本参数

单位为毫米

仪器名称	测量范围	分辨力
步进式仪器接收仪表	X向：0～100 Y向：0～100 Z向：0～50	小于等于满量程的0.1%

5.2.6.9　压阻式仪器接收仪基本参数见表75。

表75　压阻式仪器接收仪基本参数

仪器名称	测量范围		数显精度/位
	电压/V	电流/mA	
压阻式仪器接收仪表	－10～＋10	4～20	4.5

5.2.6.10　伺服加速度计式仪器接收仪表基本参数见表76。

表76　伺服加速度计式仪器接收仪表基本参数

仪器名称	测量范围/(m/s^2)	分辨力/字
伺服加速度计式仪器接收仪表	0～50，0～100，0～1 000	1

5.2.6.11　差动变压器式仪器接收仪表基本参数见表77。

表77　差动变压器式仪器接收仪表基本参数

单位为毫米

仪器名称	测量范围	分辨力
差动变压器式仪器接收仪表	0～300	1

5.2.6.12　标准信号仪器接收仪表基本参数见表78。

表78　标准信号仪器接收仪表基本参数

仪器名称	测量范围	
标准信号式仪器接收仪表	电压/V	电流/mA
	1～5	4～20

5.2.6.13　气压式仪器接收仪表基本参数参见第A.11章。

5.2.7　其他仪器

5.2.7.1　振弦式仪器集线箱

振弦式仪器集线箱基本参数参见第A.12章。

5.2.7.2　差动电阻式仪器集线箱

差动电阻式仪器集线箱基本参数参见第A.13章。

5.3　岩石试验(测试)仪器

5.3.1　岩样加工制备设备

5.3.1.1　室内钻石机基本参数见表79。

表79　室内钻石机基本参数

单位为毫米

仪器名称	钻头直径
室内钻石机	ϕ50，ϕ100

5.3.1.2 室内切石机基本参数见表80。

表 80 室内切石机基本参数

单位为毫米

仪器名称	金刚石刀片直径
室内切石机	ϕ300,ϕ450,ϕ600,ϕ800

5.3.1.3 室内磨石机基本参数见表81。

表 81 室内磨石机基本参数

单位为毫米

仪器名称	加工试样最大尺寸
室内磨石机	直径×高:ϕ100×300　　长×宽:300×300

5.3.1.4 现场切槽机基本参数见表82。

表 82 现场切槽机基本参数

单位为毫米

仪器名称	切槽机刀片直径
现场切槽机	ϕ500,ϕ700,ϕ1 000

5.3.1.5 现场切割机基本参数见表83。

表 83 现场切割机基本参数

单位为毫米

仪器名称	加工试样最大尺寸(长×宽×高)
现场切割机	1 000×1 000×2 000

5.3.1.6 专用钻头基本参数见表84。

表 84 专用钻头基本参数

单位为毫米

仪器名称	钻头内径	钻头外径
专用钻头	ϕ50,ϕ100	ϕ36,ϕ46,ϕ56,ϕ76,ϕ96,ϕ127,ϕ130,ϕ150

5.3.2 通用测试仪器设备

5.3.2.1 加载设备率定台基本参数见表85。

表 85 加载设备率定台基本参数

单位为毫米

仪器名称	工作台尺寸(长×宽)
加载设备率定台	600×600,1 000×1 000

5.3.2.2 液压稳压器基本参数见表86。

表 86 液压稳压器基本参数

单位为兆帕

仪器名称	工作压力
液压稳压器	30,80
蓄能器	30

5.3.2.3 自动测记及数据处理设备基本参数见表87。

表 87 自动测记及数据处理设备基本参数

名　　称		主要规格
位移式传感器(差动电阻式等型式)	路程/mm	0～2.0,0～10,0～60
力传感器(轮辐式等型式)	出力/kN	0～500,0～1 000,0～1 500,0～2 000
多点位移、力巡回检测仪	位移/mm	0～60(测15点)
	力/kN	0～500,0～2000(测3点;温度1点;其他3点)

5.3.3 **岩石测试仪器**

5.3.3.1 室内直剪仪基本参数见表88。

表 88 室内直剪仪基本参数

单位为毫米

仪器名称	试样尺寸(长×宽×高)
电液伺服直剪仪	300×300×300
直剪仪	

5.3.3.2 岩石变形测试仪基本参数见表89。

表 89 岩石变形测试仪基本参数

单位为毫米

仪器名称	试样尺寸(直径×高)
岩石变形测试仪	ϕ50×(100～150)
	ϕ100×(200～300)

5.3.3.3 刚性试验机基本参数见表90。

表 90 刚性试验机基本参数

单位为毫米

仪器名称	试样尺寸(直径×高度)
刚性试验机	ϕ50×(100～150),ϕ100×(200～300)
刚性组件试验机	ϕ50×(100～150),ϕ100×(200～300)

5.3.3.4 岩石三轴压力室基本参数见表91。

表 91 岩石三轴压力室基本参数

单位为毫米

仪器名称	试样尺寸(直径×高度)
岩石三轴压力室	ϕ50×(100～150),ϕ100×(200～300)

5.3.3.5 岩石膨胀仪基本参数见表92。

表 92 岩石膨胀仪基本参数

单位为毫米

仪器名称	试样尺寸
膨胀压力试验仪	直径×厚:ϕ59.5×20
侧向约束膨胀仪	直径×厚:ϕ59.5×150
自由膨胀仪	直径×厚:ϕ50×50,长×宽×高:50×50×50

5.3.3.6 岩石崩解仪基本参数见表93。

表 93 岩石崩解仪基本参数

单位为厘米

仪器名称		主要规格(直径×长度)
岩石耐崩解试验仪	旋转圆筒式	ϕ140×100

5.3.3.7 岩石渗透仪基本参数见表94。

表 94 岩石渗透仪基本参数

单位为厘米

仪器名称	试样尺寸(直径×高度)
纵向渗透仪	ϕ5 × 5
径向辐射渗透仪	ϕ6 × 15,试件中心钻深 12.5 cm 的 ϕ1.2 cm 同心圆孔
径向辐合渗透仪	

5.3.4 **岩体测试仪器**

5.3.4.1 承压板法试验设备基本参数见表95。

表 95 承压板法试验设备基本参数

单位为毫米

仪器名称	承压板最小直径
电测式刚性承压板法试验设备	ϕ505
柔性承压板法试验设备	ϕ505(圆形带中心孔)

5.3.4.2 载荷试验设备基本参数见表96。

表 96 载荷试验设备基本参数

单位为毫米

仪器名称	承压板直径
载荷试验设备	ϕ252,ϕ357

5.3.4.3 狭缝法试验设备基本参数见表97。

表 97 狭缝法试验设备基本参数

单位为毫米

仪器名称	主要尺寸	
狭缝法试验设备	液压钢枕尺寸	长×宽:500×300,500×500
大扁千斤顶法试验设备	液压钢枕尺寸(城门洞型)	长×宽×半径:700×600×300 长×宽×半径:1 000×1 000×500; 1 500×1 000×500

5.3.4.4 径向液压枕法试验设备基本参数见表98。

表 98 径向液压枕法试验设备基本参数

单位为米

仪器名称	主要尺寸(洞径×长度)	
径向液压枕法试验设备	试验段长度	ϕ2.3×2 整体式16边型

5.3.4.5 钻孔弹模计基本参数见表99。

表 99 钻孔弹模计基本参数

单位为毫米

仪器名称	主要尺寸(直径×长度)
钻孔弹模计	ϕ56×450,ϕ76×600,ϕ130×1 000

5.3.4.6 现场直剪试验设备基本参数见表100。

表 100 现场直剪试验设备基本参数

单位为毫米

仪器名称	试样尺寸
现场直剪试验设备	500×500,700×700

5.3.4.7 孔壁应变计基本参数见表101。

表 101 孔壁应变计基本参数

单位为毫米

仪器名称	探头尺寸				应变丛距孔口
	直径×长度	橡皮叉长	补偿室长	尾长	
孔壁应变计	ϕ36×280 (包括触头伸出)	90	110	80	270

5.3.4.8 孔径变形计基本参数见表102。

表 102 孔径变形计基本参数

仪器名称	探头尺寸	
	直径×长度/mm	第一对触头距孔口/cm
孔径变形计	ϕ36×230(包括触头伸出,最大直径36)	14～16

5.3.4.9　孔底应变计基本参数见表 103。

表 103　孔底应变计基本参数

单位为毫米

仪器名称	应变元件尺寸(直径×长度)
孔底变形计	ϕ50×45(电阻片贴在端面的软乳胶膜上)

5.3.5　现场原位监测仪器

5.3.5.1　多点位移计基本参数见表 27。

5.3.5.2　收敛计基本参数见表 104。

表 104　收敛计基本参数

仪器名称	测量范围/mm	最大测量距离/m
铟钢丝收敛计	1.5～50	—
卷尺式收敛计	1.5～30,0～100	15,20,30,50

5.3.5.3　挠度计基本参数见表 105。

表 105　挠度计基本参数

单位为毫米

仪器名称	孔　径
挠度计	ϕ70,ϕ76

5.3.5.4　测斜仪基本参数见表 21～表 26。

5.3.6　岩石力学模型试验仪器设备

5.3.6.1　模型试验用小千斤顶群基本参数见表 106。

表 106　模型试验用小千斤顶群基本参数

仪器名称	主要规格/kN	工作压力/(N/cm²)	千斤顶出力差
模型试验用小千斤顶群	1,3,6,9,15,30,50,70,100,150,200	7 000	<±2%

5.3.6.2　微型压力盒基本参数见表 107。

表 107　微型压力盒基本参数

单位为毫米

仪器名称	主要尺寸(直径×厚度)
微型压力盒	ϕ20×5

5.3.6.3　小型位移传感器基本参数见表 108。

表 108　小型位移传感器基本参数

单位为毫米

仪器名称	主要尺寸(直径×厚度)
小型位移传感器	ϕ8×50

5.3.7　快速判断岩体质量仪器

5.3.7.1　点荷载仪基本参数见表 109。

表 109　点荷载仪基本参数

单位为千牛

仪器名称	最小出力
点荷载仪	50

5.3.7.2 岩石回击锤基本参数见表110。

表110 岩石回击锤基本参数

单位为焦耳

仪器名称	型式	主要规格(冲击动能)
岩石回击锤	轻型	0.74
回弹仪	重型	30
	轻型	3

5.3.8 波速测试仪器

5.3.8.1 便携式波速仪(快速判断岩体质量仪器)基本参数见表111。

表111 便携式波速仪(快速判断岩体质量仪器)基本参数

单位为米

仪器名称	型式	主要规格(测距)
便携式波速仪(快速判断岩体质量仪器)	轻便型	0.1～50

5.3.8.2 岩石波速测试仪基本参数见表112。

表112 岩石波速测试仪基本参数

仪器名称	型式	主要规格
岩石波速测试仪	双通道示波兼数字显示型	放大器:增益＞80 dB; 带宽 5 kHz～2 MHz

5.3.8.3 岩体波速测试仪基本参数见表113。

表113 岩体波速测试仪基本参数

单位为千赫

仪器名称	型式	主要规格
岩体波速测试仪	双通道示波兼数字显示两用型	放大器:带宽 1～200

5.3.9 接收仪表

除一体化机型外,其他自成单元部分,参见5.2.6。

6 通用技术条件

6.1 一般要求

6.1.1 岩土工程仪器应按经规定程序批准的图样及技术文件制造,并符合本标准。

6.1.2 岩土工程仪器上所用的配套标准通用仪表(外购件)应符合各自产品标准或技术条件的规定。

6.1.3 岩土工程仪器的机械结构、零部件及元器件选择、装配方式以及电路、气路、液压回路设计等,宜采用标准化、系列化及模块化设计,并宜采用成熟的标准结构件和典型单元线路。

6.1.4 岩土工程仪器的表面及外观应美观,其铸件表面应无气泡和沙眼;仪器表面漆层或镀层应平整、光滑、均匀;无斑点、气泡、脱皮、皱纹、碰痕、划伤及锈蚀等。

6.1.5 岩土工程仪器的新产品在鉴定或批量生产前一般需经过不少于六个月的现场试用的考核试验,试验前应明确仪器设备等考核指标、环境条件及考核时间等。

6.1.6 除本标准另有规定外,岩土工程仪器下属的各专业门类仪器、设备在基本环境要求方面,一般应符合表114中的规定。

表 114 基本环境要求

环境项目		传感器		接收仪表	
		原位仪器	原型仪器	室内仪器	测控装置
工作环境	温度	−10℃～+45℃	−20℃～+60℃	0℃～+40℃	−10℃～+45℃
	相对湿度	≤95%		<85%	
	大气压	56 kPa～106 kPa			
贮存环境	温度	−40℃～+60℃			
	相对湿度	≤85%			

6.2 土工试验仪器

6.2.1 室内试验仪器

6.2.1.1 结构基本要求

室内试验仪器应有足够的机械强度和刚度结构并便于安装、调整和维修。

6.2.1.2 材料及加工要求

室内试验仪器的主要构件应采用耐腐蚀、耐磨损的材料制造，必要时须采取一定的防护性涂层等措施。

6.2.1.3 工作环境要求

6.2.1.3.1 室内试验仪器应在下列环境范围内保证其测量的准确度：

a) 温度：20℃±5℃；

b) 相对湿度：<80%。

6.2.1.3.2 室内试验仪器应在下列环境范围内保证其能够正常工作：

a) 温度：0℃～+40℃；

b) 相对湿度：<85%。

6.2.1.4 基本特性要求

6.2.1.4.1 仪器设备的测量范围应与被测参数大小相适应，应满足式(1)的要求：

$$A_0^{-\Delta\alpha-\sigma} < A < A_0^{+\Delta\alpha+\sigma} \quad \cdots\cdots(1)$$

式中：

A——实际值；

A_0——标称值；

$\Delta\alpha$——允许误差；

σ——安全裕度。

6.2.1.4.2 在测量范围内的小量值段，应具相应的灵敏阈及分辨力，应满足式(2)的要求：

$$i < T/10 \quad \cdots\cdots(2)$$

式中：

i——灵敏阈；

T——被测参数的允许误差。

6.2.1.4.3 仪器的准确度应与被测参数的允许误差相适应。仪器检定误差(U)应满足式(3)的要求：

$$U \leqslant (1/3 \sim 1/10)T \quad \cdots\cdots(3)$$

6.2.1.4.4 重复性试验结果的离散度应满足式(4)的要求：

$$K_\alpha \delta < T/3 \quad \cdots\cdots(4)$$

式中：

K_α——置信因子；

δ——试验结果的标准偏差。

6.2.1.5 **稳定性要求**

室内试验仪器的测量和控制系统应是稳定的，应符合各自产品标准的规定。

6.2.1.6 **准确度要求**

室内试验仪器一般应符合以下要求：

a) 仪器的出力相对误差应小于等于满量程的±1%，计量仪表的示值误差在最大负荷的10%～30%范围内应不超过1.5%，30%～100%范围内应不超过满量程的1.0%，若采用传感器，其出力误差应不超过满量程的1%，砝码质量相对误差不超过满量程的±0.2%；

b) 仪器轴向位移示值误差应不超过满量程的0.3%，若用百分表，分度值应为0.01 mm；用传感器，准确度为满量程的0.2%；

c) 轴向加荷点与试验容器中心的同轴度应不超过ϕ0.3 mm，对大型仪器应不超过ϕ1.0 mm，试验机启动时，工作台面的振幅见相关产品标准；

d) 在额定电压和负荷状态下，试验机的行程速率多次测定的平均值和设计标准速率的相对误差应小于10%。

6.2.1.7 **安全要求**

试验机的电气设备不接地处的绝缘电阻应大于500 MΩ，工作时噪声应小于75 dB(A)。

6.2.1.8 **运输颠振性能要求**

仪器经运输颠振后，应满足以下要求：

a) 外包装不应有任何损坏和变形；

b) 仪器各连接处不应有任何松动和脱落；

c) 仪器应能正常工作。

6.2.1.9 **密封性能等要求**

仪器各部分的出力及密封性能等应符合各自产品标准的规定。

6.2.2 **原位试验(测试)仪器**

6.2.2.1 **机械要求**

6.2.2.1.1 十字板、贯入靴、探头的硬度应大于HRC40，表面粗糙度应小于6.3 μm。

6.2.2.1.2 探杆抗拉强度应大于600 MPa，轴线的直线度误差应小于0.1%。

6.2.2.2 **材料要求**

十字板、贯入靴、探头、螺旋板、探杆、击锤、锤座等均应采用耐腐蚀、耐磨损的钢质材料制造。

6.2.2.3 **环境要求**

原位试验(测试)仪器应在－10℃～＋45℃的环境中正常工作，见表114。

6.2.2.4 **准确度要求**

6.2.2.4.1 传感器的性能要求如下：

a) 绝缘电阻：≥50 MΩ；

b) 直线度误差：小于等于满量程的1.0%；

c) 重复度误差：小于等于满量程的0.8%；

d) 迟滞：小于等于满量程的1.0%；

e) 含有两个传感器的测件，其传感器间相互干扰应小于各个传感器自身额定输出值满量程的0.3%；

f) 零点温度影响：每10℃内小于满量程的0.5%(在－10℃～45℃范围内)；

g) 安全过负载率：＞120%；

h) 有密封要求的传感器，应施加全量程1.2倍的压力，保持2 h后其绝缘电阻仍应大于50 MΩ。

6.2.2.4.2 量测仪器示值误差：小于等于满量程的0.5%。

6.2.2.4.3 扭距的相对误差:小于等于满量程的 2%;载荷的相对误差:小于等于满量程的 5%。

6.2.2.4.4 体积测量误差:小于等于满量程的 2%。

6.2.2.4.5 位移量程在 0 mm～30 mm 内时,示值误差:≤0.03 mm;位移量程在 0 mm～50 mm 内时,示值误差:≤0.05 mm。

6.3 大坝监测(观测)仪器

6.3.1 静态特性

大坝监测(观测)仪器传感器的静态特性是指输入量和数出量在静态情况下所具有的相关定量关系,其要求见表 115。

表 115 静态特性

静态特性	要　求
直线度	小于等于满量程的 2%
迟滞	小于等于满量程的 1.0%
重复度	小于等于满量程的 1%
分辨力	小于等于满量程的 1%
常温下绝缘电阻	符合产品技术条件
长期稳定性	符合产品技术条件
正常工作	不少于 10 年

6.3.2 现场试用要求

各类大坝监测仪器在新产品鉴定或投产前,必须经过(3～12)个月的现场考核试验,试验前应明确仪器考核的技术指标及环境条件、试用时间等。

6.3.3 结构基本要求

大坝监测仪器应具有足够的机械强度和密封性能,其结构应便于安装、调整和维修。

6.3.4 材料要求

大坝监测仪器应采用耐酸、耐碱、耐油并具有韧性的防锈材料制造。

6.3.5 电源要求

6.3.5.1 大坝监测仪器的电源可分为直流和交流两种:

a) 采用交流电时,其电压为 36 V、220 V 或 380 V,允许变幅±15%,频率 50 Hz,允许变幅±1 Hz;

b) 采用直流电时,其电压为 3 V、6 V、9 V、12 V、24 V,若高于 24 V 时应装有适当的安全装置。

6.3.5.2 电源容量应大于仪器所需的总能量,并应具有满足仪器设备所需要电压的稳压装置。

6.3.5.3 仪器利用供电系统的电源时,仪器本身应有备用电源,并在供电部分断电时保证仪器连续工作。

6.3.6 基本环境要求

见表 113。

6.3.7 抗运输颠震性能及抗干扰要求

6.3.7.1 大坝监测仪器在运输包装状态下应能承受最大加速度为 2 *g*,频率为 10 Hz～150 Hz～10 Hz、历时 30 min 的自动扫频试验,试验结束后,仪器应能正常工作。

6.3.7.2 仪器本身应具有防雷击及抗干扰的功能。

6.3.8 密封性要求

水下使用的或埋入式大坝监测仪器应具有一定的水密性,在规定压强和时间内的密封试验中,仪器应工作正常。

6.3.9 接收仪表技术要求

6.3.9.1 常规二次仪表

6.3.9.1.1 准确度

6.3.9.1.1.1 仪器准确度应满足监测实际需要，观测数据不受长距离测量和环境温度变化的影响。

6.3.9.1.1.2 仪器的综合误差一般应控制在满量程的2.5%以内。

6.3.9.1.2 长期稳定性

仪器零漂、时漂和温漂应满足产品标准所规定的技术要求，一般稳定有效使用期应达到10年以上。

6.3.9.1.3 环境要求

仪器应能在下列恶劣环境条件下长期连续运行，并有防雷击和过载冲击保护装置，能够耐酸、耐碱和抗腐蚀：

a) 温度：-20℃～+60℃；

b) 相对湿度：≤95%。

6.3.9.1.4 密封耐压性能

仪器应有良好防潮密封性，绝缘度满足产品标准要求。

6.3.9.1.5 结构及操作

6.3.9.1.5.1 仪器机械结构应牢固，能够耐运输振动以及现场安装中可能遭受的碰撞、冲击和倾倒。

6.3.9.1.5.2 仪器应操作简单，埋设及安装使用方便，容易直读或数据直接显示观测。

6.3.9.1.6 维护及维修

仪器应选用通用易购的元器件，便于检查、维修和定时更换以及局部故障排除等。

6.3.9.2 安全监测自动化系统设备

一般应符合SL 268等标准的规定。

6.4 岩石试验(测试)仪器

6.4.1 静态特性

岩石试验(测试)仪器静态特性参见6.3.1的要求。

6.4.2 现场试用要求

岩石试验(测试)仪器现场试用要求参见6.3.2的要求。

6.4.3 结构基本要求

岩石试验(测试)仪器结构基本要求参见6.3.3的要求。

6.4.4 特殊技术要求

6.4.4.1 岩样加工制备设备

6.4.4.1.1 一般要求

一般应满足以下要求：

a) 有防尘、冷却措施，钻岩芯时持续噪声应小于65 dB或75 dB；

b) 能钻取各类岩石。

6.4.4.1.2 室内切石机

室内切石机应满足以下要求：

a) 能切割直径(或边长)50 mm和100 mm的岩芯试样，最小长度为5 cm，最大长度为25 cm；能切割30 cm×30 cm×30 cm的立方体试样；最大进刀为40 cm，最大切割厚度34 cm；

b) 切割后试样两端面的不平行度应小于0.1 mm，端面应垂直于试样轴线；

c) 刀架和工作平台的升、降、进、退、停五个程序应能自动控制；

d) 能室内切割圆柱体试样、方形试样以及其他非金属材料。

6.4.4.1.3 现场切石机

能钻取 ϕ50 mm 和 ϕ100 mm 的岩芯试样，并允许其直径变化为±1 mm；允许试样高度上的直线误差应小于 0.1 mm。

6.4.4.1.4 室内磨石机

能磨制的试样两端面不平行度应小于 0.02 mm，端面应与试样轴线垂直，最大偏差应小于 0.001 rad。

6.4.4.1.5 现场切槽机

现场切槽机应满足以下要求：

a) 切出的槽壁光滑平直，最大切槽深 2.5 m，槽宽小于 8 mm；

b) 配备能钻 ϕ130 mm 孔的钻头，孔深与槽深同；

c) 液压马达传动，能在现场恶劣环境下长期正常工作；

d) 装配式单件质量不超过 50 kg，有足够的刚度。

6.4.4.1.6 现场切割机

现场切割机应满足以下要求：

a) 加工好的试样应方正、平整，六面互相垂直；

b) 单件质量不超过 50 kg，有足够的刚度。

6.4.4.1.7 专用钻头

专用钻头应满足以下要求：

a) 在室内使用时，应采用人造金刚石质薄壁钻头；

b) 在现场打埋设反力座孔及应力测试时，应用合金钢质的对廓平钻头、锥形钻头或刮刀式钻头；

c) 钻测量孔以及埋设多点位移计元件孔时，用金刚石质钻头。

6.4.4.2 通用测试仪器设备

6.4.4.2.1 加载设备率定台

加载设备率定台应满足以下要求：

a) 60×60 平台承受最大荷重 5 kN，柱间净距 100 cm，横梁升限 100 cm；

b) 100×100 平台承受最大荷重 10 kN，柱间净距 140 cm，横梁升限 150 cm；

c) 率定岩石试验采用专用千斤顶、液压钢枕、压力传感器等加载设备；

d) 应设置重型地锚基础，与标准测力计、标准压力计或电子秤等配套使用。

6.4.4.2.2 液压稳压器

液压稳压器应满足以下要求：

a) 压力室容量不小于 10 L，稳定要求 8 h 内压力变动不超过 0.5%，压力可调精度 100 kPa，并能自动补压；

b) 降压，分单通道、双通道、三通道三种，每一通道应设置双油路；

c) 室内外试验和率定仪器设备时，应能稳定压力。

其中，蓄能器力室容量不小于 10 L，要求稳压时，压力波动半小时内不超过 0.5%，压力可调精度 100 kPa；结构应轻便，单重不超过 35 kg。

6.4.4.2.3 自动测记及数据处理设备

自动测记及数据处理设备技术要求及使用条件见表 116。

表 116 自动测记及数据处理设备技术要求及使用条件

技术要求	使用条件
精度 0.1%;灵敏度应大于 1 V/mm	室内或现场: 温度 0℃～40℃,相对湿度为 0～95%时, 连续使用 24 h,防震,防潮
精度 0.1%;灵敏度应大于 200 mV/mm	
精度 0.2%;灵敏度应大于 30 mV/mm	
传感器灵敏度输出应大于 250 mV,总误差 0.5%,桥压(6～10)V·DC; 位移精度:1.0%,分辨率:0.1%; 压力精度:1.0%;测距:150 m; 输出:1.液晶显示;2.打印记录;3.磁带记录;记录转换速度应小于 1 s	室内或现场: 温度 0℃～40℃,相对湿度为 0～90%时, 连续使用 24 h,防震,防潮

6.4.4.3 岩石测试仪器

6.4.4.3.1 直剪仪(含室内)

直剪仪应满足以下要求:

a) 最大垂直压力 50×10 kN 相应的最大水平推力为 100×10 kN;可进行 0°～20°方向剪切;

b) 能自动调压并能进行 10 cm 的大位移剪切;滚动摩擦不小于 0.01;

c) 特殊条件下,应能垂直、剪切应力,法向、切向位移伺服控制,能自动测记,进行数据处理,自动打印、绘图。

6.4.4.3.2 岩石变形测试仪

岩石变形测试仪应满足以下要求:

a) 能用机械式或电测式仪表测岩样的纵向和横向变形;必要时,能测定岩样纵横波速度;

b) 电测式配二次仪表可自动测记、绘图;

c) 仪器体积大小能放在 100×10 kN 万能材料试验机上进行测试。

6.4.4.3.3 刚性试验机

刚性试验机应满足以下要求:

a) 轴向加载能力 200×10 kN;测量范围(0～50)×10 kN,(0～100)×10 kN,(0～200)×10 kN;示值精度为±1%;

b) 侧向加载 5.0×10^4 kPa,测量范围分三档:20%、50%、100%,每档量程示值精度为±1%;

c) 单轴和三轴压缩时,纵向和横向变形的测量精度为 0.1%;

d) 承压板的硬度为 HRC55,刚度为$(500～1\,000)\times10^5$ N/cm;

c) 加载速度不超过每秒 1.0×10^4,能够连续可靠运行 100 h,并可进行应力或应变控制测试。

6.4.4.3.4 刚性组件试验机

6.4.4.3.4.1 平行刚性柱式

平行刚性柱式试验机应满足下列要求:

a) 刚度应不小于 400×10^5 N/cm;

b) 在室内单轴和三轴受压状态下能测定岩石的变形和强度性质;

c) 适于岩石刚度 $E\leqslant8\times10^6$ N/cm²,挠度 $R<2\times10^3$ N/cm²。

6.4.4.3.4.2 岩石三轴压力式

岩石三轴压力式试验机应满足下列要求:

a) 最大侧压 500×10 N/cm²,示值精度 2%;

b) 压力机最小轴向压力 200×10 kN,能连续或分级施加,并可进行加、减压的循环试验;

c) 侧压应在 4 h 内稳定,密封,不漏油;

d) 能观测试样变化情况及测定岩石抗拉强度,必要时能自动记录。

6.4.4.3.5 岩石膨胀仪

岩石膨胀仪应满足下列要求：

a) 最大轴向压力 3.0×10^3 kPa；

b) 固定的轴向荷载为 5 kPa；

c) 压力测量精度 1%，变形测量精度 0.2%，分辨率 0.1%。

6.4.4.3.6 岩石崩解仪

岩石崩解仪应满足下列要求：

a) 转圆筒两端为刚性板，筒周以 2 mm 标准孔的筛网卷成；

b) 圆筒轴支承在水槽上；

c) 圆筒以电动机带动，转速为 20 r/min，10 min 内转速保持稳定在 5%以内，时间精度应不超过 0.5 min。

6.4.4.3.7 岩石渗透仪

岩石渗透仪应满足下列要求：

a) 最大渗透力 1.5×10^4 kPa；

b) 压力应稳定。

6.4.4.4 岩体测试仪器

6.4.4.4.1 承压板法试验设备

6.4.4.4.1.1 电测式

电测式试验设备应满足下列要求：

a) 装配式传力柱柱长分 5 cm、10 cm、15 cm、20 cm、25 cm、40 cm 六种，能承受 150×10 kN 压力，有足够的刚度，单件质量小于 30 kg；

b) 承压板直径为 ϕ50.5 cm，有足够的刚度，材料用高强度合金钢，压板应平直；

c) 变形量测装置中的测架应有足够的刚度和长度，测杆应轻并应满足一定的强度、刚度和防锈要求；

d) 压力稳定，能对压力、变形进行自动测记、打印。

6.4.4.4.1.2 柔性式

柔性式试验设备应满足下列要求：

a) 旋转圆筒两端为刚性板，筒周以 2 mm 标准孔的筛网卷成；

b) 圆筒轴支承在水槽上；

c) 圆筒以电动机带动，转速为 20 r/min，10 min 内转速保持稳定在 5%以内，时间精度要求不超过 0.5 min。

6.4.4.4.2 载荷试验设备

除承压板直径为 ϕ35.70 cm 外，其他要求应符合 6.4.4.4.1.1 a)、6.4.4.4.1.1 c)、6.4.4.4.1.1 d)的规定。

6.4.4.4.3 狭缝法试验设备

狭缝法试验设备应满足下列要求：

a) 压力应稳定；

b) 测量系统的测架、测杆等应符合 6.4.4.4.1.1 的规定；

c) 设备应防锈。

6.4.4.4.4 大扁千斤顶法试验设备

大扁千斤顶法试验设备应满足下列要求：

a) 压力应大于 100×10 N/cm^2，最大变形量 10 mm；

b) 位移传感器量距 10 mm，精度 0.1，应稳压，不漏油；

c) 应对压力、变形能进行自动测记、数据处理、打印、绘图。

6.4.4.4.5 径向液压枕法试验设备

径向液压枕法试验设备应满足下列要求：

a) 有足够的强度和刚度；

b) 中心轴及测杆须有足够刚度，重量轻；材料为铝合金管、支点置于影响范围外。

6.4.4.4.6 钻孔弹模计

钻孔弹模计应满足下列要求：

a) 最高压力不小于 150×10 N/cm²，测量深度 50 m～100 m，量程 2 m～10 m，精度 0.1%；

b) 探头部分应密封、无砂眼，耐高压。能便于从孔中取出和放入，能在水下定向测量；

c) 试验时压力应稳定，能自动测记，并根据钻孔岩芯情况能定位测试。

6.4.4.4.7 现场直剪试验设备

现场直剪试验设备应满足下列要求：

a) 测架，测杆有足够刚度，能测残余强度，滚轴排摩擦系数 0.015，质量小于 40 kg，防锈；能调节±3.5 度的球形座；

b) 标准钢模组合式单件质量应小于 15 kg，防锈，防磁；成套配备全部采用标准定位安装；

c) 能进行平剪、斜剪；试验时，垂直压力和剪切力稳定，变动范围不超过±0.5%，并能自动补压，退压；斜剪时合力通过剪切面中心；平剪时，合力与剪切面的距离 d<1 cm；

d) 定量测定试验前后剪切面粗糙度；对压力、位移能自动测记，打印，绘图。

6.4.4.4.8 孔壁应变计

孔壁应变计应满足下列要求：

a) 采用 3 mm×5 mm 丝绕式电阻片，阻值应大于 120 Ω，每片阻值差应不大于±0.1 Ω；

b) 电阻片粘贴方位准确，误差应小于±0.5°；

c) 探头应密封防水。

6.4.4.4.9 孔径变形计

孔径变形计应满足下列要求：

a) 探头有效量测孔径变形不小于 0.5 mm；

b) 在 0.5 mm 有效量程内应满足线性、重复性、稳定性要求；

c) 探头应密封，防水，防潮。

6.4.4.4.10 孔底应变计

孔底应变计应满足下列要求：

a) 采用 3 mm×5 mm 丝绕式电阻片，阻值应大于 120 Ω，每片阻值差应不大于 0.1 Ω；

b) 电阻片粘贴方位准确，误差应小于±5°；

c) 应防潮。

6.4.4.5 现场原位监测仪器

6.4.4.5.1 多点位移计

多点位移计应满足下列要求：

a) 量程 10 mm，精度 1%，分辨率 0.1%；能在水下任意方向钻孔中工作；

b) 电测仪表能防潮、防水、防震并能长期正常工作，数据遥测的距离大于 300 m；

c) 交直流两用电源，二次仪表可为便携式数字显示型。

6.4.4.5.2 收敛计

收敛计应满足下列要求：

a) 能施测从水平到垂直的任意方向岩体相对位移，材质用铟钢丝，体积小，自重应小于 1.5 kg；

b) 测量精度为±0.01 mm，系统误差应小于 0.05 mm；

c) 操作简便,可自动数字显示。

6.4.4.5.3 挠度计

挠度计应满足下列要求:

a) 悬臂电阻应变式,灵敏系数 2.5;量程±10 000 数字,适用于 120 Ω～350 Ω 电阻片;

b) 埋深大于 50 m,测点间距 6 m,必要时可改变;应防水,能测量任意方向;

c) 交直流电源,测量仪器为便携式,能进行数据处理。

6.4.4.5.4 倾斜仪

倾斜仪应满足下列要求:

a) 量程±20″、±40°、±53°;精度为量程的 0.1%;

b) 测深大于 50 m,测量元件可以承受 15×10 N/cm^2 的水压;

c) 能磁带记录及自动打印;仪器质量小于 5 kg,可用于电池,配数据处理系统。

6.4.4.6 岩石力学模型试验仪器

6.4.4.6.1 模型试验专用小千斤顶群

模型试验专用小千斤顶群应满足下列要求:

a) 在工作压力范围内,千斤顶处于从水平到垂直的位置时,不漏气、不漏油;

b) 千斤顶行程 5 cm,活塞上配可伸长 10 cm 的螺旋千斤顶;千斤顶在工作时,活塞应能均匀移动、升、降、伸、缩;

c) 千斤顶应与油泵、稳压器配套;

d) 工作时,千斤顶之间应同步,各千斤顶的出力差应小于±2%;

e) 能自动灵活调整中心;

f) 千斤顶配压力传感器,便于压力巡回粘测及自动测记;

g) 千斤顶设液压回程装置。

6.4.4.6.2 微型压力盒

微型压力盒应满足下列要求:

a) 压力为(1～10)×10 Pa;

b) 精度为 1%;

c) 重复性为±1%。

6.4.4.6.3 小型位移传感器

小型位移传感器应满足下列要求:

a) 量程 3 mm,精度为 0.1%;

b) 整机重量轻,能防潮,防湿。

6.4.4.7 快速判断岩体质量仪器

6.4.4.7.1 点荷载仪

点荷载仪应满足下列要求:

a) 便携式油泵,自重小于 5 kg,配高、低压压力表,设上回阀;

b) 能进行直径约为 ϕ5 cm 的小口径钻机岩心或不规则试件的现场测试,压头硬度达 HRC55;

c) 加荷锥头间距 10 cm,锥头的同轴度偏差不超过 0.5 mm。

6.4.4.7.2 岩石回击锤

岩石回击锤应满足下列要求:

a) 冲击动能为 0.74 J、0.3×10 J、3×10 J;

b) 附有岩芯试样夹具;

c) 便携式。

6.4.4.8　**波速测试仪器**

6.4.4.8.1　**便携式波速仪**

便携式波速仪应满足下列要求：

a）最小测距应为 10 cm，最大测距 50 m；

b）工作频率为 1 kHz～500 kHz，数字显示；

c）锤击，自重小于 2 kg；直流供电，配信号输出插口。

6.4.4.8.2　**岩石波速测试仪**

岩石波速测试仪应满足下列要求：

a）放大器增益应大于 80 dB，带宽 5 kHz～2 MHz，输入阻抗应大于 100 kΩ；

b）放大器衰减的分压比为 1∶1、1∶3、1∶10、1∶30、1∶100 五档；

c）示波兼数码显示，最小读数 0.01 μs；配频率换能器，Ps 换能器。

6.4.4.8.3　**岩体波速测试仪**

岩体波速测试仪应满足下列要求：

a）放大器带宽 1 kHz～200 kHz；最小读数为 0.01 μs；

b）重量轻，便于搬运；配锤击或电火花设备及信号输出插口；

c）重复多次使用后仪器性能稳定，重复性好，精度能满足要求。

6.4.5　**材料要求**

岩石测试仪器应采用耐酸、耐碱、耐油且具有弹性、应力均匀的防锈材料制造。

6.4.6　**电源要求**

应符合 6.3.5 的规定。

6.4.7　**基本环境要求**

6.4.7.1　岩石测试仪器应能在额定压力范围内，相对湿度为 95%的环境下正常工作；二次仪表应能在温度 0℃～40℃范围内，相对湿度小于 90%环境下正常工作。

6.4.7.2　贮存和运输温度应控制在－40℃～＋60℃的范围内。

6.4.8　**抗振动及抗干扰要求**

应符合 6.3.7 的规定。

6.4.9　**密封性要求**

应符合 6.3.8 的规定。

6.4.10　**接收仪表**

除应符合 6.3.9 的规定外，同时还应考虑下列要求：

a）仪器准确度能满足实际需要，有较高的分辨力和灵敏度，有较好的直线性和重复性，测试数据不受环境温度变化的影响；

b）仪器的综合误差应控制在满量程的 2.5%以内；

c）仪器零漂、时漂和温漂应满足产品标准所规定的技术要求，长期稳定性达 10 年以上；

d）仪器应能在温度为－25℃～＋60℃、相对湿度不超过 98%等恶劣环境条件下长期连续运行，并有防雷击和过载冲击保护装置，能够耐酸、耐碱和抗腐蚀；

e）仪器应有良好防潮密封性和一定的耐水压能力。

6.4.11　**结构及操作**

6.4.11.1　仪器机械结构应牢固，耐振动、碰撞、冲击和倾倒。

6.4.11.2　仪器应操作简单，安装使用方便，易读数或显示测试。

6.4.12　**维护及维修**

仪器应便于检查、维修和定时更换等。

6.4.13 其他

岩石试验仪器的其他要求应符合相关规范及产品标准的规定。

7 试验方法

7.1 一般要求

仪器表面及外观等用目测检验,结果应符合 6.1.4 的要求。

7.2 土工试验仪器

7.2.1 工作环境

按 GB/T 9359 中的有关方法进行检验,试验结果应符合 6.2.1.3 的要求。

7.2.2 基本特性

7.2.2.1 基本特性的试验结果应符合 6.2.1.4 的要求。

7.2.2.2 计量仪表(仪器)如压力表、测力计、百分表等应按有关计量检定规程进行计量检定。

7.2.2.3 仪器设备如三轴仪、固结仪、直剪仪等除计量检定计量仪表外,应进行重复性试验,确定仪器设备总的准确度。

7.2.3 准确度

7.2.3.1 总体要求

准确度的试验结果应符合 6.2.1.6 的要求。

7.2.3.2 出力误差及示值误差

采用砝码或力传感器检验其出力误差及示值误差,试验结果应符合第 6.2.1.6 a)的要求。

7.2.3.3 轴向位移误差

采用百分表或位移传感器检验其轴向位移误差,试验结果应符合 6.2.1.6 b)的要求。

7.2.3.4 同轴度

采用百分表检验同轴度,用拾震器检验其振幅,试验结果应符合 6.2.1.6 c)的要求。

7.2.3.5 速率相对误差

采用百分表和秒表检验,相对误差应满足式(5),试验结果应符合 6.2.1.6 d)的要求。

$$\gamma = \frac{V_1 - V_2}{V_1} \times 100 \qquad \cdots\cdots(5)$$

式中:

γ——相对误差,%;

V_1——设计标称速率,mm/min;

V_2——多次测定的平均速率,mm/min。

7.2.4 安全绝缘性能

用 500 MΩ 欧姆表检验绝缘电阻,用误差小于 2 dB~3 dB 的声级计检验噪音,试验结果应符合 6.2.1.7 的要求。

7.2.5 运输颠振性能

按 GB/T 9359、GB/T 15464 等标准中的有关规定进行检验,试验结果应符合 6.2.1.8 的要求。

7.2.6 原位试验(测试)仪器

7.2.6.1 传感器

按相关产品标准规定的方法进行检验,试验结果应符合 6.2.2.4.1 的要求。

7.2.6.2 仪器示值误差

采用准确度高于被测仪器准确度 3 倍的标准测量仪器检验,试验结果应符合 6.2.2.4.2 的要求。

7.2.6.3 扭距相对误差

采用准确度高于扭力设备 3 倍的专用率定设备检验,试验结果应符合 6.2.2.4.3 的要求。

7.2.6.4 体积测量误差

用滴定管或液体称量法检验，试验结果应符合 6.2.2.4.4 的要求。

7.2.6.5 位移示值误差

采用标准量块或螺旋测微器进行检验，试验结果应符合 6.2.2.4.5 的要求。

7.3 大坝监测(观测)仪器

7.3.1 静态特性

静态特性的试验结果应符合 6.3.1 的要求。

7.3.2 结构及材料

采用目测及手检，试验结果应符合 6.3.3、6.3.4 的要求。

7.3.3 电源

采用万用表测量并进行电压拉偏检测，试验结果应符合 6.3.5 的要求。

7.3.4 基本环境

将受试产品置入试验箱内，在规定的额定温度下预热 1 h 后，使试验箱内的湿度逐渐上升到相对湿度小于 90%，且保持 48 h，然后在正常大气压条件下恢复 24 h，受试产品的各项性能应符合各自产品标准的要求。试验结果应符合 6.3.6 的要求。

将受试产品置于高、低温干燥箱内，调至 60℃或 30℃恒温 1 h，测量产品的绝缘电阻应大于50 MΩ；将温度恢复至常温时，受试产品的各项性能应符合表 114 的要求。

7.3.5 抗振性能

将受试产品按运输包装好后直接固定在振动试验台上，按规定的加速度、频率范围和时间历时进行试验，结束后先进行外观检查，然后进行仪器性能参数测试，其均应满足规定的要求。试验结果应符合 6.3.7 的要求。

7.3.6 密封性能

将受试产品浸入水中，对渗压计、应力计施加全量程 1.2 倍的压力，保持 0.5 h～1 h，对测缝计、应变计、温度计和测斜仪、沉降仪等测头应施加 0.5 MPa 的压力，保持 0.5 h～1 h 均不渗入。测量仪表在相对湿度为 100%的雾室内，密闭 6 h 后应满足使用要求，且保证机械性能和电气性能符合各自产品标准的要求。试验结果应符合 6.3.8 的要求。

7.3.7 贮存性能

按 GB/T 9359 的有关方法进行试验，试验结果应符合 10.3 的要求。

7.4 接收仪表自动化采集装置试验方法

有关大坝安全监测自动化系统设备的试验方法按 SL 268—2001 中第 6 章的有关规定进行。

7.5 岩石试验(测试)仪器

有关岩石测试仪器的试验方法参照 7.1～ 7.4 中的相关规定进行。

8 检验规则

8.1 出厂检验

8.1.1 岩土工程仪器的产品应逐台进行出厂检验，对于外购的其他通用配套设备应进行有关功能验收检验。

8.1.2 出厂检验应按各自产品标准规定的方法分别进行检验项目的全检或抽检(设备可靠性试验除外)，检验结果应完整保存、备查。

8.1.3 产品经检验合格并签发产品检验合格证后方能出厂。

8.2 型式检验

8.2.1 岩土工程仪器的产品当出现下列情况之一时，应进行型式检验：

a) 正常生产过程中，定期或积累一定产量时应进行检验；

b） 正式生产后，因结构、材料、工艺有较大改变，可能影响设备性能时；

c） 监测设备长期停产后又恢复生产时；

d） 出厂检验结果与上次型式检验结果有较大差异时；

e） 国家质量技术监督机构提出进行型式检验要求时；

f） 新型设备或老产品转厂生产的试制定型鉴定；

g） 合同规定进行型式检验时。

8.2.2 型式检验应由制造厂质量检验部门按产品标准规定的全部试验项目（设备可靠性试验除外）进行全性能检验。

8.2.3 型式检验的样品应从经出厂检验合格的产品中随机抽取，一般单机台数不应少于3台，若产品总数少于3台，则应全检。

8.2.4 可靠性试验为非型式检验项目，可通过专项试验进行，也可以在监测系统运行或监测系统鉴定移交时进行统计。

8.2.5 试验结果的评定：型式试验中有一台及以上单机产品不合格时，应加倍抽取该产品进行试验。若仍有不合格时，则判该批产品为不合格；若全部检验合格，则除去第一批抽样不合格的单机产品，该批产品应判为合格。

8.2.6 型式检验的设备需要更换易损件时，应在更换后再经出厂检验合格后方能出厂。

9 标识、使用说明书

9.1 标识

9.1.1 产品标识

在岩土工程仪器产品的显著位置应具有完整的铭牌标识，内容包括：

a） 设备型号及名称；

b） 生产单位名称及商标；

c） 生产日期及出厂编号等。

9.1.2 包装标识

在岩土工程仪器产品的包装箱的适当位置，应标有显著、牢固的包装标识，内容包括：

a） 设备型号及名称；

b） 设备数量；

c） 箱体尺寸（mm）；

d） 净重或毛重（kg）；

e） 运输作业安全标志；

f） 到站（港）及收货单位；

g） 发站（港）及发货单位。

9.1.3 包装储运图示和收发货标识

岩土工程仪器产品的包装储运图示和收发货标识，应根据被包装产品的特点按照有关标准规定正确选用。

9.1.4 国家工业产品生产许可证标识

对于获得国家工业产品生产许可证的岩土工程仪器产品，其产品随机文件或包装箱上应明确注明产品生产许可证的编号等标识。

9.1.5 文字标识

产品标识中所使用的各种文字、符号、计量单位等，均应符合有关标准的规定。

9.2 使用说明书

岩土工程仪器产品的使用说明书的内容应按 GB 9969.1 的规定。

10 包装、运输、贮存

10.1 包装

10.1.1 岩土工程仪器产品的包装应牢固、美观和经济，应做到结构合理、紧凑、防护可靠，在正常储运、装卸条件下，应保证设备不致因包装不善而引起设备损坏、散失、锈蚀、长霉和降低准确度等。

10.1.2 产品包装时，周围环境及包装箱内应清洁、干燥、无有害气体、无异物。

10.1.3 产品包装后，其包装件重心应尽量靠下且居中，设备装在箱内必须予以支撑、垫平、卡紧，设备可移动的部分应移至使产品具有最小外型尺寸，并加以固定。

10.1.4 产品如有突出部分，在不影响其性能的条件下，应拆卸包装，以缩小包装件体积。

10.1.5 产品的防震、防潮、防尘等防护包装按 GB/T 15464 中的有关规定进行。

10.1.6 随机文件应齐全，文件清单如下：

a) 装箱单；

b) 产品出厂合格证明书；

c) 产品使用说明书；

d) 出厂前的检验测试文件；

e) 产品技术条件规定的其他文件。

10.1.7 随机文件应装入塑料袋中，并放置在包装箱内，若产品分装数箱，则随机文件应放在主件箱内。

10.2 运输

按有关包装标准及本标准的规定进行包装的产品应能适应各种运输方式。

10.3 贮存

长期贮存状态下的岩土工程仪器产品，其贮存场所应选择通风、干燥的室内，附近应无酸性、碱性及其他腐蚀性物质存在。

贮存环境条件应满足表 114 中规定的温度、湿度要求。

附 录 A
（资料性附录）
相关仪器基本参数

A.1 直接剪切仪

直接剪切仪基本参数见表 A.1。

表 A.1 直接剪切仪基本参数

仪器名称	试样尺寸			主要性能指标		
	直径/mm	高度/mm	面积/cm^2	最大垂直荷重/N	水平荷重/N	转速/[(°)/min]
环形剪切仪	70(外径),50(内径)	20	18.9	1 200	—	0.000 5～50
	100(外径),70(内径)		40.0	2 400		
	150(外径),100(内径)		98.2	10 000		
单剪仪	70	20	38.5	1 600	0～1 200	—
	80		50.3			
	(60×60)[a]		36.0			

[a] 为方形尺寸。

A.2 三轴仪

三轴仪基本参数见表 A.2。

表 A.2 三轴仪基本参数

仪器名称	试样尺寸			主要性能参数			
	直径/mm	高度/mm	面积/cm^2	周围压力/N	垂直荷重/N	频率/Hz	应变/%
空心扭剪三轴仪	100(外径),60(内径)	100	50.2	0～60	—	—	—
空心扭剪振动三轴仪	60(外径),40(内径)	30	15.7	0～120	—	0～10	10^{-3}
	70(外径),30(内径)	100	31.4				
	100(外径),60(内径)	150	50.2	—	—	0.01～10.00	—
共振柱三轴仪	50	100	19.46	0～60	—	20～200	10^{-5}～10^{-4}
不等侧压力三轴仪	(70×70)[a]	70	49	0～100	0～2 500	—	—
	(100×100)[a]	100	100		0～5 000		
	(130×130)[a]	130	169		0～8 000		

[a] 为方形尺寸。

A.3 球形压模仪

球形压模仪基本参数见表 A.3。

表 A.3 球形压模仪基本参数

仪器名称	球 径/mm	压 入 荷 重/N
球形压模仪	20	20
	22	20～30

A.4 旁压仪

旁压仪基本参数见表 A.4。

表 A.4 旁压仪基本参数

仪器名称	测 量 腔 尺 寸		主 要 性 能 参 数
	外径/mm	长度/mm	
钻孔式旁压仪	50	200	最大压力:1 000 kPa
自钻式旁压仪	80	515	最大压力:1 400 kPa

A.5 波速测定仪

波速测定仪基本参数见表 A.5。

表 A.5 波速测定仪基本参数

仪器名称	检 振 器			记 录 器	
	固有频率/Hz	直径/mm	间距/m	频率/Hz	时间精度/%
分层 SP 波速测定仪	28	30～80	—	5～1 000	0.10～0.01
地表波速测定仪	28	—	3～7	5～500	0.10～0.08

A.6 横臂式沉降仪

横臂式沉降仪基本参数见表 A.6。

表 A.6 横臂式沉降仪基本参数

仪器名称	垂 直 位 移	
	测量范围	分辨力/mm
横臂式沉降仪	不限	≤1

A.7 大坝视准仪

大坝视准仪基本参数见表 A.7。

表 A.7 大坝视准仪基本参数

仪器名称	技 术 参 数					
	测量距离/m	望远镜放大倍率	测微器		水准器	
			测量范围	分辨力	仪器	望远镜
大坝视准仪	1 000	40,55,65	25′	1″	4″/2 mm	10″/2 mm

A.8 双管封闭式孔隙水压力计

双管封闭式孔隙水压力计基本参数见表 A.8。

表 A.8 双管封闭式孔隙水压力计基本参数

仪器名称	压力		管径/mm
	测量范围/MPa	分辨力	
双管封闭式孔隙水压力计	−0.04～0.16,−0.04～0.25,−0.04～0.4,−0.04～0.6	小于等于满量程的0.15%	0.5,1,1.5,2,2.5,3

A.9 气压式孔隙水压力计

气压式孔隙水压力计基本参数见表A.9。

表 A.9 气压式孔隙水压力计基本参数

单位为兆帕

仪器名称	压力	
	测量范围	分辨力
气压式孔隙水压力计	−0.05～0.25,−0.05～0.4,−0.05～0.6,−0.05～1.0,−0.05～1.6,−0.05～2.5,−0.05～4.0	小于等于满量程的0.15%

A.10 气压式土压力计

气压式土压力计基本参数见表A.10。

表 A.10 气压式土压力计基本参数

仪器名称	测量范围	分辨力	压力盒尺寸/mm
	压力/MPa	压力/MPa	
气压式土压力计	0～0.25,0～0.4,0～0.6,0～1.0,0～1.6,0～2.5,0～4.0,0～6.0,0～10.0	小于等于满量程的0.15%	ϕ150，ϕ200，ϕ300，ϕ600，ϕ900,ϕ1 200

A.11 气压测定仪

气压测定仪基本参数见表A.11。

表 A.11 气压测定仪基本参数

单位为兆帕

仪器名称	测量范围	分辨力
	压力	压力
气压测定仪	0～4.0,0～10.0	满量程的0.15%

A.12 振弦式仪器集线箱

振弦式仪器集线箱基本参数见表A.12。

表 A.12 振弦式仪器集线箱基本参数

仪器名称	型式	接电缆数(通道)	各点内阻/Ω
振弦式仪器集线箱	手动	12(24)、24(48)	<0.05
	自动	32(64)、64(128)	

A.13 差动电阻式仪器集线箱

差动电阻式仪器集线箱基本参数见表A.13。

表 A.13 差动电阻式仪器集线箱基本参数

仪器名称	型式	电缆芯数	接电缆数	各点内阻/Ω	
				内阻	变差
差动电阻式仪器集线箱	普通型[a] 密封型[b]	4,5	22 16～64	<0.03 <0.03	<±0.01 <±0.05

a 手动式。

b 分手动和遥测两种。